"101 计划" 核心教材
物理学领域

现代电动力学

王振林

中国教育出版传媒集团

高等教育出版社·北京

内容提要

本书为物理学领域"101 计划"核心教材。

本书系统地讲述了电动力学的基本概念、基本原理以及处理电磁场体系的基本方法。本书完善并吸纳了新知识点，知识体系具有更好的逻辑性和系统性，目的是引导读者在建立清晰物理图像的同时养成良好的科学思维方法。其次，通过穿插与电动力学密切相关的前沿研究成果，本书知识体系还具有前沿性和启发性。本书所遴选的代表性科研成果与重要知识点形成了有机衔接，使读者既能认识到学好基础物理知识的重要性，又可体会到一些新现象、新效应的发现并非遥不可及，激发初学者勇于探索和创新的自信心，提升思考新问题和探索未知的能力。此外，本书还具有良好的可读性。本书在知识点呈现上保留了关键性数学推理过程，在文字叙述上也以适合阅读的视角去阐述相关分析、结论与物理图像，同时例题和习题的设计与知识点形成前后呼应。

本书可作为高等学校物理类专业或与物理相关工科类专业本科生的教材或参考书，也可供其他有关人员参考学习。

图书在版编目（CIP）数据

现代电动力学 / 王振林编著 . -- 北京：高等教育出版社，2024. 9. -- ISBN 978-7-04-063053-4

Ⅰ. O442

中国国家版本馆 CIP 数据核字第 2024FB5233 号

XIANDAI DIANDONGLIXUE

| 策划编辑 | 王　硕 | 责任编辑 | 王　硕 | 封面设计 | 张雨微 | 版式设计 | 徐艳妮 |
| 责任校对 | 高　歌 | 责任印制 | 赵　佳 |

出版发行	高等教育出版社	网　　址	http://www.hep.edu.cn
社　　址	北京市西城区德外大街4号		http://www.hep.com.cn
邮政编码	100120	网上订购	http://www.hepmall.com.cn
印　　刷	北京中科印刷有限公司		http://www.hepmall.com
开　　本	787mm×1092mm 1/16		http://www.hepmall.cn
印　　张	28	
字　　数	540 千字	版　　次	2024 年 9 月第 1 版
购书热线	010-58581118	印　　次	2024 年 9 月第 1 次印刷
咨询电话	400-810-0598	定　　价	100.00 元

本书如有缺页、倒页、脱页等质量问题，请到所购图书销售部门联系调换

出版说明

为深入实施科教兴国战略、人才强国战略、创新驱动发展战略，统筹推进教育科技人才体制机制一体化改革，教育部于 2023 年 4 月 19 日正式启动基础学科系列本科教育教学改革试点工作（下称"101 计划"）。物理学领域"101 计划"工作组邀请国内物理学界教学经验丰富、学术造诣深厚的优秀教师和顶尖专家，及 31 所基础学科拔尖学生培养计划 2.0 基地建设高校，从物理学专业教育教学的基本规律和基础要素出发，共同探索建设一流核心课程、一流核心教材、一流核心教师团队和一流核心实践项目。这一系列举措有效地提高了我国物理学专业本科教学质量和水平，引领带动相关专业本科教育教学改革和人才培养质量提升。

通过基础要素建设的"小切口"，牵引教育教学模式的"大改革"，让人才培养模式从"知识为主"转向"能力为先"，是基础学科系列"101 计划"的主要目标。物理学领域"101 计划"工作组遴选了力学、热学、电磁学、光学、原子物理学、理论力学、电动力学、量子力学、统计力学、固体物理、数学物理方法、计算物理、实验物理、物理学前沿与科学思想选讲等 14 门基础和前沿兼备、深度和广度兼顾的一流核心课程，由课程负责人牵头，组织调研并借鉴国际一流大学的先进经验，主动适应学科发展趋势和新一轮科技革命对拔尖人才培养的要求，力求将"世界一流""中国特色""101 风格"统一在配套的教材编写中。本教材系列在吸纳新知识、新理论、新技术、新方法、新进展的同时，注重推动弘扬科学家精神，推进教学理念更新和教学方法创新。

在教育部高等教育司的周密部署下，物理学领域"101 计划"工作组下设的课程建设组、教材建设组，联合参与的教师、专家和高校，以及北京大学出版社、高等教育出版社、科学出版社等，经过反复研讨、协商，确定了系列教材详尽的出版规划和方案。为保障系列教材质量，工作组还专门邀请多位院士和资深专家对每种教材的编写方案进行评审，并对内容进行把关。

在此，物理学领域"101 计划"工作组谨向教育部高等教育司的悉心指导、31 所参与高校的大力支持、各参与出版社的专业保障表示衷心的感谢；向北京大学郝平书记、龚旗煌校长，以及北京大学教师教学发展中心、教务部等相关部门在物理学领域"101 计划"酝酿、启动、建设过程中给予的亲切关怀、具体指导和帮助表示由衷的感谢；特别要向 14 位一流核心课程建设负责人及参与物理学领域"101 计划"一流核心教材编写的各位教师的辛勤付出，致以诚挚的谢意和崇高的敬意。

基础学科系列"101 计划"是我国本科教育教学改革的一项筑基性工程。改革，改到深处是课程，改到实处是教材。物理学领域"101 计划"立足世界科技前沿和国家重大战略需求，以兼具传承经典和探索新知的课程、教材建设为引擎，着力推进卓越人才自主培养，激发学生的科学志趣和创新潜力，推动教师为学生成长成才提供学术引领、精神感召和人生指导。本教材系列的出版，是物理学领域"101 计划"实施的标志性成果和重要里程碑，与其他基础要素建设相得益彰，将为我国物理学及相关专业全面深化本科教育教学改革、构建高质量人才培养体系提供有力支撑。

物理学领域"101 计划"工作组

为了适应学科发展趋势和新一轮科技革命对拔尖创新人才培养的要求，2023 年教育部启动了基础学科系列本科教育教学改革试点工作（下称"101 计划"），以此引领带动相关专业本科教育教学改革和人才培养质量提升。为了满足新时代社会发展对基础学科人才培养的迫切要求，物理学领域"101 计划"确立了项目的建设目标，即吸纳新知识、新理论、新技术、新方法、新进展，同时注重推动弘扬科学家精神，推进教学理念更新和教学方法创新，形成"世界一流""中国特色""101 风格"的物理学系列教材。

我是 2003 年在南京大学物理系开始给大三学生讲授电动力学的。多年的科研和教学实践使我认识到，一方面与电动力学相关的前沿科学研究成果不断涌现，催生出许多新的概念和研究方向；另一方面，互联网和海量电子资源的出现为学生获取文献和资料提供了极大的方便，他们可以通过课外学习汲取更多更广的新知识。因此本书作为一本适合现代大学生使用的电动力学教材，既能让学生掌握相关的基础理论，也能引导学生关注基础知识在前沿科研成果中的成功运用，更能激发学生开展系统性创新思维训练的追求，提高分析和解决复杂问题的能力。作者在编著《现代电动力学》的过程中做了以下一些新的尝试。

一是注重知识点的逻辑性和贯通性。通过完善和吸纳新知识点，教材知识体系具有更好的系统性和完整性。

例如，在第三章静电场，作者增加了无限长电偶极子线的电势、点电四极矩模型的构建、在球坐标系中带电体远场电势的电多极展开，以及从前沿成果中提炼出来的一个新知识点——柱形边界二维边值问题运用于分析半导体纳米线光致荧光对激发光偏振的敏感依赖性。在第四章静磁场，作者选择以匀角速度旋转均匀带电球壳所产生的磁场为例，不仅展示了采取矢势和标势两种求解方法，还提示这里面电流分布在球壳内产生均匀磁场，引导读者从另一个视角去理解磁化面电流的出现对超导体完全抗磁性的作用。第四章还增加了磁相互作用能的详细分析与讨论，目的是帮助读者建立更为清晰的物理图像。第五章电磁波的传播侧重分析了电磁波入射到介质表面产生的光压、Brewster 角和全反射等现象。为了加深对光压机理的理解，教材提供了 Maxwell 动量流密度求解和采用动量定理与动量密度相结合的两种分析方法。第五章还将电磁波在多层介质中传播单独作为 5.3 一节，目的是引导读者学会将单一界面电磁场边值关系推广运用到电磁波经过单层介质或周期单元前后的边值关系，并进一步分析电磁波在一维多层介质膜体系中的传播特征以及由此产生的一系列新颖效应。在 5.4 一节，作者将介质 Lorenz 色散模型和金属导体 Drude 色散模型提前并单独组成一节，目的是让学生通过相关模型的建立去理解电磁波进入两类体系后在传播特性上存在差异的根源。在 5.6.9 小节，通过圆形同轴波导管中 TEM 模和长波近似下特点的讨论，让读者自然对恒定电流圆形同轴传输线中的电流、电荷面分布建立起完整的物理图像。在 5.6 波导及谐振腔一节，教材增加了采用边值关系分析存在于介电常数（实部）异号的分界面两侧的表面等离激元波，目的是拓宽知识视野。在第六章电磁波的辐射，为了突出主线，作者把一些复杂数学推导作为例题呈现，同时增加了 6.2.3 和 6.2.4 两小节，分别是关于载有时谐电流细直导线的势和电磁场及关于无限大平面上时谐面电流的辐射场的讨论，目的是让读者能更直观地理解理想导体对电磁波产生全反射的物理图像。在第七章狭义相对论 7.3 一节，教材增加了 Doppler 效应的应用（7.3.5 小节）及有限体积内单色平面波总能量变换（7.3.12 小节）的介绍，目的是强化对相关知识点的融会贯通与运用。在第八章 8.3 Cherenkov 辐射一节，教材增加了 8.3.4 关于 Smith-Purcell 辐射的介绍。在最后 8.4 节，作者补充了关于自由运动电子与光的相互作用这一知识点，这里从动量能量守恒的角度分析了两者相互作用所需满足的相位匹配条件，很自然地给出非共线相互作用下 Cherenkov 角的定义。在 8.4.2 小节，作者进一步分析了自由电子与全反射下的消逝波实现共线相互作用所需满足的相位匹配条件。作者认为，这些知识点的更新和补充对读者更全面理解和运用电动力学的相关知识并建立完整的物理图像是非常必要的。

　　二是注重知识点的前沿性和启发性。通过吸纳具有代表性的前沿研究成果穿插到章节之中，激发学习兴趣和创新思维能力。

　　例如，在 4.3.3 磁标势边值关系小节，教材通过两道例题阐述了采用超导体或永磁介质可以使得部分区域内的磁场消失，但一般都会对其周围的外磁场产生影响。随后的课外阅读则介绍了静磁隐身这一特殊且有着重要应用前景的现象，即通过采用超导体和磁性介质组成的双层圆筒结构和磁导率设计，不但可以在超导圆筒内形成对外磁场的完全屏蔽，而且在磁性介质周围也不会对原先外磁场产生任何干扰。5.2.10 单独一小节介绍相位梯度超构表面及其所产生的反常反射和反常折射，随后的课外阅读介绍了这种新型人工微结构超薄材料的设计与制备以及通过超构表面实现对光的反常反射和反常折射现象，让读者认识到超构表面这一全新的概念为电磁波波前调控带来的前所未有的发展空间。在 5.3.5 关于一维光子晶体光子能带和带隙一小节，教材提供的课外阅读介绍了一种由渐变周期的一维光子晶体所组成的多层介质膜，这种多层膜表现出对 p 偏振电磁波在其他任何角度都产生全反射，但在 Brewster 角入射下表现出宽波段透明现象，让读者认识到将光子带隙和 Brewster 角度结合所带来的新效应。在 5.5.8 关于导电薄膜的光吸收率一小节，针对超薄导电薄膜吸收率在给出一般性理论分析基础上，以单层和少层碳原子组成的石墨烯二维电子材料光吸收率的研究进展作为课外阅读素材，启发读者去思考二维电子材料光吸收与传统超薄导电薄膜光吸收之间存在差异的物理根源。在 6.4.4 关于半波天线直线阵，作为课外阅读材料，简要介绍了 Yagi-Uda 天线产生端射效果的工作原理，以及最近科学家将这类天线尺寸缩小到纳米尺度实现了可见光的定向辐射，让读者看到了将天线工作原理推进到更短波段的新突破。在 7.3.4 关于 Doppler 效应一小节，作为课外阅读穿插了运用原子钟验证相对论时间膨胀效应的基本原理和到目前为止最为精确的实验验证结果，启发学生根据所学知识设计新的实验方案来验证物理基本原理。在 8.4.2 关于自由电子与消逝波相互作用一小节，教材不仅讨论了两者相互作用的相位匹配条件，同时提供了有关实验研究的最新进展作为课外阅读材料，特别指出在严格相位匹配下高速运动自由电子与消逝波共线相互作用所产生的量子效应。教材中这方面的例子还有不少，这里不一一列举，这些课外阅读既保持了与基础知识的有机衔接，又可以激发学生的学习兴趣。教材这一特色和尝试就是希望通过相关文献的阅读，进一步拓展学生所学知识，引导读者探索未知和锻炼解决新问题的能力。

三是注重可读性和可视性。通过知识点的渐进式呈现、关联性贯通和图文并茂展示，助力读者自主学习和对知识的理解与掌握。

例如，教材将与课程内容相关的矢量运算等知识点单独作为第一章介绍，让读者在加强矢量运算训练的同时做好专业知识学习的数学准备。对涉及较为复杂体系的电磁场理论分析，教材对知识点的呈现采取由浅入深和循序渐进的方式。例如，在讨论一维光子晶体的光子能带和带隙时，教材采取了从电磁波经过单界面到单层介质膜（双界面）再到双层介质膜周期结构单元（多界面）前后的边值关系的拓展，让读者更容易理解和掌握 Bragg 反射和光子带隙的分析方法及物理图像。再例如，教材先展示了载有时谐电流细直导线的势和电磁场的求解，再过渡到无限大平面上时谐面电流的辐射场的分析等。为了便于初学者学习，教材在各章知识点呈现上尽可能保留关键性数学推理过程，而很多例题和习题的设计和选择则保持与基本知识点的前后呼应和相得益彰。在教材写法上，作者更多以适合读者阅读感的视角去强化物理概念、结论分析和相关物理图像的阐述。为了便于理解课外阅读所涉及的前沿科研进展，作者把重点放在相关背景介绍和基本原理阐述上，并在文字上力求精简和扼要。为了提高教材的可视性，作者所在的科研团队为教材绘制了 220 多幅精美的插图。同时为了保证课外阅读素材的学习效果，高等教育出版社购买了发表在《Science》期刊上 16 篇学术论文相关图片的再版使用权。考虑到课时所限，作者对数学上处理更为复杂或与具体专业领域应用密切相关的内容分析则避免涉及，这样较好地保证了本教材现有知识体系的相对完整性和系统性。

四是注重弘扬科学精神和提升科学素养。通过相关背景的补充，展现了理论创建者的求真精神和对推动社会发展的巨大作用。

在涉及重要的基本原理或定律的介绍时，教材通过相关背景的补充或注释，展现了经典电动力学的创建者们在人类对自然规律认知有限背景下的科学素养与求真精神。例如，在 2.4.2 小节讨论位移电流时，介绍了 James Maxwell 提出这一概念的研究背景；在 2.4.5 小节讨论 Lorentz 力时，补充说明 1895 年 Hendrik Lorentz 结合 Maxwell 方程组与 Lagrange 力学给出了 Lorentz 力的完整形式；在 7.1.5 小节讨论 Lorentz 变换时，介绍了 Hendrik Lorentz 在 1904 年提出这一变换的初衷，并在注释部分介绍了他对 Albert Einstein 在 1905 年提出的狭义相对论理论基础的赞赏与肯定；等等。在第六章的开篇，教材回顾了从电磁波的预言、到电磁波的发现、到无线电信号的远距离传播，再到二次世界大战雷达技术的发展，让读者认识到基础研究的突破和积累对推动社会发展的巨大作用。教材还润物细无声融入了科学伦理教育，特别是通过基础知识的介绍、例题的设计、知识的应用以及前沿科研进展阅读的有机衔接，让学生获得系统性创新思维的熏陶，引导学生养成良好的科学思维方法。教材在吸纳新知识、新进展的同时，还联系我国科技发展成就和战略需求，引导学生厚植家国情怀，树立报国志向。例如，在 7.2.2 运动时钟变慢一小节，由相对论效应联系到全球卫星导航系统，介绍我国从 1994 年开始分"三步走"建设我国的北斗卫星导航系统并于 2012 年正式运行，让学生感受到国家重大科技进步造福人民，增强科技自立自强的信心和勇气。

　　作者感谢南京大学祝世宁院士、北京大学龚旗煌院士和高原宁院士、上海交通大学张杰院士、中国工程物理研究院孙昌璞院士和复旦大学资剑教授对本教材引入课外阅读并与基础知识有机衔接所给予的肯定。2024 年 1 月，经全国电动力学研究会（简称研究会）推荐，在物理学"101 计划"教材建设研讨会上（2024，海南）经与会专家讨论并通过，本教材成功入选教育部基础学科系列"101 计划"物理学领域的建设教材。之后作者在电动力学教材编写交流会（2024，深圳）、《物理学前沿与科学思想选讲》课程教师研修班（2024，厦门）、物理学"101 计划"教材评审会（2024，北京）等会议上介绍本教材的撰写理念与总体构思，听取与会专家的意见和建议，感谢研究会理事长周磊教授、物理学"101 计划"教材秘书处和研究会的大力支持，秘书处和研究会多次组织线上线下评审会。作者感谢"101 计划"教材审稿专家李志兵教授、赵玉民教授、谢双媛教授、胡响明教授和曾定方副教授等提出的很多建设性修改意见和建议。广西民族大学覃赵福讲师为教材的出版在绘图、编辑与排版等方面提供了大量的帮助。

　　本教材的建设先后得到了江苏省高等学校重点教材建设项目（2021）和南京大学"百"层次课程建设项目（2022）的资助，还得到了南京大学本科生院和物理学院的关心和支持。感谢高等教育出版社阳化冰副总编辑、物理分社马天魁分社长和王硕编辑所给予的支持。为了配合本教材的推广与使用，与本教材配套的教学指导书（含习题解）也即将由高等教育出版社出版。

王振林

2024 年 7 月于南京大学

作为主讲教师，面对一本教材，选择哪些内容在课堂上给学生讲解，需要考虑多个方面的因素：一是教材中教学内容的侧重点，二是班级学生的普遍接受和理解能力，三是课时的合理分配和安排。目前，有限的课时确实让教师无法在课堂上做到对教材内容的全覆盖。

作者建议，对于整体接受能力突出的班级，为了能兼顾整本教材重要知识点的讲解，乃至能对学生在课外阅读方面给予引导，以下的内容可以考虑让学生提前自学，比如 1.2.9、4.1.1、4.1.2、4.1.9、4.2.1、5.1.1、5.1.6—5.1.8、5.2.1、5.2.9、5.2.10、5.6.13、5.6.14 和 6.3.6 小节等内容。考虑到学生之前已经学习过电磁学课程，在静电场和静磁场这两章还可以对个别小节或例题做简要讲解，这样能保证在课堂上对教材后四章的重要知识点做较为详细的介绍，比如光子晶体的光子能带和光子带隙概念。对于物理学类专业的高年级学生来说，由于他们很快会学习到固体物理，因此理解和掌握光子能带和光子带隙这些概念是非常重要的，这有助于学生理解电磁波在光子晶体中传播与电子在固体中运动的共性特征。

作者建议，对于整体接受能力相对一般的班级，可以对以下章节不做学习要求，例如 1.2.8、1.2.9、1.3.5、2.7.5、3.2.7、4.1.2、5.2.9、5.2.10、5.3.4—5.3.6、5.6.10—5.6.14、6.3.6、6.4.3、6.4.4、7.3.12、7.4、8.1—8.3 等内容，从而留出更多的时间把一些知识点和例题讲解透，强化学生对基本知识的掌握和物理图像的理解。

对于教材第八章的内容，如果课时不足，作者建议针对不同的班级，可采取不同的处理方法。对整体接受能力突出的班级，可对 8.1.2 小节的推导过程不做要求，直接利用相关结论，然后加以讨论。对于整体接受能力一般的班级，可对 8.1—8.3 节都不做要求，直接进入 8.4 节，即从相互作用能量和动量守恒角度，讨论关于运动电荷与光的相互作用以及产生 Cherenkov 辐射的辐射角，这里的分析过程既简单，物理图像也很清晰。

在电动力学课程的教学效果与质量监控上，南京大学物理学院采取的做法是在每一章讲授完之后利用一节课时（也可根据题量采用半节课）做一次章节测验，并在测验之后由任课教师与学生谈心交流，及时给予指导和帮扶。通过对比，我们发现实施章节测验以及提高测验在总评成绩中的比例（相对习题作业），学生会更加重视平时的课堂学习，以及课后的复习和独立思考。实践表明，像电动力学这类课程，章节测验的确可以对学生平时学习的主动性起到压力传递效果，特别是对进入状态慢的学生能起到一种及时的鞭策。考虑到本教材在内容上的扩充和课外阅读的安排，作者在教材中并没有准备过多的练习题。为了便于教师布置作业，作者对习题的难度做了区分，教师可根据学生对知识的掌握情况有选择性地布置。

作为高年级的本科生，如何学好电动力学也会成为一次新的挑战，甚至有部分学生在拿到教材之前已经有了一丝焦虑。实际上为了便于学生阅读和理解，作者在教材内容安排以及文字叙述方面做了很多铺垫，一是对知识点的呈现做到由浅入深，二是对文字的阐述力求准确严谨。同时，作为一本好的教材，希望能展现学科发展的现状，让同学们在学习中有探索未知的动力。因此，作者穿插了若干课外阅读素材，并做了言简意赅的解读，目的是避免所介绍的新效应、新现象在教材知识体系上的突兀。为了引导学生重视课程的课外阅读与学习，我们的做法是鼓励学生成立 2～3 人的课外阅读小组，在期末考试结束之后集中安排一次口头报告会，同时请学院年轻教授围绕小组对新效应、新现象的分析思考和报告的质量给予点评和评分，并在学生总评分中给予适当加分。

当然，由于电动力学课程本身的特点，无法避免较为繁杂的数学推导，作者以做学生时的学习经历以及多年讲授本课程的实践，提醒并建议同学们，一是平时要坚持做好笔记，有些内容如果课堂上一时理解不透，可以待课后去详细推导一遍，然后再及时补充到笔记中；二是一定要通过书本来进行阅读和课程学习，避免在电脑笔记本等电子设备上阅读或者做笔记。动笔推导的过程是一种非常有效的强化记忆和理解消化的过程，而一本好的教材拿在手上翻阅、阅读或做理解的标注，会给人一种良好的整体阅读感，它甚至还可能成为今后继续深造或工作中的一本有益的参考书。

作者衷心希望并期待本教材在使用、学习和阅读中能带给任课教师和修课学生一些新的收获和享受。教材中如有不妥之处，也恳请读者给予指正。

王振林

2024 年 7 月于南京大学

目　　录

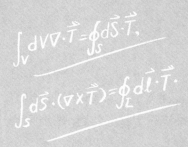

第一章
数学准备

本章将对电动力学中要用到的一些物理量的数学标记、相关运算规则和数学定理做一个简要的介绍，特别是给出了电动力学中常用的矢量代数、矢量分析、正交变换和张量分析的数学公式，这些数学知识在电动力学中有着重要的应用，在接触课程初期掌握好这些数学基本知识，对于课程的学习非常重要，不但有助于读者理解电动力学的概念和物理内涵，同时也会让其对很多物理问题的数学处理变得得心应手！

1.1 矢量的代数运算

1.1.1 矢量的表示

所谓矢量，即既有大小、又有方向的量，本书用头顶带有一箭头的字母表示，如 $\vec{A}$。尽管不一定必须这样做，但为了方便起见，我们通常会选择一个坐标系，然后把矢量用沿着坐标系相应基矢的分量之和来表示。基矢的选取依赖于坐标系，但是基矢之间相互垂直，长度均为 1。在三维空间中，三个基矢 $(\vec{e}_1, \vec{e}_2, \vec{e}_3)$ 之间成右手螺旋关系。

在三维空间中，常用的坐标系有笛卡儿 (Cartesian) 坐标系、球坐标系和柱坐标系，如图 1–1 所示。

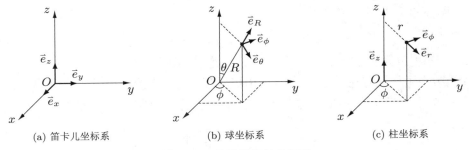

(a) 笛卡儿坐标系　　　　(b) 球坐标系　　　　(c) 柱坐标系

图 1–1　几种常用的坐标系

对于 Cartesian 坐标系, 沿着坐标轴的正方向定义相应的基矢为

$$(\vec{e}_1, \vec{e}_2, \vec{e}_3) = (\vec{e}_x, \vec{e}_y, \vec{e}_z). \tag{1.1.1}$$

对于球坐标系, 在空间某一点 P 处, 定义相应的基矢为

$$(\vec{e}_1, \vec{e}_2, \vec{e}_3) = (\vec{e}_R, \vec{e}_\theta, \vec{e}_\phi). \tag{1.1.2}$$

对于柱坐标系, 定义相应的基矢为

$$(\vec{e}_1, \vec{e}_2, \vec{e}_3) = (\vec{e}_r, \vec{e}_\phi, \vec{e}_z). \tag{1.1.3}$$

还需注意的是, 在 Cartesian 坐标系中三个基矢 $(\vec{e}_x, \vec{e}_y, \vec{e}_z)$ 并不依赖于空间位置; 柱坐标系中基矢 $(\vec{e}_r, \vec{e}_\phi)$ 依赖于空间的具体位置, $\vec{e}_z$ 不依赖于空间位置; 球坐标系中三个基矢 $(\vec{e}_R, \vec{e}_\theta, \vec{e}_\phi)$ 一般都依赖于空间的具体位置。

在建立坐标系之后, 空间任一点 P 处的矢量 $\vec{A}$ 都可以分解成沿着三个基矢方向的分量之和, 即

$$\vec{A} = \sum_{i=1}^{3} A_i \vec{e}_i. \tag{1.1.4}$$

其中 A_i 为矢量 $\vec{A}$ 沿基矢 $\vec{e}_i$ 的投影。实际中为了便于问题的研究, 我们可以根据所研究问题的对称性特点, 选择一种合适的坐标系来分析和讨论。

为了简便起见, 在代数中我们常省去求和号 $\sum$, 将 $\sum_{i=1}^{3} A_i \vec{e}_i$ 直接写成 $A_i \vec{e}_i$, 这里约定俗成, 只要一项中存在两个相同的下角标, 就表示有相应的求和运算。

1.1.2 矢量的点积与叉积

定义两个矢量 $\vec{A}$ 与 $\vec{B}$ 的点积为

$$\vec{A} \cdot \vec{B} = |\vec{A}||\vec{B}| \cos\alpha. \tag{1.1.5}$$

式中 α 为两个矢量之间的夹角。两个矢量的点积为标量, 并且有 $\vec{A} \cdot \vec{B} = \vec{B} \cdot \vec{A}$。

在 Cartesian 坐标系中, 由于基矢是常矢量, 因此任意两个矢量的点积可用它们的分量表示, 即

$$\vec{A} \cdot \vec{B} = A_i B_i = \delta_{ij} A_i B_j. \tag{1.1.6}$$

上式中引入了克罗内克 (Kronecker) 符号 δ_{ij}, 其定义为

$$\delta_{ij} = \vec{e}_i \cdot \vec{e}_j = \begin{cases} 0 & (i \neq j), \\ 1 & (i = j). \end{cases} \tag{1.1.7}$$

定义矢量 $\vec{A}$ 与 $\vec{B}$ 的叉积为

$$\vec{A} \times \vec{B} = |\vec{A}||\vec{B}| \vec{n} \sin\alpha. \tag{1.1.8}$$

其中 $\vec{n}$ 为单位矢量, 如图 1-2 所示, 两个矢量的叉积为一矢量, 并且垂直于 $\vec{A}$ 和 $\vec{B}$ 组成的平面, 其方向为当右手的四指从矢量 $\vec{A}$ 的方向经过小于 π 的角度 (α) 转向矢量 $\vec{B}$ 时右手拇指所指的方向。因此, 两个矢量的叉积有如下的性质:

$$\vec{A} \times \vec{B} = -\vec{B} \times \vec{A}. \tag{1.1.9}$$

同时, 叉积的大小 $|\vec{A} \times \vec{B}|$ 表示矢量 $\vec{A}$ 与 $\vec{B}$ 构成的平行四边形的面积, 因此矢量与其自身的叉积为零, 即 $\vec{A} \times \vec{A} = 0$.

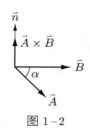

图 1-2

在 Cartesian 坐标系中, 可采用矢量分量表示两个矢量的叉积:

$$\vec{A} \times \vec{B} = \begin{vmatrix} \vec{e}_1 & \vec{e}_2 & \vec{e}_3 \\ A_1 & A_2 & A_3 \\ B_1 & B_2 & B_3 \end{vmatrix}, \tag{1.1.10}$$

或者

$$\vec{A} \times \vec{B} = \vec{e}_1 \left(A_2 B_3 - A_3 B_2\right) + \vec{e}_2 \left(A_3 B_1 - A_1 B_3\right) + \vec{e}_3 \left(A_1 B_2 - A_2 B_1\right).$$

上式也可以写成如下更为简洁的形式:

$$\vec{A} \times \vec{B} = \varepsilon_{ijk} \vec{e}_i A_j B_k. \tag{1.1.11}$$

注意这里不但有三个下角标求和, 而且还需注意下角标的次序关系, 而 ε_{ijk} 称为莱维–齐维塔 (Levi–Civita) 置换符号, 并定义如下:

$$\varepsilon_{ijk} = \begin{cases} 0 & (i = j, \text{ 或 } j = k, \text{ 或 } i = k), \\ +1 & (i, j, k \text{ 按照 } 1, 2, 3 \text{ 次序轮换}), \\ -1 & (\text{其他}). \end{cases} \tag{1.1.12}$$

注意, (1.1.11) 式是一个非常重要且常用的公式。根据 ε_{ijk} 的定义, 三维空间基矢的叉积可表示为

$$\vec{e}_i \times \vec{e}_j = \varepsilon_{ijk} \vec{e}_k. \tag{1.1.13}$$

根据上式可得

$$\varepsilon_{ijk} = \vec{e}_k \cdot \left(\vec{e}_i \times \vec{e}_j\right). \tag{1.1.14}$$

思考题 1.1　尝试证明: Kronecker 符号 δ_{ij} 和 Levi–Civita 置换符号 ε_{ijk} 之间存在如下关系式:

$$\varepsilon_{ijk} \varepsilon_{imn} = \delta_{jm} \delta_{kn} - \delta_{jn} \delta_{km}. \tag{1.1.15}$$

注意 (1.1.15) 式中虽牵涉到多个下角标, 但求和的下角标只针对左边两个 Levi–Civita 符号所共同具有的下角标 i。

1.1.3 三个矢量的积

定义了两个矢量的叉积后, 三个矢量的叉积可表示为

$$\vec{A} \times (\vec{B} \times \vec{C}) = (\vec{A} \cdot \vec{C})\,\vec{B} - (\vec{A} \cdot \vec{B})\,\vec{C}. \tag{1.1.16}$$

在给出这一公式的具体证明之前, 我们可以依据一个基本的图像先来记住这一表达式。根据矢量叉积的定义, 叉积 $\vec{A} \times (\vec{B} \times \vec{C})$ 一定是落在由 $(\vec{B}, \vec{C})$ 组成的平面内, 因此必然可以用 $\vec{B}$ 和 $\vec{C}$ 来分解, 其系数由剩余的两个矢量的点积决定; 从上式可看出, 位置在前的矢量 $\vec{B}$, 其相应点积的系数取正号, 位置在后的矢量 $\vec{C}$, 其系数取负号。

例题 1.1.1 证明 (1.1.16) 式。

证: 根据两个矢量叉积的 (1.1.11) 式得

$$\vec{A} \times (\vec{B} \times \vec{C}) = \vec{e}_i \varepsilon_{ijk} A_j (\vec{B} \times \vec{C})_k = \vec{e}_i \varepsilon_{ijk} A_j \left(\varepsilon_{klm} B_l C_m\right)$$

$$= \vec{e}_i \varepsilon_{kij} \varepsilon_{klm} A_j B_l C_m = \vec{e}_i \left(\delta_{il}\delta_{jm} - \delta_{im}\delta_{jl}\right) A_j B_l C_m$$

$$= \vec{e}_i \left(\delta_{il}\delta_{jm} A_j B_l C_m - \delta_{im}\delta_{jl} A_j B_l C_m\right)$$

$$= \vec{e}_i \left(A_j C_j B_i - A_j B_j C_i\right) = (\vec{A} \cdot \vec{C})\, B_i \vec{e}_i - (\vec{A} \cdot \vec{B})\, C_i \vec{e}_i$$

$$= (\vec{A} \cdot \vec{C})\,\vec{B} - (\vec{A} \cdot \vec{B})\,\vec{C}.$$

得证。

另一方面, $\vec{A} \cdot (\vec{B} \times \vec{C})$ 是三个矢量的叉积和点积的混合积, 表示的是由矢量 $\vec{B}$、$\vec{C}$ 所构成的平行四边形, 再与矢量 $\vec{A}$ 共同构成的平行六面体的 "体积"。借助 (1.1.11) 式, 容易证明矢量的混合积具有如下的特点:

$$\vec{A} \cdot (\vec{B} \times \vec{C}) = (\vec{A} \times \vec{B}) \cdot \vec{C}. \tag{1.1.17}$$

即在混合积中, 当三个矢量的位置固定时, 点积和叉积位置可以对调而结果不变。不仅如此, 当保持叉积与点积的位置固定时, 在循环三个矢量的位置但保持循环次序的情况下, 最终的混合积也都相等, 即

$$\vec{A} \cdot (\vec{B} \times \vec{C}) = \vec{B} \cdot (\vec{C} \times \vec{A}) = \vec{C} \cdot (\vec{A} \times \vec{B}). \tag{1.1.18}$$

1.2 矢量的导数运算

1.2.1 位置矢量、标量场和矢量场

在 Cartesian 坐标系中, 空间中一点 P 的位置可以用三个坐标 $(x_1, x_2, x_3) = (x, y, z)$ 来表示, 而从坐标原点指向 P 点的矢量称为位置矢量, 简称位矢, 表示为

$$\vec{r} = x_i \vec{e}_i = x\vec{e}_x + y\vec{e}_y + z\vec{e}_z. \tag{1.2.1}$$

位矢的大小用 $r = |\vec{r}|$ 表示。

在电动力学所讨论的问题中经常会出现电荷源或电流源的情况, 因此我们需

要区分电荷 (源) 或电流 (源) 所处的位置 P' (简称源点) 和所观测的场中某一点 P (简称场点)。如图 1–3 所示, 场点 P 的位矢一般用 $\vec{R}$ 表示, 而源点 P' 的位矢一般用 $\vec{R}'$ 表示, 即

$$\begin{cases} \vec{R} = x_i \vec{e}_i = x\vec{e}_x + y\vec{e}_y + z\vec{e}_z, \\ \vec{R}' = x_i' \vec{e}_i = x'\vec{e}_x + y'\vec{e}_y + z'\vec{e}_z. \end{cases} \tag{1.2.2}$$

此时定义场点 P 相对于源点 P' 的位矢 $\vec{r}$ 为

$$\vec{r} = \vec{R} - \vec{R}'. \tag{1.2.3}$$

而场点 P 与源点 P' 之间的距离为 $r = |\vec{R} - \vec{R}'|$。

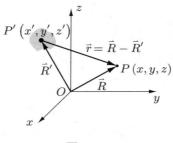

图 1–3

若一标量 φ 是位矢 $\vec{r}$ 的函数, 则称 $\varphi(\vec{r})$ 为标量场。若一矢量 $\vec{A}$ 是位矢 $\vec{r}$ 的函数, 则称 $\vec{A}(\vec{r})$ 为矢量场。有时, 这些场不但依赖于空间的位置, 还依赖于所观测的时刻 t, 此时一般表示成 $\varphi(\vec{r}, t)$ 或 $\vec{A}(\vec{r}, t)$。

讨论: 时谐物理量的周期平均值

在电动力学中讨论较多的是以一定频率作正弦振荡的电磁波 (称之为时谐电磁波或单色波), 而单色波的矢量场 (电场或磁场) 对时间的依赖关系为 $\cos(\omega t)$, ω 为振荡的圆频率。数学上为了处理方便, 一般将与单色波相关的矢量场写成如下复数形式:

$$\vec{A}(\vec{R}, t) = \vec{A}(\vec{R}) \, \mathrm{e}^{-\mathrm{i}\omega t}. \tag{1.2.4}$$

需要注意的是, 由于电磁波在空间中的传播, 矢量场空间因子 $\vec{A}(\vec{R})$ 本身也可能是复数。在计算实际测量的物理量时, 只能选取这些矢量场表达式的实数部分代入计算。假设与电磁场相关的两个矢量场 (比如电场和磁场) 分别表示为

$$\vec{A}(\vec{R}, t) = \vec{A}(\vec{R}) \, \mathrm{e}^{-\mathrm{i}\omega t}, \quad \vec{B}(\vec{R}, t) = \vec{B}(\vec{R}) \, \mathrm{e}^{-\mathrm{i}\omega t}. \tag{1.2.5}$$

而其他可测量的矢量场 $\vec{s}(\vec{R}, t)$ 和标量场 $w(\vec{R}, t)$ 与上述矢量场之间有如下关系:

$$\vec{s}(\vec{R}, t) = \vec{A} \times \vec{B}, \quad w(\vec{R}, t) = \vec{A} \cdot \vec{B}. \tag{1.2.6}$$

下面来分析 $\vec{s}(\vec{R}, t)$ 和 $w(\vec{R}, t)$ 的表达形式及其在一个周期内的平均值。

作为真实的物理量, 计算 $\vec{s}(\vec{R},t)$ 和 $w(\vec{R},t)$ 时只代入 (1.2.5) 式中的实部, 因此一般有

$$\vec{s}(\vec{R},t) = \mathrm{Re}(\vec{A}) \times \mathrm{Re}(\vec{B}), \quad w(\vec{R},t) = \mathrm{Re}(\vec{A}) \cdot \mathrm{Re}(\vec{B}). \tag{1.2.7}$$

另一方面, 由于有

$$\mathrm{Re}(\vec{A}) = \frac{1}{2}(\vec{A} + \vec{A}^*), \quad \mathrm{Re}(\vec{B}) = \frac{1}{2}(\vec{B} + \vec{B}^*). \tag{1.2.8}$$

$\vec{A}^*$ 和 $\vec{B}^*$ 分别是 $\vec{A}$ 和 $\vec{B}$ 矢量的复共轭。因此 $\vec{s}(\vec{R},t)$ 又可表示为

$$\begin{aligned}
\vec{s}(\vec{R},t) &= \frac{1}{4}(\vec{A} + \vec{A}^*) \times (\vec{B} + \vec{B}^*) \\
&= \frac{1}{4}(\vec{A} \times \vec{B} + \vec{A}^* \times \vec{B}^* + \vec{A}^* \times \vec{B} + \vec{A} \times \vec{B}^*) \\
&= \frac{1}{2}\mathrm{Re}(\vec{A} \times \vec{B}) + \frac{1}{2}\mathrm{Re}(\vec{A} \times \vec{B}^*).
\end{aligned} \tag{1.2.9}$$

类似地, $w(\vec{R},t)$ 可以表示为

$$w(\vec{R},t) = \frac{1}{2}\mathrm{Re}(\vec{A} \cdot \vec{B}) + \frac{1}{2}\mathrm{Re}(\vec{A} \cdot \vec{B}^*). \tag{1.2.10}$$

同样, 计算 $\vec{s}(\vec{R},t)$ 和 $w(\vec{R},t)$ 在一个周期内的平均值可采取

$$\begin{cases}
\langle \vec{s} \rangle = \dfrac{1}{T} \int s(\vec{R},t)\,\mathrm{d}t = \langle \mathrm{Re}(\vec{A}) \times \mathrm{Re}(\vec{B}) \rangle, \\
\langle w \rangle = \langle \mathrm{Re}(\vec{A}) \cdot \mathrm{Re}(\vec{B}) \rangle.
\end{cases} \tag{1.2.11}$$

或者利用 $\int \mathrm{Re}(\vec{A} \times \vec{B})\,\mathrm{d}t = 0$, 以及 $\int \mathrm{Re}(\vec{A} \cdot \vec{B})\,\mathrm{d}t = 0$, 得

$$\begin{cases}
\langle \vec{s} \rangle = \dfrac{1}{2} \langle \mathrm{Re}(\vec{A} \times \vec{B}^*) \rangle, \\
\langle w \rangle = \dfrac{1}{2} \langle \mathrm{Re}(\vec{A} \cdot \vec{B}^*) \rangle.
\end{cases} \tag{1.2.12}$$

因此计算 $\langle \vec{s} \rangle$ 和 $\langle w \rangle$ 既可采用 (1.2.11) 式, 也可采用 (1.2.12) 式。在本教材中我们都采用前一种方法来计算 $\langle \vec{s} \rangle$ 或分析其分量。

假如标量场 $w(\vec{R},t)$ 表示为 $w(\vec{R},t) = a\vec{A} \cdot \vec{A}$, 则有

$$\begin{cases}
w(\vec{R},t) = a\,\mathrm{Re}(\vec{A}) \cdot \mathrm{Re}(\vec{A}) = a|\mathrm{Re}(\vec{A})|^2, \\
\langle w \rangle = a\left\langle |\mathrm{Re}(\vec{A})|^2 \right\rangle.
\end{cases} \tag{1.2.13}$$

1.2.2　标量场的梯度

对于依赖于位矢 $\vec{r}$ 的标量场 $\varphi(\vec{r})$, 沿不同方向在空间移动一小步位移 $\mathrm{d}\vec{\ell}$ 所引起的 φ 变化量可能是不相同的。形象的例子是站在山丘上向不同的方向跨

一步, 两脚之间的落差是不同的。在 Cartesian 坐标系中, 在空间移动位移 $\mathrm{d}\vec{\ell} = \mathrm{d}x\vec{e}_x + \mathrm{d}y\vec{e}_y + \mathrm{d}z\vec{e}_z$ 所引起的标量场 φ 的变化量可用如下的数学定理描述:

$$\mathrm{d}\varphi = \frac{\partial \varphi}{\partial x}\mathrm{d}x + \frac{\partial \varphi}{\partial y}\mathrm{d}y + \frac{\partial \varphi}{\partial z}\mathrm{d}z. \tag{1.2.14}$$

上式可改写成

$$\mathrm{d}\varphi = \left(\frac{\partial \varphi}{\partial x}\vec{e}_x + \frac{\partial \varphi}{\partial y}\vec{e}_y + \frac{\partial \varphi}{\partial z}\vec{e}_z\right) \cdot (\mathrm{d}x\vec{e}_x + \mathrm{d}y\vec{e}_y + \mathrm{d}z\vec{e}_z) = \nabla\varphi \cdot \mathrm{d}\vec{\ell},$$

其中

$$\nabla\varphi = \frac{\partial \varphi}{\partial x}\vec{e}_x + \frac{\partial \varphi}{\partial y}\vec{e}_y + \frac{\partial \varphi}{\partial z}\vec{e}_z = \vec{e}_i\frac{\partial \varphi}{\partial x_i}, \tag{1.2.15}$$

称为标量场 φ 的梯度。注意梯度 $\nabla\varphi$ 是一个矢量, 其方向为沿着 $\varphi(\vec{r})$ 等于常数的面的面法线并指向 φ 增加的方向。因此如果是沿着梯度的方向移动位移 $\mathrm{d}\vec{\ell}$, 所得到的 φ 增量是最大的, 而垂直于梯度方向移动位移 $\mathrm{d}\vec{\ell}$ 并不会导致 φ 的变化。

1.2.3 矢量导数 ∇ 算符

在 Cartesian 坐标系中, 标量场梯度的定义 (1.2.15) 式在形式上可以写成

$$\nabla\varphi = \left(\vec{e}_i\frac{\partial}{\partial x_i}\right)\varphi. \tag{1.2.16}$$

这里括号中的部分称为梯度算符 ∇, 或叫 del 算符, 即

$$\nabla = \vec{e}_i\frac{\partial}{\partial x_i} = \vec{e}_x\frac{\partial}{\partial x} + \vec{e}_y\frac{\partial}{\partial y} + \vec{e}_z\frac{\partial}{\partial z}. \tag{1.2.17}$$

需要注意的是, ∇ 具有矢量的性质, 但它同时又是微分算符。当然作为算符, 只有在明确它所作用的对象 (这里是 φ) 之后, 它才具有确切的含义。引入 ∇ 算符, 可以使得一些方程在形式上得以简化。由于 ∇ 算符是线性矢量算符, 所以在运算过程中既要遵守导数运算规则, 也要遵守矢量的运算规则。

1.2.4 矢量场的散度

根据 ∇ 算符的定义, 定义 Cartesian 坐标系中矢量场 $\vec{A}$ 的散度为

$$\nabla \cdot \vec{A} = \left(\vec{e}_i\frac{\partial}{\partial x_i}\right) \cdot (A_j\vec{e}_j) = \vec{e}_i \cdot \vec{e}_j\frac{\partial A_j}{\partial x_i} = \delta_{ij}\frac{\partial A_j}{\partial x_i} = \frac{\partial A_i}{\partial x_i}. \tag{1.2.18}$$

需要注意的是, $\vec{A} \cdot \nabla$ 不同于散度 $\nabla \cdot \vec{A}$, $\vec{A} \cdot \nabla = A_i\frac{\partial}{\partial x_i}$ 是一标量算符, 因此这一点区别于前面看到的两个矢量的点积可以交换前后位置的特点。

在 Cartesian 坐标系中, 沿三个基矢的散度均为零, 即 $\nabla \cdot \vec{e}_i = 0$, 而位矢 $\vec{r}$ 的散度为 $\nabla \cdot \vec{r} = \left(\vec{e}_x\frac{\partial}{\partial x} + \vec{e}_y\frac{\partial}{\partial y} + \vec{e}_z\frac{\partial}{\partial z}\right) \cdot (x\vec{e}_x + y\vec{e}_y + z\vec{e}_z) = 3$。从几何的角度看, 矢量散度描述的是矢量的方向或大小的发散程度。若某一矢量场的散度处处为

零, 这样的场称之为无源场, 如果形象地用带有箭头的线表示场, 用箭头表示场的方向, 用线间疏密表示场的大小, 则对于无源场, 这些带有箭头的线始终首尾相接形成闭合线, 线没有起点, 也没有终点。

在电动力学中我们将会见到一个重要的矢量场:

$$\vec{E}(\vec{r}) = \frac{\vec{r}}{r^3} \quad (r \neq 0).$$ (1.2.19)

容易验证其特别之处在于除了原点, 这一矢量场的散度均为零, 即

$$\nabla \cdot \frac{\vec{r}}{r^3} = 0 \quad (r \neq 0).$$ (1.2.20)

在第二章中我们会看到, 这一矢量场对应的是位于坐标原点的点电荷所激发的静电场, 所以它是有源场。

1.2.5   矢量场的旋度

根据 ∇ 算符的定义, 在 Cartesian 坐标系中定义矢量场的旋度为

$$\nabla \times \vec{A} = \vec{e}_i \varepsilon_{ijk} \frac{\partial}{\partial x_j} A_k.$$ (1.2.21)

从几何意义上看, 矢量场的旋度描述的是矢量的方向或大小围绕某个点的旋转程度。容易验证, 位矢是无旋的, 即 $\nabla \times \vec{r} = 0$, 而任意标量场的梯度场 $\nabla\varphi$ 亦是无旋场, 即

$$\nabla \times (\nabla\varphi) = \varepsilon_{ijk} \vec{e}_i \frac{\partial}{\partial x_j} \left(\frac{\partial}{\partial x_k} \varphi \right) \equiv 0.$$ (1.2.22)

若一矢量场的旋度处处为零, 我们称之为无旋场。静电场便是无旋场, 在后面我们会专门来讨论静电场的这一特点。

前面已提及, 在电动力学中时常需要区分源点和场点的位置。对于依赖电荷源、电流源所处位矢 $(\vec{R}')$ 的标量场和矢量场, 在 Cartesian 坐标系中也可以定义相应的 ∇' 算符, 只不过 ∇' 只对 $\vec{R}'$ 产生作用, 即

$$\nabla' = \vec{e}_i \frac{\partial}{\partial x_i'} = \vec{e}_x \frac{\partial}{\partial x'} + \vec{e}_y \frac{\partial}{\partial y'} + \vec{e}_z \frac{\partial}{\partial z'}.$$ (1.2.23)

需要特别注意的是, ∇ 和 ∇' 分别只对场点位矢 $\vec{R}$ 和源点位矢 $\vec{R}'$ 进行求导, 考虑到 $r = |\vec{R} - \vec{R}'|$, 因此有如下关系式:

$$\nabla r = -\nabla' r, \quad \nabla \frac{1}{r} = -\nabla' \frac{1}{r}.$$ (1.2.24)

1.2.6   乘积的导数法则

我们经常会碰到算符 ∇ 作用于标量的乘积、矢量与标量的乘积, 或者作用于矢量的乘积上。现在列出一些相关的运算法则, 使大家加深对 ∇ 算符的熟悉和理解。

当 a、b 为常数时, 有

$$\nabla\left(a\varphi + b\psi\right) = a\nabla\varphi + b\nabla\psi,$$

$$\nabla\cdot\left(a\vec{A} + b\vec{B}\right) = a\nabla\cdot\vec{A} + b\nabla\cdot\vec{B}.$$

对于 $\nabla\left(\varphi\psi\right)$、$\nabla\cdot\left(\varphi\vec{A}\right)$ 和 $\nabla\times\left(\varphi\vec{A}\right)$ 这样的运算, ∇ 算符须对每个场有相应的作用, 即

$$\nabla\left(\psi\varphi\right) = \varphi\nabla\psi + \psi\nabla\varphi, \tag{1.2.25}$$

$$\nabla\cdot\left(\varphi\vec{A}\right) = \nabla\varphi\cdot\vec{A} + \varphi\nabla\cdot\vec{A}, \tag{1.2.26}$$

$$\nabla\times\left(\varphi\vec{A}\right) = \nabla\varphi\times\vec{A} + \varphi\nabla\times\vec{A}. \tag{1.2.27}$$

需要注意的是, (1.2.27) 式中等号右边的第一项并不是 $\vec{A}\times\nabla\varphi$。大家可以借助 (1.2.21) 式尝试验证。

例题 1.2.1 计算 $\nabla\cdot(\vec{A}\times\vec{B})$。

解: 考虑到 ∇ 算符需要对括号中每个矢量场都有作用, 因此有

$$\nabla\cdot(\vec{A}\times\vec{B}) = \nabla_A\cdot(\vec{A}\times\vec{B}) + \nabla_B\cdot(\vec{A}\times\vec{B})$$

$$= (\nabla_A\times\vec{A})\cdot\vec{B} - \nabla_B\cdot(\vec{B}\times\vec{A}).$$

其中, 我们用 ∇_A 表示仅对矢量 $\vec{A}$ 的微分, 用 ∇_B 表示仅对矢量 $\vec{B}$ 的微分。借助三个矢量混合积的特点, 最后得

$$\nabla\cdot(\vec{A}\times\vec{B}) = (\nabla\times\vec{A})\cdot\vec{B} - (\nabla\times\vec{B})\cdot\vec{A}. \tag{1.2.28}$$

可见, 其形式不同于三个矢量的混合积的形式。大家也可以借助 (1.1.11) 式来证明上述关系式。

例题 1.2.2 计算 $\nabla\times(\vec{A}\times\vec{B})$。

解: 仿照类似的做法:

$$\nabla\times(\vec{A}\times\vec{B}) = \nabla_A\times(\vec{A}\times\vec{B}) + \nabla_B\times(\vec{A}\times\vec{B}).$$

再借助三个矢量的叉积的关系式, 得

$$\nabla\times(\vec{A}\times\vec{B}) = (\nabla_A\cdot\vec{B})\vec{A} - (\nabla_A\cdot\vec{A})\vec{B} + (\nabla_B\cdot\vec{B})\vec{A} - (\nabla_B\cdot\vec{A})\vec{B}$$

$$= (\vec{B}\cdot\nabla)\vec{A} - (\nabla\cdot\vec{A})\vec{B} + (\nabla\cdot\vec{B})\vec{A} - (\vec{A}\cdot\nabla)\vec{B}.$$

最后得

$$\nabla\times(\vec{A}\times\vec{B}) = [(\nabla\cdot\vec{B}) + (\vec{B}\cdot\nabla)]\vec{A} - [(\nabla\cdot\vec{A}) + (\vec{A}\cdot\nabla)]\vec{B}. \tag{1.2.29}$$

可见, 由于 ∇ 不纯粹是一个矢量, $\nabla\times(\vec{A}\times\vec{B})$ 亦不同于之前介绍的三个矢量叉积的关系式。

思考题 1.2　借助 (1.1.11) 式和 (1.1.15) 式来证明 (1.2.29) 式。其次, 假设 $\vec{B} = \vec{n}$ 为一个常矢量, 根据 (1.2.29) 式, 分析 $\nabla \times (\vec{A} \times \vec{n})$ 与之前介绍的三个矢量的叉积形式有何区别。

例题 1.2.3　证明 $\vec{A} \times (\nabla \times \vec{B}) = \nabla_B (\vec{B} \cdot \vec{A}) - (\vec{A} \cdot \nabla) \vec{B}$。

证: 这里给出两种证明方法。注意到等式中 ∇ 算符只针对矢量 $\vec{B}$ 有作用, 因此有

$$\vec{A} \times (\nabla \times \vec{B}) = \vec{A} \times (\nabla_B \times \vec{B}),$$

或者

$$\vec{A} \times (\nabla \times \vec{B}) = \nabla_B (\vec{B} \cdot \vec{A}) - (\nabla_B \cdot \vec{A}) \vec{B} = \nabla_B (\vec{B} \cdot \vec{A}) - (\vec{A} \cdot \nabla_B) \vec{B}$$
$$= \nabla_B (\vec{B} \cdot \vec{A}) - (\vec{A} \cdot \nabla) \vec{B}.$$

第二种证明方法:

$$\vec{A} \times (\nabla \times \vec{B}) = \vec{e}_i \varepsilon_{ijk} A_j (\nabla \times \vec{B})_k = \vec{e}_i \varepsilon_{ijk} A_j \left(\varepsilon_{kmn} \frac{\partial}{\partial x_m} B_n \right)$$
$$= \vec{e}_i \varepsilon_{ijk} \varepsilon_{kmn} A_j \frac{\partial B_n}{\partial x_m},$$

利用 (1.1.15) 式, 进一步得到

$$\vec{A} \times (\nabla \times \vec{B}) = \vec{e}_i (\delta_{im} \delta_{jn} - \delta_{in} \delta_{jm}) A_j \frac{\partial B_n}{\partial x_m} = A_j \vec{e}_i \frac{\partial}{\partial x_i} B_j - A_j \frac{\partial}{\partial x_j} B_i \vec{e}_i$$
$$= \nabla_B (\vec{B} \cdot \vec{A}) - (\vec{A} \cdot \nabla) \vec{B}.$$

推论 1.1　利用上述例题结论, 及 $\nabla (\vec{A} \cdot \vec{B}) = \nabla_A (\vec{A} \cdot \vec{B}) + \nabla_B (\vec{A} \cdot \vec{B})$, 易得如下关系式:

$$\nabla (\vec{A} \cdot \vec{B}) = (\vec{A} \cdot \nabla) \vec{B} + (\vec{B} \cdot \nabla) \vec{A} + \vec{A} \times (\nabla \times \vec{B}) + \vec{B} \times (\nabla \times \vec{A}). \quad (1.2.30)$$

推论 1.2　假设 $\vec{A} = \vec{B}$, 则有

$$\nabla (\vec{A} \cdot \vec{A}) = \nabla \vec{A}^2 = 2 [(\vec{A} \cdot \nabla) \vec{A} + \vec{A} \times (\nabla \times \vec{A})].$$

进一步假设 $\vec{A}$ 为无旋场 (例如我们第二章会讨论到的静电场 $\vec{E}$), 由于 $\nabla \times \vec{A} = 0$, 因此有 $(\vec{A} \cdot \nabla) \vec{A} = \nabla \vec{A}^2 / 2$。

推论 1.3　假设 $\vec{a}$ 为常矢量, 则有

$$\nabla (\vec{a} \cdot \vec{B}) = \vec{a} \times (\nabla \times \vec{B}) + (\vec{a} \cdot \nabla) \vec{B}.$$

故进一步地, 当 $\vec{B} = \vec{r}$ 时, 则有 $\nabla (\vec{a} \cdot \vec{r}) = \vec{a}$。

例题 1.2.4　计算 $\nabla \times [\vec{E}_0 \sin (\vec{k} \cdot \vec{r})], \nabla \times (\vec{E}_0 e^{i \vec{k} \cdot \vec{r}})$, 式中 $\vec{E}_0$、$\vec{k}$ 为与位矢 $\vec{r}$ 无关的常矢量。

解:

$$\nabla \times [\vec{E}_0 \sin(\vec{k} \cdot \vec{r})] = \nabla [\sin(\vec{k} \cdot \vec{r})] \times \vec{E}_0 = \cos(\vec{k} \cdot \vec{r}) \nabla (\vec{k} \cdot \vec{r}) \times \vec{E}_0$$
$$= \vec{k} \times \vec{E}_0 \cos(\vec{k} \cdot \vec{r}).$$

而

$$\nabla \times (\vec{E}_0 \mathrm{e}^{\mathrm{i}\vec{k}\cdot\vec{r}}) = \nabla (\mathrm{e}^{\mathrm{i}\vec{k}\cdot\vec{r}}) \times \vec{E}_0 = \mathrm{e}^{\mathrm{i}\vec{k}\cdot\vec{r}} \nabla (\mathrm{i}\vec{k} \cdot \vec{r}) \times \vec{E}_0 = \mathrm{i}\vec{k}\mathrm{e}^{\mathrm{i}\vec{k}\cdot\vec{r}} \times \vec{E}_0$$
$$= \mathrm{i}\vec{k} \times (\vec{E}_0 \mathrm{e}^{\mathrm{i}\vec{k}\cdot\vec{r}}).$$

例题 1.2.5 假设 $\vec{A} = \vec{A}_0 \mathrm{e}^{\mathrm{i}\vec{k}\cdot\vec{r}}$, 其中 $\vec{A}_0$、$\vec{k}$ 为与位矢 $\vec{r}$ 无关的常矢量, 计算 $\nabla \cdot \vec{A}$。

解:

$$\nabla \cdot \vec{A} = \nabla \cdot (\vec{A}_0 \mathrm{e}^{\mathrm{i}\vec{k}\cdot\vec{r}}) = \nabla (\mathrm{e}^{\mathrm{i}\vec{k}\cdot\vec{r}}) \cdot \vec{A}_0 = \mathrm{e}^{\mathrm{i}\vec{k}\cdot\vec{r}} \nabla (\mathrm{i}\vec{k} \cdot \vec{r}) \cdot \vec{A}_0$$
$$= \mathrm{i}\vec{k} \cdot (\vec{A}_0 \mathrm{e}^{\mathrm{i}\vec{k}\cdot\vec{r}}) = \mathrm{i}\vec{k} \cdot \vec{A}.$$

从上面列举的两个例子可以看到, 对于矢量场 $\vec{A} = \vec{A}_0 \mathrm{e}^{\mathrm{i}\vec{k}\cdot\vec{r}}$, 计算它的散度 $\nabla \cdot \vec{A}$ 和旋度 $\nabla \times \vec{A}$ 其实很简单, 只要做相应的替换 $\nabla \to \mathrm{i}\vec{k}$ 即可。我们在第五章中讨论电磁波传播时常用到上述两例的结果。

思考题 1.3 我们知道 $\vec{A} \times (\nabla \times \vec{B}) \neq (\vec{A} \times \nabla) \times \vec{B}$, 那么在 Cartesian 坐标系中两者在表示形式上有何差异?

1.2.7 二阶导数

对于一个标量场 φ, 其梯度 $\nabla\varphi$ 的散度在 Cartesian 坐标系中可写成如下形式:

$$\nabla \cdot (\nabla\varphi) = \left(\vec{e}_x \frac{\partial}{\partial x} + \vec{e}_y \frac{\partial}{\partial y} + \vec{e}_z \frac{\partial}{\partial z} \right) \cdot \left(\vec{e}_x \frac{\partial\varphi}{\partial x} + \vec{e}_y \frac{\partial\varphi}{\partial y} + \vec{e}_z \frac{\partial\varphi}{\partial z} \right),$$

或者

$$\nabla \cdot (\nabla\varphi) = \frac{\partial^2\varphi}{\partial x^2} + \frac{\partial^2\varphi}{\partial y^2} + \frac{\partial^2\varphi}{\partial z^2} = \nabla^2\varphi.$$

定义 Cartesian 坐标系中二阶导数算符 ∇^2 为

$$\nabla^2 = \nabla \cdot \nabla = \frac{\partial^2}{\partial x^2} + \frac{\partial^2}{\partial y^2} + \frac{\partial^2}{\partial z^2} = \frac{\partial^2}{\partial x_i \partial x_i}, \tag{1.2.31}$$

∇^2 称为拉普拉斯 (Laplace) 算符。

由于 Laplace 算符 ∇^2 是二阶导数算符, 则有如下性质:

$$\nabla^2 (\psi\varphi) = \nabla \cdot \nabla (\psi\varphi) = \nabla \cdot (\varphi\nabla\psi + \psi\nabla\varphi)$$
$$= \nabla\varphi \cdot \nabla\psi + \varphi\nabla \cdot \nabla\psi + \nabla\psi \cdot \nabla\varphi + \psi\nabla \cdot \nabla\varphi$$
$$= \varphi\nabla^2\psi + \psi\nabla^2\varphi + 2\nabla\psi \cdot \nabla\varphi. \tag{1.2.32}$$

还需注意的是, 当 ∇^2 作用于矢量场时, 其结果并不等同于矢量场的散度的梯度, 即 $\nabla^2 \vec{A} = (\nabla \cdot \nabla) \vec{A} \neq \nabla (\nabla \cdot \vec{A})$。

例题 1.2.6　证明任意矢量场的旋度为无源场, 即 $\nabla \cdot (\nabla \times \vec{A}) = 0$; 任意标量场的梯度为无旋场, 即 $\nabla \times (\nabla \varphi) = 0$。

证:

$$\nabla \cdot (\nabla \times \vec{A}) = \left(\vec{e}_l \frac{\partial}{\partial x_l} \right) \cdot \left(\vec{e}_i \varepsilon_{ijk} \frac{\partial}{\partial x_j} A_k \right) = \varepsilon_{ijk} \frac{\partial}{\partial x_i} \frac{\partial}{\partial x_j} A_k \equiv 0,$$

$$\nabla \times (\nabla \varphi) = \vec{e}_i \varepsilon_{ijk} \frac{\partial}{\partial x_j} \left(\frac{\partial \varphi}{\partial x_k} \right) \equiv 0.$$

例题 1.2.7　对于任意的矢量场 $\vec{E}$, 证明:

$$\nabla \times (\nabla \times \vec{E}) = \nabla (\nabla \cdot \vec{E}) - \nabla^2 \vec{E}. \tag{1.2.33}$$

证: 方法一: 借助三个矢量叉积的关系, 同时考虑到 ∇ 算符的性质, 得

$$\nabla \times (\nabla \times \vec{E}) = \nabla (\nabla \cdot \vec{E}) - (\nabla \cdot \nabla) \vec{E} = \nabla (\nabla \cdot \vec{E}) - \nabla^2 \vec{E}.$$

方法二:

$$\nabla \times (\nabla \times \vec{E}) = \vec{e}_i \varepsilon_{ijk} \frac{\partial}{\partial x_j} (\nabla \times \vec{E})_k = \vec{e}_i \varepsilon_{ijk} \frac{\partial}{\partial x_j} \left(\varepsilon_{kmn} \frac{\partial}{\partial x_m} E_n \right)$$

$$= \vec{e}_i \varepsilon_{kij} \varepsilon_{kmn} \frac{\partial}{\partial x_j} \frac{\partial}{\partial x_m} E_n,$$

利用 (1.1.15) 式得

$$\nabla \times (\nabla \times \vec{E}) = (\delta_{im} \delta_{jn} - \delta_{in} \delta_{jm}) \vec{e}_i \frac{\partial}{\partial x_j} \frac{\partial}{\partial x_m} E_n$$

$$= \vec{e}_i \frac{\partial}{\partial x_i} \frac{\partial}{\partial x_j} E_j - \frac{\partial}{\partial x_j} \frac{\partial}{\partial x_j} E_i \vec{e}_i = \nabla (\nabla \cdot \vec{E}) - \nabla^2 \vec{E}.$$

在本章第三节讨论亥姆霍兹 (Helmholtz) 定理证明以及第五章讨论自由空间中电磁波的传播时, 都会用到这一恒等式。

1.2.8　柱坐标系中的导数运算

在曲面坐标系中, 除了坐标分量, 基矢本身一般也是位置坐标的函数, 这就使得曲面坐标系中导数的表达式比 Cartesian 坐标系中要复杂得多。

在柱坐标系中, 空间一点 P 的位置用 (r, ϕ, z) 三个参量来表示, 其中 r 代表 P 点到 z 轴的距离, 如图 1−4 所示。

我们以 P 点为起点, 作一小位移 $\mathrm{d}\vec{\ell}$, 沿柱坐标系的基矢方向分解为

$$\mathrm{d}\vec{\ell} = \mathrm{d}r\vec{e}_r + r\mathrm{d}\phi\vec{e}_\phi + \mathrm{d}z\vec{e}_z. \tag{1.2.34}$$

在柱坐标系中 P 点处的体积元表示为

$$\mathrm{d}V = r\mathrm{d}r\mathrm{d}\phi\mathrm{d}z. \tag{1.2.35}$$

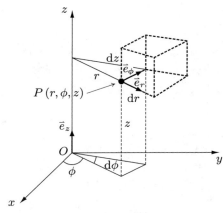

图 1-4　柱坐标系

依据梯度算符 ∇ 在 Cartesian 坐标系中的表示形式

$$\nabla = \vec{e}_x \frac{\partial}{\partial x} + \vec{e}_y \frac{\partial}{\partial y} + \vec{e}_z \frac{\partial}{\partial z}, \tag{1.2.36}$$

借助示意图 1-4, 容易看出在柱坐标系中梯度算符 ∇ 表示为

$$\nabla = \vec{e}_r \frac{\partial}{\partial r} + \vec{e}_\phi \frac{1}{r} \frac{\partial}{\partial \phi} + \vec{e}_z \frac{\partial}{\partial z}. \tag{1.2.37}$$

相应地, 标量场 $\varphi(r, \phi, z)$ 的梯度表示为

$$\nabla \varphi(r, \phi, z) = \vec{e}_r \frac{\partial \varphi}{\partial r} + \vec{e}_\phi \frac{1}{r} \frac{\partial \varphi}{\partial \phi} + \vec{e}_z \frac{\partial \varphi}{\partial z}. \tag{1.2.38}$$

为了计算在柱坐标系中矢量场 $\vec{A}(r, \phi, z)$ 的散度, 不仅需要考虑矢量的分量系数对位置坐标的依赖, 还需要考虑基矢 $(\vec{e}_r, \vec{e}_\phi)$ 随空间位置的变化。

来分析柱坐标系中空间任一位置处三个基矢 $(\vec{e}_r, \vec{e}_\phi, \vec{e}_z)$ 对柱坐标 (r, ϕ, z) 的偏导数, 容易看出

$$\frac{\partial \vec{e}_r}{\partial z} = 0, \quad \frac{\partial \vec{e}_\phi}{\partial z} = 0, \quad \frac{\partial \vec{e}_z}{\partial z} = 0. \tag{1.2.39}$$

$$\frac{\partial \vec{e}_r}{\partial r} = 0, \quad \frac{\partial \vec{e}_\phi}{\partial r} = 0, \quad \frac{\partial \vec{e}_z}{\partial r} = 0. \tag{1.2.40}$$

这是因为沿着 z 轴 z 的变化不会对三个基矢产生影响; 而在保持 $\vec{e}_r$ 方向不变的前提下, r 的改变也不会对三个基矢产生影响。若是 ϕ 作微小的变化, 则有

$$\frac{\partial \vec{e}_r}{\partial \phi} = \vec{e}_\phi, \quad \frac{\partial \vec{e}_\phi}{\partial \phi} = -\vec{e}_r, \quad \frac{\partial \vec{e}_z}{\partial \phi} = 0. \tag{1.2.41}$$

第三个关系式显而易见, 而前两个关系式也不难看出。因此在柱坐标系中矢量场的散度表示为

$$\nabla \cdot \vec{A} = \left(\vec{e}_r \frac{\partial}{\partial r} + \vec{e}_\phi \frac{1}{r} \frac{\partial}{\partial \phi} + \vec{e}_z \frac{\partial}{\partial z} \right) \cdot (A_r \vec{e}_r + A_\phi \vec{e}_\phi + A_z \vec{e}_z)$$

$$= \vec{e}_r \cdot \left[\frac{\partial}{\partial r} (A_r \vec{e}_r) + \frac{\partial}{\partial r} (A_\phi \vec{e}_\phi) + \frac{\partial}{\partial r} (A_z \vec{e}_z) \right]$$

$$+ \frac{1}{r} \vec{e}_\phi \cdot \left[\frac{\partial}{\partial \phi} \left(A_r \vec{e}_r \right) + \frac{\partial}{\partial \phi} \left(A_\phi \vec{e}_\phi \right) + \frac{\partial}{\partial \phi} \left(A_z \vec{e}_z \right) \right]$$

$$+ \vec{e}_z \cdot \left[\frac{\partial}{\partial z} \left(A_r \vec{e}_r \right) + \frac{\partial}{\partial z} \left(A_\phi \vec{e}_\phi \right) + \frac{\partial}{\partial z} \left(A_z \vec{e}_z \right) \right]. \tag{1.2.42}$$

经过简单的推导得

$$\nabla \cdot \vec{A} \left(r, \phi, z \right) = \frac{1}{r} \frac{\partial}{\partial r} \left(r A_r \right) + \frac{1}{r} \frac{\partial A_\phi}{\partial \phi} + \frac{\partial A_z}{\partial z}. \tag{1.2.43}$$

在柱坐标系中矢量场 $\vec{A} \left(r, \phi, z \right)$ 的旋度为

$$\nabla \times \vec{A} \left(r, \phi, z \right) = \left(\vec{e}_r \frac{\partial}{\partial r} + \vec{e}_\phi \frac{1}{r} \frac{\partial}{\partial \phi} + \vec{e}_z \frac{\partial}{\partial z} \right) \times \left(A_r \vec{e}_r + A_\phi \vec{e}_\phi + A_z \vec{e}_z \right)$$

$$= \vec{e}_r \times \left[\frac{\partial}{\partial r} \left(A_r \vec{e}_r \right) + \frac{\partial}{\partial r} \left(A_\phi \vec{e}_\phi \right) + \frac{\partial}{\partial r} \left(A_z \vec{e}_z \right) \right]$$

$$+ \frac{1}{r} \vec{e}_\phi \times \left[\frac{\partial}{\partial \phi} \left(A_r \vec{e}_r \right) + \frac{\partial}{\partial \phi} \left(A_\phi \vec{e}_\phi \right) + \frac{\partial}{\partial \phi} \left(A_z \vec{e}_z \right) \right]$$

$$+ \vec{e}_z \times \left[\frac{\partial}{\partial z} \left(A_r \vec{e}_r \right) + \frac{\partial}{\partial z} \left(A_\phi \vec{e}_\phi \right) + \frac{\partial}{\partial z} \left(A_z \vec{e}_z \right) \right]$$

$$= \vec{e}_z \frac{\partial A_\phi}{\partial r} - \vec{e}_\phi \frac{\partial A_z}{\partial r} - \frac{1}{r} \vec{e}_z \frac{\partial A_r}{\partial \phi} + \frac{1}{r} \vec{e}_z A_\phi + \frac{1}{r} \vec{e}_r \frac{\partial A_z}{\partial \phi} + \vec{e}_\phi \frac{\partial A_r}{\partial z} - \vec{e}_r \frac{\partial A_\phi}{\partial z}.$$

即

$$\nabla \times \vec{A} \left(r, \phi, z \right) = \left(\frac{1}{r} \frac{\partial A_z}{\partial \phi} - \frac{\partial A_\phi}{\partial z} \right) \vec{e}_r + \left(\frac{\partial A_r}{\partial z} - \frac{\partial A_z}{\partial r} \right) \vec{e}_\phi$$

$$+ \frac{1}{r} \left[\frac{\partial \left(r A_\phi \right)}{\partial r} - \frac{\partial A_r}{\partial \phi} \right] \vec{e}_z. \tag{1.2.44}$$

采用类似的推导, 可得柱坐标系中 Laplace 算符 ∇^2 作用形式为

$$\nabla^2 \varphi \left(r, \phi, z \right) = \nabla \cdot \nabla \varphi \left(r, \phi, z \right) = \frac{1}{r} \frac{\partial}{\partial r} \left(r \frac{\partial \varphi}{\partial r} \right) + \frac{1}{r^2} \frac{\partial^2 \varphi}{\partial \phi^2} + \frac{\partial^2 \varphi}{\partial z^2}. \tag{1.2.45}$$

1.2.9　球坐标系中的导数运算

球坐标系是在讨论辐射问题时经常碰到的情形。在球坐标系中, 空间一点 P 的位置坐标用 (R, θ, ϕ) 三个参量表示, 其中 R 代表 P 点到原点的距离, θ 代表位矢与 z 轴之间的夹角——极角, ϕ 代表位矢投影到 xOy 平面上的分量与 x 轴之间的夹角——方位角, 如图 1–5 所示。

以 P 点为起点, 作一小位移 $\mathrm{d}\vec{\ell}$, $\mathrm{d}\vec{\ell}$ 沿该处的基矢方向分解为

$$\mathrm{d}\vec{\ell} = \mathrm{d}R \vec{e}_R + R \mathrm{d}\theta \vec{e}_\theta + R \sin\theta \mathrm{d}\phi \vec{e}_\phi. \tag{1.2.46}$$

在球坐标系中 P 点处的体积元可表示为

$$\mathrm{d}V = R^2 \mathrm{d}R \mathrm{d}\theta \sin\theta \mathrm{d}\phi. \tag{1.2.47}$$

而在 P 点处, 以坐标原点为球心、半径为 R 的球面 (注意不是任意的曲面) 上一

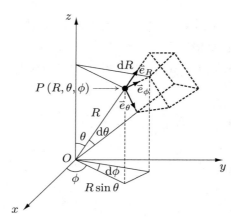

图 1-5 球坐标系

小面元的面积表示为

$$\mathrm{d}S = R^2 \mathrm{d}\theta \sin\theta \mathrm{d}\phi. \tag{1.2.48}$$

现在来讨论在球坐标系中如何表示标量场的梯度、矢量场的散度和旋度。结合图 1-5, 容易看出, 梯度算符 ∇ 在球坐标系中可表示为

$$\nabla = \vec{e}_R \frac{\partial}{\partial R} + \vec{e}_\theta \frac{1}{R} \frac{\partial}{\partial \theta} + \vec{e}_\phi \frac{1}{R\sin\theta} \frac{\partial}{\partial \phi}. \tag{1.2.49}$$

因此在球坐标系中标量场 $\varphi(R,\theta,\phi)$ 的梯度表示为

$$\nabla\varphi(R,\theta,\phi) = \vec{e}_R \frac{\partial\varphi}{\partial R} + \vec{e}_\theta \frac{1}{R} \frac{\partial\varphi}{\partial \theta} + \vec{e}_\phi \frac{1}{R\sin\theta} \frac{\partial\varphi}{\partial \phi}. \tag{1.2.50}$$

根据上式, 来看两个简单标量场的梯度, 比如 $\varphi(\vec{R}) = R$, 它所对应的等值面是以原点为球心的球面。在球坐标系中相应的梯度为 $\nabla R = \vec{e}_R$, 其大小不变, 方向沿着径向并指向无穷远处; 而对于标量场 $\varphi(\vec{R}) = \dfrac{1}{R}$, 其梯度为 $\nabla\dfrac{1}{R} = -\dfrac{1}{R^2}\vec{e}_R$, 方向沿着径向并指向坐标原点, 大小随其离原点距离的增加而减小。

来分析球坐标系中空间任一位置处三个基矢对球坐标 (R,θ,ϕ) 的偏导数。首先容易看出

$$\frac{\partial\vec{e}_R}{\partial R} = 0, \quad \frac{\partial\vec{e}_\theta}{\partial R} = 0, \quad \frac{\partial\vec{e}_\phi}{\partial R} = 0. \tag{1.2.51}$$

这是因为在位矢方向不变的前提下, 位矢大小的改变对三个基矢都没有影响。其次, 若只对极角 θ 作微小的改变, 则有

$$\frac{\partial\vec{e}_R}{\partial \theta} = \vec{e}_\theta, \quad \frac{\partial\vec{e}_\theta}{\partial \theta} = -\vec{e}_R, \quad \frac{\partial\vec{e}_\phi}{\partial \theta} = 0. \tag{1.2.52}$$

第三个关系式显然易得, 因为 θ 的变化不会对 $\vec{e}_\phi$ 产生影响, 而前两个关系式也不难看出。故当方位角 ϕ 作微小变化时, 对基矢所产生的偏导数为

$$\frac{\partial\vec{e}_R}{\partial \phi} = \sin\theta\vec{e}_\phi, \quad \frac{\partial\vec{e}_\theta}{\partial \phi} = \cos\theta\vec{e}_\phi, \quad \frac{\partial\vec{e}_\phi}{\partial \phi} = -\cos\theta\vec{e}_\theta - \sin\theta\vec{e}_R. \tag{1.2.53}$$

以第一个关系式为例, 在球坐标系中若只是改变 ϕ, 则对 $\vec{e}_R$ 产生的变化一定沿着 $\vec{e}_\phi$ 方向, 但是贡献的大小取决于所处位置的极角 θ, 对其他两个关系式做类似分析亦可得。借助上述关系式 (1.2.51) —(1.2.53), 则球坐标系中矢量场 $\vec{A}(R,\theta,\phi)$ 的散度表示为

$$
\nabla \cdot \vec{A}(R,\theta,\phi) = \left(\vec{e}_R \frac{\partial}{\partial R} + \vec{e}_\theta \frac{1}{R}\frac{\partial}{\partial \theta} + \vec{e}_\phi \frac{1}{R\sin\theta}\frac{\partial}{\partial \phi} \right) \cdot (A_R \vec{e}_R + A_\theta \vec{e}_\theta + A_\phi \vec{e}_\phi)
$$

$$
= \vec{e}_R \cdot \left[\frac{\partial}{\partial R}(A_R \vec{e}_R) + \frac{\partial}{\partial R}(A_\theta \vec{e}_\theta) + \frac{\partial}{\partial R}(A_\phi \vec{e}_\phi) \right]
$$

$$
+ \frac{1}{R}\vec{e}_\theta \cdot \left[\frac{\partial}{\partial \theta}(A_R \vec{e}_R) + \frac{\partial}{\partial \theta}(A_\theta \vec{e}_\theta) + \frac{\partial}{\partial \theta}(A_\phi \vec{e}_\phi) \right]
$$

$$
+ \frac{1}{R\sin\theta}\vec{e}_\phi \cdot \left[\frac{\partial}{\partial \phi}(A_R \vec{e}_R) + \frac{\partial}{\partial \phi}(A_\theta \vec{e}_\theta) + \frac{\partial}{\partial \phi}(A_\phi \vec{e}_\phi) \right].
$$

或者

$$
\nabla \cdot \vec{A}(R,\theta,\phi) = \frac{\partial A_R}{\partial R} + \frac{A_R}{R} + \frac{1}{R}\frac{\partial A_\theta}{\partial \theta} + \frac{A_R}{R} + \frac{\cos\theta}{R\sin\theta}A_\theta + \frac{1}{R\sin\theta}\frac{\partial A_\phi}{\partial \phi}
$$

$$
= \left(\frac{2}{R} + \frac{\partial}{\partial R} \right) A_R + \left(\frac{\cos\theta}{R\sin\theta} + \frac{1}{R}\frac{\partial}{\partial \theta} \right) A_\theta + \frac{1}{R\sin\theta}\frac{\partial A_\phi}{\partial \phi}.
$$

最终得

$$
\nabla \cdot \vec{A}(R,\theta,\phi) = \frac{1}{R^2}\frac{\partial}{\partial R}(R^2 A_R) + \frac{1}{R\sin\theta}\frac{\partial}{\partial \theta}(\sin\theta A_\theta) + \frac{1}{R\sin\theta}\frac{\partial}{\partial \phi}A_\phi. \quad (1.2.54)
$$

根据上式, 我们计算空间位矢的径向基矢 $\vec{e}_R$ 的散度为

$$
\nabla \cdot \vec{e}_R = \frac{1}{R^2}\frac{\partial}{\partial R}(R^2) = \frac{2}{R}.
$$

可见其不同于 Cartesian 坐标系中的基矢散度为零的结果。

采用类似的推导 [1], 亦可得到球坐标系中矢量场 $\vec{A}(R,\theta,\phi)$ 的旋度表达式为

---

[1]   对于一般的正交曲线坐标系, 假设沿着坐标 (u_1, u_2, u_3) 增加方向的基矢量分别为 $(\vec{e}_1, \vec{e}_2, \vec{e}_3)$, 它们相互正交, 并且基矢方向一般会随坐标的变化而改变。在正交曲线坐标系中, 空间的线元矢量表示为

$$
\mathrm{d}\vec{\ell} = \mathrm{d}\ell_1 \vec{e}_1 + \mathrm{d}\ell_2 \vec{e}_2 + \mathrm{d}\ell_3 \vec{e}_3 = h_1 \mathrm{d}u_1 \vec{e}_1 + h_2 \mathrm{d}u_2 \vec{e}_2 + h_3 \mathrm{d}u_3 \vec{e}_3.
$$

上式中 h_i 为坐标 u_i 的标度系数 $(i = 1, 2, 3)$。根据数学中的相关定义, 在正交曲线坐标系中标量梯度、矢量场散度、矢量场旋度以及 Laplace 算符的一般作用形式分别为

$$
\nabla\varphi(u_1, u_2, u_3) = \vec{e}_1 \frac{1}{h_1}\frac{\partial\varphi}{\partial u_1} + \vec{e}_2 \frac{1}{h_2}\frac{\partial\varphi}{\partial u_2} + \vec{e}_3 \frac{1}{h_3}\frac{\partial\varphi}{\partial u_3},
$$

$$
\nabla \cdot \vec{A}(u_1, u_2, u_3) = \frac{1}{h_1 h_2 h_3}\left[\frac{\partial}{\partial u_1}(h_2 h_3 A_1) + \frac{\partial}{\partial u_2}(h_3 h_1 A_2) + \frac{\partial}{\partial u_3}(h_1 h_2 A_3) \right],
$$

$$
\nabla \times \vec{A}(u_1, u_2, u_3) = \frac{1}{h_1 h_2 h_3}\begin{vmatrix} \vec{e}_1 h_1 & \vec{e}_2 h_2 & \vec{e}_3 h_3 \\ \dfrac{\partial}{\partial u_1} & \dfrac{\partial}{\partial u_2} & \dfrac{\partial}{\partial u_3} \\ h_1 A_1 & h_2 A_2 & h_3 A_3 \end{vmatrix},
$$

$$
\nabla^2\varphi(u_1, u_2, u_3) = \frac{1}{h_1 h_2 h_3}\left[\frac{\partial}{\partial u_1}\left(\frac{h_2 h_3}{h_1}\frac{\partial}{\partial u_1} \right) + \frac{\partial}{\partial u_2}\left(\frac{h_3 h_1}{h_2}\frac{\partial}{\partial u_2} \right) + \frac{\partial}{\partial u_3}\left(\frac{h_1 h_2}{h_3}\frac{\partial}{\partial u_3} \right) \right]\varphi.
$$

采用上述一般公式, 亦可验证柱坐标系和球坐标系中各相关算符的作用形式。

$$\nabla \times \vec{A} = \frac{1}{R\sin\theta}\left[\frac{\partial}{\partial\theta}\left(\sin\theta A_\phi\right) - \frac{\partial A_\theta}{\partial\phi}\right]\vec{e}_R + \frac{1}{R}\left[\frac{1}{\sin\theta}\frac{\partial A_R}{\partial\phi} - \frac{\partial\left(RA_\phi\right)}{\partial R}\right]\vec{e}_\theta$$

$$+ \frac{1}{R}\left[\frac{\partial\left(RA_\theta\right)}{\partial R} - \frac{\partial A_R}{\partial\theta}\right]\vec{e}_\phi. \tag{1.2.55}$$

以及球坐标系中 Laplace 算符 ∇^2 的作用形式为

$$\nabla^2\varphi\left(R,\theta,\phi\right) = \frac{1}{R^2}\frac{\partial}{\partial R}\left(R^2\frac{\partial\varphi}{\partial R}\right) + \frac{1}{R^2\sin\theta}\frac{\partial}{\partial\theta}\left(\sin\theta\frac{\partial\varphi}{\partial\theta}\right) + \frac{1}{R^2\sin^2\theta}\frac{\partial^2\varphi}{\partial\phi^2}. \tag{1.2.56}$$

1.3 矢量的积分运算

1.3.1 梯度积分定理

如果一个标量函数 φ 只依赖于一个自变量 x, 则有如下非常熟悉的数学定理:

$$\mathrm{d}\varphi = \frac{\mathrm{d}\varphi}{\mathrm{d}x}\cdot\mathrm{d}x, \tag{1.3.1}$$

$$\varphi\left(x_2\right) - \varphi\left(x_1\right) = \int_{x_1}^{x_2}\frac{\mathrm{d}\varphi}{\mathrm{d}x}\cdot\mathrm{d}x. \tag{1.3.2}$$

将其推广到三维空间, 如果标量场 φ 依赖于空间位矢 $\vec{r}$, 则在空间作微小的位移 $\mathrm{d}\vec{\ell}$ 所引起的变化量表示为

$$\mathrm{d}\varphi = \nabla\varphi\cdot\mathrm{d}\vec{\ell}, \tag{1.3.3}$$

而从空间位矢 $\vec{r}_1$ 经过路径 L 移动到位矢 $\vec{r}_2$ 所引起的标量场 φ 的变化量表示为

$$\int_{L}^{\vec{r}_2}_{\vec{r}_1}\nabla\varphi\cdot\mathrm{d}\vec{\ell} = \varphi\left(\vec{r}_2\right) - \varphi\left(\vec{r}_1\right). \tag{1.3.4}$$

即标量场的梯度沿任一路径的积分只取决于标量场在这一路径终点与起点之间的差值, 这是标量场梯度的积分定理。

1.3.2 高斯 (Gauss) 定理

与任意矢量场 $\vec{A}$ 的散度相关的积分定理表示如下:

$$\int_V\mathrm{d}V\nabla\cdot\vec{A} = \oint_S\mathrm{d}\vec{S}\cdot\vec{A}, \tag{1.3.5}$$

即矢量场的散度对一空间区域的体积分只取决于矢量场对区域边界的闭合面的面积分, 称之为 Gauss 定理。(1.3.5) 式中 $\mathrm{d}\vec{S}$ 为面元矢量, 大小等于面元面积, 方向垂直于面元。对于闭合面而言, 定理中约定面元矢量的方向都指向闭合面外。

Gauss 定理在电动力学中有非常重要的意义和应用, 有些教材也称之为格林 (Green) 定理或散度定理。有了 Gauss 定理, 我们可做以下的推论:

推论 1.4

$$\int_V dV \nabla\varphi = \oint_S d\vec{S}\varphi. \tag{1.3.6}$$

要证明上述关系式, 令 $\vec{A} = \varphi\vec{n}$, 其中 $\vec{n}$ 为任意的常矢量, 将其代入 (1.3.5) 式即得。

推论 1.5

$$\int_V dV \nabla \times \vec{A} = \oint_S d\vec{S} \times \vec{A}. \tag{1.3.7}$$

要证明上述关系式, 令 $\vec{A} \Rightarrow \vec{A} \times \vec{n}$, 其中 $\vec{n}$ 为任意的常矢量, 将其代入 (1.3.5) 式得

$$\int_V dV \nabla \cdot (\vec{A} \times \vec{n}) = \oint_S d\vec{S} \cdot (\vec{A} \times \vec{n}),$$

$$\int_V dV [(\nabla \times \vec{A}) \cdot \vec{n} - (\nabla \times \vec{n}) \cdot \vec{A}] = \oint_S (d\vec{S} \times \vec{A}) \cdot \vec{n},$$

$$\int_V dV (\nabla \times \vec{A}) \cdot \vec{n} = \oint_S (d\vec{S} \times \vec{A}) \cdot \vec{n}.$$

由于 $\vec{n}$ 为任意的常矢量, 则 (1.3.7) 式得证。

例题 1.3.1　证明: 对于闭合曲面 S, 有 $\oint_S d\vec{S} = 0$; 闭合曲面 S 所包围的体积可表示为 $V = \dfrac{1}{3}\oint_S d\vec{S} \cdot \vec{r}$, 其中 $\vec{r}$ 为从坐标原点指向面元 $d\vec{S}$ 的位矢。

证:

$$\oint_S d\vec{S} = \int_V (\nabla 1)\, dV = 0,$$

$$\frac{1}{3}\oint_S d\vec{S} \cdot \vec{r} = \frac{1}{3}\int_V dV \nabla \cdot \vec{r} = \int_V dV = V.$$

1.3.3　斯托克斯 (Stokes) 定理

与矢量场 $\vec{A}$ 的旋度相关的积分定理表示如下:

$$\int_S d\vec{S} \cdot (\nabla \times \vec{A}) = \oint_L d\vec{\ell} \cdot \vec{A}. \tag{1.3.8}$$

即矢量场的旋度对曲面的面积分只取决于矢量场沿着积分面的边界的闭合路径的线积分, 这一定理称为 Stokes 定理。根据这一定理, 对于同一边界线的任意曲面, 矢量场旋度的面积分都相等。需要注意的是, Stokes 定理只适用于双面的面, 即从这类曲面上的任意一点出发若不经过边界线都无法到达另一侧。对于这样的曲面, 面元矢量 $d\vec{S}$ 的方向虽然有两种相反的取向, 但 (1.3.8) 式规定, 沿边界闭合线的绕向与曲面面元的面法向之间成右手螺旋关系。

根据 Stokes 定理, 可得到如下的推论:

推论 1.6

$$\int_S \mathrm{d}\vec{S} \times \nabla\varphi = \oint_L \mathrm{d}\vec{\ell}\,\varphi. \tag{1.3.9}$$

证: 令 $\vec{A} = \varphi\vec{n}$, 其中 $\vec{n}$ 为常矢量, 代入 (1.3.8) 式得

$$\int_S \mathrm{d}\vec{S} \cdot [\nabla \times (\varphi\vec{n})] = \oint_L \mathrm{d}\vec{\ell} \cdot (\varphi\vec{n}).$$

再利用 (1.2.27) 式得

$$\int_S \mathrm{d}\vec{S} \cdot (\nabla\varphi \times \vec{n} + \varphi\nabla \times \vec{n}) = \oint_L \mathrm{d}\vec{\ell} \cdot (\varphi\vec{n}),$$

或者

$$\int_S \mathrm{d}\vec{S} \cdot (\nabla\varphi \times \vec{n}) = \left(\oint_L \varphi\mathrm{d}\vec{\ell}\right) \cdot \vec{n},$$

$$\int_S (\mathrm{d}\vec{S} \times \nabla\varphi) \cdot \vec{n} = \left(\oint_L \varphi\mathrm{d}\vec{\ell}\right) \cdot \vec{n}.$$

由于常矢量 $\vec{n}$ 是任意的, 因此得到等式 (1.3.9)。

Gauss 定理和 Stokes 定理及其相关的推论都是矢量分析中的重要定理, 涉及闭合面积分与体积分的转换, 或者闭合线积分与面积分的转换, 在电动力学中会经常运用到, 一定要加深理解并熟练掌握!

例题 1.3.2 对于以闭合路径 L 为边界的一个面 S, 定义 $\vec{S} = \int_S \mathrm{d}\vec{S}$ 为面 S 上的所有面元矢量之和。证明 $\vec{S} = \dfrac{1}{2}\oint_L \vec{r} \times \mathrm{d}\vec{\ell}$, 其中 $\vec{r}$ 为从坐标原点指向 $\mathrm{d}\vec{\ell}$ 的位矢, 如图 1-6 所示。

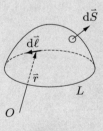

图 1-6

证: 首先有

$$\frac{1}{2}\oint_L \vec{r} \times \mathrm{d}\vec{\ell} = -\frac{1}{2}\oint_L \mathrm{d}\vec{\ell} \times \vec{r}.$$

回顾前面给出的涉及闭合路径线积分的 Stokes 定理中出现的是 $\oint_L \mathrm{d}\vec{\ell} \cdot \vec{A}$ 形式, 而此处要计算的是 $\oint_L \mathrm{d}\vec{\ell} \times \vec{r}$, 则我们可以构造矢量 $\vec{A} = \vec{r} \times \vec{n}$, 其中 $\vec{n}$ 是任意的常矢量。根据 Stokes 定理 (1.3.8) 式得

$$\int_S \mathrm{d}\vec{S} \cdot [\nabla \times (\vec{r} \times \vec{n})] = \oint_L \mathrm{d}\vec{\ell} \cdot (\vec{r} \times \vec{n}). \tag{1.3.10}$$

或者

$$\int_S \mathrm{d}\vec{S} \cdot [\nabla \times (\vec{r} \times \vec{n})] = \oint_L (\mathrm{d}\vec{\ell} \times \vec{r}) \cdot \vec{n}. \tag{1.3.11}$$

另一方面, 根据两个矢量的叉积的旋度 (1.2.29) 式得

$$\nabla \times (\vec{r} \times \vec{n}) = (\vec{n} \cdot \nabla) \vec{r} - (\nabla \cdot \vec{r}) \vec{n} = -2\vec{n}.$$

因此有

$$-2 \int_S \mathrm{d}\vec{S} \cdot \vec{n} = \oint_L (\mathrm{d}\vec{\ell} \times \vec{r}) \cdot \vec{n}.$$

由于常矢量 $\vec{n}$ 是任意的, 因此得

$$\vec{S} = \frac{1}{2} \oint_L \vec{r} \times \mathrm{d}\vec{\ell}. \tag{1.3.12}$$

在第四章中讨论到载流线圈的磁矩时就会用到上述结论。进一步来讲, 如果闭合路径 L 处于一个平面内, 则 $\vec{r} \times \mathrm{d}\vec{\ell}$ 都沿着同一方向, 容易验证此时有 $\vec{S} = \Delta S \vec{n}$, ΔS 为以 L 为边界的平面面积, 而 $\vec{n}$ 为单位矢量, 其取向与 L 的绕向成右手螺旋关系。

1.3.4　狄拉克 (Dirac) δ 函数

我们在前面提到 $\nabla \cdot (\vec{r}/r^3)$ 是一个很奇特的函数, 其除原点外处处为零, 即 $\nabla \cdot (\vec{r}/r^3) = 0 \, (r \neq 0)$。另一方面, 若取包含坐标原点的一任意空间区域, 计算其体积分 $\int_V \mathrm{d}V \nabla \cdot (\vec{r}/r^3)$, 根据 Gauss 定理 (1.3.5) 式, 则可转变为计算其对包含坐标原点的一个闭合面的面积分:

$$\int_V \mathrm{d}V \nabla \cdot \frac{\vec{r}}{r^3} = \oint_S \mathrm{d}\vec{S} \cdot \frac{\vec{r}}{r^3} = \oint_S \frac{\mathrm{d}S_s}{r^2},$$

式中 $\mathrm{d}S_s = r^2 \mathrm{d}\theta \sin\theta \mathrm{d}\phi$ 是半径为 r 的球面上的面元面积 (图 $1-7$), 其所对应的立体角元 $\mathrm{d}\Omega = \mathrm{d}\theta \sin\theta \mathrm{d}\phi$。因此有

$$\int_V \mathrm{d}V \nabla \cdot \frac{\vec{r}}{r^3} = \oint_S \mathrm{d}\Omega = 4\pi.$$

归纳起来, 函数 $\nabla \cdot (\vec{r}/r^3)$ 具有两方面的特点: 除原点之外的任何位置均为零; 若把原点包含在一积分区域中, 无论区域体积大小如何, 其体积分总是满足

$$\frac{1}{4\pi} \int_V \mathrm{d}V \nabla \cdot \frac{\vec{r}}{r^3} = 1. \tag{1.3.13}$$

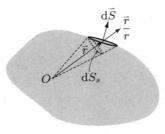

图 1-7

根据上面的分析, 定义一个特殊的函数 $\delta(\vec{r})$, 称之为 Dirac delta 函数, 即

$$\delta(\vec{r}) = 0 \quad (\vec{r} \neq 0), \tag{1.3.14}$$

$$\int_V \delta(\vec{r}) \, \mathrm{d}V = \begin{cases} 1 & (\vec{r} = 0 \in V), \\ 0 & (\vec{r} = 0 \notin V). \end{cases} \tag{1.3.15}$$

从物理上来说, 函数 $\delta(\vec{r})$ 可理解为一个位于坐标原点处、所带电荷量等于 1 的点电荷在空间的电荷密度分布。

根据 $\delta(\vec{r})$ 函数的定义, 还可以得到如下的关系式:

$$\int_V \varphi(\vec{r}) \delta(\vec{r} - \vec{r}') \, \mathrm{d}V = \begin{cases} \varphi(\vec{r}') & (\vec{r}' \in V), \\ 0 & (\vec{r}' \notin V). \end{cases} \tag{1.3.16}$$

函数 $\delta(\vec{r})$ 在数学上有多种具体的表现形式, 在电动力学中我们常碰到的一种重要的形式是

$$\delta(\vec{r}) = \frac{1}{4\pi} \nabla \cdot \frac{\vec{r}}{r^3} = -\frac{1}{4\pi} \nabla^2 \frac{1}{r}, \tag{1.3.17}$$

或者可写成

$$\nabla^2 \frac{1}{r} = -4\pi \delta(\vec{r}). \tag{1.3.18}$$

(1.3.18) 式是以后讨论分析问题时常用到的一个重要结论, 一定要加以熟记 [2]。

---

[2]　上面给出的是三维空间中 δ 函数的一种形式。对于一维 δ 函数, 也可以做类似的定义:

$$\delta(x) = \begin{cases} +\infty & (x = 0), \\ 0 & (x \neq 0). \end{cases} \quad \text{并且} \quad \int_{-\infty}^{+\infty} \delta(x) \, \mathrm{d}x = 1.$$

对任意的连续函数 $f(x)$, 有如下性质:

$$\int_{-\infty}^{\infty} f(x) \delta(x - x_0) \, \mathrm{d}x = f(x_0),$$

$$\delta(x - x_0) = \delta(x_0 - x).$$

数学上一些函数的极限满足一维 δ 函数的定义, 例如:

$$\delta(x) = \lim_{k \to 0} \frac{1}{\pi} \frac{k}{k^2 + x^2},$$

$$\delta(x) = \lim_{k \to \infty} \frac{1}{\pi} \frac{\sin(kx)}{x}.$$

1.3.5　亥姆霍兹 (Helmholtz) 定理

空间中分布有矢量场 $\vec{F}(\vec{R})$, 假设已知其散度 $\nabla \cdot \vec{F}(\vec{R})$ 和其旋度 $\nabla \times \vec{F}(\vec{R})$ 的分布, 那还需要什么样的条件就可以确定矢量场 $\vec{F}(\vec{R})$ 在全空间的分布?

我们知道, 任意的矢量场 $\vec{F}(\vec{R})$ 总可以分解成两部分, 一部分具有无旋性, 另一部分具有无源性。考虑到任意标量场的梯度是无旋场, 以及任意矢量场的旋度是无源场, 则 $\vec{F}(\vec{R})$ 总可以表示成如下的形式:

$$\vec{F}(\vec{R}) = \nabla \times \vec{A}(\vec{R}) - \nabla \varphi(\vec{R}). \tag{1.3.19}$$

上式中第一部分 $\nabla \times \vec{A}(\vec{R})$ 具有无源性, 而第二部分 $-\nabla \varphi(\vec{R})$ 具有无旋性。

Helmholtz 定理表述为: 若已知矢量场 $\vec{F}(\vec{R})$ 的散度和旋度分布, 并且当 $R' \to \infty$ 时, 面积分 $\oint_{S'} \mathrm{d}\vec{S}' \cdot [\vec{F}(\vec{R}')/|\vec{R} - \vec{R}'|]$ 和 $\oint_{S'} \mathrm{d}\vec{S}' \times [\vec{F}(\vec{R}')/|\vec{R} - \vec{R}'|]$ 收敛且趋于零, 则矢量场 $\vec{F}(\vec{R})$ 可以表示成 (1.3.19) 式的形式, 并且 $\varphi(\vec{R})$ 和 $\vec{A}(\vec{R})$ 分别表示为

$$\varphi(\vec{R}) = \frac{1}{4\pi} \int_{V'} \mathrm{d}V' \frac{\nabla' \cdot \vec{F}(\vec{R}')}{|\vec{R} - \vec{R}'|}, \tag{1.3.20}$$

$$\vec{A}(\vec{R}) = \frac{1}{4\pi} \int_{V'} \mathrm{d}V' \frac{\nabla' \times \vec{F}(\vec{R}')}{|\vec{R} - \vec{R}'|}. \tag{1.3.21}$$

证: 根据 $\delta(\vec{r})$ 函数的定义, 可得

$$\vec{F}(\vec{R}) = \int_{V'} \mathrm{d}V' \vec{F}(\vec{R}') \delta(\vec{R} - \vec{R}'). \tag{1.3.22}$$

利用 (1.3.18) 式, 上式改写成

$$\vec{F}(\vec{R}) = -\frac{1}{4\pi} \int_{V'} \mathrm{d}V' \vec{F}(\vec{R}') \nabla^2 \frac{1}{|\vec{R} - \vec{R}'|} = -\frac{1}{4\pi} \int_{V'} \mathrm{d}V' \nabla^2 \frac{\vec{F}(\vec{R}')}{|\vec{R} - \vec{R}'|}.$$

根据矢量的二阶导数恒等式 $\nabla \times (\nabla \times \vec{E}) = \nabla(\nabla \cdot \vec{E}) - \nabla^2 \vec{E}$, 得

$$\nabla^2 \frac{\vec{F}(\vec{R}')}{|\vec{R} - \vec{R}'|} = \nabla \left[\nabla \cdot \frac{\vec{F}(\vec{R}')}{|\vec{R} - \vec{R}'|} \right] - \nabla \times \left[\nabla \times \frac{\vec{F}(\vec{R}')}{|\vec{R} - \vec{R}'|} \right], \tag{1.3.23}$$

因此有

$$\vec{F}(\vec{R}) = -\frac{1}{4\pi} \nabla \int_{V'} \mathrm{d}V' \left[\nabla \cdot \frac{\vec{F}(\vec{R}')}{|\vec{R} - \vec{R}'|} \right] + \frac{1}{4\pi} \nabla \times \int_{V'} \mathrm{d}V' \left[\nabla \times \frac{\vec{F}(\vec{R}')}{|\vec{R} - \vec{R}'|} \right]. \tag{1.3.24}$$

(1.3.24) 式中第一个积分中的因子可展开为

$$\nabla \cdot \frac{\vec{F}(\vec{R}')}{|\vec{R} - \vec{R}'|} = \frac{\nabla \cdot \vec{F}(\vec{R}')}{|\vec{R} - \vec{R}'|} + \vec{F}(\vec{R}') \cdot \nabla \frac{1}{|\vec{R} - \vec{R}'|} = \vec{F}(\vec{R}') \cdot \nabla \frac{1}{|\vec{R} - \vec{R}'|}. \tag{1.3.25}$$

另一方面, 若引入 ∇' 算符, 可以得到类似的关系式:

$$\nabla' \cdot \frac{\vec{F}(\vec{R}')}{|\vec{R} - \vec{R}'|} = \frac{\nabla' \cdot \vec{F}(\vec{R}')}{|\vec{R} - \vec{R}'|} + \vec{F}(\vec{R}') \cdot \nabla' \frac{1}{|\vec{R} - \vec{R}'|}$$

$$= \frac{\nabla' \cdot \vec{F}(\vec{R}')}{|\vec{R} - \vec{R}'|} - \vec{F}(\vec{R}') \cdot \nabla \frac{1}{|\vec{R} - \vec{R}'|}. \tag{1.3.26}$$

因此有

$$\nabla \cdot \frac{\vec{F}(\vec{R}')}{|\vec{R} - \vec{R}'|} = \frac{\nabla' \cdot \vec{F}(\vec{R}')}{|\vec{R} - \vec{R}'|} - \nabla' \cdot \frac{\vec{F}(\vec{R}')}{|\vec{R} - \vec{R}'|}. \tag{1.3.27}$$

采取类似过程, 可得到 (1.3.24) 式的第二个积分中的因子的表达式:

$$\nabla \times \frac{\vec{F}(\vec{R}')}{|\vec{R} - \vec{R}'|} = \frac{\nabla' \times \vec{F}(\vec{R}')}{|\vec{R} - \vec{R}'|} - \nabla' \times \frac{\vec{F}(\vec{R}')}{|\vec{R} - \vec{R}'|}. \tag{1.3.28}$$

将结果 (1.3.27) 式和 (1.3.28) 式代入 (1.3.24) 式之后得到

$$\vec{F}(\vec{R}) = -\frac{1}{4\pi} \nabla \int_{V'} \mathrm{d}V' \frac{\nabla' \cdot \vec{F}(\vec{R}')}{|\vec{R} - \vec{R}'|} + \frac{1}{4\pi} \nabla \times \int_{V'} \mathrm{d}V' \frac{\nabla' \times \vec{F}(\vec{R}')}{|\vec{R} - \vec{R}'|}$$
$$+ \frac{1}{4\pi} \nabla \int_{V'} \mathrm{d}V' \nabla' \cdot \frac{\vec{F}(\vec{R}')}{|\vec{R} - \vec{R}'|} - \frac{1}{4\pi} \nabla \times \int_{V'} \mathrm{d}V' \nabla' \times \frac{\vec{F}(\vec{R}')}{|\vec{R} - \vec{R}'|}, \tag{1.3.29}$$

或者

$$\vec{F}(\vec{R}) = -\nabla \varphi(\vec{R}) + \nabla \times \vec{A}(\vec{R}) + \frac{1}{4\pi} \nabla \int_{V'} \mathrm{d}V' \nabla' \cdot \frac{\vec{F}(\vec{R}')}{|\vec{R} - \vec{R}'|}$$
$$- \frac{1}{4\pi} \nabla \times \int_{V'} \mathrm{d}V' \nabla' \times \frac{\vec{F}(\vec{R}')}{|\vec{R} - \vec{R}'|}.$$

根据 Gauss 定理 (1.3.5) 式及其推论 (1.3.7) 式, 上式可进一步改写成

$$\vec{F}(\vec{R}) = -\nabla \varphi(\vec{R}) + \nabla \times \vec{A}(\vec{R}) + \frac{1}{4\pi} \nabla \left[\oint_{S'} \mathrm{d}\vec{S}' \cdot \frac{\vec{F}(\vec{R}')}{|\vec{R} - \vec{R}'|} \right]$$
$$- \frac{1}{4\pi} \nabla \times \left[\oint_{S'} \mathrm{d}\vec{S}' \times \frac{\vec{F}(\vec{R}')}{|\vec{R} - \vec{R}'|} \right]. \tag{1.3.30}$$

如果我们讨论的是全空间的矢量场 $\vec{F}(\vec{R})$, 则 $R' \to \infty$。因此, 只要在无穷远处 $\vec{F}(\vec{R}')$ 随着 R' 的增加而趋近于 0 的速率快于 $1/R'$, 则后面两项面积分都为零, 最后我们得到了 Helmholtz 定理 (1.3.19) — (1.3.21) 式, 这一定理是以德国物理学家赫尔曼·冯·亥姆霍兹 (Hermann von Helmholtz, 1821 — 1894) 命名的。

Helmholtz 定理在电动力学中有着重要的应用。根据这一定理, 一旦知道了矢量场 $\vec{F}$ 的散度和旋度与其他已知物理量之间的关系, 则求解矢量场 $\vec{F}$ 就转变成求解标量场 φ 和矢量场 $\vec{A}$, 或者其二者之一。例如在后面第三章中讨论的静电场部分, 我们会看到, 静电荷的密度分布对应着静电场的散度, 因此一旦知道了全空间静电荷的分布, 我们就可以借助 (1.3.20) 式先求解标量场 φ, 再求解静电场。在第四章会看到, 恒定电流的分布对应着磁场的旋度, 因此一旦知道了全空间的电流分布 (且分布在有限的区域), 则可以借助 (1.3.21) 式先求解矢量场 $\vec{A}$, 再求解静磁场。

1.4　正交变换

1.4.1　二维平面坐标系转动变换

先考虑二维坐标系的转动。如图 1–8 所示, 将坐标系 Σ 逆时针旋转 θ 角得到坐标系 Σ'。平面上一点 P 在 Σ 和 Σ' 坐标系中的坐标分别为 (x,y) 和 (x',y'), 易看出它们之间有如下关系:

$$\begin{cases} x' = x\cos\theta + y\sin\theta, \\ y' = -x\sin\theta + y\cos\theta. \end{cases} \tag{1.4.1}$$

无论 θ 取何值, 在这样的变换下 P 点到坐标原点的距离是不变的, 即

$$x^2 + y^2 = x'^2 + y'^2. \tag{1.4.2}$$

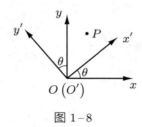

图 1–8

1.4.2　三维空间的正交变换

推广到三维 Cartesian 坐标系情形。假设 Cartesian 坐标系 Σ 发生某种转动, 转动之后的坐标系为 Σ', 空间一点 P 的位矢在 Σ 和 Σ' 中的坐标分量分别为 (x_1, x_2, x_3) 和 (x'_1, x'_2, x'_3), 它们之间存在如下线性关系:

$$\begin{cases} x'_1 = a_{11}x_1 + a_{12}x_2 + a_{13}x_3, \\ x'_2 = a_{21}x_1 + a_{22}x_2 + a_{23}x_3, \\ x'_3 = a_{31}x_1 + a_{32}x_2 + a_{33}x_3. \end{cases} \tag{1.4.3}$$

具体的系数 (a_{ij}) 依赖于坐标系具体的转动情况。(1.4.3) 式可以改写为矩阵形式:

$$\begin{pmatrix} x'_1 \\ x'_2 \\ x'_3 \end{pmatrix} = \begin{pmatrix} a_{11} & a_{12} & a_{13} \\ a_{21} & a_{22} & a_{23} \\ a_{31} & a_{32} & a_{33} \end{pmatrix} \begin{pmatrix} x_1 \\ x_2 \\ x_3 \end{pmatrix}, \tag{1.4.4}$$

或者写成

$$x'_i = a_{ij}x_j. \tag{1.4.5}$$

当坐标系转动时, P 点始终是不动的, 因此与坐标原点的距离保持不变, 则有

$$x'_i x'_i = x_i x_i. \tag{1.4.6}$$

满足上述条件的变换称为正交变换。

现在我们来分析作为正交变换的变换矩阵 (系数) 应该满足什么样的条件, 或者说具有什么特点。将 (1.4.5) 式代入 (1.4.6) 式, 得

$$a_{ij}a_{ik}x_jx_k = \delta_{jk}x_jx_k, \tag{1.4.7}$$

或者

$$a_{ij}a_{ik} = \delta_{jk}. \tag{1.4.8}$$

上式称为正交变换条件, 其矩阵形式为

$$\begin{pmatrix} a_{11} & a_{21} & a_{31} \\ a_{12} & a_{22} & a_{32} \\ a_{13} & a_{23} & a_{33} \end{pmatrix} \begin{pmatrix} a_{11} & a_{12} & a_{13} \\ a_{21} & a_{22} & a_{23} \\ a_{31} & a_{32} & a_{33} \end{pmatrix} = \begin{pmatrix} 1 & 0 & 0 \\ 0 & 1 & 0 \\ 0 & 0 & 1 \end{pmatrix}. \tag{1.4.9}$$

定义矩阵 $\boldsymbol{a}$ 的转置矩阵为 $\boldsymbol{a}^{\mathrm{T}}$, 两者的矩阵元关系为

$$a_{ij}^{\mathrm{T}} = a_{ji}. \tag{1.4.10}$$

因此, 正交变换条件 (1.4.8) 式等价于变换矩阵的转置矩阵与变换矩阵本身的乘积为单位矩阵, 即

$$\boldsymbol{a}^{\mathrm{T}}\boldsymbol{a} = \boldsymbol{I}. \tag{1.4.11}$$

1.4.3 空间转动、镜面反射、空间反演

对于正交变换, 其矩阵行列式须满足

$$\det(\boldsymbol{a}^{\mathrm{T}}\boldsymbol{a}) = \det(\boldsymbol{a}^{\mathrm{T}})\det(\boldsymbol{a}) = [\det(\boldsymbol{a})]^2 = 1. \tag{1.4.12}$$

或者

$$\det(\boldsymbol{a}) = \pm 1. \tag{1.4.13}$$

因此存在两种类型的正交变换, 分别对应矩阵的行列式 $\det(\boldsymbol{a})=1$ 和 $\det(\boldsymbol{a})=-1$。

比如, 坐标系的旋转变换对应着 $\det(\boldsymbol{a}) = 1$, 具体的例子比如固定 z 轴, 而将 (x,y) 旋转 θ 角到 (x',y'), 所对应的变换矩阵为

$$\boldsymbol{a} = \begin{pmatrix} \cos\theta & \sin\theta & 0 \\ -\sin\theta & \cos\theta & 0 \\ 0 & 0 & 1 \end{pmatrix}. \tag{1.4.14}$$

而镜面反射 (mirror reflection) 变换对应着 $\det(\boldsymbol{a}) = -1$, 具体的例子比如对 x 轴做镜面反射形成 x' 轴, 对应的变换矩阵为

$$\boldsymbol{a} = \begin{pmatrix} -1 & 0 & 0 \\ 0 & 1 & 0 \\ 0 & 0 & 1 \end{pmatrix}. \tag{1.4.15}$$

而空间反演 (space inversion) 变换是将三个坐标轴都做反方向变换, 对应的变换矩阵为

$$\boldsymbol{a} = \begin{pmatrix} -1 & 0 & 0 \\ 0 & -1 & 0 \\ 0 & 0 & -1 \end{pmatrix}, \tag{1.4.16}$$

因此, 空间反演变换亦对应着 $\det(\boldsymbol{a}) = -1$。

利用正交变换矩阵的特点, 同样可以得到从 Σ' 坐标系变换到 Σ 坐标系中的位矢变换:

$$\boldsymbol{x} = \boldsymbol{a}^{\mathrm{T}}\boldsymbol{x}' \quad \text{或者} \quad x_j = a^{\mathrm{T}}_{jk}x'_k = a_{kj}x'_k. \tag{1.4.17}$$

1.4.4　物理量按空间变换性质分类

根据其在三维空间转动下的变换性质, 物理量可划分为标量、矢量、张量等。

标量在三维空间无取向性, 在三维坐标系转动时, 这些标量物理量保持不变, 即

$$\varphi' = \varphi. \tag{1.4.18}$$

矢量与位矢一样具有取向性, 在空间坐标系发生转动时, 其三个分量均按照与位矢变换同样的变换方式 (1.4.5) 式进行变换, 即

$$A'_i = a_{ij}A_j. \tag{1.4.19}$$

借助 (1.4.19) 式, 容易验证有

$$A'_i\vec{e}'_i = A_j\vec{e}_j. \tag{1.4.20}$$

1.4.5　变换操作及真矢量、赝矢量

上面讨论的情况是位矢固定时, 在坐标系发生某种旋转之后位矢在不同坐标系中的表现形式的关系。我们也可以以一种主动的观点去看待变换, 就是分析位矢经过变换操作之后在同一坐标系中的变化特点, 从中可以区分出矢量之间在性质上的差异。

例如, 若对位矢做空间反演变换, 则发现位矢变号了, $\vec{x} \to -\vec{x}$。类似地, 如果在空间反演变换操作下该矢量的方向改变, 则称之为真矢量; 如果该矢量的方向不发生改变, 则称之为赝矢量。常见的真矢量有速度 $\vec{v} = \mathrm{d}\vec{x}/\mathrm{d}t$, 电流密度矢量 $\vec{J} = \rho\vec{v}$ 等。

容易看出, 两个真矢量的叉积为赝矢量。因此, 力矩矢量 $\vec{L} = \vec{x} \times \vec{F}$、电流元所对应的磁场矢量 $\mathrm{d}\vec{B} = (\mu_0/4\pi) \cdot [(\vec{J}\mathrm{d}V \times \vec{r})/r^3]$ 均为赝矢量。

同样, 标量也有真标量和赝标量之分。真标量在做空间反演变换操作时不改变符号, 例如粒子的电荷密度 $\rho(-\vec{x}) = \rho(\vec{x})$。而赝标量在做空间反演操作时改变符号, 例如 $\vec{E} \cdot \vec{B}$。

1.5　张量

1.5.1　三维空间 n 阶张量

在三维空间, 我们可以根据物理量在正交变换下的性质将其分为不同阶数的张量, 其中标量就是零阶张量, 它只有一个分量; 矢量是一阶张量, 它具有 3 个分量。

一般地, 定义三维空间的 n 阶张量具有 3^n 个分量, 因此三维空间的二阶张量

具有 $3^2 = 9$ 个分量, 二阶张量通常用 $\vec{T}$ 表示。在空间坐标系发生转动时, 二阶张量的每个分量按照如下的方式进行变换:

$$T'_{ij} = a_{im}a_{jn}T_{mn}. \tag{1.5.1}$$

从这里我们看到, 张量的阶数对应着等号右边的变换操作矩阵 $\boldsymbol{a}$ 的个数; 对于 n 阶张量, 就会出现 n 个变换操作矩阵 $\boldsymbol{a}$。其次, 需要注意 (1.5.1) 式中变换矩阵系数与张量分量的下角标之间的次序关系。对于二阶张量, 可以根据接下来讨论的并矢表达形式很容易得到 (1.5.1) 式。

大家可能会想, 在电动力学中我们有了标量和矢量之后, 为何还需要引入张量? 我们熟悉的电荷量分布 (类似的有热量、能量等标量), 电荷在空间一旦发生流动, 就需要引入电流密度矢量这一物理量来描述单位时间流过一个面的电荷量。然而有些量本身就带有方向性, 比如动量, 如果空间存在动量的流动, 为了能描述单位时间内流过一个面的动量流量, 就需要引入张量来阐述这一效应。

再有, 在本课程第七章所讨论的相对论部分, 我们会看到由空间与时间构成的四维时空, 同样可以定义四维时空中的所谓零阶张量 (即四维时空标量)、一阶张量 (即四维矢量) 和二阶张量, 它们分别有 1 个、4 个和 16 个分量。而在四维时空的不同坐标系 (在那里称之为不同的惯性参考系) 中, 二阶张量各分量的变换就满足关系式 (1.5.1), 只是求和的下角标需遍及 1~4。在相对论部分, 我们会看到, 电场与磁场构成了四维时空一个特殊的二阶张量, 因此利用四维时空二阶张量变换关系, 我们就能回答在不同的惯性参考系中电磁场将如何变换了!

1.5.2 并矢

并矢是两个矢量 $\vec{A}$ 和 $\vec{B}$ 并列在一起, 之间不做任何运算, 记作 $\vec{A}\vec{B}$。并矢是一个二阶张量。在 Cartesian 坐标系中, 假设 $\vec{A} = A_i\vec{e}_i$, $\vec{B} = B_j\vec{e}_j$, 则并矢 $\vec{A}\vec{B}$ 表示为

$$\vec{A}\vec{B} = A_iB_j\vec{e}_i\vec{e}_j. \tag{1.5.2}$$

根据并矢的定义, 容易看出: $\vec{A}\vec{B} \neq \vec{B}\vec{A}$。

1.5.3 对称张量、反对称张量、单位张量

在三维空间, 二阶张量 $\vec{T}$ 具有 9 个分量, 一般可以写成

$$\vec{T} = T_{ij}\vec{e}_i\vec{e}_j. \tag{1.5.3}$$

若其分量的系数满足 $T_{ij} = T_{ji}$, 则称之为对称张量; 若满足 $T_{ij} = -T_{ji}$, 则称之为反对称张量。对于反对称张量, 有 $T_{ij} = 0$ $(i = j)$, 因此三维空间的反对称张量只有 3 个独立的分量。以此类推, 四维时空的反对称张量相应地只有 6 个独立分量。

例题 1.5.1 对于对称张量 $\vec{T}$, 证明 $\nabla \cdot (\vec{T} \times \vec{r}) = -\vec{r} \times (\nabla \cdot \vec{T})$, 这里 $\vec{r}$ 为位矢。

证:

$$\nabla \cdot (\vec{T} \times \vec{r}) = \nabla \cdot (\vec{e}_i\vec{e}_j T_{ij} \times \vec{e}_k x_k) = \nabla \cdot (\vec{e}_i T_{ij}\varepsilon_{jkl}\vec{e}_l x_k)$$

$$= \nabla \cdot (\vec{e}_i \vec{e}_l \varepsilon_{jkl} T_{ij} x_k) = \vec{e}_m \frac{\partial}{\partial x_m} \cdot (\vec{e}_i \vec{e}_l \varepsilon_{jkl} T_{ij} x_k)$$

$$= \delta_{mi} \frac{\partial}{\partial x_m} (\varepsilon_{jkl} T_{ij} x_k) \vec{e}_l = \frac{\partial}{\partial x_i} (\varepsilon_{jkl} T_{ij} x_k) \vec{e}_l$$

$$= \varepsilon_{jkl} \frac{\partial T_{ij}}{\partial x_i} x_k \vec{e}_l + \varepsilon_{jil} T_{ij} \vec{e}_l = \varepsilon_{jkl} \frac{\partial T_{ij}}{\partial x_i} x_k \vec{e}_l,$$

而

$$-\vec{r} \times (\nabla \cdot \vec{T}) = -\varepsilon_{ijk} \vec{e}_i x_j \frac{\partial}{\partial x_l} T_{lk} = -\varepsilon_{ljk} \vec{e}_l x_j \frac{\partial}{\partial x_i} T_{ik}$$

$$= -\varepsilon_{lkj} \vec{e}_l x_k \frac{\partial}{\partial x_i} T_{ij} = \varepsilon_{jkl} \vec{e}_l x_k \frac{\partial}{\partial x_i} T_{ij}.$$

故有

$$\nabla \cdot (\vec{T} \times \vec{r}) = -\vec{r} \times (\nabla \cdot \vec{T}). \tag{1.5.4}$$

上述结论在第二章 2.7.5 小节中将会用到。

定义三维空间的单位张量为

$$\vec{I} = \vec{e}_1 \vec{e}_1 + \vec{e}_2 \vec{e}_2 + \vec{e}_3 \vec{e}_3 = \delta_{ij} \vec{e}_i \vec{e}_j. \tag{1.5.5}$$

因此单位张量只有对角线上的 3 个非零分量, 且分量系数均为 1。容易验证 $\vec{I} \cdot \vec{A} = \vec{A} \cdot \vec{I} = \vec{A}$。

例题 1.5.2   对于单位张量 $\vec{I}$, 证明以下关系式:

$$\vec{I} \times \vec{A} = \vec{A} \times \vec{I}, \quad (\vec{A} \times \vec{B}) \times \vec{I} = \vec{B}\vec{A} - \vec{A}\vec{B},$$
$$\vec{A} \cdot (\vec{I} \times \vec{B}) = \vec{A} \times \vec{B}.$$

证:

$$\vec{I} \times \vec{A} = \vec{e}_i \vec{e}_i \times A_j \vec{e}_j = A_j \vec{e}_i (\vec{e}_i \times \vec{e}_j) = A_j \vec{e}_i (\varepsilon_{ijk} \vec{e}_k) = A_j (\varepsilon_{jki} \vec{e}_i) \vec{e}_k$$

$$= A_j (\vec{e}_j \times \vec{e}_k) \vec{e}_k = (A_j \vec{e}_j) \times (\vec{e}_k \vec{e}_k) = \vec{A} \times \vec{I}.$$

而

$$(\vec{A} \times \vec{B}) \times \vec{I} = \varepsilon_{ijk} A_i B_j \vec{e}_k \times \vec{e}_l \vec{e}_l = \varepsilon_{ijk} A_i B_j \varepsilon_{klm} \vec{e}_m \vec{e}_l$$

$$= \varepsilon_{kij} \varepsilon_{klm} A_i B_j \vec{e}_m \vec{e}_l = (\delta_{il} \delta_{jm} - \delta_{im} \delta_{jl}) A_i B_j \vec{e}_m \vec{e}_l$$

$$= (A_l B_m - A_m B_l) \vec{e}_m \vec{e}_l = \vec{B}\vec{A} - \vec{A}\vec{B}.$$

再有

$$\vec{A} \cdot (\vec{I} \times \vec{B}) = A_i \vec{e}_i \cdot (\vec{e}_j \vec{e}_j \times B_k \vec{e}_k) = A_i B_k \vec{e}_i \cdot (\vec{e}_j \varepsilon_{jkl} \vec{e}_l)$$

$$= A_i B_k (\vec{e}_i \cdot \vec{e}_j) \varepsilon_{jkl} \vec{e}_l = A_j B_k \varepsilon_{jkl} \vec{e}_l = \vec{A} \times \vec{B}.$$

1.5.4 并矢的代数运算

并矢与矢量的点积定义为

$$(\vec{A}\vec{B}) \cdot \vec{C} = \vec{A}(\vec{B} \cdot \vec{C}),$$
$$\vec{C} \cdot (\vec{A}\vec{B}) = (\vec{C} \cdot \vec{A})\vec{B}. \tag{1.5.6}$$

所以一般地, 有

$$(\vec{A}\vec{B}) \cdot \vec{C} \neq \vec{C} \cdot (\vec{A}\vec{B}). \tag{1.5.7}$$

并矢与矢量的叉积定义为

$$(\vec{A}\vec{B}) \times \vec{C} = \vec{A}(\vec{B} \times \vec{C}),$$
$$\vec{C} \times (\vec{A}\vec{B}) = (\vec{C} \times \vec{A})\vec{B}. \tag{1.5.8}$$

因此, 张量与矢量的点积为

$$\vec{T} \cdot \vec{f} = T_{ij}\vec{e}_i\vec{e}_j \cdot f_k\vec{e}_k = T_{ij}f_k\vec{e}_i\delta_{jk} = T_{ij}f_j\vec{e}_i. \tag{1.5.9}$$

定义并矢与并矢之间的单点积、双点积、叉积分别如下:

$$(\vec{A}\vec{B}) \cdot (\vec{C}\vec{D}) = \vec{A}(\vec{B} \cdot \vec{C})\vec{D} = (\vec{B} \cdot \vec{C})\vec{A}\vec{D}, \tag{1.5.10}$$

$$(\vec{A}\vec{B}) : (\vec{C}\vec{D}) = (\vec{B} \cdot \vec{C})(\vec{A} \cdot \vec{D}), \tag{1.5.11}$$

$$(\vec{A}\vec{B}) \times (\vec{C}\vec{D}) = \vec{A}(\vec{B} \times \vec{C})\vec{D}. \tag{1.5.12}$$

从 (1.5.11) 式可以看到, 如果一个乘积项是由两对矢量的点积构成的, 则可以将其改写成两对并矢的双点积。在第三章关于远场静电势的多极展开中会用到这一表达形式。

1.5.5 并矢的导数规则

首先, 对于矢量场 $\varphi\vec{A}$, 将 ∇ 算符对其进行并矢作用, 得到

$$\nabla(\varphi\vec{A}) = \vec{e}_i\frac{\partial}{\partial x_i}(\varphi A_j\vec{e}_j) = \vec{e}_i\vec{e}_j\left(\frac{\partial\varphi}{\partial x_i}A_j + \varphi\frac{\partial A_j}{\partial x_i}\right)$$
$$= (\nabla\varphi)\vec{A} + \varphi(\nabla\vec{A}). \tag{1.5.13}$$

而利用并矢的定义, 一些矢量导数公式可以得到简化, 如

$$\nabla(\vec{A} \cdot \vec{B}) = \nabla_A(\vec{A} \cdot \vec{B}) + \nabla_B(\vec{A} \cdot \vec{B}) = (\nabla_A\vec{A}) \cdot \vec{B} + (\nabla_B\vec{B}) \cdot \vec{A}$$
$$= (\nabla\vec{A}) \cdot \vec{B} + (\nabla\vec{B}) \cdot \vec{A}. \tag{1.5.14}$$

对比之前得到的表达式, 这里给出的表达式在形式上要简洁一些。注意式中 $(\nabla\vec{A})$ 和 $(\nabla\vec{B})$ 的结果尽管都是并矢, 但是此处由于出现了矢量 ∇ 算符, 并且出现在矢量 $\vec{A}$、$\vec{B}$ 前面, 因此这里其实存在需要对矢量场 $\vec{A}$、$\vec{B}$ 分量进行导数作用。

进一步容易证明下面的一些导数公式:

$$\nabla \times (\vec{A}\vec{B}) = (\nabla \times \vec{A})\vec{B} - (\vec{A} \times \nabla)\vec{B}, \tag{1.5.15}$$

$$\nabla (\vec{A} \times \vec{B}) = (\nabla \vec{A}) \times \vec{B} - (\nabla \vec{B}) \times \vec{A}, \tag{1.5.16}$$

$$\nabla \cdot (\vec{A}\vec{B}) = (\nabla \cdot \vec{A}) \vec{B} + (\vec{A} \cdot \nabla) \vec{B}. \tag{1.5.17}$$

类似地, 对于三个矢量构成的并矢 $\vec{A}\vec{B}\vec{C}$, 计算 $\nabla \cdot (\vec{A}\vec{B}\vec{C})$, 可采取

$$\begin{aligned}
\nabla \cdot (\vec{A}\vec{B}\vec{C}) &= \nabla_A \cdot (\vec{A}\vec{B}\vec{C}) + \nabla_B \cdot (\vec{A}\vec{B}\vec{C}) + \nabla_C \cdot (\vec{A}\vec{B}\vec{C}) \\
&= (\nabla_A \cdot \vec{A}) \vec{B}\vec{C} + (\nabla_B \cdot \vec{A}) \vec{B}\vec{C} + (\nabla_C \cdot \vec{A}) \vec{B}\vec{C} \\
&= (\nabla \cdot \vec{A}) \vec{B}\vec{C} + (\vec{A} \cdot \nabla_B) \vec{B}\vec{C} + (\vec{A} \cdot \nabla_C) \vec{B}\vec{C}.
\end{aligned}$$

因此, 有

$$\nabla \cdot (\vec{A}\vec{B}\vec{C}) = (\nabla \cdot \vec{A}) \vec{B}\vec{C} + [(\vec{A} \cdot \nabla) \vec{B}] \vec{C} + \vec{B} (\vec{A} \cdot \nabla) \vec{C}. \tag{1.5.18}$$

另外, 考虑算符 ∇ 的性质, 对于位矢 $\vec{r}$, 易得如下的一些常用结果:

$$\nabla \vec{r} = \vec{I}, \tag{1.5.19}$$

$$\nabla \frac{\vec{r}}{r} = \frac{\nabla \vec{r}}{r} - \frac{\nabla r}{r^2} \vec{r} = \frac{\vec{I}}{r} - \frac{\vec{r}\vec{r}}{r^3}, \tag{1.5.20}$$

$$\nabla \nabla \frac{1}{r} = \frac{1}{r^3} \left(\frac{3\vec{r}\vec{r}}{r^2} - \vec{I} \right), \tag{1.5.21}$$

$$\vec{I} : \nabla\nabla = \nabla^2. \tag{1.5.22}$$

1.5.6　张量的 Gauss 定理和 Stokes 定理

对于张量而言, 有相应的 Gauss 定理和 Stokes 定理:

$$\int_V \mathrm{d}V \nabla \cdot \vec{T} = \oint_S \mathrm{d}\vec{S} \cdot \vec{T}, \tag{1.5.23}$$

$$\int_S \mathrm{d}\vec{S} \cdot (\nabla \times \vec{T}) = \oint_L \mathrm{d}\vec{\ell} \cdot \vec{T}. \tag{1.5.24}$$

之前关于矢量的 Gauss 定理和 Stokes 定理其实就是对于一阶张量的, 而这里是推广到任意阶张量。相关的证明作为一个练习, 留给读者。在 (1.5.23) 式和 (1.5.24) 式中, 需要注意到的是, 这里面元矢量 $\mathrm{d}\vec{S}$ 和线元矢量 $\mathrm{d}\vec{\ell}$ 都写在运算的最前面, 因为一般情况下矢量与张量的点积或者叉积是依赖于前后次序的。之前关于矢量的 Gauss 定理和 Stokes 定理也是按照这个次序写的, 尽管那里的位置可以对调而不改变结果的正确性。

利用张量的 Gauss 定理和 Stokes 定理, 我们来讨论这样一种情况, 若矢量场 $\vec{J}$ 在 V 边界面上满足 $\vec{n} \cdot \vec{J} = 0$, 其中 $\vec{n}$ 为面法向单位矢量, 则有

$$\int_V \vec{J} \mathrm{d}V = - \int_V \mathrm{d}V (\nabla \cdot \vec{J}) \vec{r}, \tag{1.5.25}$$

$$\int_V \mathrm{d}V \vec{J}\vec{r} + \int_V \mathrm{d}V \vec{r}\vec{J} = - \int_V \mathrm{d}V (\nabla \cdot \vec{J}) \vec{r}\vec{r}. \tag{1.5.26}$$

证: 对于由矢量场 $\vec{J}$ 和位矢 $\vec{r}$ 构成的并矢 $\vec{J}\vec{r}$ 和 $\vec{J}\vec{r}\vec{r}$, 有

$$\nabla \cdot (\vec{J}\vec{r}) = (\nabla \cdot \vec{J}) \, \vec{r} + (\vec{J} \cdot \nabla) \, \vec{r} = (\nabla \cdot \vec{J}) \, \vec{r} + \vec{J},$$

$$\nabla \cdot (\vec{J}\vec{r}\vec{r}) = (\nabla \cdot \vec{J}) \, \vec{r}\vec{r} + [(\vec{J} \cdot \nabla) \, \vec{r}] \, \vec{r} + \vec{r} \, (\vec{J} \cdot \nabla) \, \vec{r}$$

$$= (\nabla \cdot \vec{J}) \, \vec{r}\vec{r} + \vec{J}\vec{r} + \vec{r}\vec{J}.$$

根据张量的 Gauss 定理, 有

$$\int_V \mathrm{d}V \nabla \cdot (\vec{J}\vec{r}) = \oint_S \mathrm{d}\vec{S} \cdot (\vec{J}\vec{r}) = \oint_S \mathrm{d}S \, (\vec{n} \cdot \vec{J}) \, \vec{r} = 0,$$

$$\int_V \mathrm{d}V \nabla \cdot (\vec{J}\vec{r}\vec{r}) = \oint_S \mathrm{d}\vec{S} \cdot (\vec{J}\vec{r}\vec{r}) = \oint_S \mathrm{d}S \, (\vec{n} \cdot \vec{J}) \, \vec{r}\vec{r} = 0,$$

因此有

$$\int_V \mathrm{d}V \nabla \cdot (\vec{J}\vec{r}) = \int_V \mathrm{d}V \vec{J} + \int_V \mathrm{d}V \, (\nabla \cdot \vec{J}) \, \vec{r} = 0.$$

$$\int_V \mathrm{d}V \nabla \cdot (\vec{J}\vec{r}\vec{r}) = \int_V \mathrm{d}V \, (\nabla \cdot \vec{J}) \, \vec{r}\vec{r} + \int_V \mathrm{d}V \vec{J}\vec{r} + \int_V \mathrm{d}V \vec{r}\vec{J} = 0.$$

或者

$$\int_V \mathrm{d}V \vec{J} = - \int_V \mathrm{d}V \, (\nabla \cdot \vec{J}) \, \vec{r}.$$

$$\int_V \mathrm{d}V \vec{J}\vec{r} + \int_V \mathrm{d}V \vec{r}\vec{J} = - \int_V \mathrm{d}V \, (\nabla \cdot \vec{J}) \, \vec{r}\vec{r}.$$

在第六章 6.3.3 小节中讨论时谐电偶极矩的推迟势和辐射场时会用到 (1.5.25) 式。

借助 (1.5.25) 式和 (1.5.26) 式, 若矢量场 $\vec{J}$ 在 V 内还满足 $\nabla \cdot \vec{J} = 0$ (这其实是后面要介绍的恒定电流条件), 则有

$$\int_V \vec{J} \mathrm{d}V = 0, \tag{1.5.27}$$

$$\int_V \mathrm{d}V \vec{J}\vec{r} + \int_V \mathrm{d}V \vec{r}\vec{J} = 0. \tag{1.5.28}$$

在第四章 4.4.1 小节中讨论恒定电流的矢势在远场的多极展开时, 将用到这两个关系式。

习题

1.1 ☆☆ 证明 Kronecker 符号 δ_{ij} 和 Levi–Civita 置换符号 ε_{ijk} 之间满足关系式:

$$\varepsilon_{ijk}\varepsilon_{imn} = \delta_{jm}\delta_{kn} - \delta_{jn}\delta_{km}.$$

1.2 ☆ 借助关系式 (1.1.11), 证明以下矢量混合积关系式:

(1) $(\vec{A} \times \vec{B}) \cdot (\vec{C} \times \vec{D}) = (\vec{A} \cdot \vec{C})(\vec{B} \cdot \vec{D}) - (\vec{A} \cdot \vec{D})(\vec{B} \cdot \vec{C})$;

(2) $\vec{A} \times [\vec{B} \times (\vec{C} \times \vec{D})] = \vec{B}[\vec{A} \cdot (\vec{C} \times \vec{D})] - (\vec{A} \cdot \vec{B})(\vec{C} \times \vec{D})$.

1.3 ☆ 借助 (1.2.21) 式, 证明 $\nabla \times (\varphi \vec{A}) = \nabla\varphi \times \vec{A} + \varphi\nabla \times \vec{A}$。

1.4 ☆ 计算 $\nabla \cdot [(\vec{a} \cdot \vec{r})\vec{r}]$ 和 $\nabla \times [(\vec{a} \cdot \vec{r})\vec{r}]$, 其中 $\vec{a}$ 为常矢量, $\vec{r}$ 为位矢。

答案: $\nabla \cdot [(\vec{a} \cdot \vec{r})\vec{r}] = 4(\vec{a} \cdot \vec{r})$, $\nabla \times [(\vec{a} \cdot \vec{r})\vec{r}] = \vec{a} \times \vec{r}$。

1.5 ☆☆ 假设 $\vec{A} = \dfrac{\vec{r} \times \vec{n}}{r(r - \vec{r} \cdot \vec{n})}$, 其中 $\vec{r}$ 为位矢, $\vec{n}$ 为与位矢无关的单位矢量。

证明 $\vec{B} = \nabla \times \vec{A} = \dfrac{\vec{r}}{r^3}$。

1.6 ☆☆ 假设 $\vec{A}(\vec{r}) = \vec{A}_0 \mathrm{e}^{\mathrm{i}\vec{k} \cdot \vec{r}}$, 其中 $\vec{A}_0$、$\vec{k}$ 为与位矢 $\vec{r}$ 无关的常矢量, 计算 $\nabla \times (\nabla \times \vec{A})$, $\nabla(\nabla \cdot \vec{A})$ 和 $\nabla^2\vec{A}$, 并验证对于这几种情形是否可仿照 $\nabla \cdot \vec{A}$ 和 $\nabla \times \vec{A}$ 的计算做替换 $\nabla \to \mathrm{i}\vec{k}$。

答案: $\nabla \times (\nabla \times \vec{A}) = \mathrm{i}\vec{k} \times (\mathrm{i}\vec{k} \times \vec{A})$, $\nabla(\nabla \cdot \vec{A}) = \mathrm{i}\vec{k}(\mathrm{i}\vec{k} \cdot \vec{A})$, $\nabla^2\vec{A} = (\mathrm{i}\vec{k}) \cdot (\mathrm{i}\vec{k})\vec{A}$。

1.7 ☆ 假设 $\vec{p}$、$\vec{m}$ 均为常矢量, 证明:

(1) $\nabla\left(\vec{p} \cdot \dfrac{\vec{r}}{r^3}\right) = \dfrac{\vec{p}}{r^3} - \dfrac{3(\vec{p} \cdot \vec{r})\vec{r}}{r^5}$;

(2) $\nabla \times \left(\vec{m} \times \dfrac{\vec{r}}{r^3}\right) = -\dfrac{\vec{m}}{r^3} + \dfrac{3(\vec{m} \cdot \vec{r})\vec{r}}{r^5}$。

1.8 ☆☆ 借助矢量的 Gauss 定理和 Stokes 定理, 证明: 对于张量 $\overleftrightarrow{T}$, 有如下相应的 Gauss 定理和 Stokes 定理成立:

$$\int_V \mathrm{d}V \nabla \cdot \overleftrightarrow{T} = \oint_S \mathrm{d}\vec{S} \cdot \overleftrightarrow{T},$$

$$\int_S \mathrm{d}\vec{S} \cdot (\nabla \times \overleftrightarrow{T}) = \oint_L \mathrm{d}\vec{\ell} \cdot \overleftrightarrow{T}.$$

第二章
电磁场的普遍规律

自然界中的所有物理现象都是由四种力所操纵的, 分别是万有引力、强相互作用、弱相互作用, 而第四种力就是电磁力 [又名洛伦兹 (Lorentz) 力], 它给出了在电场 $\vec{E}$ 和磁场 $\vec{B}$ 中以速度 $\vec{v}$ 运动的点电荷 q 所受到的力。

电动力学所讨论的就是电场 $\vec{E}$ 和磁场 $\vec{B}$ 的根源、它们的运动规律, 以及它们与物质的作用特性。在一般情况下, 电场 $\vec{E}$ 和磁场 $\vec{B}$ 是相互关联、相互影响的复合体, 然而人们对电磁场的认识则是从最简单的静电现象和恒定电流所激发的静磁场逐步开始的。本章将浓缩这一认知过程, 从静电现象、恒定电流的静磁场特点开始讨论, 在此基础上做相应的推广和假设, 并最终给出非恒定的一般情况下电磁场所遵循的一般规律。

2.1 电荷守恒定律

2.1.1 电荷、电荷密度

到目前为止, 人们发现带电粒子所带电荷量都是元电荷量 e 的整数倍 ($e = 1.602\,176\,634 \times 10^{-19}$ C), 即电荷量子化现象。常见的基本带电粒子是电子和质子, 电子的电荷量是 $-e$, 质子的电荷量为 e。

由于这些基本带电粒子的体积非常小, 当我们讨论宏观体积带电体系的电磁性质时, 即使取微小体积元, 其内所包含的带电粒子数量如此之多, 使得我们可以做一个极好的近似, 即体系 (或一定区域内) 的电荷量分布在空间中是连续的, 其所带电荷量是空间位置的连续函数, 并定义电荷体密度为

$$\rho = \lim_{\Delta V \to 0} \frac{\Delta Q}{\Delta V}. \tag{2.1.1}$$

其中 ΔQ 是空间体积元 ΔV 中的电荷量之和。因此空间体积 V' 内的总电荷量 Q

可表示为

$$Q = \int_{V'} \mathrm{d}V' \rho(\vec{R'}).\tag{2.1.2}$$

有时遇到的情况是电荷分布在一个非常薄 (厚度趋于零) 的面内, 或者分布在一根很细 (横截面趋于零) 的线上, 此时可以定义所带电荷量分布的面密度 σ 和线密度 λ, 分别表示单位面积和单位长度上的电荷量; 相应地, 一有限面 S' 或者一段线 L' 上的总电荷量可分别表示为

$$Q = \int_{S'} \mathrm{d}S' \sigma(\vec{R'}),\tag{2.1.3}$$

$$Q = \int_{L'} \mathrm{d}\ell' \lambda(\vec{R'}).\tag{2.1.4}$$

另一方面, 有时讨论的是一个体积很小的带电粒子在很远区域所产生的场 (远场), 此时可对空间的电荷量分布做一个理想的近似, 即采用点电荷模型: 带电粒子体积趋于零, 电荷密度趋于无穷大, 其所带电荷量保持有限值。因此, 若空间 $\vec{R'_i}$ 处存在电荷量为 q_i 的点电荷, 则空间任意一处的电荷量密度为

$$\rho(\vec{R}) = \sum_i q_i \delta(\vec{R} - \vec{R'_i}).\tag{2.1.5}$$

2.1.2　电流强度、电流密度

电荷的集体定向移动形成电流 (准确地说是电荷流, 今后我们还将遇到另一种形式的电流, 即位移电流), 单位时间内通过一个面 S 的电荷流量叫做电流强度, 用 I 表示。如果时间 $\mathrm{d}t$ 内流过曲面 S 的电荷量为 $\mathrm{d}Q$, 那么通过 S 面上的电流强度为

$$I = \frac{\mathrm{d}Q}{\mathrm{d}t}.\tag{2.1.6}$$

为了刻画电流在空间分布的细节, 我们引入电流密度 $\vec{J}$, 其方向就是该处正电荷流动的方向, 大小等于单位时间内垂直通过该处单位面积的电荷量。因此在定义了空间的电流密度后, 则通过有限曲面 S 的总电流强度为

$$I = \int_S \mathrm{d}\vec{S} \cdot \vec{J}.\tag{2.1.7}$$

对于非闭合的面, 面法向的正方向的选取具有任意性。对于闭合曲面 S 而言, $\mathrm{d}\vec{S}$ 指向曲面之外 (图 2–1), (2.1.7) 式表示的是单位时间内净流出闭合面的电荷量。

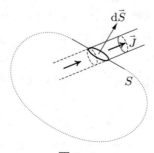

图 2–1

若知道空间某处的电荷密度为 ρ, 这些电荷的平均运动速度为 $\vec{v}$, 则该处电流密度为

$$\vec{J} = \rho\vec{v}. \qquad (2.1.8)$$

2.1.3 面电流密度

有时会碰到电荷在一薄层内流动的情况。考虑一个理想模型, 即薄层厚度趋于零的极限情况, 此时体电流密度 $\vec{J}$ 过渡到面电流密度 $\vec{K}$。一旦知道面上某一处的电荷面密度 σ 和该处电荷移动的速度 $\vec{v}$, 则面电流密度表示为

$$\vec{K} = \sigma\vec{v}. \qquad (2.1.9)$$

对于面电流分布的情形, 若要计算单位时间内通过分界面内一微小线元 $\mathrm{d}\ell$ 的电荷量, 本质上就是计算单位时间内通过一矩形面元的电荷量。如图 2–2 所示, 这个矩形面元的上、下边分别处于分界面的两侧并且紧靠分界面, 矩形面元的高度 h 远小于 $\mathrm{d}\ell$, 计算单位时间内通过 $\mathrm{d}\ell$ 的电荷量, 实际上就是计算单位时间内通过相应面元的电荷量, 即

$$\mathrm{d}I = \mathrm{d}\ell\vec{K}\cdot\vec{n}. \qquad (2.1.10)$$

因此 $\mathrm{d}I$ 也与面元的面法向正方向 $\vec{n}$ 的选取有关。需要注意的是, 一旦明确了 $\vec{n}$ 的方向, 按照右手螺旋定则, 可以确定面元边界回路的正绕向。例如, 按照面元边界的绕向, 选取矩形面元的一条长边, 定义相应的线元矢量 $\mathrm{d}\vec{\ell} = \mathrm{d}\ell\vec{t}$, $\vec{t}$ 为单位矢量。同时在 $\mathrm{d}\ell$ 处, 我们定义 $\vec{n}_{21}$ 为分界面上由 1 侧指向 2 侧的面法向。从图 2–2 中可以看出, $\vec{t}$ 和 $\vec{n}$ 之间存在关系式:

$$\vec{n} = \vec{n}_{21}\times\vec{t}. \qquad (2.1.11)$$

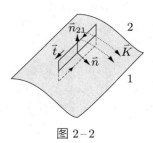

图 2–2

因此计算单位时间内通过矩形面元的电荷量的公式可以改写为

$$\mathrm{d}I = \mathrm{d}\ell\vec{K}\cdot\vec{n} = \mathrm{d}\ell\vec{K}\cdot(\vec{n}_{21}\times\vec{t}) = \vec{K}\cdot(\vec{n}_{21}\times\mathrm{d}\ell\vec{t}) = \vec{K}\cdot(\vec{n}_{21}\times\mathrm{d}\vec{\ell}). \qquad (2.1.12)$$

上式的含义是计算通过线元 $\mathrm{d}\ell$ 的电荷量, 需要计算线元投影到与 $\vec{K}$ 垂直的方向 $(\vec{K}\times\vec{n}_{21})$ 上的有效长度。在讨论磁场在分界面两侧的边值关系时会运用到 (2.1.12) 式。

2.1.4 电荷守恒定律

实验表明, 任何物理过程的电荷总量是守恒的。从数学的角度看, 电荷守恒定律可以这样来描述: 在空间内任意取一封闭曲面 S, 单位时间内穿过曲面而流出去

的电荷量为 $\oint_S \mathrm{d}\vec{S} \cdot \vec{J}$, 而封闭曲面内电荷在单位时间内的减少量为 $-\dfrac{\mathrm{d}}{\mathrm{d}t}\displaystyle\int_V \rho \mathrm{d}V$, 若所选取的曲面不随时间变化, 则

$$\oint_S \mathrm{d}\vec{S} \cdot \vec{J} = -\frac{\mathrm{d}}{\mathrm{d}t}\int_V \rho \mathrm{d}V = -\int_V \frac{\partial \rho}{\partial t}\mathrm{d}V. \tag{2.1.13}$$

根据 Gauss 定理可得

$$\oint_S \mathrm{d}\vec{S} \cdot \vec{J} = \int_V \nabla \cdot \vec{J}\,\mathrm{d}V = -\int_V \frac{\partial \rho}{\partial t}\mathrm{d}V.$$

或者

$$\int_V \left(\nabla \cdot \vec{J} + \frac{\partial \rho}{\partial t}\right)\mathrm{d}V = 0. \tag{2.1.14}$$

由于闭合曲面 S 选取的任意性, 则有

$$\nabla \cdot \vec{J}\,(\vec{R}, t) + \frac{\partial \rho\,(\vec{R}, t)}{\partial t} = 0. \tag{2.1.15}$$

此为电荷守恒定律的数学表达式, 也称之为电流连续性方程。上式也是关于粒子流守恒的一般形式, 换言之, 空间某处电荷的分布是否出现变化, 取决于该处是否有电荷的净流入或净流出。

　　一种特殊的情况是空间的电荷密度不随时间变化的恒定电流情形, 即 $\partial \rho/\partial t = 0$, 此时 (2.1.15) 式简化为

$$\nabla \cdot \vec{J}\,(\vec{R}) = 0. \tag{2.1.16}$$

这说明恒定情况下电流线是闭合的线。换言之, 恒定情况下单位时间内有多少量流入一体积内, 就有多少量流出这个体积, 从而保证区域内的电荷量不随时间变化。

　　在后面讨论介质存在情形下的 Maxwell 方程组时, 我们会讨论到原先电中性的介质在外场作用下会产生极化而可能在体内或表面产生新的电荷分布不平衡, 即产生极化电荷 $\rho_{\mathrm{P}}\,(\vec{R}, t)$ 与极化电流 $\vec{J}_{\mathrm{P}}\,(\vec{R}, t)$, 而它们之间也满足连续性方程:

$$\nabla \cdot \vec{J}_{\mathrm{P}}\,(\vec{R}, t) + \frac{\partial \rho_{\mathrm{P}}\,(\vec{R}, t)}{\partial t} = 0. \tag{2.1.17}$$

而介质在外磁场中也会产生磁化, 形成磁化电流 $\vec{J}_{\mathrm{M}}\,(\vec{R}, t)$, 其满足的连续性方程则是

$$\nabla \cdot \vec{J}_{\mathrm{M}}\,(\vec{R}, t) = 0. \tag{2.1.18}$$

需要注意的是, 与自由电荷和极化电荷不同, (2.1.18) 式不存在磁荷项 (目前人们所掌握的知识认为, 孤立的磁荷并不存在), 因此磁化电流 $\vec{J}_{\mathrm{M}}\,(\vec{R}, t)$ 始终形成闭合线。

2.2 电荷与电场

本节将从真空中静止电荷之间的库仑 (Coulomb) 相互作用力出发, 讨论静止电荷所激发的静电场的场强, 结合线性叠加原理, 分析静电场的散度和旋度性质, 并在此基础上将静电场散度的性质推广到电荷分布随时间变化的情况下电荷所激发的电场的散度性质。

2.2.1 库仑 (Coulomb) 定律

法国工程师库仑 (Charles-Augustin de Coulomb, 1736—1806) 在 1785 年利用扭秤实验测量相对于观测者静止的两个带电小球之间的作用力, 首次从实验上证实这种作用力与两者之间距离的平方成反比。真空中静止点电荷 q 的周围若存在 N 个其他静止点电荷 Q_i, 则点电荷 q 受到的作用力 $\vec{F}$ 为

$$\vec{F} = \frac{1}{4\pi\varepsilon_0} \sum_{i=1}^{N} q Q_i \frac{\vec{R} - \vec{R}_i}{|\vec{R} - \vec{R}_i|^3} = q \left(\frac{1}{4\pi\varepsilon_0} \sum_{i=1}^{N} Q_i \frac{\vec{R} - \vec{R}_i}{|\vec{R} - \vec{R}_i|^3} \right). \tag{2.2.1}$$

上式称为 Coulomb 定律。式中, $\vec{R}$ 为点电荷 q 的位矢, $\vec{R}_i$ 是点电荷 Q_i 的位矢, ε_0 为真空的介电常数 (或真空电容率),

$$\varepsilon_0 = 8.854\ 187\ 8188(14) \times 10^{-12}\ \mathrm{C}^2 / (\mathrm{N} \cdot \mathrm{m}^2).$$

(2.2.1) 式表明作用在 q 上的这种力服从叠加原理, 即可假设每个 Q_i 单独存在, 逐项计算相应的力, 然后将这些力求矢量和即得到它们共同存在情况下 q 受到的力。

2.2.2 静电场

我们可将 (2.2.1) 式改写成如下的形式:

$$\vec{F}(\vec{R}) = q\vec{E}(\vec{R}), \tag{2.2.2}$$

$$\vec{E}(\vec{R}) = \frac{1}{4\pi\varepsilon_0} \sum_{i=1}^{N} Q_i \frac{\vec{R} - \vec{R}_i}{|\vec{R} - \vec{R}_i|^3}. \tag{2.2.3}$$

从 (2.2.1) 式到 (2.2.2) 式虽只是形式上的改变, 但却明晰了场的概念, 即点电荷 q 之所以受到力的作用, 是因为 Q_i 在其周围空间激发了一种物质 —— 电场; 处于电场中的电荷会受到电场力的作用。

其次, (2.2.3) 式给我们的感觉是在电荷的周围弥漫着电场, 似乎无论两个电荷之间的距离有多远, 它们的相互作用都是瞬时的。然而, 电场力实际上是通过有限的速度 (光速) 传递的, 只是由于这里讨论的电荷的电荷量和位置不随时间变化, 容易误认为这里的力是一种超距作用。在后面的章节中讨论随时间变化的电磁场时, 我们就能够更清楚地认识到, 电场和其他的物质一样具有有限的传播速度。

对于电荷在空间是连续的体分布情形, 场点 $\vec{R}$ 处的电场 $\vec{E}(\vec{R})$ 表示为

$$\vec{E}(\vec{R}) = \frac{1}{4\pi\varepsilon_0} \int_{V'} \mathrm{d}q \frac{\vec{r}}{r^3} = \frac{1}{4\pi\varepsilon_0} \int_{V'} \mathrm{d}V' \rho(\vec{R}') \frac{\vec{r}}{r^3}. \tag{2.2.4}$$

式中 $\vec{R}'$ 为电荷元 $\mathrm{d}q = \mathrm{d}V' \rho(\vec{R}')$ 处的位矢, $\rho(\vec{R}')$ 为该处的电荷体密度, $\mathrm{d}V'$ 为体积元, $\vec{r} = \vec{R} - \vec{R}'$ 为从电荷元指向场点 P 的相对位矢。

以后约定, 凡带撇的变量是表示与源点 (电荷或电流等) 相关的物理量, 而不带撇的变量则用来表示与场点相关的物理量。

类似的, 若电荷分布在一个面上, 或分布在一条线段上, 则空间位矢 $\vec{R}$ 处的电场 $\vec{E}(\vec{R})$ 可分别表示为

$$\vec{E}(\vec{R}) = \frac{1}{4\pi\varepsilon_0} \int_{S'} \mathrm{d}S' \sigma(\vec{R}') \frac{\vec{r}}{r^3}. \tag{2.2.5}$$

$$\vec{E}(\vec{R}) = \frac{1}{4\pi\varepsilon_0} \int_{L'} \mathrm{d}\ell' \lambda(\vec{R}') \frac{\vec{r}}{r^3}. \tag{2.2.6}$$

2.2.3 静电场的散度

借助之前得到的两个基本公式:

$$\nabla \frac{1}{r} = -\frac{\vec{r}}{r^3} \quad (r \neq 0), \quad \nabla^2 \frac{1}{r} = -4\pi\delta(\vec{r}), \tag{2.2.7}$$

容易证明, 静电场的散度满足如下关系:

$$\nabla \cdot \vec{E}(\vec{R}) = \frac{1}{\varepsilon_0} \rho(\vec{R}). \tag{2.2.8}$$

这是关于静电场的 Gauss 定理, 它指出在空间某点近邻区域内电场的散度只与该处的电荷密度有关, 与其他地方的电荷分布无关; 当某处 $\nabla \cdot \vec{E} = 0$, 说明此处无净电荷分布 (因而电场线连续); 若某处 $\nabla \cdot \vec{E} \neq 0$, 则说明此处出现了电场线的汇聚或者发散, 意味着此处存在净电荷分布。

更重要的是, 实验证明由静电场的 Coulomb 定律导出的 Gauss 定理对电荷分布随时间变化的情况同样成立, Gauss 定理成为电动力学的基本方程——麦克斯韦 (James Clerk Maxwell, 詹姆斯·克拉克·麦克斯韦, 英国数学物理学家, 1831—1879, 经典电动力学的创始人) 方程组的四个方程之一:

$$\nabla \cdot \vec{E}(\vec{R}, t) = \frac{1}{\varepsilon_0} \rho(\vec{R}, t). \tag{2.2.9}$$

上式的积分形式为

$$\oint_S \mathrm{d}\vec{S} \cdot \vec{E}(\vec{R}, t) = \frac{1}{\varepsilon_0} \int_V \mathrm{d}V \rho(\vec{R}, t). \tag{2.2.10}$$

此处的积分区间 V 为闭合曲面 S 所包围的区域。

例题 2.2.1   将一个点电荷放置于静电场中, 如果作用在其上的只有单纯的静电力, 试证明点电荷不能保持其稳定的力学平衡。

证: 假设点电荷放入位置是力学稳定的, 则在放入之前以电荷为圆心、半径无限小的球面上的每一处的电场 (或者至少其面法向分量) 都应指向球心处, 或者都沿其反方向, 因为只有这样才能保持电荷放置在该处时处于力学稳定状态。但是, 这样一来, 电场对于这个闭合面的电场强度通量就不为零了, 而这与 Gauss 定理矛盾, 因为在试验电荷放入之前, 闭合面内并没有电荷。待下面引入描述静电场的电势后, 我们还可以借助严格的数学定理来证明。

2.2.4 静电场的旋度

利用 (2.2.7) 式, 可以将静电场表示成标量场的梯度 (负值):

$$\vec{E}\left(\vec{R}\right) = -\frac{1}{4\pi\varepsilon_0}\int_{V'}\mathrm{d}V'\rho\left(\vec{R}'\right)\nabla\frac{1}{r} = -\frac{1}{4\pi\varepsilon_0}\nabla\int_{V'}\mathrm{d}V'\rho\left(\vec{R}'\right)\frac{1}{r}$$

$$= -\nabla\varphi\left(\vec{R}\right), \tag{2.2.11}$$

式中

$$\varphi\left(\vec{R}\right) = \frac{1}{4\pi\varepsilon_0}\int_{V'}\mathrm{d}V'\rho\left(\vec{R}'\right)\frac{1}{r}. \tag{2.2.12}$$

称为静电场的标量势 (简称标势)。很自然地, 静电场是无旋场, 有

$$\nabla\times\vec{E}\left(\vec{R}\right) = 0. \tag{2.2.13}$$

需要注意的是, 在随时间瞬变的一般情况下 (2.2.13) 式并不成立, 含时电场是有旋场, 即 $\nabla\times\vec{E}\left(\vec{R},t\right)\neq 0$。

2.2.5 点电偶极子的电势

根据 (2.2.12) 式, 容易写出一个点电荷在空间的电势表达式:

$$\varphi\left(\vec{R}\right) = \frac{1}{4\pi\varepsilon_0}\frac{q}{R}. \tag{2.2.14}$$

所谓点电偶极子就是由等量异号、无限靠近的两个点电荷组成的带电体系, 并且正电荷所带的电荷量与两者之间的距离的乘积为固定值。因此, 对于点电偶极子, 两个点电荷之间的距离 $d\to 0$, 而带正电的点电荷的电荷量表示为 $q = p/d$, p 为电偶极子的电偶极矩的大小, 电偶极矩的方向为从负电荷指向正电荷, 如图 2-3 所示。

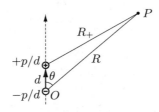

图 2-3

根据电势的叠加原理, 点电偶极子的电势为

$$\varphi_p = \lim_{d\to 0}\left(\varphi_+ + \varphi_-\right). \tag{2.2.15}$$

$$\varphi_- = \frac{1}{4\pi\varepsilon_0 R}\left(-\frac{p}{d}\right), \quad \varphi_+ = \frac{1}{4\pi\varepsilon_0 R_+}\left(\frac{p}{d}\right). \tag{2.2.16}$$

考虑到 $d\to 0$, 因此有

$$R_+ = R - d\cos\theta.$$

得到点电偶极子电势为

$$\varphi_p = \lim_{d \to 0} \frac{1}{4\pi\varepsilon_0} \left(\frac{p}{d}\right) \left(\frac{1}{R - d\cos\theta} - \frac{1}{R}\right)$$

$$= \lim_{d \to 0} \frac{1}{4\pi\varepsilon_0} \left(\frac{p}{d}\right) \left(\frac{d\cos\theta}{R^2}\right) = \frac{1}{4\pi\varepsilon_0} \frac{p\cos\theta}{R^2}.$$

或者

$$\varphi_p = \frac{1}{4\pi\varepsilon_0} \frac{\vec{p} \cdot \vec{R}}{R^3} \quad (R \neq 0). \tag{2.2.17}$$

在 $d \to 0$ 的条件下 (2.2.17) 式是点电偶极子电势的严格解。

从 (2.2.17) 式可以看出, 点电偶极子的电势是 R^{-2} 依赖关系, 而不是点电荷电势的 R^{-1} 依赖关系, 因此随着距离 R 的增加, 点电偶极子的电势减小得更快。和点电荷模型一样, 点电偶极子模型也是我们在物理学中常用的经典模型之一。

基于点电偶极子的电势, 还可以计算点电偶极子周围的电场分布, 有

$$\vec{E}_p = -\nabla\varphi_p = -\frac{1}{4\pi\varepsilon_0} \nabla \left(\vec{p} \cdot \frac{\vec{R}}{R^3}\right) = -\frac{1}{4\pi\varepsilon_0} \left[\frac{\vec{p}}{R^3} - \frac{3(\vec{p} \cdot \vec{R})\vec{R}}{R^5}\right]$$

$$= \frac{1}{4\pi\varepsilon_0} \frac{3(\vec{p} \cdot \vec{e}_R)\vec{e}_R - \vec{p}}{R^3} \quad (R \neq 0). \tag{2.2.18}$$

从上式同样可以看出, 对比点电荷的电场 ($\propto R^{-2}$), 点电偶极子的电场随着距离 R 的增加也是衰减得更快 ($\propto R^{-3}$), 图 2-4 展示了点电偶极子的电场线分布。

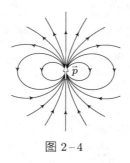

图 2-4

思考题 2.1   我们知道, 点电荷的电荷密度分布表示为 δ 函数。一个有趣的问题就是, 点电偶极子在空间的电荷密度分布是什么形式?

2.3 电流与磁场

在古代中国, 与磁相关的现象很早就有记载。如宋朝沈括 (1031—1095) 所著《梦溪笔谈》卷廿四《杂志一》中描述指南针的一些特征: "方家以磁石磨针锋, 则能指南, 然常微偏东, 不全南也, 水浮多荡摇……磁石之指南, 犹柏之指西, 莫可原其理"。而揭示出电与磁之间关系的第一人则是汉斯·克里斯汀·奥斯特 (Hans Christian Oersted, 1777—1851, 丹麦物理学家、化学家)。在 1865 年英国物理学家 James Maxwell 建立完整的电磁场理论之前, 对磁的研究有重要贡献的还有法国

物理学家安德烈·玛丽·安培 (André-Marie Ampère, 1775—1836), 德国数学家和物理学家卡尔·弗里德里希·高斯 (Carl Friedrich Gauss, 1777—1855), 法国物理学家、天文学家和数学家让·巴蒂斯特·毕奥 (Jean-Baptiste Biot, 1774—1862)、法国物理学家、数学家菲利克斯·萨伐尔 (Félix Savart, 1791—1841) 和英国物理学家迈克尔·法拉第 (Michael Faraday, 1791—1867)。

本节将从恒定电流出发, 讨论恒定电流所激发的磁场的特点, 并将部分结论推广到非恒定情况下磁场的性质。

2.3.1 安培 (Ampère) 力

1820 年, Hans Oersted 在一次实验中发现, 通过断开和接通电源, 载流导线能够对附近磁针指向产生影响, 这就是有名的 Oersted 实验。受 Oersted 实验发现的启发, André-Marie Ampère 通过相关实验在同一年建立了两个载流线圈之间相互作用力的数学表达式。假设有两个载有恒定电流的线圈 L 和 L', 分别载有电流 I 和 I', 则载流线圈 L 所受到的作用力为

$$\vec{F} = \frac{\mu_0}{4\pi} \oint_L I\mathrm{d}\vec{\ell} \times \left(\oint_{L'} I'\mathrm{d}\vec{\ell}' \times \frac{\vec{r}}{r^3} \right). \tag{2.3.1}$$

上式称为 Ampère 定律。式中 $I\mathrm{d}\vec{\ell}$ 为线圈 L 上 $\vec{R}$ 处的电流元, $I'\mathrm{d}\vec{\ell}'$ 为线圈 L' 上 $\vec{R}'$ 处的电流元, $\vec{r} = \vec{R} - \vec{R}'$ 为从 $\vec{R}'$ 处指向 $\vec{R}$ 处的位矢 (如图 2–5 所示), μ_0 为真空的磁导率,

$$\mu_0 = 4\pi \times 10^{-7}\,\mathrm{N/A}^2 = 1.256\,637\,061\,27(20) \times 10^{-6}\,\mathrm{N/A}^2.$$

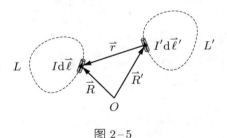

图 2–5

思考题 2.2 对于两个闭合载流线圈, 证明其相互作用满足作用力与反作用力关系。

2.3.2 毕奥–萨伐尔 (Biot–Savart) 定律

进一步来讲, (2.3.1) 式可以改写为

$$\vec{F} = \oint_L I\mathrm{d}\vec{\ell} \times \vec{B}. \tag{2.3.2}$$

式中 $\vec{B}$ 为载流线圈 L' 在电流元 $I\mathrm{d}\vec{\ell}$ 所处位置 $\vec{R}$ 处所激发的磁场, 并有

$$\vec{B}(\vec{R}) = \frac{\mu_0}{4\pi} \oint_{L'} I'\mathrm{d}\vec{\ell}' \times \frac{\vec{r}}{r^3}. \tag{2.3.3}$$

(2.3.3) 式也称为 Biot – Savart 定律。Biot – Savart 定律与 Coulomb 定律相似, 都具有 r^{-2} 依赖关系。$\vec{B}$ 的单位是以美国发明家、电气和机械工程师尼古拉·特斯拉 (Nikola Tesla, 1856 — 1943) 命名的。在国际单位制中,

$$1\,\mathrm{T} = 1\,\mathrm{N}/(\mathrm{A} \cdot \mathrm{m}). \tag{2.3.4}$$

(2.3.2) 式的意义在于明确了场对载流线圈的作用效果, 这种场称为磁场: 即近邻的载流线圈 L' 在空间激发了磁场, 而处于磁场中的载流线圈 L 会受到力的作用。

关于 $\vec{B}$ 的名称, 不少教材称之为磁感应强度 (本教材沿用此名称), 但其实它理应被称为磁场强度, 因为它的地位和电场强度 $\vec{E}$ 一样是最基本的物理量。为了简化物质中 Maxwell 方程组的表达形式, 后面还会引入两个新的矢量, 分别是 $\vec{D}$ 和 $\vec{H}$, 很多教材把前者称为电位移矢量, 把后者称为磁场强度, 但是本质上 $\vec{D}$ 和 $\vec{H}$ 都只是辅助的物理量。

对于电流为体分布的情形, 只需做替换:

$$I'\mathrm{d}\vec{\ell}' \quad \Leftrightarrow \quad \vec{J}(\vec{R}')\,\mathrm{d}V'. \tag{2.3.5}$$

就可以得到体分布的载流体系在空间所产生的磁场

$$\vec{B}(\vec{R}) = \frac{\mu_0}{4\pi} \int_{V'} \vec{J}(\vec{R}')\,\mathrm{d}V' \times \frac{\vec{r}}{r^3}. \tag{2.3.6}$$

式中 $\vec{r} = \vec{R} - \vec{R}'$ 为从电流元 $\vec{J}(\vec{R}')\,\mathrm{d}V'$ 指向场点的位矢。

对于恒定的面电流分布体系, 也可以给出 Biot – Savart 定律相应的积分形式:

$$\vec{B}(\vec{R}) = \frac{\mu_0}{4\pi} \int_{S'} \vec{K}(\vec{R}')\mathrm{d}S' \times \frac{\vec{r}}{r^3}. \tag{2.3.7}$$

其中, $\vec{K}(\vec{R}')$ 为面元 $\mathrm{d}S'$ 处的面电流密度。

再者, 我们在这里先提前给出一个结论, 就是若一点电荷以速度 $\vec{v}$ 运动 ($v \ll c$, 且忽略其加速度), 则由其所激发的磁场为

$$\vec{B}(\vec{R}) = \frac{\mu_0}{4\pi} \frac{q\vec{v} \times \vec{R}}{R^3} = \varepsilon_0 \mu_0 \vec{v} \times \vec{E}. \tag{2.3.8}$$

简单的思考可能会认为, 这个结果是不是过于粗糙, 因为这似乎就是把一个运动点电荷看成了一根连续的恒定电流线而套用 (2.3.6) 式所得到的结果。不过, 待第七章 7.3.9 小节中给出匀速运动电荷激发的电磁场的严格解之后, 我们会看到 (2.3.8) 式实际上是带电粒子作匀速运动且运动速度远小于光速情况下的严格解的一个很好的近似。

2.3.3 磁场的散度

利用 (1.2.27) 式导数公式 $\nabla \times (\varphi\vec{A}) = (\nabla\varphi) \times \vec{A} + \varphi\nabla \times \vec{A}$, 我们可以将 Biot – Savart 定律改写成如下形式:

$$\vec{B}(\vec{R}) = \frac{\mu_0}{4\pi} \int_{V'} \vec{J}(\vec{R}')\mathrm{d}V' \times \frac{\vec{r}}{r^3} = -\frac{\mu_0}{4\pi} \int_{V'} \vec{J}(\vec{R}')\mathrm{d}V' \times \nabla\frac{1}{r}$$

$$= \frac{\mu_0}{4\pi} \int_{V'} \left\{ \nabla \times \left[\frac{\vec{J}(\vec{R'})}{r} \right] - \frac{1}{r} \nabla \times \vec{J}(\vec{R'}) \right\} \mathrm{d}V'. \tag{2.3.9}$$

由于 ∇ 只对于场点位矢 $\vec{R}$ 有导数作用, 因此积分中的第二项为零, 则有

$$\vec{B}(\vec{R}) = \frac{\mu_0}{4\pi} \int_{V'} \nabla \times \left[\frac{\vec{J}(\vec{R'})}{r} \right] \mathrm{d}V' = \nabla \times \frac{\mu_0}{4\pi} \int_{V'} \frac{\vec{J}(\vec{R'})}{r} \mathrm{d}V'$$

$$= \nabla \times \vec{A}. \tag{2.3.10}$$

即磁场可以表示成一个矢量场的旋度, 式中 $\vec{A}$ 定义为矢势, 并有

$$\vec{A}(\vec{R}) = \frac{\mu_0}{4\pi} \int_{V'} \mathrm{d}V' \frac{\vec{J}(\vec{R'})}{r}. \tag{2.3.11}$$

很自然地得出一个重要的结论:

$$\nabla \cdot \vec{B}(\vec{R}) = 0. \tag{2.3.12}$$

即磁场是无散度场, 磁感应线为闭合线, 它没有起点和终点。

实际上, 上述结论不仅适用于恒定电流的情况, 也适用于电流分布随时间变化非恒定的一般情况, 即有

$$\nabla \cdot \vec{B}(\vec{R}, t) = 0. \tag{2.3.13}$$

这是电动力学的基本规律——Maxwell 方程组的第二个方程式。注意到 (2.3.13) 式等号的右边始终为零, 完全不同于电场的情形, 这隐含着深层次的物理含义。(2.3.13) 式的积分形式为

$$\oint_S \mathrm{d}\vec{S} \cdot \vec{B}(\vec{R}, t) = 0. \tag{2.3.14}$$

2.3.4 磁场的旋度

利用恒定电流的条件、磁感应强度与矢势的关系, 以及矢势的定义, 我们来讨论磁场的旋度特点, 有

$$\nabla \times \vec{B} = \nabla \times (\nabla \times \vec{A}) = \nabla(\nabla \cdot \vec{A}) - \nabla^2 \vec{A}. \tag{2.3.15}$$

首先分析第一项

$$\nabla \cdot \vec{A}(\vec{R}) = \frac{\mu_0}{4\pi} \nabla \cdot \int_{V'} \mathrm{d}V' \frac{\vec{J}(\vec{R'})}{r}. \tag{2.3.16}$$

由于 ∇ 只对场点位矢 $\vec{R}$ 有导数作用, 则有

$$\nabla \cdot \vec{A}(\vec{R}) = \frac{\mu_0}{4\pi} \int_{V'} \left(\nabla \frac{1}{r} \right) \cdot \vec{J}(\vec{R'}) \mathrm{d}V' = -\frac{\mu_0}{4\pi} \int_{V'} \left(\nabla' \frac{1}{r} \right) \cdot \vec{J}(\vec{R'}) \mathrm{d}V'. \tag{2.3.17}$$

或者

$$\nabla \cdot \vec{A}(\vec{R}) = -\frac{\mu_0}{4\pi} \int_{V'} \nabla' \cdot \left[\frac{\vec{J}(\vec{R'})}{r} \right] \mathrm{d}V' + \frac{\mu_0}{4\pi} \int_{V'} \frac{1}{r} \nabla' \cdot \vec{J}(\vec{R'}) \mathrm{d}V'. \tag{2.3.18}$$

由于这里讨论的是恒定电流情况, 故 $\nabla' \cdot \vec{J}(\vec{R}') = 0$, 因此有

$$\nabla \cdot \vec{A}(\vec{R}) = -\frac{\mu_0}{4\pi} \int_{V'} dV' \nabla' \cdot \left[\frac{\vec{J}(\vec{R}')}{r} \right] = -\frac{\mu_0}{4\pi} \oint_{S'} d\vec{S}' \cdot \frac{\vec{J}(\vec{R}')}{r}. \tag{2.3.19}$$

此处的面积分面应该包围整个电流存在的区域。在恒定电流的情况下, 区域的边界面上应无电流流入或流出, 即在边界面上的电流密度不存在法向分量,

$$\vec{J}(\vec{R}') \cdot d\vec{S}' = 0. \tag{2.3.20}$$

从而得到

$$\nabla \cdot \vec{A}(\vec{R}) = 0. \tag{2.3.21}$$

(2.3.21) 式称为 Coulomb 规范, 在第四章 4.1.6 小节中会做具体讨论。在恒定电流情况下矢势形成闭合线。

接下来计算 (2.3.15) 式中的第二项:

$$\nabla^2 \vec{A}(\vec{R}) = \frac{\mu_0}{4\pi} \int_{V'} \nabla^2 \frac{\vec{J}(\vec{R}')}{r} dV' = \frac{\mu_0}{4\pi} \int_{V'} \vec{J}(\vec{R}') \nabla^2 \frac{1}{r} dV'. \tag{2.3.22}$$

根据 (1.3.18) 式: $\nabla^2(1/r) = -4\pi\delta(\vec{r})$, 上述被积函数只可能在 $\vec{R} = \vec{R}'(\vec{r} = 0)$ 处才可能不为零, 因此在被积函数中可令 $\vec{J}(\vec{R}') = \vec{J}(\vec{R})$, 将其代入得

$$\nabla^2 \vec{A}(\vec{R}) = -\frac{\mu_0}{4\pi} \vec{J}(\vec{R}) \int_{V'} dV' \nabla \cdot \frac{\vec{r}}{r^3} = \frac{\mu_0}{4\pi} \vec{J}(\vec{R}) \int_{V'} dV' \nabla' \cdot \frac{\vec{r}}{r^3}$$

$$= \frac{\mu_0}{4\pi} \vec{J}(\vec{R}) \oint_{S'} d\vec{S}' \cdot \frac{\vec{r}}{r^3}. \tag{2.3.23}$$

根据 $\vec{r} = \vec{R} - \vec{R}'$ 可知, 在计算 $\oint_{S'} \frac{\vec{r}}{r^3} \cdot d\vec{S}'$ 时可取 $\vec{R}$ 所处位置为坐标原点, 如图 2–6 所示, 从而有

$$\oint_{S'} \frac{\vec{r}}{r^3} \cdot d\vec{S}' = -4\pi. \tag{2.3.24}$$

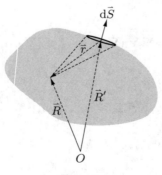

图 2–6

注意, 与之前第一章中给出的结果 (1.3.13) 式不同的是, (2.3.24) 式等号的右边出现了一个负号, 其原因是这里的 $\vec{r}$ 都是从面元位置指向固定点 $\vec{R}$。因此有

$$\nabla^2 \vec{A}(\vec{R}) = -\mu_0 \vec{J}(\vec{R}). \tag{2.3.25}$$

这是在恒定情况下关于矢势的微分方程。最后我们得到静磁场的旋度为

$$\nabla \times \vec{B}\left(\vec{R}\right) = \mu_0 \vec{J}\left(\vec{R}\right).\tag{2.3.26}$$

(2.3.26) 式又称为 Ampère 环路定理, 是基于恒定电流的条件而得到的。在非恒定电流情况下上式并不成立, 需要对之进行修改。

利用 Stokes 公式, 可得到恒定电流 Ampère 环路定理的积分形式:

$$\oint_L \mathrm{d}\vec{\ell} \cdot \vec{B}\left(\vec{R}\right) = \mu_0 \int_S \mathrm{d}\vec{S} \cdot \vec{J}\left(\vec{R}\right).\tag{2.3.27}$$

2.3.5 分子环形电流模型

假设电荷沿着一个半径为 a 的环形闭合路线运动, 并形成恒定的电流 i。根据 (2.3.11) 式, 这一尺寸很小的载流线圈在远场处所产生的矢势为

$$\vec{A}\left(\vec{R}\right) = \frac{\mu_0}{4\pi} \oint_{L'} \frac{i\mathrm{d}\vec{\ell}'}{r}.\tag{2.3.28}$$

对于一个半径为 a 的平面载流线圈, 定义其磁矩 $\vec{m}$ 为

$$\vec{m} = i\vec{S} = i\pi a^2 \vec{n}.\tag{2.3.29}$$

公式中 $\vec{n}$ 为单位矢量, 其方向与电流的绕向构成右手螺旋关系 (如图 2-7 所示)。

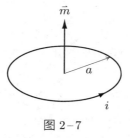

图 2-7

这里引入一个理想模型, 即所谓分子环形电流模型, 即 $\pi a^2 \to 0$, $i = m/(\pi a^2) \to \infty$。在第四章静磁场部分我们会看到, 对于位于坐标原点的分子环形电流, 在空间任意一点 $\vec{R}$ 处的矢势可严格表示为

$$\vec{A}_m = \frac{\mu_0}{4\pi} \frac{\vec{m} \times \vec{R}}{R^3}.\tag{2.3.30}$$

分子环形电流的矢势同样具有 R^{-2} 依赖关系。根据 (2.3.30) 式, 分子环形电流产生的磁感应强度分布为

$$\vec{B}_m = \nabla \times \vec{A}_m = \frac{\mu_0}{4\pi} \nabla \times \left(\vec{m} \times \frac{\vec{R}}{R^3}\right).\tag{2.3.31}$$

利用关系式:

$$\nabla \times \left(\vec{f} \times \vec{g}\right) = \left(\vec{g} \cdot \nabla\right)\vec{f} + \left(\nabla \cdot \vec{g}\right)\vec{f} - \left(\vec{f} \cdot \nabla\right)\vec{g} - \left(\nabla \cdot \vec{f}\right)\vec{g},$$

并考虑到 $\vec{m}$ 为常矢量, 可得

$$\vec{B}_m = \frac{\mu_0}{4\pi}\left[\left(\nabla \cdot \frac{\vec{R}}{R^3}\right)\vec{m} - (\vec{m} \cdot \nabla)\frac{\vec{R}}{R^3}\right]. \tag{2.3.32}$$

利用 $\nabla \cdot (\vec{R}/R^3) = 0\,(R \neq 0)$, 上式改写为

$$\vec{B}_m = -\frac{\mu_0}{4\pi}(\vec{m} \cdot \nabla)\frac{\vec{R}}{R^3} = \frac{\mu_0}{4\pi}\frac{3(\vec{m} \cdot \vec{e}_R)\vec{e}_R - \vec{m}}{R^3}. \tag{2.3.33}$$

对照位于坐标原点的点电偶极子所激发的电场分布:

$$\vec{E}_p = \frac{1}{4\pi\varepsilon_0}\frac{3(\vec{p} \cdot \vec{e}_R)\vec{e}_R - \vec{p}}{R^3}. \tag{2.3.34}$$

可见两者在表达形式上完全一致。因此分子环形电流周围的磁感应线与点电偶极子周围的电场线也完全类似。故又可将分子环形电流取名为点磁偶极子。当然我们知道, 不同于点电偶极子 (可以看成是两个孤立的电荷无限靠近), 由于孤立的磁荷并不存在, 所以点磁偶极子这个名称只是借用一个比喻。

2.4　麦克斯韦 (Maxwell) 方程组

2.4.1　法拉第 (Faraday) 定律

　　Hans Oersted 在 1820 年发现通电的导线能够影响附近磁针的指向, 这一实验证明电流能够产生磁效应。当时科学家就思考是否存在逆效应, 即能否通过磁场产生电流这一重大科学问题。

　　1831 年, Michael Faraday 进行了一系列实验, 发现了电磁感应现象: 当磁场发生变化时, 附近的闭合导线回路中有电流通过, 这种电流称为感应电流, 并且发现: 闭合线圈中产生的感应电动势与通过该线圈的磁通量变化率成正比; 感应电流所产生的磁场总是阻碍引起感应电流的磁通量的变化趋势。

　　数学上感应电动势与磁通量之间的关系表述为

$$\mathscr{E} = -\frac{\mathrm{d}\Phi_B}{\mathrm{d}t}. \tag{2.4.1}$$

(2.4.1) 式称为 Faraday 定律。式中的负号表明感应电流的效果总是反抗引起它的原因, 而 Φ_B 称为通过线圈的磁通量, 有

$$\Phi_B = \int_S \mathrm{d}\vec{S} \cdot \vec{B}. \tag{2.4.2}$$

这里规定闭合线圈所围曲面的面元正法线方向与线圈的绕向成右手螺旋关系 (如图 2–8 所示), 而闭合线圈的绕向可以任意选择。

　　线圈中电流的出现说明线圈中的电荷受到该处电场的作用而发生运动。Faraday 电磁感应现象的本质是, 当空间磁场随时间发生变化时, 相应地会在空间激发电场, 称之为感应电场。线圈中的感应电动势是电场强度沿线圈所在闭合回路的线

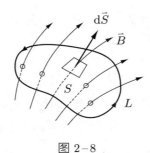

图 2-8

积分, 即

$$\mathscr{E} = \oint_L \mathrm{d}\vec{\ell} \cdot \vec{E}. \tag{2.4.3}$$

因此 Faraday 定律 (2.4.1) 式可写为

$$\mathscr{E} = \oint_L \mathrm{d}\vec{\ell} \cdot \vec{E} = -\frac{\mathrm{d}}{\mathrm{d}t} \int_S \mathrm{d}\vec{S} \cdot \vec{B} = -\int_S \mathrm{d}\vec{S} \cdot \frac{\partial \vec{B}}{\partial t}. \tag{2.4.4}$$

利用 Stokes 定理, 将上式化为微分形式:

$$\nabla \times \vec{E} = -\frac{\partial \vec{B}}{\partial t}. \tag{2.4.5}$$

上式也称为 Maxwell – Faraday 方程, 它与 (2.4.1) 式的区别在于, 它是一种 (电) 场与 (磁) 场的关系, 即变化着的磁场激发电场, 并且电场是以涡旋的形式被激发出来 (称之为有旋场)。(2.4.5) 式揭示了一种新的电磁现象, 而且这种现象的发生并不依赖于导体回路 (线圈) 是否存在, 导体回路的引入只不过使空间中存在的感应电场以导体中电流的形式表现出来而已。(2.4.5) 式构成了我们所寻找的 Maxwell 方程组的第三个方程。

2.4.2 位移电流

1861 年, James Maxwell 还想到了这样一个问题: 变化的电场能否激发磁场?

首先可以认识到, 在恒定电流情况下导出的电流激发磁场的规律为

$$\nabla \times \vec{B}\,(\vec{R}) = \mu_0 \vec{J}\,(\vec{R}).$$

在一般的情况下上式必须做修改和完善, 因为如果认为上式在一般情况下也成立, 则对两边同时求散度, 有

$$\nabla \cdot (\nabla \times \vec{B}) = \mu_0 \nabla \cdot \vec{J}.$$

由于在任意情况下始终有 $\nabla \cdot (\nabla \times \vec{B}) \equiv 0$, 故意味着在一般情况下也有

$$\nabla \cdot \vec{J} = 0.$$

然而此式与电荷守恒定律 $\nabla \cdot \vec{J} + \partial\rho/\partial t = 0$ 相矛盾, 在一般 (非恒定) 情况下 $\partial\rho/\partial t \neq 0$。所以承认电荷守恒定律是普遍成立的, 则在恒定电流条件下得到的规律 $\nabla \times \vec{B} = \mu_0 \vec{J}$ 在一般情况下必须做修改和完善。

接下来的问题就是如何来修改, 并使其完善之后的形式在消除上述矛盾的同

时, 还能自然过渡到恒定电流状态。回顾前面根据 Coulomb 定律导出的 Gauss 定理的微分形式:

$$\nabla \cdot \vec{E} = \frac{\rho}{\varepsilon_0}. \tag{2.4.6}$$

该式反映了电荷与电场线之间的定量关系, 这种关系在一般的情况下仍然成立, 只不过在电荷量变化的同时, 它所激发的电场线的数目也在变化, 即

$$\nabla \cdot \vec{E}\left(\vec{R}, t\right) = \frac{1}{\varepsilon_0} \rho\left(\vec{R}, t\right). \tag{2.4.7}$$

根据这一点, 将 $\rho\left(\vec{R}, t\right) = \varepsilon_0 \nabla \cdot \vec{E}\left(\vec{R}, t\right)$ 代入电荷守恒定律 $\nabla \cdot \vec{J}\left(\vec{R}, t\right) + \partial \rho\left(\vec{R}, t\right)/\partial t = 0$, 得

$$\nabla \cdot \vec{J} + \frac{\partial}{\partial t} \varepsilon_0 \left(\nabla \cdot \vec{E}\right) = \nabla \cdot \left(\vec{J} + \varepsilon_0 \frac{\partial}{\partial t} \vec{E}\right) = 0. \tag{2.4.8}$$

因此, 如果将在恒定电流条件下得到的关系式 $\nabla \times \vec{B} = \mu_0 \vec{J}$ 中的 $\vec{J}$ 替换为 $\vec{J} + \varepsilon_0\left(\partial \vec{E}/\partial t\right)$, 则上述矛盾就解决了! 因此原来关于静磁场旋度的微分方程在一般情况下应修改为

$$\nabla \times \vec{B} = \mu_0 \left(\vec{J} + \varepsilon_0 \frac{\partial}{\partial t} \vec{E}\right) = \mu_0 \left(\vec{J} + \vec{J}_{\mathrm{D}}\right). \tag{2.4.9}$$

式中

$$\vec{J}_{\mathrm{D}} = \varepsilon_0 \frac{\partial}{\partial t} \vec{E}. \tag{2.4.10}$$

称为位移电流。(2.4.9) 式是 Maxwell 方程组的第四个方程。

随时间变化的电场导致位移电流的出现, 但这种效应并不会伴随着电荷的运动; 位移电流与传导电流 $\vec{J}$ 一样都能产生磁场。位移电流在电磁波的传播中扮演着举足轻重的角色, 它从另一个侧面揭示了电场和磁场之间的相互作用特点, 即变化的电场同样能激发磁场。我们看到, 位移电流与是否存在物质没有关联, 这里我们是从电荷守恒定律、Gauss 定理一致性的角度来分析引入 $\vec{J}_{\mathrm{D}}$ 的必要性。而历史上 Michael Faraday 为了解释其所观察到的实验现象, 提出所谓 "电张态" 的概念; James Maxwell 最初是从 "电张态" 弹性作用的角度提出位移电流这一重大的发现, 并很快预言了电磁波 [1]。James Maxwell 还同时计算了电磁波的传播速度, 发现其与光速一致 (在这之前人们已能够测量光的传播速度), 这也使得他对位移电流这一概念的正确性确信无疑。由于当时人们对电磁场理论进行研究时还没有认识到, 作为电荷存在守恒定律是物质的基本属性, 这也使得位移电流这一概念在历史上引起了相当多的混淆和误解, 一直到 1888 年电磁波被发现, 位移电流存在的正确性才被大家所接受。位移电流的预见是 James Maxwell 对电磁场理论作出的最杰出的贡献。

2.4.3   Maxwell 方程组

James Maxwell 对前人的实验现象和规律进行概括总结, 提出了位移电流假设, 建立了统一的电磁场理论, 把电学和磁学统一起来。电磁场理论归纳成如下的

[1]   C. N. Yang, *The Conceptual Origins of Maxwell's Equations and Gauge Theory*, Phys. Today **67**, 45 (2014).

基本方程:

$$\begin{cases} \nabla \cdot \vec{E} = \dfrac{\rho}{\varepsilon_0}, \\[2mm] \nabla \times \vec{B} = \mu_0 \vec{J} + \mu_0 \varepsilon_0 \dfrac{\partial}{\partial t} \vec{E}, \\[2mm] \nabla \cdot \vec{B} = 0, \\[2mm] \nabla \times \vec{E} = -\dfrac{\partial \vec{B}}{\partial t}. \end{cases} \qquad (2.4.11)$$

这是真空中电磁场所遵守的规律。第一个方程和第三个方程是关于场的散度的方程, 是从静态场直接推广而来的。方程 (2.4.11) 反映了电磁现象的普遍规律: 电荷激发电场, 电流激发磁场, 变化的电场和磁场互相激发。容易验证, 上述 Maxwell 方程组与电荷守恒定律 (2.1.15) 式之间不存在冲突。在第七章 7.3.8 小节, 我们最终会看到方程组 (2.4.11) 的前两个方程和后两个方程可以分别统一起来, 分别写成具有相对论协变形式的两个方程。

思考题 2.3 Maxwell 方程组是关于电磁现象的已有实验结果的数学表述。当然, 将来人们如果能找到足够的证据证明新的观察结果与这一方程组所预测的存在偏差, 那么这里的方程就需要做相应的修正。我们也可以像 James Maxwell 那样去大胆猜想, 甚至认为"真实的、完美的"世界可能与我们现有的定律存在细微的偏差, 并借助这样大胆的假设去预测是否有可能存在新的现象, 从而启发人们从实验方面寻找相应的证据给予支持。

再仔细观察一下 Maxwell 方程组, 这个方程组似乎存在不对称的遗憾。考虑到 ρ 和 $\vec{J}$ 之间满足 $\nabla \cdot \vec{J} + \partial \rho / \partial t = 0$, 你也许会猜想为何这里 $\nabla \cdot \vec{B} = 0$ 的右边不能出现一项 $\mu_0 \rho_{\rm m}$, 它的作用类似第一个方程中的 ρ / ε_0? 为何 $\nabla \times \vec{E} = -\partial \vec{B} / \partial t$ 的右边不能出现一项 $-\mu_0 \vec{J}_{\rm m}$, 其作用类似 $\mu_0 \vec{J}$? 甚至会大胆地猜想可否假设这里 $\rho_{\rm m}$ 代表真空中的磁荷密度, 而 $\vec{J}_{\rm m}$ 代表磁荷流动所形成的电流密度呢? 从数学上看, 一旦在方程组中添加上这些假想的项之后, 方程组在形式上似乎变得更加的"完美"。然而, 尽管人们很早就发现了恒定状态下激发静电场的正、负电荷, 但是经过了很多的尝试和努力, 目前仍然没有能从实验上观测到孤立正、负磁荷的存在。

2.4.4 电磁波波动方程

让我们回到 Maxwell 方程组。从 (2.4.11) 式可以看出, 即使在没有电荷、电流的区域 (即所谓自由空间), 电磁场仍可独立于电荷而存在, 此时 Maxwell 方程组简化成

$$\begin{cases} \nabla \cdot \vec{E} = 0, \\[2mm] \nabla \times \vec{B} = \mu_0 \varepsilon_0 \dfrac{\partial}{\partial t} \vec{E}, \\[2mm] \nabla \cdot \vec{B} = 0, \\[2mm] \nabla \times \vec{E} = -\dfrac{\partial \vec{B}}{\partial t}. \end{cases} \qquad (2.4.12)$$

这个方程组有高度的对称性, 即如果用 $\vec{B}$ 代替 $\vec{E}$、$-\mu_0\varepsilon_0\vec{E}$ 代替 $\vec{B}$, 则前一对方程会变成后一对方程。对方程组 (2.4.12) 做简单运算, 就可以得到如下的关于电场和磁场的运动方程:

$$\begin{cases} \left(\nabla^2 - \dfrac{1}{c^2}\dfrac{\partial^2}{\partial t^2}\right)\vec{E}\left(\vec{R},t\right) = 0, \\[2mm] \left(\nabla^2 - \dfrac{1}{c^2}\dfrac{\partial^2}{\partial t^2}\right)\vec{B}\left(\vec{R},t\right) = 0, \\[2mm] \nabla\cdot\vec{E}\left(\vec{R},t\right) = 0, \\[2mm] \nabla\cdot\vec{B}\left(\vec{R},t\right) = 0. \end{cases} \tag{2.4.13}$$

这是真空中电磁场的波动方程, 式中 c 为电磁波在真空中的传播速度 [2]:

$$c = \frac{1}{\sqrt{\mu_0\varepsilon_0}} = 2.997\,924\,58 \times 10^8 \text{ m/s}. \tag{2.4.14}$$

因此, 在自由空间中电场和磁场实际上是通过自身的互相激发而运动, 形成传播的电磁波。James Maxwell 在 1865 年建立了电磁场理论, 从理论上预言了电磁波, 并指出光其实是一种电磁波。最初 James Maxwell 给出的方程组采用的是繁杂的标量方程形式, 而这里给出的四个简洁的矢量方程, 则是 1880 年由自学成才的英国物理学家奥利弗·赫维赛德 (Oliver Heaviside, 1850—1925) 整理而成的。James Maxwell 只活到 48 岁, 一直到 1879 年他去世前, 由于人们没有观测到电磁波, 他所建立的电磁场理论并未得到学术界的普遍认可。1888 年, 德国科学家海因里希·鲁道夫·赫兹 (Heinrich Rudolf Hertz, 1857—1894) 从实验上证明了微波波段电磁波的存在, 至此 James Maxwell 建立的电磁场理论才被人们所广泛接受。James Maxwell 的电磁场理论不但把电学、磁学统一起来, 也把电磁学和光学统一起来了。

需要注意的是, 尽管从 Maxwell 方程组得到了电磁波波动方程, 同时也给出了真空中电磁波的传播速度, 但这个速度是相对什么参考系的速度, James Maxwell 的理论并不能回答。其次, Maxwell 方程组在什么样的参考系中才成立, 从一个参考系变换到另一个参考系时, 电场和磁场如何变化, 电磁场的基本定律是否改变, 相关内容将在第七章狭义相对论中作详细讨论和介绍。

2.4.5   洛伦兹 (Lorentz) 力密度

在电磁场作用下, 运动带电粒子受到的力称为 Lorentz 力, 即

$$\vec{F} = q\vec{E} + q\vec{v} \times \vec{B}. \tag{2.4.15}$$

Lorentz 力包含了电场力和磁场力, 代表着单位时间内由电磁场传递给运动带电粒

---

[2]   光的传播速度非常之快, 最早观测到光是以有限速度传播的是丹麦天文学家奥勒·克里斯滕森·罗默 (Ole Christensen Rømer, 1644—1710)。1849 年, 法国物理学家希波利特·菲索 (Hippolyte Fizeau, 1819—1896) 在实验室给出了一种测量光速的方法。Fizeau 让一束光射向数公里以外的一面镜子, 然后在光束的路径上放置一个带有齿轮的旋转圆盘。Fizeau 发现, 光束在射出时会穿过齿轮上的一个间隙, 在一定转度下光反射回来时会穿过下一个齿轮间隙。通过测量旋转圆盘与镜子之间的距离、圆盘上的齿数和圆盘的旋转速度, Fizeau 测得光的传播速度约为 3.13×10^8 m/s。根据光在真空中传播速度的精确测量, 太阳光从太阳表面发出到传播至地球表面需 8 min 17 s。

子的动量。这一公式是以荷兰物理学家亨德里克·安东·洛伦兹 (Hendrik Antoon Lorentz, 1853—1928) 的名字命名的。利用 Oliver Heaviside 给出的 Maxwell 方程形式和拉格朗日 (Joseph-Louis Lagrange, 1736—1813, 约瑟夫·路易斯·拉格朗日, 法国数学物理学家, 分析力学的创立者) 力学, Hendrik Lorentz 在 1895 年得出了电磁场作用在运动带电粒子上的力的完整形式。即便带电粒子的运动速度接近光速, (2.4.15) 式也是适用的。

对于电荷电流为连续分布的体系, 假设位矢 $\vec{R}$ 处在 t 时刻的电荷体密度为 $\rho(\vec{R}, t)$, 电流密度为 $\vec{J}(\vec{R}, t)$, 则体积为 dV 的带电体所受到的力为

$$d\vec{F}(\vec{R}, t) = \vec{f}(\vec{R}, t)\, dV = dV \rho(\vec{R}, t)\vec{E}(\vec{R}, t) + dV \vec{J}(\vec{R}, t) \times \vec{B}(\vec{R}, t). \quad (2.4.16)$$

其中 $\vec{f}(\vec{R}, t)$ 为单位体积的带电体所受到的力, 也称之为力密度。而一个带电区域 V 受到的 Lorentz 力为

$$\vec{F}(t) = \int_V dV \vec{f}(\vec{R}, t). \quad (2.4.17)$$

2.5　介质中的 Maxwell 方程组

19 世纪, 科学家通过研究已经得到了描述真空中电磁场的 Maxwell 方程组。然而直到 20 世纪 20 年代量子力学建立之前, 人们对物质中的电荷和电流本质的认识还不够全面和深刻, 当时认知更多的是通过外部因素引入的电荷 (或变化的磁场) 所激发的电场 (或感应电场)。后来人们才逐渐认识到, 在外场作用下物质内部或者表面也会出现新的电荷、电流分布。

本节讨论当空间存在介质时电磁场所遵守的规律。介质中的"介"字, 顾名思义是不导电的意思, 即在外场作用下媒质中的电子只能在各自原子实附近运动。

2.5.1　介质存在对 Maxwell 方程组的影响

相对于真空中的 Maxwell 方程组而言, 介质存在时方程组的形式有什么变化? 在回答这个问题之前, 我们先给出介质对电磁场响应的物理图像。

我们知道, 对于一个电中性的介质而言, 由于任意一个小体积内电荷量都为零, 因此它不会激发任何电磁场。假设通过某种外界的手段在介质中或者其周围引入所谓的"自由"电荷或电流, 这些电荷或电流会激发电磁场。一方面, 在电磁场作用下介质内部原先呈电中性的电荷分布可能会发生变化, 使得其内部或者表面电中性平衡被打破, 从而出现附加的体 (面) 电荷/电流分布。另一方面, 这些附加的电荷/电流分布也会激发电磁场, 这样就使得原来的电磁场发生改变。

因此, 介质的存在与否与之前讨论的真空中的 Maxwell 方程组本身并没有直接关联, 前面给出的 Maxwell 方程组同样适合于介质存在的情况, 只是我们需要把空间中所有的电荷、电流全部考虑进来。有了这个基本思路, 对于介质而言, 前面得到的 Maxwell 方程组中不涉及电荷/电流源项的两个方程无需做任何的改变, 而我们只需在另外两个方程中添加由于介质被极化或者被磁化而产生的新的电荷与

电流附加项, 即

$$\rho = \rho_{\mathrm{f}} + \rho_{\mathrm{P}}, \tag{2.5.1}$$

$$\vec{J} = \vec{J}_{\mathrm{f}} + \vec{J}_{\mathrm{P}} + \vec{J}_{\mathrm{M}}. \tag{2.5.2}$$

将其代入之前的方程组, 就可以得到描述介质中电磁场运动规律的 Maxwell 方程组. (2.5.1) 式和 (2.5.2) 式中, ρ_{f} 和 $\vec{J}_{\mathrm{f}}$ 称为 "自由" 电荷密度和 "自由" 电流密度, ρ_{P} 和 $\vec{J}_{\mathrm{P}}$ 分别为介质由于极化而产生的极化电荷密度和极化电流密度, 而 $\vec{J}_{\mathrm{M}}$ 表示介质磁化而产生的磁化电流密度.

需要特别注意的是, 这里 "自由" 的含义是从空间电荷 (或电流) 出现的来源上加以定义的. 例如, 在介质外面放置电荷, 或者人为向介质中 (或表面) 引入一些带电粒子, 由此打破介质电中性的平衡. 不管这些带电粒子引入之后是否移动, 我们都应该把它们理解成所谓的自由电荷, 这是因为这些电荷不是由于介质极化而产生的非平衡电荷分布. 也可以这样理解, 空间中除了介质极化产生的净分布电荷, 其他的电荷都归纳到 "自由" 电荷 ρ_{f} 中; 而除了极化或者磁化产生的电流, 其他的电荷运动形成的传导电流都归纳到 "自由" 电流 $\vec{J}_{\mathrm{f}}$ 中.

接下来的任务就是研究空间中 ρ_{P}、$\vec{J}_{\mathrm{P}}$ 和 $\vec{J}_{\mathrm{M}}$ 的分布与该处的电磁场 $\vec{E}$ 和 $\vec{B}$ 的关系.

2.5.2   介质极化与极化强度

介质是由分子 (或原子) 组成的, 并大致分为以下两类: 一类称为无极分子, 另一类称为有极分子.

对于无极分子, 在无外电场时分子正、负电荷分布中心重合, 不形成电偶极矩, 故称之为无极分子; 当分子被置于一定强度的外场中时, 由于电场力的作用, 分子的正、负电荷向相反的方向被拉开, 当然一旦错开, 就会存在 Coulomb 吸引力, 当两者达到平衡时, 正、负电荷中心保持一定的间距 (拉伸), 从而每个分子都会产生电偶极矩.

对于有极分子, 其正、负电荷中心即使在无外电场时也不重合, 这使得每个分子存在固有电偶极矩. 不过在没有外场时, 在此类分子组成的介质 (如气体) 中分子电偶极矩取向一般是无序的, 因此在任意小区域内不会有剩余电荷或者剩余偶极矩, 因而也并不能激发电场; 一旦施加外电场, 有极分子由于本身存在偶极矩而在电场作用下发生一定程度的偏转, 并且其沿外场方向形成一个优先的取向 (转动), 因此施加电场对这些分子的作用效果也相当于产生了一个电偶极矩.

总的来说, 在外场作用下不管是无极分子的所谓拉伸机制, 还是有极分子的转动机制, 其结果都是分子沿着外场的方向产生微小的偶极矩, 这就是介质的极化过程. 需要提醒的是, 类似于弹簧在外力作用下的拉伸过程, 介质在外场作用下极化的过程也是能量 (电磁能) 被储存的过程.

宏观上我们采用极化强度 $\vec{P}$ 来描述介质在外场作用下的极化效果, 它表示单位体积内所有分子的电偶极矩之和, 即

$$\vec{P} = \frac{\sum\limits_i \vec{p}_i}{\Delta V}. \tag{2.5.3}$$

不失一般性, 我们以无极分子为例, 在其内部任选一很小的体积元, 该区域内每个分子的正、负电荷中心由于极化而被拉开位移 $\vec{\ell}$, 因此极化导致该处的体积元内每个分子产生的电偶极矩为 $\vec{p} = q\vec{\ell}$, 相应地有

$$\vec{P} = n\vec{p} = nq\vec{\ell}. \tag{2.5.4}$$

式中 n 为该处分子数密度。

这里给出的极化模型 (2.5.3) 式一般只适用于气体和非极性液体, 或者适用于通过很弱的范德瓦尔斯 (Johannes Diderik van der Waals, 1837—1923, 约翰尼斯·迪德里克·范德瓦尔斯, 荷兰物理学家) 力键合在一起的原子、分子所组成的固体。对于大部分的固体而言, 由于原子 (离子) 之间存在很强的相互作用, (2.5.3) 式所描述的极化图像 (偶极子之间无相互作用) 并不适用于这些介质。但是不管采取何种计算方法来处理, 一旦获得了极化强度 $\vec{P}$, 我们都可以把固体看成是关于电偶极子的连续分布, 并用极化强度来表示电偶极子密度分布。

2.5.3 极化电荷密度

介质由于极化在空间中可能出现极化电荷体分布。为了能得到空间中极化电荷密度与极化强度之间的关系, 我们在介质内任意选取一个闭合面, 依照前面给出的介质极化物理图像, 不失一般性, 假设极化的效果是正电荷中心相对于负电荷中心产生微小的位移 $\vec{\ell}$, 对于闭合面上的任一个面元 $d\vec{S}$ 而言, 因极化而穿出该面元的分子数为 $n\vec{\ell} \cdot d\vec{S}$, 则通过封闭的曲面 "跑出去" 的总电荷量为

$$\oint_S d\vec{S} \cdot nq\vec{\ell} = \oint_S d\vec{S} \cdot \vec{P}. \tag{2.5.5}$$

若介质原先是电中性的, 则极化导致一定量的电荷 "跑出" 闭合面, 必然会导致闭合面内产生等量异号的负电荷, 其两者之和应为零, 即

$$\oint_S d\vec{S} \cdot \vec{P} + \int_V dV \rho_P = 0. \tag{2.5.6}$$

或者

$$\int_V dV \nabla \cdot \vec{P} + \int_V dV \rho_P = 0. \tag{2.5.7}$$

考虑到所选取闭合面的任意性, 则有

$$\rho_P + \nabla \cdot \vec{P} = 0. \tag{2.5.8}$$

需要注意的是, (2.5.8) 式只适用于极化强度 $\vec{P}$ 为空间连续分布函数时的情形。对于两种介质的分界面处, 需要运用其积分形式。其次容易推论, 对于被均匀极化的介质, 其体内不存在极化电荷分布, 极化电荷只可能出现在介质的表面。

对于一整块的电中性介质, 周围是真空, 将其引入外场中, 或者在其外部或体内引入自由电荷之后, 在介质的体内或表面都可能会产生极化电荷分布。在这样的情况下, 我们也可根据极化电荷总量为零的特点, 来分析其体内极化电荷分布 ρ_P、

体表极化面电荷的面密度 σ_P 与极化强度 $\vec{P}$ 的分布之间的关系。

由于极化之后介质区域的极化电荷总量仍为零, 即

$$\oint_S \mathrm{d}S\sigma_P + \int_V \mathrm{d}V\rho_P = 0. \tag{2.5.9}$$

对比一下关于任意矢量场的散度定理, 有

$$\oint_S \mathrm{d}\vec{S} \cdot \vec{P} = \int_V \mathrm{d}V\nabla \cdot \vec{P}. \tag{2.5.10}$$

可以看出, 若做如下的替换:

$$\rho_P = -\nabla \cdot \vec{P}, \tag{2.5.11}$$

$$\sigma_P = \vec{P} \cdot \vec{n}. \tag{2.5.12}$$

则能自然地保证 (2.5.9) 式和 (2.5.10) 式的一致性。

需要注意的是, 首先 (2.5.11) 式中的 $\vec{P}$ 是指介质体内的极化强度分布, 而 (2.5.12) 式中的 $\vec{P}$ 是指靠近介质区域表面附近的极化强度。其次, 这里不是试图从数学上来严格推导出这些关系式, 而是从物理上来推导, 其是否正确在于它 (或者其推论) 是否与实验结果相符合。再者, (2.5.12) 式只适用于介质外为真空的情形。对于更一般的两种介质所构成的分界面上的极化电荷面分布, 接下来将借助 (2.5.11) 式的积分形式给出其一般性表达式。

2.5.4   孤立介质受到的电场力

在外场作用下介质极化而出现极化电荷分布。我们来计算外场 $\vec{E}_0(\vec{R})$ 作用在一个孤立介质上的电场力, 有

$$\vec{F} = \int_V \vec{E}_0\rho_f\mathrm{d}V + \int_V \vec{E}_0\rho_P\mathrm{d}V + \oint_S \vec{E}_0\sigma_P\mathrm{d}S$$

$$= \int_V \vec{E}_0\left(\rho_f - \nabla \cdot \vec{P}\right)\mathrm{d}V + \oint_S \mathrm{d}\vec{S} \cdot \left(\vec{P}\vec{E}_0\right). \tag{2.5.13}$$

这里的体积分遍及介质体内每一点, 而面积分则遍及介质的表面。对于张量 $\vec{P}\vec{E}_0$, 运用 Gauss 定理, 有

$$\oint_S \mathrm{d}\vec{S} \cdot \left(\vec{P}\vec{E}_0\right) = \int_V \nabla \cdot \left(\vec{P}\vec{E}_0\right)\mathrm{d}V = \int_V \left[\left(\nabla \cdot \vec{P}\right)\vec{E}_0 + \left(\vec{P} \cdot \nabla\right)\vec{E}_0\right]\mathrm{d}V. \tag{2.5.14}$$

因此有

$$\vec{F} = \int_V \left[\rho_f + \left(\vec{P} \cdot \nabla\right)\right]\vec{E}_0\mathrm{d}V. \tag{2.5.15}$$

式中 ρ_f 为介质中的自由电荷密度分布。若介质中没有自由电荷, 则一孤立介质处于非均匀场中所受到的作用力为

$$\vec{F} = \int_V \left(\vec{P} \cdot \nabla\right)\vec{E}_0\mathrm{d}V. \tag{2.5.16}$$

因此只有在非均匀场中孤立介质才会受到电场力的作用。一般情况下极化强度 $\vec{P}$ 本身也依赖于外场、介质的介电性质和形状。

若孤立介质是一小颗粒, 由于颗粒尺寸很小, 电场在颗粒内变化不明显, 则可把颗粒极化看成均匀极化, 则上式近似为

$$\vec{F} \approx \left(\vec{P} \int_V dV \cdot \nabla \right) \vec{E}_0 = (\vec{P}V \cdot \nabla) \vec{E}_0 (\vec{R}). \qquad (2.5.17)$$

这里 $\vec{R}$ 为颗粒所处位置。

作为一个简单的例子, 设有一介质颗粒靠近一点电荷激发的非均匀场, 两者间距远大于颗粒尺寸, 如图 2–9(a) 所示。以点电荷位置为坐标原点, 将颗粒内极化近似看成均匀极化, 则有

$$\vec{F} \approx (\vec{p} \cdot \nabla) \vec{E}_0 (\vec{R}). \qquad (2.5.18)$$

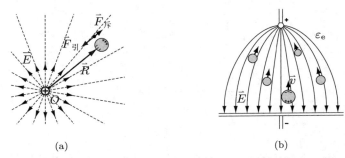

(a) (b)

图 2–9 (a) 点电荷电场与介质颗粒的相互作用; (b) 介电泳现象示意图。当介质颗粒 (介电常数记为 ε_P) 比所处背景介质 (介电常数记为 ε_e) 更易极化时 (即 $\varepsilon_P > \varepsilon_e$), 其极化偶极矩与外电场同向, 介质颗粒将会朝着电场更强的位置移动。

这里 $\vec{p} = \vec{P}V = \alpha \varepsilon_0 \vec{E}_0$, α 为颗粒的极化系数。作为练习, 可以证明点电荷作用在介质颗粒上的电场力为

$$\vec{F} \approx \alpha \varepsilon_0 (\vec{E}_0 \cdot \nabla) \vec{E}_0 = \frac{1}{2} \alpha \varepsilon_0 \nabla |\vec{E}_0|^2 \propto -\frac{q^2}{R^5} \vec{e}_R. \qquad (2.5.19)$$

从 (2.5.19) 式可以看出, 点电荷对一微小介质颗粒的作用力始终是吸引力, 这在物理上也很自然, 因为颗粒上靠近点电荷一侧的极化电荷产生的吸引力大于远离点电荷一侧的极化电荷产生的排斥力。中性颗粒在非匀强场中极化受力而产生运动的现象称为介电泳现象 (dielectrophoresis), 如图 2–9(b) 所示。介电泳现象的原理已经被应用于操纵细胞、DNA、蛋白质等微小中性颗粒的操作中。

2.5.5 介质分界面上极化电荷面密度

当两种介质构成分界面时, 为了得到分界面上的极化电荷面密度, 我们在分界面附近选取一高度趋于零的圆柱面, 圆柱面的两个底面分别位于分界面元 ΔS 的两侧, 如图 2–10 所示。由于圆柱高度趋于零, 体积趋于零 (来自体密度极化电荷的电荷量贡献趋于零), 因而圆柱面内极化电荷总量就是处于介质分界面上的极化电荷的电荷量。借助 (2.5.8) 式的积分形式得

$$\Delta S \cdot \sigma_P + \oint_S d\vec{S} \cdot \vec{P} = 0. \qquad (2.5.20)$$

或者

$$\Delta S \cdot \sigma_{\mathrm{P}} + (\vec{P}_2 \cdot \vec{n}_{21} - \vec{P}_1 \cdot \vec{n}_{21})\,\Delta S + \int_{\text{侧面}} \mathrm{d}\vec{S} \cdot \vec{P} = 0.$$

式中 $\vec{n}_{21}$ 为面法向 (定义为从介质 1 侧指向介质 2 侧) 的单位矢量。注意到在所选取的柱面的高度趋于零时, 有 $\int_{\text{侧面}} \mathrm{d}\vec{S} \cdot \vec{P} = 0$, 从而得到

$$\sigma_{\mathrm{P}} + (\vec{P}_2 \cdot \vec{n}_{21} - \vec{P}_1 \cdot \vec{n}_{21}) = 0. \tag{2.5.21}$$

(2.5.21) 式就是两种介质构成的分界面上极化电荷面密度的一般表达式。若介质外为真空 $(\vec{P}_2 = 0)$, 则 (2.5.21) 式自然过渡到 (2.5.12) 式。

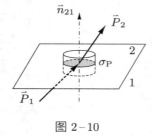

图 2-10

在恒定情况下, 如果我们能够确定在介质存在情况下空间所有极化电荷的分布, 则空间中的电场分布应该是原来的外场 (假设不发生改变) 与极化电荷所产生电场的叠加。下面我们来列举介质被均匀极化的两个例子, 以此研究极化电荷分布的特点。

第一个例子是在均匀外场中被均匀极化的介质球的极化电荷分布特征。根据前面的分析, 极化电荷只分布在介质球表面, 如图 2-11 所示, 介质球表面的极化电荷面密度为

$$\sigma_{\mathrm{P}} = P\cos\theta. \tag{2.5.22}$$

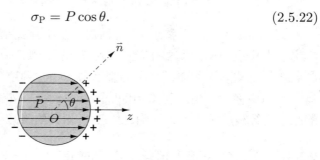

图 2-11

根据对称性, 球心处的电场应该是沿着水平轴线方向。待第三章中介绍分离变量法求解静电势方法之后, 可以证明介质球的表面极化电荷在球内任意一处所产生的退极化电场是均匀电场, 其方向与极化强度相反。

第二个例子是在均匀外场中被均匀极化的细长介质棒的极化电荷分布特征。若极化强度方向沿着棒轴向, 如图 2-12 所示, 则极化电荷只分布在介质棒的两个端面, 右端面上 $\sigma_{\mathrm{P}} = P$; 左端面上 $\sigma_{\mathrm{P}} = -P$。如果棒的长度远大于其横向截面的

半径 (比如半导体纳米线), 则棒两端的极化电荷对棒中电场的影响可以忽略, 此时介质棒中的电场就与外场几乎相同。

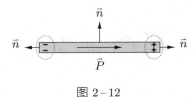

图 2–12

对比之下, 在均匀外场中沿垂直棒轴方向被均匀极化的长介质棒, 其正、负极化电荷均匀分布在介质棒的侧面, 极化电荷在介质棒内所产生的退极化电场为均匀电场, 方向与极化方向相反, 介质棒内的电场会减小, 这些特征在第三章中我们会采用分离变量法给予定量的分析与证明。所以对比一下可以看到, 对于形状不同的介质, 沿着不同的方向极化, 对介质内部电场的影响是不同的, 这一物理图像非常重要, 后面会看到类似的例子。

2.5.6　介质中 Maxwell 方程之一

基于以上的分析, 我们认识到真空中的 Maxwell 方程之一:

$$\nabla \cdot \vec{E} = \frac{\rho}{\varepsilon_0}. \tag{2.5.23}$$

对于介质存在的情形仍然成立, 这里 $\vec{E}$ 代表介质内的总电场, 而该处的电荷密度 ρ 包括与极化无关的自由电荷密度 ρ_{f} 和极化电荷密度 ρ_{P} 两部分, 即

$$\nabla \cdot \vec{E} = \frac{1}{\varepsilon_0} \left(\rho_{\mathrm{f}} + \rho_{\mathrm{P}} \right). \tag{2.5.24}$$

借助 (2.5.11) 式, 上式改写为

$$\nabla \cdot (\varepsilon_0 \vec{E} + \vec{P}) = \rho_{\mathrm{f}}. \tag{2.5.25}$$

等式的左边是由电场 (乘以真空的介电常数) 和极化强度所组成的一个新的矢量, 我们用 $\vec{D}$ 表示, 称之为电位移矢量, 有

$$\vec{D} = \varepsilon_0 \vec{E} + \vec{P}. \tag{2.5.26}$$

从而将 (2.5.23) 式改写为

$$\nabla \cdot \vec{D} = \rho_{\mathrm{f}}. \tag{2.5.27}$$

这是介质中的 Maxwell 方程之一。与真空中的 Maxwell 方程组相比, 虽然其形式有了变化, 但本质其实是一样的。从 (2.5.27) 式可以看出, 决定电位移矢量散度的是在实验中相对容易控制的自由电荷密度。

2.5.7　极化电流密度

为了得到介质存在时的 Maxwell 方程组中的另一个方程, 我们需要讨论当电场随时间变化时, 介质内出现的新的电流, 其中之一是因极化而产生的电流贡献项。

首先, 当介质内电场随时间变化时, 正、负电荷中心相对位移也会随时间而改变, 由此产生极化电流。对于电中性的介质, 极化电荷与极化电流也满足电流连续性方程, 即极化电荷守恒, 有

$$\nabla \cdot \vec{J}_{\mathrm{P}} + \frac{\partial \rho_{\mathrm{P}}}{\partial t} = 0. \tag{2.5.28}$$

或者

$$\nabla \cdot \vec{J}_{\mathrm{P}} = -\frac{\partial \rho_{\mathrm{P}}}{\partial t} = \frac{\partial}{\partial t} \nabla \cdot \vec{P} = \nabla \cdot \frac{\partial \vec{P}}{\partial t}. \tag{2.5.29}$$

根据这一关系式, 我们推得极化电流密度 $\vec{J}_{\mathrm{P}}$ 与极化强度 $\vec{P}$ 之间存在如下关系:

$$\vec{J}_{\mathrm{P}} = \frac{\partial \vec{P}}{\partial t}. \tag{2.5.30}$$

与前面的分析类似, 这里推论的正确性是通过相关的物理实验而得到验证的。根据 (2.5.30) 式, 还可以得出在恒定状态情况下介质中不存在极化电流。

2.5.8　介质磁化及磁化电流密度

我们知道, 沿导线自由运动的电荷所形成的电流会激发磁场。而介质是由原子组成的, 原子由原子核与核外电子构成。在外磁场作用下, 与介质磁化电流相关的电荷运动包括两部分, 一是电子绕原子核作轨道运动的贡献, 二是电子、质子、中子自旋运动的贡献, 所有这些效应本质上都是量子效应。而电子轨道运动和自旋运动在机制上的不同, 也导致了不同磁介质对外磁场的响应可能存在很大差异。比如有些磁性材料具有抗磁性, 甚至具有完全抗磁性, 比如超导体。而有些材料则表现出顺磁性和铁磁性。对这些问题的深入讨论已超出电动力学的知识范畴。

从经典电动力学的角度看, 电子的这些运动特征可等效为一个微观尺寸的分子环形电流。对于一些简单的磁介质, 在没有外磁场时这些分子磁偶极矩的取向是随机的, 并不呈现宏观磁矩效应; 一旦存在外磁场时, 这些磁偶极矩将按一定的方向优先取向排列, 称之为磁化现象。因此, 此类介质在外磁场作用下的磁化效果, 可等效为分子沿外场方向产生的一微小的有效磁偶极矩 $\vec{m}$。基于这样的物理图像, 定义在外磁场作用下这类介质的磁化强度 $\vec{M}$ 为单位体积内的磁偶极矩, 有

$$\vec{M} = \frac{\sum\limits_{i} \vec{m}_i}{\Delta V}. \tag{2.5.31}$$

介质磁化之后一般会出现磁化电流分布。为了探讨磁化强度 $\vec{M}$ 与磁化电流密度 $\vec{J}_{\mathrm{M}}$ 之间的关系, 我们在介质内取一曲面 S, 如图 2-13 所示, 并且指定面 S 法向的正方向为从其背面指向正面 (亦可选反向为正方向)。相应地, 依照右手螺旋定则, 确定曲面 S 边界线 (闭合) L 的正绕向为逆时针绕向。

我们来考虑介质由于磁化效应而出现的通过曲面 S 的总磁化电流, 有

$$I_{\mathrm{M}} = \int_{S} \mathrm{d}\vec{S} \cdot \vec{J}_{\mathrm{M}}. \tag{2.5.32}$$

如果每个磁偶极矩所对应的分子环形电流总被边界线 L 链环着, 则这些分子电流

就对通过曲面 S 的总磁化电流有贡献。在其他情况下, 这些分子环形电流要么没有通过曲面 S, 要么穿过面 S 两次且方向相反, 这些情况都不会对总磁化电流形成贡献。因此, 实际上通过曲面 (从背面流向正面) 的总磁化电流 I_{M}, 等于边界线所链环的分子电流数乘上每个分子的电流 i。

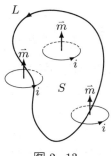

图 2-13

设沿边界线 L 的正绕向选取一个线元 $\mathrm{d}\vec{\ell}$, 并以此为轴心, 以分子电流圆心位于线元 $\mathrm{d}\vec{\ell}$ 的起点和末端的两个分子环形电流面元为圆柱体的上下底, 如图 2-14 所示。若某一分子环形电流的中心处于该柱体内, 则这一分子电流就对 $\vec{J}_{\mathrm{M}}$ 有贡献, 并且贡献的正、负值取决于分子环形电流的面元矢量 $\vec{a}$ 与线元 $\mathrm{d}\vec{\ell}$ 之间的夹角。不难看出, 边界线每段线元 $\mathrm{d}\vec{\ell}$ 对曲面 S 所贡献的磁化电流为

$$\mathrm{d}I_{\mathrm{M}} = in\vec{a} \cdot \mathrm{d}\vec{\ell} = n\vec{m} \cdot \mathrm{d}\vec{\ell} = \vec{M} \cdot \mathrm{d}\vec{\ell}. \tag{2.5.33}$$

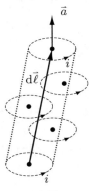

图 2-14

因此有

$$I_{\mathrm{M}} = \int \mathrm{d}I_{\mathrm{M}} = \oint_L \vec{M} \cdot \mathrm{d}\vec{\ell} = \int_S \mathrm{d}\vec{S} \cdot \vec{J}_{\mathrm{M}}. \tag{2.5.34}$$

或者

$$\vec{J}_{\mathrm{M}} = \nabla \times \vec{M}. \tag{2.5.35}$$

(2.5.35) 式即为磁化电流与磁化强度之间的一般关系式, 也可以将其看作磁化电流密度的定义式。对上式两边取散度得

$$\nabla \cdot \vec{J}_{\mathrm{M}} = 0. \tag{2.5.36}$$

这说明磁化电流是无源场, 磁化电流不引起电荷的积累, 这也是为什么对介质中的

Maxwell 方程进行讨论时, 不需要添加由磁化电流产生的电荷贡献项的原因。

2.5.9   介质中的 Maxwell 方程组

介质极化和磁化产生的极化电流或磁化电流都会激发磁场, 而真空中的 Maxwell 方程之一

$$\nabla \times \vec{B} = \mu_0 \vec{J} + \mu_0 \varepsilon_0 \frac{\partial}{\partial t} \vec{E}. \tag{2.5.37}$$

在介质中仍然成立, 只不过式中的 $\vec{J}$ 应包括非极化或者非磁化所导致的自由电流密度 $(\vec{J_{\mathrm{f}}})$, 以及极化和磁化诱导的电流密度 $(\vec{J_{\mathrm{P}}} + \vec{J_{\mathrm{M}}})$。因此介质内的磁感应强度 $\vec{B}$ 满足

$$\nabla \times \vec{B} = \mu_0 \left(\vec{J_{\mathrm{f}}} + \vec{J_{\mathrm{P}}} + \vec{J_{\mathrm{M}}} \right) + \mu_0 \varepsilon_0 \frac{\partial}{\partial t} \vec{E}. \tag{2.5.38}$$

由于自由电流分布易通过实验条件来控制和测定, 为了讨论和研究的方便, 常在基本方程 (2.5.38) 中消去 $\vec{J_{\mathrm{P}}}$ 和 $\vec{J_{\mathrm{M}}}$。借助前面得到的 (2.5.26) 式、(2.5.30) 式及 (2.5.35)式, 得

$$\nabla \times \left(\frac{\vec{B}}{\mu_0} - \vec{M} \right) = \vec{J_{\mathrm{f}}} + \frac{\partial \vec{D}}{\partial t}. \tag{2.5.39}$$

引入一个辅助物理量: 磁场强度 $\vec{H}$, 其定义为

$$\vec{H} = \frac{\vec{B}}{\mu_0} - \vec{M}. \tag{2.5.40}$$

则可将 (2.5.39) 式改写为

$$\nabla \times \vec{H} = \vec{J_{\mathrm{f}}} + \frac{\partial \vec{D}}{\partial t}. \tag{2.5.41}$$

至此, 我们归纳一下介质中的 Maxwell 方程组的形式:

$$\begin{cases} \nabla \cdot \vec{D} = \rho_{\mathrm{f}}, \\[2mm] \nabla \times \vec{H} = \vec{J_{\mathrm{f}}} + \dfrac{\partial \vec{D}}{\partial t}, \\[2mm] \nabla \cdot \vec{B} = 0, \\[2mm] \nabla \times \vec{E} = -\dfrac{\partial \vec{B}}{\partial t}. \end{cases} \tag{2.5.42}$$

需要注意的是, 对于介质而言, 电位移矢量 $\vec{D}$ 和磁场强度 $\vec{H}$ 两个辅助物理量的引入, 只是为了使得方程的右边只出现自由电荷和自由电流分布, 但 $\vec{D}$ 和 $\vec{H}$ 并不能作为独立的场而对身处其中的电荷或电流产生力的作用。真空由于不存在极化和磁化, $\vec{P}$ 和 $\vec{M}$ 等于零, 故有 $\vec{D} = \varepsilon_0 \vec{E}$, $\vec{H} = \vec{B}/\mu_0$, 方程组 (2.5.42) 又回到真空中的 Maxwell 方程组。

2.5.10　介质电磁响应特性

介质极化和磁化产生极化电荷电流和磁化电流, 因此也会对原先的电磁场产生影响。在弱场作用下, 对于绝大部分材料来说, 这种响应是线性的。需要注意的是, 即使是同一种材料, 在不同波段电磁场的作用下其响应特性 (如介电常数) 可能相差很大; 而在同一波段, 介质则可能表现出明显的极化特性, 但其磁化效应却很弱, 反之亦有可能。要定量回答材料为何会表现出不同的电磁响应特性, 这需要涉及量子力学和固体物理的知识。

1. 电介质的响应特性

在电磁场不是很强的条件下, 介质对外场的响应是线性的。进一步来讲, 对于各向同性的介质, 极化强度正比于该处电场, 即

$$\vec{P} = \chi \varepsilon_0 \vec{E}. \tag{2.5.43}$$

式中 χ 为介质的极化率 (量纲为 1), 因此有

$$\vec{D} = \varepsilon_0 \vec{E} + \chi \varepsilon_0 \vec{E} = \varepsilon_0 (1 + \chi) \vec{E} = \varepsilon \vec{E}. \tag{2.5.44}$$

其中 $\varepsilon = \varepsilon_0 \varepsilon_r$ 为介电常数(电容率), $\varepsilon_r = 1 + \chi$ 为相对介电常数 (相对电容率)。对于空气来说, $\chi = 0$, $\varepsilon_r = 1$。

研究发现, 一些晶体材料中存在某些易极化的取向, 使得 $\vec{D}$ 与 $\vec{E}$ 可能不在同一方向上, 它们之间是张量依赖关系, 即

$$\begin{cases} D_x = \varepsilon_{xx} E_x + \varepsilon_{xy} E_y + \varepsilon_{xz} E_z, \\ D_y = \varepsilon_{yx} E_x + \varepsilon_{yy} E_y + \varepsilon_{yz} E_z, \\ D_z = \varepsilon_{zx} E_x + \varepsilon_{zy} E_y + \varepsilon_{zz} E_z. \end{cases} \tag{2.5.45}$$

或者写成

$$D_i = \varepsilon_{ij} E_j. \tag{2.5.46}$$

这一类晶体称为各向异性光学晶体, 其重要特性之一是它会对光波传播产生双折射和偏振效应。

此外, 一些晶体材料在强外场作用 (如强激光照射) 下, 其响应除线性项之外, 还会出现依赖于电场 $\vec{E}$ 的高次方项, 即

$$D_i = \varepsilon_{ij} E_j + \varepsilon_{ijk} E_j E_k + \cdots. \tag{2.5.47}$$

因此当频率为 ω_1、ω_2 的光波同时在晶体中传播并相互作用时, 能产生倍频 ($2\omega_1$, $2\omega_2$)、和频 ($\omega_1 + \omega_2$)、差频 ($\omega_1 - \omega_2$) 乃至更高阶次的谐波。随着激光的成功研制, 人们在实验室中已经能产生很强的相干激光光源, 使得研究材料的非线性光学效应成为可能并得以迅速发展。利用这种非线性效应, 人们能产生新的频率 (波长) 的激光光源, 这已发展成为一门重要的学科 —— 非线性光学。

2. 磁介质的响应特性

对于各向同性的非铁磁介质, 实验发现与磁介质中磁化电流相关的磁化强度 $\vec{M}$ 与磁场强度 $\vec{H}$ 之间一般存在简单的线性关系, 即

$$\vec{M} = \chi_{\mathrm{M}} \vec{H}. \tag{2.5.48}$$

χ_{M} 为介质的磁化率 (量纲为 1)。由 (2.5.40) 式得

$$\vec{B} = \mu_0 \left(\vec{H} + \vec{M} \right) = \mu_0 \left(1 + \chi_{\mathrm{M}} \right) \vec{H} = \mu \vec{H}. \tag{2.5.49}$$

其中 $\mu = \mu_0 \mu_{\mathrm{r}}$ 为磁导率, $\mu_{\mathrm{r}} = 1 + \chi_{\mathrm{M}}$ 为相对磁导率。

需要注意极化和磁化系数定义在公式形式上的区别: 介电常数的定义是 $\vec{D} = \varepsilon \vec{E}$, 而磁导率的定义是 $\vec{H} = \vec{B}/\mu$。

对于一些铁电 (铁磁) 介质, 其 $\vec{E}(\vec{B})$ 和 $\vec{D}(\vec{H})$ 不但是非线性的, 而且是非单值的依赖关系, 即这种响应还表现出依赖外场变化历史的特性, 从而形成电滞或磁滞回线。

3. 欧姆 (Ohm) 定律

有些物质 (例如海水) 还具有一定的导电性 (提醒读者, 本教材中我们称之为导电媒质, 而不用导体这个名称, 导体在本教材中指金属导体。导电媒质与金属导体在介电常数上的差异在第五章电磁波的传播部分会讨论到), 除了极化效应, 导电媒质中还存在一定的传导电流。实验发现, 绝大部分导电媒质中传导电流密度矢量正比于该处的电场强度, 即

$$\vec{J}_{\mathrm{f}} = \sigma \vec{E}. \tag{2.5.50}$$

式中 σ 为导电媒质的电导率, (2.5.50)式称为欧姆 (Ohm) 定律, 这一线性关系是德国物理学家乔治·欧姆 (Georg Ohm, 1789—1854) 在 1827 年通过实验总结得出的。

Ohm 定律是一个经验性定律, 它描述了运动电荷 (如电子) 在导电媒质或者金属导体中迁移运动的平均效应。我们知道, 在电场力作用下电荷将被加速, 如果没有其他因素的干扰其速度将越来越大, 但是实际上媒质中的自由电荷在加速运动过程中一般都会不断受到原子实/离子的散射, 每一次散射都可能使得它失去被散射之前所获得的速度, 从统计上看电荷只会沿着电场方向产生一定的平均漂移速度。

例题 2.5.1   证明在均匀介质内部, 极化电荷密度 ρ_{P} 与自由电荷密度 ρ_{f} 的关系为 $\rho_{\mathrm{P}} = (\varepsilon_0/\varepsilon - 1)\rho_{\mathrm{f}}$, 式中 ε 为介质的介电常数。

解: 由于是均匀介质, 从极化电荷密度定义出发有

$$\rho_{\mathrm{P}} = -\nabla \cdot \vec{P} = -\nabla \cdot (\chi \varepsilon_0 \vec{E}) = -(\varepsilon_{\mathrm{r}} - 1)\varepsilon_0 \nabla \cdot \vec{E} = -\frac{\varepsilon - \varepsilon_0}{\varepsilon} \nabla \cdot \vec{D}$$

$$= \left(\frac{\varepsilon_0}{\varepsilon} - 1 \right) \nabla \cdot \vec{D} = \left(\frac{\varepsilon_0}{\varepsilon} - 1 \right) \rho_{\mathrm{f}}.$$

这一结果表明: 如果在均匀介质内部引入一个点电荷 Q_{f}, 则该处将由于介质极化而出现一个极化点电荷, 其电荷量为 $Q_{\mathrm{P}} = (\varepsilon_0/\varepsilon - 1)Q_{\mathrm{f}}$, 因此该处总的点电荷的电荷量为

$$Q = Q_{\mathrm{f}} + Q_{\mathrm{P}} = \frac{\varepsilon_0}{\varepsilon} Q_{\mathrm{f}} = \frac{Q_{\mathrm{f}}}{\varepsilon_{\mathrm{r}}}. \tag{2.5.51}$$

根据 (2.2.14) 式, 容易写出总点电荷在介质中任意一点所产生的电势。同样, 如果在均匀介质某处引入一点电偶极子, 上述结果表明在介质内部的同一处将产生由极化电荷构成的点电偶极子 $\vec{p}_P = (\varepsilon_0/\varepsilon - 1)\,\vec{p}_f$, 这样该处总的电偶极矩为

$$\vec{p} = \vec{p}_P + \vec{p}_f = \frac{\vec{p}_f}{\varepsilon_r}.$$

有了总的电偶极矩分布, 就很容易写出在均匀介质中任意一处由这一总电偶极矩所产生的电势贡献。

2.6 介质分界面电磁场边值关系

在不同介质的分界面处, 由于越过分界面物质的介电性质发生突变, 一般情况下电磁场也会发生突变。考虑到 Maxwell 方程组的微分形式在界面上失去意义, 研究在分界面两侧电磁场的关系时采用其积分形式:

$$
\begin{cases}
\displaystyle\oint_S \mathrm{d}\vec{S} \cdot \vec{D} = \int_V \mathrm{d}V \rho_f, \\[2mm]
\displaystyle\oint_L \mathrm{d}\vec{\ell} \cdot \vec{H} = \int_S \mathrm{d}\vec{S} \cdot \vec{J}_f + \frac{\mathrm{d}}{\mathrm{d}t}\int_S \mathrm{d}\vec{S} \cdot \vec{D}, \\[2mm]
\displaystyle\oint_S \mathrm{d}\vec{S} \cdot \vec{B} = 0, \\[2mm]
\displaystyle\oint_L \mathrm{d}\vec{\ell} \cdot \vec{E} = -\frac{\mathrm{d}}{\mathrm{d}t}\int_S \mathrm{d}\vec{S} \cdot \vec{B}.
\end{cases}
\tag{2.6.1}
$$

接下来, 我们将借助上述四个方程, 来分析在分界面两侧电磁场的切向分量和法向分量之间的约束关系。

2.6.1 界面处电磁场法向分量的变化

假设分界面上存在自由电荷面分布, 面密度为 σ_f。仿照前面 2.5.5 小节中对介质分界面上面极化电荷分布特征的分析, 在界面取一面元 $\Delta\vec{S}$, 在面的两侧取厚度 $h \to 0$ 的薄层, 构成一圆柱体, 如图 2–15 所示, 运用方程组 (2.6.1) 的第一个关系式得

$$\vec{D}_2 \cdot \vec{n}_{21}\Delta S - \vec{D}_1 \cdot \vec{n}_{21}\Delta S = \sigma_f \Delta S,$$

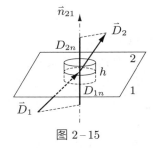

图 2–15

或者

$$\vec{n}_{21} \cdot (\vec{D}_2 - \vec{D}_1) = \sigma_{\mathrm{f}}. \tag{2.6.2}$$

式中, $\vec{n}_{21}$ 为从介质 1 侧指向介质 2 侧的面元法向单位矢量。可以看出, 电位移矢量的法向分量在分界面处一般是不连续的, 除非分界面上无自由电荷的面分布, 而电场强度的法向分量一般不连续。

一般来讲, 我们可根据自由电荷的面分布来确定交界面两侧电位移矢量 $\vec{D}$ 的法向分量之间的关系, 再利用介质电磁性质方程, 得到交界面两侧电场强度 $\vec{E}$ 的法向分量之间的关系。对于由介质构成的分界面, 界面上一般不存在自由电荷面分布, 在这样的情况下由于电位移矢量法向分量连续, 即 $D_{1n} = D_{2n}$, 从而有

$$\varepsilon_1 E_{1n} = \varepsilon_2 E_{2n}. \tag{2.6.3}$$

可见在介质表面附近的内、外侧, 电场强度的法向分量不连续, 而这种不连续实际上是由于极化面电荷在分界面两侧产生的电场所引起的。

仿照上面的推导, 可得一般情况下磁感应强度 $\vec{B}$ 的法向分量在分界面处满足

$$B_{1n} = B_{2n}. \tag{2.6.4}$$

也就是说 $\vec{B}$ 的法向分量在界面处始终 (即在界面上任一位置、任一时刻) 是连续的。

考虑到自由电荷/电流、极化电荷/电流、磁化电流存在如下的守恒定律:

$$\nabla \cdot \vec{J}_{\mathrm{f}} + \frac{\partial \rho_{\mathrm{f}}}{\partial t} = 0, \tag{2.6.5}$$

$$\nabla \cdot \vec{J}_{\mathrm{P}} + \frac{\partial \rho_{\mathrm{P}}}{\partial t} = 0, \tag{2.6.6}$$

$$\nabla \cdot \vec{J}_{\mathrm{M}} = 0. \tag{2.6.7}$$

仿照类似的推导, 得到一般情况下分界面两侧附近磁化电流的法向分量连续, 即

$$J_{\mathrm{M},1n} = J_{\mathrm{M},2n}. \tag{2.6.8}$$

而对于恒定状态 (所有量不随时间变化) 的情形, (2.6.5) 式和 (2.6.6) 式则退化为类似于 (2.6.7) 式的形式, 因此恒定状态下自由电流密度和极化电流密度的法向分量跨过界面也保持连续, 即

$$J_{\mathrm{f},1n} = J_{\mathrm{f},2n}, \quad J_{\mathrm{P},1n} = J_{\mathrm{P},2n}. \tag{2.6.9}$$

2.6.2 界面处电磁场切向分量的变化

为了分析磁场强度沿界面切向分量的边值关系, 在分界面上任意一处, 我们选取跨越界面的矩形框作为积分回路, 如图 2–16 所示, 回路跨过界面的高度趋于零。不失一般性, 选取积分面的正法向 $\vec{n}$ 如图所示, 依照右手螺旋定则亦确定了回路边界的正绕向。

将方程组 (2.6.1) 的第二个关系式运用到矩形积分回路中。由于回路跨过界面

的高度趋于零, 其积分面亦趋于零, 故电流密度体分布对积分面的电流强度的贡献为零, 只剩下由自由电荷在分界面上移动所形成的面电流的贡献。根据前面 2.1.3 小节中的分析, 面电流的贡献为

$$\Delta I = \Delta \ell \vec{K}_f \cdot \vec{n} = \Delta \ell \vec{K}_f \cdot (\vec{n}_{21} \times \vec{t})$$
$$= \vec{K}_f \cdot (\vec{n}_{21} \times \Delta \ell \vec{t}).$$

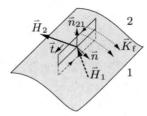

图 2-16

上式中 $\vec{t}$ 为界面切向的单位矢量。另一方面, 积分值 $\int_S \mathrm{d}\vec{S} \cdot (\partial \vec{D}/\partial t)$ 也趋于零, 从而得

$$(\vec{H}_2 - \vec{H}_1) \cdot \vec{t} \Delta \ell = \vec{K}_f \cdot (\vec{n}_{21} \times \Delta \ell \vec{t}). \tag{2.6.10}$$

或者

$$\vec{t} \cdot (\vec{H}_2 - \vec{H}_1) = \vec{t} \cdot (\vec{K}_f \times \vec{n}_{21}). \tag{2.6.11}$$

由于积分回路是任意选取的, 故有

$$(\vec{H}_2 - \vec{H}_1)_{/\!/} = (\vec{K}_f \times \vec{n}_{21})_{/\!/}. \tag{2.6.12}$$

其中下标 $/\!/$ 表示将矢量投影到分界面上的分量。进一步有

$$\vec{n}_{21} \times (\vec{H}_2 - \vec{H}_1)_{/\!/} = \vec{n}_{21} \times (\vec{K}_f \times \vec{n}_{21})_{/\!/}. \tag{2.6.13}$$

由于有

$$\vec{n}_{21} \times (\vec{H}_2 - \vec{H}_1)_{/\!/} = \vec{n}_{21} \times (\vec{H}_2 - \vec{H}_1), \tag{2.6.14}$$

同时有

$$\vec{n}_{21} \times (\vec{K}_f \times \vec{n}_{21})_{/\!/} = \vec{n}_{21} \times (\vec{K}_f \times \vec{n}_{21})$$
$$= (\vec{n}_{21} \cdot \vec{n}_{21}) \vec{K}_f - (\vec{K}_f \cdot \vec{n}_{21}) \vec{n}_{21} = \vec{K}_f. \tag{2.6.15}$$

由 (2.6.13) 式—(2.6.15) 式, 可得

$$\vec{n}_{21} \times (\vec{H}_2 - \vec{H}_1) = \vec{K}_f. \tag{2.6.16}$$

上式说明, 在分界面处磁场强度的切向分量一般不连续, 除非分界面上不存在自由电流的面分布, 而磁感应强度的切向分量一般不连续。

针对方程组 (2.6.1) 中的第四个方程, 运用相同的步骤可得

$$\vec{n}_{21} \times (\vec{E}_2 - \vec{E}_1) = 0. \tag{2.6.17}$$

上式说明在界面处两侧电场的切向分量始终是连续的, 即

$$E_{1t} = E_{2t}. \tag{2.6.18}$$

总结一下，在介质的分界面两侧的电磁场存在如下的边值关系：

$$\begin{cases} \vec{n}_{21} \cdot (\vec{D}_2 - \vec{D}_1) = \sigma_{\mathrm{f}}, \\ \vec{n}_{21} \times (\vec{H}_2 - \vec{H}_1) = \vec{K}_{\mathrm{f}}, \\ \vec{n}_{21} \cdot (\vec{B}_2 - \vec{B}_1) = 0, \\ \vec{n}_{21} \times (\vec{E}_2 - \vec{E}_1) = 0. \end{cases} \tag{2.6.19}$$

这些约束关系本质上是 Maxwell 方程组在边界上的体现。

类似地，根据磁化强度与磁化电流密度之间的关系 $\nabla \times \vec{M} = \vec{J}_{\mathrm{M}}$，可以推导出磁介质交界面两侧的磁化强度之间的关系为

$$\vec{n}_{21} \times (\vec{M}_2 - \vec{M}_1) = \vec{K}_{\mathrm{M}}. \tag{2.6.20}$$

式中 $\vec{K}_{\mathrm{M}}$ 为介质分界面上的磁化电流面密度。

我们来讨论处于外场中的介质表面由于面电荷分布而受到的力。为简单起见，以介质处于真空中的情形为例。如图 $2-17$ 所示，假设介质表面内、外侧附近的电场分别为 $\vec{E}_内$、$\vec{E}_外$。介质由于极化而在表面出现极化电荷面分布，为了计算其面电荷受到的作用力，我们需要知道面元 ΔS 处的电场 $\vec{E}_S$，而 $\vec{E}_S$ 不应该包括面元上的电荷自身在该处产生的电场。我们来考察面电荷在介质表面内、外侧所产生的电场。由于这些位置无限靠近面元，因此可把面元看成一个无限大的二维面电荷分布，因此由 Gauss 定理计算得到面元在其两侧所产生的电场为

$$\vec{E}_{面元} = \pm \frac{\sigma_{\mathrm{P}}}{2\varepsilon_0} \vec{n}. \tag{2.6.21}$$

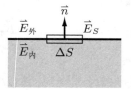

图 $2-17$

这里的 $\vec{n}$ 指向介质之外，"+"号对应面外侧，"−"号对应面内侧。面元内、外侧附近的总电场分别表示为

$$\vec{E}_内 = \vec{E}_S - \frac{\sigma_{\mathrm{P}}}{2\varepsilon_0} \vec{n}, \tag{2.6.22}$$

$$\vec{E}_外 = \vec{E}_S + \frac{\sigma_{\mathrm{P}}}{2\varepsilon_0} \vec{n}. \tag{2.6.23}$$

有

$$\vec{E}_S = \frac{1}{2} \left(\vec{E}_内 + \vec{E}_外 \right). \tag{2.6.24}$$

单位面积上的极化面电荷所受到的力则为

$$\vec{f}_S = \frac{1}{2} \sigma_{\mathrm{P}} \left(\vec{E}_内 + \vec{E}_外 \right). \tag{2.6.25}$$

思考题 2.4 电荷、电流面分布也可以理解成是体分布被压缩的一种极限情况。例如将一个半径为 R 的介质球 (介电常数为 ε_1) 放置于一无限大介质 (介电常数为 ε_2) 内。假设采用某种方法在其交界面的一侧厚度为 Δ 的壳层内引入均匀分布的自由电荷, 总电荷量为 Q。计算球壳两侧电场、电位移矢量间的关系, 同时讨论球壳厚度 $\Delta \to 0$ 的极限情况, 并将其与采用面电荷分布的结果进行比较。从边值关系上看, 无论是采用哪一种分布, 求解得到的电磁场关系应是等同的。

例题 2.6.1 如图 2-18 所示, 将超导球体放置在均匀外磁场 $\vec{H}_0$ 中, 通过降低温度至超导材料的临界温度以下, 使超导体从正常态转变为超导态。进入超导态后超导球由于磁化而在表面出现磁化电流 (超导电流)。设均匀磁化后的磁化强度 $\vec{M} = -3\vec{H}_0/2$ (见例题 4.3.1), 计算超导球的磁化电流分布。

解: 介质的磁化电流密度与磁化强度的关系为 $\vec{J}_{\mathrm{M}} = \nabla \times \vec{M}$, 因此对于均匀磁化的超导球, 体内无磁化电流分布, 电流只出现在超导球的表面。根据边值关系:

$$\vec{n}_{21} \times (\vec{M}_2 - \vec{M}_1) = \vec{K}_{\mathrm{M}},$$

得到超导球表面的面电流密度为

$$\vec{K}_{\mathrm{M}} = -\vec{e}_R \times \vec{M} = \frac{3}{2}H_0 \vec{e}_R \times \vec{e}_z = -\frac{3}{2}H_0 \sin\theta \vec{e}_\phi.$$

事实上, 正是由于超导态下磁化面电流(超导电流) 的出现, 其在球内区域所激发的磁场与外磁场完全抵消, 使得超导球内的磁感应强度为零 ($\vec{B} = 0$), 这种抗磁效应 ($\mu = 0$) 称为 Meissner 效应, 是德国物理学家瓦尔特·迈斯纳 (Walther Meissner, 1882—1974) 在 1933 年发现的。

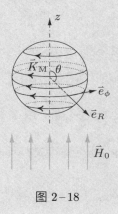

图 2-18

2.7 电磁场的能量、动量、角动量

　　能量、动量和角动量守恒定律是自然界物质运动过程的普遍法则。作为物质的一种特殊形态, 电磁场具有其内在的运动规律, 它也并无例外地遵从着这些普遍法则。不仅如此, 电磁场运动还可以通过它与实体物质的相互作用而转化为实体运动物质的能量、动量或角动量。

在本节中我们从 Lorentz 力出发, 通过考察电荷、电流与电磁场所构成的系统的能量守恒和转化, 得出电磁场的能流密度和能量密度的数学表达式; 通过考察体系的动量守恒和转化, 给出电磁场的动量密度及动量流密度的表达式, 最后给出电磁场的角动量密度及角动量流密度表达式。

2.7.1 场和电荷系统能量守恒定律

由于电磁场的运动, 场能量不但以某种方式分布于空间中, 而且还会在空间中传播。电磁场对带电体系的作用力——Lorentz 力会使得带电体系的机械能发生变化, 从而导致能量在场和电荷之间转移。

为此我们需要引入两个物理量来描述电磁场的能量分布特征: 一是电磁场能量密度 w, 二是电磁场能流密度矢量 $\vec{s}$。能量密度表示单位体积内包含的电磁场能量, 能流密度描述电磁场能量在空间中传播的特点, 其在数值上等于单位时间内垂直流过单位横截面的能量, 它的方向代表能量的传输方向。

如图 2-19 所示, 考察某个区域 V, 其边界闭合面为 S, 设其内部的自由电荷、自由电流分布分别为 ρ_{f} 和 $\vec{J}_{\mathrm{f}}$。根据能量守恒定律可知, 单位时间内通过界面 S 流入 V 内的能量等于场对 V 内电荷所做功的功率与 V 内电磁场能量的增加率之和。

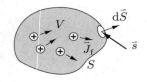

图 2-19

设带电体系中自由电荷运动速度为 $\vec{v}$, 作用在这些运动的自由电荷上的力密度为 $\vec{f}$, 则场对运动自由电荷系统所做功的功率为 $\int_V \vec{f} \cdot \vec{v} \mathrm{d}V$, 而 V 内电磁场能量的增加率为 $\dfrac{\mathrm{d}}{\mathrm{d}t} \int_V w \mathrm{d}V$。根据能流密度矢量 $\vec{s}$ 的定义, 单位时间内通过界面流入面内的能量为 $-\oint_S \vec{s} \cdot \mathrm{d}\vec{S}$, 则由能量守恒定律可得

$$-\oint_S \vec{s} \cdot \mathrm{d}\vec{S} = \int_V \vec{f} \cdot \vec{v} \mathrm{d}V + \frac{\mathrm{d}}{\mathrm{d}t} \int_V w \mathrm{d}V. \tag{2.7.1}$$

利用 Gauss 定理得

$$-\int_V \nabla \cdot \vec{s} \mathrm{d}V = \int_V \vec{f} \cdot \vec{v} \mathrm{d}V + \frac{\mathrm{d}}{\mathrm{d}t} \int_V w \mathrm{d}V. \tag{2.7.2}$$

(2.7.1) 式的微分形式为

$$\nabla \cdot \vec{s} + \frac{\partial w}{\partial t} + \vec{f} \cdot \vec{v} = 0. \tag{2.7.3}$$

对比前面给出的电荷守恒定律的形式 $\nabla \cdot \vec{J} + \partial \rho / \partial t = 0$, 发现这里电磁场能

量守恒定律的形式稍有差别, 原因是如果空间中有运动的自由电荷, 则 $\vec{f} \cdot \vec{v}$ 表示电磁能量转化为机械能 (在导电媒质中这部分能量最终转化为热能). 如果没有运动的自由电荷 (比如介质), 则表示流入的能量通过介质极化而储存在介质中, 此时能量守恒定律的形式与电荷守恒定律形式完全相同, 即

$$\nabla \cdot \vec{s} + \frac{\partial w}{\partial t} = 0. \tag{2.7.4}$$

如果包含无穷远的整个空间 (或者对所谓孤立系统), 边界面上的能流密度矢量为零或不存在面法向分量, 则得

$$\int_{\infty} \vec{f} \cdot \vec{v} \mathrm{d}V = -\frac{\mathrm{d}}{\mathrm{d}t} \int_{\infty} w \mathrm{d}V. \tag{2.7.5}$$

即在封闭体系内电磁场能量和机械能可相互转化.

2.7.2 电磁场能量密度和能流密度

接下来我们来讨论电磁场能量密度 w 和能流密度矢量 $\vec{s}$ 的表达形式. 单位体积带电体系所受到的 Lorentz 力包括电场力和磁力, 即

$$\vec{f} = \rho_{\mathrm{f}} \vec{E} + \vec{J}_{\mathrm{f}} \times \vec{B}. \tag{2.7.6}$$

磁场作用在运动电荷上的力总与电荷的速度相垂直, 而 Coulomb 力作用在单位体积带电体上的功率为

$$\vec{f} \cdot \vec{v} = \rho_{\mathrm{f}} \vec{E} \cdot \vec{v} = \vec{J}_{\mathrm{f}} \cdot \vec{E}. \tag{2.7.7}$$

此处假设自由电荷 ρ_{f} 的运动速度为 $\vec{v}$, 有

$$\vec{J}_{\mathrm{f}} = \rho_{\mathrm{f}} \vec{v}. \tag{2.7.8}$$

相应地 (2.7.3) 式变为

$$\nabla \cdot \vec{s} + \frac{\partial w}{\partial t} + \vec{J}_{\mathrm{f}} \cdot \vec{E} = 0. \tag{2.7.9}$$

（I）假设讨论的区域是真空, 根据 Maxwell 方程 $\nabla \times (\vec{B}/\mu_0) = \vec{J}_{\mathrm{f}} + \varepsilon_0 (\partial \vec{E}/\partial t)$, 可得

$$\vec{E} \cdot \left(\nabla \times \frac{\vec{B}}{\mu_0} \right) = \vec{E} \cdot \vec{J}_{\mathrm{f}} + \varepsilon_0 \vec{E} \cdot \frac{\partial \vec{E}}{\partial t}, \tag{2.7.10}$$

根据上式可知

$$\begin{aligned}
\nabla \cdot \left(\vec{E} \times \frac{\vec{B}}{\mu_0} \right) &= \frac{\vec{B}}{\mu_0} \cdot (\nabla \times \vec{E}) - \vec{E} \cdot \left(\nabla \times \frac{\vec{B}}{\mu_0} \right) \\
&= -\frac{\vec{B}}{\mu_0} \cdot \frac{\partial \vec{B}}{\partial t} - \vec{E} \cdot \vec{J}_{\mathrm{f}} - \varepsilon_0 \vec{E} \cdot \frac{\partial \vec{E}}{\partial t},
\end{aligned}$$

得

$$\nabla \cdot \left(\vec{E} \times \frac{\vec{B}}{\mu_0} \right) + \varepsilon_0 \vec{E} \cdot \frac{\partial \vec{E}}{\partial t} + \frac{\vec{B}}{\mu_0} \cdot \frac{\partial \vec{B}}{\partial t} + \vec{E} \cdot \vec{J}_{\mathrm{f}} = 0. \tag{2.7.11}$$

上式虽比较长, 但仍是 Maxwell 方程组的一种表现形式。对比 (2.7.9) 式和 (2.7.11) 式, 我们可推测并分别定义真空中的电磁场能流密度矢量 $\vec{s}$ 和能量密度 w, 即

$$\vec{s} = \vec{E} \times \frac{\vec{B}}{\mu_0}, \tag{2.7.12}$$

$$w = \frac{1}{2} \left(\varepsilon_0 E^2 + \frac{1}{\mu_0} B^2 \right). \tag{2.7.13}$$

能流密度矢量又称为 Poynting 矢量, 它是以英国物理学家约翰·亨利·坡印廷 (John Henry Poynting, 1852—1914) 的名字命名的。

(Ⅱ) 对于介质区域, 此时并没有自由电荷运动所形成的自由电流, 借助介质中的 Maxwell 方程 $\nabla \times \vec{H} = \partial \vec{D} / \partial t$, 从而有

$$\vec{E} \cdot (\nabla \times \vec{H}) = \vec{E} \cdot \frac{\partial \vec{D}}{\partial t}. \tag{2.7.14}$$

考虑到

$$\nabla \cdot (\vec{E} \times \vec{H}) = \vec{H} \cdot (\nabla \times \vec{E}) - \vec{E} \cdot (\nabla \times \vec{H})$$

$$= -\vec{H} \cdot \frac{\partial \vec{B}}{\partial t} - \vec{E} \cdot (\nabla \times \vec{H}). \tag{2.7.15}$$

则得

$$\nabla \cdot (\vec{E} \times \vec{H}) + \vec{E} \cdot \frac{\partial \vec{D}}{\partial t} + \vec{H} \cdot \frac{\partial \vec{B}}{\partial t} = 0. \tag{2.7.16}$$

对于各向同性、非色散的线性介质, $\vec{D} = \varepsilon \vec{E}$, $\vec{H} = \vec{B}/\mu$, 上式可改写为

$$\nabla \cdot (\vec{E} \times \vec{H}) + \frac{\partial}{\partial t} \frac{1}{2} (\vec{E} \cdot \vec{D} + \vec{B} \cdot \vec{H}) = 0. \tag{2.7.17}$$

将 (2.7.17) 式与 (2.7.4) 式对比, 我们可借此定义介质中的电磁场能流密度矢量 $\vec{s}$ 和能量密度 w, 即

$$\vec{s} = \vec{E} \times \vec{H}, \tag{2.7.18}$$

$$w = \frac{1}{2} (\vec{E} \cdot \vec{D} + \vec{B} \cdot \vec{H}). \tag{2.7.19}$$

若令 $\varepsilon = \varepsilon_0$, $\mu = \mu_0$, 则上述定义自然过渡到真空中相关量的定义。不过 (2.7.18) 式和 (2.7.19) 式定义的有效性仅限于非色散的线性介质。对于材料存在色散的情形, 更一般的定义可以参考 J. D. Jackson 教材中的相关内容 [3]。

(Ⅲ) 对于导电媒质, 根据 Maxwell 方程 $\nabla \times \vec{H} = \vec{J}_{\mathrm{f}} + \partial \vec{D}/\partial t$, 这里 $\vec{J}_{\mathrm{f}}$ 为自由运动电荷漂移形成的传导电流 (有时导电媒质的体内并不存在净电荷, 但可以存

[3]   J. D. Jackson, *Classical Electrodynamics* (3rd ed.), New Jersey: John Wiley & Sons, Inc., 1999: pp. 262.

在传导电流, 见第四章 4.1.1 小节的讨论)。我们可以仿照前面类似的推导, 也可得到导电媒质中电磁场能量守恒的数学表达式:

$$\nabla \cdot \left(\vec{E} \times \frac{\vec{B}}{\mu} \right) + \varepsilon \vec{E} \cdot \frac{\partial \vec{E}}{\partial t} + \frac{\vec{B}}{\mu} \cdot \frac{\partial \vec{B}}{\partial t} + \vec{E} \cdot \vec{J}_{\mathrm{f}} = 0. \tag{2.7.20}$$

亦可借此对照 (2.7.9) 式, 定义能流密度和能量密度为

$$\vec{s} = \vec{E} \times \frac{\vec{B}}{\mu}, \tag{2.7.21}$$

$$w = \frac{1}{2} \left(\varepsilon E^2 + \frac{1}{\mu} B^2 \right). \tag{2.7.22}$$

可以看到, 这里通过导电媒质中 Maxwell 方程组形式给出的能流密度、能量密度的定义与前面的定义也是一致的。

2.7.3 电磁场能量传输

依靠电磁场的运动, 我们可以向异地输送能量。在实际应用中对于不同频率的电磁波, 为了能有效减少传输过程中的能量损耗, 往往需要采取不同的传输技术。对于频率极低的低频信号传输, 可以采用简单的电路系统。对于高频微波, 则需要采用空心金属管 (称之为波导管) 来传输信号。而对于超高频的光波, 则需采用损耗极小的光纤并借助全反射机制来实现远距离的光信号传输。实际上, 即使是低频信号, 其能量传输依然是通过电磁场来完成的, 这部分能量最终转变为负载上所消耗的能量。

例题 2.7.1   同轴传输线的内金属导线半径为 a, 外金属导管的内半径为 b, 在两导线间填充满介质。导线载有恒定电流 I, 两导线间的电压为 U, 如图 2-20 所示。

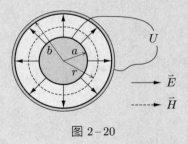

图 2-20

(1) 若忽略导线的电阻 (电导率趋于无穷大), 计算介质中的能流密度 $\vec{s}$ 和传输功率;

(2) 若考虑内导线具有有限电导率, 计算通过内导线表面进入导线内的能流密度, 并证明进入导线的能流等于导线的损耗功率。

解: (1) 根据轴对称性, 磁场强度线应为同心圆。在后面第五章 5.5.9 小节的最后我们会讨论到, 当导体的电导率趋于无穷大时, 电流从具有一定趋肤深度内的体分布转为分布在导体表面的面电流。在恒定电流情况下有

$$\oint_L \mathrm{d}\vec{\ell} \cdot \vec{H} = K_{\mathrm{f}} \cdot 2\pi a = I.$$

此处 K_{f} 为内导线表面的面电流密度 (方向沿轴线)。在同轴传输线之间, 取一个与轴同心的积分回路, 得到 $2\pi r H_\phi = I$, 因而有

$$\vec{H} = H_\phi \vec{e}_\phi = \frac{I}{2\pi r}\vec{e}_\phi \quad (a \leqslant r \leqslant b).$$

容易证明, 在恒定电流情况下, 导体内部没有净电荷 (即任意小的体积内的总电荷量始终为零), 净电荷只分布在导体表面从而形成面电荷分布。对于无限长的传输线, 内传输线表面与外传输线的内表面所带净电荷等量异号, 从而在两者之间形成电场, 而表面电荷面分布的轴对称性导致其所激发的电场只有径向分量。

设内导线表面单位长度上的面电荷总电荷量为 τ, 选取一个与其同轴且长为单位长度的柱面作为积分面 [图 2-21(a)], 根据 Maxwell 方程, 得到

$$\oint_S \mathrm{d}\vec{S} \cdot \vec{D} = \tau.$$

因而有

$$\vec{D} = D_r \vec{e}_r = \frac{\tau}{2\pi r}\vec{e}_r \quad (a \leqslant r \leqslant b).$$

对于处于同轴导线之间的线性均匀介质, $\vec{D} = \varepsilon \vec{E}$, 因此有

$$\vec{E} = E_r \vec{e}_r = \frac{\tau}{2\pi \varepsilon r}\vec{e}_r \quad (a \leqslant r \leqslant b).$$

介质内的能流密度 $\vec{s}$ 为 [参见图 2-21(b)]

$$\vec{s} = \vec{E} \times \vec{H} = E_r \vec{e}_r \times H_\phi \vec{e}_\phi = \frac{I\tau}{4\pi^2 \varepsilon r^2}\vec{e}_z \quad (a \leqslant r \leqslant b).$$

考虑到同轴导线之间的电压与电场之间有如下关系:

$$U = \int_a^b E_r \mathrm{d}r = \frac{\tau}{2\pi \varepsilon}\ln\frac{b}{a}.$$

因而有

$$\vec{s} = \left(2\pi \ln\frac{b}{a}\right)^{-1} IU\frac{1}{r^2}\vec{e}_z \quad (a \leqslant r \leqslant b).$$

将能流密度 $\vec{s}$ 对介质截面进行积分, 得到单位时间内通过介质横截面的能量 (即传输功率) 为

$$P = \int_a^b s \cdot 2\pi r \mathrm{d}r = \int_a^b UI\left(\ln\frac{b}{a}\right)^{-1}\frac{1}{r}\mathrm{d}r = UI.$$

可见能量输送是通过同轴传输线中介质区域的电磁场的运动完成的。

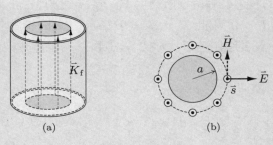

图 2-21

(2) 考虑内金属导线的电导率为有限值 σ_c。

在第五章中电磁波的传播部分会看到, 此时电磁场对金属导体有一定的穿透深度, 电流分布在内导线表面一定的深度 (δ) 范围内。这里为了数学上处理简便起见, 假设在 δ 深度内电流是均匀分布的 (在第五章 5.5.9 小节中会看到, 严格来说是指数衰减分布, 但结论相同)。根据 Ohm 定律, 在内导线表面 δ 深度范围内, 电场分布为

$$\vec{E} = E_z \vec{e}_z = \frac{I}{\pi \sigma_c \left[a^2 - (a-\delta)^2 \right]} \vec{e}_z \quad (\delta \ll a).$$

而内导线表面内侧的磁场强度为 $H_\phi = I/2\pi a$ (注意此时内导线的电流转为体分布, 但分布在内导线表面深度为 δ 的范围内), 则能流密度中沿径向流进内导体的分量为

$$s_r = E_z H_\phi = \frac{I^2}{2\pi^2 \sigma_c a \left[a^2 - (a-\delta)^2 \right]} \quad (\delta \ll a).$$

因此, 在有限电导率情况下流进长度为 $\Delta\ell$ 的导线内部的功率为

$$P = s_r \cdot 2\pi a \Delta\ell = \frac{\Delta\ell I^2}{\pi \sigma_c \left[a^2 - (a-\delta)^2 \right]} \approx \frac{\Delta\ell I^2}{(2\pi a\delta)\,\sigma_c} = \frac{I^2 \Delta\ell}{\sigma_c \Delta S} = I^2 R_s.$$

式中 $R_s = \Delta\ell/(\Delta S \sigma_c)$ 为长度 $\Delta\ell$ 内导线的表面电阻, 在后面第五章 5.5.6 小节中会给出更详细的定义。可见, 单位时间内从内导线表面进入导线的能量就是导线上所消耗的功率。

2.7.4 电磁场的动量密度和动量流密度

以真空为例, 由于电磁场的存在, 作用于单位体积带电体系中自由电荷和自由电流的力密度为

$$\vec{f} = \rho_f \vec{E} + \vec{J}_f \times \vec{B}. \tag{2.7.23}$$

借助 Maxwell 方程组 $\rho_f = \nabla \cdot \vec{D}$, $\vec{J}_f = \nabla \times \vec{H} - \partial \vec{D}/\partial t$, 上式改写为

$$\rho_f \vec{E} + \vec{J}_f \times \vec{B} = (\nabla \cdot \vec{D})\,\vec{E} - \vec{B} \times \left(\nabla \times \vec{H} - \frac{\partial \vec{D}}{\partial t} \right) + (\nabla \cdot \vec{B})\,\vec{H} -$$

$$\vec{D} \times \left(\nabla \times \vec{E} + \frac{\partial \vec{B}}{\partial t} \right). \tag{2.7.24}$$

这里注意到, 等式的右边最后两项始终为零。其次上式可以推广到包含介质的情形, 对于介质而言, $\vec{J}_{\mathrm{f}} = 0$, 因此 $\nabla \times \vec{H} = \partial \vec{D}/\partial t$, 故此时等式右边第二项也为零。此外对于介质而言, 需要强调的是, (2.7.24) 式中的 ρ_{f} 是指非极化效应而出现的净电荷密度分布。

(2.7.24) 式经过整理之后得

$$\rho_{\mathrm{f}}\vec{E} + \vec{J}_{\mathrm{f}} \times \vec{B} = (\nabla \cdot \vec{D})\,\vec{E} - \vec{D} \times (\nabla \times \vec{E}) + (\nabla \cdot \vec{B})\,\vec{H} - \vec{B} \times (\nabla \times \vec{H}) -$$
$$\frac{\partial}{\partial t}\left(\vec{D} \times \vec{B}\right). \tag{2.7.25}$$

考虑到有

$$\vec{D} \times (\nabla \times \vec{E}) = \nabla_E\left(\vec{D} \cdot \vec{E}\right) - \left(\vec{D} \cdot \nabla\right)\vec{E},$$
$$\vec{B} \times (\nabla \times \vec{H}) = \nabla_H\left(\vec{B} \cdot \vec{H}\right) - \left(\vec{B} \cdot \nabla\right)\vec{H}.$$

上式继续改写为

$$\rho_{\mathrm{f}}\vec{E} + \vec{J}_{\mathrm{f}} \times \vec{B} = (\nabla \cdot \vec{D})\,\vec{E} - \left[\nabla_E\left(\vec{D} \cdot \vec{E}\right) - \left(\vec{D} \cdot \nabla\right)\vec{E}\right] + (\nabla \cdot \vec{B})\,\vec{H} -$$
$$\left[\nabla_H\left(\vec{B} \cdot \vec{H}\right) - \left(\vec{B} \cdot \nabla\right)\vec{H}\right] - \frac{\partial}{\partial t}\left(\vec{D} \times \vec{B}\right).$$

或者

$$\rho_{\mathrm{f}}\vec{E} + \vec{J}_{\mathrm{f}} \times \vec{B} = \nabla \cdot (\vec{D}\vec{E}) - \nabla_E\left(\vec{D} \cdot \vec{E}\right) + \nabla \cdot (\vec{B}\vec{H}) - \nabla_H\left(\vec{B} \cdot \vec{H}\right) -$$
$$\frac{\partial}{\partial t}\left(\vec{D} \times \vec{B}\right). \tag{2.7.26}$$

假设讨论的是各向同性线性介质, 即 $\vec{D} = \varepsilon\vec{E}$, $\vec{H} = \vec{B}/\mu$, 则有

$$\left[\nabla\left(\vec{D} \cdot \vec{E}\right)\right]_j = \frac{\partial}{\partial x_j}\left(D_k E_k\right) = D_k \frac{\partial E_k}{\partial x_j} + E_k E_k \frac{\partial \varepsilon}{\partial x_j} + D_k \frac{\partial E_k}{\partial x_j},$$

或

$$D_k \frac{\partial}{\partial x_j} E_k = \frac{1}{2}\left[\frac{\partial}{\partial x_j}\left(\vec{D} \cdot \vec{E}\right) - \vec{E}^2 \frac{\partial}{\partial x_j}\varepsilon\right],$$

或

$$\nabla_E\left(\vec{D} \cdot \vec{E}\right) = \frac{1}{2}\left[\nabla\left(\vec{D} \cdot \vec{E}\right) - \vec{E}^2 \nabla\varepsilon\right].$$

同理有

$$\nabla_H\left(\vec{B} \cdot \vec{H}\right) = \frac{1}{2}\left[\nabla\left(\vec{B} \cdot \vec{H}\right) - \vec{H}^2 \nabla\mu\right].$$

将以上两式代入 (2.7.26) 式得到

$$\rho_{\mathrm{f}}\vec{E} + \vec{J}_{\mathrm{f}} \times \vec{B} - \frac{1}{2}\vec{E}^2 \nabla\varepsilon - \frac{1}{2}\vec{H}^2 \nabla\mu$$
$$= \nabla \cdot (\vec{D}\vec{E}) + \nabla \cdot (\vec{B}\vec{H}) - \frac{1}{2}\left[\nabla\left(\vec{D} \cdot \vec{E}\right) + \nabla\left(\vec{B} \cdot \vec{H}\right)\right] - \frac{\partial}{\partial t}\left(\vec{D} \times \vec{B}\right). \tag{2.7.27}$$

运用关系式 $\nabla\varphi = \nabla\cdot(\vec{I}\varphi)$, 上式右边中括号内的部分也可以转换成张量的散度形式, 因此有

$$\rho_{\mathrm{f}}\vec{E} + \vec{J}_{\mathrm{f}}\times\vec{B} - \frac{1}{2}\vec{E}^2\nabla\varepsilon - \frac{1}{2}\vec{H}^2\nabla\mu$$

$$= \nabla\cdot\left[\vec{D}\vec{E} + \vec{B}\vec{H} - \frac{1}{2}\left(\vec{D}\cdot\vec{E} + \vec{B}\cdot\vec{H}\right)\vec{I}\right] - \frac{\partial}{\partial t}\left(\vec{D}\times\vec{B}\right). \tag{2.7.28}$$

借此, 定义各向同性线性介质中的 Minkowski 力密度 (Hermann Minkowski, 1864—1909, 赫尔曼·闵可夫斯基, 德国数学家和物理学家) 为

$$\vec{f}_{\mathrm{M}} = \rho_{\mathrm{f}}\vec{E} + \vec{J}_{\mathrm{f}}\times\vec{B} - \frac{1}{2}\vec{E}^2\nabla\varepsilon - \frac{1}{2}\vec{H}^2\nabla\mu. \tag{2.7.29}$$

若是真空, 则 $\vec{f}_{\mathrm{M}} = \rho_{\mathrm{f}}\vec{E} + \vec{J}_{\mathrm{f}}\times\vec{B}$, 即为 Lorentz 力密度; 若是均匀介质, 由于不存在自由电流, 则 $\vec{f}_{\mathrm{M}} = \rho_{\mathrm{f}}\vec{E}$, ρ_{f} 是指非极化效应而出现的净电荷密度分布。

若是导电媒质, 可以仿照类似的推导, 得到

$$\vec{f}_{\mathrm{M}} = \rho_{\mathrm{f}}\vec{E} + \vec{J}_{\mathrm{f}}\times\vec{B} - \frac{1}{2}\vec{E}^2\nabla\varepsilon - \frac{1}{2}\vec{H}^2\nabla\mu. \tag{2.7.30}$$

此处 $\vec{J}_{\mathrm{f}}$ 为自由运动电荷漂移形成的传导电流密度。

定义介质中电磁场的动量密度 (矢量) $\vec{g}_{\mathrm{M}}$ [4] 和动量流密度 (张量) $\vec{T}$ 分别为

$$\vec{g}_{\mathrm{M}} = \vec{D}\times\vec{B}, \tag{2.7.31}$$

$$\vec{T} = -\left[\vec{D}\vec{E} + \vec{B}\vec{H} - \frac{1}{2}\left(\vec{D}\cdot\vec{E} + \vec{B}\cdot\vec{H}\right)\vec{I}\right]. \tag{2.7.32}$$

则等式 (2.7.28) 和 (2.7.30) 可统一改写为

$$\vec{f}_{\mathrm{M}} + \frac{\partial}{\partial t}\vec{g}_{\mathrm{M}} = -\nabla\cdot\vec{T}. \tag{2.7.33}$$

其积分形式为

$$\int_V \vec{f}_{\mathrm{M}}\mathrm{d}V + \frac{\mathrm{d}}{\mathrm{d}t}\int_V \mathrm{d}V\vec{g}_{\mathrm{M}} = -\oint_S \mathrm{d}\vec{S}\cdot\vec{T}. \tag{2.7.34}$$

上式表示, 单位时间流进闭合面内的电磁场动量构成了 Minkowski 力密度引起的冲量和电磁场总动量的增加率。在恒定状态下有

$$\int_V \vec{f}_{\mathrm{M}}\mathrm{d}V = -\oint_S \mathrm{d}\vec{S}\cdot\vec{T}. \tag{2.7.35}$$

即在恒定状态下计算电磁场对一个带电体施加的力, 我们既可根据力密度通过体积分来计算, 也可通过动量流对于包围体闭合面的面积分来计算。

---

[4] 关于电磁场动量密度的定义, 一直有所谓 Abraham–Minkowski 争论。1908 年, Hermann Minkowski 提出了关于电磁场动量密度的定义 $\vec{g}_{\mathrm{M}} = \varepsilon_{\mathrm{r}}\mu_{\mathrm{r}}\vec{s}/c^2$。之后, Max Abraham 很快就提出, 真空中电磁场的动量密度 $\vec{g}_{\mathrm{A}} = \vec{s}/c^2$ 在介质中应依然成立。到底哪一个形式是线性介质中电磁场动量密度的正确定义, 争论一直持续到现在。现在多数人认为, 其实两者都不能算是关于电磁场动量密度的完整定义, 实际上在讨论介质中体系的动量守恒时, 凡涉及电磁力密度、动量密度亦或动量流密度时, 都需要添加与媒质相关的对应项。在采取 Abraham、Minkowski 两种不同的定义形式时, 所需添加的相关项其实是不同的, 而当场与媒质作为一个整体而言时, 最终的结果则相同。

电磁场动量密度 $\vec{g}_{\mathrm{M}}$ 与能流密度 $\vec{s}$ 存在如下关系:

$$\vec{g}_{\mathrm{M}} = \varepsilon \vec{E} \times \vec{B} = \varepsilon\mu\vec{E} \times \vec{H} = \varepsilon_{\mathrm{r}}\mu_{\mathrm{r}}\frac{\vec{s}}{c^2}. \tag{2.7.36}$$

即动量密度的方向与能流密度的方向相同。

需要注意的是, $-\mathrm{d}\vec{S} \cdot \overleftrightarrow{T}$ 表示的是由于电磁场动量流的存在而施加于面元 $\mathrm{d}\vec{S}$ 上的力。有些教材给出的是电磁场应力 (张量) 的定义, 又称为 Maxwell 应力。电磁场应力与动量流是等效的, 但两者相差一个负号。

动量流密度是张量, 一般有 9 个分量。例如, 在 Cartesian 坐标系中, $\overleftrightarrow{T} = T_{ij}\vec{e}_i\vec{e}_j$, 有

$$T_{ij} = -\varepsilon E_i E_j - \frac{1}{\mu}B_i B_j + \frac{1}{2}\left(\varepsilon\delta_{ij}E^2 + \frac{1}{\mu}\delta_{ij}B^2\right). \tag{2.7.37}$$

可以看出在 Cartesian 坐标系中动量流密度是对称张量, 即

$$T_{ij} = T_{ji}. \tag{2.7.38}$$

例如, 有

$$T_{xx} = \frac{1}{2}\varepsilon\left(-E_x^2 + E_y^2 + E_z^2\right) + \frac{1}{2\mu}\left(-B_x^2 + B_y^2 + B_z^2\right),$$

$$T_{xy} = T_{yx} = -\varepsilon E_x E_y - \frac{1}{\mu}B_x B_y.$$

例题 2.7.2   一质量为 m、带电荷量为 q 的点电荷在静磁场 $\vec{B}$ 中以速度 $\vec{v}$ 运动, 计算电磁动量和体系的总动量。

解: 根据电磁场动量密度定义:

$$\vec{G} = \int_V \mathrm{d}V\,\vec{g}_{\mathrm{M}} = \int_V \mathrm{d}V\,\varepsilon_0\vec{E} \times \vec{B}.$$

或者

$$\vec{G} = \varepsilon_0\int_V \mathrm{d}V\,\vec{E} \times (\nabla \times \vec{A}). \tag{2.7.39}$$

考虑到有

$$\nabla\left(\vec{A} \cdot \vec{E}\right) = \left(\vec{E} \cdot \nabla\right)\vec{A} + \left(\vec{A} \cdot \nabla\right)\vec{E} + \vec{E} \times \left(\nabla \times \vec{A}\right) + \vec{A} \times \left(\nabla \times \vec{E}\right).$$

而在后面第八章 8.1.4 小节中我们会看到, 匀速运动的带电粒子周围的电场只有非辐射的速度场项, 并且在粒子作低速运动时完全类似于静电场, 因而有 $\nabla \times \vec{E} = 0$, 则 (2.7.39) 式可改写为

$$\vec{G} = \varepsilon_0\int_V \mathrm{d}V\left[\nabla\left(\vec{A} \cdot \vec{E}\right) - \left(\vec{E} \cdot \nabla\right)\vec{A} - \left(\vec{A} \cdot \nabla\right)\vec{E}\right].$$

由 (1.2.30) 式得

$$\nabla \cdot (\vec{A}\vec{E}) = \left(\nabla \cdot \vec{A}\right)\vec{E} + \left(\vec{A} \cdot \nabla\right)\vec{E} = \left(\vec{A} \cdot \nabla\right)\vec{E},$$

$$\nabla \cdot (\vec{E}\vec{A}) = \left(\nabla \cdot \vec{E}\right)\vec{A} + \left(\vec{E} \cdot \nabla\right)\vec{A} = \frac{q}{\varepsilon_0}\delta\left(\vec{R} - \vec{v}t\right)\vec{A} + \left(\vec{E} \cdot \nabla\right)\vec{A},$$

则体系的电磁动量为

$$\vec{G} = \varepsilon_0 \int_V dV \left[\nabla \left(\vec{A} \cdot \vec{E} \right) - \nabla \cdot \left(\vec{E}\vec{A} + \vec{A}\vec{E} \right) + \frac{q}{\varepsilon_0} \delta \left(\vec{R} - \vec{v}t \right) \vec{A} \right]$$

$$= \varepsilon_0 \oint_\infty d\vec{S} \cdot \left(\vec{A} \cdot \vec{E}\vec{I} - \vec{E}\vec{A} - \vec{A}\vec{E} \right) + q \int_V dV \vec{A} \delta \left(\vec{R} - \vec{v}t \right) = q\vec{A}.$$

这里考虑面积分为零是因为对于有限区域的电荷、电流体系, 随着 $R \to \infty$, 在无穷远处 $\vec{A}$、$\vec{E}$ 趋近于 0 的速率快于 $1/R'$。

整个体系的总动量为电荷的动力学动量与电磁动量之和, 即

$$\vec{p} = m\vec{v} + \vec{G} = m\vec{v} + q\vec{A}. \tag{2.7.40}$$

在第四章静磁场 4.1.10 小节中讨论电子双缝干涉时的 A–B 效应时会运用到上述结果。

例题 2.7.3   计算空心同轴传输线单位长度内的电磁场总动量 (如图 2–22 所示)。

解: 根据能流密度 $\vec{s}$ 的讨论, 空心同轴传输线中电磁场的动量密度为

$$\vec{g}_{\text{M}} = \mu_0 \varepsilon_0 \vec{s} = \frac{\mu_0 I\tau}{4\pi^2 r^2} \vec{e}_z \quad (a \leqslant r \leqslant b).$$

单位长度空心同轴传输线内的电磁场动量为

$$\vec{G}_{\text{M}} = \left(\int_a^b 2\pi r \vec{g}_{\text{M}} dr \right) \vec{e}_z = \frac{\mu_0 I\tau}{2\pi} \left(\int_a^b \frac{1}{r} dr \right) \vec{e}_z = \frac{\mu_0 I\tau}{2\pi} \ln\frac{b}{a} \vec{e}_z.$$

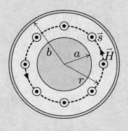

图 2–22

体系中有电磁场能量的传输, 则必然伴随电磁场动量的传输。尽管这里没有机械运动的动量, 但在一封闭体系内, 电磁场能量和动量本质上还是来自电源体系的机械能量和动量。

2.7.5   电磁场的角动量

根据 (2.7.33) 式, 有如下的关系式:

$$\vec{R} \times \vec{f}_{\text{M}} dV + \vec{R} \times \frac{\partial \vec{g}_{\text{M}} dV}{\partial t} = -\vec{R} \times (\nabla \cdot \vec{T} dV). \tag{2.7.41}$$

式中 $\vec{R}$ 为带电微元所处位矢, 而电磁场对带电微元作用力矩为

$$\mathrm{d}\vec{M}_{\mathrm{mech}} = \vec{R} \times \vec{f}_{\mathrm{M}}\mathrm{d}V. \tag{2.7.42}$$

尽管对非均匀介质, $\vec{f}_{\mathrm{M}}$ 还包含与自由电荷、自由电流不相关的项, 我们姑且把 $\vec{R} \times \vec{f}_{\mathrm{M}}\mathrm{d}V$ 称为机械力矩 (元), 相应地带电体系 V 受到的总机械力矩为 $\vec{M}_{\mathrm{mech}} = \int_V \mathrm{d}\vec{M}_{\mathrm{mech}}$, 则体系机械角动量在单位时间内的增量为

$$\vec{M}_{\mathrm{mech}} = \frac{\mathrm{d}\vec{L}_{\mathrm{mech}}}{\mathrm{d}t}. \tag{2.7.43}$$

(2.7.41) 式的积分形式表示为

$$\frac{\mathrm{d}\vec{L}_{\mathrm{mech}}}{\mathrm{d}t} + \frac{\mathrm{d}}{\mathrm{d}t}\int_V \vec{R} \times \vec{g}_{\mathrm{M}}\mathrm{d}V = -\int_V \vec{R} \times (\nabla \cdot \overleftrightarrow{T})\,\mathrm{d}V. \tag{2.7.44}$$

在 Cartesian 坐标系中, 有

$$\vec{R} \times (\nabla \cdot \overleftrightarrow{T}) = R_i\vec{e}_i \times \left[\vec{e}_j\frac{\partial}{\partial R_j} \cdot (T_{km}\vec{e}_k\vec{e}_m)\right] = R_i\vec{e}_i \times \left(\frac{\partial T_{km}}{\partial R_j}\delta_{jk}\vec{e}_m\right)$$

$$= R_i\vec{e}_i \times \left(\frac{\partial T_{km}}{\partial R_k}\vec{e}_m\right) = R_i\frac{\partial T_{km}}{\partial R_k}\varepsilon_{iml}\vec{e}_l.$$

另一方面, 有

$$\frac{\partial\,(T_{km}R_i)}{\partial R_k} = R_i\frac{\partial T_{km}}{\partial R_k} + T_{km}\frac{\partial R_i}{\partial R_k} = R_i\frac{\partial T_{km}}{\partial R_k} + T_{km}\delta_{ik}.$$

因此有

$$\vec{R} \times (\nabla \cdot \overleftrightarrow{T}) = \left[\frac{\partial\,(T_{km}R_i)}{\partial R_k} - T_{km}\delta_{ik}\right]\varepsilon_{iml}\vec{e}_l$$

$$= \frac{\partial\,(T_{km}R_i)}{\partial R_k}\varepsilon_{iml}\vec{e}_l - T_{km}\delta_{ik}\varepsilon_{iml}\vec{e}_l$$

$$= \frac{\partial\,(T_{km}R_i)}{\partial R_k}\varepsilon_{iml}\vec{e}_l - T_{im}\varepsilon_{iml}\vec{e}_l.$$

鉴于动量流在 Cartesian 坐标系中是对称张量, 因此有 $T_{im}\varepsilon_{iml}\vec{e}_l = 0$, 从而得到

$$\vec{R} \times (\nabla \cdot \overleftrightarrow{T}) = \frac{\partial\,(T_{km}R_i)}{\partial R_k}\varepsilon_{iml}\vec{e}_l. \tag{2.7.45}$$

另一方面, 根据第一章例题 1.5.1 的结论 (1.5.4) 式, 有

$$\vec{R} \times (\nabla \cdot \overleftrightarrow{T}) = -\nabla \cdot (\overleftrightarrow{T} \times \vec{R}). \tag{2.7.46}$$

将 (2.7.46) 式的结果代入 (2.7.44) 式得

$$\frac{\mathrm{d}\vec{L}_{\mathrm{mech}}}{\mathrm{d}t} + \frac{\mathrm{d}}{\mathrm{d}t}\int_V \vec{R} \times \vec{g}_{\mathrm{M}}\mathrm{d}V = \int_V \nabla \cdot (\overleftrightarrow{T} \times \vec{R})\,\mathrm{d}V. \tag{2.7.47}$$

或者

$$\frac{\mathrm{d}\vec{L}_{\mathrm{mech}}}{\mathrm{d}t} + \frac{\mathrm{d}}{\mathrm{d}t}\int_V \vec{R} \times \vec{g}_{\mathrm{M}}\mathrm{d}V = -\oint_S \mathrm{d}\vec{S} \cdot (-\vec{T} \times \vec{R}). \tag{2.7.48}$$

与前面电磁场的动量密度、动量流密度的定义类似, 从上式可给出电磁场角动量密度 $\vec{l}_{\mathrm{em}}$ 的定义:

$$\vec{l}_{\mathrm{em}} = \vec{R} \times \vec{g}_{\mathrm{M}}, \tag{2.7.49}$$

而电磁场的角动量流密度(张量) $\vec{M}_{\mathrm{em}}$ 定义为

$$\vec{M}_{\mathrm{em}} = -\vec{T} \times \vec{R}. \tag{2.7.50}$$

最后关于电荷、电磁场体系的角动量守恒定律表示为

$$\frac{\mathrm{d}\vec{L}_{\mathrm{mech}}}{\mathrm{d}t} + \frac{\mathrm{d}\vec{L}_{\mathrm{em}}}{\mathrm{d}t} = -\oint_S \mathrm{d}\vec{S} \cdot \vec{M}_{\mathrm{em}}. \tag{2.7.51}$$

上式的物理含义也很明确, 就是单位时间内通过带电体系边界面流进闭合面内的角动量等于单位时间内体系机械总角动量和电磁场的总角动量的增加量。对于静态或者准静态的电磁场, 当 $S \to \infty$ 时, $\oint_S \mathrm{d}\vec{S} \cdot \vec{M}_{\mathrm{em}} \to 0$, 此时有

$$\frac{\mathrm{d}}{\mathrm{d}t}\left(\vec{L}_{\mathrm{mech}} + \vec{L}_{\mathrm{em}}\right) = 0. \tag{2.7.52}$$

即体系的机械角动量与电磁场的角动量可相互转化, 体系的总角动量守恒。

习题

2.1 ☆ 已知自由空间 $(\vec{J}_{\mathrm{f}} = 0,\ \rho_{\mathrm{f}} = 0)$ Maxwell 方程组:

$$\begin{cases} \nabla \cdot \vec{E}(\vec{R}, t) = 0, \\[2mm] \nabla \times \vec{B}(\vec{R}, t) = \mu_0\varepsilon_0\dfrac{\partial}{\partial t}\vec{E}(\vec{R}, t), \\[2mm] \nabla \cdot \vec{B}(\vec{R}, t) = 0, \\[2mm] \nabla \times \vec{E}(\vec{R}, t) = -\dfrac{\partial}{\partial t}\vec{B}(\vec{R}, t). \end{cases}$$

试推导出自由空间中电磁波波动方程:

$$\left(\nabla^2 - \frac{1}{c^2}\frac{\partial^2}{\partial t^2}\right)\vec{E}(\vec{R}, t) = 0,$$

$$\left(\nabla^2 - \frac{1}{c^2}\frac{\partial^2}{\partial t^2}\right)\vec{B}(\vec{R}, t) = 0.$$

2.2 ☆ 在 Cartesian 坐标系中, 阐述随时间均匀变化磁场产生的感生电场与静电场的异同; 判断下列电场是否为静电场: (1) $\vec{E} = 3xz\vec{e}_x + 2xy\vec{e}_y + yz\vec{e}_z$; (2) $\vec{E} = z^2\vec{e}_x + x^2\vec{e}_y + y^2\vec{e}_z$。

答案: 均不是静电场。

2.3 ☆☆ 已知基态氢原子的电子电荷体密度分布 $\rho(R) = [-e/(\pi a^3)]\,\mathrm{e}^{-2R/a}$, 其中 $-e$ 为电子电荷量, a 为玻尔半径, R 表示电子电荷分布位置与氢核 (即质子, 看成点电荷) 之间的距离。试求: (1) 电子电荷分布在 R 处产生的电场强度 $\vec{E}_\mathrm{e}$ 和电势 φ_e; (2) 整个基态氢原子的总电场强度 $\vec{E}$ 和总电势 φ 分布。

答案:

$$\vec{E}_\mathrm{e} = \frac{e}{4\pi\varepsilon_0}\left[\left(2\frac{R^2}{a^2} + 2\frac{R}{a} + 1\right)\mathrm{e}^{-2R/a} - 1\right]\frac{\vec{R}}{R^3}.$$

$$\varphi_\mathrm{e} = \frac{e}{4\pi\varepsilon_0}\left[\left(\frac{1}{a} + \frac{1}{R}\right)\mathrm{e}^{-2R/a} - \frac{1}{R}\right].$$

$$\varphi = \frac{e}{4\pi\varepsilon_0}\left(\frac{1}{a} + \frac{1}{R}\right)\mathrm{e}^{-2R/a}.$$

$$\vec{E} = \frac{e}{4\pi\varepsilon_0}\left(2\frac{R^2}{a^2} + 2\frac{R}{a} + 1\right)\mathrm{e}^{-2R/a}\frac{\vec{R}}{R^3}.$$

2.4 ☆☆ 有一半径 R_0、相对介电常数 ε_r 的介质球, 将其放置于均匀外电场 $\vec{E}_0$ 下均匀极化, 计算介质球心处的电场强度 $\vec{E}$ 及极化强度 $\vec{P}$。

答案:

$$\vec{E} = \frac{3}{\varepsilon_\mathrm{r} + 2}\vec{E}_0, \quad \vec{P} = 3\varepsilon_0\frac{\varepsilon_\mathrm{r} - 1}{\varepsilon_\mathrm{r} + 2}\vec{E}_0.$$

2.5 ☆☆ 一孤立电中性介质在电场作用下其体内极化强度分布为 $\vec{P}(\vec{R})$, 空间电场分布为 $\vec{E}_0(\vec{R})$, 证明孤立电中性介质受到的电场力为 $\vec{F} = \int_V [\vec{P}(\vec{R}) \cdot \nabla]\vec{E}_0(\vec{R})\,\mathrm{d}V$。

2.6 ☆☆ 证明: 电荷体密度分布为 $\rho(\vec{R})$ 的电荷体系位于电势为 $\varphi_\mathrm{e}(\vec{R})$ 的均匀外电场中, 该电荷的电势能分布可表示为 $W = -\vec{p} \cdot \vec{E}_\mathrm{e}$, 其中 $\vec{E}_\mathrm{e}$ 为均匀外电场的电场强度, $\vec{p}$ 为该电荷产生的电偶极矩分布。

2.7 ☆☆ 在坐标原点放置一点电荷 q, 并在距离原点 R 处放置另一电中性介质小颗粒 (尺寸 $\ell \ll R$), 设颗粒极化产生的电偶极矩 $\vec{p} = \alpha\varepsilon_0\vec{E}$, 证明小颗粒受到的力始终是引力, 并且与距离成 R^{-5} 依赖关系。

2.8 ☆☆ 一圆形平行板电容器, 上、下极板半径均为 a, 板间为真空, 板间距为 d。(1) 画出在电容器缓慢充电和缓慢放电时, 电场 $\vec{E}$、磁场 $\vec{H}$ 和能流密度 $\vec{s}$ 的方向; (2) 证明充电时由 $\vec{s}$ 输入电容器的电磁场能量等于电容器充电所储存的静电能量。

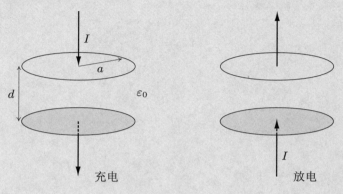

习题 2.8 图

2.9 ☆☆ 坐标原点处有一点电荷 q, 磁场 $\vec{B}(\vec{R}) = B(x, y)\vec{e}_z$ 充满整个空间。证明电磁场的角动量为 $\vec{L}_{em} = -(q/2\pi)\Phi_B\vec{e}_z$, 其中 Φ_B 是磁场通过 $z = 0$ 平面的磁通量。

第三章
静电场

从 Maxwell 电磁场理论可知, 当带电体系的物理量不随时间变化时, 体系中的电荷是激发电场的唯一来源, 这样的电场称之为静电场, 如何求解静电场是本章重点讨论的内容。我们将利用静电场是无旋场的特点, 引入标势——静电势来描述,并且会看到如果给出了全空间中所有电荷的分布, 则求解标势就归结成一个求和或者求积分问题。然而, 有时虽然给定了自由电荷的分布, 但是一旦在空间中引入介质或者金属导体, 由于介质极化或金属导体的静电感应效应, 导致在介质内部、表面或者金属的表面会出现新的净电荷分布,这些电荷会调整各自的分布直至达到平衡态, 但其最终分布事先是不知道的。因此在给定区域内的自由电荷分布和介质/金属导体分布时, 如何求解空间中的静电势分布, 需要给出边界条件,我们称之为边值问题。

本章首先介绍静电势所满足的微分方程, 然后介绍在全空间中给定电荷分布并且局限在一个小区域时远场区域电势的多极展开方法; 之后通过静电场唯一性定理的介绍, 给出具有简单边界和少数点电荷分布的静电边值问题的泊松 (Poisson) 方程求解方法——镜像法; 而对于一般的边值问题, 借助同样区域单个点电荷分布并附加简单边界条件的格林 (Green) 边值问题的求解, 给出一般 Poisson 方程的 Green 函数求解法; 最后针对高对称边界并且无自由电荷体分布的边值问题, 介绍 Laplace 方程求解方法——分离变量法, 并着重讨论球形边界和柱形边界的边值问题的求解以及相关结论的具体运用。

3.1 静电势及其微分方程

3.1.1 静电场的静电势表示

根据第一章介绍的 Helmholtz 定理 (1.3.20) 式和 (1.3.21) 式, 静电场是无旋场, 一旦知道全空间的电荷分布, 则静电场可表示为

$$\vec{E}(\vec{R}) = -\nabla\varphi(\vec{R}),\tag{3.1.1}$$

$$\varphi(\vec{R}) = \frac{1}{4\pi}\int_{V'}\mathrm{d}V'\frac{\nabla'\cdot\vec{E}(\vec{R}')}{|\vec{R}-\vec{R}'|} = \frac{1}{4\pi\varepsilon_0}\int_{V'}\mathrm{d}V'\frac{\rho(\vec{R}')}{|\vec{R}-\vec{R}'|}.\tag{3.1.2}$$

$\vec{R}$ 代表场点的位矢, $\vec{R}'$ 代表电荷源 $\rho(\vec{R}')\mathrm{d}V'$ 的位矢, $r = |\vec{R}-\vec{R}'|$ 代表从源点到场点的距离, $\varphi(\vec{R})$ 称为静电势。这里的积分要遍及所有电荷存在的区域。由于标量便于计算, 故在处理静电问题时, 如果给出全空间的电荷分布, 通常先求出静电势, 然后再计算诸如电场、电场力等物理量。

　　另一方面, 根据静电场的无旋性, 亦可直接得

$$\oint_L \mathrm{d}\vec{\ell}\cdot\vec{E} = \int_S \mathrm{d}\vec{S}\cdot(\nabla\times\vec{E}) = 0.\tag{3.1.3}$$

如图 3-1 所示, 选取沿 L 的闭合环路积分, 经过 P_1、P_2 两点, 则有

$$\oint_L \mathrm{d}\vec{\ell}\cdot\vec{E} = \int_{C_1}\mathrm{d}\vec{\ell}\cdot\vec{E} + \int_{-C_2}\mathrm{d}\vec{\ell}\cdot\vec{E}$$
$$= \int_{C_1}\mathrm{d}\vec{\ell}\cdot\vec{E} - \int_{C_2}\mathrm{d}\vec{\ell}\cdot\vec{E} = 0.\tag{3.1.4}$$

或者

$$\int_{C_1}\mathrm{d}\vec{\ell}\cdot\vec{E} = \int_{C_2}\mathrm{d}\vec{\ell}\cdot\vec{E}.\tag{3.1.5}$$

它表示将单位点电荷从 P_1 点移至 P_2 点, 电场对它所做的功与具体路径无关, 而只与起点和终点有关。

　　定义静电场中两点间的电势差为

$$\varphi(P_2) - \varphi(P_1) = \int_{P_1}^{P_2}\mathrm{d}\vec{\ell}\cdot\nabla\varphi = -\int_{P_1}^{P_2}\mathrm{d}\vec{\ell}\cdot\vec{E}.\tag{3.1.6}$$

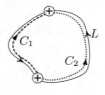

图 3-1

从物理上来理解, (3.1.6) 式表示电场力对电荷所做的功等于电荷电势能的降低, 相应地对于单位点电荷, 在空间移动 $\mathrm{d}\vec{\ell}$ 所引起的电势能增量为

$$\mathrm{d}\varphi = \nabla\varphi\cdot\mathrm{d}\vec{\ell} = -\vec{E}\cdot\mathrm{d}\vec{\ell}.\tag{3.1.7}$$

所以知道了空间的电场分布, 即可计算空间任意两点间的电势差。

　　电势的具体值不具有绝对意义, 有物理意义的是电势在两点之间的差值。通常选取某个参考点, 规定该点的电势为零, 这样整个空间里的静电势就有一个确定的

值。如果电荷分布在有限空间里, 则可以取无穷远处的电势为零, 即

$$\varphi(\infty) = 0,$$

则空间 P 点的电势为

$$\varphi(P) = \int_P^\infty \mathrm{d}\vec{\ell} \cdot \vec{E}. \tag{3.1.8}$$

3.1.2 静电势的微分方程

对于给定空间的电荷密度分布 ρ, 根据 Gauss 定理 $\nabla \cdot \vec{E} = \rho/\varepsilon_0$ 以及 (3.1.1) 式, 有

$$\nabla \cdot \nabla\varphi = \nabla^2\varphi = -\frac{\rho}{\varepsilon_0}. \tag{3.1.9}$$

(3.1.9) 式称为泊松 (Poisson) 方程。

假设我们所讨论的区域为均匀、各向同性的线性介质, 其介电常数 ε 不依赖于 (或者在某一区域内不依赖于) 空间的位置, 根据 Maxwell 方程组, 有

$$\nabla \cdot \vec{D} = \varepsilon \nabla \cdot \vec{E} = \rho_{\mathrm{f}}. \tag{3.1.10}$$

将 (3.1.1) 式代入上式, 得电势所满足的微分方程为

$$\nabla^2\varphi(\vec{R}) = -\frac{\rho_{\mathrm{f}}}{\varepsilon}. \tag{3.1.11}$$

进一步, 若区域内不存在自由电荷体分布, $\rho_{\mathrm{f}}(\vec{R}) = 0$, 则该区域的静电势 $\varphi(\vec{R})$ 所满足的方程简化为

$$\nabla^2\varphi(\vec{R}) = 0. \tag{3.1.12}$$

(3.1.12) 式称为拉普拉斯 (Laplace) 方程。如何根据给定的自由电荷分布和介质分布, 求解 Poisson 方程或 Laplace 方程是处理静电问题的重要内容。

3.1.3 点电偶极子的电荷密度

对于位于坐标原点的点电荷, 其空间电荷密度分布为 $\rho(\vec{R}) = \delta(\vec{R})$, 可以验证其周围的电势 $\varphi(\vec{R}) = 1/(4\pi\varepsilon_0 R)$ 满足 (3.1.9) 式。根据上述关系式, 我们来分析点电偶极子的电荷密度的数学表达形式。根据上一章给出的位于坐标原点的点电偶极子的电势:

$$\varphi_p(\vec{R}) = \frac{1}{4\pi\varepsilon_0} \frac{\vec{p} \cdot \vec{R}}{R^3}. \tag{3.1.13}$$

因此空间中的电荷密度分布为

$$\begin{aligned}
\rho &= -\varepsilon_0 \nabla^2\varphi_p = -\frac{1}{4\pi}\nabla^2\frac{\vec{p} \cdot \vec{R}}{R^3} = \frac{1}{4\pi}\nabla^2\left(\vec{p} \cdot \nabla\frac{1}{R}\right) \\
&= \frac{1}{4\pi}\vec{p} \cdot \nabla\left(\nabla^2\frac{1}{R}\right) = \frac{1}{4\pi}\vec{p} \cdot \nabla\left[-4\pi\delta(\vec{R})\right] = -\vec{p} \cdot \nabla\delta(\vec{R}).
\end{aligned} \tag{3.1.14}$$

若点电偶极子位于 $\vec{R}_0$ 处, 则空间中的电荷密度分布表示为

$$\rho = -\vec{p} \cdot \nabla\delta(\vec{R} - \vec{R}_0). \tag{3.1.15}$$

3.1.4　无限长电偶极子线的静电势

假设有一根带电细线 L, 线上电荷分布线密度为 $\lambda(\vec{R}')$, 紧邻 L、间距为 d 有另一根平行的带电细线 L', 其线上电荷分布线密度为 $-\lambda(\vec{R}')$。所谓点电偶极子线就是 $\lambda \to \infty$, $d \to 0$, 但两者之乘积为固定值, 即

$$\lim_{\lambda \to \infty,\, d \to 0} \lambda(\vec{R}') \cdot d = P_\lambda(\vec{R}').\tag{3.1.16}$$

这里 $\vec{P}_\lambda$ 为线上电偶极矩线密度, 方向均垂直于细线, 并从该处负电荷指向正电荷。

如图 3–2 所示, 对于无限长电偶极子细直线, 可以将其看成是由无限多同方向的偶极子元 $\mathrm{d}\vec{p}$ 所组成, 为此我们设 z 轴沿着细线, 设 x 轴正方向沿着偶极矩方向, 则 z 处长度为 $\mathrm{d}z$ 的电偶极子元 $\mathrm{d}\vec{p}$ 可表示为

$$\mathrm{d}\vec{p} = P_\lambda \mathrm{d}z \vec{e}_x.\tag{3.1.17}$$

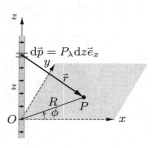

图 3–2

为简单起见, 假设这里 P_λ 与 z 无关, 根据单个点电偶极子的电势表达式, $\mathrm{d}\vec{p}$ 对 P 点的电势贡献为

$$\mathrm{d}\varphi = \frac{1}{4\pi\varepsilon_0} \frac{\mathrm{d}\vec{p} \cdot \vec{r}}{r^3} = \frac{1}{4\pi\varepsilon_0} \frac{P_\lambda R}{(R^2 + z^2)^{3/2}} \cos\phi \mathrm{d}z.\tag{3.1.18}$$

这里 $\vec{r}$ 为从电偶极子元 $\mathrm{d}\vec{p}$ 指向 P 点的位矢, R 为 P 点到电偶极子线的距离, ϕ 为 R 与 x 轴 (即电偶极矩) 的夹角。通过积分计算, 得到无限长电偶极子线 (电偶极矩线密度为 P_λ、方向垂直于细线) 周围 P 处的电势为

$$\varphi = \frac{1}{4\pi\varepsilon_0} P_\lambda R \cos\phi \int_{-\infty}^{+\infty} \frac{\mathrm{d}z}{(R^2 + z^2)^{3/2}} = \frac{P_\lambda R \cos\phi}{4\pi\varepsilon_0} \left(\frac{z}{R^2\sqrt{R^2 + z^2}} \right) \Bigg|_{-\infty}^{+\infty}$$

$$= \frac{1}{4\pi\varepsilon_0} \frac{2P_\lambda}{R} \cos\phi.\tag{3.1.19}$$

从上式可以看出, 不同于单个孤立的点电偶极子的电势形式, 这里无限长电偶极子细直线周围的电势 φ 与 R 之间是 R^{-1} 依赖关系。在后面讨论柱对称二维边值问题时, 我们会借助 (3.1.19) 式来分析处于外场中的无限长圆柱形介质周围电势各贡献项的物理意义。

思考题 3.1　假设一根无限长细介质线被沿着其轴线均匀极化, 同样可以定义线上偶极矩线密度 $\vec{P}_\lambda$, 只不过其方向沿着细线。这样一个体系周围的电势分布有何特征?

3.1.5 静电势恩肖 (Earnshaw) 定理

假设在一有限区域内无自由电荷分布, 如果静电势在区域内不为常量的话, 则静电势在区域内既不能达到最大, 也不能达到最小, 这称为 Earnshaw 定理 (Samuel Earnshaw, 1805 — 1888, 塞缪尔·恩肖, 英国数学家和物理学家)。

我们采取反证法来证明。假设在区域内某一点 P 静电势达到极小值 (若能达到极大值, 同样可以证明), 则以 P 点为球心, 选取一个闭合球面, 只要其半径足够小, 则球面上每一点的电势都比圆心处的电势值高, 因此都有 $\vec{n} \cdot \nabla \varphi > 0$, 因此对闭合面有

$$\oint_S \mathrm{d}S \vec{n} \cdot \nabla \varphi = \oint_S \mathrm{d}\vec{S} \cdot \nabla \varphi > 0.$$

另一方面, 由于 $\vec{E} = -\nabla \varphi$, 因此对闭合面的面积分有

$$\oint_S \mathrm{d}\vec{S} \cdot \vec{E} < 0.$$

区域内并无自由电荷分布, 根据 Gauss 定理, 应有 $\oint_S \mathrm{d}\vec{S} \cdot \vec{E} = 0$, 说明假设不成立。

根据 Earnshaw 定理, 如果将一点电荷放入无自由电荷分布的静电场区域, 假设作用在这个点电荷上的力只有静电力, 则我们不可能找到一个使其稳定的力学平衡位置。这一结论在第二章例题 2.2.1 已经给出, 这里是严格的数学证明。

3.1.6 介质分界面静电势边值关系

我们知道, 在两种介质分界面的两侧电磁场存在边值制约关系, 这是 Maxwell 方程组的一种体现。现在我们来讨论将电磁场的边值关系转化为静电势的边值关系。

1. 静电势边值关系之一

考虑介质 1 和 2 分界面两侧相邻的两点 P_1 和 P_2, 两点的电势差为

$$\varphi(P_1) - \varphi(P_2) = \int_{P_1}^{P_2} \mathrm{d}\vec{\ell} \cdot \vec{E}.$$

在介质分界面附近, 只要电场跨越界面区域的分布是有限值, 在积分路径非常小的情况下右边的积分值趋近于零, 因此跨过介质分界面两侧的电势相等, 即

$$\varphi(P_2) = \varphi(P_1). \tag{3.1.20}$$

上式表明在介质的分界面处电势是连续的。

容易验证, 由电势连续可得出电场强度切向分量连续的边界条件, 但反过来不一定成立。例如, 在 3.1.8 小节我们将会看到, 对于点电偶极子层, 虽然电场沿着边界层的切向分量连续, 但跨过边界层的电势并不连续。

2. 静电势边值关系之二

对于任意两种材料构成的分界面, 如果知道分界面上电荷分布的面密度 σ, 则根据 Gauss 定理有

$$(\vec{E}_2 - \vec{E}_1) \cdot \vec{n}_{21} = \frac{\sigma}{\varepsilon_0}. \tag{3.1.21}$$

将 $E_{1,n_{21}} = -\partial\varphi_1/\partial n_{21}$, $E_{2,n_{21}} = -\partial\varphi_2/\partial n_{21}$ 代入 (3.1.21) 式, 得到分界面两侧电势的另一个边值关系:

$$\frac{\partial\varphi_2}{\partial n_{21}} - \frac{\partial\varphi_1}{\partial n_{21}} = -\frac{\sigma}{\varepsilon_0}. \tag{3.1.22}$$

注意, 这里的 σ 包含自由电荷面分布和极化电荷面分布的所有贡献。

对于两种介质构成的分界面, 一般不存在自由电荷的面分布, 因此利用电位移法向分量连续的边值关系, 得到介质分界面两侧静电势的第二个边值关系:

$$\varepsilon_2 \frac{\partial\varphi_2}{\partial n_{21}} = \varepsilon_1 \frac{\partial\varphi_1}{\partial n_{21}}. \tag{3.1.23}$$

3.1.7　金属导体表面静电势边值关系

这里我们单独来讨论存在金属导体时静电势所满足的边界条件。金属导体内存在大量的自由电子, 但是在静电条件下金属导体内部并不会出现净自由电荷分布, 因为一旦导体内存在净自由电荷, 就会在周围激发电场, 从而引起电荷的流动而产生电流。净自由电荷只能分布在金属导体表面。

不仅如此, 静电条件下在金属与介质分界面的介质一侧, 电场的切向分量须为零, 否则将引起金属表面自由电荷的流动。因此, 静电状态下金属导体是等势体, 导体表面是等势面; 电场线处处与金属导体表面垂直。在与金属导体相邻的介质一侧, 电场 $\vec{E}$ 的切向分量和电位移矢量 $\vec{D}$ 的法向分量满足

$$\begin{cases} \vec{n} \times \vec{E} = 0, \\ \vec{n} \cdot \vec{D} = \sigma_{\mathrm{f}}. \end{cases} \tag{3.1.24}$$

这里 $\vec{n}$ 为金属导体表面的面法向单位矢量 (指向导体外, 如图 3–3 所示)。相应地, 静电状态下介质一侧电势的边界条件为

$$\begin{cases} \varphi|_{\text{表面}} = \text{常量}, \\ \varepsilon \dfrac{\partial\varphi}{\partial n} = -\sigma_{\mathrm{f}}. \end{cases} \tag{3.1.25}$$

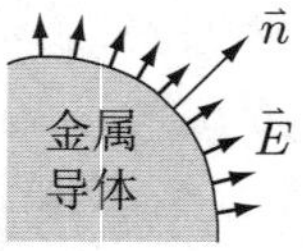

图 3–3

根据 (3.1.25) 式, 处于静电场中的第 i 个金属导体表面的总自由电荷量为

$$Q_i = \oint_{S_i} \sigma_{\mathrm{f}} \mathrm{d}S = -\oint_{S_i} \varepsilon \frac{\partial\varphi}{\partial n} \mathrm{d}S.$$

假设整个金属导体表面周围的介质是均匀的, 即 ε 为常量, 则有

$$\oint_{S_i} \frac{\partial \varphi}{\partial n} \mathrm{d}S = -\frac{Q_i}{\varepsilon}. \tag{3.1.26}$$

例题 3.1.1　假设导体处于真空中 (参考图 3–3), 计算静电状态下静电场作用在金属导体上的压强。

解: 根据静电条件, 可得与金属导体相邻的真空一侧的电场为

$$E_n = -\frac{\partial \varphi}{\partial n} = \frac{\sigma_\mathrm{f}}{\varepsilon_0},$$

或者

$$\vec{E} = \frac{\sigma_\mathrm{f}}{\varepsilon_0} \vec{n}.$$

考虑金属导体表面一面元, 其附近的电场应等于面元处电荷激发的场以及面元之外其他位置电荷在面元附近激发的场之和, 即

$$\vec{E} = \vec{E}_{面元} + \vec{E}_{其他区域}.$$

面元上的电荷在面元附近所激发的电场为

$$\vec{E}_{面元} = \pm \frac{\sigma_\mathrm{f}}{2\varepsilon_0} \vec{n}.$$

这里的 "+" 号对应面元外侧的场, "−" 号对应面元内侧的场。由于面元内侧总场为零, 则有

$$\vec{E}_{其他区域} = \frac{\sigma_\mathrm{f}}{2\varepsilon_0} \vec{n}.$$

金属导体上单位面积所受的力 (压强) $\vec{f}$ 实际上就是单位面积的面电荷在除自身以外电荷所激发的电场作用下所受的力

$$\vec{f} = \frac{\sigma_\mathrm{f}^2}{2\varepsilon_0} \vec{n}.$$

由此可以得出, 静电场施加在金属导体上的压力始终是负压力, 静电场的作用驱使金属导体被拉向电场 (面电荷) 存在的区域。

3.1.8　电偶极子层静电势边值关系

　　前面我们看到, 即使在两种物质 (如金属/介质) 的分界面上存在电荷面分布, 电势在分界面两侧也是连续的。然而对于由电偶极子并排而成的面层, 其两侧电势则会出现跃变。要从物理上理解这一点也比较简单。

　　首先我们先来构建理想的电偶极子层。仿照构建电偶极子细线类似的方式, 我们假设一个带电面 S, 其上的电荷面密度为 $+\sigma(\vec{R}')$, 而紧邻 S 有另一个面 S', 其上电荷面密度为 $-\sigma(\vec{R}')$, 如图 3–4 所示。所谓理想电偶极子层就是 $\sigma \to \infty$, $d \to 0$, 但两者的乘积保持为固定值, 即

$$\lim_{\sigma \to \infty, d \to 0} \sigma(\vec{R}') \cdot d = P_\sigma(\vec{R}'). \tag{3.1.27}$$

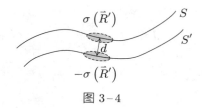

图 3–4

这里定义 $\vec{P}_\sigma$ 为偶极矩层的面密度, 其方向沿着面法向, 并从该处的负电荷指向正电荷。

假设有一电偶极子层处于两种介质的分界面上, 其中带负电的面 S' 处于介质 1 中, 而带正电的面 S 处于介质 2 中。为了分析经过电偶极子层的电势的变化, 可以在分界面上某一处选取一个圆柱面, 其高度包括 S 和 S' 上的带电面元, 由于两个面元无限靠近, 因此面元中间区域可以看成无限大带电平板, 如图 3–5 所示。相应地两个带电面元中间区域的电场为 $E = \sigma(\vec{R}')/\varepsilon_0$, 因此从带负电面元到带正电面元之间产生的电势差为

$$\varphi_2 - \varphi_1 = \frac{\sigma d}{\varepsilon_0} = \frac{P_\sigma}{\varepsilon_0}.$$

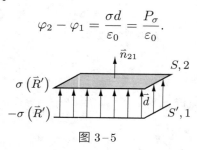

图 3–5

上式可以推广为更一般的表达形式:

$$\varphi_2 - \varphi_1 = \frac{1}{\varepsilon_0} \vec{n}_{21} \cdot \vec{P}_\sigma. \tag{3.1.28}$$

这是电偶极子层两侧静电势的边值关系, 其中 $\vec{n}_{21}$ 为从介质 1 侧指向介质 2 侧的面法向单位矢量。

电偶极子层模型在等离子体物理、凝聚态物理、生物物理等领域都有着具体的应用。例如, 一些有极分子可能在某种作用下被约束在水与空气接触的表面而垂直排列起来, 假设每个分子用电偶极矩 $\vec{p} = q\vec{d}$ 表示, 这里 q 为有极分子的有效电荷量, d 为分子正、负电荷中心的间距。假设单位面积上的分子数为 N_s, 则单位面积上产生的电偶极矩 —— 电偶极矩密度为

$$\vec{P}_\sigma = N_s \vec{p} = N_s q \vec{d} = \sigma_s \vec{d}. \tag{3.1.29}$$

这里 σ_s 为电偶极子层单位面积上的有效电荷量。

3.1.9　采用静电势表示静电场的能量

我们先从点电荷的分布开始讨论。放置第一个点电荷不用做功, 放置第二个点电荷时外力做的功为

$$W_2 = q_2 \cdot \frac{q_1}{4\pi\varepsilon_0 r_{12}}. \tag{3.1.30}$$

需要注意, 这里的 W_2 并不包括我们事先组装点电荷 q_1 以及 q_2 所需要做的功, 因此 (3.1.30) 式并非两者构成的体系的总能量。利用电势叠加原理, 放置第三个点电荷时外力做的功为

$$W_3 = q_3 \cdot \left(\frac{q_1}{4\pi\varepsilon_0 r_{13}} + \frac{q_2}{4\pi\varepsilon_0 r_{23}} \right). \tag{3.1.31}$$

而将 n 个点电荷聚集起来, 外力需要做的总功为

$$W = \frac{1}{4\pi\varepsilon_0} \sum_{i=1}^{n} \sum_{\substack{j=1 \\ j>i}}^{n} \frac{q_i q_j}{r_{ij}} = \frac{1}{2} \cdot \frac{1}{4\pi\varepsilon_0} \sum_{i=1}^{n} \sum_{\substack{j=1 \\ j\neq i}}^{n} \frac{q_i q_j}{r_{ij}}$$

$$= \frac{1}{2} \sum_{i=1}^{n} q_i \left(\sum_{\substack{j=1 \\ j\neq i}}^{n} \frac{1}{4\pi\varepsilon_0} \frac{q_j}{r_{ij}} \right).$$

或者

$$W = \frac{1}{2} \sum_{i=1}^{n} q_i \varphi(r_i). \tag{3.1.32}$$

上式求和遍及所有的点电荷, 而 $\varphi(r_i)$ 为点电荷 q_i 所感受到的外场电势, 它是由 q_i 之外的其余点电荷所贡献的。

对于电荷连续分布的情形, (3.1.32) 式的积分形式为

$$W = \frac{1}{2} \int \rho\varphi \mathrm{d}V. \tag{3.1.33}$$

这是静电体系的总能量, 积分遍及所有电荷分布区域, 而 φ 是所有电荷所产生的电势分布。注意, 对于电荷连续分布的情形, 由于电荷体密度为有限值, 因此电荷元在自身位置所产生的电势为零, 这一点不同于点电荷情形。

我们知道, 虽然点电荷模型导致点电荷所对应的场能量是发散的, 但是类似电子这样的带电粒子, 由于我们既无法将其拆分, 也无需通过某种电荷组装过程来形成电子, 我们只是挪动其位置, 在采用点电荷模型讨论其与电场相互作用的势能时, 借助 (3.1.32) 式, 可以避免点电荷模型导致能量发散的缺陷。

另一方面, 根据电场能量密度的定义, 对于线性介质, 任意体积 V 内的静电场能量为

$$W_V = \frac{1}{2} \int_V \vec{E} \cdot \vec{D} \mathrm{d}V.$$

利用关系 $\vec{E} = -\nabla\varphi$, $\nabla \cdot \vec{D} = \rho_{\mathrm{f}}$, 得到

$$\vec{E} \cdot \vec{D} = -\nabla\varphi \cdot \vec{D} = -\nabla \cdot (\varphi\vec{D}) + \varphi\nabla \cdot \vec{D} = -\nabla \cdot (\varphi\vec{D}) + \varphi\rho_{\mathrm{f}}.$$

将电场的能量改写为

$$W_V = \frac{1}{2} \int_V \varphi\rho_{\mathrm{f}} \mathrm{d}V - \frac{1}{2} \int_V \nabla \cdot (\varphi\vec{D}) \, \mathrm{d}V$$

$$= \frac{1}{2} \int_V \varphi \rho_f \mathrm{d}V - \frac{1}{2} \oint_S \mathrm{d}\vec{S} \cdot (\varphi \vec{D}). \tag{3.1.34}$$

若考察的是静电体系的总能量, 则有

$$W_\infty = \frac{1}{2} \int_\infty \varphi \rho_f \mathrm{d}V - \frac{1}{2} \int_\infty \nabla \cdot (\varphi \vec{D}) \, \mathrm{d}V$$

$$= \frac{1}{2} \int_\infty \varphi \rho_f \mathrm{d}V - \frac{1}{2} \oint_\infty \mathrm{d}\vec{S} \cdot (\varphi \vec{D}). \tag{3.1.35}$$

上述体积分是对全空间进行的, 相应的面积分是对无限大的面进行的. 对分布在有限区域的电荷体系, 其在无穷远处的电势 $\varphi \sim r^{-1}$, 电场 $\sim r^{-2}$, 而面积 $\sim r^2$, 因此在 $r \sim \infty$ 时, 面积分项 (上式右边第二项) 的值为零, 这样总能量的表达式变为

$$W_\infty = \frac{1}{2} \int_\infty \varphi \rho_f \mathrm{d}V. \tag{3.1.36}$$

注意 (3.1.36) 式只有作为讨论静电场的总能量时才有效, 式中的 φ 是由所有电荷分布 ρ 激发的电势. 当计算空间某一有限区域内的电场能量时, 应采用公式 $W_V = \frac{1}{2} \int_V \vec{E} \cdot \vec{D} \mathrm{d}V$, 因为存在电场的地方就存在能量, 而电场不局限于自由电荷所处的区域, 因此 (3.1.36) 式中 $\varphi \rho_f / 2$ 并不代表电场能量密度, 真实的静电场能量是以 $w = \vec{E} \cdot \vec{D} / 2$ 的形式在空间连续分布的. 对于金属导体存在的系统, 采用 (3.1.36) 式计算静电场的总能量最为方便, 因为静电条件下金属导体是一个等势体.

3.1.10　采用静电势表示相互作用能

若空间中存在两部分电荷分布, 电荷密度分布为 ρ_e 和 ρ, 其在空间所产生的电势分别为 φ_e 和 φ. 根据 (3.1.2) 式可知

$$\varphi_e \left(\vec{R} \right) = \frac{1}{4\pi\varepsilon_0} \int_{V'} \frac{\rho_e \left(\vec{R}' \right)}{r} \mathrm{d}V', \tag{3.1.37}$$

$$\varphi \left(\vec{R} \right) = \frac{1}{4\pi\varepsilon_0} \int_{V'} \frac{\rho \left(\vec{R}' \right)}{r} \mathrm{d}V'. \tag{3.1.38}$$

下面我们来分析将电荷体系 ρ 与电荷体系 ρ_e 从相隔无穷远移动到靠近之后, 两者之间的相互作用能.

根据前面的分析, 两电荷分布体系构成的静电场总能量为

$$W = \frac{1}{2} \int_{V' + V_e'} (\varphi + \varphi_e)(\rho + \rho_e) \mathrm{d}V'$$

$$= \frac{1}{2} \int_{V'} \varphi \rho \mathrm{d}V' + \frac{1}{2} \int_{V_e'} \varphi_e \rho_e \mathrm{d}V' + \frac{1}{2} \int_{V_e'} \varphi \rho_e \mathrm{d}V' + \frac{1}{2} \int_{V'} \varphi_e \rho \mathrm{d}V'. \tag{3.1.39}$$

前两项显然表示电荷体系单独存在时的电场能量, 故后两项代表的是电荷体系之间的相互作用能. 容易验证:

$$\frac{1}{2}\int_{V_e'}\varphi\rho_{\mathrm{e}}\mathrm{d}V' = \frac{1}{2}\int_{V'}\varphi_{\mathrm{e}}\rho\mathrm{d}V'. \tag{3.1.40}$$

则静电体系的相互作用能可写为

$$W_{\mathrm{int}} = \int_{V'}\varphi_{\mathrm{e}}\rho\mathrm{d}V'.$$

3.2 静电势的电多极展开

实际中常会碰到一种情况, 即激发电场的电荷全部"集中"在一个很小的区域内, 而我们需要知道的只是与带电体相隔很远区域的电势或电场。本节所关注的是已知全空间的电荷分布, 并且电荷分布的线度 (ℓ) 远小于源点到观测场点的距离 (R), 如图 $3\text{--}6$ 所示。在这样的情况下, 允许我们去寻找静电势在远场的近似解:

$$\varphi\left(\vec{R}\right) = \frac{1}{4\pi\varepsilon_0}\int_{V'}\frac{\rho\left(\vec{R'}\right)}{|\vec{R}-\vec{R'}|}\mathrm{d}V'. \tag{3.2.1}$$

注意这里的尺度对比是相对的。有时我们研究的是一个很小的体系, 比如原子中电子围绕原子核的运动, 也可以采取电势多极展开来讨论某些物理现象, 因为电子到晶体中原子核的平均距离比起原子核中电荷分布的线度高 5 个量级。静电势近似解的优点在于, 它能让我们抓住对远场电势起最主要作用的电荷分布特征, 甚至还能有助于理解一些能严格求解的体系的静电势解的物理含义。计算远场电势所采取的处理方法是多极展开, 展开的系数就是电多极矩, 由于 ℓ/R 是小量, 因此在展开式中可做截断近似, 只保留前面有限的项数。

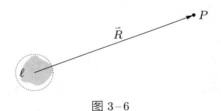

图 $3\text{--}6$

3.2.1 电多极展开

我们知道, 当 $R'/R \ll 1$ 时, 可对 $1/|\vec{R}-\vec{R'}|$ 进行 Taylor 展开, 即

$$\frac{1}{|\vec{R}-\vec{R'}|} = \frac{1}{R} - \vec{R'}\cdot\nabla\left(\frac{1}{R}\right) + \frac{1}{2!}(\vec{R'}\cdot\nabla)^2\left(\frac{1}{R}\right) + \cdots$$
$$+ \frac{(-1)^n}{n!}(\vec{R'}\cdot\nabla)^n\left(\frac{1}{R}\right) + \cdots. \tag{3.2.2}$$

或者在 Cartesian 坐标系中写成

$$\frac{1}{|\vec{R}-\vec{R'}|} = \frac{1}{R} - R_i'\frac{\partial}{\partial R_i}\left(\frac{1}{R}\right) + \frac{1}{2!}R_i'R_j'\frac{\partial^2}{\partial R_i\partial R_j}\left(\frac{1}{R}\right) + \cdots$$

$$+ \frac{(-1)^n}{n!} R'_i R'_j \cdots R'_s \frac{\partial^n}{\partial R_i \partial R_j \cdots \partial R_s} \left(\frac{1}{R} \right) + \cdots. \tag{3.2.3}$$

将 (3.2.3) 式代入 (3.2.1) 式, 得到远离电荷分布区域的空间中任一点的电势为 (考虑到逐项递减, 这里只写出前三项)

$$\varphi \left(\vec{R} \right) = \frac{1}{4\pi\varepsilon_0} \left\{ \frac{1}{R} \left[\int_{V'} \rho \left(\vec{R}' \right) \mathrm{d} V' \right] - \left[\int_{V'} \mathrm{d} V' \rho \left(\vec{R}' \right) R'_i \right] \frac{\partial}{\partial R_i} \left(\frac{1}{R} \right) \right.$$
$$\left. + \left[\frac{1}{2} \int_{V'} \mathrm{d} V' \rho \left(\vec{R}' \right) R'_i R'_j \right] \frac{\partial^2}{\partial R_i \partial R_j} \left(\frac{1}{R} \right) + \cdots \right\}. \tag{3.2.4}$$

这里电荷密度 $\rho \left(\vec{R}' \right)$ 都只出现在中括号的积分之中。

对于点电荷分布情形而言, 有

$$\rho \left(\vec{R}' \right) = \sum_{n=1}^{N} q_n \delta \left(\vec{R}' - \vec{R}'_n \right). \tag{3.2.5}$$

从 (3.2.4) 式的多极展开中容易看出, 右边第一项中括号的部分就是体系的电荷总量, 称之为体系的电单极矩, 有

$$Q = \int_{V'} \rho \left(\vec{R}' \right) \mathrm{d} V' \quad \text{或者} \quad Q = \sum_{n=1}^{N} q_n. \tag{3.2.6}$$

(3.2.4) 式右边第二项中括号的部分为体系的电偶极矩, 因为这一项与之前给出的点电偶极子的电势完全相同, 并且有

$$\vec{p} = \int_{V'} \mathrm{d} V' \rho \left(\vec{R}' \right) \vec{R}' \quad \text{或者} \quad \vec{p} = \sum_{n=1}^{N} q_n \vec{R}'_n. \tag{3.2.7}$$

(3.2.4) 式右边第三项中括号的部分为体系的电四极矩, 在 Cartesian 坐标系中电四极矩各分量定义为

$$D_{ij} = \frac{1}{2} \int_{V'} \rho \left(\vec{R}' \right) R'_i R'_j \mathrm{d} V'. \tag{3.2.8}$$

容易看出, 这里电四极矩为一张量, 其分量具有对称性, 即

$$D_{ij} = D_{ji}. \tag{3.2.9}$$

这样在 Cartesian 坐标系中远场的电势多极展开形式为

$$\varphi \left(\vec{R} \right) = \frac{1}{4\pi\varepsilon_0} \left[\frac{Q}{R} - \vec{p} \cdot \nabla \left(\frac{1}{R} \right) + \vec{D} : \nabla\nabla \left(\frac{1}{R} \right) + \cdots \right]. \tag{3.2.10}$$

考虑到

$$\frac{\partial}{\partial R_i} \left(\frac{1}{R} \right) = -\frac{R_i}{R^3}, \tag{3.2.11}$$

$$\frac{\partial^2}{\partial R_i \partial R_j} \left(\frac{1}{R} \right) = \frac{3 R_i R_j - \delta_{ij} R^2}{R^5}. \tag{3.2.12}$$

因此采取电单极矩、电偶极矩和电四极矩的分量可将 (3.2.10) 式表示为

$$\varphi\left(\vec{R}\right) = \frac{1}{4\pi\varepsilon_0}\left(\frac{Q}{R} + \frac{p_i R_i}{R^3} + D_{ij}\frac{3R_i R_j - \delta_{ij}R^2}{R^5} + \cdots\right)$$
$$= \varphi^{(0)} + \varphi^{(1)} + \varphi^{(2)}. \tag{3.2.13}$$

上式中的前三项分别称为 Cartesian 坐标系中电势多极展开的零级、一级和二级展开项。

我们先来对一级、二级展开项的量级做一估计。根据电偶极矩和电四极矩的定义, 粗略估计 $p \sim Q\ell$, $D \sim Q\ell^2$, 因此 (3.2.13) 式中的第二、第三项均为其前一项的 ℓ/R 倍, 因而对远场的静电势起主要贡献的实际上就是多极展开的前几项, 并且在总电荷量 $Q \neq 0$ 的情况下, 对远场电势贡献最重要的项是 (3.2.13) 式中的零级近似项, 即在远场处我们可把静电体系近似看成一个位于坐标原点的点电荷在远场所产生的电势:

$$\varphi(\vec{R}) \approx \varphi^{(0)}(\vec{R}) = \frac{1}{4\pi\varepsilon_0}\frac{Q}{R}. \tag{3.2.14}$$

3.2.2 电偶极矩

根据 (3.2.13) 式, 一个电中性的带电体, 如原子、分子或者由其构成的物质, 由于 $Q = 0$, 因此其在远场的电势最重要的一项就是多极展开中的第二项, 因此远场电势近似为

$$\varphi(\vec{R}) \approx \varphi^{(1)}(\vec{R}) = \frac{1}{4\pi\varepsilon_0}\frac{\vec{p}\cdot\vec{R}}{R^3} \quad (R \gg \ell). \tag{3.2.15}$$

要讨论远场电势的近似解, 就是计算体系的电偶极矩, 然后采取点电偶极子的电势来替代。对于有极分子 (例如水分子), 单个分子的电偶极矩 $\vec{p} \neq 0$; 而对于无极分子, 在外场作用下分子极化产生电偶极矩 $\vec{p} \neq 0$。不管怎样, 只要分子是电中性的, 容易证明单个分子所产生的电偶极矩 $\vec{p}$ 与坐标原点位置的选取无关。我们还看到, 对于一个电中性的带电体, 在体系 $\vec{p} \neq 0$ 的情况下远场电势与 R 之间是 R^{-2} 依赖关系。若要对电中性带电体的远场电势计算得再精确一些, 就需要计算 (3.2.13) 式中的第三项, 即电四极矩项。

3.2.3 电四极矩

根据上面的讨论, 在体系总电荷量、总电偶极矩均为零的情况下 $(Q = 0, \vec{p} = 0)$, 远场电势最主要的贡献项是

$$\varphi\left(\vec{R}\right) \approx \varphi^{(2)}(\vec{R}) = \frac{1}{4\pi\varepsilon_0}D_{ij}\frac{3R_i R_j - \delta_{ij}R^2}{R^5}. \tag{3.2.16}$$

可以证明, 若体系的电荷总量以及电偶极矩都为零 $(Q = 0, \vec{p} = 0)$, 则电四极矩不依赖于坐标原点的选取。从 (3.2.16) 式我们还看到, 在 $(Q = 0, \vec{p} = 0)$ 的情况下, 远场电势与 R 之间是 R^{-3} 依赖关系。

在多极展开中之所以把 (3.2.8) 式取名为电四极矩, 是因为 (3.2.16) 式右边部分其实是一个点电四极子在空间所产生电势的严格解。关于从几何图像上如何去

构造一个点电四极子模型, 我们可仿照点电偶极子的模型构建, 将两个大小相等的点电偶极子反平行放置 $(\vec{p}/s, -\vec{p}/s)$, 两者之间的相对位矢为 $s\vec{d}$, 并且这里系数 $s \to 0$, 这样点电四极子的四极矩 D_{ij} 就由 $(\vec{p}, \vec{d})$ 两个矢量来确定。以此类推, 仿照类似图像, 也可通过点电四极子来构建点电八极子。

例题 3.2.1   如图 3–7 所示, 讨论大小相等、沿反平行放置的两点电偶极子 $(\vec{p}/s, -\vec{p}/s)$ 组成的点电四极子的电势。两点电偶极子之间的相对位矢为 $s\vec{d}$, 且 $s \to 0$。

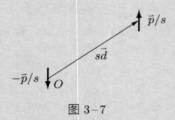

图 3–7

解: 以 $-\vec{p}/s$ 点电偶极子所处位置为坐标原点, 根据 (3.2.15) 式可得远场 $(R \gg sd)$ 的电势为

$$
\begin{aligned}
\varphi(\vec{R}) &= \frac{1}{4\pi\varepsilon_0}\left(-\frac{\vec{p}}{s}\right)\cdot\frac{\vec{R}}{R^3} + \frac{1}{4\pi\varepsilon_0}\left(\frac{\vec{p}}{s}\right)\cdot\frac{\vec{R}-s\vec{d}}{|\vec{R}-s\vec{d}|^3}\\
&\approx \frac{1}{4\pi\varepsilon_0}\left[\left(-\frac{\vec{p}}{s}\right)\cdot\frac{\vec{R}}{R^3} + \left(\frac{1}{R^3}-s\vec{d}\cdot\nabla\frac{1}{R^3}\right)\left(\frac{\vec{p}}{s}\right)\cdot(\vec{R}-s\vec{d})\right]\\
&= \frac{1}{4\pi\varepsilon_0}\left[-(\vec{p}\cdot\vec{R})\,\vec{d}\cdot\nabla\frac{1}{R^3} - \frac{\vec{p}\cdot\vec{d}}{R^3} + (\vec{p}\cdot\vec{d})\left(s\vec{d}\cdot\nabla\frac{1}{R^3}\right)\right].
\end{aligned}
$$

当 $s \to 0$ 时, 略去最后一项, 此时得到的电势即为点电四极子的电势严格解。

利用

$$
\frac{\partial}{\partial R_i}\left(\frac{1}{R^3}\right) = -\frac{3R_i}{R^5},
$$

得

$$
\begin{aligned}
\varphi(\vec{R}) &= \frac{1}{4\pi\varepsilon_0}\left(p_i R_i d_j \frac{3R_j}{R^5} - p_j d_j \frac{1}{R^3}\right)\\
&= \frac{1}{4\pi\varepsilon_0}\left[\frac{1}{2}\left(p_i R_i d_j \frac{3R_j}{R^5} + p_j R_j d_i \frac{3R_i}{R^5}\right) - \frac{1}{2}(p_j d_j + p_i d_i)\frac{1}{R^3}\right]\\
&= \frac{1}{4\pi\varepsilon_0}\cdot\frac{1}{2}\left[\left(d_j p_i \frac{3R_i R_j}{R^5} + d_i p_j \frac{3R_j R_i}{R^5}\right) - (d_i p_j + d_j p_i)\,\delta_{ij}\frac{1}{R^3}\right]\\
&= \frac{1}{4\pi\varepsilon_0}\cdot\frac{1}{2}\left[d_j p_i \frac{3R_i R_j - \delta_{ij}R^2}{R^5} + d_i p_j \frac{3R_i R_j - \delta_{ij}R^2}{R^5}\right]\\
&= \frac{1}{4\pi\varepsilon_0}\cdot\frac{1}{2}(d_i p_j + d_j p_i)\frac{3R_i R_j - \delta_{ij}R^2}{R^5}.
\end{aligned}
$$

对比 (3.2.16) 式可知, 点电四极子的电四极矩为

$$D_{ij} = \frac{1}{2} \left(d_i p_j + d_j p_i \right).$$

同样这里电四极矩的系数具有对称性 $D_{ij} = D_{ji}$。

3.2.4 约化电四极矩

前面已经提及, 在 Cartesian 坐标系中定义的电四极矩的分量具有对称性 $D_{ij} = D_{ji}$, 因此只需 6 个独立的分量加以描述, 即

$$\boldsymbol{D} = \begin{pmatrix} D_{xx} & D_{xy} & D_{xz} \\ D_{xy} & D_{yy} & D_{yz} \\ D_{xz} & D_{yz} & D_{zz} \end{pmatrix}. \tag{3.2.17}$$

我们来把 (3.2.13) 式中电四极矩的电势贡献 $\varphi^{(2)}(\vec{R})$ 进一步改写

$$\varphi^{(2)}(\vec{R}) = \frac{1}{4\pi\varepsilon_0} \left\{ \frac{3R_i R_j}{R^5} \left[\frac{1}{2} \int_{V'} R_i' R_j' \rho(\vec{R}') \, \mathrm{d}V' \right] \right.$$
$$\left. - \frac{\delta_{ij} R^2}{R^5} \left[\frac{1}{2} \int_{V'} R_i' R_j' \rho(\vec{R}') \, \mathrm{d}V' \right] \right\}. \tag{3.2.18}$$

改写 (3.2.18) 式需要的关键一步是考虑到如下的关系式:

$$R_i' R_j' \delta_{ij} R^2 = R'^2 R_i R_j \delta_{ij}. \tag{3.2.19}$$

因此, (3.2.18) 式可改写为

$$\varphi^{(2)}(\vec{R}) = \frac{1}{4\pi\varepsilon_0} \left[\frac{1}{2} \int_{V'} \mathrm{d}V' \rho(\vec{R}') \left(3R_i' R_j' - R'^2 \delta_{ij} \right) \right] \frac{R_i R_j}{R^5}. \tag{3.2.20}$$

为此定义约化电四极矩 Θ, 其分量表示为

$$\Theta_{ij} = \frac{1}{2} \int_{V'} \mathrm{d}V' \rho(\vec{R}') \left(3R_i' R_j' - R'^2 \delta_{ij} \right). \tag{3.2.21}$$

$$\varphi^{(2)}(\vec{R}) = \frac{1}{4\pi\varepsilon_0} \Theta_{ij} \frac{R_i R_j}{R^5}. \tag{3.2.22}$$

容易看出, 约化电四极矩的分量 Θ_{ij} 具有对称性, 并且 Θ_{ij} 与 D_{ij} 之间有如下关系:

$$\Theta_{ij} = 3D_{ij} - D_{ll}\delta_{ij}. \tag{3.2.23}$$

注意上式中的下标 l 有求和作用。约化电四极矩还具有无迹的特点, 即

$$\Theta_{11} + \Theta_{22} + \Theta_{33} = 0. \tag{3.2.24}$$

因此, 引入约化电四极矩的优点在于它只需要 5 个独立分量来描述。

由于只存在 5 个独立分量, 因此引入约化电四极矩来处理问题可适当减少计算量。其次, 对于电荷连续分布的静电体系, 若电荷密度分布具有球对称性, 即

$$\rho(\vec{R}') = \rho(R'), \tag{3.2.25}$$

无论是采用电四极矩, 还是采用约化电四极矩, 都可以证明球外电势不存在 R^{-3} 依赖项, 但是约化电四极矩各个分量都为零, 而电四极矩分量存在非零项。换言之, 对于电荷连续分布的体系, 当电荷分布偏离球对称时一般会出现非零的约化电四极矩分量。

例题 3.2.2   一均匀带电椭球, 椭球半轴分别为 a、b、c, 总电荷量为 Q, 求带电椭球在远场的电势。

解: 我们把坐标原点选在椭球的球心。远场任意一点坐标表示为

$$x = R\sin\theta\cos\phi, \quad y = R\sin\theta\sin\phi, \quad z = R\cos\theta.$$

对于椭球体, 其中任意一点所满足的方程为

$$\frac{x'^2}{a^2} + \frac{y'^2}{b^2} + \frac{z'^2}{c^2} \leqslant 1.$$

为了简化约化电四极矩分量的积分计算, 做如下球坐标变换:

$$x' = ar\sin\theta'\cos\phi', \quad y' = br\sin\theta'\sin\phi', \quad z' = cr\cos\theta' \quad (r \leqslant 1).$$

在坐标变换后, 带电体的体积元表示为

$$\mathrm{d}V' = \mathrm{d}x'\mathrm{d}y'\mathrm{d}z' = abcr^2\sin\theta'\mathrm{d}r\mathrm{d}\theta'\mathrm{d}\phi'.$$

由于电荷密度 ρ 为常量, 容易证明体系的电偶极矩为零, 即 $\vec{p} = 0$。

对于约化电四极矩, 容易验证其非对角分量亦为零, 只需计算对角分量, 分别表示为

$$\Theta_{11} = \frac{\rho}{2}\int_{V'}\mathrm{d}V'\left(3x'^2 - R'^2\right) = \frac{\rho}{2}\int_{V'}\mathrm{d}V'\left(2x'^2 - y'^2 - z'^2\right),$$

$$\Theta_{22} = \frac{\rho}{2}\int_{V'}\mathrm{d}V'\left(2y'^2 - x'^2 - z'^2\right),$$

$$\Theta_{33} = \frac{\rho}{2}\int_{V'}\mathrm{d}V'\left(2z'^2 - x'^2 - y'^2\right).$$

先来计算

$$\int_{V'} x'^2\mathrm{d}V' = \int \left(ar\sin\theta'\cos\phi'\right)^2 abcr^2\sin\theta'\mathrm{d}r\mathrm{d}\theta'\mathrm{d}\phi'$$

$$= a^3bc\int_0^1 r^4\mathrm{d}r\int_0^\pi \sin^3\theta'\mathrm{d}\theta'\int_0^{2\pi}\cos^2\phi'\mathrm{d}\phi'$$

$$= \frac{a^3bc}{5}\frac{4}{3}\pi = \frac{a^2}{5}V'.$$

其中 $V' = 4\pi abc/3$ 为椭球的体积。类似地有

$$\int_{V'} y'^2\mathrm{d}V' = \frac{b^2}{5}V', \quad \int_{V'} z'^2\mathrm{d}V' = \frac{c^2}{5}V'.$$

由此得体系的约化电四极矩的三个对角分量为

$$\Theta_{11} = \frac{1}{10}\rho V' \left(2a^2 - b^2 - c^2\right) = \frac{Q}{10}\left(2a^2 - b^2 - c^2\right),$$

$$\Theta_{22} = \frac{Q}{10}\left(2b^2 - a^2 - c^2\right),$$

$$\Theta_{33} = \frac{Q}{10}\left(2c^2 - a^2 - b^2\right).$$

根据远场电势多极展开的一般形式, 最后得带电椭球在远场的电势为

$$\varphi\left(\vec{R}\right) = \frac{1}{4\pi\varepsilon_0}\left[\frac{Q}{R} + \frac{1}{R^3}\left(\Theta_{11}\sin^2\theta\cos^2\phi + \Theta_{22}\sin^2\theta\sin^2\phi + \Theta_{33}\cos^2\theta\right)\right].$$

对于旋转椭球, 即 $a = b$, 约化电四极矩的对角分量简化为

$$\Theta_{11} = \frac{Q}{10}\left(a^2 - c^2\right), \quad \Theta_{22} = \frac{Q}{10}\left(a^2 - c^2\right), \quad \Theta_{33} = \frac{Q}{5}\left(c^2 - a^2\right).$$

$$\varphi\left(\vec{R}\right) = \frac{1}{4\pi\varepsilon_0}\frac{Q}{R}\left[1 + \frac{c^2 - a^2}{10R^2}\left(3\cos^2\theta - 1\right)\right].$$

如果进一步有 $a = b = c$, 则椭球退化为球, 上式回到球对称的结果, 即不存在约化电四极矩项, 其所有分量均为零。从这个例子我们看到, 约化电四极矩是表征核电荷分布偏离球对称程度的一个重要参量。

3.2.5 静电体系在外场中的能量

根据前面的分析, 将一电荷连续分布的静电体系引入外电场中, 其与外场的相互作用能表示为

$$W_{\text{int}} = \int_{V'} \varphi_{\text{e}}\left(\vec{R}'\right)\rho\left(\vec{R}'\right)\mathrm{d}V'. \tag{3.2.26}$$

这里的 $\varphi_{\text{e}}\left(\vec{R}'\right)$ 为外电场的电势, 而积分遍及静电体系全部区域。假设在静电体系 $\rho\left(\vec{R}'\right)$ 区域内, 电势分布的变化是缓慢的, 以至于只需保留电势 Taylor 展开的前几项。这样在计算相互作用能时, 就可在电荷体内选择一参考点 $\vec{R}$, 考虑到

$$\nabla'\varphi_{\text{e}}\left(\vec{R}'\right)\big|_{\vec{R}'=\vec{R}} = \nabla\varphi_{\text{e}}\left(\vec{R}\right),$$

将外场电势 φ_{e} 在参考点 $\vec{R}$ 附近展开, 得

$$\varphi_{\text{e}}\left(\vec{R}'\right) = \varphi_{\text{e}}\left(\vec{R}\right) + \left(\vec{R}' - \vec{R}\right)\cdot\nabla\varphi_{\text{e}}\left(\vec{R}\right) + \frac{1}{2}\left[\left(\vec{R}' - \vec{R}\right)\cdot\nabla\right]^2\varphi_{\text{e}}\left(\vec{R}\right) + \cdots. \tag{3.2.27}$$

将上式代入 (3.2.26) 式得

$$W_{\text{int}} = \varphi_{\text{e}}\left(\vec{R}\right)\int_{V'}\rho\left(\vec{R}'\right)\mathrm{d}V' + \left[\int_{V'}\mathrm{d}V'\rho\left(\vec{R}'\right)\left(\vec{R}' - \vec{R}\right)\right]\cdot\nabla\varphi_{\text{e}}\left(\vec{R}\right)$$

$$+ \frac{1}{2}\int_{V'}\mathrm{d}V'\rho\left(\vec{R}'\right)\left[\left(\vec{R}' - \vec{R}\right)\cdot\nabla\right]^2\varphi_{\text{e}}\left(\vec{R}\right) + \cdots, \tag{3.2.28}$$

或表示为

$$W_{\text{int}} = W^{(0)} + W^{(1)} + W^{(2)} + \cdots. \tag{3.2.29}$$

其中

$$W^{(0)} = Q\varphi_{\text{e}}(\vec{R}), \tag{3.2.30}$$

$$W^{(1)} = p_i \frac{\partial}{\partial R_i} \varphi_{\text{e}}(\vec{R}) = \vec{p} \cdot \nabla \varphi_{\text{e}}(\vec{R}), \tag{3.2.31}$$

$$W^{(2)} = D_{ij} \frac{\partial^2}{\partial R_i \partial R_j} \varphi_{\text{e}}(\vec{R}) = \vec{D} : \nabla\nabla \varphi_{\text{e}}(\vec{R}). \tag{3.2.32}$$

这里 Q、$\vec{p}$、$\vec{D}$ 分别为静电体系的总电荷量、电偶极矩和电四极矩, 后两者都是相对参考点 $\vec{R}$ 而言的, 而电四极矩的定义同于 (3.2.8) 式。

　　假设体系的总电荷量为零, 即 $Q = 0$, 则作用势能主要由 $W^{(1)}$ 决定, 而此类电中性静电体系在外场中所受到的静电力为

$$\vec{F} = -\nabla W^{(1)}(\vec{R}) = \nabla(\vec{p} \cdot \vec{E}_{\text{e}}) = (\vec{p} \cdot \nabla)\vec{E}_{\text{e}}(\vec{R}). \tag{3.2.33}$$

这里利用了 $\vec{p}$ 是与 $\vec{R}$ 无关的矢量。可以看出, 要对电中性的带电体产生电场力, 空间须存在非均匀场; 均匀电场不会对电中性的带电体产生电场力, 这便是介电泳现象的原理。在第二章 2.5.4 小节中我们曾借助一个点电荷产生的非均匀电场来阐明这一现象。

　　在空间缓慢变化的外场中, 电中性静电体系围绕其质心所受力矩为

$$L_\theta = -\frac{\partial W^{(1)}}{\partial \theta} = \frac{\partial(pE_{\text{e}}\cos\theta)}{\partial \theta} = -pE_{\text{e}}\sin\theta. \tag{3.2.34}$$

其中 θ 为电偶极矩与外电场的夹角, 则有

$$\vec{L}_\theta = \vec{p} \times \vec{E}_{\text{e}}. \tag{3.2.35}$$

3.2.6　点电偶极子相互作用

　　两个点电荷之间的相互作用由 Coulomb 定律描述, 这是我们非常熟悉的。现在来讨论两个点电偶极子 $(\vec{p}_1, \vec{p}_2)$ 之间的相互作用。我们把 $\vec{p}_1$ 引入到空间某位置 $\vec{R}_1$ 处, 不需要做任何功, 若继续把 $\vec{p}_2$ 引入到 $\vec{p}_1$ 附近 $\vec{R}_2$ 处, 由于它们之间存在相互作用, 就需要做功。一个点电偶极子在外场中的作用能由 (3.2.31) 式描述, 只不过这里需要把外电场的电势替换成 $\vec{p}_1$ 在 $\vec{R}_2$ 处所产生的电势, 即

$$W_{\text{int}} = \vec{p}_2 \cdot \nabla \varphi_1(\vec{R}_2) = -\vec{p}_2 \cdot \vec{E}_1(\vec{R}_2), \tag{3.2.36}$$

根据第二章 2.2.5 小节中关于点电偶极子电场的分析, 位于 $\vec{R}_1$ 处的点电偶极子 $\vec{p}_1$ 在 $\vec{R}_2$ 处产生的电场为

$$\vec{E}_1(\vec{R}_2) = \frac{1}{4\pi\varepsilon_0} \left\{ \frac{3[\vec{p}_1 \cdot (\vec{R}_2 - \vec{R}_1)](\vec{R}_2 - \vec{R}_1)}{|\vec{R}_2 - \vec{R}_1|^5} - \frac{\vec{p}_1}{|\vec{R}_2 - \vec{R}_1|^3} \right\}. \tag{3.2.37}$$

将上式代入 (3.2.36) 式得

$$W_{\text{int}} = \frac{1}{4\pi\varepsilon_0} \left\{ \frac{\vec{p}_1 \cdot \vec{p}_2}{|\vec{R}_2 - \vec{R}_1|^3} - \frac{3\vec{p}_1 \cdot (\vec{R}_2 - \vec{R}_1)\, \vec{p}_2 \cdot (\vec{R}_2 - \vec{R}_1)}{|\vec{R}_2 - \vec{R}_1|^5} \right\}. \tag{3.2.38}$$

这是两个独立的点电偶极子之间的相互作用能。

液体中悬浮着一些微小颗粒, 一旦将其置于均匀外场中, 由于极化而产生电偶极矩 (方向都沿着外场方向)。当颗粒彼此靠近时可能产生相互作用。为了分析这种相互作用, 我们建立一个简化的模型, 选取一对沿着同方向的点电偶极子 $(\vec{p}_1, \vec{p}_2)$, 不失一般性, 假设方向都沿着 z 轴 (外场方向), $\vec{p}_1$ 位于坐标原点, $\vec{p}_2$ 位于位矢 $\vec{r}$ 处, 如图 $3\text{-}8$ 所示。根据 $(3.2.38)$ 式, 两者的相互作用能简化为

$$W_{\text{int}}(r, \theta) = \frac{p_1 p_2}{4\pi\varepsilon_0} \frac{1 - 3\cos^2\theta}{r^3}. \tag{3.2.39}$$

这里 θ 为 $\vec{p}_2$ 所处位矢 $\vec{r}$ 的极角。很显然, 对称性要求上述相互作用能不依赖于 $\vec{r}$ 的方位角。根据相互作用能, 可得到 $\vec{r}$ 处的点电偶极子 $\vec{p}_2$ 所受到 $\vec{p}_1$ 的作用力, 即

$$\begin{aligned}
\vec{F}(r, \theta) &= -\nabla W_{\text{int}}(r, \theta) = -\frac{\partial W_{\text{int}}}{\partial r}\vec{e}_r - \frac{1}{r}\frac{\partial W_{\text{int}}}{\partial \theta}\vec{e}_\theta \\
&= -\frac{p_1 p_2}{4\pi\varepsilon_0}\left[-3\left(1 - 3\cos^2\theta\right)\frac{1}{r^4}\vec{e}_r + \frac{6\cos\theta\sin\theta}{r^4}\vec{e}_\theta \right] \\
&= \frac{1}{4\pi\varepsilon_0}\frac{p_1 p_2}{r^4}\left[3\left(1 - 3\cos^2\theta\right)\vec{e}_r - 6\cos\theta\sin\theta\,\vec{e}_\theta \right].
\end{aligned} \tag{3.2.40}$$

我们看到, $(3.2.40)$ 式不同于两个点电荷之间的相互作用力。对于两个同取向的点电偶极子, 一方面力的大小与两者的距离成 r^{-4} 依赖关系; 其次, 一般情况下作用力不仅存在沿着两者连线的分量, 还存在垂直于连线的分量; 第三, 沿着两者连线, 两个同方向的点电偶极子既可以表现出吸引力, 也可以表现出排斥力, 这取决于 θ 的取值。当 $\theta = 0$ 或 π 时, 两者有最大吸引力, 这可能会导致颗粒沿着外场方向相互靠近而排成 "链"。

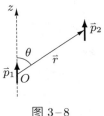

图 $3\text{-}8$

实验中人们观察到, 当一些高介电常数的小颗粒悬浮在液体中时, 一旦施加外电场, 小颗粒会沿着外场方向形成 "链", 并且随着电场的增大这些 "链" 将相互聚集而形成柱, 最终导致液体由液相转变为固相; 撤除外场之后, 又恢复到液相。这种现象称为电流变液 (Electrorheological fluid) 现象 [1]。根据上述讨论, 我们易从物理上理解这种现象, 因为介质颗粒沿着外场方向极化而产生感应电偶极矩, 相邻

[1] T. C. Halsey and W. Toor, *Structure of Electrorheological Fluids*, Phys. Rev. Lett. **65**, 2820 (1990).

颗粒靠近的两个表面会产生异号极化面电荷 (背对的面也会产生异号极化电荷分布), 从而导致其会沿着外场方向排列成 "链"。

3.2.7　球坐标系中的电多极展开

我们前面给出了 Cartesian 坐标系中远场电势的多极展开形式, 但是对于一些轴对称或者球对称的体系, 更方便的处理方法是选取球坐标系来进行多极展开, 这也正是原子物理和核物理领域的研究者所采取的更为方便的研究方法。为此首先要做的就是寻找新的展开形式, 替换之前 $1/|\vec{R} - \vec{R}'|$ 的 Taylor 展开, 有

$$\frac{1}{|\vec{R} - \vec{R}'|} = \frac{1}{R} - \vec{R}' \cdot \nabla \left(\frac{1}{R}\right) + \frac{1}{2!} (\vec{R}' \cdot \nabla)^2 \left(\frac{1}{R}\right) + \cdots. \tag{3.2.41}$$

考虑到

$$\begin{aligned} \frac{1}{|\vec{R} - \vec{R}'|} &= \frac{1}{\sqrt{R^2 - 2\vec{R} \cdot \vec{R}' + R'^2}} \\ &= \frac{1}{R} \frac{1}{\sqrt{1 - 2\vec{e}_R \cdot \vec{e}_{R'} \left(\frac{R'}{R}\right) + \left(\frac{R'}{R}\right)^2}} \quad \left(\frac{R'}{R} < 1\right). \end{aligned} \tag{3.2.42}$$

另一方面, 在数学上对于 $1/\sqrt{1 - 2xt + t^2}$ 有如下的多项展开形式:

$$\frac{1}{\sqrt{1 - 2xt + t^2}} = \sum_{l=0}^{\infty} t^l \mathrm{P}_l(x) \quad (|x| \leqslant 1, \, 0 < t < 1). \tag{3.2.43}$$

这里 $\mathrm{P}_l(x)$ 称为勒让德 (Legendre) 多项式, 是数学物理方法中人们常用的展开多项式。这里我们给出其正交性和完备性的关系式:

$$\int_{-1}^{1} \mathrm{d}x \mathrm{P}_l(x) \mathrm{P}_{l'}(x) = \frac{2}{2l+1} \delta_{ll'}, \tag{3.2.44}$$

$$\sum_{l=0}^{\infty} \frac{2l+1}{2} \mathrm{P}_l(x) \mathrm{P}_l(x') = \delta(x - x'). \tag{3.2.45}$$

以下是 Legendre 多项式的前几项:

$$\mathrm{P}_0(x) = 1, \quad \mathrm{P}_1(x) = x, \quad \mathrm{P}_2(x) = \frac{1}{2}\left(3x^2 - 1\right). \tag{3.2.46}$$

将 (3.2.43) 式运用于 (3.2.42) 式, 得

$$\frac{1}{|\vec{R} - \vec{R}'|} = \frac{1}{R} \sum_{l=0}^{\infty} \left(\frac{R'}{R}\right)^l \mathrm{P}_l(\vec{e}_R \cdot \vec{e}_{R'}) \quad \left(\frac{R'}{R} < 1\right). \tag{3.2.47}$$

在球坐标系中, 电荷元位矢为 $\vec{R}'(R', \theta', \phi')$, 远场位矢为 $\vec{R}(R, \theta, \phi)$, 因此将 Legendre 多项式 $\mathrm{P}_l(\vec{e}_R \cdot \vec{e}_{R'})$ 用球谐函数表示为

$$\mathrm{P}_l(\vec{e}_R \cdot \vec{e}_{R'}) = \frac{4\pi}{2l+1} \sum_{m=-l}^{+l} \mathrm{Y}_{lm}^*(\theta', \phi') \mathrm{Y}_{lm}(\theta, \phi). \tag{3.2.48}$$

这里的复球谐函数 $\mathrm{Y}_{lm}(\theta, \phi)$ 也是数学物理方法中人们常用的函数之一。采用立体角 $\Omega = (\theta, \phi)$, 球谐函数的正交性和完备性由以下关系式表示:

$$\int d\Omega Y_{lm}^{*}(\Omega) Y_{l'm'}(\Omega) = \delta_{ll'}\delta_{mm'}, \tag{3.2.49}$$

$$\sum_{l=0}^{\infty} \sum_{m=-l}^{+l} Y_{lm}^{*}(\Omega) Y_{lm}(\Omega') = \frac{1}{\sin\theta}\delta(\theta-\theta')\delta(\phi-\phi'). \tag{3.2.50}$$

不仅如此，$Y_{lm}(\theta,\phi)$ 还有如下的特点：

$$Y_{l,-m}(\theta,\phi) = (-1)^{m} Y_{lm}^{*}(\theta,\phi). \tag{3.2.51}$$

以下是复球谐函数 $Y_{lm}(\theta,\phi)$ 的前几项：

$$Y_{00}(\Omega) = \frac{1}{\sqrt{4\pi}},$$

$$Y_{10}(\Omega) = \sqrt{\frac{3}{4\pi}}\cos\theta,$$

$$Y_{1,\pm 1}(\Omega) = \mp\sqrt{\frac{3}{8\pi}}\sin\theta e^{\pm i\phi}. \tag{3.2.52}$$

最终，我们得到 $1/|\vec{R}-\vec{R}'|$ 以球谐函数 $Y_{lm}(\theta,\phi)$ 展开的形式为

$$\frac{1}{|\vec{R}-\vec{R}'|} = \frac{1}{R}\sum_{l=0}^{\infty}\frac{4\pi}{2l+1}\left(\frac{R'}{R}\right)^{l}\sum_{m=-l}^{+l}Y_{lm}^{*}(\theta',\phi')Y_{lm}(\theta,\phi) \quad \left(\frac{R'}{R}<1\right). \tag{3.2.53}$$

从上式也可以看出，如果 $R'/R > 1$，我们也可以写出 $1/|\vec{R}'-\vec{R}|$ 的展开形式。因此，一般地有如下展开形式：

$$\frac{1}{|\vec{R}-\vec{R}'|} = \frac{1}{R_{>}}\sum_{l=0}^{\infty}\frac{4\pi}{2l+1}\left(\frac{R_{<}}{R_{>}}\right)^{l}\sum_{m=-l}^{+l}Y_{lm}^{*}(\Omega_{<})Y_{lm}(\Omega_{>}). \tag{3.2.54}$$

归纳一下，借助 (3.2.53) 式，我们得到静电体系在球坐标系中远场电势的多极展开形式为

$$\varphi(\vec{R}) = \frac{1}{4\pi\varepsilon_{0}}\sum_{l=0}^{\infty}\sum_{m=-l}^{l}A_{lm}\frac{1}{R^{l+1}}Y_{lm}(\Omega), \tag{3.2.55}$$

其中

$$A_{lm} = \frac{4\pi}{2l+1}\int_{V'}dV'\rho(\vec{R}')R'^{l}Y_{lm}^{*}(\Omega'). \tag{3.2.56}$$

这里 A_{lm} 称为球多极矩，也称之为 (电荷区) 域外球多极矩，因为这里观察点处于远场，它一定处于电荷分布区域之外 $(R > R')$。

假如观察点被电荷分布区域所包围，例如我们讨论一个带电球壳体内的电势分布，此时也可以采取球多极展开，但由于 $R' > R$，因此需要借助 (3.2.54) 式的形式，相应的电势球多极展开形式为

$$\varphi(\vec{R}) = \frac{1}{4\pi\varepsilon_{0}}\sum_{l=0}^{\infty}\sum_{m=-l}^{l}B_{lm}R^{l}Y_{lm}(\Omega), \tag{3.2.57}$$

其中

$$B_{lm} = \frac{4\pi}{2l+1} \int_{V'} \mathrm{d}V' \rho\left(\vec{R}'\right) \frac{1}{R'^{l+1}} Y_{lm}^*\left(\Omega'\right). \tag{3.2.58}$$

B_{lm} 称为 (电荷区) 域内球多极矩, 意味着观察区域在电荷分布区域内, 因而这里 $R' \neq 0$。

　　无论是采取 Cartesian 坐标系中的展开, 还是采取球谐函数展开, 这两种描述方式在本质上是等价的。以域外球多极展开为例, 首先看到 A_{lm} 具有 $Q\ell^l$ 量级 (ℓ 为带电体的空间尺度), 因此 (3.2.55) 式中的各项同样是以小量 ℓ/R 逐项递减的, 这类似于前面 Cartesian 坐标系中的多极展开。其次, 以电偶极矩为例, 此处对应着 A_{10}、A_{11} 和 $A_{1,-1}$, 可以验证, 其总的贡献与之前 Cartesian 坐标系中 $\vec{p}$ 的三个分量对电势的总贡献相同。对于 A_{2m}, 这里一共有 5 个不同的值, 它们所包含的信息也对应着之前在 Cartesian 坐标系中给出的约化电四极矩 Θ_{ij} 的五个独立分量的总贡献。尽管两种展开方式是等价的, 但一旦涉及更高阶的多极展开, 球谐函数相对简单的解析表达式使得人们更倾向于采取球多极展开的方法来处理一些介质分布边界面具有球对称性的问题。

3.3　静电场唯一性定理

　　静电场的无旋特性允许引入一个标势函数来对其进行描述。另一方面, 若已知所有电荷的分布, 并且它们分散在有限区域内, 则可以通过电势的叠加求解空间中任意一点的电势, 而在无穷远处电势自然趋近于零。对于存在介质或者金属导体的情形, 求解某一区域内的电势就变成求解在区域内满足 Poisson 方程 (或 Laplace 方程), 在区域内部分界面上满足边值关系, 同时在区域外边界上满足一定边界条件的解。我们知道, 对于同一个静电场, 所求的电势解如果不唯一, 那它们之间至多相差一个常量。在本节中将回答这样一个问题: 在求解区域的外边界上电势需要满足什么条件, 才能唯一地确定所求解区域内的静电场。我们将针对两类静电问题给出相应的唯一性定理, 一是一般形式的唯一性定理, 指的是区域内部的分界面上无自由电荷面分布的情况; 二是区域内部的分界面上存在自由电荷面分布的情况。

3.3.1　一般形式的唯一性定理

　　若已知所研究区域 V 内的自由电荷体分布 ρ_f, 并且 V 可分为若干小区域 V_i, 每个小区域都是均匀各向同性的, 且充满介电常数为 ε_i 的介质, 则区域 V_i 内电势满足如下 Poisson 方程:

$$\nabla^2 \varphi_i = -\frac{\rho_\mathrm{f}}{\varepsilon_i}. \tag{3.3.1}$$

在相邻区域 V_i 与 V_j 的分界面上 (图 3−9), 电势需满足如下边值关系 (相邻介质分界面上无自由电荷面分布):

$$
\begin{cases}
\varphi_i = \varphi_j, \\
\varepsilon_i \dfrac{\partial \varphi_i}{\partial n} = \varepsilon_j \dfrac{\partial \varphi_j}{\partial n}.
\end{cases}
\tag{3.3.2}
$$

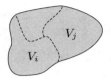

图 3-9

至此, 要确定区域 V 的电场, 还需要知道外边界上电势满足什么条件, 才能够唯一确定区域内的静电场, 而这正是唯一性定理所回答的问题。这里, 唯一性定理表述为: 若区域 V 内给定自由电荷分布 ρ_f 和介质介电常数分布 ε, 并且区域 V 的外边界 S 上给定电势 $\varphi(\vec{R}_S)$ [数学上称之为狄利克雷 (Dirichlet) 边值条件], 或给定电势的法向导数 $\partial \varphi(\vec{R}_S)/\partial n$[又称为诺伊曼 (Neumann) 边值条件], 则区域 V 内的电场唯一确定, 或者等价地讲在上述条件下区域 V 内 Poisson 方程的不同解之间最多相差一个常量。

3.3.2 一般形式唯一性定理的证明

我们采用反证法。假设区域 V 内电势存在两组不同的解 φ' 和 φ'', 定义两者的差为

$$
\varphi = \varphi' - \varphi''.
\tag{3.3.3}
$$

φ' 和 φ'' 作为区域内电势的解, 则都满足上述定理中所给出的条件, 包括在区域 V_i 内有

$$
\begin{cases}
\nabla^2 \varphi' = -\dfrac{\rho_f}{\varepsilon_i}, \\
\nabla^2 \varphi'' = -\dfrac{\rho_f}{\varepsilon_i}.
\end{cases}
$$

因此对于每个 V_i, 均有

$$
\nabla^2 \varphi = 0.
\tag{3.3.4}
$$

即在区域 V 内, φ 满足 Laplace 方程。

另一方面, 在 V_i 与 V_j 的分界面上, φ' 和 φ'' 满足

$$
\begin{cases}
\varphi_i' = \varphi_j', & \varphi_i'' = \varphi_j'', \\
\varepsilon_i \dfrac{\partial \varphi_i'}{\partial n} = \varepsilon_j \dfrac{\partial \varphi_j'}{\partial n}, & \varepsilon_i \dfrac{\partial \varphi_i''}{\partial n} = \varepsilon_j \dfrac{\partial \varphi_j''}{\partial n}.
\end{cases}
$$

因此有

$$
\begin{cases}
\varphi_i = \varphi_j, \\
\varepsilon_i \dfrac{\partial \varphi_i}{\partial n} = \varepsilon_j \dfrac{\partial \varphi_j}{\partial n}.
\end{cases}
\tag{3.3.5}
$$

在 V 的外边界 S 上, 若给定电势, 则有

$$\varphi|_S = \varphi'|_S - \varphi''|_S = 0. \tag{3.3.6}$$

若在 V 的外边界 S 上给定的是电势的法向导数, 则有

$$\frac{\partial \varphi}{\partial n}\bigg|_S = \frac{\partial \varphi'}{\partial n}\bigg|_S - \frac{\partial \varphi''}{\partial n}\bigg|_S = 0. \tag{3.3.7}$$

接下来, 我们来考察第 i 个均匀区域 V_i 界面上如下的闭合面积分:

$$\oint_{S_i} \mathrm{d}\vec{S} \cdot \varepsilon_i \varphi \nabla \varphi = \int_{V_i} \mathrm{d}V \nabla \cdot (\varepsilon_i \varphi \nabla \varphi). \tag{3.3.8}$$

分析 (3.3.8) 式的右边项可写成如下的形式:

$$\begin{aligned}
\int_{V_i} \mathrm{d}V \nabla \cdot (\varepsilon_i \varphi \nabla \varphi) &= \int_{V_i} \mathrm{d}V \nabla (\varepsilon_i \varphi) \cdot \nabla \varphi + \int_{V_i} \mathrm{d}V \varepsilon_i \varphi \nabla \cdot \nabla \varphi \\
&= \int_{V_i} \mathrm{d}V \varepsilon_i \nabla \varphi \cdot \nabla \varphi + \int_{V_i} \mathrm{d}V \varepsilon_i \varphi \nabla^2 \varphi \\
&= \int_{V_i} \mathrm{d}V \varepsilon_i (\nabla \varphi)^2 + \int_{V_i} \mathrm{d}V \varepsilon_i \varphi \nabla^2 \varphi.
\end{aligned}$$

由 (3.3.4) 式可知, 上式右边的第二项为零, 因此有

$$\oint_{S_i} \mathrm{d}\vec{S} \cdot (\varepsilon_i \varphi \nabla \varphi) = \int_{V_i} \mathrm{d}V \varepsilon_i (\nabla \varphi)^2.$$

所以对于整体区域 V, 有

$$\sum_i \oint_{S_i} \mathrm{d}\vec{S} \cdot (\varepsilon_i \varphi \nabla \varphi) = \sum_i \int_{V_i} \mathrm{d}V \varepsilon_i (\nabla \varphi)^2. \tag{3.3.9}$$

再分析 (3.3.9) 式左边的面积分: $\sum_i \oint_{S_i} \varepsilon_i \varphi \nabla \varphi \cdot \mathrm{d}\vec{S}$。这里应当涉及两种面的积分: 一是整体区域 V 的外边界面, 二是各个均匀小区域之间的分界面, 我们分别来讨论。

对于 V_i 与 V_j 的分界面 (见图 3–10), 根据 (3.3.5) 式, φ 和 $\varepsilon (\partial \varphi / \partial n)$ 是连续的, 但对分界面上同一处的面元, 存在如下关系:

$$\mathrm{d}\vec{S}_i = -\mathrm{d}\vec{S}_j.$$

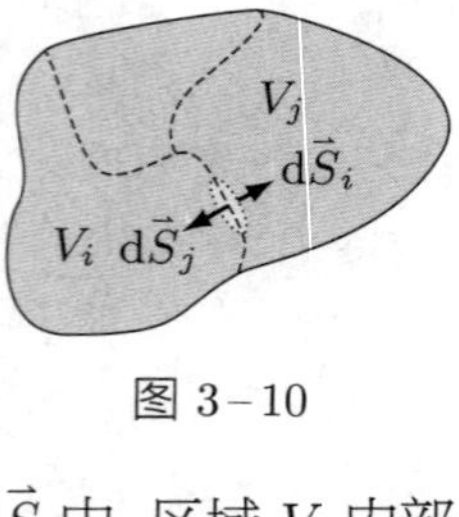

图 3–10

因此在面积分 $\sum_i \oint_{S_i} \varepsilon_i \varphi \nabla \varphi \cdot \mathrm{d}\vec{S}$ 中, 区域 V 内部界面的面积分互相抵消。

对于余下的 V 的外界面 S, 由于存在关系式 (3.3.6), 或者关系式 (3.3.7), 因此

总是能保证 $\sum\limits_i \oint_{S_i} \varepsilon_i \varphi \nabla \varphi \cdot \mathrm{d}\vec{S}$ 中涉及区域 V 外边界的面积分也为零, 从而最终得到

$$\sum_i \int_{V_i} \mathrm{d}V \varepsilon_i (\nabla\varphi)^2 = 0. \tag{3.3.10}$$

但上式中的被积函数始终满足 $\varepsilon_i (\nabla\varphi)^2 \geqslant 0$, 因此上式成立的唯一情况是 V 内各处均有

$$\nabla\varphi = 0. \tag{3.3.11}$$

即在整个 V 内有

$$\varphi = 常量.$$

这表明两个解 φ' 和 φ'' 至多相差一个常量, 但电势的附加常量对电场无影响, 这样就证明了唯一性定理.

对于 Dirichlet 边值问题, 还有更为简洁的证明方法. 假设所讨论的边值问题的区域外边界上的电势已给定, 则在外边界上 $\varphi = \varphi' - \varphi''$, 且处处为 0. 由于 Laplace 方程不允许区域内出现局部极大或极小值, 故所有的极值必须处在边界上, 所以 φ 的极大值和极小值均为 0(极大值原理), 所以有 $\varphi' = \varphi''$.

读者可能会想到, 还存在一种混合边界条件的情形, 即在区域 V 的外边界的部分面上给定电势 $\varphi(\vec{R}_S)$, 在剩余的面上给定电势的法向导数 $\partial\varphi(\vec{R}_S)/\partial n$. 对于这种情形, 同样可以证明区域 V 内的电场唯一确定. 但是对于外边界面上的任何一点, 我们不能同时既给定电势值, 又给定电势的法向导数, 这样的情形会使得微分方程无解.

在静电问题中很少碰到 Neumann 边值条件的情形. 在第四章 4.1.2 小节中讨论的恒定电流所产生的电场在性质上与静电场完全相同, 而对于由导电媒质与媒质构成的分界面, 我们会看到导电媒质一侧的电势满足 $\partial\varphi(\vec{R}_S)/\partial n = 0$. 而在第五章 5.6.1 小节中关于由理想导体构成的微波波导的讨论中, 我们会看到 $\partial\varphi(\vec{R}_S)/\partial n$ 实际上对应的是理想导体表面的自由电荷面密度 $\sigma = -\varepsilon_0 \partial\varphi(\vec{R}_S)/\partial n$, 但是在那里无法预先设定边界上 $\partial\varphi(\vec{R}_S)/\partial n$ 的值.

有了唯一性定理, 我们一旦找到满足 Poisson 方程及其相应边界条件的一种解, 那么这个解一定就是该问题的真实解. 从方法论上我们可以根据物理图像的分析提出试探解, 而如果试探解满足唯一性定理的所有条件, 那它就是问题的正确解. 有时在提出试探解时, 在满足 Poisson 方程的前提下可以保留一些未知系数, 然后根据边值关系来确定这些系数, 最终把问题的解确定下来.

3.3.3 金属导体存在时的唯一性定理

金属导体存在时, 静电场中每个导体上的总电荷 Q 与电势 φ 是一对共轭量. 为了确定静电场, 我们将金属导体的静电问题划分为以下两类: 第一类是给定每个金属导体上的电势 φ_i, 第二类是给定每个金属导体上的自由电荷总量 Q_i (这里省略了自由电荷的下标 f).

设在某区域 V 内有金属导体 (见图 3–11), 我们把除去金属导体之后的区域定义为 V', 显然 V' 的边界包括整个体系的外部边界 S 以及每个金属导体的边界 S_i。由此对于有导体存在时的静电场唯一性定理可表述如下:

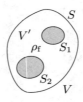

图 3–11

1. 第一类边值问题

区域 V' 内金属导体的周围充满均匀介质, 若已知区域 V' 内自由电荷分布 ρ_{f} 和介质介电常数 ε, 同时在 V 的外边界 S 上给定电势 $\varphi|_S$ 或给定电势的法向导数 $(\partial\varphi/\partial n)|_S$, 并且每个导体 i 的电势 φ_i 亦给定, 则 V' 内的电场唯一确定。由于给定了金属导体上的电势, 相当于给定了体系完备的外边界条件, 那么这里静电场的唯一性就与之前讨论的 Dirichlet 边值问题完全相同。

2. 第二类边值问题

给定区域 V' 内自由电荷 ρ_{f} 和介质介电常数 ε, 给定 V 的外边界 S 上的电势 $\varphi|_S$ 或者电势的法向导数 $(\partial\varphi/\partial n)|_S$, 并且每个金属导体 i 上的总电荷量 Q_i 亦给定, 则 V' 内电场唯一确定。

为了给予相应的证明, 首先分析第 i 个金属导体上的总电荷 Q_i。在介质与金属导体构成的分界面上, 静电势的边界条件之一为

$$\varepsilon\frac{\partial\varphi}{\partial n} = -\sigma_{\mathrm{f}}. \tag{3.3.12}$$

式中 $\vec{n}$ 为从金属导体内指向体外的面法向单位矢量。因此, 金属导体表面的自由电荷总量与 $\partial\varphi/\partial n$ 存在如下关系:

$$Q_i = \oint_{S_i} \sigma_{\mathrm{f}}\mathrm{d}S = -\oint_{S_i} \varepsilon\frac{\partial\varphi}{\partial n}\mathrm{d}S.$$

或者

$$\oint_{S_i} \frac{\partial\varphi}{\partial n}\mathrm{d}S = -\frac{Q_i}{\varepsilon}. \tag{3.3.13}$$

(3.3.13) 式建立了金属导体上自由电荷总量与金属导体存在时的 Neumann 边值条件之间的联系。

接下来依然采用反证法来证明第二类边值问题的唯一性。假设有两个不同的解 φ' 和 φ'' 满足上述条件, 定义

$$\varphi = \varphi' - \varphi''.$$

则在 V' 内 φ 满足 Laplace 方程, 即

$$\nabla^2\varphi = 0.$$

而对于金属导体, 由于总电荷 Q_i 是给定的, 则有

$$\oint_{S_i} \frac{\partial \varphi}{\partial n} \mathrm{d}S = \oint_{S_i} \frac{\partial \varphi'}{\partial n} \mathrm{d}S - \oint_{S_i} \frac{\partial \varphi''}{\partial n} \mathrm{d}S = -\frac{Q_i}{\varepsilon} - \left(-\frac{Q_i}{\varepsilon} \right) = 0. \tag{3.3.14}$$

$$\varphi|_{S_i} = \varphi'|_{S_i} - \varphi''|_{S_i} = 常量. \tag{3.3.15}$$

对于区域 V' 外边界, 有

$$\varphi|_S = 0 \quad 或者 \quad \left. \frac{\partial \varphi}{\partial n} \right|_S = 0. \tag{3.3.16}$$

接下来与前面证明的思路类似。对于导体以外的区域 V', 考虑面积分 $\oint \mathrm{d}\vec{S} \cdot$ $(\varphi \nabla \varphi)$, 这里积分 V' 的面包括 V 的外边界面 S 以及每个导体的表面 S_i, 即

$$\oint \mathrm{d}\vec{S} \cdot (\varphi \nabla \varphi) = \oint_S \mathrm{d}\vec{S} \cdot (\varphi \nabla \varphi) + \sum_i \oint_{S_i} \mathrm{d}\vec{S_i} \cdot (\varphi_i \nabla \varphi_i). \tag{3.3.17}$$

需要注意的是, 作为 V' 的边界, S_i 的面法向指向金属导体的内部。如果用 $\vec{n}$ 表示从导体内部指向外部的面法向单位矢量, 则对 S_i 的面积分为

$$\oint_{S_i} \mathrm{d}\vec{S_i} \cdot (\varphi_i \nabla \varphi_i) = -\varphi_i \oint_{S_i} \frac{\partial \varphi_i}{\partial n} \mathrm{d}S_i = 0.$$

而对于外边界面 S, 根据 (3.3.16) 式可知

$$\oint_S \mathrm{d}\vec{S} \cdot (\varphi \nabla \varphi) = 0.$$

因此有

$$\oint \mathrm{d}\vec{S} \cdot (\varphi \nabla \varphi) = 0. \tag{3.3.18}$$

另一方面, 上式可表示为体积分的形式:

$$\oint \mathrm{d}\vec{S} \cdot (\varphi \nabla \varphi) = \int_{V'} \mathrm{d}V \nabla \cdot (\varphi \nabla \varphi) = \int_{V'} \mathrm{d}V (\nabla \varphi)^2 + \int_{V'} \mathrm{d}V \varphi \nabla^2 \varphi$$

$$= \int_{V'} \mathrm{d}V (\nabla \varphi)^2.$$

从而得

$$\int_{V'} \mathrm{d}V (\nabla \varphi)^2 = 0. \tag{3.3.19}$$

因此得

$$\nabla \varphi = 0. \tag{3.3.20}$$

此式说明 φ' 与 φ'' 至多相差一个常量, 因而 V' 内的电场唯一确定。

有了唯一性定理, 我们来讨论一个简单的例子。如图 3–12 所示, 一个电中性

金属导体球壳内放置一带电体 M, 其所带电荷量为 Q。利用唯一性定理, 可以阐明: 球壳外的电场只与 Q 有关, 与带电体 M 在金属球壳内的位置无关; 不仅如此, 金属球壳外表面上的电荷均匀分布, 与带电体 M 在金属球壳内的位置无关。

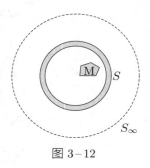

图 3−12

这里所关注的区域为球壳外的区域, 在区域内无自由电荷体分布, 这一特点不依赖于 M 在球壳内的位置。其次, 区域的边界面为 S 和 S_∞: S_∞ 边界上的电势为零; 对于界面 S, 由于感应使得球壳内表面的电荷量为 $-Q$, 则球壳外表面 S 上的总电荷量为 Q, 这一结论也不依赖于 M 在球壳内的位置。上述分析说明, 在所求解区域的外边界面上电势给定, 在与金属导体的分界面上总电荷量给定, 属于上述第二类边值问题, 因此球壳外的电场只与 Q 有关, 与带电体 M 在金属球壳内的位置无关。

其次, 球壳外的电场分布既然与 M 在球壳内的位置无关, 也必然与 M 的形状无关, 所以可以假设在球壳内一个带等电荷量的带电体 M′ 为球形, 而且与球壳同心。根据唯一性定理, 这两个体系在球壳外的电场是完全相同的。对于后者, 由于其具有球对称性, 可知球壳表面电荷面密度 σ 为常量; 由 $E_n = \sigma/\varepsilon_0$ 可知, 真实的体系中 σ 亦保持均匀且不变。

例题 3.3.1　两个同心金属导体球壳, 如图 3−13 所示, 左、右半球壳区域介质的介电常数分别为 ε_1 和 ε_2。假设内球壳的总电荷量为 Q, 外球壳接地。计算金属球壳之间的电势分布和金属球壳上的电荷分布。

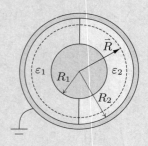

图 3−13

解: 两金属球壳之间无自由电荷分布, 因此电势满足 Laplace 方程, 选取试探解为

$$\varphi_{左} = \varphi_{右} = a + \frac{b}{R}.$$

其中 a、b 为待定常量。这里选取的试探解不仅满足 Laplace 方程, 而且在区域外边界 (两个球壳) 上满足等势面的要求。同时, 由于外球壳上的电势给定 ($\varphi_{左} = \varphi_{右} = 0$), 因此试探解中需要添加一个常量 a。

对于球壳内介质之间的分界面, 由于这个面上无自由电荷面分布, 因此 φ 和 $\varepsilon(\partial\varphi/\partial n)$ 在分界面两侧须连续, 而选取的试探解均满足这两个基本要求。

考虑到外球壳接地, 相应地有电势为零, 因此有

$$\varphi_{左} = \varphi_{右} = a + \frac{b}{R}\bigg|_{R=R_2} = a + \frac{b}{R_2} = 0.$$

则可以把试探解改写为

$$\varphi_{左} = \varphi_{右} = b\left(\frac{1}{R} - \frac{1}{R_2}\right).$$

这里剩下 b 为待确定的系数。

最后, 内球壳表面总的自由电荷量是给定的, 因此所选取的试探解也须满足这个条件。考虑到有

$$\sigma_{\mathrm{f}} = -\varepsilon\frac{\partial\varphi}{\partial n},$$

则对于左、右两个区域, 内金属导体球壳表面的自由电荷面密度分别为

$$\sigma_{左} = -\varepsilon_1\frac{\partial\varphi_{左}}{\partial R}\bigg|_{R=R_1} = \frac{\varepsilon_1 b}{R_1^2},$$

$$\sigma_{右} = -\varepsilon_2\frac{\partial\varphi_{右}}{\partial R}\bigg|_{R=R_1} = \frac{\varepsilon_2 b}{R_1^2}.$$

在内金属球壳表面的总自由电荷量 $\oint_S \sigma_{\mathrm{f}}\mathrm{d}S = Q$, 求得

$$b = \frac{Q}{2\pi(\varepsilon_1 + \varepsilon_2)}.$$

最后的解为

$$\varphi_{左} = \varphi_{右} = \frac{Q}{2\pi(\varepsilon_1 + \varepsilon_2)}\left(\frac{1}{R} - \frac{1}{R_2}\right) \quad (R_1 < R < R_2).$$

3.4 镜像法

镜像法作为一种有效的试探解方法, 它适用于求解区域边界具有一定对称性, 区域边界可以为平面、球面或者柱面, 且在求解区域内存在少数自由点电荷或自由电荷线分布 (所对应的电势易直接给出解析解), 或者没有自由电荷体分布的情形, 其余电荷则以面电荷形式分布在区域 V 的边界面上。

镜像法的思想是在 V 以外的区域引入像电荷, 用像电荷的电势 ($\varphi_{像}$) 来替代

V 边界面上的感应面电荷或极化面电荷对区域 V 内电势的贡献。根据电势叠加原理, 有

$$\varphi = \varphi_{点} + \varphi_{像}. \tag{3.4.1}$$

因此只要总电势 φ 满足唯一性定理的相关要求, 则 φ 就是 Poisson 方程的解。需要注意的是, 由于像电荷处于所求解区域 V 之外, 因此 $\varphi_{像}$ 满足 Laplace 方程, 即

$$\nabla^2 \varphi_{像}\left(\vec{R}\right) = 0 \quad \left(\vec{R} \in V\right). \tag{3.4.2}$$

我们所要做的就是调整镜像电荷的空间位置或者电荷量, 使总电势满足给定的边界条件。

3.4.1   接地金属导体表面附近的点电荷

先考虑一个简单的例子, 在距离接地无限大金属导体平面 a 处有一点电荷 Q, 下面我们分析空间中的电势分布。

建立如图 3–14 所示的坐标系, 在 $z > 0$ 区域的电场由点电荷 Q 和半无限大金属导体表面的感应电荷共同激发; 感应电荷在总电场的作用下达到静电平衡。静电平衡条件要求金属导体表面为一等势面, 因此这一问题的边界条件为

$$\varphi|_{z=0} = 0, \quad \varphi|_{R \to \infty, z>0} = 0. \tag{3.4.3}$$

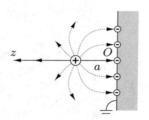

图 3–14

另一方面, 如果我们考虑另外一个体系, 如图 3–15 所示, 其左侧区域内同样有一点电荷 Q, 而在 $z < 0$ 区域内没有金属导体, 但在 $-a$ 处放置另一点电荷 $-Q$, 这样就构成了一对正、负电荷系统。对于这一体系, 其左侧区域内的电荷分布与所要讨论的问题相同, 并且在相同区域边界上的电势值也完全一样, 因此两个点电荷在左侧区域内的叠加电势就是我们所要求的解。或者等价地说, 我们利用一个等量异号的点电荷 (像电荷) 来等效替代了金属导体表面上的感应面电荷对区域内电势的贡献。

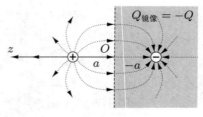

图 3–15

因此, $z > 0$ 区域内的电势可表示为

$$\varphi(\vec{R}) = \varphi_Q(\vec{R}) + \varphi_{\text{面}}(\vec{R}) \quad (z > 0), \tag{3.4.4}$$

$$\varphi_Q(\vec{R}) = \frac{1}{4\pi\varepsilon_0} \frac{Q}{\sqrt{x^2 + y^2 + (z-a)^2}} \quad (z > 0). \tag{3.4.5}$$

根据上面的分析有

$$\varphi_{\text{面}} = \varphi_{\text{像}} = \frac{1}{4\pi\varepsilon_0} \frac{-Q}{\sqrt{x^2 + y^2 + (z+a)^2}} \quad (z > 0). \tag{3.4.6}$$

相应边值问题的解为

$$\varphi = \frac{1}{4\pi\varepsilon_0} \left[\frac{Q}{\sqrt{x^2 + y^2 + (z-a)^2}} + \frac{-Q}{\sqrt{x^2 + y^2 + (z+a)^2}} \right] \quad (z > 0). \tag{3.4.7}$$

利用关系式 $\nabla^2(1/r) = 0 \, (r \neq 0)$, 容易得到 $\nabla^2 \varphi_{\text{像}}|_{z>0} = 0$, 因此在 $z > 0$ 区域, 叠加电势 (3.4.7) 式满足 Poisson 方程。

借助结果 (3.4.7) 式, 可以对上述边值问题做进一步讨论。

（Ⅰ）首先来计算金属导体面上的感应电荷面密度及感应电荷的总量, 有

$$\sigma_{\text{f}} = -\varepsilon_0 \frac{\partial \varphi}{\partial n}\bigg|_{z=0} = -\frac{aQ}{2\pi} \frac{1}{(a^2 + x^2 + y^2)^{3/2}}, \tag{3.4.8}$$

$$\begin{aligned}
Q_{\text{感应}} &= \int \mathrm{d}S \sigma_{\text{f}} = \int \left(-\frac{aQ}{2\pi} \right) \frac{\mathrm{d}x\mathrm{d}y}{(a^2 + x^2 + y^2)^{3/2}} \\
&= -\frac{aQ}{2\pi} \int_0^\infty \frac{2\pi r \mathrm{d}r}{(a^2 + r^2)^{3/2}} = \frac{aQ}{\sqrt{a^2 + r^2}}\bigg|_0^\infty = -Q.
\end{aligned}$$

或者

$$Q_{\text{感应}} = Q_{\text{像}}. \tag{3.4.9}$$

从 Gauss 定理看, 这是必然的结果, 因为产生面电荷的电场与像电荷在区域内所激发的电场完全等同, 相应地电场对区域外边界闭合面的通量也必然相同。

（Ⅱ）点电荷 Q 受到的力。由于金属导体表面感应电荷在 $z > 0$ 区域的电场等价于镜像电荷 $-Q$ 对 $z > 0$ 区域电场的贡献, 因此 Q 受到的电场力即为镜像电荷 $-Q$ 激发的电场对它的作用力, 这一作用力是吸引力, 大小为

$$F = \frac{1}{4\pi\varepsilon_0} \frac{Q^2}{(2a)^2}. \tag{3.4.10}$$

（Ⅲ）体系的电势能。考虑到体系的电势能等于外力 (与电荷的作用力大小相等、方向相反) 把电荷从无穷远处移动到距离导体平面 a 处所需要做的功, 则有

$$W = \int_\infty^P \vec{F} \cdot \mathrm{d}\vec{\ell} = \int_\infty^a \frac{1}{4\pi\varepsilon_0} \frac{Q^2}{4z^2} \mathrm{d}z = -\frac{1}{4\pi\varepsilon_0} \frac{Q^2}{4a}. \tag{3.4.11}$$

注意到, 对于由两个等量异号并相距为 $2a$ 的点电荷所构成的静电体系, 其总能量为

$$W_2 = -\frac{1}{4\pi\varepsilon_0}\frac{Q^2}{2a}, \quad W = \frac{1}{2}W_2. \tag{3.4.12}$$

这一点从物理上也容易理解, 因为实际体系的场分布区域只有两个等量异号电荷体系场分布区域的一半, 所以实际体系势能也只占两个电荷体系的一半。这里给出的结论 (3.4.11) 式在讨论电子被限制在金属表面附近的束缚能时是非常有用的。

上面讨论的是一个接地的平整导体平面的情形。假如把导体平面折成垂直相交的两个面, 在其交界处附近放置一点电荷 $+Q$, 电荷距离垂直面和水平面分别为 a 和 b, 如图 3−16 所示。依照前面的分析, 为了使垂直边界面成为零电势面 (边界条件要求), 可在 $(-a,b)$ 处引入像电荷 $Q_1 = -Q$, 不过 Q_1 的出现还不能保证水平边界面为零电势面 (边界条件要求), 这需要在 $(-a,-b)$ 处引入像电荷 $Q_2 = -Q_1 = +Q$。但 Q_2 的出现又使得垂直边界面的电势不再为零。若在 $(a,-b)$ 处再引入一个像电荷 $Q_3 = -Q_2 = -Q$, 则可以维持垂直边界面的电势为零。注意到 Q_3 的出现不会改变水平边界面为零电势面的情形, 因为其与导体之外的点电荷作用的叠加恰好可以保持该边界面的电势为零。因此对这样一个边值问题, 通过引入三个像电荷即可替代两个边界面上的感应面电荷对所求解区域电势的贡献。

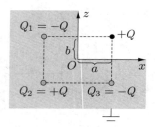

图 3−16

3.4.2　接地金属导体表面附近的点电偶极子

接下来, 我们来讨论在一个接地金属导体表面附近的点电偶极子所受到的作用力矩。假设点电偶极子 $\vec{p}$ 与极轴的夹角为 θ, 并且不失一般性, 假设 $\vec{p}$ 处于 yOz 面内, 如图 3−17 所示, 有

$$\vec{p} = p\sin\theta\,\vec{e}_y + p\cos\theta\,\vec{e}_z. \tag{3.4.13}$$

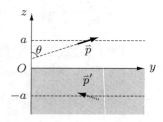

图 3−17

$\vec{p}$ 在金属表面附近 $(z = a)$ 会感应出电荷分布于金属表面, 根据前面镜像法讨论的结果, 这些感应面电荷在 $z > 0$ 区域所激发的电势 (电场) 可以用一个位于 $z = -a$ 处的镜像点电偶极子 $\vec{p}'$ 所激发的电势 (电场) 来替代, 并且有如下关系:

$$\vec{p}' = -p\sin\theta\vec{e}_y + p\cos\theta\vec{e}_z. \tag{3.4.14}$$

相应地, 感应面电荷在 $z > 0$ 区域所激发的电场为

$$\vec{E}_{p'} = \frac{1}{4\pi\varepsilon_0}\frac{3\left(\vec{p}'\cdot\vec{e}_{R'}\right)\vec{e}_{R'} - \vec{p}'}{R'^3}, \tag{3.4.15}$$

这里 $\vec{R}'$ 为从 $\vec{p}'$ 所处位置指向场点的位矢。因此面电荷施加于 $\vec{p}$ 的电场为

$$\vec{E}_{p'} = \frac{1}{4\pi\varepsilon_0}\frac{p\sin\theta\vec{e}_y + 2p\cos\theta\vec{e}_z}{(2a)^3}. \tag{3.4.16}$$

面电荷激发的电场施加于 $\vec{p}$ 上的力矩为

$$\vec{L} = \vec{p}\times\vec{E}_{p'} = \frac{p^2}{32\pi\varepsilon_0 a^3}\sin\theta\cos\theta\vec{e}_x. \tag{3.4.17}$$

点电偶极子从垂直状态 (方向垂直于金属表面并指向面外) 转到水平状态时, 力矩 $\vec{L}$ 所做的功为

$$W = \int_0^{\pi/2}\vec{L}\cdot\mathrm{d}\vec{\theta} = -\frac{p^2}{32\pi\varepsilon_0 a^3}\int_0^{\pi/2}\sin\theta\cos\theta\mathrm{d}\theta = -\frac{p^2}{64\pi\varepsilon_0 a^3}. \tag{3.4.18}$$

思考题 3.2 讨论在一个接地金属导体表面附近的点电偶极子所受到的作用力。此力是吸引力 (指向金属表面), 还是排斥力 (指向金属表面之外)?

3.4.3 半无限大介质分界面附近的点电荷

我们来讨论如何采用镜像法处理纯介质体系的静电场。作为例子, 考察两种均匀电介质 (介电常数分别为 ε_1 和 ε_2) 充满无限大空间, 二者分界面为平面, 而在介质 2 中靠近分界面附近放置一自由点电荷 Q, 其与分界面的距离为 a, 如图 3-18 所示。

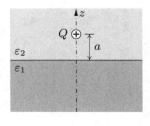

图 3-18

对 $z > 0$ 区域 (介质 2 中) 的电势有贡献的除了引入的自由电荷, 还有同一位置处的极化点电荷, 以及分界面上的极化面电荷, 这三部分对电势均有贡献。

作为试探解, 假设整个空间被介电常数为 ε_2 的介质所填满, 原先界面上的极

化电荷所产生的贡献可用 $z < 0$ 区域中位于 $z = -a$ 处的像电荷 Q' 来代替 [如图 3-19(a) 所示], 则区域 2 中电势的试探解为

$$\varphi_2 = \frac{1}{4\pi\varepsilon_2}\left[\frac{Q}{\sqrt{x^2 + y^2 + (z-a)^2}} + \frac{Q'}{\sqrt{x^2 + y^2 + (z+a)^2}}\right] \quad (z > 0). \quad (3.4.19)$$

对于 $z < 0$ 区域, 该区域并无自由电荷. 假设分界面上的极化面电荷对于该区域的贡献可以用 $z = a$ 处的一个像电荷来代替. 考虑到 $z = a$ 处本来就存在自由点电荷、极化点电荷, 因此我们可以用一个总像电荷 Q'' 来代替自由点电荷、极化点电荷和分界面上的极化面电荷对 $z < 0$ 区域电势的贡献 [如图 3-19(b) 所示], 而整个空间被介电常数为 ε_1 的介质所填满, 则 $z < 0$ 区域的电势试探解为

$$\varphi_1 = \frac{1}{4\pi\varepsilon_1}\frac{Q''}{\sqrt{x^2 + y^2 + (z-a)^2}} \quad (z < 0). \quad (3.4.20)$$

大家会想到, 这里选择的试探解中把像电荷放置于 z 轴上, 这是对称性的要求, 但是选择把两个像电荷分别放在 $+a$、$-a$ 处, 其有效性虽然并不那么明显, 但是可以通过唯一性定理得到验证.

考虑到在分界面上无自由电荷面分布, 因此两个区域的电势在边界上满足

$$\begin{cases} \varphi_2|_{z=0} = \varphi_1|_{z=0}, \\ \varepsilon_2 \dfrac{\partial\varphi_2}{\partial z}\bigg|_{z=0} = \varepsilon_1 \dfrac{\partial\varphi_1}{\partial z}\bigg|_{z=0}. \end{cases} \quad (3.4.21)$$

把试探解 φ_1 和 φ_2 代入边界条件中, 得

$$\begin{cases} \dfrac{1}{\varepsilon_2}(Q + Q') = \dfrac{1}{\varepsilon_1}Q'', \\ Q \cdot (-a) + Q' \cdot a = Q'' \cdot (-a). \end{cases} \quad (3.4.22)$$

解得

$$\begin{cases} Q' = \dfrac{\varepsilon_2 - \varepsilon_1}{\varepsilon_2 + \varepsilon_1}Q, \\ Q'' = \dfrac{2\varepsilon_1}{\varepsilon_2 + \varepsilon_1}Q. \end{cases} \quad (3.4.23)$$

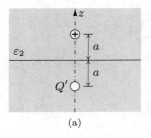
(a)

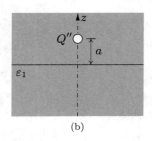
(b)

图 3-19

综上, 可以得出在 $z > 0$ 区域的电势为

$$\varphi_2 = \frac{1}{4\pi\varepsilon_2} \frac{Q}{\left[x^2 + y^2 + (z-a)^2\right]^{1/2}} + \frac{1}{4\pi\varepsilon_2} \left(\frac{\varepsilon_2 - \varepsilon_1}{\varepsilon_2 + \varepsilon_1}\right) \frac{Q}{\left[x^2 + y^2 + (z+a)^2\right]^{1/2}}.$$
(3.4.24)

在 $z < 0$ 区域的电势为

$$\varphi_1 = \frac{1}{4\pi\varepsilon_1} \left(\frac{2\varepsilon_1}{\varepsilon_1 + \varepsilon_2}\right) \frac{Q}{\left[x^2 + y^2 + (z-a)^2\right]^{1/2}}.$$
(3.4.25)

有了上述电势分布结果, 容易给出点电荷 Q 受到的电场力 $\vec{F}$:

$$\vec{F} = \frac{1}{4\pi\varepsilon_2} \left(\frac{\varepsilon_2 - \varepsilon_1}{\varepsilon_2 + \varepsilon_1}\right) \frac{Q^2}{(2a)^2} \vec{e}_z.$$
(3.4.26)

而介质分界面上的极化电荷面密度分布为

$$\sigma_{\mathrm{P}} = -(\vec{P}_2 - \vec{P}_1) \cdot \vec{e}_z.$$
(3.4.27)

或者

$$\sigma_{\mathrm{P}} = -\varepsilon_0 (\chi_2 \vec{E}_2 - \chi_1 \vec{E}_1) \cdot \vec{e}_z = [(\varepsilon_1 - \varepsilon_0) \vec{E}_1 - (\varepsilon_2 - \varepsilon_0) \vec{E}_2] \cdot \vec{e}_z$$
$$= \varepsilon_0 (\vec{E}_2 - \vec{E}_1) \cdot \vec{e}_z.$$
(3.4.28)

这里 $\vec{E}_1$、$\vec{E}_2$ 分别为分界面两侧的电场。从 (3.4.24) 式和 (3.4.25) 式, 易得到

$$\vec{E}_1 \cdot \vec{e}_z|_{z=0} = \frac{1}{4\pi\varepsilon_1} \left(\frac{-2\varepsilon_1}{\varepsilon_1 + \varepsilon_2}\right) \frac{Qa}{r^3},$$
(3.4.29)

$$\vec{E}_2 \cdot \vec{e}_z|_{z=0} = \frac{1}{4\pi\varepsilon_2} \left[Q\left(\frac{-a}{r}\right) + Q\left(\frac{\varepsilon_2 - \varepsilon_1}{\varepsilon_2 + \varepsilon_1}\right) \frac{a}{r}\right] \frac{1}{r^2} = \frac{1}{4\pi\varepsilon_2} \left(\frac{-2\varepsilon_1}{\varepsilon_1 + \varepsilon_2}\right) \frac{Qa}{r^3}.$$
(3.4.30)

式中 $r = (x^2 + y^2 + a^2)^{1/2}$。将上两式代入 (3.4.28) 式, 得到分界面上极化电荷面密度:

$$\sigma_{\mathrm{P}} = \frac{\varepsilon_0}{4\pi\varepsilon_2} \left(\frac{\varepsilon_2 - \varepsilon_1}{\varepsilon_2 + \varepsilon_1}\right) \frac{2Qa}{r^3}.$$
(3.4.31)

注意这里的 Q 处于介质 2 中。读者可以计算极化面电荷的总电荷量, 并分析其与自由点电荷、极化点电荷电量之间的关系。

3.4.4 金属导体球附近的点电荷

借助镜像法, 我们来讨论将点电荷放置于接地金属导体球附近时空间的电势分布。如图 3-20 所示, 假设金属导体球的半径为 R_0, 点电荷 Q 与球心的距离为 a。金属导体球外空间的电势由球外点电荷 Q 和金属导体球表面感应电荷所激发的电势两部分组成, 同时由于接地, 金属导体球表面是等势面, 且电势为零。

作为一种试探解, 设金属导体球表面的感应电荷所激发的电场可以用处于球内部区域的像电荷 Q' 产生的电场来代替。如图 3-21 所示, 根据对称性, Q' 应放置在电荷 Q 与球心的连线上。

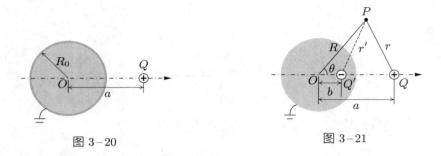

图 3-20   图 3-21

假设 Q' 到球心的距离为 b, 则导体球外任一点的电势可表示为

$$\varphi(\vec{R}) = \varphi_Q + \varphi_{Q'} \quad (R > R_0), \tag{3.4.32}$$

其中

$$\varphi_Q = \frac{1}{4\pi\varepsilon_0}\frac{Q}{r} = \frac{1}{4\pi\varepsilon_0}\frac{Q}{\sqrt{R^2 + a^2 - 2aR\cos\theta}}, \tag{3.4.33}$$

$$\varphi_{Q'} = \frac{1}{4\pi\varepsilon_0}\frac{Q'}{r'} = \frac{1}{4\pi\varepsilon_0}\frac{Q'}{\sqrt{R^2 + b^2 - 2bR\cos\theta}}. \tag{3.4.34}$$

为了确定 Q' 的大小和位置, 考虑到对于球面上任意一点, 都存在 $\varphi|_{R=R_0} = 0$, 则有

$$\frac{Q}{\sqrt{R_0^2 + a^2 - 2aR_0\cos\theta}} + \frac{Q'}{\sqrt{R_0^2 + b^2 - 2bR_0\cos\theta}} \equiv 0. \tag{3.4.35}$$

即

$$Q^2\left(R_0^2 + b^2 - 2bR_0\cos\theta\right) \equiv Q'^2\left(R_0^2 + a^2 - 2aR_0\cos\theta\right).$$

上式作为任意 θ 下的恒等式, 可得到如下关系式:

$$\begin{cases} Q^2\left(R_0^2 + b^2\right) = Q'^2\left(R_0^2 + a^2\right), \\ bQ^2 = aQ'^2. \end{cases} \tag{3.4.36}$$

方程组可有 $b = a$ 或者 $b = R_0^2/a$ 两组解, 显然前者是非物理解, 因而像电荷的电荷量为

$$Q' = -\frac{R_0}{a}Q. \tag{3.4.37}$$

这里看到, Q' 与 Q 总是异号关系, 因此 Q 受到的静电力总是吸引力, 而金属导体球外任意一点的电势为

$$\varphi = \frac{1}{4\pi\varepsilon_0}\left(\frac{Q}{\sqrt{R^2 + a^2 - 2aR\cos\theta}} - \frac{R_0Q/a}{\sqrt{R^2 + b^2 - 2bR\cos\theta}}\right) \quad (R > R_0). \tag{3.4.38}$$

借助上式结论, 来讨论金属导体球面上的电荷面密度分布及总感应自由电荷

量。球面上电荷面密度为

$$\sigma_{\mathrm{f}} = -\varepsilon_0 \frac{\partial \varphi}{\partial n}\bigg|_{R=R_0} = -\frac{Q}{4\pi} \frac{\partial}{\partial R}\left(R^2 + a^2 - 2aR\cos\theta\right)^{-1/2}\bigg|_{R=R_0}$$

$$-\frac{Q'}{4\pi} \frac{\partial}{\partial R}\left(R^2 + b^2 - 2bR\cos\theta\right)^{-1/2}\bigg|_{R=R_0}.$$

将 Q' 和 b 的表达式代入上式, 化简后得到

$$\sigma_{\mathrm{f}} = -\frac{Q}{4\pi R_0^2}\left(\frac{R_0}{a}\right)\left(1 + \frac{R_0^2}{a^2} - 2\frac{R_0}{a}\cos\theta\right)^{-3/2}\left(1 - \frac{R_0^2}{a^2}\right). \tag{3.4.39}$$

可以看出, 对于整个金属导体球表面, σ_{f} 与 Q 异号。对整个导体球面进行面积分, 可得到金属导体表面的总电荷量为

$$\begin{aligned} Q_S &= \oint_S \sigma_{\mathrm{f}}\mathrm{d}S = \int_0^\pi \sigma_{\mathrm{f}}(2\pi R_0\sin\theta)R_0\mathrm{d}\theta \\ &= \int_0^\pi \frac{-Q}{4\pi R_0^2}\frac{R_0}{a}\left(1 - \frac{R_0^2}{a^2}\right)\frac{2\pi R_0^2\sin\theta}{\left(1 + \frac{R_0^2}{a^2} - 2\frac{R_0}{a}\cos\theta\right)^{3/2}}\mathrm{d}\theta \\ &= -\frac{R_0}{a}Q = Q'. \end{aligned} \tag{3.4.40}$$

可见, 金属导体球表面感应电荷总量等于像电荷的电荷量, 这一结果与 Gauss 定理的结论一致, 这是感应面电荷的电场被像电荷 Q' 在球外区域所激发的电场所替代的必然结果。

若上述金属导体球为电中性且不接地, 或其带电荷量为 q, 或将点电荷放置于接地的球形金属导体腔内, 对于这些情况, 读者亦可以尝试采用镜像法求解空间电势的分布。

思考题 3.3 从上面的讨论中可以看出, 不同于平整导体平面的情形, 这里像电荷与球外电荷的电荷量在绝对值上并不相等。假设在一接地金属导体球外放置一点电偶极子, 偶极矩为 $\vec{p}$, 方向如图 3-22 所示。为了求得导体球表面感应电荷对球外区域电势的贡献, 可以仿照 2.2.5 小节中的讨论, 把点电偶极子看成是由无限靠近的两个点电荷所组成, 点电荷的电荷量为 $(-p/d, +p/d)$, 两者间距 $d \to 0$。然后采用镜像法, 分别讨论像电荷的电荷量和位置, 最终求得总的像电荷的位置、总电荷量和电偶极矩, 最终可得到像电荷分布对球外区域电势的贡献。

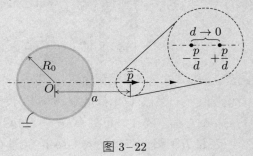

图 3-22

有了上面几个具体例子的讨论, 可以仿照讨论几种可以采取镜像法求解的情

形, 比如接地半无限大金属导体或者空间充满两种半无限大介质的情形, 把之前的点电荷替换成无限长的带电细线, 线与分界面平行, 这些留给读者去尝试分析。

总之, 在镜像法中利用虚拟像电荷来替代分界面上的感应面电荷/极化面电荷对所求解区域的电势 (电场) 的贡献, 像电荷须放在求解区域之外, 这样保证求解区域内的电荷分布不改变。真实的感应面电荷或极化面电荷在所求解区域内的贡献被像电荷所替代, 因此面电荷的贡献无需再考虑。只要试探解或者电势叠加之后的试探解满足边界条件, 唯一性定理就保证了解的正确性。

3.5　泊松 (Poisson) 方程格林 (Green) 函数法

本节围绕给定空间 V 内电荷体分布 $\rho(\vec{R})$ 和区域 V 边界面 S 上的 Dirichlet 或 Neumann 边值条件, 来讨论如何求解一般情况下 Poisson 方程的解:

$$\nabla^2\varphi(\vec{R}) = -\frac{1}{\varepsilon_0}\rho(\vec{R}) \quad (\vec{R} \in V).\tag{3.5.1}$$

为了处理这一类问题, 可以借助另一个在数学上相对简单的边值问题的解, 即在相同的区域 V 内在 $\vec{R}'$ 点处放置单位点电荷, 并且满足特定边界条件的电势解——$G(\vec{R}, \vec{R}')$, 我们称之为格林 (Green) 函数, 即

$$\nabla^2 G(\vec{R}, \vec{R}') = -\frac{1}{\varepsilon_0}\delta(\vec{R} - \vec{R}') \quad (\vec{R}, \vec{R}' \in V).\tag{3.5.2}$$

Green 定理给出 Green 函数与 Poisson 方程 [(3.5.1) 式] 的解之间的关系。假设在区域 V 内定义两个函数 $\psi(\vec{R})$ 和 $\varphi(\vec{R})$, 则有

$$\oint_S \mathrm{d}\vec{S} \cdot (\psi\nabla\varphi) = \int_V \mathrm{d}V\nabla\psi \cdot \nabla\varphi + \int_V \mathrm{d}V\psi\nabla^2\varphi,$$

以及

$$\oint_S \mathrm{d}\vec{S} \cdot (\varphi\nabla\psi) = \int_V \mathrm{d}V\nabla\varphi \cdot \nabla\psi + \int_V \mathrm{d}V\varphi\nabla^2\psi.$$

两式相减得

$$\int_V \mathrm{d}V\left(\psi\nabla^2\varphi - \varphi\nabla^2\psi\right) = \oint_S \mathrm{d}\vec{S} \cdot (\psi\nabla\varphi - \varphi\nabla\psi)$$

$$= \oint_S \mathrm{d}S\left(\psi\frac{\partial\varphi}{\partial n} - \varphi\frac{\partial\psi}{\partial n}\right).\tag{3.5.3}$$

(3.5.3) 式称为 Green 定理, 式中 $\vec{n}$ 为边界面上指向区域外的面法向单位矢量。

Green 定理对任意函数 $\psi(\vec{R})$ 和 $\varphi(\vec{R})$ 都成立。为此, 我们取 $\varphi(\vec{R})$ 为所求区域的电势解, 它满足 Poisson 方程 (3.5.1), 而将 $\psi(\vec{R})$ 取为 Green 函数 $G(\vec{R}, \vec{R}')$, 其满足方程 (3.5.2)。将 $G(\vec{R}, \vec{R}')$ 和 $\varphi(\vec{R})$ 代入 Green 定理 (3.5.3) 式, 得

$$\int_V \mathrm{d}V\left[G(\vec{R}, \vec{R}')\nabla^2\varphi(\vec{R}) - \varphi(\vec{R})\nabla^2 G(\vec{R}, \vec{R}')\right]$$

$$= \oint_S \mathrm{d}S \left[G\left(\vec{R}, \vec{R}'\right) \frac{\partial \varphi\left(\vec{R}\right)}{\partial n} - \varphi\left(\vec{R}\right) \frac{\partial}{\partial n} G\left(\vec{R}, \vec{R}'\right) \right]. \tag{3.5.4}$$

上式左边第一项为

$$\int_V G\left(\vec{R}, \vec{R}'\right) \nabla^2 \varphi\left(\vec{R}\right) \mathrm{d}V = -\frac{1}{\varepsilon_0} \int_V G\left(\vec{R}, \vec{R}'\right) \rho\left(\vec{R}\right) \mathrm{d}V.$$

(3.5.4) 式左边第二项为

$$-\int_V \varphi\left(\vec{R}\right) \nabla^2 G\left(\vec{R}, \vec{R}'\right) \mathrm{d}V = -\int_V \varphi\left(\vec{R}\right) \frac{-\delta\left(\vec{R} - \vec{R}'\right)}{\varepsilon_0} \mathrm{d}V$$

$$= \frac{1}{\varepsilon_0} \varphi\left(\vec{R}'\right).$$

则 (3.5.4) 式可改写为

$$\varphi\left(\vec{R}'\right) = \int_V G\left(\vec{R}, \vec{R}'\right) \rho\left(\vec{R}\right) \mathrm{d}V + \varepsilon_0 \oint_S \left[G\left(\vec{R}, \vec{R}'\right) \frac{\partial \varphi\left(\vec{R}\right)}{\partial n} - \varphi\left(\vec{R}\right) \frac{\partial}{\partial n} G\left(\vec{R}, \vec{R}'\right) \right] \mathrm{d}S.$$

对上式做 $\vec{R} \to \vec{R}'$ 的变换, 则有

$$\varphi\left(\vec{R}\right) = \int_{V'} \mathrm{d}V' \rho\left(\vec{R}'\right) G\left(\vec{R}', \vec{R}\right) + \varepsilon_0 \oint_{S'} \mathrm{d}S' G\left(\vec{R}', \vec{R}\right) \frac{\partial \varphi\left(\vec{R}'\right)}{\partial n'}$$

$$- \varepsilon_0 \oint_{S'} \mathrm{d}S' \varphi\left(\vec{R}'\right) \frac{\partial}{\partial n'} G\left(\vec{R}', \vec{R}\right). \tag{3.5.5}$$

从上式可知, 等式右边同时涉及区域 V 边界 S 上的 $\varphi\left(\vec{R}'\right)$ 和 $\partial \varphi\left(\vec{R}'\right)/\partial n'$, 而 Green 函数方法的巧妙之处在于, 对 $G\left(\vec{R}, \vec{R}'\right)$ 选取适当的边界条件, 可以使得 (3.5.5) 式的右边积分要么只涉及边界上的 $\varphi\left(\vec{R}'\right)$, 要么只涉及边界上的 $\partial \varphi\left(\vec{R}'\right)/\partial n'$。

3.5.1 狄利克雷 (Dirichlet) 边值条件

我们把满足 (3.5.2) 式和 Dirichlet 边值条件

$$G_\mathrm{D}\left(\vec{R}', \vec{R}\right) = 0 \quad \left(\vec{R}' \in S, \vec{R} \in V\right), \tag{3.5.6}$$

的解称为 Dirichlet 边值问题 Green 函数。可以看到, 这样的选择会使得 (3.5.5) 式右边积分中的第二项为零。因此, 一旦能够求解 Dirichlet 边值问题的 Green 函数, 并根据 Dirichlet 边值问题中区域 V 边界面 S 上的电势值 $\varphi\left(\vec{R}_S\right)$, 就能够得到此类边值问题的电势解为

$$\varphi\left(\vec{R}\right) = \int_{V'} \mathrm{d}V' \rho\left(\vec{R}'\right) G_\mathrm{D}\left(\vec{R}', \vec{R}\right) - \varepsilon_0 \oint_{S'} \mathrm{d}S' \varphi\left(\vec{R}'\right) \frac{\partial}{\partial n'} G_\mathrm{D}\left(\vec{R}', \vec{R}\right). \tag{3.5.7}$$

对于 Dirichlet 边值问题, 借助 Green 定理, 容易证明 Green 函数具有如下对称性:

$$G\left(\vec{R}, \vec{R}'\right) = G\left(\vec{R}', \vec{R}\right). \tag{3.5.8}$$

从物理上来看, Green 函数代表的是空间内一点电荷源所产生的并且满足一定边界条件的电势, 因此这里的对称性意味着点电荷位置与观察点位置具有可交换性。

3.5.2　诺伊曼 (Neumann) 边值条件

我们把满足 (3.5.2) 式和 Neumann 边值条件

$$\frac{\partial G_N\left(\vec{R}', \vec{R}\right)}{\partial n'} = -\frac{1}{A\varepsilon_0} \quad \left(\vec{R}' \in S,\ \vec{R} \in V\right), \tag{3.5.9}$$

的解称为 Neumann 边值问题 Green 函数, 这里 A 为区域 V 边界面 S 的总面积。将边界条件 (3.5.9) 式代入 (3.5.5) 式得

$$\varphi\left(\vec{R}\right) = \int_{V'} \mathrm{d}V' \rho\left(\vec{R}'\right) G_N\left(\vec{R}', \vec{R}\right) + \varepsilon_0 \oint_{S'} \mathrm{d}S' \frac{\partial \varphi\left(\vec{R}'\right)}{\partial n'} G_N\left(\vec{R}', \vec{R}\right) + \langle\varphi\rangle_S. \tag{3.5.10}$$

其中

$$\langle\varphi\rangle_S = \frac{1}{A} \oint_{S'} \varphi\left(\vec{R}'\right) \mathrm{d}S'. \tag{3.5.11}$$

上式为电势在边界面 S 上的平均值。因此, 一旦能够求解 Neumann 边值问题 Green 函数, 并根据 Neumann 边值问题中区域 V 边界面 S 上的电势值 $\partial\varphi\left(\vec{R}_S\right)/\partial n'$, 就能够得到此类边值问题的电势解。

> **注:** 对于 Neumann 边值问题 Green 函数, 不可以选取如下边界条件:
>
> $$\frac{\partial G\left(\vec{R}', \vec{R}\right)}{\partial n'} = 0 \quad \left(\vec{R}' \in S,\ \vec{R} \in V\right).$$
>
> 原因是这种选择在物理上是不允许的。Green 函数 $G\left(\vec{R}', \vec{R}\right)$ 的物理意义是区域 V 中 $\vec{R}$ 处一个单位点电荷所激发并且满足一定边界条件的电势解, 因此若以 V 的边界面 S 为闭合面, 根据 Gauss 定理必然有以下结论:
>
> $$-\oint_S \frac{\partial G\left(\vec{R}', \vec{R}\right)}{\partial n'} \mathrm{d}S = \frac{q}{\varepsilon_0} = \frac{1}{\varepsilon_0}.$$
>
> 而如果取边界面 S 上的每一处 $\partial G\left(\vec{R}', \vec{R}\right)/\partial n'$ 都为零的话, 则上述积分值必然为零。

3.5.3　几种特殊边界 Dirichlet 边值问题 Green 函数

1. 无界空间

位于 $\vec{R}'$ 处的单位点电荷在无界空间所激发的电势即为无界空间 (也称为全空间) 的 Dirichlet 边值问题 Green 函数, 即

$$G_D\left(\vec{R}, \vec{R}'\right) = \frac{1}{4\pi\varepsilon_0 r} = \frac{1}{4\pi\varepsilon_0} \frac{1}{\sqrt{\left(x - x'\right)^2 + \left(y - y'\right)^2 + \left(z - z'\right)^2}}. \tag{3.5.12}$$

在无穷远处, 自然满足 $G_D\left(\infty, \vec{R}'\right) = 0$。

2. 半无限空间

半无限空间 Dirichlet 边值问题 Green 函数就是在半无限空间内 $\vec{R}'$ 处放置一个单位点电荷, 其边界上的电势均为零这一边值问题的解, 因此这就是之前讨论的

在接地无限大金属导体平面附近放置一点电荷时其周围的电势, 即

$$G_{\mathrm{D}}\left(\vec{R}, \vec{R}'\right) = \frac{1}{4\pi\varepsilon_0} \frac{1}{\sqrt{(x-x')^2 + (y-y')^2 + (z-z')^2}}$$

$$+ \frac{1}{4\pi\varepsilon_0} \frac{-1}{\sqrt{(x-x')^2 + (y-y')^2 + (z+z')^2}}. \tag{3.5.13}$$

3. 球外空间

球外空间 Dirichlet 边值问题 Green 函数就是在球外空间 $\vec{R}'$ 处放置一个单位点电荷 (见图 3–23), 其边界 (球面和无穷远) 的电势均为零这一边值问题的解, 因此根据镜像法有

$$G_{\mathrm{D}}\left(\vec{R}, \vec{R}'\right) = \frac{1}{4\pi\varepsilon_0} \frac{1}{|\vec{R} - \vec{R}'|} + \frac{1}{4\pi\varepsilon_0} \left(-\frac{R_0}{R'}\right) \frac{1}{|\vec{R} - (R_0^2/R'^2)\,\vec{R}'|}. \tag{3.5.14}$$

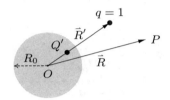

图 3–23

4. 平面上半球面凸起以外空间

为了给出该 Dirichlet 边值问题 Green 函数, 需要综合半无限空间和球外空间的 Dirichlet 边值问题 Green 函数. 为此, 以半球球心为原点, 建立球坐标系, 如图 3–24 所示, 场点坐标为 (R, θ, ϕ), 而在 Cartesian 坐标系中, 场点的位置坐标为

$$x = R\sin\theta\cos\phi, \quad y = R\sin\theta\sin\phi, \quad z = R\cos\theta \quad (R > R_0,\ z > 0). \tag{3.5.15}$$

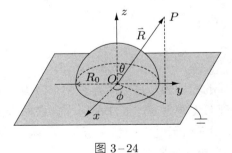

图 3–24

为了求解 Green 函数, 需要在所求解的空间中放置一单位点电荷源, 其球坐标为 (R', θ', ϕ'), 相应地在 Cartesian 坐标系中其位置坐标为

$$x' = R'\sin\theta'\cos\phi', \quad y' = R'\sin\theta'\sin\phi', \quad z' = R'\cos\theta' \quad (R' > R_0,\ z' > 0). \tag{3.5.16}$$

根据镜像法, 这里的 Dirichlet 边值问题 Green 函数由两部分所组成:

$$G_{\mathrm{D}}(\vec{R}, \vec{R}') = G_{\text{平面}}(\vec{R}, \vec{R}') + G_{\text{球面}}(\vec{R}, \vec{R}'). \tag{3.5.17}$$

等号右边第一项 $G_{\text{平面}}(\vec{R}, \vec{R}')$ 为半无限空间的 Green 函数, 即为一个半无限空间中在 $\vec{R}'$ 处放置一个单位点电荷之后空间的电势分布。根据 (3.5.13) 式, $G_{\text{平面}}(\vec{R}, \vec{R}')$ 表示为

$$G_{\text{平面}}(\vec{R}, \vec{R}') = \frac{1}{4\pi\varepsilon_0}\left[(x - x')^2 + (y - y')^2 + (z - z')^2\right]^{-1/2}$$
$$+ \frac{-1}{4\pi\varepsilon_0}\left[(x - x')^2 + (y - y')^2 + (z + z')^2\right]^{-1/2}. \tag{3.5.18}$$

根据前面的讨论, $G_{\text{平面}}(\vec{R}, \vec{R}')$ 满足无穷远半球面以及二维平面上的电势为零, 并且在求解的区域由于放置了点电荷而满足相应的 Possion 方程, 如图 3-25 所示。

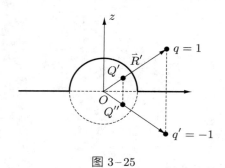

图 3-25

(3.5.17) 式右边第二项 $G_{\text{球面}}(\vec{R}, \vec{R}')$ 为球外空间的 Green 函数, 根据 (3.5.14) 式得

$$G_{\text{球面}}(\vec{R}, \vec{R}') = \frac{-1}{4\pi\varepsilon_0}\frac{R_0}{R'}\left[\left(x - \frac{R_0^2}{R'^2}x'\right)^2 + \left(y - \frac{R_0^2}{R'^2}y'\right)^2 + \left(z - \frac{R_0^2}{R'^2}z'\right)^2\right]^{-1/2}$$
$$+ \frac{1}{4\pi\varepsilon_0}\frac{R_0}{R'}\left[\left(x - \frac{R_0^2}{R'^2}x'\right)^2 + \left(y - \frac{R_0^2}{R'^2}y'\right)^2 + \left(z + \frac{R_0^2}{R'^2}z'\right)^2\right]^{-1/2}.$$
$$\tag{3.5.19}$$

这里我们看到, 上式等号的右边表示在球内存在两个像点电荷, 它们分布在平面的上、下两侧, 并且其电荷量为等量异号。之所以需要在球内放置两个像电荷, 是因为这里不但要保证球面和无穷远处的电势为零 (一个像电荷也可以满足), 而且还需要满足平面上的电势为零 [就是不能破坏 $G_{\text{平面}}(\vec{R}, \vec{R}')$ 已经满足的平面上电势为零的边界条件], 所以这里必须在球内引入两个像电荷, 如图 3-25 所示。

引入记号 $\cos\alpha_1$ 和 $\cos\alpha_2$, 分别表示为

$$\begin{cases} \cos\alpha_1 = \sin\theta\sin\theta'\cos(\phi - \phi') + \cos\theta\cos\theta', \\ \cos\alpha_2 = \sin\theta\sin\theta'\cos(\phi - \phi') - \cos\theta\cos\theta'. \end{cases} \tag{3.5.20}$$

则最终该 Dirichlet 边值问题 Green 函数表示为

$$G_D\left(\vec{R}, \vec{R}'\right)$$

$$= \frac{1}{4\pi\varepsilon_0}\left[\left(R^2 + R'^2 - 2RR'\cos\alpha_1\right)^{-1/2} - \left(R^2 + R'^2 - 2RR'\cos\alpha_2\right)^{-1/2}\right.$$

$$\left.- \left(\frac{R'^2 R^2}{R_0^2} + R_0^2 - 2RR'\cos\alpha_1\right)^{-1/2} + \left(\frac{R'^2 R^2}{R_0^2} + R_0^2 - 2RR'\cos\alpha_2\right)^{-1/2}\right].$$

$$(3.5.21)$$

例题 3.5.1   如图 3-26 所示, 一接地无限大金属导体平面上有一凸起的金属导体半球, 半球与导体平面之间相互绝缘, 半球半径为 R_0, 并与一个电势为 φ_0 的电源相连接。试求金属导体平面外空间的远场电势分布 $(R \gg R_0)$。

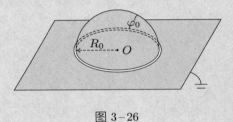

图 3-26

解: 有了平面上半球面凸起以外空间的 Green 函数之后, 金属导体平面外空间的电势可表示为

$$\varphi\left(\vec{R}\right) = -\varepsilon_0 \oint_{S'} dS'\varphi\left(\vec{R}'\right) \frac{\partial G\left(\vec{R}', \vec{R}\right)}{\partial n'}$$

$$= \varepsilon_0\varphi_0 R_0^2 \int_0^{\pi/2}\int_0^{2\pi} d\theta' d\phi' \sin\theta' \left.\frac{\partial G\left(\vec{R}', \vec{R}\right)}{\partial R'}\right|_{R'=R_0}.$$

注意到 $\vec{n}'$ 是指求解区域表面并指向区域外的面法向单位矢量, 因此在半球面上有

$$\frac{\partial G\left(\vec{R}', \vec{R}\right)}{\partial n'} = -\left.\frac{\partial G\left(\vec{R}', \vec{R}\right)}{\partial R'}\right|_{R'=R_0}.$$

由 (3.5.21) 式给出的 Green 函数, 得

$$\left.\frac{\partial G\left(\vec{R}', \vec{R}\right)}{\partial R'}\right|_{R'=R_0} = \frac{1}{4\pi\varepsilon_0 R_0}\left[\frac{R^2 - R_0^2}{\left(R^2 + R_0^2 - 2RR_0\cos\alpha_1\right)^{3/2}}\right.$$

$$\left.+ \frac{R_0^2 - R^2}{\left(R^2 + R_0^2 - 2RR_0\cos\alpha_2\right)^{3/2}}\right].$$

在远场近似条件 $(R \gg R_0)$ 下可作如下近似处理:

$$\left.\frac{\partial G\left(\vec{R}', \vec{R}\right)}{\partial R'}\right|_{R'=R_0} \approx \frac{1}{4\pi\varepsilon_0 R_0}\left[\frac{R^2}{\left(R^2 - 2RR_0\cos\alpha_1\right)^{3/2}} - \frac{R^2}{\left(R^2 - 2RR_0\cos\alpha_2\right)^{3/2}}\right]$$

$$\approx \frac{1}{4\pi\varepsilon_0 R_0 R}\left[\left(1 + \frac{3R_0\cos\alpha_1}{R}\right) - \left(1 + \frac{3R_0\cos\alpha_2}{R}\right)\right]$$

$$= \frac{3\left(\cos\alpha_1 - \cos\alpha_2\right)}{4\pi\varepsilon_0 R^2}.$$

将上式代入电势表达式得

$$\varphi\left(\vec{R}\right) = \varepsilon_0\varphi_0 R_0^2 \int_0^{\pi/2}\int_0^{2\pi} \mathrm{d}\theta'\mathrm{d}\phi'\sin\theta'\frac{3\left(\cos\alpha_1 - \cos\alpha_2\right)}{4\pi\varepsilon_0 R^2}$$

$$= \frac{3\varphi_0 R_0^2}{4\pi R^2}\int_0^{\pi/2}\int_0^{2\pi} \mathrm{d}\theta'\mathrm{d}\phi'\left(2\sin\theta'\cos\theta\cos\theta'\right)$$

$$= \frac{3\varphi_0 R_0^2\cos\theta}{2R^2} = \frac{1}{4\pi\varepsilon_0}\frac{\vec{p}\cdot\vec{R}}{R^3}.$$

式中

$$\vec{p} = 6\pi\varepsilon_0 R_0^2\varphi_0\vec{e}_z.$$

即该体系远场处的电势分布可近似用点电偶极子的电势分布来描述。

大家注意到, 这里我们给出的是可以采取镜像法求解的几种 Dirichlet 边值问题 Green 函数。对于更一般的问题, 如何求解 Dirichlet 边值问题 Green 函数, 有兴趣的读者可以参考相关教材中的内容 [2], [3]。

3.6   拉普拉斯 (Laplace) 方程分离变量法

我们知道, 如果在考察的区域 V 内不存在自由电荷体分布, 即 $\rho_{\mathrm{f}}\left(\vec{R}\right) = 0$, $\vec{R} \in V$, 则 V 内电势所满足的微分方程简化为 Laplace 方程:

$$\nabla^2\varphi = 0. \tag{3.6.1}$$

相应的边值问题归结为求解满足特定边界条件的 Laplace 方程的解。

需要注意的是, 有时区域 V 内只是存在一个或者少数点电荷 (或者点电偶极子), 其余电荷都是以面电荷的形式出现在区域 V 的边界 S 上。为了求解区域内的电势, 我们可以将电势拆分成两部分, 一部分是来自点电荷的贡献, 这一部分容易写出, 另一部分是边界 S 上面电荷的贡献 φ_σ, 后者同样满足 Laplace 方程 $\nabla^2\varphi_\sigma = 0$。

为了求解 Laplace 方程, 对于边界为简单几何面的情形, 根据体系边界面的对称性或边界面形状选择适当的坐标系, 如 Cartesian 坐标系、球坐标系和柱坐标系

---

[2]   刘觉平, 电动力学, 武汉: 武汉大学出版社, 1997: pp. 200.

[3]   A. Zangwill, *Modern Electrodynamics*, Cambridge: Cambridge University Press, 2012: pp. 254.

等, 这样的选择好处是使得我们在坐标系中可以采用一个常数坐标参数来描述体系的边界面。选择恰当的坐标系之后, 问题就变为如何来求解满足具体边界条件的 Laplace 方程。

在一个正交的坐标系中, 可以采用三个参量 (u, v, w) 来描述空间中任意一点的位置, 而采取分离变量法求解 Laplace 方程的关键就是假设方程的解可以表示成如下形式:

$$\varphi(u, v, w) = A_\alpha(u) B_\beta(v) C_\gamma(w). \tag{3.6.2}$$

将变量 (u, v, w) 分离之后, 原先的偏微分方程 (3.6.1) 就简化为三个二阶全微分方程, 同时也会产生待定的"分离"常量 (α, β, γ)。由于 (3.6.2) 式需要满足 Laplace 方程, 因此 (α, β, γ) 之间并不完全独立, 其取值需要确保最终的电势 (3.6.2) 式在区域 V 内不发散、满足边界条件, 并体现出体系的对称性。

3.6.1 笛卡儿 (Cartesian) 对称边界分离变量法

对于一个长方体形状的电势分布区域, 为了求解该区域内的 Laplace 方程, 最合适的坐标系就是 Cartesian 坐标系, 相应的空间中一点的坐标为 (x, y, z), 而体系的边界可以用常数坐标来表示。

在 Cartesian 坐标系中, Laplace 方程的形式为

$$\nabla^2\varphi = \frac{\partial^2\varphi}{\partial x^2} + \frac{\partial^2\varphi}{\partial y^2} + \frac{\partial^2\varphi}{\partial z^2} = 0. \tag{3.6.3}$$

根据分离变量法, 电势 φ 表示成

$$\varphi(x, y, z) = X(x) Y(y) Z(z). \tag{3.6.4}$$

将其代入 (3.6.3) 式得

$$\frac{1}{X}\frac{\mathrm{d}^2 X}{\mathrm{d}x^2} + \frac{1}{Y}\frac{\mathrm{d}^2 Y}{\mathrm{d}y^2} + \frac{1}{Z}\frac{\mathrm{d}^2 Z}{\mathrm{d}z^2} = 0. \tag{3.6.5}$$

由于上式左边三项都各自只依赖于其中一个参数, 因此要使得三项总和为零, 必然是每项都为一常数。假设有

$$\frac{1}{X}\frac{\mathrm{d}^2 X}{\mathrm{d}x^2} = k_x^2, \quad \frac{1}{Y}\frac{\mathrm{d}^2 Y}{\mathrm{d}y^2} = k_y^2, \quad \frac{1}{Z}\frac{\mathrm{d}^2 Z}{\mathrm{d}z^2} = k_z^2, \tag{3.6.6}$$

则三个常数满足

$$k_x^2 + k_y^2 + k_z^2 = 0. \tag{3.6.7}$$

考虑到常数项可以为零, 也可以不为零, 因此三个二阶全微分方程的解可以表示为如下形式:

$$X(x) = \begin{cases} A_0 + B_0 x & (k_x = 0), \\ A_1\mathrm{e}^{k_x x} + B_1\mathrm{e}^{-k_x x} & (k_x \neq 0), \end{cases} \tag{3.6.8}$$

$$Y(y) = \begin{cases} C_0 + D_0 y & (k_y = 0), \\ C_1 \mathrm{e}^{k_y y} + D_1 \mathrm{e}^{-k_y y} & (k_y \neq 0), \end{cases} \tag{3.6.9}$$

$$Z(z) = \begin{cases} E_0 + F_0 z & (k_z = 0), \\ E_1 \mathrm{e}^{k_z z} + F_1 \mathrm{e}^{-k_z z} & (k_z \neq 0). \end{cases} \tag{3.6.10}$$

(k_x, k_y, k_z) 的值由边界条件来确定。这里我们不具体列举 Cartesian 对称性体系静电问题, 而是在第五章 5.6 节求解矩形波导管中电磁波传播特性时采用上述方法来分析波导中电磁波本征模式。

3.6.2 球形边界分离变量法

这里我们来重点讨论一类边界为球面的静电体系的 Laplace 方程求解。

在球坐标系中, 位置坐标用 (R, θ, ϕ) 表示。根据球坐标系中 ∇^2 算符的形式, 球坐标系中 Laplace 方程表示为

$$\nabla^2 \varphi = \frac{1}{R^2} \frac{\partial}{\partial R}\left(R^2 \frac{\partial \varphi}{\partial R}\right) + \frac{1}{R^2 \sin\theta} \frac{\partial}{\partial \theta}\left(\sin\theta \frac{\partial \varphi}{\partial \theta}\right) + \frac{1}{R^2 \sin^2\theta} \frac{\partial^2 \varphi}{\partial \phi^2} = 0. \tag{3.6.11}$$

采用分离变量法, 将电势试探解表示为

$$\varphi(R, \theta, \phi) = \frac{U(R)}{R} \mathrm{P}(\theta) Q(\phi), \tag{3.6.12}$$

则有

$$\frac{1}{U} \frac{\mathrm{d}^2 U}{\mathrm{d}R^2} + \frac{1}{R^2 \mathrm{P} \sin\theta} \frac{\mathrm{d}}{\mathrm{d}\theta}\left(\sin\theta \frac{\mathrm{d}\mathrm{P}}{\mathrm{d}\theta}\right) + \frac{1}{R^2 Q \sin^2\theta} \frac{\mathrm{d}^2 Q}{\mathrm{d}\phi^2} = 0,$$

或者

$$R^2 \sin^2\theta \left[\frac{1}{U} \frac{\mathrm{d}^2 U}{\mathrm{d}R^2} + \frac{1}{R^2 \mathrm{P} \sin\theta} \frac{\mathrm{d}}{\mathrm{d}\theta}\left(\sin\theta \frac{\mathrm{d}\mathrm{P}}{\mathrm{d}\theta}\right)\right] + \frac{1}{Q} \frac{\mathrm{d}^2 Q}{\mathrm{d}\phi^2} = 0. \tag{3.6.13}$$

在上述方程中, 已经将依赖于 ϕ 的项单独分离出来, 因此最后一项为一常数项, 并表示为

$$\frac{1}{Q} \frac{\mathrm{d}^2 Q}{\mathrm{d}\phi^2} = -m^2, \tag{3.6.14}$$

$$Q(\phi) = \mathrm{e}^{\pm im\phi}. \tag{3.6.15}$$

如果求解区域范围所对应的方位角满足 $0 \leqslant \phi \leqslant 2\pi$, 则为了保证解的单一性, 要求 $Q(\phi) = Q(\phi + 2\pi)$, 则 m 须取整数值。

在求得 $Q(\phi)$ 之后, 余下的方程变为

$$\frac{R^2}{U} \frac{\mathrm{d}^2 U}{\mathrm{d}R^2} + \frac{1}{\mathrm{P}}\left[\frac{1}{\sin\theta} \frac{\mathrm{d}}{\mathrm{d}\theta}\left(\sin\theta \frac{\mathrm{d}\mathrm{P}}{\mathrm{d}\theta}\right) - \frac{m^2}{\sin^2\theta}\mathrm{P}\right] = 0, \tag{3.6.16}$$

这里我们同样把依赖于 R 和 θ 的项进行分离, 并进一步将其拆分成两个二阶全微

分方程:

$$\frac{R^2}{U}\frac{\mathrm{d}^2 U}{\mathrm{d}R^2} = l\,(l+1)\,, \tag{3.6.17}$$

$$\frac{1}{\sin\theta}\frac{\mathrm{d}}{\mathrm{d}\theta}\left(\sin\theta\frac{\mathrm{d}\mathrm{P}}{\mathrm{d}\theta}\right) + \left[l\,(l+1) - \frac{m^2}{\sin^2\theta}\right]\mathrm{P} = 0. \tag{3.6.18}$$

这里 $l\,(l+1)$ 为另一常数项。容易写出径向方程 (3.6.17) 的解为

$$U\,(R) = AR^{l+1} + \frac{B}{R^l}. \tag{3.6.19}$$

而通常把方程 (3.6.18) 改写成以 $x = \cos\theta$ 为参量的微分方程:

$$\frac{\mathrm{d}}{\mathrm{d}x}\left[\left(1-x^2\right)\frac{\mathrm{d}\mathrm{P}}{\mathrm{d}x}\right] + \left[l\,(l+1) - \frac{m^2}{1-x^2}\right]\mathrm{P} = 0. \tag{3.6.20}$$

方程 (3.6.20) 称为推广 Legendre 方程, 相应的解称为缔合 Legendre 多项式 $\mathrm{P}_l^m\,(x)$ $(m \neq 0)$。

而在 $m = 0$ 时, (3.6.20) 式简化为 Legendre 方程:

$$\frac{\mathrm{d}}{\mathrm{d}x}\left[\left(1-x^2\right)\frac{\mathrm{d}\mathrm{P}}{\mathrm{d}x}\right] + [l\,(l+1)]\,\mathrm{P} = 0. \tag{3.6.21}$$

相应的解称为 Legendre 多项式 $\mathrm{P}_l\,(x)$。

3.6.3 具有方位对称性的球形边界边值问题

若所求解的球形边界体系的电势分布还具有轴对称性, 取此对称轴为极轴, 则电势应与方位角 ϕ 无关。从 (3.6.15) 式看出, 为了使得电势只依赖于 R 和 θ 两个函数的乘积, 须取 $m = 0$, 则有

$$\varphi\,(R,\theta) = \frac{U\,(R)}{R}\mathrm{P}\,(\theta), \tag{3.6.22}$$

式中, $U\,(R) = AR^{l+1} + BR^{-l}$, $\mathrm{P}\,(\theta) = \mathrm{P}_l\,(\cos\theta)$, 则电势通解一般写成

$$\varphi\,(R,\theta) = \sum_{l=0}^{\infty}\left(A_l R^l + \frac{B_l}{R^{l+1}}\right)\mathrm{P}_l\,(\cos\theta). \tag{3.6.23}$$

此处的系数 A_l 和 B_l 可以通过边界条件确定下来。

有了上述结论 (3.6.23) 式, 我们来做几点分析。首先, 在通解形式中可以看出, 对于 R^l 项, 在 $R \to 0$ 处收敛; 对于 $R^{-(l+1)}$ 项, 在 $R \to \infty$ 时收敛。

其次, 如果观察点位于极轴上, 则 (3.6.23) 式过渡到如下形式:

$$\varphi\,(R,\theta=0) = \sum_{l=0}^{\infty}\left(A_l R^l + \frac{B_l}{R^{l+1}}\right). \tag{3.6.24}$$

对比 (3.6.23) 式, 这里只是每一项都少了一个系数项 $\mathrm{P}_l\,(\cos\theta)$。因此对于具有方位对称性的边值问题, 可以先考虑场点位于极轴上的情形, 求得电势 $\varphi\,(R,\theta=0)$

与 R 的依赖关系, 然后在推广到一般情况下的场点时, 只需要在每一项上乘以系数 $P_l (\cos \theta)$ 即可。

再者, 如果体系的电势具有球对称性, 即与方位角 ϕ、极角 θ 都无关, 则需选取 $m = 0$, $l = 0$, (3.6.23) 式就简化为 $\varphi(R) = A + B/R$, 这是之前熟悉的此类问题 Laplace 方程的解, 而这种形式的解其实是 (3.6.23) 式的多项展开中最为简单的前两项。

再有, 对于由两块无限大平行放置的带电平板所产生的均匀电场 $\vec{E}_0$, 如图 3-27 所示, 取区域内任意一点为坐标原点 O, 设该点的电势为零电势, 则其他任意一点 P 处的电势满足

$$\varphi(P) = -\int_O^P \vec{E}_0 \cdot \mathrm{d}\vec{\ell} = -\vec{E}_0 \cdot \int_O^P \mathrm{d}\vec{\ell} = -\vec{E}_0 \cdot \vec{R}.$$

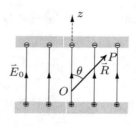

图 3-27

若选取沿着电场的方向为极轴, θ 为 $\vec{E}_0$ 与 $\vec{R}$ 的夹角, 则 P 处电势为

$$\varphi(P) = -E_0 R \cos \theta = -E_0 R P_1 (\cos \theta) . \tag{3.6.25}$$

上式也是 (3.6.23) 式的一种特殊形式。同时, 如果体系的电势中存在一项具有 (3.6.25) 式形式, 那就表明存在一均匀场分量。

最后, 在本章 3.2.7 小节中多极展开已经给出了一个重要关系式:

$$\frac{1}{|\vec{R} - \vec{R}'|} = \sum_{l=0}^{\infty} \frac{R_<^l}{R_>^{l+1}} P_l (\cos \theta) . \tag{3.6.26}$$

此处 $R_< (R_>)$ 表示 $|\vec{R}|$ 和 $|\vec{R}'|$ 中较小 (较大) 者, 而 θ 是 $\vec{R}$ 与 $\vec{R}'$ 的夹角。这里我们也可以给出另一种证明方法。回顾一下一个位于 $\vec{R}'$ 处的单位点电荷在空间一点 $\vec{R} (\vec{R} \neq \vec{R}')$ 处所激发的电势:

$$\varphi(\vec{R}) = \frac{1}{4\pi\varepsilon_0} \frac{1}{|\vec{R} - \vec{R}'|} \quad (\vec{R} \neq \vec{R}') . \tag{3.6.27}$$

而除了点电荷所处位置, 点电荷的电势满足 Laplace 方程, 如果以 $\vec{R}'$ 为极轴, 则电势分布同样具有轴对称性, 因此 (3.6.27) 式亦可按照 (3.6.23) 式的形式展开, 有

$$\varphi(R, \theta) = \sum_{l=0}^{\infty} \left(A_l R^l + \frac{B_l}{R^{l+1}} \right) P_l (\cos \theta) . \tag{3.6.28}$$

假设空间场点 $\vec{R}$ 也处于极轴 $(+z)$ 上, 则上式简化为

$$\varphi\left(R, \theta=0\right)=\sum_{l=0}^{\infty}\left(A_l R^l+\frac{B_l}{R^{l+1}}\right). \tag{3.6.29}$$

这里 R 为场点到点电荷的距离。若 $\vec{R}'$ 也处于极轴 $(+z)$ 上, 则有

$$\frac{1}{|\vec{R}-\vec{R}'|}=\frac{1}{|R-R'|}.$$

另一方面容易验证, 有

$$\frac{1}{R_>}\sum_{l=0}^{\infty}\left(\frac{R_<}{R_>}\right)^l=\frac{1}{|R-R'|}. \tag{3.6.30}$$

根据前面的分析, 若 $\vec{R}$ 不在极轴上, 则只需要在上式左边的每一项 $R_<^l/R_>^l$ 上添加一个系数 $\mathrm{P}_l\left(\cos\theta\right)$, 最后得到一般情况下的关系式:

$$\frac{1}{|\vec{R}-\vec{R}'|}=\sum_{l=0}^{\infty}\frac{R_<^l}{R_>^{l+1}}\mathrm{P}_l\left(\cos\theta\right). \tag{3.6.31}$$

对比一般展开形式 (3.6.23) 式, 似乎这里的结果与其有较大的差别, 但其实两者在形式上是完全相同的。例如, 对于 $R>R'$ 区域, 则 (3.6.31) 式过渡为

$$\frac{1}{|\vec{R}-\vec{R}'|}=\sum_{l=0}^{\infty}R'^l\frac{1}{R^{l+1}}\mathrm{P}_l\left(\cos\theta\right). \tag{3.6.32}$$

而这就是 (3.6.23) 式中第二部分的多项展开形式。对于 $R<R'$ 区域, 则 (3.6.31) 式过渡为

$$\frac{1}{|\vec{R}-\vec{R}'|}=\sum_{l=0}^{\infty}\frac{1}{R'^{l+1}}R^l\mathrm{P}_l\left(\cos\theta\right).$$

而这正是 (3.6.23) 式中第一部分的多项展开形式。

例题 3.6.1 如图 3-28 所示, 假设由上、下金属半球壳组成的空心球壳, 上、下半球壳的电势分别为 $+V$ 和 $-V$, 球壳的半径为 a, 求球壳内、外的电势分布。

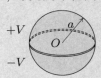

图 3-28

解: 球壳内、外无自由电荷体分布, 因此电势都满足 Laplace 方程。考虑到在球心处电势不发散, 因此球壳内的电势多项展开形式为

$$\varphi\left(R, \theta\right)=\sum_{l=0}^{\infty}A_l R^l\mathrm{P}_l\left(\cos\theta\right).$$

在球面上有

$$\varphi\left(a, \theta\right)=\sum_{l=0}^{\infty}A_l a^l\mathrm{P}_l\left(\cos\theta\right)=\begin{cases}+V & \left(0\leqslant\theta<\pi/2\right),\\ -V & \left(\pi/2<\theta\leqslant\pi\right).\end{cases}$$

利用 Legendre 多项式 $P_l(x)$ 序列的正交性:

$$\int_{-1}^{+1} dx P_l(x) P_m(x) = \frac{2}{2l+1} \delta_{lm},$$

则有

$$A_l = \frac{2l+1}{2a^l} \int_0^\pi \varphi(a,\theta) P_l(\cos\theta) \sin\theta d\theta,$$

从而求得球壳内的电势分布为

$$\varphi(R,\theta) = V\left[\frac{3}{2}\left(\frac{R}{a}\right)P_1(\cos\theta) - \frac{7}{8}\left(\frac{R}{a}\right)^3 P_3(\cos\theta) + \frac{11}{16}\left(\frac{R}{a}\right)^5 P_5(\cos\theta) + \cdots\right].$$

对于球壳外的电势, 考虑到 $R \to \infty$ 处电势不发散, 其解的形式需选取为

$$\varphi(R,\theta) = \sum_{l=0}^\infty \frac{B_l}{R^{l+1}} P_l(\cos\theta).$$

仿照同样的步骤, 可求得球壳外的电势分布为

$$\varphi(R,\theta) = V\left[\frac{3}{2}\left(\frac{a}{R}\right)^2 P_1(\cos\theta) - \frac{7}{8}\left(\frac{a}{R}\right)^4 P_3(\cos\theta) + \frac{11}{16}\left(\frac{a}{R}\right)^6 P_5(\cos\theta) + \cdots\right].$$

例题 3.6.2   将半径为 R_0、介电常数为 ε_s 的球形介质颗粒放置于均匀外场 $\vec{E}_0$ 中, 颗粒周围为真空, 求颗粒内、外的电势分布。

解: 球形介质颗粒在外场中极化而产生表面极化电荷, 颗粒周围的场是原外场和极化电荷产生的场的叠加。球形颗粒内、外两个区域的电势分别表示为 $\varphi_{内}$ 和 $\varphi_{外}$, 它们均满足 Laplace 方程, 有

$$\begin{cases} \nabla^2 \varphi_{内} = 0 & (R < R_0), \\ \nabla^2 \varphi_{外} = 0 & (R > R_0). \end{cases}$$

以外场 $\vec{E}_0$ 方向为极轴方向, 坐标原点选在球心处, 建立如图 3-29 所示球坐标系, 球形颗粒内、外的电势通解分别为

$$\begin{cases} \varphi_{内} = \sum_l c_l R^l P_l(\cos\theta) & (R < R_0), \\ \varphi_{外} = \sum_l \left(a_l R^l + \frac{b_l}{R^{l+1}}\right) P_l(\cos\theta) & (R > R_0). \end{cases}$$

式中 a_l、b_l、c_l 是待定的系数。这里考虑到 $\varphi_{内}$ 在球心处不发散, 因此在多项展开中舍去了 $1/R^{l+1}$ 相关项。

若选取球心 O 处的电势为零, 则当 $R \to \infty$ 时, 电场 $\vec{E} \to \vec{E}_0$, 相应地电势应接近均匀场的电势分布, 即

$$\varphi_{外} \to -E_0 R P_1(\cos\theta).$$

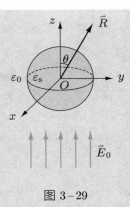

图 3-29

对比展开形式, 有

$$a_1 = -E_0, \quad a_l = 0 \quad (l \neq 1).$$

因此球形颗粒外的电势可表示为

$$\varphi_{\text{外}} = -E_0 R \mathrm{P}_1\left(\cos\theta\right) + \sum_l \frac{b_l}{R^{l+1}} \mathrm{P}_l\left(\cos\theta\right).$$

而在球形颗粒的表面, 电势 $\varphi_{\text{内}}$ 和 $\varphi_{\text{外}}$ 需满足如下边值关系:

$$\begin{cases} \varphi_{\text{外}}|_{R=R_0} = \varphi_{\text{内}}|_{R=R_0}, \\[2mm] \varepsilon_0 \dfrac{\partial \varphi_{\text{外}}}{\partial R}\bigg|_{R=R_0} = \varepsilon_{\text{s}} \dfrac{\partial \varphi_{\text{内}}}{\partial R}\bigg|_{R=R_0}. \end{cases}$$

将相关展开式代入得

$$-E_0 R_0 \mathrm{P}_1\left(\cos\theta\right) + \sum_l \frac{b_l}{R_0^{l+1}} \mathrm{P}_l\left(\cos\theta\right) = \sum_l c_l R_0^l \mathrm{P}_l\left(\cos\theta\right),$$

$$-E_0 \mathrm{P}_1\left(\cos\theta\right) - \sum_l \frac{(l+1)\, b_l}{R_0^{l+2}} \mathrm{P}_l\left(\cos\theta\right) = \frac{\varepsilon_{\text{s}}}{\varepsilon_0} \sum_l l c_l R_0^{l-1} \mathrm{P}_l\left(\cos\theta\right).$$

上述等式对于任意 θ 都成立, 因此要求 $\mathrm{P}_l\left(\cos\theta\right)$ 前的各项系数均对应相等。比较等式左、右两边 $\mathrm{P}_1\left(\cos\theta\right)$ 的系数, 得

$$\begin{cases} -E_0 R_0 + \dfrac{b_1}{R_0^2} = c_1 R_0, \\[3mm] -E_0 - \dfrac{2b_1}{R_0^3} = \dfrac{\varepsilon_{\text{s}}}{\varepsilon_0} c_1. \end{cases}$$

解得

$$b_1 = \frac{\varepsilon_{\text{s}} - \varepsilon_0}{\varepsilon_{\text{s}} + 2\varepsilon_0} E_0 R_0^3, \quad c_1 = -\frac{3\varepsilon_0}{\varepsilon_{\text{s}} + 2\varepsilon_0} E_0.$$

比较等式左、右两边 $\mathrm{P}_l\left(\cos\theta\right)\left(l \neq 1\right)$ 的系数, 得

$$\begin{cases} \dfrac{b_l}{R_0^{l+1}} = c_l R_0^l, \\[3mm] \dfrac{(l+1)\,b_l}{R_0^{l+2}} = \dfrac{\varepsilon_{\text{s}}}{\varepsilon_0} l c_l R_0^{l-1}. \end{cases}$$

其解为 $b_l = c_l = 0 \ (l \neq 1)$。

最后求得均匀外场中球形介质颗粒内、外的电势分布为

$$\begin{cases} \varphi_{\text{内}} = -\dfrac{3\varepsilon_0}{\varepsilon_{\text{s}} + 2\varepsilon_0} E_0 R \cos\theta & (R < R_0), \\[3mm] \varphi_{\text{外}} = -E_0 R \cos\theta + E_0 \dfrac{\varepsilon_{\text{s}} - \varepsilon_0}{\varepsilon_{\text{s}} + 2\varepsilon_0} \dfrac{R_0^3}{R^2} \cos\theta & (R > R_0). \end{cases}$$

接下来我们做几点讨论。首先容易看出球形介质颗粒内的电场为均匀电场，方向与原外电场方向平行，即

$$\vec{E}_{\text{内}} = -\nabla\varphi_{\text{内}} = \frac{3\varepsilon_0}{\varepsilon_{\text{s}} + 2\varepsilon_0}\vec{E}_0.$$

若介质颗粒的介电常数大于背景介质的介电常数 $(\varepsilon_{\text{s}} > \varepsilon_0)$，则 $E_{\text{内}} < E_0$，介质颗粒内电场减小的原因是极化面电荷所激发的反向退极化电场减弱了外场。极化面电荷在球内区域所产生的退极化电场为

$$\vec{E}' = \vec{E}_{\text{内}} - \vec{E}_0 = \frac{\varepsilon_0 - \varepsilon_{\text{s}}}{\varepsilon_{\text{s}} + 2\varepsilon_0}\vec{E}_0. \tag{3.6.33}$$

从上式可以看出，当介质球极化率特别大时，退极化电场 $\vec{E}'$ 几乎与外场 $\vec{E}_0$ 完全相反，使得颗粒内的电场被完全抵消。我们知道，金属导体放在外场中时导体内的电场为零，从这一点看到 $\varepsilon_{\text{s}} \to \infty$ 的介质球也能具有同样场"屏蔽"效果。不过需要注意的是，对于后面即将讨论到的处于均匀场中的无限长介质棒，其极化效果依赖于棒轴线与外场的夹角，在外场方向沿着棒的轴线时，不管介质棒的介电常数取多大的值，介质棒内的电场不但不会被"屏蔽"，而且始终与外场完全相同。

均匀外场极化下球形介质颗粒内的极化强度为

$$\vec{P} = (\varepsilon_{\text{s}} - \varepsilon_0)\,\vec{E}_{\text{内}} = 3\varepsilon_0 \frac{\varepsilon_{\text{s}} - \varepsilon_0}{\varepsilon_{\text{s}} + 2\varepsilon_0}\vec{E}_0.$$

球形介质颗粒产生的总电偶极矩为

$$\vec{p} = \frac{4\pi R_0^3}{3}\vec{P} = 4\pi\varepsilon_0 R_0^3 \frac{\varepsilon_{\text{s}} - \varepsilon_0}{\varepsilon_{\text{s}} + 2\varepsilon_0}\vec{E}_0. \tag{3.6.34}$$

另一方面，颗粒外电势分为两部分：第一项是均匀外电场的贡献 $-E_0 R \cos\theta$，第二项是 $E_0 \dfrac{\varepsilon_{\text{s}} - \varepsilon_0}{\varepsilon_{\text{s}} + 2\varepsilon_0} \dfrac{R_0^3}{R^2} \cos\theta$。如果将上述极化介质颗粒看成一个位于球心处的点电偶极子，则其在球外区域所产生的电势为

$$\varphi_p = \frac{1}{4\pi\varepsilon_0}\frac{p\cos\theta}{R^2} = \frac{\varepsilon_{\text{s}} - \varepsilon_0}{\varepsilon_{\text{s}} + 2\varepsilon_0} E_0 R_0^3 \frac{\cos\theta}{R^2}.$$

这正好是球形介质颗粒外电势表达式中的第二项。

根据 (3.6.34) 式, 定义球形颗粒在均匀外场中的极化系数 α 为

$$\vec{p} = \alpha \varepsilon_0 \vec{E}_0, \tag{3.6.35}$$

$$\alpha = \frac{\varepsilon_s - \varepsilon_0}{\varepsilon_s + 2\varepsilon_0} 4\pi R_0^3. \tag{3.6.36}$$

如果球形颗粒周围不是真空, 而是充满介电常数为 ε_e 的背景介质, 则 (3.6.36) 式的极化系数应推广为

$$\alpha = \frac{\varepsilon_s - \varepsilon_e}{\varepsilon_s + 2\varepsilon_e} 4\pi R_0^3. \tag{3.6.37}$$

(3.6.36) 式虽然是在静电场情况下得到的, 但其恰是一个非常有用的结论。对于随时间变化的电磁场, 如果球形颗粒直径远小于入射电磁波的波长, 则颗粒的极化率可以采用上述结果近似处理 (称之为电偶极子近似), 唯一的区别就是需要把静电场下的介电常数替换成相应电磁波段的介电常数 $\varepsilon_s \to \varepsilon_s(\omega)$。对介质而言, $\varepsilon_s(\omega)$ 一般是正的, 因此在光的照射下颗粒内的电场依然被削弱 (需满足 $\varepsilon_e < \varepsilon_s$)。

一个有趣的现象是金属纳米颗粒在光的照射下表现出局域电场增强效应。由于贵金属在可见光波段的介电常数的实部为负 (参见第五章 5.4.2 小节, 实部绝对值比较小, 而虚部远小于实部绝对值, 如银等一些贵金属), 因此会导致在一特定频率 ω_r(波长 λ_r) 附近, (3.6.37) 式右边的分母满足

$$\varepsilon_s(\omega_r) + 2\varepsilon_e \approx 0. \tag{3.6.38}$$

我们称之为局域等离激元共振 (localized plasmon resonance)现象, $\omega_r(\lambda_r)$ 称为共振频率(波长)。因此在共振波长处, 金属纳米颗粒的极化率被放大到数倍乃至数十倍, 从而使得在颗粒表面产生局部的强电场, 这种电场增强效应在光学很多领域内有着重要的应用 [4], [5]。

3.6.4 柱形边界分离变量法

在柱坐标系中, Laplace 方程 $\nabla^2 \varphi = 0$ 表示为

$$\frac{1}{r}\frac{\partial}{\partial r}\left(r\frac{\partial \varphi}{\partial r}\right) + \frac{1}{r^2}\frac{\partial^2 \varphi}{\partial \phi^2} + \frac{\partial^2 \varphi}{\partial z^2} = 0. \tag{3.6.39}$$

对于柱形边界的边值问题, 选取如下分离变量形式作为电势的试探解:

$$\varphi(r, \phi, z) = R(r) G(\phi) Z(z), \tag{3.6.40}$$

这使得 (3.6.39) 式拆分为三个二阶全微分方程:

---

[4]   H. Xu, E. J. Bjerneld, M. Käll, and L. Börjesson, *Spectroscopy of Single Hemoglobin Molecules by Surface Enhanced Raman Scattering*, Phys. Rev. Lett. **83**, 4357 (1999).

[5]   P. Anger, P. Bharadwaj and L. Novotny, *Enhancement and Quenching of Single-Molecule Fluorescence*, Phys. Rev. Lett. **96**, 113002 (2006).

$$\begin{cases} r\dfrac{\mathrm{d}}{\mathrm{d}r}\left(r\dfrac{\mathrm{d}R}{\mathrm{d}r}\right)+\left(k^2r^2-\nu^2\right)R=0, \\[2mm] \dfrac{\mathrm{d}^2G}{\mathrm{d}\phi^2}+\nu^2G=0, \\[2mm] \dfrac{\mathrm{d}^2Z}{\mathrm{d}z^2}-k^2z=0. \end{cases} \tag{3.6.41}$$

这里出现两个分离常数 k^2 和 ν^2, 因此在柱坐标系中 Laplace 方程的通解形式为

$$\varphi(r,\phi,z)=\sum_{\nu,k}R_{\nu,k}(r)\,G_\nu(\phi)\,Z_k(z). \tag{3.6.42}$$

3.6.5   柱形边界二维边值问题

对于很多情况下的柱形边界静电体系, 由于体系电荷分布的对称性, 使得电势不依赖于 z, 而只依赖于 (r,ϕ) 两个参量, 相应地可以建立二维极坐标系, 极坐标系中 Laplace 方程为

$$\frac{1}{r}\frac{\partial}{\partial r}\left(r\frac{\partial\varphi}{\partial r}\right)+\frac{1}{r^2}\frac{\partial^2\varphi}{\partial\phi^2}=0. \tag{3.6.43}$$

利用分离变量法, 令

$$\varphi(r,\phi)=R(r)\,G(\phi).$$

则 (3.6.43) 式拆分为如下两个全微分方程:

$$\begin{cases} r^2\dfrac{\mathrm{d}^2R}{\mathrm{d}r^2}+r\dfrac{\mathrm{d}R}{\mathrm{d}r}=v^2R, \\[2mm] \dfrac{\mathrm{d}^2G}{\mathrm{d}\phi^2}+v^2G=0. \end{cases} \tag{3.6.44}$$

实际上, (3.6.44) 式对应着一般分离变量法所得到的微分方程 (3.6.41) 在 $Z(z)=1$, $k=0$ 时的情形。由 (3.6.44) 式的本征解, 易写出电势的通解为

$$\begin{aligned} \varphi(r,\phi)=&\,(A_0+B_0\ln r)(C_0+D_0\phi)\\ &+\sum_{\nu\neq0}\left(A_\nu r^\nu+B_\nu r^{-\nu}\right)\left[C_\nu\cos(\nu\phi)+D_\nu\sin(\nu\phi)\right], \end{aligned} \tag{3.6.45}$$

如果所讨论的柱形区域范围在 $0\leqslant\phi\leqslant\phi_0$, 而 $\phi_0<2\pi$ (例如具有劈形几何形状的金属导体电势分布问题), 则 ν 可以是非整数。

而如果所研究的柱形区域范围在 $0\leqslant\phi\leqslant2\pi$, 则解的单值性要求 $\varphi(r,0)=\varphi(r,2\pi)$, 则 ν 必须是正整数, 且 $D_0=0$, 此种情况下的通解形式为

$$\varphi=A_0+B_0\ln r+\sum_{l=1}^{\infty}\left(A_l r^l+B_l r^{-l}\right)\cos(l\phi)+\sum_{l=1}^{\infty}\left(C_l r^l+D_l r^{-l}\right)\sin(l\phi). \tag{3.6.46}$$

例题 3.6.3 如图 3-30 所示, 将一介电常数为 ε、半径为 R_0 的无限长圆柱形均匀介质线放置于均匀电场 $\vec{E}_0$ 中, 介质圆柱的轴线与外场相垂直, 求介质线内的电场分布。

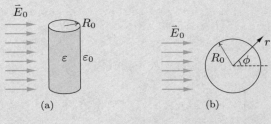

图 3-30

解: 由于没有自由电荷分布, 介质线内、外的电势均满足 Laplace 方程。考虑到介质线轴线上的电势不发散 (假设为零电势), 根据极坐标系中 Laplace 方程的通解形式, 圆柱形介质线内电势应为如下形式:

$$\varphi_{内}(r, \phi) = \sum_{l=1}^{\infty} [a_l \cos(l\phi) + b_l \sin(l\phi)] r^l \quad (r < R_0).$$

对于介质线外部区域, 考虑当 $r \to \infty$ 时, $\varphi_{外} \to -E_0 r \cos\phi$, 则介质线外区域的电势应为如下形式:

$$\varphi_{外}(r, \phi) = -E_0 r \cos\phi + \sum_{l=1}^{\infty} [c_l \cos(l\phi) + d_l \sin(l\phi)] \frac{1}{r^l} \quad (r > R_0).$$

在介质线的表面, 介质线内、外的电势需要满足如下边界条件:

$$\begin{cases} \varphi_{外}|_{r=R_0} = \varphi_{内}|_{r=R_0}, \\ \varepsilon_0 \left.\dfrac{\partial \varphi_{外}}{\partial r}\right|_{r=R_0} = \varepsilon \left.\dfrac{\partial \varphi_{内}}{\partial r}\right|_{r=R_0}. \end{cases}$$

首先由电势连续性条件, 得

$$-E_0 R_0 \cos\phi + \sum_{l=1}^{\infty} [c_l \cos(l\phi) + d_l \sin(l\phi)] \frac{1}{R_0^l}$$

$$= \sum_{l=1}^{\infty} [a_l \cos(l\phi) + b_l \sin(l\phi)] R_0^l.$$

由于上式对任意极角 ϕ 均成立, 比较等号两边 $\cos(l\phi)$ 和 $\sin(l\phi)$ 前的系数得到

$$\begin{cases} -E_0 R_0 + \dfrac{c_1}{R_0} = a_1 R_0, \\[2mm] \dfrac{c_l}{R_0^l} = a_l R_0^l \quad (l \geqslant 2), \\[2mm] \dfrac{d_l}{R_0^l} = b_l R_0^l \quad (l \geqslant 1). \end{cases}$$

其次, 由在介质线表面内、外电位移矢量法向分量的连续性, 可得

$$\varepsilon_0 \left\{ -E_0 \cos\phi + \sum_{l=1}^{\infty} (-l) \left[c_l \cos(l\phi) + d_l \sin(l\phi) \right] \frac{1}{R_0^{l+1}} \right\}$$

$$= \varepsilon \sum_{l=1}^{\infty} l \left[a_l \cos(l\phi) + b_l \sin(l\phi) \right] R_0^{l-1}.$$

同样, 比较等号两边 $\cos(l\phi)$ 和 $\sin(l\phi)$ 前的系数, 得

$$\begin{cases} -E_0 - \dfrac{c_1}{R_0^2} = \dfrac{\varepsilon}{\varepsilon_0} a_1, \\[2mm] -l \dfrac{c_l}{R_0^{l+1}} = \dfrac{\varepsilon}{\varepsilon_0} l a_l R_0^{l-1} \quad (l \geqslant 2), \\[2mm] -l \dfrac{d_l}{R_0^{l+1}} = \dfrac{\varepsilon}{\varepsilon_0} b_l R_0^{l-1} \quad (l \geqslant 1). \end{cases}$$

联立求解得

$$a_1 = \frac{-2\varepsilon_0}{\varepsilon + \varepsilon_0} E_0, \quad c_1 = \frac{\varepsilon - \varepsilon_0}{\varepsilon + \varepsilon_0} E_0 R_0^2,$$

$$a_l = c_l = 0 \quad (l \geqslant 2),$$

$$b_l = d_l = 0 \quad (l \geqslant 1).$$

最后得到当柱形介质线垂直于外场方向放置时, 介质线内、外的电势分布为

$$\varphi_{内} = \frac{-2\varepsilon_0}{\varepsilon + \varepsilon_0} E_0 r \cos\phi, \tag{3.6.47}$$

$$\varphi_{外} = -E_0 r \cos\phi + \frac{\varepsilon - \varepsilon_0}{\varepsilon + \varepsilon_0} E_0 \frac{R_0^2}{r} \cos\phi. \tag{3.6.48}$$

由 (3.6.47) 式可得, 介质线内的电场为均匀场, 即

$$\vec{E}_{内\perp} = \frac{2\varepsilon_0}{\varepsilon + \varepsilon_0} \vec{E}_0 = \frac{2}{\varepsilon_r + 1} \vec{E}_0. \tag{3.6.49}$$

此时介质线的极化强度为

$$\vec{P} = (\varepsilon - \varepsilon_0) \vec{E}_{内} = \frac{\varepsilon - \varepsilon_0}{\varepsilon + \varepsilon_0} 2\varepsilon_0 \vec{E}_0.$$

因此单位长度的介质线所产生的电偶极矩为

$$\vec{p} = \pi R_0^2 \vec{P} = \frac{\varepsilon - \varepsilon_0}{\varepsilon + \varepsilon_0} 2\pi \varepsilon_0 R_0^2 \vec{E}_0. \tag{3.6.50}$$

根据 (3.6.48) 式, 介质线周围的电势分为两部分, 第一项是均匀场的电势, 而第二项实际上就是之前在本章 3.1.4 小节中讨论过的一条无限长偶极矩线 (偶极矩线密度为 P_λ、偶极矩垂直于线而排列) 在其周围所产生的电势分布:

$$\vec{p} = P_\lambda \vec{e}_p, \tag{3.6.51}$$

$$P_\lambda = \frac{\varepsilon - \varepsilon_0}{\varepsilon + \varepsilon_0} 2\pi\varepsilon_0 R_0^2 E_0. \tag{3.6.52}$$

根据 (3.6.49) 式, 对于处于均匀外场中的圆柱形介质线, 当外场方向垂直于介质线的轴线, 介质线内的电场会减弱, 减弱的原因是在介质线表面产生了极化面电荷, 其在介质线内产生的电场 $\vec{E}'$ 削弱了外场 $\vec{E}_0$。

与之形成对比的是, 当外场与介质线轴线平行时, 介质的极化沿其轴线, 根据本章第一节中的分析, 此时极化对周围乃至介质内的电场影响甚小, 这使得介质线内电场与外电场几乎相同, 即

$$\vec{E}_{内//} = \vec{E}_0. \tag{3.6.53}$$

根据以上分析, 对于高介电的材料, 当外电场沿垂直或平行于介质线轴线时介质线内电场的差异更明显, 如图 3–31 所示。在任意夹角下, 可以将外场分解成与介质线的轴线平行和垂直的分量, 然后计算介质线内的电场。

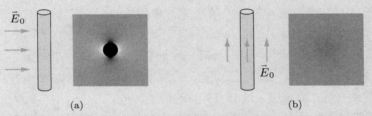

图 3–31   (a) 介质线所在区域为深黑, 表示介质线内的电场强度非常小; (b) 介质线所在区域与周围灰度一致, 表示电场在介质线内、外没有差异。

3.6.6 柱形边界二维边值问题的应用

对于半导体纳米线, 一般其长度可达数微米至数十微米, 而其直径一般在数纳米至数十纳米之间, 因此可以将其看成无限长的圆柱形介质线。由于介质线的直径远小于入射光波的波长 $(d/\lambda \ll 1)$, 使得我们在静电场中得到的上述结论也可以推广到光波与半导体纳米线相互作用的情形。

例如, 哈佛大学一个研究组通过一个简单的实验, 观测到半导体纳米线的光致荧光强度表现出对激发光偏振的敏感依赖性 [6], 如图 3–32 所示。在实验中他们选取磷化铟 (InP) 纳米线并测量其光致荧光强度, 实验发现: 当激光偏振沿着纳米线的轴线时, 能观测到很强的荧光; 而当激光偏振方向改变为垂直于纳米线轴线时, 则几乎看不到荧光, 如图 3–32 所示。这里光致荧光强度对激发光偏振 (即电场矢量方向) 的敏感性实际上就是前面我们讨论的介质线在外场中的极化效果依赖于其轴线与外场取向的具体表现。

[6]   J. Wang *et al.*, *Highly Polarized Photoluminescence and Photodetection from Single Indium Phosphide Nanowires*, Science **293**, 1455 (2001).

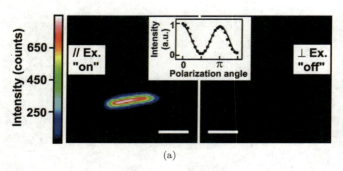
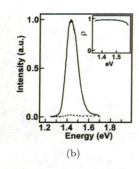

图 3-32   (a) 左 (右) 图为入射激光的偏振平行 (垂直) 于纳米线的轴线时, 纳米线发出的荧光处于"开"("关") 的状态; (b) 两种状态下荧光强度与其发射波长的关系, 插图为测量到的荧光强度各向异性参数与荧光波长的关系。摘自文献 [6], 经 AAAS 许可转载。

为了定量表征半导体纳米线的光致荧光强度对激发光偏振所表现出的各向异性特征, 可以引入一个各向异性参数 ρ, 其定义为

$$\rho = \frac{I_{/\!/} - I_\perp}{I_{/\!/} + I_\perp}. \tag{3.6.54}$$

这里 $I_{/\!/}$ 和 $I_\perp$ 分别表示当激发光偏振与纳米线轴线平行和垂直时所观测到的荧光光强。因此如果 $I_{/\!/} = I_\perp$, 即光强无各向异性 (或各向同性), 则 $\rho = 0$; 而如果 $I_\perp = 0$, 则 $\rho = 1$, 此时表示光强的各向异性最强。对于 InP 纳米线, 实验测得的 ρ 值在 0.96 左右, 接近 1。实验还发现, ρ 的值不依赖于荧光的波长, 并且对于几种不同直径的纳米线 (都满足 $d/\lambda \ll 1$), ρ 的值也相同。

根据前面关于圆柱形介质线在外场中的极化特点的讨论, 可以给出关于这一实验结果的定量解释。一般来讲, 光致荧光强度 I 与半导体纳米线中的光强直接相关 ($I \propto |E|^2$)。在可见光/近红外区半导体材料的相对介电常数比较大, 因此一旦纳米线的轴线垂直于外电场方向 (激光偏振方向), 则会产生很强的退极化场, 从而大大削弱纳米线内的电场, 此时的荧光会比较弱; 当激光偏振沿着纳米线的轴线时, 由于此时介质线内的电场与外场几乎无差异, 此时半导体纳米线发出较强的荧光。

对 InP 材料, 其相对介电常数为 $\varepsilon_r = 12.4$, 因此根据 (3.6.49) 式, 荧光强度各向异性参数 ρ 的理论值应为

$$\rho = \frac{|\vec{E}_0|^2 - |\vec{E}_{内\perp}|^2}{|\vec{E}_0|^2 + |\vec{E}_{内\perp}|^2} = \frac{1 - [2/(\varepsilon_r + 1)]^2}{1 + [2/(\varepsilon_r + 1)]^2} = 0.957.$$

理论计算值与实验测量结果 [见图 3-32(b)] 完全吻合, 这也反映出了采取柱形边值问题的结论来分析这一实验结果的正确性和准确性。

习题

3.1 ☆ 真空中有一半径为 R_0 的球壳, 球壳面上均匀分布有点电偶极子, 点电偶极子层的面密度为 P_σ, 方向均由球心指向球外。试求空间中电势分布。

答案: $\varphi_{\text{外}} = 0, \quad \varphi_{\text{内}} = -\dfrac{1}{\varepsilon_0} P_\sigma.$

3.2 ☆ 考虑一半径为 a 的圆形薄片, 其电荷面密度为 $\sigma = kr$, 其中 k 为常数, r 为薄片上点到圆心的距离。利用多极展开, 求该带电圆形薄片在远场 $\vec{R}$ 处的电势分布 (精确到电四极矩)。

答案: $\varphi(\vec{R}) = \varphi^{(0)} + \varphi^{(2)} = \dfrac{ka^3}{6\varepsilon_0 R} + \dfrac{ka^5}{40\varepsilon_0} \dfrac{1 - 3\cos^2\theta}{R^3}.$

3.3 ☆ 一带电球体半径为 a, 其电荷密度分布为 $\rho(R')$, 其中 R' 为到球心的距离。求该带电球体在远场的各阶极矩及电势 (考虑至二阶极矩项)。

答案: 电单极矩及相应的电势为

$$Q = \int_{V'} \rho(\vec{R}') \, \mathrm{d}V', \quad \varphi^{(0)} = \frac{Q}{4\pi\varepsilon_0 R}.$$

电偶极矩及相应的电势为

$$\vec{p} = \int_{V'} \mathrm{d}V' \rho(\vec{R}') \vec{R}' = 0, \quad \varphi^{(1)} = 0.$$

电四极矩及相应的电势为

$$D_{xy} = D_{yx} = D_{yz} = D_{zy} = D_{zx} = D_{xz} = 0,$$

$$D_{xx} = D_{yy} = D_{zz} = \frac{2\pi}{3} \int_0^a \mathrm{d}R' \rho(R') R'^4.$$

$$\varphi^{(2)}(\vec{R}) = 0.$$

3.4 ☆☆ 一电中性金属球壳, 内、外半径分别为 a 和 b。在球壳内有一点电荷, 电荷量为 q_1, 位矢为 $\vec{R}_1$, 试求: (1) q_1 所受的 Coulomb 力 $\vec{F}_1$; (2) 若在球壳外引入另一点电荷, 电荷量为 q_2, 位矢为 $\vec{R}_2$。试利用唯一性定理, 阐明作用在 q_1 上的 Coulomb 力不发生改变, 并计算 q_2 所受的 Coulomb 力 $\vec{F}_2$。

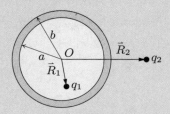

习题 3.4 图

答案: (1) $\vec{F}_1 = \dfrac{aR_1 q_1^2}{4\pi\varepsilon_0 (R_1^2 - a^2)^2} \dfrac{\vec{R}_1}{R_1},$

(2) $\vec{F}_2 = \dfrac{q_2}{4\pi\varepsilon_0} \left[\dfrac{1}{R_2^2} \left(q_1 + \dfrac{b}{R_2} q_2 \right) - \dfrac{1}{(R_2 - R_2')^2} \dfrac{b}{R_2} q_2 \right] \dfrac{\vec{R}_2}{R_2}, \quad R_2' = \dfrac{b^2}{R_2}.$

3.5 ☆ 如图所示, 两个相交的接地导体平面间的夹角为 α, 若在夹角的角平分线上有电荷 $+q$, 试分别画出 $\alpha = \pi/3$ 和 $\pi/4$ 时其镜像电荷的位置, 并标出相应的电荷量。

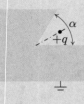

习题 3.5 图

3.6 ☆☆☆ 当不考虑原子核的运动以及原子核的电荷时, 氢原子的电荷分布可等效为

$$\rho(\vec{R}) = -\frac{eR^2 \sin^2\theta}{64\pi} e^{-R}.$$

试通过球谐函数和 Cartesian 坐标系中展开 (精确到电四极矩) 两种方法, 计算核外电子所有的非零电多极矩, 求出其电势, 并分析这两种方法所得结果之间的关系。(可能用到的公式: $Y_{lm} = (-1)^m \sqrt{\dfrac{2l+1}{4\pi} \dfrac{(l-m)!}{(l+m)!}} P_l^m(\cos\theta) e^{im\phi}$, $m \in Z, \theta \in [0, \pi], \phi \in [0, 2\pi]$,

$$\int_0^{+\infty} e^{-R} R^{l+4} dR = (l+4)!.)$$

答案: $\varphi = -\dfrac{e}{4\pi\varepsilon_0} \left[\dfrac{1}{R} - \dfrac{3(3\cos^2\theta - 1)}{R^3} \right]$.

3.7 ☆☆☆ 假设一接地金属导体球 (半径为 R_0), 一点电偶极子 $\vec{p} = q\vec{d}$ 与球心的距离为 a, 且 $a > R_0$。分析以下情况下点电偶极子的受力: (1) 点电偶极子的方向过球心并指向球外; (2) 点电偶极子的方向和其与球心的连线垂直; (3) 点电偶极子在 xOz 平面内取任意方向, 并且 $a = 2R_0$。

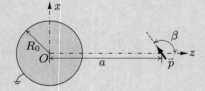

习题 3.7 图

答案: (1) $\vec{F}_1 = -\dfrac{p^2 R_0}{2\pi\varepsilon_0 a^2 \left(a - \dfrac{R_0^2}{a}\right)^3} \vec{e}_z - \dfrac{3p^2 R_0^3}{2\pi\varepsilon_0 a^3 \left(a - \dfrac{R_0^2}{a}\right)^4} \vec{e}_z,$

(2) $\vec{F}_2 = -\dfrac{3p^2 R_0^3}{4\pi\varepsilon_0 a^3 \left(a - \dfrac{R_0^2}{a}\right)^4} \vec{e}_z,$

(3) $\vec{F}_3 = \dfrac{p^2}{54\pi\varepsilon_0 R_0^4}[\sin\beta\cos\beta\,\vec{e}_x - (1 + 3\cos^2\beta)\vec{e}_z].$

3.8 ☆ 如图所示, 在距离接地无限大金属导体平面为 a 处有一无限长的带电直线, 其电荷线密度为 λ, 试采用镜像法分析空间中的电势分布。

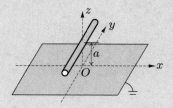

习题 3.8 图

答案: $\varphi_{总} = \dfrac{\lambda}{4\pi\varepsilon_0}\ln\left[\dfrac{x^2 + (z+a)^2}{x^2 + (z-a)^2}\right].$

3.9 ☆ 利用 Green 函数方法证明平均值定理: 当某一区域不存在电荷分布时, 选取其中任意一点, 以该点为球心作任意半径的球面 (不超出所考虑区域), 则该点的电势等于球面上电势的平均值。

3.10 ☆☆ 如图所示, 半径为 a 的圆周将无限大金属导体平板切割为彼此绝缘的两部分, 圆内电势为 V_0, 圆外电势为零, 试采用 Green 函数法求上半空间 (真空) 远场处的电势分布。

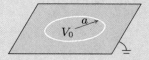

习题 3.10 图

答案: $\varphi(r,z) \approx \dfrac{V_0 a^2 z}{2(r^2 + z^2)^{3/2}} - \dfrac{3V_0 a^4 z}{8(r^2 + z^2)^{5/2}} + \dfrac{15V_0 r^2 a^4 z}{16(r^2 + z^2)^{7/2}}.$

3.11 ☆ 假设真空中有一无限大的点电偶极子层平面, 点电偶极子方向均垂直于平面向上, 点电偶极子层密度为 P_σ。试通过分离变量法求空间电势分布。
答案:

$$\varphi(z) = \begin{cases} \dfrac{P_\sigma}{2\varepsilon_0} & (z > 0), \\[2mm] -\dfrac{P_\sigma}{2\varepsilon_0} & (z < 0). \end{cases}$$

3.12 ☆ 两个无限大的平行金属导体平面, 它们的法线平行于 z 轴。其中一个平面位于 $z = 0$ 处, 电势为 φ_0。另一个位于 $z = d$ 处, 电势为 φ_d。两平面之间充满电荷, 电荷密度为 $\rho(z) = \rho_0/d$, 式中 ρ_0 是常量。试用 Poisson 方程求区域 $0 \leqslant z \leqslant d$ 内的电势分布和每个金属导体平面上电荷量的面密度。

答案: $\varphi(z) = -\dfrac{\rho_0}{2\varepsilon_0 d}z^2 + \left(\dfrac{\varphi_d - \varphi_0}{d} + \dfrac{\rho_0}{2\varepsilon_0}\right)z + \varphi_0$, $\quad \sigma_0 = -\dfrac{(\varphi_d - \varphi_0)\varepsilon_0}{d} - \dfrac{\rho_0}{2}$,

$\sigma_d = \dfrac{(\varphi_d - \varphi_0)\varepsilon_0}{d} - \dfrac{\rho_0}{2}$.

3.13 ☆☆ 在均匀外电场 $\vec{E}_0$ 中放入一个导体球壳, 球壳内、外半径分别为 R_1 和 R_2, 在球心处有一个电偶极矩为 $\vec{p}$ 的点电偶极子, $\vec{p}$ 位于 xOz 面内, 并且与 $\vec{E}_0$ (z 轴) 的夹角为 β。已知导体球壳的电势为 φ_S, 且放入导体球壳和点电偶极子之前原点的电势为零。试求: (1) 壳内、外的电势; (2) 点电偶极子 $\vec{p}$ 在外场中的相互作用能和其所受到的力。

习题 3.13 图

答案: (1)

$$\varphi(R, \theta, \phi) = \begin{cases} -E_0 R\cos\theta + \dfrac{R_2}{R}\varphi_S + \dfrac{R_2^3}{R^2}E_0\cos\theta & (R \geqslant R_2), \\[3mm] \varphi_S - \dfrac{p}{4\pi\varepsilon_0}\left(\dfrac{R}{R_1^3} - \dfrac{1}{R^2}\right)(\cos\theta\cos\beta + \sin\theta\sin\beta\cos\phi) & (R \leqslant R_1). \end{cases}$$

(2) $W = -\dfrac{p^2}{4\pi\varepsilon_0 R_1^3}$, $\quad \vec{F} = 0$.

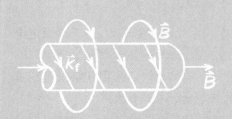

第四章

静磁场

根据 Maxwell 方程组, 在恒定电流情况下激发磁场的源来自于自由电荷集体漂移运动所形成的传导电流。另一方面, 物质在静磁场中所表现出的响应性质要比在静电场中的极化行为复杂得多, 主要原因是产生静磁场的源除了有来自电荷漂移运动形成的电流的贡献, 还存在源于电子等粒子的自旋运动的贡献, 后者是量子效应。本章主要讨论静磁场的特点, 以及在给定恒定电流以及空间磁介质分布情况下如何求解静磁场的分布。我们会看到这些特征在有些情况下与静电场类似, 但是很多地方又有着很大的区别, 这也导致需要建立新的相应的物理图像, 以及使用不同的数学处理方法来理解和处理静磁场。

4.1 静磁场及其矢势描述

4.1.1 导电媒质中的恒定电流

根据电流连续性方程, 在恒定情况下由自由电荷集体运动形成的电流 (也称传导电流) 满足

$$\nabla \cdot \vec{J}_{\mathrm{f}}(\vec{R}) = 0. \tag{4.1.1}$$

因此恒定电流的电流线是闭合的 (或来自无穷远并指向无穷远)。

物质的导电现象一般是非常复杂的, 要定量解释这些现象背后的规律需要借助固体物理的相关知识。对于大多数的导电媒质, 传导电流密度与电场之间满足 Ohm 定律:

$$\vec{J}_{\mathrm{f}} = \sigma_{\mathrm{c}} \vec{E}. \tag{4.1.2}$$

这里 σ_{c} 为材料的 (低频) 电导率。需要注意的是, 导电媒质内的自由运动电荷在外场作用下一旦产生定向漂移运动, 电场就会对运动电荷做功, 因而会产生 Joule 热 (James Prescott Joule, 1818 — 1889, 詹姆斯·普雷斯科特·焦耳, 英国物理学家),

相应的能量损耗功率为

$$W = \int_V \mathrm{d}V \vec{f} \cdot \vec{v} = \int_V \mathrm{d}V \vec{E} \cdot \vec{J}_{\mathrm{f}} = \int_V \mathrm{d}V \sigma_{\mathrm{c}} E^2. \tag{4.1.3}$$

因此要维持恒定的电流, 必须不断地补充能量来补偿 Joule 热损耗。由于是恒定电流, (4.1.2) 式中的电场对一个闭合回路而言所做的功为零, 这意味着在恒定电流的回路中必然存在非静电力做功, 这种力称为电动力。电动力可以来自化学反应或者核反应等过程, 不同过程中电动力产生的机理相差甚远, 这里不做讨论。

在恒定电流状态下若空间或者媒质中运动电荷的漂移速度为 $\vec{v}_{\mathrm{d}}$, 运动电荷分布的数密度为 N, 每个运动电荷的电荷量都为 e, 则空间的传导电流密度矢量为

$$\vec{J}_{\mathrm{f}} = Ne\vec{v}_{\mathrm{d}}. \tag{4.1.4}$$

有些材料 (例如半导体) 参与导电的可能有不止一种类型的运动电荷 (载流子), 则媒质中的电流密度表示为 $\vec{J}_{\mathrm{f}} = \sum_k N_k e_k \vec{v}_k$。

Ohm 定律的线性依赖关系 (4.1.2) 式实际上概括了载流子在电场作用下的加速运动, 同时也包含了运动电荷由于受到体系中其他粒子散射而导致在动量、能量方面的损耗。例如, 设 τ 为运动电荷在相邻两次散射之间的平均漂移时间 (也称弛豫时间), 并作近似即假设其受到散射后速率减小至零, 则运动电荷在外场作用下所能达到的最大漂移速率 v_{d} 满足

$$eE\tau = mv_{\mathrm{d}}, \quad v_{\mathrm{d}} = \frac{eE\tau}{m}. \tag{4.1.5}$$

这里 e 和 m 分别为运动电荷的电荷量和质量。将 (4.1.5) 式代入 (4.1.4) 式, 得到物质 (低频) 电导率的表达式为

$$\sigma_{\mathrm{c}} = \frac{Ne^2\tau}{m}. \tag{4.1.6}$$

可见对于导电媒质而言, 运动电荷的质量越小, 密度越大, 运动过程的弛豫时间越长, 则电导率越大。金属导体显然符合这样的条件而具有很高的电导率。

根据 Gauss 定理, 容易证明在恒定状态下导电媒质内的净电荷密度为零, 即

$$\rho_{\mathrm{tot}} = 0. \tag{4.1.7}$$

然而恒定状态下导电媒质内有电流, 而电流的出现必然与自由运动电荷的体分布相关, 也就是说恒定电流状态下导电媒质内自由运动电荷的体密度 $\rho_{\mathrm{f}} \neq 0$。另一方面, 在第二章 2.7.3 小节中围绕同轴传输线的讨论中我们看到, 在恒定情况下导电媒质 (那里是金属导体) 的表面存在电荷面分布; 对于同轴传输线而言, 内、外金属导线上的电荷面密度等量异号 (对于单根金属导线, 若在导线两端施加电压, 则导线上面电荷的分布会沿着导线在中间位置变号 [1]), 从而在同轴导线之间建立电场, 引导着金属导体表面的电流, 这些面电荷在 Maxwell 方程组边值关系中名义上

---

[1]   A. Zangwill, *Modern Electrodynamics*, Cambridge: Cambridge University Press, 2012: pp. 285.

称为"自由"面电荷。

我们知道, 对于一个介质而言, 一旦通过外部途径向介质中注入一些电荷, 则这些电荷在介质中并不能移动。但是对于导电媒质而言, 一旦在空间某位置注入了一定浓度载流子从而打破了局部的电中性平衡, 由于物质的导电性, 这些可自由运动的载流子的分布会随时间而变化。假设在电容率为 ε、电导率为 σ 的均匀物质内部引入体分布浓度为 ρ_{f0} 的载流子, 从而打破局部的电中性平衡, 根据 Maxwell 方程组, ρ_f 满足

$$\rho_f = \nabla \cdot \vec{D}. \tag{4.1.8}$$

因此有

$$\frac{\partial \rho_f}{\partial t} = \frac{\partial}{\partial t} \nabla \cdot \vec{D} = \nabla \cdot \frac{\partial \vec{D}}{\partial t} = \nabla \cdot (\nabla \times \vec{H} - \vec{J}_f)$$

$$= -\nabla \cdot \vec{J}_f = -\sigma \nabla \cdot \vec{E} = -\frac{\sigma}{\varepsilon} \nabla \cdot \vec{D} = -\frac{\sigma}{\varepsilon} \rho_f.$$

将上式两边对时间积分, 并利用初始条件得

$$\rho_f = \rho_{f0} e^{-\frac{\sigma}{\varepsilon} t}. \tag{4.1.9}$$

定义 τ 为自由运动电荷密度分布衰减的特征时间, 即

$$\tau = \frac{\varepsilon}{\sigma}. \tag{4.1.10}$$

可见经过一个特征时间 τ 之后, 导电媒质内这些电荷的体密度减小至原来的 $1/e$。如果观察的时间尺度 $T \gg \tau$, 则 $\rho_f \approx 0$。对于导电媒质尤其金属导体而言, 其恢复到电中性的时间尺度非常短, 因此在恒定状态下始终有

$$\rho_f = 0. \tag{4.1.11}$$

或者说打破电中性平衡分布的电荷只能分布于导电媒质的表面, 这正是我们在第二章 2.7.3 小节中进行关于同轴传输线讨论时所运用到的结果。基于同样的原因, 在后面第五章 5.5.4 小节中讨论电磁波在导电媒质中的传播时, 对于原先为电中性的良导电媒质, 运用 Maxwell 方程组时可以令 $\nabla \cdot \vec{D} = \rho_f = 0$, 但需保留自由运动电荷形成的传导电流贡献项 $\vec{J}_f$, 即 $\nabla \times \vec{H} = \vec{J}_f + \partial \vec{D}/\partial t$。

4.1.2 恒定电流的电场

在详细讨论恒定电流激发的静磁场之前, 先来简要分析恒定电流的电荷分布所激发电场的特点。根据 Maxwell 方程组, 由恒定传导电流下电荷所建立的电场满足与静电场一样的基本方程:

$$\nabla \times \vec{E} = 0. \tag{4.1.12}$$

可见, 这里的电场亦可引入电势 φ 进行描述:

$$\vec{E} = -\nabla \varphi. \tag{4.1.13}$$

对于满足 Ohm 定律的均匀导电媒质, 由于电流密度与电场强度呈线性依赖关系, 因此恒定情况下在导电媒质体内有

$$\nabla \cdot \vec{J}_{\mathrm{f}} = \sigma \nabla \cdot \vec{E} = -\sigma \nabla^2 \varphi = 0.$$

或者

$$\nabla^2 \varphi = 0. \tag{4.1.14}$$

可见在均匀导电媒质内部, 电势满足 Laplace 方程。

仿照 Maxwell 方程组应用于介质边界的处理, 由 (4.1.1) 式和 (4.1.12) 式经过一些推导, 可得在两种导电媒质的分界面上电势的边值关系:

$$\varphi_1 = \varphi_2. \tag{4.1.15}$$

$$\sigma_1 \frac{\partial \varphi_1}{\partial n} = \sigma_2 \frac{\partial \varphi_2}{\partial n}. \tag{4.1.16}$$

(4.1.15) 式和 (4.1.16) 式与之前讨论的静电场中两种介质分界面处的电势边值关系在形式上完全相同, 只不过这里媒质的电导率替代了之前介质的介电常数。因此之前一些满足 Laplace 方程的静电场边值问题的分析和结论, 可以直接运用到恒定电流相应的电场边值问题中, 甚至我们只需要把介电常数替换成媒质的电导率, 就能得到相关的结论。

从 (4.1.16) 式还可以看出, 对于由绝缘媒质与导电媒质构成的分界面, 在靠近分界面的导电媒质一侧有

$$\left. \frac{\partial \varphi}{\partial n} \right|_S = 0. \tag{4.1.17}$$

这是 Neumann 边界条件。

4.1.3 亥姆霍兹 (Helmholtz) 载流线圈

圆形载流线圈是我们在磁学中经常遇到的一个体系, 而对于一圆形载流线圈, 容易求出其中心对称轴上的磁场分布。假设圆形载流线圈处于 xOy 面, 圆心与坐标原点 O 重合, 如图 4–1 所示。

根据 Biot-Savart 定律, 有

$$\vec{B}\left(\vec{R}\right) = \frac{\mu_0}{4\pi} \int_{V'} \vec{J}\left(\vec{R}'\right) \mathrm{d}V' \times \frac{\vec{r}}{r^3}. \tag{4.1.18}$$

对电流元 $I\mathrm{d}\vec{\ell}$ 沿着圆形路径做闭合路径积分, 只需要考虑 $\mathrm{d}\vec{B}\left(z\right)$ 在 z 轴上沿着 z 方向的分量:

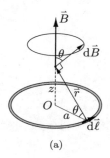

(a)

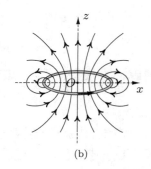

(b)

图 4–1

$$\vec{B}(z) = B_z(z)\vec{e}_z = \frac{\mu_0 I}{4\pi}\frac{1}{r^2}\cos\theta\left(\oint_L \mathrm{d}\ell\right)\vec{e}_z = \frac{\mu_0}{2}\frac{Ia^2}{(a^2+z^2)^{3/2}}\vec{e}_z. \quad (4.1.19)$$

易验证

$$\frac{\mathrm{d}B_z}{\mathrm{d}z} = -\frac{3}{2}\mu_0 Ia^2\frac{z}{(a^2+z^2)^{5/2}},$$

$$\frac{\mathrm{d}^2 B_z}{\mathrm{d}z^2} = -\frac{3}{2}\mu_0 Ia^2\frac{a^2-4z^2}{(a^2+z^2)^{7/2}}.$$

可见 $B_z(z)$ 在 $z = \pm a/2$ 处存在拐点。

如果我们在 $z = a$ 处再放置一个相同的圆形载流线圈 (电流方向亦相同), 构成所谓 Helmholtz 线圈, 如图 4–2 所示, 则仍然能保证在 $z = a/2$ 处满足 $\mathrm{d}^2 B_z(z)/\mathrm{d}z^2 = 0$。而 Helmholtz 线圈电流分布体系本身关于 $z = a/2$ 的对称性则要求在 $z = a/2$ 处所有涉及 $B_z(z)$ 的奇数阶导数均为零, 这意味着在 $z = a/2$ 处不为零的最低阶导数为 $\mathrm{d}^4 B_z/\mathrm{d}z^4$, 这就保证了在两个线圈中心连线的中间位置处, 磁场的分布比单个线圈更加均匀, 如图 4–2(b) 所示, 而这正是 Helmholtz 载流线圈磁场分布的重要特征。

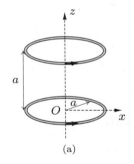 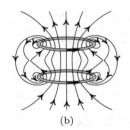

(a) (b)

图 4–2

4.1.4 载流平面的磁场

假设一无限大二维载流平面, 其面电流为均匀分布, 沿着 y 轴方向, 面密度为 $\vec{K}_\mathrm{f} = K_\mathrm{f}\vec{e}_y$, 如图 4–3 所示。根据对称性分析, 平面电流周围的磁场只依赖于观测点到面的距离, 并且在面电流的上、下两侧有如下关系:

$$\vec{B} = B(z)\vec{e}_x, \quad B(-z) = -B(z). \quad (4.1.20)$$

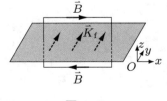

图 4–3

根据这一特点, 运用 Ampère 环路定理易求出均匀二维平面电流周围的磁场分

布为

$$\vec{B}\left(\vec{R}\right) = \begin{cases} \dfrac{1}{2}\mu_0 K_{\mathrm{f}}\vec{e}_x & (z > 0)\,, \\[2mm] -\dfrac{1}{2}\mu_0 K_{\mathrm{f}}\vec{e}_x & (z < 0)\,. \end{cases} \tag{4.1.21}$$

若定义 $\vec{n}$ 为垂直于载流面并指向观测点的单位矢量, 则可以将 (4.1.21) 式改写成如下形式:

$$\vec{B} = \frac{1}{2}\mu_0 \vec{K}_{\mathrm{f}} \times \vec{n}. \tag{4.1.22}$$

之前我们将 Maxwell 方程组的积分形式应用到介质分界面, 从而得出磁场在分界面两侧的边值关系。这里我们借助 (4.1.21) 式, 亦容易得出磁感应强度边值关系。例如, 假设在介质 1 与介质 2 的分界面上某一面元 $\mathrm{d}S$ 处的面电流密度为 $\vec{K}_{\mathrm{f}}$, 除面电流元之外的其他电流在面元处所产生的磁场为 $\vec{B}_S$, 则紧靠面元两侧 (从而可将面元看成无限大二维均匀面电流) 的磁场分别为

$$\begin{cases} \vec{B}_1 = \vec{B}_S - \dfrac{1}{2}\mu_0 \vec{K}_{\mathrm{f}} \times \vec{n}_{21}, \\[2mm] \vec{B}_2 = \vec{B}_S + \dfrac{1}{2}\mu_0 \vec{K}_{\mathrm{f}} \times \vec{n}_{21}. \end{cases} \tag{4.1.23}$$

这里 $\vec{n}_{21}$ 为面元 $\mathrm{d}S$ 处从介质 1 侧指向介质 2 侧的面法向单位矢量。考虑到 $\vec{K}_{\mathrm{f}} \times \vec{n}_{21}$ 只有沿着面内的分量, 则 (4.1.23) 式可改写为

$$\begin{cases} B_{1n} = B_{2n}, \\[2mm] \vec{n}_{21} \times (\vec{B}_2 - \vec{B}_1) = \mu_0 \vec{K}_{\mathrm{f}}. \end{cases} \tag{4.1.24}$$

这与之前的结论一致。

如果我们要分析磁场作用在单位面积面电流元上的磁力, 则有

$$\vec{f} = \vec{K}_{\mathrm{f}} \times \vec{B}_S = \frac{1}{2}\vec{K}_{\mathrm{f}} \times (\vec{B}_1 + \vec{B}_2)\,. \tag{4.1.25}$$

例题 4.1.1   对于无限长同轴传输导线, 计算其内导线的受力。已知内导线半径为 a, 电流为 I, 不考虑导线电阻。

解: 采用柱坐标系进行求解。由于内导线不存在电阻, 是理想导体, 电流仅分布在内导线的表面, 故内导线内部不存在磁场, 而导线周围空间的磁场分布为

$$\vec{H} = H_\phi \vec{e}_\phi = \frac{I}{2\pi r}\vec{e}_\phi \quad (r \geqslant a)\,.$$

内导线周围的磁感应强度分布为

$$\vec{B} = \frac{\mu_0 I}{2\pi r}\vec{e}_\phi \quad (r \geqslant a)\,.$$

根据第二章中的 (2.7.35) 式 $\displaystyle\int_V \vec{f}_M \mathrm{d}V = -\oint_S \mathrm{d}\vec{S} \cdot \overleftrightarrow{T}$ 可知, 在恒定情况下计

算电磁场对一个带电体施加的力, 既可根据力密度通过体积分来计算, 也可通过动量流的面积分来计算。

(1) 根据力密度来计算。导线表面的面电流密度为

$$\vec{K}_f = \frac{I}{2\pi a}\vec{e}_z,$$

根据 (4.1.25) 式, 可知内导线表面由于面电流的存在, 面元 δS 受到的磁力为

$$\delta\vec{F} = \frac{1}{2}\vec{K}_f \times (\vec{B}_内 + \vec{B}_外)\,\delta S = \frac{1}{2}\vec{K}_f \times \vec{B}_外\delta S.$$

考虑到面元外侧的磁感应强度为

$$\vec{B}_外 = \frac{\mu_0 I}{2\pi a}\vec{e}_\phi,$$

故内导线表面周围的电磁场施加于一长度为单位长度、半径为 a、张角为小量 $\delta\phi$ 的一段载流扇形导体上的磁力 (见图 4–4) 为

$$\delta\vec{F} = \frac{1}{2}\cdot\frac{I}{2\pi a}\vec{e}_z \times \left(\frac{\mu_0 I}{2\pi a}\vec{e}_\phi\right)a\delta\phi = -\frac{\mu_0 I^2}{8\pi^2 a}\delta\phi\,\vec{e}_r.$$

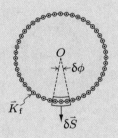

图 4–4

(2) 根据动量流对闭合面的面积分来计算。由于是理想导体, 内导线表面外侧的动量流密度分布为

$$\vec{T} = -\frac{1}{\mu_0}\vec{B}\vec{B} + \frac{1}{2\mu_0}B^2\vec{I} \quad (r = a).$$

由于导线内侧无磁场, 故由 $\int_V \vec{f}_M\mathrm{d}V = -\oint_S \mathrm{d}\vec{S}\cdot\vec{T}$ 可得面元 δS 受到的作用力为

$$\delta\vec{F} = -\delta S\vec{e}_r\cdot\vec{T} = -\frac{1}{2\mu_0}B^2(\vec{e}_r\cdot\vec{I})\,\delta S = -\frac{\mu_0 I^2}{8\pi^2 a}\delta\phi\,\vec{e}_r.$$

可见, 上述结果与采用面电流的力密度计算结果是一致的。$\delta\vec{F}$ 指向内导线的轴心方向, 它是指向轴线的内压力。当电流很大的情况下, 整个导体会受到一个指向轴心的应力。

思考题 4.1   在例题 4.1.1 中导线表面的面电流沿着轴线方向分布, 因此导线外的磁感应线是与导线横截面同心的圆, 导线内部没有磁场。若面电流垂直于导线轴线而沿其表面流动, 易分析得出导线内为均匀磁场, 方向沿导线轴线, 导线外不存在磁场。如图 4-5 所示, 假设在一般的情况下面电流与导线轴线成 θ 角盘绕并沿导线表面流动, 面电流密度大小为 K_f, 导线半径为 a。试分析单位面积面电流受到的磁力及其与 θ 角的依赖关系。

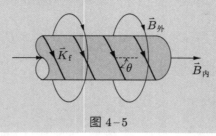

图 4-5

4.1.5   静磁场的矢势

恒定电流激发的静磁场满足如下基本方程:

$$\nabla \times \vec{H} = \vec{J}_{\mathrm{f}}, \quad \nabla \cdot \vec{B} = 0. \tag{4.1.26}$$

对于均匀线性各向同性的磁介质 $\vec{B} = \mu \vec{H}$, 结合 1.3.5 小节中给出的 Helmholtz 定理, 则对静磁场 $\vec{B}$ 总可以引入另一个矢量场 $\vec{A}$ 来描述, 即

$$\vec{B} = \nabla \times \vec{A}, \tag{4.1.27}$$

$$\vec{A}(\vec{R}) = \frac{1}{4\pi} \int_{V'} \mathrm{d}V' \frac{\nabla' \times \vec{B}(\vec{R}')}{r} = \frac{\mu}{4\pi} \int_{V'} \mathrm{d}V' \frac{\vec{J}_{\mathrm{f}}(\vec{R}')}{r}. \tag{4.1.28}$$

矢量 $\vec{A}$ 称为磁场的矢势。因此一旦能够求解出矢势, 则磁感应强度可通过 (4.1.27) 式得出。

例题 4.1.2   如图 4-6 所示, 有一无限长直导线, 通有电流 I, 求其周围的矢势和磁场分布。

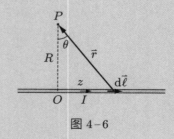

图 4-6

解: 根据

$$\vec{A} = \frac{\mu_0 I}{4\pi} \int_L \frac{\mathrm{d}\vec{\ell}}{r}.$$

可知矢势 $\vec{A}$ 只有沿着 z 轴的分量, 即

$$\vec{A} = A_z \vec{e}_z,$$

$$A_z = \frac{\mu_0 I}{4\pi} \int_{-\infty}^{+\infty} \frac{\mathrm{d}z}{r} = \frac{\mu_0 I}{4\pi} \int_{-\infty}^{+\infty} \frac{\mathrm{d}z}{\sqrt{z^2 + R^2}} = \frac{\mu_0 I}{4\pi} \lim_{L \to \infty} \ln \left(z + \sqrt{z^2 + R^2} \right) \Big|_{-L}^{L}$$

$$= \frac{\mu_0 I}{4\pi} \lim_{L \to \infty} \ln \left[\frac{1 + \sqrt{1 + (R/L)^2}}{-1 + \sqrt{1 + (R/L)^2}} \right].$$

上述积分是发散的。为此先来计算两点之间的矢势之差。取与导线距离为 R_0 处的矢势为零, 则与导线距离为 R 处的矢势为

$$A_z\left(R\right) = \frac{\mu_0 I}{4\pi} \lim_{L \to \infty} \left[\ln \frac{1 + \sqrt{1 + (R/L)^2}}{-1 + \sqrt{1 + (R/L)^2}} - \ln \frac{1 + \sqrt{1 + (R_0/L)^2}}{-1 + \sqrt{1 + (R_0/L)^2}} \right]$$

$$= -\frac{\mu_0 I}{2\pi} \ln \frac{R}{R_0}.$$

而与导线距离为 R 处的磁场为

$$\vec{B}\left(R\right) = \nabla \times \vec{A}\left(R\right) = -\nabla \times \left(\frac{\mu_0 I}{2\pi} \ln \frac{R}{R_0} \vec{e}_z \right) = \frac{\mu_0}{2\pi} \frac{I}{R} \vec{e}_\phi.$$

4.1.6 矢势 Coulomb 规范条件

矢势的旋度对应着磁场, 但矢势本身仍具有一定的自由度。例如, 对矢势 $\vec{A}$ 进行如下变换:

$$\vec{A} \quad \to \quad \vec{A}' = \vec{A} + \nabla \psi,$$

则有

$$\vec{B}' = \nabla \times \vec{A}' = \nabla \times \vec{A} + \nabla \times (\nabla \psi) = \nabla \times \vec{A} = \vec{B}.$$

可见 $\vec{A}$ 和 $\vec{A}'$ 所描述的是同一磁场, 这说明矢势的选取可以相差一个任意标量场的梯度。另一方面, 考虑磁场对一个面 S 的通量为

$$\int_S \vec{B} \cdot \mathrm{d}\vec{S} = \int_S (\nabla \times \vec{A}) \cdot \mathrm{d}\vec{S} = \oint_L \vec{A} \cdot \mathrm{d}\vec{\ell}. \tag{4.1.29}$$

即矢势 $\vec{A}$ 沿任一闭合回路的线积分对应着通过以该回路为边界的任一曲面的磁通量。因此, 空间中每一点处 $\vec{A}$ 本身没有直接的物理意义, 其环量才具有物理意义。

电磁场本身对于 $\vec{A}$ 的散度没有具体的要求。为了减少任意性, 确定矢势 $\vec{A}$ 的取值, 需要对 $\nabla \cdot \vec{A}$ 加上一定的限制条件, 称之为规范辅助条件, 简称为规范 (gauge) 条件。需要说明的是, 磁场本身的性质与这里所选的规范无关。对于静磁场, 常采取 Coulomb 规范, 即

$$\nabla \cdot \vec{A}\left(\vec{R}\right) = 0. \tag{4.1.30}$$

在 2.3 节中, 我们已经证明 (4.1.28) 式满足 Coulomb 规范。还可以验证, 对于任意的磁场总可以找到一个矢势 $\vec{A}$, 使其满足 Coulomb 规范。我们会看到, 采用 Coulomb 规范可以使关于静磁场矢势的微分方程得以简化。

例题 4.1.3   写出均匀磁场的矢势。

解: 假设在 Cartesian 坐标系中 $\vec{B} = B_0 \vec{e}_z$, 则矢势可取为

$$\vec{A} = \frac{1}{2} \vec{B} \times \vec{r} = \frac{B_0}{2} \left(-y\vec{e}_x + x\vec{e}_y \right),$$

或者更为一般的形式

$$\vec{A} = B_0 \left[-\alpha y \vec{e}_x + (1 - \alpha) x \vec{e}_y \right].$$

其中 α 为任意常数, 容易验证上面两种矢势形式都满足 Coulomb 规范。

例题 4.1.4   如图 4-7 所示, 有一均匀带电的薄球壳, 半径为 R_0, 总电荷为 Q, 现使球壳绕其自身某一直径以角速度 ω 匀速转动, 求球壳内、外的矢势和磁场分布。

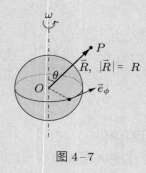

图 4-7

解: 球面上均匀分布的电荷由于球壳转动而形成面电流。面电荷密度可表示为 $\sigma = Q/(4\pi R_0^2)$, 设球面上某处旋转的线速度为 $\vec{v}$, 则该处的面电流密度为

$$\vec{K}_{\mathrm{f}} = \sigma \vec{v} = \sigma v \vec{e}_\phi = \sigma \left(\omega \cdot R_0 \sin \theta \right) \vec{e}_\phi = \omega \sigma R_0 \sin \theta \vec{e}_\phi. \tag{4.1.31}$$

可见这里的面电流都沿着纬度线, 对极角呈现 $\sin \theta$ 的依赖特征, 在 $\sin \theta = 0$ 和 $\sin \theta = \pi$ 时为零, 而在 "赤道线" 达到最大值。

这里采取矢势积分方法求解。为了求解方便, 我们把坐标系的 z 轴改为沿着场点的位矢方向, 不失一般性, 将转轴 ω 选择处在 xOz 面内, θ 为转轴与 z 轴的夹角, 如图 4-8 所示。

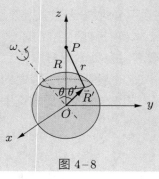

图 4-8

在如图 4-8 所示的坐标系中, 场点、源点坐标, 以及场点到源点的距离分别为

$$\vec{R} = (0, 0, R),$$

$$\vec{R}' = (R_0 \sin\theta' \cos\phi', R_0 \sin\theta' \sin\phi', R_0 \cos\theta'),$$

$$r = \sqrt{R^2 + R_0^2 - 2RR_0 \cos\theta'}.$$

球面上 $\vec{R}'$ 处的面电流密度为 $\vec{K}_{\rm f}(\vec{R}') = \sigma v$, 故空间 $\vec{R}$ 处的矢势可表示为

$$\vec{A}(\vec{R}) = \frac{\mu_0}{4\pi} \int_S \frac{\vec{K}_{\rm f}(\vec{R}') \, {\rm d}S'}{r} = \frac{\mu_0 \sigma}{4\pi} \int_S \frac{\vec{v}(\vec{R}')}{r} R_0^2 \sin\theta' {\rm d}\theta' {\rm d}\phi'. \tag{4.1.32}$$

而面电荷的运动速度为

$$\vec{v} = \vec{\omega} \times \vec{R}' = \begin{vmatrix} \vec{e}_x & \vec{e}_y & \vec{e}_z \\ \omega\sin\theta & 0 & \omega\cos\theta \\ R_0 \sin\theta' \cos\phi' & R_0 \sin\theta' \sin\phi' & R_0 \cos\theta' \end{vmatrix}$$

$$= -R_0\omega \left(\cos\theta \sin\theta' \sin\phi'\right) \vec{e}_x + R_0\omega \left(\cos\theta \sin\theta' \cos\phi' - \sin\theta \cos\theta'\right) \vec{e}_y$$

$$+ R_0\omega \sin\theta \sin\theta' \sin\phi' \vec{e}_z.$$

考虑到 $\int_0^{2\pi} \sin\phi' {\rm d}\phi' = \int_0^{2\pi} \cos\phi' {\rm d}\phi' = 0$, 则有

$$\vec{A} = -\frac{\mu_0 R_0^3 \sigma\omega \sin\theta}{2} \left(\int_0^\pi \frac{\cos\theta' \sin\theta'}{\sqrt{R_0^2 + R^2 - 2R_0 R \cos\theta'}} {\rm d}\theta' \right) \vec{e}_y. \tag{4.1.33}$$

令 $u = \cos\theta'$, 则上述括号中的积分为

$$\int_{-1}^1 \frac{u}{\sqrt{R_0^2 + R^2 - 2R_0 Ru}} {\rm d}u = -\frac{R_0^2 + R^2 + R_0 Ru}{3R_0^2 R^2} \sqrt{R_0^2 + R^2 - 2R_0 Ru} \Big|_{-1}^{+1}$$

$$= -\frac{1}{3R_0^2 R^2} \left[\left(R_0^2 + R^2 + R_0 R\right) \cdot |R_0 - R| - \left(R_0^2 + R^2 - R_0 R\right) \left(R_0 + R\right) \right].$$

则有

$$\vec{A} = \frac{\mu_0 R_0 \sigma\omega \sin\theta}{6R^2} \cdot \left[\left(R_0^2 + R^2 + R_0 R\right) \cdot |R_0 - R| - \left(R_0^2 + R^2 - R_0 R\right) \left(R_0 + R\right) \right] \vec{e}_y.$$

具体讨论如下:

（Ⅰ）当 P 点位于球壳内区域, 即 $R \leqslant R_0$ 时, 有

$$\left(R_0^2 + R^2 + R_0 R\right) \cdot |R_0 - R| - \left(R_0^2 + R^2 - R_0 R\right) \left(R_0 + R\right) = -2R^3.$$

因此有

$$\vec{A}_{内} = -\frac{\mu_0 R_0 \sigma}{3} \omega R \sin\theta \vec{e}_y = \frac{\mu_0 R_0 \sigma}{3} \left(\vec{\omega} \times \vec{R}\right). \tag{4.1.34}$$

（Ⅱ）当 P 点位于球壳外区域, 即 $R \geqslant R_0$ 时, 有

$$\left(R_0^2 + R^2 + R_0 R\right) \cdot |R_0 - R| - \left(R_0^2 + R^2 - R_0 R\right)\left(R_0 + R\right) = -2R_0^3.$$

因此有

$$\vec{A}_{外} = \frac{\mu_0 R_0^4 \sigma}{3R^3}\left(\vec{\omega} \times \vec{R}\right). \tag{4.1.35}$$

最后, 我们把上述结果变换到最初以转轴为极轴的球坐标系, 并得到

$$\vec{A}_{内} = \frac{\mu_0 R_0 \sigma}{3}\left(\vec{\omega} \times \vec{R}\right) = \frac{\mu_0 R_0 \omega \sigma}{3} R \sin\theta \vec{e}_\phi = \frac{\mu_0}{4\pi} \frac{m}{R_0^3} R \sin\theta \vec{e}_\phi. \tag{4.1.36}$$

$$\vec{A}_{外} = \frac{\mu_0 R_0^4 \sigma}{3R^3}\left(\vec{\omega} \times \vec{R}\right) = \frac{\mu_0 R_0^4 \omega \sigma}{3} \frac{\sin\theta}{R^2} \vec{e}_\phi = \frac{\mu_0}{4\pi} \frac{m}{R^2} \sin\theta \vec{e}_\phi. \tag{4.1.37}$$

式中

$$m = \frac{1}{3}\omega Q R_0^2, \quad \vec{m} = m\vec{e}_z. \tag{4.1.38}$$

由此可见, 旋转的均匀带电球壳在球壳内、外区域的矢势都是沿着纬度线方向, 并在球面处处连续。我们知道, 对于平面载流线圈, 其磁矩 [见式 (4.4.15)] 大小为线圈面积与电流强度的乘积, 方向服从右手螺旋法则 (四指沿电流绕向, 拇指为磁矩方向)。容易验证 (读者自行验证一下), 若把球面上的面电流看成若干相互平行细载流线圈的组合, 它们所产生的总磁矩 (均沿着 z 轴正方向) 叠加之后就是这里得到的磁矩。

得到了矢势, 易求得空间的磁场分布。对于旋转带电球壳, 其内部的磁场为均匀磁场, 即

$$\vec{B}_{内} = \nabla \times \vec{A}_{内} = \frac{\mu_0}{4\pi} \frac{2m}{R_0^3}\left(\cos\theta \vec{e}_r - \sin\theta \vec{e}_\theta\right) = \frac{\mu_0}{4\pi} \frac{2m}{R_0^3} \vec{e}_z. \tag{4.1.39}$$

而球壳外的磁场为

$$\vec{B}_{外} = \nabla \times \vec{A}_{外} = \frac{\mu_0}{4\pi} \frac{m}{R^3}\left(2\cos\theta \vec{e}_r + \sin\theta \vec{e}_\theta\right) = \frac{\mu_0}{4\pi}\left[\frac{3\left(\vec{m} \cdot \vec{R}\right)\vec{R}}{R^5} - \frac{\vec{m}}{R^3}\right].$$

$$\tag{4.1.40}$$

我们已熟知, 无限长载流螺线管在管内产生的磁场为均匀磁场, 这里的分析告诉我们另一个有用的结论, 即若区域内电流分布为球面面分布, 并且电流面密度满足式 (4.1.31) 的形式, 则球内区域的磁场同样为均匀磁场, 方向与磁矩方向同向。由于是球形区域, 这里面电流密度需随极角的改变而变化, 后面在讨论处于外磁场中超导球的磁化还会遇到类似的情形。至于球壳外区域的磁场, 待 4.4.4 小节讨论了磁偶极子所产生的磁场之后, 上式含义便一目了然。

思考题 4.2　针对例题 4.1.4, 在得到磁场分布的基础上, 试进一步分析匀速旋转均匀带电薄球壳内、外的电场强度 $\vec{E}$ 及其能流密度矢量 $\vec{s}$ 的分布特征。

4.1.7 矢势微分方程

对于均匀线性且各向同性的磁介质, 有 $\vec{B} = \mu\vec{H}$, 则有

$$\nabla \times \vec{B} = \mu\nabla \times \vec{H} = \mu\vec{J}_{\mathrm{f}}.$$

这里 $\vec{J}_{\mathrm{f}}$ 为传导电流。将 $\vec{B} = \nabla \times \vec{A}$ 代入上式得

$$\nabla \times (\nabla \times \vec{A}) = \nabla(\nabla \cdot \vec{A}) - \nabla^2\vec{A} = \mu\vec{J}_{\mathrm{f}}.$$

利用 Coulomb 规范辅助条件, 可得到矢势满足的微分方程为

$$\nabla^2\vec{A} = -\mu\vec{J}_{\mathrm{f}}. \tag{4.1.41}$$

在 Cartesian 坐标系中, 其分量形式表示为

$$\nabla^2 A_i = -\mu J_{\mathrm{f}i}, \quad (i = 1, 2, 3). \tag{4.1.42}$$

可见在 Coulomb 规范下, 对于均匀线性各向同性的磁介质, Cartesian 坐标系中矢势 $\vec{A}$ 的每个分量都满足 Poisson 方程, 与静电场的电势所满足的 Poisson 方程在形式上是一致的。

4.1.8 矢势边值关系

之前已经给出了关于磁场的一般边值关系:

$$\begin{cases} \vec{n}_{21} \cdot (\vec{B}_2 - \vec{B}_1) = 0, \\ \vec{n}_{21} \times (\vec{H}_2 - \vec{H}_1) = \vec{K}_{\mathrm{f}}. \end{cases} \tag{4.1.43}$$

由 (4.1.43) 式的第一个边值关系以及 $\vec{B} = \nabla \times \vec{A}$, 可得关于矢势的第一个边值关系

$$\vec{n}_{21} \cdot (\nabla \times \vec{A}_2 - \nabla \times \vec{A}_1) = 0. \tag{4.1.44}$$

或者可以跨过分界面选取一个高度趋于零的矩形积分回路, 将 $\vec{B} = \nabla \times \vec{A}$ 应用到此积分回路: $\int_S \mathrm{d}\vec{S} \cdot \vec{B} = \oint_L \mathrm{d}\vec{\ell} \cdot \vec{A}$, 从而将 (4.1.44) 式改写为更简洁的形式:

$$A_{1t} = A_{2t}. \tag{4.1.45}$$

即矢势沿着分界面的切向分量连续。而结合 Coulomb 规范 $\nabla \cdot \vec{A} = 0$ 在分界面上的 (体) 积分, 还能得到矢势的法向分量 A_n 连续, 因此在磁介质分界面上, 不管是否存在自由面电流分布, 其两侧矢势都是连续的, 即

$$\vec{A}_1 = \vec{A}_2. \tag{4.1.46}$$

对于静电场而言, 即便对于存在电荷面分布的界面, 电势在界面两侧也是连续的, 而在 Coulomb 规范下矢势 $\vec{A}$ 的每一个分量都满足 Poisson 方程, 因此亦易得出结论 (4.1.46) 式。

对于各向同性的线性均匀非铁磁介质有 $\vec{B} = \mu\vec{H}$, 可以将 (4.1.43) 式中磁场

的第二个边值关系改写成如下形式:

$$\vec{n}_{21} \times \left[\nabla \times \left(\frac{\vec{A}_2}{\mu_2} \right) - \nabla \times \left(\frac{\vec{A}_1}{\mu_1} \right) \right] = \vec{K}_{\mathrm{f}}. \tag{4.1.47}$$

而对于铁磁介质, 需要根据一般定义 $\vec{B} = \mu_0 (\vec{H} + \vec{M})$, 将 (4.1.43) 式中磁场的第二个边值关系改写成如下的形式:

$$\vec{n}_{21} \times [\nabla \times (\vec{A}_2 - \vec{A}_1)] = \mu_0 [\vec{K}_{\mathrm{f}} + \vec{n}_{21} \times (\vec{M}_2 - \vec{M}_1)]. \tag{4.1.48}$$

4.1.9 静磁场唯一性定理

前一章介绍了静电场的唯一性定理。关于静磁场的边值问题也存在相应的唯一性定理, 具体表述为: 若 V 内给定电流和磁介质分布, 磁介质满足 $\vec{B} = \mu\vec{H}$, 并且给定区域 V 边界上的 $\vec{A}$ 或 $\vec{H}$ 的切向分量, 则该区域内的磁场唯一确定。

接下来也是采用反证法给出该定理的证明。假设对同一体系, 存在两组不同的解 $\vec{B}'$ 和 $\vec{B}''$, 显然应有

$$\begin{cases} \vec{B}' = \mu\vec{H}' = \nabla \times \vec{A}', \\ \vec{B}'' = \mu\vec{H}'' = \nabla \times \vec{A}''. \end{cases} \tag{4.1.49}$$

由于给定了 V 内的电流分布, 因此有

$$\nabla \times \vec{H}' = \nabla \times \vec{H}'' = \vec{J}. \tag{4.1.50}$$

另一方面, 根据场的线性叠加原理, 可构造一个新的场, 即

$$\vec{B} = \vec{B}' - \vec{B}'', \quad \vec{H} = \vec{H}' - \vec{H}''. \tag{4.1.51}$$

它对应的矢势 $\vec{A} = \vec{A}' - \vec{A}''$, 对于这样一个场, 显然满足

$$\nabla \times \vec{H} = 0. \tag{4.1.52}$$

在 V 内构造如下积分:

$$\begin{aligned} \int_V \vec{B} \cdot \vec{H} \mathrm{d}V &= \int_V (\nabla \times \vec{A}) \cdot \vec{H} \mathrm{d}V \\ &= \int_V [\nabla \cdot (\vec{A} \times \vec{H}) + \vec{A} \cdot (\nabla \times \vec{H})] \, \mathrm{d}V \\ &= \oint_S \mathrm{d}\vec{S} \cdot (\vec{A} \times \vec{H}). \end{aligned}$$

或者

$$\begin{aligned} \int_V (\vec{B}' - \vec{B}'') \cdot (\vec{H}' - \vec{H}'') \, \mathrm{d}V &= -\oint_S [\vec{e}_n \times (\vec{H}' - \vec{H}'')] \cdot (\vec{A}' - \vec{A}'') \, \mathrm{d}S \\ &= \oint_S [\vec{e}_n \times (\vec{A}' - \vec{A}'')] \cdot (\vec{H}' - \vec{H}'') \, \mathrm{d}S. \end{aligned}$$

根据上式, 如果已知边界上 $\vec{A}$ 的切向分量或 $\vec{H}$ 的切向分量, 即便存在两组不同的解 $\vec{B}'$ 和 $\vec{B}''$, 由于是同一个体系, 则均可得到

$$\int_V \frac{1}{\mu} \left(\vec{B}' - \vec{B}''\right) \cdot \left(\vec{B}' - \vec{B}''\right) \mathrm{d}V = 0. \tag{4.1.53}$$

由于 V 内磁导率 μ 恒为正, 故要使积分值恒为零, 被积函数须在 V 内处处恒等于零, 从而有

$$\vec{B}' = \vec{B}''. \tag{4.1.54}$$

即所设的两个解是同一个解, 唯一性定理得证。

对于区域 V, 设其由若干个磁导率均匀的区域所组成, 区域 V 的内边界上没有自由电流面分布, V 内给定电流和磁介质分布, 若在区域 V 的外边界上给定 $\vec{A}$ 的切向分量或 $\vec{H}$ 的切向分量, 则区域内的静磁场唯一确定。作为练习, 仿照上述步骤, 并利用矢势在边界上连续的条件, 亦可以证明唯一性定理。

例题 4.1.5 采取矢势的微分方程, 并结合边值关系, 再求解例题 4.1.4。

解: 选取转轴方向作为球坐标系极轴方向, 则旋转球壳表面所产生的面电流密度为

$$\vec{K} = K\vec{e}_\phi, \quad K = \frac{Q\omega}{4\pi R_0} \sin\theta. \tag{4.1.55}$$

由于体系是面电流分布, 方向沿着 $\vec{e}_\phi$, 且面电流大小具有轴对称性, 与方位角无关, 因此根据电流分布的对称性, 矢势也必然具有这样的对称性。同时在 Coulomb 规范下矢势是闭合线, 因此矢势只具有沿 $\vec{e}_\phi$ 方向的分量, 令

$$\vec{A} = A(R,\theta)\vec{e}_\phi. \tag{4.1.56}$$

考虑到球壳内、外不存在电流体分布, 因此球壳内、外矢势都满足 $\nabla^2 \vec{A} = 0$, 借助球坐标系中 Laplace 算符 ∇^2 的形式 (1.2.56) 式, 以及这里矢势大小、方向的对称性特征, 得

$$\left(\nabla^2 - \frac{1}{R^2 \sin^2\theta}\right) A(R,\theta) = 0 \quad (R \neq R_0), \tag{4.1.57}$$

式中算符 ∇^2 形式为

$$\nabla^2 = \frac{1}{R^2} \frac{\partial}{\partial R}\left(R^2 \frac{\partial}{\partial R}\right) + \frac{1}{R^2 \sin\theta} \frac{\partial}{\partial \theta}\left(\sin\theta \frac{\partial}{\partial \theta}\right).$$

在 $R = R_0$ 球面上, 根据矢势连续的边值关系, 有

$$A_{内}(R,\theta)|_{R=R_0} = A_{外}(R,\theta)|_{R=R_0}. \tag{4.1.58}$$

考虑到球壳内、外都是真空, 有 $\mu_1 = \mu_2 = \mu_0$, 则矢势的第二个边值关系 (4.1.47) 式变为

$$\vec{e}_r \times [\nabla \times (\vec{A}_{外} - \vec{A}_{内})]|_{R=R_0} = \mu_0 \vec{K}. \tag{4.1.59}$$

考虑到空间的矢势只有沿着 $\vec{e}_\phi$ 方向的分量, 因此在球坐标系中有

$$\nabla \times (\vec{A}_外 - \vec{A}_内) = \frac{1}{R\sin\theta} \frac{\partial}{\partial\theta} [\sin\theta (A_外 - A_内)] \vec{e}_r - \frac{1}{R} \frac{\partial}{\partial R} [R \cdot (A_外 - A_内)] \vec{e}_\theta.$$

则 (4.1.59) 式简化为

$$-\frac{1}{R} \frac{\partial}{\partial R} [R \cdot (A_外 - A_内)]\big|_{R=R_0} \vec{e}_\phi = \mu_0 \vec{K} = \mu_0 K \vec{e}_\phi, \tag{4.1.60}$$

或者

$$\frac{\partial A_外}{\partial R}\bigg|_{R=R_0} - \frac{\partial A_内}{\partial R}\bigg|_{R=R_0} = -\mu_0 K. \tag{4.1.61}$$

(4.1.58) 式和 (4.1.61) 式是空间矢势在球面上任意一处须满足的两个边值关系。

采取分离变量法来求解 (4.1.57) 式。考虑到面电流 K 与极角之间是 $\sin\theta$ 依赖关系, 以及边界条件 (4.1.61) 式对任意极角都成立, 因此假设球壳内、外的矢势可表示为

$$A = U(R)\sin\theta. \tag{4.1.62}$$

将其代入 (4.1.57) 式, 得到关于 $U(R)$ 的全微分方程:

$$R^2 \frac{\mathrm{d}^2 U}{\mathrm{d}R^2} + 2R \frac{\mathrm{d}U}{\mathrm{d}R} - 2U = 0. \tag{4.1.63}$$

这是一个二阶齐次欧拉 (Euler) 方程, 在数学上可以证明其通解形式为

$$U(R) = aR + \frac{b}{R^2}. \tag{4.1.64}$$

考虑到球壳内 (外) 矢势在 $R \to 0$ $(R \to \infty)$ 处的收敛性, 则球壳内、外的矢势可表示为

$$A_内 = aR\sin\theta, \quad A_外 = \frac{b}{R^2}\sin\theta. \tag{4.1.65}$$

利用边值关系 (4.1.58) 式和 (4.1.61) 式, 易求得上式中的待定系数为

$$a = \frac{\mu_0 \omega Q}{12\pi} \frac{1}{R_0}, \quad b = \frac{\mu_0 \omega Q}{12\pi} R_0^2. \tag{4.1.66}$$

最后得球壳内、外的矢势为

$$\begin{cases} \vec{A}_内 (R, \theta) = \dfrac{\mu_0 \omega Q}{12\pi} \left(\dfrac{R}{R_0} \right) \sin\theta \vec{e}_\phi = \dfrac{\mu_0}{4\pi} \dfrac{m}{R_0^3} R\sin\theta \vec{e}_\phi, \quad (R \leqslant R_0), \\[3mm] \vec{A}_外 (R, \theta) = \dfrac{\mu_0 \omega Q}{12\pi} \left(\dfrac{R_0^2}{R^2} \right) \sin\theta \vec{e}_\phi = \dfrac{\mu_0}{4\pi} \dfrac{m}{R^2} \sin\theta \vec{e}_\phi, \quad (R \geqslant R_0). \end{cases} \tag{4.1.67}$$

上述结果与 (4.1.36) 式、(4.1.37) 式完全一致。待介绍了关于磁场的磁标势描述之后, 还可以借助磁标势来求解这一问题。

4.1.10　阿哈罗诺夫 – 玻姆 (Aharonov – Bohm) 效应

经典电动力学理论是基于人们对电荷之间及电流之间力的认识而逐步建立起来的, 力是通过场来传递的, $\vec{E}$、$\vec{B}$ 因此成为表征电磁场相关性质的基本物理量。静电场可以引入标势来描述; 磁场可以引入矢势来描述; 势的引入似乎仅停留在作为数学辅助量的层面, 使问题的处理变得更加简便。另一方面, 矢势与标势取值具有一定的任意性。因此经典电动力学理论认为, 电磁场的势并不具有直接可观测意义, 而 $\vec{E}$ 和 $\vec{B}$ 不但具有可观测的物理含义, 并且遵从定域性微分方程, 带电粒子运动变化是场对粒子逐点作用的结果。

不同于经典 Maxwell 电磁场理论, 在量子力学中粒子运动采用波函数描述, 波函数具有振幅和相位。不仅如此, 量子力学采用矢势 $\vec{A}$ 和标势 φ 描述电磁场与物质的相互作用, 势的存在会对粒子运动波函数产生影响, 并与体系的量子行为直接相关, 从而产生经典电磁场理论不能预测或解释的物理效应。

下面来介绍著名的 Aharonov – Bohm 效应, 简称 A – B 效应。电子是物质波, 具有波粒二象性。如图 4 – 9 所示, 若能设计并获得一个理想的双缝干涉实验装置, 则电子束通过装置的两条狭缝后在观测屏上会出现干涉条纹。现在改变实验条件, 就是在靠近狭缝的地方放置一个无限长的通电螺线管, 螺线管半径足够小, 以保证电子只会在管外空间运动, 而长螺旋线管能将磁场完全包裹在线管内部, 使得螺线管外的磁场几乎为零。1959 年, 以色列理论物理学家阿哈罗诺夫 (Yakir Aharonov, 亚基尔·阿哈罗诺夫, 1932 —　　) 和美国物理学家玻姆 (David Bohm, 戴维·玻姆, 1917 — 1992) 提出, 在电子运动的空间虽然不存在磁场, 但存在矢势, 电子运动波函数应受到矢势的影响。他们预测, 当线圈通电之后, 螺线管外磁矢势的存在会导致电子的相位发生变化, 观测屏上干涉条纹应发生移动 [2]。1960 年, 他们的理论被 R. G. Chambers 的实验所证实 [3]。在经典电磁理论框架内无法解释上述现象, 因为管外空间不存在磁场, 电子运动状态不应发生改变。

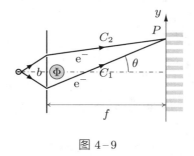

图 4 – 9

下面从理论上计算出电子双缝干涉条纹移动幅度。在量子力学中, 电子的状态用波函数描述:

$$\Psi\left(\vec{R}\right) = \mathrm{e}^{\mathrm{i}\vec{k}\cdot\vec{R}} = \mathrm{e}^{\mathrm{i}\vec{p}\cdot\vec{R}/\hbar}. \tag{4.1.68}$$

[2]　Y. Aharonov and D. Bohm, *Significance of Electromagnetic Potentials in the Quantum Theory*, Phys. Rev. **115**, 485 (1959).

[3]　R. G. Chambers, *Shift of an Electron Interference Pattern by Enclosed Magnetic Flux*, Phys. Rev. Lett. **5**, 3 (1960).

其中 $\vec{k}$ 为波矢, $\vec{p}$ 为电子的动量, 并且满足 de Broglie 关系 (Louis de Broglie, 1892—1987, 路易·德布罗意, 法国物理学家, 提出所谓 de Broglie 假设: 电子具有波动性, 并且一切物质都具有波动性):

$$\vec{p} = \hbar\vec{k}. \tag{4.1.69}$$

这里 $\hbar = h/2\pi$, h 为 Planck 常数 (Max Karl Ernst Ludwig Planck, 1858—1947, 马克斯·卡尔·恩斯特·路德维希·普朗克, 量子力学创始人之一, 提出了关于黑体辐射的量子理论), 其值为 $h = 6.62607015 \times 10^{-34}$ J·s。电子波函数沿运动路径上相位的变化用波矢沿运动路径的线积分表示为

$$\phi = \int \vec{k} \cdot \mathrm{d}\vec{\ell}. \tag{4.1.70}$$

在螺线管未通电时, 电子具有动力学动量 $\vec{p} = m\vec{v}$, 因此两束电子通过两条狭缝波函数到达屏上 P 点时其相位差为

$$\Delta\phi_0 = \int_{C_1} \vec{k} \cdot \mathrm{d}\vec{\ell} - \int_{C_2} \vec{k} \cdot \mathrm{d}\vec{\ell} = k_0 \left(\int_{C_1} \mathrm{d}\ell - \int_{C_2} \mathrm{d}\ell \right) = k_0 \Delta\ell \approx k_0 b \sin\theta. \tag{4.1.71}$$

其中 $k_0 = mv/\hbar$ 为自由电子的波矢值。

根据例题 2.7.2 的讨论, 螺线管通以电流后在矢势的作用下, 体系中的电子除具有动力学动量 $m\vec{v}$ 之外, 还产生了与电磁势相关的动量项 $q\vec{A}$, 体系相应的动量为正则动量 (canonical momentum), 用 $\vec{p}_\mathrm{c}$ 表示, 即

$$\vec{p}_\mathrm{c} = \vec{p} + q\vec{A} = m\vec{v} - e\vec{A}. \tag{4.1.72}$$

则有

$$\vec{k} = \frac{m\vec{v} - e\vec{A}}{\hbar} = \vec{k}_0 - \frac{e\vec{A}}{\hbar}. \tag{4.1.73}$$

到达 P 点处时两束电子波函数的相位差为

$$\begin{aligned}
\Delta\phi_1 &= \int_{C_1} \vec{k} \cdot \mathrm{d}\vec{\ell} - \int_{C_2} \vec{k} \cdot \mathrm{d}\vec{\ell} \\
&= \left(\int_{C_1} \vec{k}_0 \cdot \mathrm{d}\vec{\ell} - \int_{C_2} \vec{k}_0 \cdot \mathrm{d}\vec{\ell} \right) + \left(\int_{C_1} \frac{-e\vec{A}}{\hbar} \cdot \mathrm{d}\vec{\ell} - \int_{C_2} \frac{-e\vec{A}}{\hbar} \cdot \mathrm{d}\vec{\ell} \right) \\
&= \Delta\phi_0 - \frac{e}{\hbar} \left(\int_{C_1} \vec{A} \cdot \mathrm{d}\vec{\ell} + \int_{-C_2} \vec{A} \cdot \mathrm{d}\vec{\ell} \right) \\
&= \Delta\phi_0 - \frac{e}{\hbar} \oint_C \vec{A} \cdot \mathrm{d}\vec{\ell}.
\end{aligned} \tag{4.1.74}$$

令

$$\Delta\phi = \Delta\phi_1 - \Delta\phi_0 = -\frac{e}{\hbar} \oint_C \vec{A} \cdot \mathrm{d}\vec{\ell} = -\frac{e}{\hbar}\Phi. \tag{4.1.75}$$

可知矢势沿闭合回路的线积分即磁通量导致两束电子波包的波函数的相位差出现

了变化.

在螺线管中无电流时, 由相消干涉条件, 有

$$\Delta\phi_0 = k_0 b \sin\theta = (2n+1)\pi. \tag{4.1.76}$$

得 n 级暗纹中心位置为

$$y = f\tan\theta \approx f\sin\theta = \frac{(2n+1)\pi f}{k_0 b}. \tag{4.1.77}$$

而在螺线管通有电流时, 由相消干涉条件:

$$\Delta\phi_1 = k_0 b \sin\theta - \frac{e}{\hbar}\Phi = (2n+1)\pi. \tag{4.1.78}$$

得 n 级暗纹中心位置变为

$$y' = f\sin\theta = \frac{(2n+1)\pi f}{k_0 b} + \frac{e\Phi f}{\hbar k_0 b}. \tag{4.1.79}$$

则同一级干涉亮条纹的相对移动值为

$$\Delta y = y' - y = \frac{e\Phi}{\hbar k_0}\frac{f}{b} = \frac{e\Phi}{mv}\frac{f}{b}. \tag{4.1.80}$$

思考题 4.3 在 A–B 效应中, 无限长螺线管的存在使得电子在经过双缝到达屏时其相位差增加 $\Delta\phi = -\dfrac{e}{\hbar}\oint_C \mathrm{d}\vec{\ell}\cdot\vec{A}$, 试证明该相位满足规范不变性. 矢势 $\vec{A}$ 可以分解为无源和无旋两部分, 即 $\vec{A} = \nabla\times\vec{C} - \nabla\psi$, 试分析无源场部分和无旋场部分在磁 A–B 效应中的作用.

---

*课外阅读: A–B 效应实验观测及电 A–B 效应

要验证理论预测的 A–B 效应, 这在当时有很大的挑战性. 首先, 电子的 de Broglie 波长非常小, 因此螺线管的半径需非常小. 其次, 双缝干涉实验还要求电子束具有足够好的相干性, 即电子束在空间中具有极小的发散度 (极好准直性) 且在能量上具有极窄的分布, 使得其在经过双缝之后仍然保持良好的相干性.

另一方面, Yakir Aharonov 和 David Bohm 采取了一个理想模型, 即无限长的螺线管 (见图 4–10). 早期关于这一效应存在一些争论. 一方面有人认为, 这一理论是建立在一个理想模型基础上所得到的结果, 实际实验中由于螺线管并非无限长, 总会出现一小部分的离散场, 因而有人认为是离散场的贡献导致了干涉条纹的移动. 但是这一观点也值得质疑, 因为如果是这样, 那说明 A–B 效应依赖于离散场的具体分布, 但是 R. G. Chambers 的测量结果与理论结果 (4.1.80) 式很好地吻合. 1986 年, A. Tonomura 等人则采用很小的环形磁铁, 并通过铌超导体的包裹, 使得磁场被完全屏蔽, 也得到了与理论结果 (4.1.80) 式吻合的结论 [4].

在 A–B 效应中磁通量会对粒子波函数的相位产生影响, 从而导致干涉条纹的移动, 因此也把 A–B 效应称为磁 A–B 效应. 很自然地, 一旦电场强度通量发

---

[4] A. Tonomura *et al.*, *Evidence for Aharonov-Bohm Effect with Magnetic Field Completely Shielded From Electron Wave*, Phys. Rev. Lett. **56**, 792 (1986).

生改变, 同样可期待存在类似的效应 [5]。实际上与 (4.1.75) 式相对应, 因空间中标势 φ 的出现而导致的对粒子波函数相位差的影响可表示为

$$\Delta\phi = \frac{e}{\hbar}\int\varphi\cdot\mathrm{d}t.$$

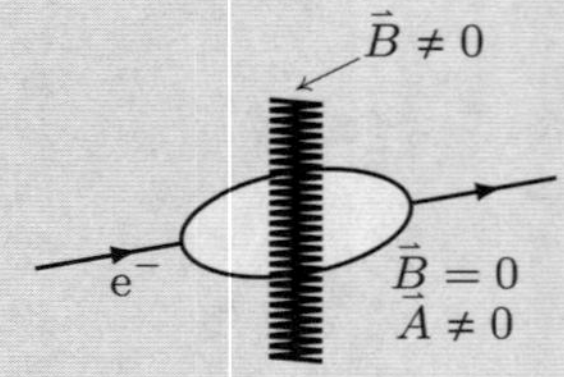

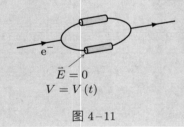

图 4–10

这个关系也容易理解, 在第七章相对论 7.3.3 小节中将会看到, 矢势与标势实际上构成一个四维势矢量 $(A_1, A_2, A_3, A_4 = \mathrm{i}\varphi/c)$, 而位矢与时间构成四维时空矢量 $(x_1, x_2, x_3, x_4 = \mathrm{i}ct)$。

按照磁 A–B 效应实验测量装置的思路, 可以设计一个理想的实验装置, 如图 4–11 所示, 即采用两个金属管, 并在两个金属管之间施加电压, 来验证电 A–B 效应。由于金属管内没有电场, 当电子通过金属管时并不存在电场力的作用, 因此可以利用对金属管间施加电压前后观察屏上的干涉条纹是否有移动以及移动量来验证电 A–B 效应。然而, 要彻底排除电场的影响, 这样的设计似乎同样会有瑕疵并引起挑战, 因为电子在进入和离开金属管的时候, 仍然受到电场力的影响。

图 4–11

4.2   载流线圈总能量及磁相互作用能

4.2.1   载流线圈静磁场总能量

根据在第二章中的讨论, 静磁场总能量为

$$W = \frac{1}{2}\int_\infty \vec{B}\cdot\vec{H}\mathrm{d}V. \tag{4.2.1}$$

[5]   H. Batelaan and A. Tonomura, *The Aharonov-Bohm Effects: Variations on a Subtle Theme*, Phys. Today **62**, 38 (2009).

引入矢势 $\vec{A}$ 之后, 可采用矢势及电流密度 $\vec{J}_f$ 来表示静磁场总能量, 考虑到有

$$\vec{B} \cdot \vec{H} = (\nabla \times \vec{A}) \cdot \vec{H} = \nabla \cdot (\vec{A} \times \vec{H}) + \vec{A} \cdot (\nabla \times \vec{H})$$
$$= \nabla \cdot (\vec{A} \times \vec{H}) + \vec{A} \cdot \vec{J}_f,$$

将其代入 (4.2.1) 式, 等式右边第一项可转化为无穷远界面上的积分而趋近于零, 因此有

$$W = \frac{1}{2} \int_V \vec{A} \cdot \vec{J}_f \mathrm{d}V. \tag{4.2.2}$$

与静电情况类似, 这里积分的区域仅需考虑遍及电流分布的区域 V。不过 (4.2.2) 式仅对总 (磁) 能量有意义, 不能把 $(\vec{A} \cdot \vec{J}_f)/2$ 看作能量密度, 因为磁场的能量分布于整个磁场内, 而不仅仅存在于电流分布的区域。对于恒定电流分布 $\vec{J}(\vec{R}')$ 来说, 所谓静磁场总能量就是形成 $\vec{J}(\vec{R}')$ 及其磁场分布 $\vec{B}(\vec{R})$ 所需要做的功。

对于载流线圈, 则 (4.2.2) 式过渡为

$$W = \frac{I}{2} \oint \mathrm{d}\vec{\ell} \cdot \vec{A} = \frac{I}{2} \int_S \mathrm{d}\vec{S} \cdot (\nabla \times \vec{A}) = \frac{I}{2} \int_S \mathrm{d}\vec{S} \cdot \vec{B} = \frac{1}{2} I \Phi. \tag{4.2.3}$$

上式即为载流线圈所激发静磁场的总能量。

我们还可以采取如下的方法来计算总能量。以一根细导线形成的载流线圈为例来进行分析, Lorentz 力对导线中的运动电荷不做功, 只有 Coulomb 力做功, 而在 δt 时间内若穿过线圈的磁通量发生变化 (比如电流的增加), 并在线圈中产生感应电场 $\vec{E}$, 则因克服 Coulomb 力而对导线中的运动电荷所做的功为

$$\delta W_{\text{ext}} = -\delta t \sum_i q_i \vec{E} \cdot \vec{v}_i = -\delta t \int_{V'} \mathrm{d}V' \vec{J}(\vec{R}') \cdot \vec{E}(\vec{R}') = -I \delta t \oint_L \mathrm{d}\vec{\ell} \cdot \vec{E}. \tag{4.2.4}$$

利用 Stokes 定理, 上式可改写为

$$\delta W_{\text{ext}} = -I \delta t \oint_L \mathrm{d}\vec{\ell} \cdot \vec{E} = -I \delta t \int_S \mathrm{d}\vec{S} \cdot (\nabla \times \vec{E}). \tag{4.2.5}$$

根据 Faraday 定律 $\nabla \times \vec{E} = -\partial \vec{B}/\partial t$, 则有

$$\delta W_{\text{ext}} = I \delta t \int_S \mathrm{d}\vec{S} \cdot \frac{\partial \vec{B}}{\partial t} = I \delta t \frac{\mathrm{d}}{\mathrm{d}t} \int_S \mathrm{d}\vec{S} \cdot \vec{B}. \tag{4.2.6}$$

只要在 δt 时间内线圈没有发生移动或者没有变形, 则总可以在上式中将积分内对时间的偏导数移到积分号外面。考虑到 $\Phi = \int_S \mathrm{d}\vec{S} \cdot \vec{B}$ 为穿过线圈的磁通量, 则有

$$\delta W_{\text{ext}} = I \delta \Phi = \delta W. \tag{4.2.7}$$

上式表明当线圈中的电流强度为 I 时, 若此时在线圈中产生或者引起磁通量增加 $\delta\Phi$, 则相应地需克服 Coulomb 力做功, 而这正是磁场总能量的增加量。

对于载流线圈而言, 其磁通量表示为

$$\Phi = \int_S \mathrm{d}\vec{S} \cdot \vec{B} = \int_S \mathrm{d}\vec{S} \cdot (\nabla \times \vec{A}) = \oint_L \mathrm{d}\vec{\ell} \cdot \vec{A}. \tag{4.2.8}$$

因此 (4.2.7) 式也可表示为

$$\delta W = \oint_L I\mathrm{d}\vec{\ell} \cdot \delta\vec{A}. \tag{4.2.9}$$

而要计算恒定载流线圈的磁场能量, 我们可以采取准静态的方法, 将电流从 0 缓慢地增加到最终值 I, 中间值 $i = \lambda I$, 因此电流微小的变化所引起的线圈磁通量的变化为 $\delta\phi = \delta\lambda \cdot \Phi$, Φ 为最终的磁通量, 因此在线圈中建立恒定电流 I 所需能量为

$$W = \int i\delta\phi = \int \lambda I\delta\lambda\Phi = I\Phi \int_0^1 \lambda\delta\lambda = \frac{1}{2}I\Phi. \tag{4.2.10}$$

这一结果与采用能量密度所得到的结果 (4.2.3) 式完全一致。

4.2.2   磁相互作用能

假设空间中同时分布有两个恒定的电流体系, 区域 V 内的自由电流密度为 $\vec{J}$, 区域 V_e 内分布有 $\vec{J}_\mathrm{e}$。下面来讨论该体系的磁场总能量:

$$\begin{aligned}
W &= \frac{1}{2}\int_\infty \mathrm{d}V' (\vec{A} + \vec{A}_\mathrm{e}) \cdot (\vec{J} + \vec{J}_\mathrm{e}) \\
&= \frac{1}{2}\int_\infty \mathrm{d}V' (\vec{A} \cdot \vec{J} + \vec{A}_\mathrm{e} \cdot \vec{J}_\mathrm{e}) + \frac{1}{2}\int_\infty \mathrm{d}V' (\vec{A} \cdot \vec{J}_\mathrm{e} + \vec{A}_\mathrm{e} \cdot \vec{J}).
\end{aligned} \tag{4.2.11}$$

根据 (4.2.2) 式, 等式右边第一项应为两个恒定电流体系单独存在时各自的总能量, 而第二项为

$$V_\mathrm{int} = \frac{1}{2}\int_\infty \mathrm{d}V' (\vec{A}_\mathrm{e} \cdot \vec{J} + \vec{A} \cdot \vec{J}_\mathrm{e}). \tag{4.2.12}$$

注意这里采用了一个不同于 W 的字母 V_int 表示第二项。根据

$$\vec{A}(\vec{R}) = \frac{\mu}{4\pi}\int_{V'} \mathrm{d}V' \frac{\vec{J}(\vec{R}')}{r}, \quad \vec{A}_\mathrm{e}(\vec{R}) = \frac{\mu}{4\pi}\int_{V'_\mathrm{e}} \mathrm{d}V' \frac{\vec{J}_\mathrm{e}(\vec{R}')}{r}.$$

易证得 $\displaystyle\int_{V'} \vec{A}_\mathrm{e} \cdot \vec{J}\mathrm{d}V' = \int_{V'_\mathrm{e}} \vec{A} \cdot \vec{J}_\mathrm{e}\mathrm{d}V'$, 因此有

$$V_\mathrm{int} = \int_{V'} \mathrm{d}V' \vec{A}_\mathrm{e} \cdot \vec{J}. \tag{4.2.13}$$

如果是两个载流线圈体系, 假设线圈 L、L_e 的电流分别是 I 和 I_e, 如图 $4-12$ 所示, 根据前面类似的讨论, 可将 (4.2.13) 式改写为

$$V_\mathrm{int} = I\Phi_\mathrm{e} = I_\mathrm{e}\Phi = \frac{1}{2}(I\Phi_\mathrm{e} + I_\mathrm{e}\Phi). \tag{4.2.14}$$

式中

$$\Phi_\mathrm{e} = \oint_L \mathrm{d}\vec{\ell} \cdot \vec{A}_\mathrm{e}, \quad \Phi = \oint_{L_\mathrm{e}} \mathrm{d}\vec{\ell} \cdot \vec{A}. \tag{4.2.15}$$

这里 Φ_e 为磁场 $\vec{B}_\mathrm{e}$ 穿过线圈 L 的磁通量, 而 Φ 则是磁场 $\vec{B}$ 穿过线圈 L_e 的磁

通量。

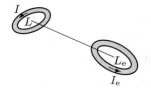

图 4-12

如果参照静电体系的做法, 从 (4.2.11) 式直观看来, V_{int} 似乎就是两个体系之间的相互作用能, 但是这样的划分对于电流体系并不适用。首先在实验上观测到的结果是, 两个同向的载流导线之间是吸引力, 并且其间距越小吸引力越大, 但是 (4.2.13) 式告诉我们, 此时 $V_{\text{int}} > 0$, 并且间距越小, V_{int} 越大, 因此 V_{int} 不能看成载流导线之间的相互作用能。

其次, 对于静电体系而言, 在无界空间中当我们移动电荷或者转动电偶极子时, 其自身的固有能量不发生改变, 不管之前空间是否已经存在电荷分布。而对于恒定电流体系而言, 情况则完全不同。当空间中已经建立了恒定的电流体系 (例如 $\vec{J}_e$) 分布之后, 如果试图将另一恒定的电流体系 $\vec{J}$ 从无穷远处移动到 $\vec{J}_e$ 附近, 由于 Faraday 效应, 在两个电流体系中都会产生感应电动势, 因此为了保持它们各自的电流分布仍然不变, 则与每个电流体系相连接的外电源需要做功, 这就意味着这里还存在外电源与电流体系之间的能量交换。

为了计算线圈之间的相互作用能, 我们需要把磁场和外电源看成一个闭合体系。两个载流线圈的相互作用能 (W_{int}) 在数值上需要在磁场总能量增加部分 V_{int} 中扣除外电源为了保持各自线圈中电流不变所做的功 W_ε, 即

$$W_{\text{int}} = V_{\text{int}} - W_\varepsilon. \tag{4.2.16}$$

对于外电源而言, 若要维持每个线圈中的电流保持不变, 则需抵消感应电动势所做的功为

$$W_\varepsilon = I \int (-\varepsilon)\,\mathrm{d}t + I_e \int (-\varepsilon_e)\,\mathrm{d}t = I \int \frac{\mathrm{d}\Phi_e}{\mathrm{d}t}\mathrm{d}t + I_e \int \frac{\mathrm{d}\Phi}{\mathrm{d}t}\mathrm{d}t$$

$$= I\Phi_e + I_e\Phi = 2V_{\text{int}}. \tag{4.2.17}$$

因此最终得到两个载流线圈之间的磁相互作用能为

$$W_{\text{int}} = -V_{\text{int}} = -I\Phi_e. \tag{4.2.18}$$

根据上述结论, 如果存在一个很小的平面载流线圈 (假设最终的电流为 i) 置于一个磁场 $\vec{B}_e$ 变化缓慢 (指空间) 的区域, 则小线圈所处外磁场中的磁相互作用势函数为

$$W = -i\Phi_e = -i\Delta\vec{S} \cdot \vec{B}_e = -\vec{m} \cdot \vec{B}_e. \tag{4.2.19}$$

注意到电偶极子在外电场中的势能 $W = -\vec{p} \cdot \vec{E}_e(\vec{R})$, 对比可知两者在形式上是一致的。在本章 4.4.6 小节和 4.4.7 小节中讨论小区域载流体系在外磁场中受到的力和力矩时会用到上述结论。

4.3 静磁场磁标势描述

对于恒定电流所产生的磁场, 可以通过先求解矢势再求解磁场, 但磁感应强度和矢势都是矢量, 因此一般情况下关于矢势边值问题的计算仍相对复杂。另一方面, 由于空间中自由电流或者导电媒质中传导电流的存在, 根据 Maxwell 方程 $\nabla \times \vec{H} = \vec{J}$, 一般情况下并不容许引入标量场来描述磁场。然而在某些特定边值问题中, 如果区域内不存在自由电流或传导电流的体分布, 并且其边界面将区域隔成单连通区域, 则容许引入标量场来描述磁场, 从而使得静磁场边值问题的处理得以简化。

4.3.1 磁场磁标势描述

根据 Maxwell 方程组, 假设所讨论的区域内没有传导电流, 则在区域内每一点处静磁场都满足

$$\nabla \times \vec{H} = 0. \tag{4.3.1}$$

这一特点类似于上一章所讨论的静电场, 即区域内磁场具有无旋性。然而即便如此, 是否就一定可以采用类似于电势的磁标势来描述区域内的静磁场? 答案是否定的。为什么? 原因是 $\nabla \times \vec{H} = 0$ 只给出了区域内磁场强度的特性之一。要确定区域内的磁场, 除了满足上述微分方程, 还要满足 Ampère 环路定理, 即

$$\oint_L \mathrm{d}\vec{\ell} \cdot \vec{H} = \int_S \mathrm{d}\vec{S} \cdot \vec{J}. \tag{4.3.2}$$

我们来分析这样一个例子, 假设在空间中有一圆形载流线圈, 除了载流线圈所处的位置, 空间中任意一点的磁场强度满足 (4.3.1) 式。现在的问题是: 除了载流线圈所在的位置, 在其他位置处磁场强度是否都可以表示为 $\vec{H} = -\nabla \varphi_{\mathrm{m}}$ 的形式?

对积分回路 L_1, 如图 4-13(a) 所示, 有

$$\oint_{L_1} \mathrm{d}\vec{\ell} \cdot \vec{H} = \int_S \mathrm{d}\vec{S} \cdot (\nabla \times \vec{H}) = -\int_S \mathrm{d}\vec{S} \cdot (\nabla \times \nabla \varphi_{\mathrm{m}}) \equiv 0.$$

由于积分回路 L_1 所包围的面内无电流穿过, 由 Ampère 环路定理得

$$\oint_L \mathrm{d}\vec{\ell} \cdot \vec{H} = \int_S \mathrm{d}\vec{S} \cdot \vec{J} = 0.$$

可以看到, 对于路径 L_1 上的每一点, 采用磁标势描述所给出的结果与 Ampère 环路定理给出的结果相一致。

图 4-13

现在选取积分回路 L_2, 该回路链含载流线圈, 如图 $4-13$(b) 所示。回路 L_2 上的每一点都不存在 $\vec{J}$ 分布。假设回路 L_2 上的每一点的磁标势都有定义, 则有

$$\oint_{L_2} \mathrm{d}\vec{\ell} \cdot \vec{H} = \int_S \mathrm{d}\vec{S} \cdot (\nabla \times \vec{H}) = -\int_S \mathrm{d}\vec{S} \cdot (\nabla \times \nabla \varphi_{\mathrm{m}}) \equiv 0.$$

但由于现在有传导电流穿过积分回路所包围的面, 由 Ampère 环路定理得

$$\oint_{L_2} \mathrm{d}\vec{\ell} \cdot \vec{H} = \int_S \mathrm{d}\vec{S} \cdot \vec{J} \neq 0.$$

可以看出, 此时基于假设回路 L_2 上的每一点都有定义磁标势给出的结论与 Ampère 环路定理给出的结果相矛盾。

基于上述分析, 我们可以得出, 如果把空间分成两块不相互连通的区域, 比如采用一个球面, 载流线圈处于球面上, 球面内、外区域不但没有传导电流体分布, 而且每个区域都是单连通的, 在球面内、外区域的磁场都可以引入磁标势 φ_{m}, 并定义如下:

$$\vec{H} = -\nabla \varphi_{\mathrm{m}}. \tag{4.3.3}$$

一旦定义了磁标势, 则 $\vec{B}$ 表示为

$$\vec{B} = -\mu \nabla \varphi_{\mathrm{m}}. \tag{4.3.4}$$

进一步, 如果在全空间没有传导电流, 则在整个空间都可以引入磁标势 φ_{m} 来描述磁场。

4.3.2 磁标势微分方程

根据 Maxwell 方程 $\nabla \cdot \vec{B} = 0$, 以及磁感应强度、磁场强度、磁化强度的关系 $\vec{B} = \mu_0 (\vec{H} + \vec{M})$ 得

$$\nabla \cdot \vec{H} = -\nabla \cdot \vec{M}. \tag{4.3.5}$$

仿照 $\rho_P = -\nabla \cdot \vec{P}$, 借助磁化强度 $\vec{M}$ 定义中间参量 ρ_{m}, 有

$$\rho_{\mathrm{m}} = -\mu_0 \nabla \cdot \vec{M}. \tag{4.3.6}$$

(4.3.5) 式可改写为

$$\nabla \cdot \vec{H} = \frac{\rho_{\mathrm{m}}}{\mu_0}. \tag{4.3.7}$$

另一方面, 根据磁标势 φ_{m} 的定义, 有

$$\nabla \cdot \vec{H} = \nabla \cdot (-\nabla \varphi_{\mathrm{m}}) = -\nabla^2 \varphi_{\mathrm{m}}. \tag{4.3.8}$$

因而有

$$\nabla^2 \varphi_{\mathrm{m}} = -\frac{\rho_{\mathrm{m}}}{\mu_0}. \tag{4.3.9}$$

这是一般情况下磁标势所满足的微分方程, 上式本质上还是磁场强度定义 $\vec{H} = \vec{B}/\mu_0 - \vec{M}$ 的另一种表达形式。

4.3.3 磁标势边值关系

磁标势边值关系的确定还是源于 Maxwell 方程组的边值关系, 即

$$\begin{cases} \vec{n}_{21} \times (\vec{H}_2 - \vec{H}_1) = \vec{K}_{\mathrm{f}}, \\ \vec{n}_{21} \cdot (\vec{B}_2 - \vec{B}_1) = 0. \end{cases} \tag{4.3.10}$$

当区域边界面上无传导面电流时, 有如下边值关系:

$$H_{1t} = H_{2t}. \tag{4.3.11}$$

因此如果区域边界面上无传导面电流, 则磁标势在边界上连续, 即

$$\varphi_1 = \varphi_2. \tag{4.3.12}$$

我们看到磁标势在边界上连续需要一个前提条件, 这一点不同于静电场的情形。对于静电场, 即使分界面上存在自由电荷面分布, 静电势在分界面两侧也是连续的。

另一方面, 根据 $\vec{B}$ 的法向分量 B_n 连续的边界条件, 得

$$\vec{n} \cdot (\vec{H}_1 + \vec{M}_1) = \vec{n} \cdot (\vec{H}_2 + \vec{M}_2), \tag{4.3.13}$$

或者

$$\frac{\partial \varphi_1}{\partial n} - \frac{\partial \varphi_2}{\partial n} = \vec{n} \cdot (\vec{M}_1 - \vec{M}_2). \tag{4.3.14}$$

对于非铁磁各向同性介质构成的分界面, 由于非铁磁介质满足 $\vec{B} = \mu \vec{H}$, 根据 $\vec{B}$ 的法向分量连续, 可得到

$$\mu_1 \frac{\partial \varphi_1}{\partial n} = \mu_2 \frac{\partial \varphi_2}{\partial n}. \tag{4.3.15}$$

例题 4.3.1   如图 4-14 所示, 将超导球体放置于均匀外磁场中, 求超导球内外的磁场分布。

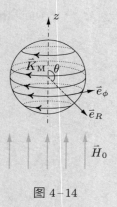

图 4-14

解: 超导电流是磁化电流, 处于外磁场中的超导球内和球外没有自由电流分布, 超导球内外的磁场都可以用磁标势来描述, 满足 Laplace 方程, 即

$$\nabla^2 \varphi_{内} = 0, \quad \nabla^2 \varphi_{外} = 0.$$

在球坐标系中两个区域磁标势的通解形式分别为:

$$\varphi_{外} = \sum_{l=0}^{\infty} \left(a_l R^l + \frac{b_l}{R^{l+1}} \right) \mathrm{P}_l\left(\cos\theta\right),$$

$$\varphi_{内} = \sum_{l=0}^{\infty} \left(c_l R^l + \frac{d_l}{R^{l+1}} \right) \mathrm{P}_l\left(\cos\theta\right).$$

式中 a_l、b_l、c_l 和 d_l 为待定系数。边界条件要求如下。

在无穷远处, 磁场 $\vec{H} \to \vec{H}_0$, 相应地 $\varphi_{外} \to -H_0 R \cos\theta = -H_0 R \mathrm{P}_1\left(\cos\theta\right)$, 因此有

$$a_1 = -H_0, \quad a_l = 0 \quad (n \neq 1).$$

在球心 $R = 0$ 处, $\varphi_{内}$ 应为一有限值, 因此

$$d_l = 0.$$

在超导球面上, 磁标势边界条件之一要求

$$\varphi_{外}|_{R=R_0} = \varphi_{内}|_{R=R_0},$$

即

$$-H_0 R_0 \mathrm{P}_1\left(\cos\theta\right) + \sum_{l=0}^{\infty} \frac{b_l}{R_0^{l+1}} \mathrm{P}_l\left(\cos\theta\right) = \sum_{l=0}^{\infty} c_l R_0^l \mathrm{P}_l\left(\cos\theta\right).$$

另一方面, 对于非铁磁介质的分界面, 有

$$\mu_1 \left(\frac{\partial \varphi_{\mathrm{m}}}{\partial n} \right)_1 = \mu_2 \left(\frac{\partial \varphi_{\mathrm{m}}}{\partial n} \right)_2.$$

在超导状态下超导体是完全抗磁体 $(\mu = 0)$, 因此在超导球表面, 磁标势的另一个边界条件为

$$\left. \frac{\partial \varphi_{外}}{\partial R} \right|_{R=R_0} = 0,$$

即

$$-H_0 \mathrm{P}_1\left(\cos\theta\right) - \sum_{l=0}^{\infty} \frac{(l+1) b_l}{R_0^{l+2}} \mathrm{P}_l\left(\cos\theta\right) = 0.$$

比较两式中 $P_1\left(\cos\theta\right)$ 前的系数, 得到

$$\begin{cases} -H_0 R_0 + \dfrac{b_1}{R_0^2} = c_1 R_0, \\[2mm] -H_0 - \dfrac{2b_1}{R_0^3} = 0. \end{cases}$$

解得 $b_1 = -H_0 R_0^3/2$, $c_1 = -3H_0/2$。

比较 $\mathrm{P}_l\left(\cos\theta\right)$ $(l \neq 1)$ 前的系数, 得到

$$\begin{cases} \dfrac{b_l}{R_0^{l+1}} = c_l R_0^l, \\[2mm] \dfrac{(l+1) b_l}{R_0^{l+2}} = 0. \end{cases}$$

其解为 $b_l = c_l = 0\ (l \neq 1)$。

这样整个空间的磁标势分布为

$$\varphi_{\text{外}} = -H_0 R \cos\theta - \frac{H_0}{2}\frac{R_0^3}{R^2}\cos\theta \quad (R > R_0),$$

$$\varphi_{\text{内}} = -\frac{3}{2}H_0 R \cos\theta \qquad\qquad (R < R_0).$$

根据超导球内的磁标势, 得到球内磁场分布为

$$\vec{H} = -\nabla\varphi_{\text{内}} = \frac{3}{2}H_0\nabla(R\cos\theta) = \frac{3}{2}H_0\nabla z = \frac{3}{2}H_0\vec{e}_z = \frac{3}{2}\vec{H}_0.$$

因此超导球内的磁化强度:

$$\vec{M} = -\vec{H} = -\frac{3}{2}\vec{H}_0.$$

相应地超导球的磁矩为

$$\vec{m} = \frac{4}{3}\pi R_0^3\vec{M} = -2\pi R_0^3\vec{H}_0.$$

例题 2.6.1 已根据超导球的磁化强度分布, 分析得出了超导球表面存在面电流分布:

$$\vec{K}_M = -\frac{3}{2}H_0\sin\theta\,\vec{e}_\phi.$$

而根据例题 4.1.4 的分析, 上述面电流分布会在球内区域产生一均匀磁场, 方向沿 z 轴负方向; 根据超导球磁化产生的磁矩, 这一均匀磁场的磁感应强度为

$$\vec{B}_M = -\mu_0 H_0\vec{e}_z = -B_0\vec{e}_z.$$

可见 $\vec{B}_M$ 正好抵消了外磁场, 从而使得超导球体内磁感应强度为零。

另一方面, 我们知道, 磁矩为 $\vec{m}$ 的磁偶极子的磁势为

$$\varphi_m^{(1)} = \frac{\vec{m}\cdot\vec{R}}{4\pi R^3} = -\frac{R_0^3}{2R^3}\vec{H}_0\cdot\vec{R} = -\frac{H_0 R_0^3}{2R^2}\cos\theta.$$

由此可见, 超导球外的磁场 (磁标势) 是均匀外磁场 (磁标势) 与磁偶极子的磁场 (磁标势) 之和。

例题 4.3.2   如图 4–15 所示, 均匀磁化永磁介质球壳, 其内、外半径分别为 R_1、R_2, 磁化强度为 $\vec{M}_0$。证明永磁介质球壳腔内的磁场为 0。

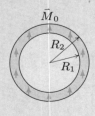

图 4–15

解: 由于在全空间不存在自由电流分布, 因此在全空间可以引入磁标势来描述磁场。球壳内、外磁标势满足 Laplace 方程, 即

$$\nabla^2 \varphi_{内} = 0, \quad \nabla^2 \varphi_{外} = 0.$$

球壳本身是均匀磁化的, 根据 $\rho_m = -\mu_0 \nabla \cdot \vec{M}_0 = 0$, 壳层内的磁标势同样满足 Laplace 方程:

$$\nabla^2 \varphi_{壳} = 0.$$

在球坐标系中, 三个区域磁标势的通解形式为

$$\varphi = \sum_{l=0}^{\infty} \left(a_l R^l + \frac{b_l}{R^{l+1}} \right) \mathrm{P}_l (\cos\theta).$$

考虑边界条件: 在球心处, 磁标势有限 $\varphi_{内}|_{R=0}$ 不发散, 在无穷远处磁标势 $\varphi_{外}|_{R=\infty} \to 0$, 则有

$$\varphi_{内} = \sum_{l=0}^{\infty} a_l R^l \mathrm{P}_l (\cos\theta),$$

$$\varphi_{外} = \sum_{l=0}^{\infty} \frac{b_l}{R^{l+1}} \mathrm{P}_l (\cos\theta),$$

$$\varphi_{壳} = \sum_{l=0}^{\infty} \left(c_l R^l + \frac{d_l}{R^{l+1}} \right) \mathrm{P}_l (\cos\theta).$$

其中 a_l、b_l、c_l、d_l 为待定系数。

根据第二章中 (2.6.20) 式的结论, 由于磁化强度 (切向分量) 不连续, 导致球壳内、外表面存在磁化面电流, 但并不存在传导面电流, 因此在球壳内、外表面上磁标势连续。在球壳的内、外表面, 磁标势满足如下边值关系:

$$\begin{cases} \varphi_1 = \varphi_2, \\ \left(\dfrac{\partial \varphi}{\partial n} \right)_1 - \left(\dfrac{\partial \varphi}{\partial n} \right)_2 = \vec{n} \cdot (\vec{M}_1 - \vec{M}_2). \end{cases}$$

在球坐标系中 (见图 4–16), 球壳层中的磁化强度矢量 $\vec{M}_0$ 可以分解成

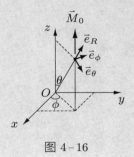

图 4–16

$$\vec{M} = M_0 \left(\cos\theta \vec{e}_R - \sin\theta \vec{e}_\theta \right).$$

对于球壳内表面, 由 $\varphi_{内}|_{R=R_1} = \varphi_{壳}|_{R=R_1}$ 得到

$$\sum_{l=0}^{\infty} a_l R_1^l \mathrm{P}_l \left(\cos\theta \right) = \sum_{l=0}^{\infty} \left(c_l R_1^l + \frac{d_l}{R_1^{l+1}} \right) \mathrm{P}_l \left(\cos\theta \right),$$

或者

$$a_l R_1^l = c_l R_1^l + \frac{d_l}{R_1^{l+1}} \quad (l \geqslant 0).$$

由 $\left. \dfrac{\partial \varphi_{内}}{\partial R} \right|_{R=R_1} - \left. \dfrac{\partial \varphi_{壳}}{\partial R} \right|_{R=R_1} = -M_0 \cos\theta$, 得

$$\sum_{l=0}^{\infty} l a_l R_1^{l-1} \mathrm{P}_l \left(\cos\theta \right) - \sum_{l=0}^{\infty} \left[l c_l R_1^{l-1} - (l+1) \frac{d_l}{R_1^{l+2}} \right] \mathrm{P}_l \left(\cos\theta \right) = -M_0 \cos\theta.$$

比较等式两边 $\mathrm{P}_l \left(\cos\theta \right)$ 的系数, 得

$$d_0 = 0,$$

$$a_1 - \left(c_1 - \frac{2d_1}{R_1^3} \right) = -M_0,$$

$$l a_l R_1^{l-1} = l c_l R_1^{l-1} - (l+1) \frac{d_l}{R_1^{l+2}} \quad (l \geqslant 2).$$

对于球壳外表面, 由 $\varphi_{外}|_{R=R_2} = \varphi_{壳}|_{R=R_2}$ 得

$$\sum_{l=0}^{\infty} \frac{b_l}{R_2^{l+1}} \mathrm{P}_l \left(\cos\theta \right) = \sum_{l=0}^{\infty} \left(c_l R_2^l + \frac{d_l}{R_2^{l+1}} \right) \mathrm{P}_l \left(\cos\theta \right).$$

则

$$\frac{b_l}{R_2^{l+1}} = c_l R_2^l + \frac{d_l}{R_2^{l+1}} \quad (l \geqslant 0).$$

由 $\left. \dfrac{\partial \varphi_{外}}{\partial R} \right|_{R=R_2} - \left. \dfrac{\partial \varphi_{壳}}{\partial R} \right|_{R=R_2} = -M_0 \cos\theta$, 得

$$\sum_{l=0}^{\infty} -(l+1) \frac{b_l}{R_2^{l+2}} \mathrm{P}_l(\cos\theta) - \sum_{l=0}^{\infty} \left[l c_l R_2^{l-1} - (l+1) \frac{d_l}{R_2^{l+2}} \right] \mathrm{P}_l(\cos\theta) = -M_0 \cos\theta,$$

比较等式两边 $\mathrm{P}_l \left(\cos\theta \right)$ 的系数, 得

$$-\frac{b_0}{R_2^2} + \frac{d_0}{R_2^2} = 0,$$

$$-\frac{2b_1}{R_2^3} - \left(c_1 - \frac{2d_1}{R_2^3} \right) = -M_0,$$

$$(l+1) \frac{b_l}{R_2^{l+2}} + l c_l R_2^{l-1} - (l+1) \frac{d_l}{R_2^{l+2}} = 0 \quad (l \geqslant 2).$$

归纳起来, 求得关于 a_0、b_0、c_0、d_0、a_1、b_1、c_1、d_1、a_l、b_l、c_l、d_l $(l \geqslant 2)$ 的三组方程组。

关于 a_0、b_0、c_0、d_0 的方程组:

$$\begin{cases} d_0 = 0, \\ -\dfrac{b_0}{R_2^2} + \dfrac{d_0}{R_2^2} = 0, \\ \dfrac{b_0}{R_2} = c_0 + \dfrac{d_0}{R_2}, \\ a_0 = c_0 + \dfrac{d_0}{R_1}. \end{cases}$$

关于 a_1、b_1、c_1、d_1 的方程组:

$$\begin{cases} a_1 - \left(c_1 - \dfrac{2d_1}{R_1^3} \right) = -M_0, \\ -\dfrac{2b_1}{R_2^3} - \left(c_1 - \dfrac{2d_1}{R_2^3} \right) = -M_0, \\ \dfrac{b_1}{R_2^2} = c_1 R_2 + \dfrac{d_1}{R_2^2}, \\ a_1 R_1 = c_1 R_1 + \dfrac{d_1}{R_1^2}. \end{cases}$$

关于 a_l、b_l、c_l、d_l $(l \geqslant 2)$ 的方程组:

$$\begin{cases} l a_l R_1^{l-1} = l c_l R_1^{l-1} - (l+1) \dfrac{d_l}{R_1^{l+2}}, \\ (l+1) \dfrac{b_l}{R_2^{l+2}} + l c_l R_2^{l-1} - (l+1) \dfrac{d_l}{R_2^{l+2}} = 0, \\ \dfrac{b_l}{R_2^{l+1}} = c_l R_2^l + \dfrac{d_l}{R_2^{l+1}}, \\ a_l R_1^l = c_l R_1^l + \dfrac{d_l}{R_1^{l+1}}. \end{cases}$$

联立方程组, 得到整个空间磁标势分布为

$$\varphi_{\text{内}} = 0 \quad (R \leqslant R_1),$$

$$\varphi_{\text{壳}} = \frac{M_0}{3} \left(R - \frac{R_1^3}{R^2} \right) \cos\theta \quad (R_1 \leqslant R \leqslant R_2),$$

$$\varphi_{\text{外}} = \frac{M_0}{3} \left(R_2^3 - R_1^3 \right) \frac{\cos\theta}{R^2} = \frac{1}{4\pi} \frac{\vec{m} \cdot \vec{R}}{R^3} \quad (R \geqslant R_2).$$

其中 $\vec{m}$ 为球壳的磁矩, 并有

$$\vec{m} = \frac{4\pi}{3} \left(R_2^3 - R_1^3 \right) \vec{M}_0.$$

由于球壳内的磁标势为均匀磁标势, 因此有

$$\vec{H}_{\text{内}} = 0, \quad \vec{B}_{\text{内}} = \mu_0 \vec{H}_{\text{内}} = 0.$$

*课外阅读: 静磁隐身

上面的例题介绍了采用由永磁材料构成的球壳结构形成零磁场包围区。若要削弱或减少外加磁场的影响, 通过对磁标势求解可以得出, 采用磁化率极高的磁性介质构成的球壳结构可以起到这种效果 [6], 这是因为介质的磁化率越高, 其对磁感应线的 "吸引" 效果越显著, 从而使得绝大部分磁感应线不会穿越腔内空间。

我们知道, 在外磁场作用下介质由于磁化而出现磁化电流, 因此磁性介质的出现还会对原先的外磁场产生影响; 若是均匀外磁场, 靠近磁性介质附近的磁感应线会发生弯曲。不妨设想是否存在一种极为特殊的情形, 即磁性介质的引入不但可以在一定区域内形成对外磁场的完全屏蔽, 而且在磁性介质周围还不会对原先的外加磁场产生任何影响, 这种现象称之为磁隐身 (magnetic cloaking)。磁隐身由于能实现对外磁场的零干扰, 因而有着重要的应用价值, 特别是在医学扫描中保持零磁场扰动或在军事领域隐蔽金属物体等等。

2012 年, A. Sanchez 等提出采用由超导和磁性材料组成的双层圆筒结构, 首次观测到静磁场磁隐身现象 [7]。超导材料具有完全抗磁性 (Meissner 效应), 完全抗磁特性使得磁感应线经过超导体周围时会被 "排斥" 在外。通过对圆筒内 (真空)、超导层、磁性介质层和圆筒外 (真空) 四个区域磁标势的求解与分析表明 (作为一道习题), 当无限长超导圆筒 (内径为 R_0、外径为 R_1) 及磁性介质包裹层 (外径为 R_2, 相对磁导率为 μ_{r2}) 的结构参数和相对磁导率之间满足如下条件:

$$\mu_{r2} = \frac{R_2^2 + R_1^2}{R_2^2 - R_1^2}. \tag{4.3.16}$$

上述双层圆筒结构即可形成对均匀静磁场保持零干扰。这里相对磁导率的选取与超导圆筒内径无关, 原因在于超导体是完全抗磁体, 能够实现对外磁场的完全屏蔽。

图 4–17 给出了放置于均匀外磁场中的三种圆筒结构磁化后的磁感应线分布计算结果。图 (a) 为磁性介质构成的圆筒, 选取的参数与文献 [7] 相同, 即相对磁导率 $\mu_{r2} = 3.54$, 圆筒外径与内径比值 $R_2/R_1 = 1.34$; 图 (b) 为超导圆筒; 图 (c) 为超导/磁性介质双层圆筒。从三者的对比可清楚地看到, 对于磁性介质圆筒, 磁感应线不但可以穿越筒内空间, 而且可以穿过筒壁层; 超导圆筒则形成了对外磁场的完全屏蔽效果; 由于材料和结构参数满足磁隐身条件 (4.3.16), 超导/磁性介质双层结构不但能在超导圆筒内形成对外磁场的屏蔽, 并且在磁性介质圆筒外表面及其周围也不会对外加磁场产生任何的扰动。A. Sanchez 等通过与外加磁场垂直并靠近磁性介质圆筒外围附近一平面内的磁场 (沿圆筒轴向分量) 的测量和三种情形下的对比, 实验结果与计算结果吻合, 从而证实了磁隐身现象的存在 [7]。

---

[6]　J. D. Jackson, *Classical Electrodynamics* (3rd ed.), New Jersey: John Wiley & Sons, Inc., 1999: pp. 201.

[7]　F. Gömöry *et al.*, *Experimental Realization of a Magnetic Cloak*, Science **335**, 1466 (2012).

通过类似的分析还可以得出, 由超导和铁磁材料组成的双层球壳结构同样可以形成磁隐身。从物理图像上看, 上述双层结构之所以能对外磁场产生磁隐身效果, 是因为磁性介质层外围的磁感应线既受到超导体"排斥", 也受到磁性介质层"吸引", 两种效果相互抵消所导致。

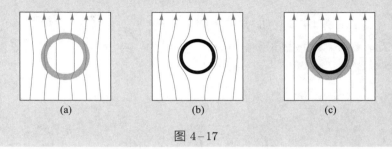

图 4-17

4.4 矢势磁多极展开

类似于小区域带电体系在远场电势分布的讨论, 如果空间中所有电流密度分布均已知, 并且电流仅分布在一个有限的小区域内, 我们感兴趣的只是远离源区的磁场分布, 则可采用多极展开方法, 先求得远场区矢势的近似表达式, 最后再求得磁场分布。

4.4.1 矢势磁多极展开及磁偶极矩

在给定恒定电流分布情况下, 空间 P 处的矢势为

$$\vec{A}(\vec{R}) = \frac{\mu_0}{4\pi} \int_{V'} \frac{\vec{J}(\vec{R}') \, \mathrm{d}V'}{r} = \frac{\mu_0}{4\pi} \int_{V'} \frac{\vec{J}(\vec{R}') \, \mathrm{d}V'}{|\vec{R} - \vec{R}'|}. \tag{4.4.1}$$

对于局部区域的电流分布, 取电流分布区域内某点 O 为坐标原点 (见图 4-18), 在远场区, 由于 $|\vec{R}'| \ll |\vec{R}|$, 因此函数 $|\vec{R} - \vec{R}'|^{-1}$ 在 $\vec{R}$ 处展开得

$$\frac{1}{|\vec{R} - \vec{R}'|} = \frac{1}{|\vec{R}|} - \vec{R}' \cdot \nabla \frac{1}{|\vec{R}|} + \frac{1}{2} \vec{R}' \vec{R}' : \nabla \nabla \frac{1}{|\vec{R}|} + \cdots. \tag{4.4.2}$$

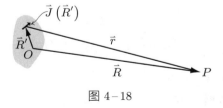

图 4-18

相应的 (4.4.1) 式可以改写成

$$\vec{A}(\vec{R}) = \frac{\mu_0}{4\pi} \int_{V'} \mathrm{d}V' \vec{J} \frac{1}{R} - \frac{\mu_0}{4\pi} \int_{V'} \mathrm{d}V' \vec{J} \left(\vec{R}' \cdot \nabla \frac{1}{R} \right)$$
$$+ \frac{\mu_0}{8\pi} \int_{V'} \mathrm{d}V' \vec{J} \left(\vec{R}' \vec{R}' : \nabla \nabla \frac{1}{R} \right) + \cdots$$

$$= \vec{A}^{(0)} + \vec{A}^{(1)} + \vec{A}^{(2)} + \cdots . \tag{4.4.3}$$

上述展开式中的第一项为

$$\vec{A}^{(0)}(\vec{R}) = \frac{\mu_0}{4\pi R} \int_{V'} \vec{J} \mathrm{d}V'. \tag{4.4.4}$$

在第一章 1.5.6 小节中已经证明两个重要的关系式: 若矢量场 $\vec{J}$ 在 V 的边界面上满足 $\vec{n} \cdot \vec{J} = 0$ ($\vec{n}$ 为面法向单位矢量), 并且在 V 内 $\vec{R}'$ 还满足 $\nabla' \cdot \vec{J}(\vec{R}') = 0$, 则有

$$\int_{V'} \vec{J}(\vec{R}') \, \mathrm{d}V' = 0, \tag{4.4.5}$$

$$\int_{V'} (\vec{J}\vec{R}' + \vec{R}'\vec{J}) \, \mathrm{d}V' = 0. \tag{4.4.6}$$

因此有

$$\vec{A}^{(0)} = 0. \tag{4.4.7}$$

需要注意的是, 这里是由于恒定电流的存在才使得矢势的零级展开为零, 而不是由于磁单极不存在所导致。

我们来看 (4.4.3) 式中的第二项:

$$\vec{A}^{(1)}(\vec{R}) = -\frac{\mu_0}{4\pi} \int_{V'} \mathrm{d}V' \vec{J} \left(\vec{R}' \cdot \nabla \frac{1}{R} \right). \tag{4.4.8}$$

上式可改写为

$$\vec{A}^{(1)} = -\frac{\mu_0}{4\pi} \left(\int_{V'} \vec{J}\vec{R}' \mathrm{d}V' \right) \cdot \nabla \frac{1}{R} = \frac{\mu_0}{4\pi} \cdot \frac{1}{2} \left[\int_{V'} (\vec{J}\vec{R}' - \vec{R}'\vec{J}) \, \mathrm{d}V' \right] \cdot \frac{\vec{R}}{R^3}$$

$$= \frac{\mu_0}{4\pi} \cdot \frac{1}{2} \left[\int_{V'} (\vec{R}' \times \vec{J}) \, \mathrm{d}V' \right] \times \frac{\vec{R}}{R^3}.$$

或者

$$\vec{A}^{(1)} = \frac{\mu_0}{4\pi} \frac{\vec{m} \times \vec{R}}{R^3}. \tag{4.4.9}$$

式中

$$\vec{m} = \frac{1}{2} \int_{V'} \vec{R}' \times \vec{J} \mathrm{d}V'. \tag{4.4.10}$$

为恒定电流体系的磁偶极矩。

展开式 (4.4.3) 中的第三项为

$$\vec{A}^{(2)}(\vec{R}) = \frac{\mu_0}{8\pi} \int_{V'} \mathrm{d}V' \vec{J}(\vec{R}') \left(\vec{R}'\vec{R}' : \nabla\nabla \frac{1}{R} \right). \tag{4.4.11}$$

由于一般情况下 $\vec{m} \neq 0$, $\vec{A}^{(1)} \neq 0$, 并且在远场区域由于观测点到电流源的距离远大于电流源分布尺寸, 使得 $\vec{A}^{(2)}$ 以及更高阶的项远小于 $\vec{A}^{(1)}$, 因此一般只考虑到

矢势的一级近似:

$$\vec{A} \approx \vec{A}^{(1)}. \tag{4.4.12}$$

当然, 如果 $\vec{m} = 0$ 或者观测点到电流源的距离接近于电流源的分布尺寸, 或者小于其尺寸, 则需要采取其他数学处理方法。

4.4.2 平面载流线圈的磁矩

对于一根细导线构成的恒定载流线圈, 其磁偶极矩为

$$\vec{m} = \frac{I}{2} \oint_{L'} \vec{R}' \times \mathrm{d}\vec{\ell}' = I\vec{S}. \tag{4.4.13}$$

其中

$$\vec{S} = \frac{1}{2} \oint_{L'} \vec{R}' \times \mathrm{d}\vec{\ell}'. \tag{4.4.14}$$

为线圈所包围的面矢量。容易验证, 恒定载流线圈的磁偶极矩 $\vec{m}$ 与坐标原点的位置无关。

对于位于一个平面上的载流线圈, 如图 4–19 所示, 有

$$\vec{S} = \frac{1}{2} \oint_{L'} \vec{R}' \times \mathrm{d}\vec{\ell}' = \frac{1}{2} \oint_{L'} R' \mathrm{d}\ell' \sin\theta \vec{n} = \Delta S \vec{n}.$$

其中 ΔS 为线圈的面积, $\vec{n}$ 为平面载流线圈的面法向单位矢量 (与电流 I 成右手螺旋关系)。因此平面载流线圈的磁偶极矩为

$$\vec{m} = I \Delta S \vec{n}. \tag{4.4.15}$$

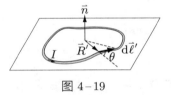

图 4–19

4.4.3 载流线圈在远场区域的磁场

下面来计算载流线圈在远场处产生的磁场。基于矢势一级展开近似, 远场区域的磁场为

$$\vec{B} \approx \nabla \times \vec{A}^{(1)} = \frac{\mu_0}{4\pi} \nabla \times \left(\vec{m} \times \frac{\vec{R}}{R^3} \right) = -\frac{\mu_0}{4\pi} (\vec{m} \cdot \nabla) \frac{\vec{R}}{R^3}. \tag{4.4.16}$$

进一步利用

$$\nabla \left(\vec{m} \cdot \frac{\vec{R}}{R^3} \right) = \vec{m} \times \left(\nabla \times \frac{\vec{R}}{R^3} \right) + (\vec{m} \cdot \nabla) \frac{\vec{R}}{R^3} = (\vec{m} \cdot \nabla) \frac{\vec{R}}{R^3}.$$

这里还利用了 $\nabla \times (\vec{R}/R^3) = 0$, $\vec{R} \neq 0$, 因此远场区域的磁场可表示成如下形式:

$$\vec{B} = -\mu_0 \nabla \varphi_\mathrm{m} \approx -\mu_0 \nabla \left(\frac{\vec{m} \cdot \vec{R}}{4\pi R^3} \right). \tag{4.4.17}$$

式中

$$\varphi_{\mathrm{m}} \approx \frac{1}{4\pi} \frac{\vec{m} \cdot \vec{R}}{R^3}, \tag{4.4.18}$$

为载流线圈在远场区域所产生的磁标势。对比一中性带电体在远场区域对电势的主要贡献项:

$$\varphi_{\mathrm{e}} \approx \frac{1}{4\pi\varepsilon_0} \frac{\vec{p} \cdot \vec{R}}{R^3}. \tag{4.4.19}$$

可见载流线圈在远场区域的磁标势与 φ_{e} 在形式上非常相似。

4.4.4　点磁偶极子的矢势、磁场及电流分布

从 (4.4.15) 式看出, 对于一个位于坐标原点的平面载流线圈, 当电流强度 $i \to \infty$, 线圈面积 $\Delta S \to 0$, 但保持 $i\Delta S$ 为有限值, 则空间任意一点矢势的严格解为

$$\vec{A} = \frac{\mu_0}{4\pi} \frac{\vec{m} \times \vec{R}}{R^3}. \tag{4.4.20}$$

这里 $\vec{m} = \lim\limits_{\substack{i \to \infty \\ \Delta S \to 0}} i\Delta S \vec{n}$。不同于前面局限于 $\vec{R} \neq 0$ 且处于远场的情况, (4.4.20) 式可以包括坐标原点在内。在上述极限情况下, 空间中任意一点的磁标势为

$$\varphi_{\mathrm{m}} = \frac{1}{4\pi} \frac{\vec{m} \cdot \vec{R}}{R^3}. \tag{4.4.21}$$

(4.4.21) 式与一个点电偶极子的电势在形式上完全一致。

根据 (4.4.20) 式, 一个位于原点处的点磁偶极子在空间中的磁场为

$$\vec{B} = \nabla \times \vec{A} = \frac{\mu_0}{4\pi} \nabla \times \left(\frac{\vec{m} \times \vec{R}}{R^3} \right) = \frac{\mu_0}{4\pi} \left[\vec{m} \left(\nabla \cdot \frac{\vec{R}}{R^3} \right) - (\vec{m} \cdot \nabla) \frac{\vec{R}}{R^3} \right]$$

$$= \mu_0 \vec{m} \delta\left(\vec{R}\right) - \frac{\mu_0}{4\pi} \nabla \left(\vec{m} \cdot \frac{\vec{R}}{R^3} \right). \tag{4.4.22}$$

因此一个位于坐标原点的点磁偶极子, 其周围的磁场为

$$\vec{B} = -\frac{\mu_0}{4\pi} \nabla \left(\vec{m} \cdot \frac{\vec{R}}{R^3} \right) = -\frac{\mu_0}{4\pi} \left[\frac{\vec{m}}{R^3} - \frac{3(\vec{m} \cdot \vec{R})\vec{R}}{R^5} \right] \quad (\vec{R} \neq 0). \tag{4.4.23}$$

它与之前我们讨论的点电偶极子周围的电场在形式上亦类似。

思考题 4.4　一均匀带电薄球壳, 半径为 R_0, 总带电荷为 Q, 球壳绕自身某一直径以角速度 ω 匀速转动, 计算体系的磁矩 $\vec{m}$; 分析球壳外的矢势或者磁场等价于一个与体系的磁偶极矩相同的点磁偶极子放置于坐标原点时其在球壳外所产生的矢势或磁场, 并且这一推论同样适用于例题 4.3.2 关于均匀磁化永磁介质球壳外的磁场。

之前我们给出了点电偶极子的空间电荷分布, 见 (3.1.15) 式。现在来讨论点磁偶极子电流分布的数学表达形式。根据 $\vec{J}_m = \mu_0^{-1} \nabla \times \vec{B}$, 位于坐标原点的点磁偶

极子的电流分布为

$$\vec{J}_m = \nabla \times [\vec{m}\delta(\vec{R})] - \frac{1}{4\pi}\nabla \times \nabla\left(\vec{m} \cdot \frac{\vec{R}}{R^3}\right) = -\vec{m} \times \nabla\delta(\vec{R}). \tag{4.4.24}$$

推广: 位于 $\vec{R}_0$ 的点磁偶极子 $\vec{m}$ 在空间的电流分布表示为

$$\vec{J}_m = -\vec{m} \times \nabla\delta(\vec{R} - \vec{R}_0). \tag{4.4.25}$$

4.4.5　点磁偶极子层及其矢势和磁标势

在静电场部分, 我们讨论了点电偶极子组成的线和点电偶极子层, 这里也可以做类似的分析。

例如, 一个电流为 I 的载流线圈其实就可看成是以线圈 L 为边界、由无数个点磁偶极子组成的面 S, 每个点磁偶极子看成是面积无限小的正方形载流线圈, 这些线圈之间无缝拼接, 并且其电流绕向与线圈 L 中电流 I 的绕向相同, 如图 4-20 所示。由于相邻载流线圈的电流流向相反而产生的贡献相互抵消, 因此整个面 S 上的所有点磁偶极子对场点磁场的贡献就由沿着边界 L 的电流所决定。

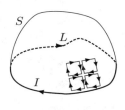

图 4-20

从数学上我们也可以给出上述结论的严格证明。根据 (4.4.20) 式, 整个点磁偶极子层对场点 $\vec{R}$ 处磁场矢势的贡献为

$$\vec{A} = \frac{\mu_0}{4\pi}\int_S \frac{d\vec{m} \times (\vec{R} - \vec{R}')}{|\vec{R} - \vec{R}'|^3} = \frac{\mu_0 I}{4\pi}\int_S d\vec{S} \times \nabla'\frac{1}{|\vec{R} - \vec{R}'|}. \tag{4.4.26}$$

利用在第一章中得到的 (1.3.9) 式 $\int_S d\vec{S} \times \nabla\varphi(\vec{R}') = \oint_L d\vec{\ell}\,\varphi(\vec{R}')$, 上式改写为

$$\vec{A} = \frac{\mu_0 I}{4\pi}\oint_L \frac{d\vec{\ell}}{|\vec{R} - \vec{R}'|}. \tag{4.4.27}$$

这正是我们熟悉的载流线圈的矢势表达式。

由于一个载流线圈可以看成由无数个点磁偶极子组成的磁偶极子层, 因此一个载流线圈的磁标势可以表示成所有点磁偶极子磁标势的叠加:

$$\varphi_m = \int d\varphi_m = \int \frac{1}{4\pi}\frac{d\vec{m} \cdot \vec{R}}{R^3} = \frac{I}{4\pi}\int \frac{d\vec{S} \cdot \vec{R}}{R^3}$$

$$= \frac{I}{4\pi}\int d\Omega = \frac{1}{4\pi}I\Delta\Omega. \tag{4.4.28}$$

这里 $\vec{R}$ 为从磁偶极子元 $d\vec{m}$ 指向场点的位矢, $\Delta\Omega$ 为线圈回路对观察点所张的立

体角。由于以载流线圈为边界的面的正方向 $\vec{n}_S$ 服从右手螺旋定则 (右手四指为电流方向, 右手拇指为面法向 $\vec{n}_S$ 的方向), 因此以面元为起点, 若观察点处于 $\vec{n}_S$ 的正前方, 则 $\Delta\Omega = \mathrm{d}\vec{m}\cdot\vec{R} > 0$, 反之则为负值。

例题 4.4.1　借助经典圆形轨道运动, 讨论作圆周运动的带电粒子体系的轨道磁矩。

解: 假设有若干个作圆周运动的带电粒子, 第 k 个带电粒子的质量为 m_k、电荷量为 q_k、速度为 $\vec{v}_k$, 所处位置为 $\vec{R}_k$, 则在空间运动形成的电流密度表示为

$$\vec{J} = \sum_k q_k \vec{v}_k \delta(\vec{R} - \vec{R}_k).$$

粒子的轨道角动量为 $\vec{L}_k = m_k(\vec{R}_k \times \vec{v}_k)$。将上式代入磁偶极矩的定义 (4.4.10) 式, 得到粒子体系作圆周运动而产生的总轨道磁矩为

$$\vec{m}_L = \frac{1}{2}\sum_k \int_{V'} \vec{R}' \times q_k \vec{v}_k \delta(\vec{R}' - \vec{R}_k)\,\mathrm{d}V' = \frac{1}{2}\sum_k q_k(\vec{R}_k \times \vec{v}_k) = \sum_k \frac{q_k}{2m_k}\vec{L}_k.$$

假如所有粒子的荷质比都相同, 则体系磁偶极矩正比于体系的轨道角动量 $\vec{L} = \sum_k \vec{L}_k$, 有

$$\vec{m}_L = \frac{q}{2m}\sum_k \vec{L}_k = \frac{q}{2m}\vec{L}.$$

实验表明, 基于上述经典图像得到的这种线性关系在量子力学中依然成立。因此对于原子而言, 要得到原子的轨道磁矩, 只需将 $\vec{L}$ 替换成原子中电子的轨道角动量。量子力学认为, 一些粒子除了具有轨道角动量, 还具有自旋角动量 $\vec{S}$, 因而具有自旋磁矩 $\vec{m}_S$。因此, 对于具有量子效应的粒子而言, 其磁矩一般表示成

$$\vec{m} = \vec{m}_L + \vec{m}_S = \gamma_L \vec{L} + \gamma_S \vec{S}.$$

这里 γ 称为磁旋比。

4.4.6　小区域电流受到的力

在外磁场 $\vec{B}_e$ 中, 恒定电流分布 $\vec{J}$ 所受到的力表示为

$$\vec{F} = \int_{V'} \mathrm{d}V' \vec{J}(\vec{R}') \times \vec{B}_e(\vec{R}'). \tag{4.4.29}$$

可选定区域内任意一参考点作为坐标原点 O, 将其近邻的磁场相对参考点做展开:

$$\vec{B}_e(\vec{R}') = \vec{B}_e(0) + (\vec{R}'\cdot\nabla)\vec{B}_e(0) + \cdots. \tag{4.4.30}$$

若电流 $\vec{J}$ 分布在小区域内, 且区域内磁场 $\vec{B}_e$ 在空间中的变化是缓慢的, 则在上式多极展开中只需要保留到一级近似。将其代入 (4.4.29) 式, 得到力的多极展开式为

$$\vec{F} = \int_{V'} \mathrm{d}V' \vec{J}(\vec{R}') \times \vec{B}_e(0) + \int_{V'} \mathrm{d}V' \vec{J}(\vec{R}') \times [(\vec{R}'\cdot\nabla)\vec{B}_e(0)] + \cdots. \tag{4.4.31}$$

(4.4.31) 式中的第一项为

$$\vec{F}^{(0)} = \left[\int_{V'} \mathrm{d}V' \vec{J}(\vec{R}') \right] \times \vec{B}_{\mathrm{e}}(0) = 0. \tag{4.4.32}$$

这说明在均匀磁场中恒定电流体系受到的合力为零。

(4.4.31) 式中的第二项为一级展开项, 即

$$\vec{F}^{(1)} = \int_{V'} \mathrm{d}V' \vec{J}(\vec{R}') \times [(\vec{R}' \cdot \nabla) \vec{B}_{\mathrm{e}}(0)]. \tag{4.4.33}$$

由于一般情况下激发外磁场的电流并不处于这里所要研究的电流分布 $\vec{J}$ 所处区域, 因此 $\nabla \times \vec{B}_{\mathrm{e}}(0) = 0$, 相应地有

$$\vec{R}' \times [\nabla \times \vec{B}_{\mathrm{e}}(\vec{R})|_{\vec{R}=0}] = [\nabla (\vec{R}' \cdot \vec{B}_{\mathrm{e}}(\vec{R})) - (\vec{R}' \cdot \nabla) \vec{B}_{\mathrm{e}}(\vec{R})]|_{\vec{R}=0} = 0,$$

或者

$$\nabla [\vec{R}' \cdot \vec{B}_{\mathrm{e}}(\vec{R})]|_{\vec{R}=0} = (\vec{R}' \cdot \nabla) \vec{B}_{\mathrm{e}}(\vec{R})|_{\vec{R}=0}.$$

因此 (4.4.33) 式改写为

$$\vec{F}^{(1)} = \int_{V'} \mathrm{d}V' \vec{J}(\vec{R}') \times \nabla [\vec{R}' \cdot \vec{B}_{\mathrm{e}}(\vec{R})]|_{\vec{R}=0}. \tag{4.4.34}$$

由于 $\vec{J}(\vec{R}')$ 是与算符 ∇ 无关的常矢量, 根据法则 $\nabla \times (\varphi \vec{J}) = \nabla \varphi \times \vec{J}$, 则有

$$\vec{F}^{(1)} = -\nabla \times \left\{ \int_{V'} \vec{J} \mathrm{d}V' [\vec{R}' \cdot \vec{B}_{\mathrm{e}}(\vec{R})] \right\} \bigg|_{\vec{R}=0}. \tag{4.4.35}$$

上式可进一步改写为

$$\begin{aligned}
\vec{F}^{(1)} &= -\nabla \times \left[\left(\int_{V'} \vec{J} \vec{R}' \mathrm{d}V' \right) \cdot \vec{B}_{\mathrm{e}}(\vec{R}) \right] \bigg|_{\vec{R}=0} \\
&= -\nabla \times \left\{ \left[\frac{1}{2} \int_{V'} (\vec{J} \vec{R}' - \vec{R}' \vec{J}) \mathrm{d}V' \right] \cdot \vec{B}_{\mathrm{e}}(\vec{R}) \right\} \bigg|_{\vec{R}=0} \\
&= -\nabla \times \left[\left(\frac{1}{2} \int_{V'} \vec{R}' \times \vec{J} \mathrm{d}V' \right) \times \vec{B}_{\mathrm{e}}(\vec{R}) \right] \bigg|_{\vec{R}=0}.
\end{aligned}$$

这里运用了 (4.4.6) 式。因此 (4.4.33) 式继续改写为

$$\vec{F}^{(1)} = -\nabla \times [\vec{m} \times \vec{B}_{\mathrm{e}}(\vec{R})]|_{\vec{R}=0}. \tag{4.4.36}$$

注意从 (4.4.16) 式到 (4.4.17) 式的推导过程, 利用了两个关系式 $\nabla \cdot (\vec{R}/R^3) = 0$ $(R \neq 0)$ 以及 $\nabla \times (\vec{R}/R^3) = 0$。由于同样存在 $\nabla \cdot \vec{B}_{\mathrm{e}}(\vec{R})|_{\vec{R}=0} = 0$ 以及 $\nabla \times B_{\mathrm{e}}(\vec{R})|_{\vec{R}=0} = 0$, 因此最终亦可将磁力 $\vec{F}^{(1)}$ 表示成标量场 $W = -\vec{m} \cdot \vec{B}_{\mathrm{e}}(\vec{R})$ 的梯度 (负值), 而 W 正是前面 (4.2.19) 式定义的磁偶极矩 $\vec{m}$ 在外磁场中的相互作用势函数:

$$\vec{F}^{(1)} = -\nabla W = (\vec{m} \cdot \nabla) \vec{B}_{\mathrm{e}}(\vec{R})|_{\vec{R}=0}. \tag{4.4.37}$$

这是载流线圈在磁场缓变区域内受到的作用力, 在一级近似下近似为点磁偶极子受到的作用力。在热平衡状态下, $\vec{m}$ 总是倾向于与 $\vec{B}_{\mathrm{e}}$ 平行, 从而取能量最小的状态。

同样地, 一个带电粒子进入非均匀磁场时受到的作用力也是由 (4.4.37) 式所决定的。我们知道, 在均匀磁场中带电粒子一般围绕磁感应线作螺旋运动, 在沿着磁场方向其速度是均匀的, 而圆周运动类似这里的一个环形电流, 从而形成一有效磁偶极矩。若磁场在空间分布出现非均匀的缓慢变化, 粒子仍然会围绕磁感应线作螺旋运动, 只不过随着磁场的增强, 粒子作圆周运动的半径会逐渐减小; 而随着通过圆形轨道的磁通量不断增加, 会出现磁镜效应, 即粒子会被排斥于磁场不断增强的区域外, 而重新回到磁场减小的区域。

例题 4.4.2   证明磁场作用在点磁偶极子上的力满足 (4.4.37) 式。

证: 前面已经给出对于位于 $\vec{R}_0$ 处的点磁偶极子 $\vec{m}$, 其电流密度分布为 $\vec{J}_m(\vec{R}) = -\vec{m} \times \nabla \delta(\vec{R} - \vec{R}_0)$, 因此作用力为

$$\vec{F} = \int_{V'} dV' \vec{J}_m(\vec{R}') \times \vec{B}(\vec{R}')$$

$$= -\int_{V'} dV' [\vec{m} \times \nabla' \delta(\vec{R}' - \vec{R}_0)] \times \vec{B}(\vec{R}')$$

$$= \int_{V'} dV' \vec{m} [\vec{B}(\vec{R}') \cdot \nabla' \delta(\vec{R}' - \vec{R}_0)] - \int_{V'} dV' \nabla' \delta(\vec{R}' - \vec{R}_0)[\vec{m} \cdot \vec{B}(\vec{R}')].$$

利用分部积分法, 上式可以改写为

$$\vec{F} = -\int_{V'} dV' \vec{m} \delta(\vec{R}' - \vec{R}_0)[\nabla' \cdot \vec{B}(\vec{R}')] + \int_{V'} dV' \delta(\vec{R}' - \vec{R}_0) \nabla'[\vec{m} \cdot \vec{B}(\vec{R}')].$$

考虑到 $\nabla' \cdot \vec{B}(\vec{R}') = 0$, 最后得到点磁偶极子在外磁场中受到的力为

$$\vec{F} = \int_{V'} dV' \delta(\vec{R}' - \vec{R}_0) \nabla'[\vec{m} \cdot \vec{B}(\vec{R}')] = \nabla'[\vec{m} \cdot \vec{B}(\vec{R}')]|_{\vec{R}' = \vec{R}_0}.$$

例题 4.4.3   两个磁偶极子 $\vec{m}_1$ 和 $\vec{m}_2$ 位于同一平面内, $\vec{m}_1$ 固定, $\vec{m}_2$ 可在平面内绕自身中心自由转动, 如图 4-21 所示, 从 $\vec{m}_1$ 到 $\vec{m}_2$ 的位矢为 $\vec{r}$, $\vec{m}_1$ 与 $\vec{r}$ 的夹角为 α_1。设磁偶极子 $\vec{m}_2$ 在 $\vec{m}_1$ 的磁场作用下处于平衡时, $\vec{m}_2$ 与 $\vec{r}$ 的夹角为 α_2, 证明 α_1 与 α_2 之间满足关系式 $\tan \alpha_1 = -2 \tan \alpha_2$。

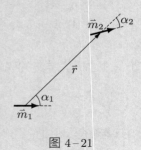

图 4-21

解: 根据 (4.2.19) 式, 两个磁偶极子间的相互作用势函数为

$$W = -\vec{m}_2 \cdot \vec{B}_1 = -\vec{m}_2 \cdot \left(-\mu_0 \nabla \frac{\vec{m}_1 \cdot \vec{r}}{4\pi r^3} \right)$$

$$= \frac{\mu_0 m_1}{4\pi} \vec{m}_2 \cdot \nabla \left(\frac{\cos \alpha_1}{r^2} \right)$$

$$= -\frac{\mu_0 m_1 m_2}{4\pi r^3} \left(2 \cos \alpha_1 \cos \alpha_2 - \sin \alpha_1 \sin \alpha_2 \right).$$

$\vec{m}_2$ 达到平衡的条件要求 $\dfrac{\partial W}{\partial \alpha_2} = 0$, 即

$$\frac{\partial}{\partial \alpha_2} \left(2 \cos \alpha_1 \cos \alpha_2 - \sin \alpha_1 \sin \alpha_2 \right) = 0,$$

易解得

$$\tan \alpha_1 = -2 \tan \alpha_2.$$

这里讨论的是一个磁偶极子固定的情形。当磁性颗粒悬浮在液体中时, 施加均匀磁场 $\vec{B}_0$ 之后颗粒会由于磁化而产生磁偶极矩, 相邻磁性颗粒之间产生相互作用, 使得磁性颗粒在外磁场作用下亦可以形成 "链", 从而产生类似于电流变液现象的磁流变液 (Magnetorheological fluid) 现象。

4.4.7 小区域电流受到的力矩

在外磁场 $\vec{B}_e$ 中, 恒定电流分布 $\vec{J}$ 受到的力矩为

$$\vec{L} = \int_{V'} \mathrm{d}V' \vec{R}' \times [\vec{J}(\vec{R}') \times \vec{B}_e(\vec{R}')]. \tag{4.4.38}$$

借助 (4.4.30) 式, 考虑到一般情况下上式的零级展开不为零, 因此有

$$\vec{L} \approx \vec{L}^{(0)} = \int_{V'} \mathrm{d}V' \vec{R}' \times [\vec{J}(\vec{R}') \times \vec{B}_e(0)]. \tag{4.4.39}$$

借助三个矢量的叉积, 上式可以改写为

$$\vec{L} \approx \int_{V'} \mathrm{d}V' \{ [\vec{R}' \cdot \vec{B}_e(0)] \vec{J}(\vec{R}') - [\vec{R}' \cdot \vec{J}(\vec{R}')] \vec{B}_e(0) \}. \tag{4.4.40}$$

前面已讨论过, 上式等号右边的第一项可表示为

$$\int_{V'} \mathrm{d}V' [\vec{R}' \cdot \vec{B}_e(0)] \vec{J}(\vec{R}') = \vec{m} \times \vec{B}_e(0).$$

对于 (4.4.40) 式等号右边的第二项, 借助关系式 $\nabla' \cdot (\vec{R}'^2 \vec{J}) = 2(\vec{R}' \cdot \vec{J}) + \vec{R}'^2 \nabla' \cdot \vec{J}$, 以及恒定电流条件 $\nabla' \cdot \vec{J} = 0$, 得

$$\int_{V'} \mathrm{d}V' [\vec{R}' \cdot \vec{J}(\vec{R}')] \vec{B}_e(0) = \frac{1}{2} \vec{B}_e(0) \int_{V'} \mathrm{d}V' \nabla' \cdot (\vec{R}'^2 \vec{J})$$

$$= \frac{1}{2} \vec{B}_e(0) \oint_{S'} \mathrm{d}\vec{S}' \cdot (\vec{R}'^2 \vec{J}) = 0,$$

这里考虑到对于恒定电流而言, 在电流分布区域的外边界上应该没有电流穿出边界面。因此最终得

$$\vec{L} = \vec{m} \times \vec{B}_{\mathrm{e}}(0) . \tag{4.4.41}$$

其中 $\vec{B}_{\mathrm{e}}(0)$ 表示磁偶极子所处位置的磁场。可以看出, 力矩的方向总是使得磁矩转向沿着外场的方向, 从而使得势能最低。对比电偶极子在外电场中受到的力矩 $\vec{L} = \vec{p} \times \vec{E}_{\mathrm{e}}$, 可见形式上也是一致的。

习题

4.1 ☆ 一无限长载流直导线, 电流为 I, 导线直径忽略不计, 沿直导线辐向伸展开三个半无限的平面, 将空间分为三个楔形区域, 楔形区域内充满磁导率为 μ_1、μ_2 和 μ_3 的磁介质, 区域边界面之间夹角分别为 α_1、α_2 和 α_3。试分析楔形区域内磁感应强度和磁场强度。

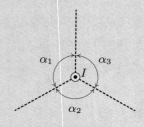

习题 4.1 图

答案: $\vec{B} = \dfrac{I}{\left(\dfrac{\alpha_1}{\mu_1} + \dfrac{\alpha_2}{\mu_2} + \dfrac{\alpha_3}{\mu_3}\right)} \dfrac{\vec{e}_\phi}{r}, \quad \vec{H}_i = \dfrac{\vec{B}}{\mu_i} \quad (i = 1, 2, 3) .$

4.2 ☆ 磁光原子阱是利用磁场和激光对原子进行冷却的一种装置。对于一维磁光原子阱而言, 为了能将原子限制在坐标原点附近, 磁场分布需满足 $\vec{B} = Cz\vec{e}_z$, 这里 C 为常量, 即磁场沿 z 轴保持线性梯度变化的同时, 跨过坐标原点时磁场会改变方向。如图所示, 反向亥姆霍兹线圈由两个半径相同、电流大小相等方向相反的圆形线圈所组成, 线圈半径为 a, 均平行于 xOy 面, 圆心分别位于 $(0, 0, -a/2)$ 和 $(0, 0, a/2)$。试证明当 $|z| \ll a$ 时, 沿 z 轴 O 点附近的磁场分布满足一维磁光原子阱对磁场分布设计的要求。

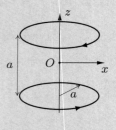

习题 4.2 图

4.3 ☆☆ 一根电流为 I 的无限长载流直导线, 平行放置于磁导率为 μ_1 和 μ_2 的介质的交界面上方 d 处, 如图所示, 仿照镜像法并结合磁场强度的边界条件, 计算空间中磁感应强度分布和载流直导线所受的力。

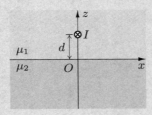

习题 4.3 图

答案: (1) 空间中的磁感应强度分布为

$$\vec{B}(x,z) = \begin{cases} \dfrac{\mu_1 I}{2\pi}\left[\dfrac{(z-d)\,\vec{e}_x - x\vec{e}_z}{x^2 + (z-d)^2} - \dfrac{\mu_1 - \mu_2}{\mu_1 + \mu_2}\dfrac{(z+d)\,\vec{e}_x - x\vec{e}_z}{x^2 + (z+d)^2}\right] & (z \geqslant 0), \\[3mm] \dfrac{\mu_1 \mu_2 I}{(\mu_1 + \mu_2)\pi}\dfrac{(z-d)\,\vec{e}_x - x\vec{e}_z}{x^2 + (z-d)^2} & (z \leqslant 0). \end{cases}$$

(2) 单位长度的载流直导线所受的力为 $\dfrac{\mu_1 I^2}{4\pi d}\dfrac{\mu_1 - \mu_2}{\mu_1 + \mu_2}\vec{e}_z$.

4.4 ☆☆ 假设有 $N\,(N \gg 1)$ 根相同的载流细导线并排螺旋围绕着一无限长圆筒, 圆筒半径为 a, 每根导线载有相同的电流 I, 并且细导线每绕圆筒一周沿着轴线前进 L。试: (1) 写出圆筒表面面电流密度的表达式; (2) 求单位面积面电流受到的磁力; (3) 分析磁力为零的条件。

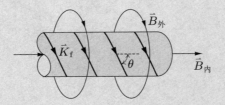

习题 4.4 图

答案: (1) $\vec{K}_{\mathrm{f}} = \left(\dfrac{NI}{2\pi a}\cos\theta\right)\vec{e}_z + \left(\dfrac{NI}{L}\sin\theta\right)\vec{e}_\phi$;

(2) $\vec{f} = \dfrac{\mu_0}{2}\left[\left(\dfrac{NI}{L}\sin\theta\right)^2 - \left(\dfrac{NI}{2\pi a}\cos\theta\right)^2\right]\vec{e}_r$; (3) $\theta = \dfrac{\pi}{4}$.

4.5 ☆☆ 假设区域 V 由若干个磁导率均匀区域 V_i 组成, V_i 的内边界上没有自由电流面分布, V 内给定电流和磁介质分布。若在区域 V 外边界上给定 $\vec{A}$

的切向分量或 $\vec{H}$ 的切向分量, 则区域内静磁场唯一确定. 试证明上述唯一性定理.

4.6 ☆☆ 半径为 R_1、带电荷量为 Q 的球壳 1, 以匀角速度 ω_1 绕其一固定直径旋转, 电荷均匀分布在球壳上保持不变, 球内、外为真空. 试: (1) 利用磁标势法求球壳 1 内、外磁感应强度分布; (2) 若在球壳 1 外放置一个同心的半径为 $R_2\,(R_1 < R_2)$ 的外球壳 2, 电荷量均匀分布, 总电荷量为 Q, 外球壳 2 以角速度 ω_2 绕球壳 1 围绕的同一转轴旋转. 为了使球壳 1 内部磁场为 0, 试求 ω_2 的值.

答案: (1)
$$\vec{B}_1 = \begin{cases} \dfrac{\mu_0 Q}{6\pi R_1}\omega_1 \vec{e}_z & (R \leqslant R_1), \\[3mm] \dfrac{\mu_0 Q R_1^2}{12\pi R^3}\left[\dfrac{3(\vec{\omega}_1 \cdot \vec{R})\vec{R}}{R^2} - \vec{\omega}_1\right] & (R \geqslant R_1). \end{cases}$$

(2) ω_2 需满足 $\dfrac{\omega_1}{R_1} + \dfrac{\omega_2}{R_2} = 0$.

4.7 ☆☆ 假设由超导材料制成的无限长圆筒结构, 圆筒内外半径分别为 R_0 和 R_1; 圆筒外包裹一层均匀磁性材料, 材料的相对磁导率为 μ_{r2}, 包裹后圆筒外径为 R_2, 其横截面如图所示. 现将双层圆筒结构置于均匀外磁场 $(\vec{H}_0)$ 中, 圆筒轴沿着 z 轴, 磁场方向沿着 x 轴. 试: (1) 通过磁标势的求解, 计算出空间的磁场强度分布; (2) 分析并给出双层圆筒结构实现对外磁场零干扰 (静磁隐身) 所需满足的条件.

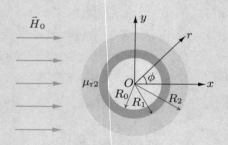

习题 4.7 图

答案: (1) 空间的磁场强度分布为

$$\vec{H}(r,\phi) = \begin{cases} 0 & (r < R_0), \\[3mm] D\left[-\left(1+\dfrac{R_0^2}{r^2}\right)\cos\phi\,\vec{e}_r + \left(1-\dfrac{R_0^2}{r^2}\right)\sin\phi\,\vec{e}_\phi\right] & (R_0 < r < R_1), \\[3mm] B\left[-\left(1-\dfrac{R_1^2}{r^2}\right)\cos\phi\,\vec{e}_r + \left(1+\dfrac{R_1^2}{r^2}\right)\sin\phi\,\vec{e}_\phi\right] & (R_1 < r < R_2), \\[3mm] \left(H_0+\dfrac{A}{r^2}\right)\cos\phi\,\vec{e}_r + \left(-H_0+\dfrac{A}{r^2}\right)\sin\phi\,\vec{e}_\phi & (r > R_2). \end{cases}$$

其中系数 $A = \dfrac{(\mu_{r2}+1)\,R_1^2 - (\mu_{r2}-1)\,R_2^2}{(\mu_{r2}-1)\,R_1^2 - (\mu_{r2}-1)\,R_2^2}\,R_0^2 H_0$,

$B = \dfrac{2R_2^2 H_0}{(\mu_{r2}-1)\,R_1^2 - (\mu_{r2}+1)\,R_2^2}$, $D = -\dfrac{4R_1^2 R_2^2 H_0}{(\mu_{r2}-1)\,R_1^2 - (\mu_{r2}+1)\,R_2^2}$;

(2) 实现静磁隐身所需条件为 $\mu_{r2} = \dfrac{R_2^2 + R_1^2}{R_2^2 - R_1^2}$。

4.8 ☆☆ 真空中分布有均匀磁场 $\vec{B}_0$, 现将一无限长均匀圆柱形媒质棒放入磁场中, 媒质磁导率为 μ, 柱半径为 a, 柱轴线与 $\vec{B}_0$ 垂直。若媒质棒中有均匀分布电流 (密度 $\vec{J}$), 求全空间的磁感应强度分布。

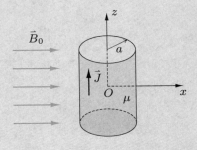

习题 4.8 图

答案:

$$\vec{B} = \begin{cases} \left[B_0 \cos\phi \left(\dfrac{\mu-\mu_0}{\mu+\mu_0} \dfrac{a^2}{r^2} + 1 \right) \right]\vec{e}_r + \left[\dfrac{\mu_0 J a^2}{2r} + B_0 \sin\phi \left(\dfrac{\mu-\mu_0}{\mu+\mu_0} \dfrac{a^2}{r^2} - 1 \right) \right]\vec{e}_\phi \\ \qquad\qquad\qquad\qquad\qquad\qquad\qquad\qquad\qquad (r \geqslant a), \\ \left(\dfrac{2\mu}{\mu+\mu_0} B_0 \cos\phi \right)\vec{e}_r + \left(\dfrac{\mu J}{2} r - \dfrac{2\mu}{\mu+\mu_0} B_0 \sin\phi \right)\vec{e}_\phi \quad (r \leqslant a). \end{cases}$$

4.9 ☆ 半径为 a 的圆形薄片, 电荷面密度为 $\sigma = kr$, r 为薄片上任意一点到圆心的距离, k 为常量。现使圆盘绕过圆心且垂直于盘面的轴线匀速旋转, 角速度为 ω。试利用矢势多极展开, 求远场 $\vec{R}$ 处的矢势分布 (仅计算到一级项)。

答案: $\vec{A}^{(1)} = \dfrac{\mu_0 k \omega a^5}{20 R^2} \sin\theta \vec{e}_\phi$。

4.10 ☆☆ 中子星是除黑洞以外密度最大的星体, 具有极强的磁场。假设中子星是由中子密集构成的球体, 中子的半径为 a, 且中子的磁矩 $\vec{m}$ 均指向 z 轴正方向, 求中子星表面磁感应强度的最大值。

答案: $B_{\max} = \dfrac{\mu_0 m}{2\pi a^3}$。

4.11 ☆☆ 有无限多相同分子环形电流沿着 z 轴均匀排列, 磁偶极矩方向均沿 z 轴正方向, 形成半无限长点磁偶极子线。假设其单位长度上的磁矩为 $M_\lambda \vec{e}_z$ (如图所示), 求空间中的矢势分布, 并证明空间磁场分布类似于 Coulomb 场。

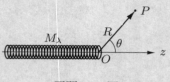

习题 4.11 图

答案: $\vec{A} = \dfrac{\mu_0 M_\lambda}{4\pi R} \dfrac{1 - \cos\theta}{\sin\theta} \vec{e}_\phi, \qquad \vec{B} = \dfrac{\mu_0 M_\lambda}{4\pi R^2} \vec{e}_R.$

4.12 ☆☆☆ 如图所示, 设三个点磁偶极子排列在等边三角形的三个顶点, 点磁偶极子的磁矩大小都为 m, 其中 $\vec{m}_B$ 和 $\vec{m}_C$ 固定在内角平分线上, 位于顶点处的 $\vec{m}_A$ 可在平面内任意转动, 点磁偶极子围绕质心的转动惯量为 I。(1) 试求 $\vec{m}_A$ 在 $\vec{m}_B$ 和 $\vec{m}_C$ 作用下稳定平衡方向; (2) 当 $\vec{m}_A$ 围绕该方向作小周期振动时, 求 $\vec{m}_A$ 的振荡周期 (注: $\theta \to 0$ 时, $\cos\theta \approx 1 - \theta^2/2$)。

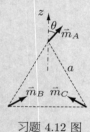

习题 4.12 图

答案: (1) $\theta = 0$; (2) $T = \dfrac{4\pi a}{m} \sqrt{\dfrac{2\pi I a}{7\mu_0}}.$

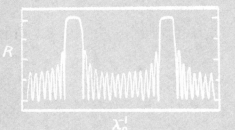

第五章
电磁波的传播

　　第三、第四章中分别讨论了静电场和静磁场的性质，静电场和静磁场是相互独立的。从本章开始讨论的电磁场不但与空间位置有关，而且随时间在变化。本章讨论电磁波在不同类型媒质中、或经过单界面、单层介质膜、周期性双层介质、或在不同媒质构成的边界条件下的传播规律。

　　Maxwell 电磁场理论告诉我们，即使在没有电荷和电流的区域也存在行波解。5.1 节给出了自由空间电磁波波动方程，讨论了全空间一种最简单的电磁波模式——单色平面电磁波。5.2 节给出了平面电磁波在半无限大介质分界面上反射折射所满足的菲涅尔 (Fresnel) 定律，着重分析电磁波入射到介质表面产生的光压和全反射等现象。读者从相关前沿成果介绍将会看到，布儒斯特 (Brewster) 角可以导致光经过多周期一维光子晶体传播时具有角度选择性透光现象，而利用全反射下消逝波还可以实现消逝波与自由电子的相位匹配共线相互作用 (第八章 8.4.2 小节)。本小节还介绍了超构表面这种新型的人工微结构超薄材料，利用相位梯度超构表面可实现电磁波的反常反射和反常折射，而这些功能是自然界天然材料所不具有的。

　　作为电磁场边值关系具有代表性的推广运用以及在实际应用中常见的几种光学器件，5.3 节讨论了电磁波经过单层介质膜、多层介质膜和在一维光子晶体中传播所产生的一系列新颖效应。处理这类问题的关键是将单界面上的边值关系推广到电磁波经过单层介质或周期单元前与后的边值关系。在相关效应方面读者可以看到，单层介质膜的双界面多次反射效应可对电磁波形成共振透射；而由两种不同折射率介质膜交替堆砌成的周期性结构可形成相长干涉反射效应，从而产生极高的反射率，这是常见的布拉格 (Bragg) 反射器的基本原理；而对一维光子晶体光子能带和带隙的分析，将有助于理解波 (包括电子或声波) 在周期性结构中传播的共性特征。

　　5.4 节介绍了介质和金属导体的介电常数色散模型，这有助于读者建立起关于良导电媒质与金属导体介电特性的物理图像。有了这些基础知识，可以清晰地理解 5.5 节所讨论的这两类色散媒质对电磁波传播形成有限穿透深度和吸收损耗等效应。在微波波段，金属导体可忽略其损耗而近似为理想导体，5.6 节介绍了微波在金属波导传播中的波导模式及其特点，由于边界条件的改变，这些模式不同于在无限大介质空间的传播模式。在本章的最后，教材增加了关于分界面两侧介电常数实部异号情形下所支持的一类表面波，目的不仅是展示从边值关系分析表面波的解，也是借此拓宽视野，理解这种波的特征、色散特性和激发方式等。

5.1 平面电磁波

5.1.1 自由空间电磁波波动方程

若空间中不存在自由电流体分布, 并且介质是电中性的, 这样的空间称为自由空间, 在自由空间有

$$\vec{J}_{\mathrm{f}} = 0, \quad \rho_{\mathrm{f}} = 0. \tag{5.1.1}$$

在自由空间中 Maxwell 方程组的形式为

$$\begin{cases} \nabla \cdot \vec{D} = 0, \\ \nabla \times \vec{H} = \dfrac{\partial \vec{D}}{\partial t}, \\ \nabla \cdot \vec{B} = 0, \\ \nabla \times \vec{E} = -\dfrac{\partial \vec{B}}{\partial t}. \end{cases} \tag{5.1.2}$$

为简单起见, 我们仅限于讨论各向同性的线性均匀介质, 且介质是非色散的, 即忽略 ε、μ 对频率 ω 的依赖性, 则介质中传播的电磁场有如下本构关系:

$$\begin{cases} \vec{D} = \varepsilon \vec{E} = \varepsilon_0 \varepsilon_{\mathrm{r}} \vec{E}, \\ \vec{B} = \mu \vec{H} = \mu_0 \mu_{\mathrm{r}} \vec{H}. \end{cases} \tag{5.1.3}$$

式中 ε_{r}、μ_{r} 分别为介质的相对介电常数和相对磁导率。若电磁波在真空中传播, 则只需做替代 $\varepsilon_{\mathrm{r}} \to 1$, $\mu_{\mathrm{r}} \to 1$, 就可以得到在真空中的相应结论。结合 (5.1.3) 式, 各向同性、线性、均匀且非色散介质中的 Maxwell 方程组为

$$\begin{cases} \nabla \cdot \vec{E} = 0, \\ \nabla \times \vec{B} = \mu\varepsilon \dfrac{\partial \vec{E}}{\partial t}, \\ \nabla \cdot \vec{B} = 0, \\ \nabla \times \vec{E} = -\dfrac{\partial \vec{B}}{\partial t}. \end{cases} \tag{5.1.4}$$

上式第一、第三个方程告诉我们, 在自由空间中同一个时刻电场线和磁场线都是闭合线 (也可以是来自无穷远并指向无穷远), 而第二 (四) 个方程表明随时间变化的磁场 (电场) 能激发有旋的电场 (磁场)。因此电磁波在自由空间中的传播就是通过代表电磁场的这些闭合线不断相互激发而实现的。

将 (5.1.4) 式的第四个方程两边取旋度, 并利用 $\nabla \times (\nabla \times \vec{E}) = \nabla (\nabla \cdot \vec{E}) - \nabla^2 \vec{E}$, 得

$$\nabla (\nabla \cdot \vec{E}) - \nabla^2 \vec{E} = -\frac{\partial}{\partial t} \nabla \times \vec{B}.$$

再利用 (5.1.4) 式中第一和第二个方程, 得

$$\nabla^2 \vec{E}(\vec{R}, t) - \mu\varepsilon \frac{\partial^2}{\partial t^2} \vec{E}(\vec{R}, t) = 0, \tag{5.1.5}$$

类似可得

$$\nabla^2 \vec{B}(\vec{R}, t) - \mu\varepsilon \frac{\partial^2}{\partial t^2} \vec{B}(\vec{R}, t) = 0. \tag{5.1.6}$$

需要注意的是, 求解介质中电磁波的解, 仅仅满足 (5.1.5) 式和 (5.1.6) 式还不够, 还需要满足 (5.1.4) 式中的第一和第三个方程。其次, 从 (5.1.5) 式和 (5.1.6) 式可以看出, 在 Cartesian 坐标系中电场和磁场的三个分量满足标量波动方程, 但是在球坐标系和柱坐标系中情况并非如此。

定义电磁波在介质中的传播速度 (大小) 为

$$v = \frac{1}{\sqrt{\mu\varepsilon}} = \frac{c}{\sqrt{\mu_r \varepsilon_r}} = \frac{c}{n}. \tag{5.1.7}$$

c 为电磁波在真空中的传播速度, n 为介质的折射率, 有

$$n = \sqrt{\mu_r \varepsilon_r}. \tag{5.1.8}$$

需要注意的是, c 不仅代表了电磁波在真空中的传播速度, 它也是所有零质量粒子 (如引力子) 在真空中的传播速度, c 更是物理学的一个普适常量, 它不但出现在与电磁波有关的科学领域, 也出现在与电磁波并无关联的科学领域, 在后面章节中会看到 c 还出现在狭义相对论中。

5.1.2 时谐电磁波

以一定频率作正弦振荡的电磁波称为时谐电磁波或单色波。一般情况下电磁波不是单色波, 但总可以分解为若干单色波的叠加。对于单色波, 为了在数学上处理方便, 其电场或磁场一般写成如下复数形式:

$$\vec{E}(\vec{R}, t) = \vec{E}(\vec{R}) \mathrm{e}^{-\mathrm{i}\omega t}, \quad \vec{B}(\vec{R}, t) = \vec{B}(\vec{R}) \mathrm{e}^{-\mathrm{i}\omega t}. \tag{5.1.9}$$

ω 为单色电磁波的圆频率。需要注意的是, 由于空间因子 $\vec{E}(\vec{R})$、$\vec{B}(\vec{R})$ 本身亦可能是复数, 在计算诸如电磁波能量密度、能流密度、动量密度、动量流密度等实际测量的物理量时, 只需代入上述表达式的实数部分进行相关计算。

将 (5.1.9) 式的解代入 (5.1.5) 式, 得

$$\left(\nabla^2 + \omega^2 \mu\varepsilon\right) \vec{E}(\vec{R}) = 0. \tag{5.1.10}$$

或者

$$\left(\nabla^2 + k^2\right) \vec{E}(\vec{R}) = 0. \tag{5.1.11}$$

此方程称为 Helmholtz 方程, k 为时谐电磁波在介质中的波数, 有

$$k = \omega\sqrt{\mu\varepsilon} = k_0 \sqrt{\mu_r \varepsilon_r}. \tag{5.1.12}$$

这里 $k_0 = \omega\sqrt{\mu_0 \varepsilon_0} = \omega/c$ 为电磁波在真空中的波数。如图 5–1 所示, 我们看到, 电磁波在无限大介质中传播时的波数 k 与圆频率 ω 之间是线性关系。后面将会看到, 当电磁波在受限空间 (如波导) 中传播时, 模式将发生改变, 那时 ω 与 k 之间

不再是简单的线性关系。

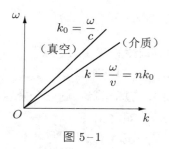

图 5-1

类似 (5.1.11) 式, 可得到磁场的空间因子 $\vec{B}(\vec{R})$ 亦满足 Helmholtz 方程:

$$\left(\nabla^2 + k^2\right) \vec{B}(\vec{R}) = 0. \tag{5.1.13}$$

进一步将电场和磁场的复数形式 (5.1.9) 式代入 (5.1.4) 式的第二、第四等式, 得

$$\begin{cases} \vec{E}(\vec{R}) = \dfrac{\mathrm{i}v}{k}\nabla \times \vec{B}(\vec{R}), \\[2mm] \vec{B}(\vec{R}) = -\dfrac{\mathrm{i}}{\omega}\nabla \times \vec{E}(\vec{R}). \end{cases} \tag{5.1.14}$$

这说明可以利用电场或磁场的空间分布因子相互求解。

5.1.3   单色平面波

我们把满足 Helmholtz 方程且同时满足无散度的解看成是自由空间中电磁波的解; 每一种解代表空间中允许并可能存在的一种电磁波模式。若电磁波在有限区域传播, 相应的解不仅要在区域内满足 Helmholtz 方程, 还需要在边界上满足电磁场边界条件。

现在讨论在无界空间 (全空间) 中传播的一种最基本的解 —— 平面电磁波模式, 其空间依赖因子为

$$\vec{E}(\vec{R}) = \vec{E}_0 \mathrm{e}^{\mathrm{i}\vec{k}\cdot\vec{R}}, \tag{5.1.15}$$

式中 $\vec{k} = k\vec{e}_k$ 为在介质中传播的电磁波波矢。容易验证上式满足 Helmholtz 方程 [(5.1.11) 式], 因此在全空间中 Helmholtz 波动方程的解可表示成

$$\vec{E}(\vec{R}, t) = \vec{E}_0 \mathrm{e}^{\mathrm{i}(\vec{k}\cdot\vec{R} - \omega t + \phi_0)}. \tag{5.1.16}$$

上式表明, 电场在介质中作波长为 $\lambda = 2\pi/k$ 的正弦振动, 振动周期为 $T = 2\pi/\omega$, 复振幅 $\vec{E}_0$ 的取向代表电磁波的偏振。定义电磁波的相位为

$$\phi = \vec{k}\cdot\vec{R} - \omega t + \phi_0. \tag{5.1.17}$$

这里 ϕ_0 为初始相位。所谓等相面(或波阵面), 顾名思义就是在同一时刻空间中相位相同的点所构成的面。(5.1.17) 式所描绘的等相面为相互平行的平面, 并与波矢 $\vec{k}$ 相垂直, 如图 5-2 所示, 因此 (5.1.16) 式所表示的波称为单色平面波。

定义相速度 v_{p} 为等相面的运动速度, 方向沿着等相面的法向。假设单色平面

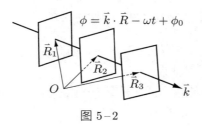

$$\phi = \vec{k} \cdot \vec{R} - \omega t + \phi_0$$

图 5-2

波的某一等相面上一点为 $\vec{R}_1$, 其运动轨迹为 $\vec{R}(t) = \vec{R}_1 + vt\vec{e}_k$, 则相速度为

$$\vec{v}_{\mathrm{p}} = \frac{\mathrm{d}\vec{R}}{\mathrm{d}t} = v\vec{e}_k. \tag{5.1.18}$$

前面强调, 作为电磁波的解, 电场和磁场的空间依赖因子还要求满足 $\nabla \cdot \vec{E}(\vec{R}) = 0$ 及 $\nabla \cdot \vec{B}(\vec{R}) = 0$。将 (5.1.16) 式代入这些条件, 得

$$\vec{e}_k \cdot \vec{E} = 0, \quad \vec{e}_k \cdot \vec{B} = 0. \tag{5.1.19}$$

上式表明, 在无界空间中传播的电磁波的电场、磁场都会在与波矢方向垂直的平面内振动, 称之为横振动, 这一类模式的波也称为横电磁模 (或 TEM 模, E 表示电场, M 表示磁场, T 代表横向振动)。

根据 (5.1.15) 式, 把 (5.1.14) 式改写为

$$\vec{B}(\vec{R}) = \frac{1}{\omega}\vec{k} \times \vec{E}(\vec{R}),$$

或者

$$\vec{E}(\vec{R}) = v\vec{B}(\vec{R}) \times \vec{e}_k. \tag{5.1.20}$$

可见, 对于在无界自由空间中传播的单色平面波, $\vec{E}$、$\vec{B}$、$\vec{k}$ 三者始终相互垂直, 并成右手螺旋关系, $\vec{E}$ 与 $\vec{B}$ 保持同相位, 而电场与磁场振幅之比为

$$\frac{|\vec{E}_0|}{|\vec{B}_0|} = v. \tag{5.1.21}$$

若电磁波在真空中传播, 则 $|\vec{E}_0|/|\vec{B}_0| = c$。由于这里 $\vec{E}$ 与 $\vec{B}$ 是同相位的, 所以它们会同时达到最大, 或同时达到最小, 如图 5-3 所示。后面在 5.5.6 小节我们会看到, 当电磁波在导电媒质中传播时, 电磁波的 $\vec{E}$ 和 $\vec{B}$ 并不同相位。

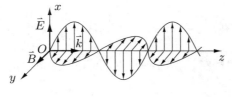

图 5-3

定义介质对电磁波的波阻抗 Z 为

$$Z = \sqrt{\frac{\mu}{\varepsilon}} = Z_0\sqrt{\frac{\mu_{\mathrm{r}}}{\varepsilon_{\mathrm{r}}}}. \tag{5.1.22}$$

波阻抗 Z 具有电阻量纲, Z_0 为真空的波阻抗, 有

$$Z_0 = \sqrt{\frac{\mu_0}{\varepsilon_0}} = 376.730\ 313\ 412(59)\ \Omega. \tag{5.1.23}$$

后面会看到, 在表征电磁波在介质中的传播特性方面, 折射率和波阻抗扮演着不同的角色。进一步根据 $\vec{B} = \mu \vec{H}$, 可得

$$Z\vec{H} = \vec{e}_k \times \vec{E}. \tag{5.1.24}$$

故电场强度与磁场强度两者的振幅比为

$$\frac{|\vec{E}_0|}{|\vec{H}_0|} = Z. \tag{5.1.25}$$

注意到 $|\vec{E}_0|/|\vec{H}_0|$ 和 $|\vec{E}_0|/|\vec{B}_0|$ 比值的差异, 后面会经常运用到这些结果。

5.1.4　单色平面波的能量密度、能流密度

电磁波在空间中的传播伴随着能量与动量的输送。当电磁波频率极高时, 一旦探测器的灵敏度跟不上电磁场的变化, 则实验测得的物理量一般是电磁波在一个振荡周期内的平均值。

首先来讨论单色平面波的能量密度 w。对于各向同性线性媒质, 根据 (5.1.21) 式给出的单色平面波电场与磁场的关系, 有 $\varepsilon \vec{E}^2 = \vec{B}^2/\mu$, 则

$$w(\vec{R}, t) = \frac{1}{2}(\vec{E} \cdot \vec{D} + \vec{B} \cdot \vec{H}) = \frac{1}{2}\left(\varepsilon \vec{E}^2 + \frac{1}{\mu}\vec{B}^2\right) = \varepsilon\{\mathrm{Re}[\vec{E}(\vec{R}, t)]\}^2$$
$$= \varepsilon|\vec{E}_0|^2\cos^2(\vec{k} \cdot \vec{R} - \omega t + \phi_0). \tag{5.1.26}$$

单色平面波能量密度平均值为

$$\langle w \rangle = \frac{1}{2}\varepsilon|\vec{E}_0|^2. \tag{5.1.27}$$

根据能流密度定义 $\vec{s} = \vec{E} \times \vec{H} = (\vec{E} \times \vec{B})/\mu$, 单色平面波能流密度 $\vec{s}$ 为

$$\vec{s} = \frac{1}{\mu}\vec{E} \times \left(\frac{1}{v}\vec{e}_k \times \vec{E}\right) = \sqrt{\frac{\varepsilon}{\mu}}E^2\vec{e}_k.$$

因此能流密度的平均值 $\langle \vec{s} \rangle = \sqrt{\varepsilon\mu^{-1}}\left\langle(\mathrm{Re}\,E)^2\right\rangle \vec{e}_k$ 为

$$\langle \vec{s} \rangle = \frac{1}{2}\sqrt{\frac{\varepsilon}{\mu}}\left\langle|E_0|^2\right\rangle \vec{e}_k = \sqrt{\frac{1}{\varepsilon\mu}}\left(\frac{1}{2}\varepsilon|E_0|^2\right)\vec{e}_k = v_\mathrm{p}\langle w \rangle \vec{e}_k. \tag{5.1.28}$$

上式的物理含义也容易理解。能流密度平均值的大小即为电磁波强度:

$$I = |\langle \vec{s} \rangle| = v_\mathrm{p}\langle w \rangle. \tag{5.1.29}$$

单色平面波的能量传播速度为

$$\vec{v}_\mathrm{g} = \frac{\langle \vec{s} \rangle}{\langle w \rangle} = v_\mathrm{p}\vec{e}_k. \tag{5.1.30}$$

可见, 单色平面波的能量传播速度与相速度相同。不过, 这里是一种特殊情形, 后

面遇到的其他情况两者并不满足上述关系。

5.1.5 单色平面波的动量密度、动量流密度

根据电磁场动量密度定义 $\vec{g} = \varepsilon\mu\vec{E} \times \vec{H}$, 对于单色平面电磁波, 其动量密度为

$$\vec{g} = \varepsilon\vec{E} \times \left(\frac{1}{v}\vec{e}_k \times \vec{E}\right) = \frac{\varepsilon}{v_{\mathrm{p}}}E^2\vec{e}_k = \frac{w}{v_{\mathrm{p}}}\vec{e}_k. \tag{5.1.31}$$

单色平面电磁波动量密度的平均值为

$$\langle\vec{g}\rangle = \frac{\langle w\rangle}{v_{\mathrm{p}}}\vec{e}_k. \tag{5.1.32}$$

根据 Maxwell 动量流密度定义:

$$\vec{T} = -\left[\vec{D}\vec{E} + \vec{B}\vec{H} - \frac{1}{2}\left(\vec{D}\cdot\vec{E} + \vec{B}\cdot\vec{H}\right)\vec{I}\right], \tag{5.1.33}$$

其各分量系数为

$$T_{ij} = -\left(D_iE_j + B_iH_j\right) + \frac{1}{2}\left(\vec{D}\cdot\vec{E} + \vec{B}\cdot\vec{H}\right)\delta_{ij}. \tag{5.1.34}$$

假设一束单色平面电磁波沿 $\vec{e}_z$ 轴传播, 电场沿 $\vec{e}_x$ 方向, 磁场沿 $\vec{e}_y$ 方向, 如图 5−3 所示, 则其动量流密度分量系数 T_{ij} 为

$$(T_{ij}) = \frac{1}{2}\begin{pmatrix} -\varepsilon E_x^2 + \mu H_y^2 & 0 & 0 \\ 0 & \varepsilon E_x^2 - \mu H_y^2 & 0 \\ 0 & 0 & \varepsilon E_x^2 + \mu H_y^2 \end{pmatrix}. \tag{5.1.35}$$

运用 $\varepsilon\vec{E}^2 = \mu\vec{H}^2$, 以及类似于电磁场能量密度的处理, 在计算 T_{ij} 时只取电场的实部, 则有

$$T_{11} = T_{22} = 0, \quad T_{33} = \varepsilon(\mathrm{Re}\,E_x)^2, \quad T_{ij} = 0 \quad (i \neq j). \tag{5.1.36}$$

最后得到 Cartesian 坐标系中单色平面电磁波动量流密度的平均值为

$$\langle\vec{T}\rangle = \langle T_{33}\rangle\,\vec{e}_z\vec{e}_z, \quad \langle T_{33}\rangle = \varepsilon\left\langle(\mathrm{Re}\,E_x)^2\right\rangle = \frac{1}{2}\varepsilon|\vec{E}_0|^2. \tag{5.1.37}$$

例题 5.1.1 电磁场具有动量, 因此当电磁波入射到物体表面时, 通过动量的传递会对物体表面施加一定的压力, 称之为辐射压。计算单色平面波入射到理想导体表面所产生的辐射压强。

解: 如图 5−4 所示, 单色平面电磁波入射到理想导体的表面, 在 Δt 时间内入射到 ΔS 面上的动量为

$$\vec{G} = \vec{g}\Delta V = (c\Delta t)\,\Delta S\cos\theta\vec{g}.$$

后面我们会讨论到, 对于低频的电磁波 (微波) 金属导体可以看成理想导体, 理想导体会把电磁场完全排除在体外, 由于对电磁波具有完全的反射效果, 因此 Δt 时间内电磁场动量的 (法向) 变化量为

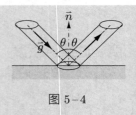

图 5-4

$$\Delta G_n = 2w\cos^2\theta\Delta t\Delta S.$$

根据动量原理, 则施加在理想导体表面的反作用力即辐射压力为

$$F_n = \frac{\langle\Delta G_n\rangle}{\Delta t} = 2\langle w\rangle\cos^2\theta\Delta S.$$

相应辐射压强为

$$\frac{F_n}{\Delta S} = 2\langle w\rangle\cos^2\theta = \frac{2I}{c}\cos^2\theta. \tag{5.1.38}$$

这里 I 为光强。事实上根据动量定理, 可独立分析射向界面和远离界面的平面波对辐射压强的贡献。对于射向界面的平面波 (入射波), 其与界面相互作用会给界面传递动量, 因此所产生的辐射压强与波的传播方向 (沿界面法向分量) 同向; 对于远离界面的平面波 (如这里的反射波), 其与界面的相互作用会从界面获取动量, 所贡献的辐射压强与波的传播方向 (沿界面法向分量) 相反。通常太阳光的光压很小, 不易觉察, 但对于微小的颗粒, 光压将影响到微粒的运动 [1]。

5.1.6　单色平面波的偏振椭圆

偏振是刻画电磁波场矢量方向在空间、时间上变化的一个重要参量。为简单起见, 我们来讨论单色平面波的偏振。由于平面波的电场 $\vec{E}$ 始终处在与波矢 $\vec{k}$ 相垂直的平面内, 因此在这个面内可以选取一对相互垂直的基矢 $(\vec{e}_1, \vec{e}_2)$, 并且它们与波矢方向 $\vec{e}_k = \vec{e}_3$ 构成右手螺旋关系, 即

$$\vec{e}_1 \cdot \vec{e}_2 = 0, \quad \vec{e}_1 \times \vec{e}_2 = \vec{e}_k. \tag{5.1.39}$$

如图 5-5 所示, 将电场沿着基矢 $(\vec{e}_1, \vec{e}_2)$ 分解:

$$\vec{E}(\vec{R}, t) = (\vec{e}_1 E_{10} + \vec{e}_2 E_{20})\, e^{i(\vec{k}\cdot\vec{R}-\omega t)}. \tag{5.1.40}$$

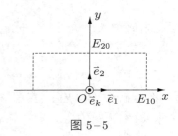

图 5-5

[1]　D. G. Grier, *A Revolution in Optical Manipulation*, Nature **424**, 810 (2003).

式中 (E_{10}, E_{20}) 是复振幅, 本身亦可能为复数, 为此可将它们写成

$$E_{10} = |E_{10}|\, \mathrm{e}^{\mathrm{i}\delta_1}, \quad E_{20} = |E_{20}|\, \mathrm{e}^{\mathrm{i}\delta_2}. \tag{5.1.41}$$

令 $\phi = \vec{k} \cdot \vec{R} - \omega t$, 我们来讨论 (5.1.40) 式中的实部 $\mathrm{Re}\,\vec{E}$, 它是指真正的电场矢量在基矢 $(\vec{e}_1, \vec{e}_2)$ 所构成的面内的取向 (及大小) 情况, 有

$$\mathrm{Re}\,\vec{E} = |E_{10}| \cos\left(\phi + \delta_1\right)\vec{e}_1 + |E_{20}| \cos\left(\phi + \delta_2\right)\vec{e}_2 = E_1\vec{e}_1 + E_2\vec{e}_2. \tag{5.1.42}$$

这里的 E_1、E_2 都是实数。对比等式两边的系数, 得

$$\begin{cases} \dfrac{E_1}{|E_{10}|} = \cos\phi\cos\delta_1 - \sin\phi\sin\delta_1, \\[2mm] \dfrac{E_2}{|E_{20}|} = \cos\phi\cos\delta_2 - \sin\phi\sin\delta_2. \end{cases} \tag{5.1.43}$$

再稍作变换, 可得

$$\begin{cases} \dfrac{E_1}{|E_{10}|}\sin\delta_2 - \dfrac{E_2}{|E_{20}|}\sin\delta_1 = \cos\phi\sin\left(\delta_2 - \delta_1\right), \\[2mm] \dfrac{E_1}{|E_{10}|}\cos\delta_2 - \dfrac{E_2}{|E_{20}|}\cos\delta_1 = \sin\phi\sin\left(\delta_2 - \delta_1\right). \end{cases} \tag{5.1.44}$$

将上述两个等式各自平方并相加得

$$\left(\dfrac{E_1}{|E_{10}|}\right)^2 + \left(\dfrac{E_2}{|E_{20}|}\right)^2 - 2\left(\dfrac{E_1}{|E_{10}|}\right)\left(\dfrac{E_2}{|E_{20}|}\right)\cos\delta = \sin^2\delta. \tag{5.1.45}$$

这里有

$$\delta = \delta_2 - \delta_1. \tag{5.1.46}$$

(5.1.45) 式所描述的是电场 $\mathrm{Re}\,\vec{E}$ 矢量末端点在 $(\vec{e}_1, \vec{e}_2)$ 面内所形成的一个椭圆轨迹方程。因此在一般情况下单色平面波 (5.1.40) 式具有椭圆偏振, 椭圆的偏心率以及长轴取向取决于相差 δ 以及比值 $|E_{20}|/|E_{10}|$。

5.1.7 线偏振单色平面波

从 (5.1.45) 式可以看出, 当电场沿 $(\vec{e}_1, \vec{e}_2)$ 的两个分量之间成同相位或者反相位时, 椭圆就简并为一直线段, 称之为线偏振, 因此线偏振要求

$$\delta = \delta_2 - \delta_1 = m\pi \quad (m = 0, 1, 2, \cdots). \tag{5.1.47}$$

在线偏振下单色平面波的电场 (实部) 的变化在空间任何位置、任意时刻都始终沿着同一条直线, 因此 $\mathrm{Re}\,\vec{E}$ 可表示为

$$\mathrm{Re}\left[\vec{E}\left(\vec{R}, t\right)\right] = \left(\vec{e}_1\, |E_{10}| \pm \vec{e}_2\, |E_{20}|\right)\cos\left(\vec{k} \cdot \vec{R} - \omega t + \delta_1\right). \tag{5.1.48}$$

这里的 "+" ("−") 号分别对应 m 为偶数 (奇数) 的情形。若建立 Cartesian 坐标系, 选取 $\vec{e}_1 = \vec{e}_x$, $\vec{e}_2 = \vec{e}_y$, $\vec{e}_3 = \vec{e}_k$, 图 5–6 给出了 (5.1.48) 式所对应的两种线偏振态。

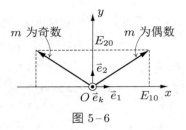

图 5–6

5.1.8   圆偏振单色平面波

当电场沿着两个正交方向 $(\vec{e}_1, \vec{e}_2)$ 的分量的振幅相同, 并且两者之间相位差 $\delta = \delta_2 - \delta_1$ 为 $\pi/2$ 的奇数倍时, 偏振椭圆 [(5.1.45) 式] 转化为一个圆, 即

$$\begin{cases} |E_{10}| = |E_{20}| = \dfrac{E_0}{\sqrt{2}}, \\ \delta = \dfrac{m\pi}{2} \quad (m = \pm 1, \pm 3, \cdots). \end{cases} \tag{5.1.49}$$

因此对于圆偏振单色平面波, 其电场 $\mathrm{Re}\,\vec{E}$ 矢量的末端点在与 $\vec{e}_k$ 垂直的任意一个面内都会作圆周绕动。以包含坐标原点 $\vec{R} = 0$ 并与 $\vec{e}_k$ 垂直的一个面为例, 在上述 (5.1.49) 式条件下电场 $\mathrm{Re}\,\vec{E}$ 矢量末端随时间的变化轨迹为

$$\begin{aligned} \mathrm{Re}\left[\vec{E}(0, t)\right] &= \frac{E_0}{\sqrt{2}} \left[\cos(-\omega t)\,\vec{e}_1 + \cos(-\omega t + \delta)\,\vec{e}_2\right] \\ &= \frac{E_0}{\sqrt{2}} \left[\cos(\omega t)\,\vec{e}_1 + \sin(\omega t)\sin\left(\frac{m}{2}\pi\right)\vec{e}_2\right]. \end{aligned} \tag{5.1.50}$$

这里由于绕向与 δ_1 的取值无关, 选取 $\delta_1 = 0$。当 m 为奇数时, 由于 $\sin(m\pi/2) = \pm 1$ 存在两种取值, (5.1.50) 式意味着随着波的传播, 电场矢量的末端点沿着圆周可能存在两种绕向。

为了区分两种绕向, 我们选取迎着波的传播方向来观看这个点沿圆周运动的情况。通常选取迎着波的传播方向观看, 并定义当绕向为逆时针时, 单色平面波具有左旋圆偏振, 如图 $5-7$(a) 所示, 并用 E_{LCP} 或者 E_+ 表示, 这里下标 LCP 表示 left–handed circular polarization [左 (旋) 圆偏振] 的缩写; 而当绕向为顺时针方向时, 称之为具有右旋圆偏振, 如图 $5-7$(b) 所示, 并用 E_{RCP} 或者 E_- 表示 [2]。因此左旋、右旋圆偏振单色平面波电场的实部分别表示为

$$\begin{cases} \mathrm{Re}\left[\vec{E}_{\mathrm{LCP}}(0, t)\right] = \dfrac{E_0}{\sqrt{2}} \left[\cos(\omega t)\,\vec{e}_1 + \sin(\omega t)\,\vec{e}_2\right], \\ \mathrm{Re}\left[\vec{E}_{\mathrm{RCP}}(0, t)\right] = \dfrac{E_0}{\sqrt{2}} \left[\cos(\omega t)\,\vec{e}_1 - \sin(\omega t)\,\vec{e}_2\right]. \end{cases} \tag{5.1.51}$$

[2]   如果试图用拇指代表波的传播方向, 而用四指表示电场矢量末端沿着圆的绕向, 你会发现上述的定义与你的尝试正好相反, 这是因为历史上人们是从顺着波的传播方向来定义左旋或者右旋圆偏振, 而不是按照迎着光的传播方向来定义的。其次, 不同领域的学者可能对左旋、右旋的定义习惯也不一样。历史上人们对电磁场的研究走过两条途径, 一条是人们对光及其在介质中传播特性的研究, 另一条是从静电、静磁及电磁感应效应出发, 再到 1860 年 James Maxwell 提出统一的电磁场理论, 同时指出光是一种电磁波。而自然界中光的存在使得对光研究的第一条道路 (本身虽然还存在粒子论和波动论的不同观点) 要早于第二条路径。早在 1822 年, 法国物理学家奥古斯丁·让·菲涅耳 (Augustin-Jean Fresnel, 1788—1827) 就给出了光的线偏振、圆偏振以及椭圆偏振的定义, 他是从光源产生的位置的角度来观察并定义光的偏振态的, 所以人们延续了这样的定义。

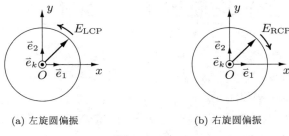

(a) 左旋圆偏振   (b) 右旋圆偏振

图 5-7

根据 (5.1.51) 式, 左旋和右旋圆偏振单色平面波的电场一般表示为

$$\begin{cases} \vec{E}_{\mathrm{LCP}}\left(\vec{R}, t\right) = \dfrac{E_0}{\sqrt{2}}\left(\vec{e}_1 + \mathrm{i}\vec{e}_2\right) \mathrm{e}^{\mathrm{i}(\vec{k}\cdot\vec{R} - \omega t)}, \\[3mm] \vec{E}_{\mathrm{RCP}}\left(\vec{R}, t\right) = \dfrac{E_0}{\sqrt{2}}\left(\vec{e}_1 - \mathrm{i}\vec{e}_2\right) \mathrm{e}^{\mathrm{i}(\vec{k}\cdot\vec{R} - \omega t)}. \end{cases} \tag{5.1.52}$$

引入复共轭基矢 $(\vec{e}_+, \vec{e}_-)$, 并定义如下:

$$\vec{e}_+ = \frac{1}{\sqrt{2}}\left(\vec{e}_1 + \mathrm{i}\vec{e}_2\right), \quad \vec{e}_- = \frac{1}{\sqrt{2}}\left(\vec{e}_1 - \mathrm{i}\vec{e}_2\right). \tag{5.1.53}$$

用它们来替代 Cartesian 坐标系中的基矢 $(\vec{e}_1, \vec{e}_2)$, 可以把 (5.1.52) 式改写为

$$\begin{cases} \vec{E}_{\mathrm{LCP}}\left(\vec{R}, t\right) = E_0\vec{e}_+ \mathrm{e}^{\mathrm{i}(\vec{k}\cdot\vec{R} - \omega t)}, \\[2mm] \vec{E}_{\mathrm{RCP}}\left(\vec{R}, t\right) = E_0\vec{e}_- \mathrm{e}^{\mathrm{i}(\vec{k}\cdot\vec{R} - \omega t)}. \end{cases} \tag{5.1.54}$$

可见, $\vec{e}_+$ 表示纯左旋圆偏振, 而 $\vec{e}_-$ 表示纯右旋圆偏振。对于任意偏振单色平面波, 既可以用相互正交的线偏振进行分解, 也可以用左旋和右旋圆偏振进行分解, 有

$$\vec{E}\left(\vec{R}, t\right) = \left(\vec{e}_+ E_{\mathrm{LCP}} + \vec{e}_- E_{\mathrm{RCP}}\right) \mathrm{e}^{\mathrm{i}(\vec{k}\cdot\vec{R} - \omega t)}. \tag{5.1.55}$$

例如, 一个沿着 $\vec{e}_1$ 方向的线偏振单色平面波可以表示为两个旋转方向相反的左旋和右旋偏振态的叠加, 即

$$\vec{E}\left(\vec{R}, t\right) = \frac{E_0}{\sqrt{2}}\left(\vec{e}_+ + \vec{e}_-\right) \mathrm{e}^{\mathrm{i}(\vec{k}\cdot\vec{R} - \omega t)}. \tag{5.1.56}$$

我们熟悉在正交坐标系中实数基矢的正交性。复基矢由于具有虚部, 其正交性的表示形式不同于实数基矢。以 (5.1.53) 式中定义的 $(\vec{e}_+, \vec{e}_-)$ 为例, 有

$$\begin{cases} \vec{e}_+ \cdot \vec{e}_+^* = \vec{e}_- \cdot \vec{e}_-^* = 1, \\[2mm] \vec{e}_- \cdot \vec{e}_+^* = \vec{e}_+ \cdot \vec{e}_-^* = 0. \end{cases} \tag{5.1.57}$$

因此任意的矢量用复基矢 $(\vec{e}_+, \vec{e}_-)$ 分解, 一般可以写成如下形式:

$$\vec{E} = E_+\vec{e}_+ + E_-\vec{e}_- = \left(\vec{E} \cdot \vec{e}_+^*\right)\vec{e}_+ + \left(\vec{E} \cdot \vec{e}_-^*\right)\vec{e}_-. \tag{5.1.58}$$

5.2   电磁波在介质界面上的反射和折射

光在介质分界面会发生反射和折射, 可由 Fermat 原理得出 (Pierre de Fermat, 1601—1665, 皮耶·德·费马, 法国数学家, 并以费马原理而闻名), 即光线从一点传播到另一点总是走用时最短的路径。在光学波段, 自然界的绝大部分物质是非磁性的。在电动力学中同样可以根据电磁场的边值关系, 给出电磁波在不同介质 (包括磁介质) 交界面上发生折射、反射所遵循的规律。

5.2.1   反射和折射定律

假设单色平面波入射到两块介质分界面上, 由于介质对外场的响应一般是线性的, 因此反射波、折射波的频率与入射波相同。假设单色平面波 $\vec{E}(\vec{R}, t)$ 从介质 1 入射到其与介质 2 的分界面——$z = 0$ 平面, 一般地会在介质 1 中观察到反射波 $\vec{E}'(\vec{R}, t)$, 在介质 2 中观察到折射波 $\vec{E}''(\vec{R}, t)$, 并且反射波、折射波亦为单色平面波, 三者的电场分别表示为

$$
\begin{cases}
\vec{E}(\vec{R}, t) = \vec{E}_0 \mathrm{e}^{\mathrm{i}(\vec{k}_1 \cdot \vec{R} - \omega t)}, \\
\vec{E}'(\vec{R}, t) = \vec{E}_0' \mathrm{e}^{\mathrm{i}(\vec{k}_1' \cdot \vec{R} - \omega t)}, \\
\vec{E}''(\vec{R}, t) = \vec{E}_0'' \mathrm{e}^{\mathrm{i}(\vec{k}_2'' \cdot \vec{R} - \omega t)}.
\end{cases}
\tag{5.2.1}
$$

这里 $\vec{k}_1$、$\vec{k}_1'$、$\vec{k}_2''$ 分别表示入射波、反射波和折射波的波矢, 如图 5-8 所示, θ、θ'、θ'' 分别为入射角、反射角和折射角。考虑到入射波与反射波均处于介质 1 内, 折射波处于介质 2 内, 故有

$$
k_1 = k_1' = n_1 k_0, \quad k_2'' = n_2 k_0. \tag{5.2.2}
$$

这里 n_1 和 n_2 为两种介质的折射率 ($n = \sqrt{\mu_\mathrm{r} \varepsilon_\mathrm{r}}$)。

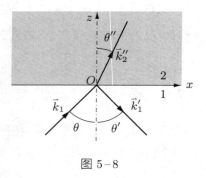

图 5-8

假如分界面上没有自由电荷面分布, 也没有传导电流面分布 (介质材料构成的边界通常是这样的情形), 则电磁场边值关系为

$$
\begin{cases}
E_{2t} = E_{1t}, & H_{2t} = H_{1t}, \\
D_{2n} = D_{1n}, & B_{2n} = B_{1n}.
\end{cases}
\tag{5.2.3}
$$

$\vec{n}$ 和 $\vec{t}$ 分别为介质分界面的面法向及切向单位矢量。由于边值关系要求在分界面

上的任意一点、任意时刻都成立, 则入射波、反射波和折射波的相位必须完全相同.

以电场切向分量连续为例, 在紧靠着分界面的两侧, 电场的切向分量分别为

$$
\begin{cases}
\vec{E}_{1t} = \vec{n} \times \left[\vec{E}_0 \, \mathrm{e}^{\mathrm{i}(\vec{k}_1 \cdot \vec{R} - \omega t)} \Big|_{z=0} + \vec{E}_0' \, \mathrm{e}^{\mathrm{i}(\vec{k}_1' \cdot \vec{R} - \omega t)} \Big|_{z=0} \right], \\
\vec{E}_{2t} = \vec{n} \times \vec{E}_0'' \, \mathrm{e}^{\mathrm{i}(\vec{k}_2'' \cdot \vec{R} - \omega t)} \Big|_{z=0}.
\end{cases}
\tag{5.2.4}
$$

要使得上式在分界面上任意一处、任意时刻都成立, 则 e 指数因子需完全相同, 因此有

$$
k_{1x} = k_{1x}' = k_{2x}'', \quad k_{1y} = k_{1y}' = k_{2y}''.
\tag{5.2.5}
$$

定义入射面为入射波矢和面法线所构成的平面. 若入射波矢 $\vec{k}_1$ 处于 xOz 面内, 即 $k_{1y} = 0$, 则有 $k_{1y}' = k_{2y}'' = 0$, 说明入射线、反射线和折射线处于同一平面 (入射面) 内. 再考虑到

$$
k_{1x} = k_1 \sin\theta, \quad k_{1x}' = k_1' \sin\theta', \quad k_{2x}'' = k_2'' \sin\theta''.
\tag{5.2.6}
$$

结合 (5.2.5) 式, 可得

$$
\begin{cases}
\theta = \theta', \\
n_1 \sin\theta = n_2 \sin\theta''.
\end{cases}
\tag{5.2.7}
$$

由此得到反射定律和 Snell 折射定律 (Willebrord Snellius, 1580 — 1626, 威理布里德·斯涅耳, 荷兰天文学家、数学家和物理学家). 同时在这里看到, 反射和折射定律完全是波的性质的体现, 还未涉及 Maxwell 方程组.

5.2.2 菲涅耳 (Fresnel) 公式

考虑电磁场的四个边值关系并非完全独立, 根据 (5.2.3) 式中前两个关于电场、磁场切向分量连续的边值关系, 得到

$$
\begin{cases}
\vec{E}_{0t} + \vec{E}_{0t}' = \vec{E}_{0t}'', \\
\vec{H}_{0t} + \vec{H}_{0t}' = \vec{H}_{0t}''.
\end{cases}
\tag{5.2.8}
$$

另一方面, 任意偏振的单色平面波都可以分解为两个偏振相互垂直的线偏振的叠加, 为此人们通常选取这样的两种偏振态, 一种是所谓的 s 偏振, 其电场矢量垂直于入射面, 用 $\vec{E}_\perp$ 表示; 另一种是所谓的 p 偏振, 其电场矢量平行于入射面, 用 $\vec{E}_\parallel$ 表示 [3].

下面分别来讨论在两种不同线偏振电磁波入射情况下反射波、折射波与入射波的电磁场振幅比. 如图 5–9 所示, 考虑到边界条件是矢量方程, 需要定义一个参考方向, 作为物理量分解的正方向. 对于 s 偏振, 可以选垂直入射面 (版面) 向外作为电场的正方向; 对于 p 偏振, 可以选垂直入射面向外作为磁感应强度的正方向.

---

[3] 有些教科书或者文献中不是采用 p 或 s 来标记上述两种偏振态, 而是采用 TM、TE 标记, TM 表示磁场的振动方向垂直于入射面 (因而电场平行于入射面, 即 p 偏振), 而 TE 表示电场垂直于入射面 (即所谓 s 偏振), 所以这里的横向 (T) 是指相对于入射面而言电场或磁场的振动方向.

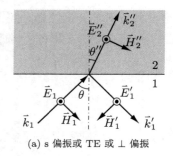 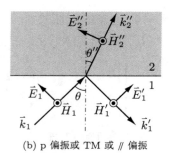

(a) s 偏振或 TE 或 ⊥ 偏振　　　　　　　(b) p 偏振或 TM 或 ∥ 偏振

图 5-9

首先, 将边值关系应用于 s 偏振波, 相应边值关系为

$$E_0 + E_0' = E_0'', \tag{5.2.9}$$

$$H_0 \cos\theta - H_0' \cos\theta = H_0'' \cos\theta''. \tag{5.2.10}$$

借助波阻抗定义 $Z = E/H$, 上式改写为

$$\frac{1}{Z_1}\left(E_0 \cos\theta - E_0' \cos\theta\right) = \frac{1}{Z_2} E_0'' \cos\theta''. \tag{5.2.11}$$

联立 (5.2.9) 式和 (5.2.11) 式, 可得 s 偏振入射下反射波、折射波与入射波电场的比值分别为

$$\left(\frac{E_0'}{E_0}\right)_{\mathrm{s}} = \frac{Z_2 \cos\theta - Z_1 \cos\theta''}{Z_2 \cos\theta + Z_1 \cos\theta''}, \tag{5.2.12}$$

$$\left(\frac{E_0''}{E_0}\right)_{\mathrm{s}} = \frac{2Z_2 \cos\theta}{Z_2 \cos\theta + Z_1 \cos\theta''}. \tag{5.2.13}$$

其次, 将边值关系运用到 p 偏振入射的电磁波, 得

$$H_0 + H_0' = H_0'', \tag{5.2.14}$$

$$-E_0 \cos\theta + E_0' \cos\theta = -E_0'' \cos\theta''. \tag{5.2.15}$$

将 (5.2.15) 式继续改写为

$$\frac{1}{Z_2}\left(-H_0 \cos\theta + H_0' \cos\theta\right) = -\frac{1}{Z_1} H_0'' \cos\theta''. \tag{5.2.16}$$

联立 (5.2.14) 式和 (5.2.16) 式求解, 得到 p 偏振下反射波、折射波与入射波电场之比值为

$$\left(\frac{H_0'}{H_0}\right)_{\mathrm{p}} = \frac{Z_1 \cos\theta - Z_2 \cos\theta''}{Z_1 \cos\theta + Z_2 \cos\theta''}, \quad \Rightarrow \quad \left(\frac{E_0'}{E_0}\right)_{\mathrm{p}} = \frac{Z_1 \cos\theta - Z_2 \cos\theta''}{Z_1 \cos\theta + Z_2 \cos\theta''}, \tag{5.2.17}$$

以及

$$\left(\frac{H_0''}{H_0}\right)_{\mathrm{p}} = \frac{2Z_1 \cos\theta}{Z_1 \cos\theta + Z_2 \cos\theta''}, \quad \Rightarrow \quad \left(\frac{E_0''}{E_0}\right)_{\mathrm{p}} = \frac{2Z_2 \cos\theta}{Z_1 \cos\theta + Z_2 \cos\theta''}. \tag{5.2.18}$$

(5.2.12) 式、(5.2.13) 式、(5.2.17) 式和 (5.2.18) 式称为 Fresnel 公式, 这是以法国

物理学家奥古斯丁·让·菲涅耳 (Augustin-Jean Fresnel, 1788 — 1827) 的名字命名的, 他在 1823 年就预见了上述结论。Fresnel 公式描述了两个半无限大介质分界面上反射波、折射波与入射波场电磁场 (振幅与相位) 的关系。

作为一类特殊情况, 垂直入射 ($\theta = 0$) 时两种偏振所对应的效果应无区别, 根据 (5.2.12) 式, 得反射波、透射波与入射波的电场振幅之比为

$$\frac{E_0'}{E_0} = \frac{Z_2 - Z_1}{Z_2 + Z_1}, \quad \frac{E_0''}{E_0} = \frac{2Z_2}{Z_2 + Z_1}. \tag{5.2.19}$$

根据上式分析电磁波入射到理想导体表面时的反射。所谓理想导体模型, 就是电磁场被完全排斥在体外。也可以借助介质极化模型来模拟理想导体, 即 $|\varepsilon_\mathrm{r}| \to \infty$, 则其阻抗 $Z_\mathrm{r} = \sqrt{\mu_\mathrm{r}/\varepsilon_\mathrm{r}} \to 0$, 故电磁波从介质入射到理想导体表面有 $E_0'/E_0 = -1$, 从而产生 100% 反射。对微波而言, 金属导体就可看成是理想导体。由于入射波与反射波的电场反相位, 保证了理想导体表面的总电场为零, 而分界面电场切向分量连续的条件使得理想导体表面的 $E_0' + E_0 = 0$。在第六章 6.2.4 小节中会解释, 理想导体内之所以不存在电磁场, 是因为在理想导体表面面电流产生的辐射场抵消了入射场。

再有, 从 (5.2.19) 式可以看到, 在垂直入射时, 如果两种介质的波阻抗相同, 则电磁波通过界面时将没有任何反射效应 ($E_0'=0$), 称之为阻抗匹配, 即

$$Z_1 = Z_2, \quad \Rightarrow \quad \sqrt{\frac{\mu_1}{\varepsilon_1}} = \sqrt{\frac{\mu_2}{\varepsilon_2}}. \tag{5.2.20}$$

阻抗匹配在微波领域有着重要的应用。不过在斜入射下, 即使两种介质的波阻抗相同, 但由于其折射率不同, 还是存在部分反射效果。

如果两种介质都是非磁性的, $\mu_1 = \mu_2 = \mu_0$, 阻抗匹配要求 $\varepsilon_1 = \varepsilon_2$, 此时没有实际意义。或者说在可见光波段 ($\mu = \mu_0$) 两种不同折射率的均匀介质分界面上垂直入射的光总是存在反射。

5.2.3 光波在介质分界面上的反射和折射

在光学波段, 介质对电磁波的折射反射行为是最被人们熟悉、也是最为重要的光学现象。而由于自然界的材料在光学波段一般都没有磁响应特性, 其磁导率与真空的磁导率完全相同 ($\mu = \mu_0$), 代入折射定律 $n_1 \sin\theta = n_2 \sin\theta''$ 得

$$\sqrt{\varepsilon_1} \sin\theta = \sqrt{\varepsilon_2} \sin\theta'',$$

因此有

$$Z_2 \sin\theta = Z_1 \sin\theta''. \tag{5.2.21}$$

将上式代入 Fresnel 公式, 得到光学中熟悉的非磁性介质分界面上的 Fresnel 公式:

$$\left(\frac{E_0'}{E_0}\right)_\mathrm{s} = \frac{\sin(\theta'' - \theta)}{\sin(\theta'' + \theta)}, \quad \left(\frac{E_0'}{E_0}\right)_\mathrm{p} = \frac{\tan(\theta - \theta'')}{\tan(\theta + \theta'')}. \tag{5.2.22}$$

上式是不同偏振下反射波与入射波振幅之比。

$$\left(\frac{E_0''}{E_0}\right)_{\mathrm{s}} = \frac{2\cos\theta\sin\theta''}{\sin(\theta''+\theta)}, \quad \left(\frac{E_0''}{E_0}\right)_{\mathrm{p}} = \frac{2\cos\theta\sin\theta''}{\sin(\theta''+\theta)\cos(\theta-\theta'')}. \tag{5.2.23}$$

上式是不同偏振下折射波与入射波振幅之比。可见, 在斜入射下无论是光的反射还是折射, 都依赖于入射波的偏振态。以光从空气入射到玻璃介质表面为例, $n_1 = 1.00$, $n_2 = 1.42$, 根据 Fresnel 公式分别绘出以 s 偏振和 p 偏振入射时反射波电场与入射波电场振幅的绝对值之比, 如图 5–10 所示。

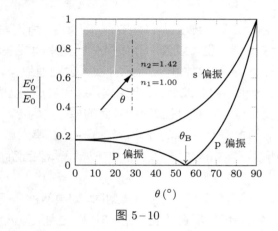

图 5–10

从图 5–10 可以看出, 在大角度入射 (即掠入射) 下, 即使玻璃这样的透明介质也存在很强的反射效果。其次, 以 s 偏振和 p 偏振入射的反射 (或折射) 行为存在一定的差异, 也正是因为这种差异, 导致自然光经过介质反射 (或折射) 之后变成了部分偏振光。人们发现, 一些鸟类和昆虫等生物夜间飞行或者爬行时利用月光所具有的偏振特性来导航, 或者确定行进的方向 [4]。

5.2.4   介质分界面的反射和透射系数

单色平面波的平均能流密度为

$$\langle\vec{s}\rangle = \frac{1}{2}\sqrt{\frac{\varepsilon}{\mu}}|E_0|^2\vec{e}_k = \frac{1}{2}\frac{|E_0|^2}{Z}\vec{e}_k. \tag{5.2.24}$$

类似地, 反射波和折射波的平均能流密度表示为

$$\langle\vec{s}'\rangle = \frac{1}{2}\frac{|E_0'|^2}{Z_1}\vec{e}_{k'}, \quad \langle\vec{s}''\rangle = \frac{1}{2}\frac{|E_0''|^2}{Z_2}\vec{e}_{k''}. \tag{5.2.25}$$

定义沿界面法线方向反射 (折射) 能流分量与入射能流分量的比值为反射 (透射) 系数。因此反射系数R、透射系数T 分别表示为

$$R = \frac{\langle\vec{s}'\rangle\cdot\vec{n}}{\langle\vec{s}\rangle\cdot\vec{n}} = \frac{|E_0'|^2\vec{e}_{k'}\cdot\vec{n}}{|E_0|^2\vec{e}_k\cdot\vec{n}} = \frac{|E_0'|^2}{|E_0|^2}, \tag{5.2.26}$$

[4]   M. Dacke *et al.*, *Animal Behaviour: Insect Orientation to Polarized Moonlight*, Nature **424**, 33 (2003).

$$T = \frac{\langle \vec{s}'' \rangle \cdot \vec{n}}{\langle \vec{s} \rangle \cdot \vec{n}} = \frac{Z_2^{-1} |E_0''|^2 \vec{e}_{k''} \cdot \vec{n}}{Z_1^{-1} |E_0|^2 \vec{e}_k \cdot \vec{n}} = \frac{Z_2^{-1} |E_0''|^2 \cos\theta''}{Z_1^{-1} |E_0|^2 \cos\theta}. \tag{5.2.27}$$

需要注意的是, 在定义反射/透射率时, 不是直接对入射、反射或折射波的能流大小进行对比, 而是取其投影到界面法向的比值, 即能流对界面的通量才是"通过"界面的有效能流。

根据 (5.2.17) 式, 对于半无限大介质构成的分界面, p 偏振和 s 偏振电磁波入射下的反射系数、透射系数分别为

$$R_{\mathrm{p}} = \left(\frac{Z_1 \cos\theta - Z_2 \cos\theta''}{Z_1 \cos\theta + Z_2 \cos\theta''} \right)^2, \quad R_{\mathrm{s}} = \left(\frac{Z_2 \cos\theta - Z_1 \cos\theta''}{Z_2 \cos\theta + Z_1 \cos\theta''} \right)^2. \tag{5.2.28}$$

$$T_{\mathrm{p}} = \frac{4 Z_1 Z_2 \cos\theta \cos\theta''}{(Z_1 \cos\theta + Z_2 \cos\theta'')^2}, \quad T_{\mathrm{s}} = \frac{4 Z_1 Z_2 \cos\theta \cos\theta''}{(Z_2 \cos\theta + Z_1 \cos\theta'')^2}. \tag{5.2.29}$$

根据 (5.2.28) 式和 (5.2.29) 式, 垂直入射下的反射、透射系数分别为

$$R_{\mathrm{p}} = R_{\mathrm{s}} = \left(\frac{Z_1 - Z_2}{Z_1 + Z_2} \right)^2, \quad T_{\mathrm{p}} = T_{\mathrm{s}} = \frac{4 Z_1 Z_2}{(Z_1 + Z_2)^2}. \tag{5.2.30}$$

若是两种非磁性介质构成的分界面, 则垂直入射下的反射、透射系数分别为

$$R_{\mathrm{p}} = R_{\mathrm{s}} = \left(\frac{\sqrt{\varepsilon_2} - \sqrt{\varepsilon_1}}{\sqrt{\varepsilon_2} + \sqrt{\varepsilon_1}} \right)^2 = \left(\frac{n_2 - n_1}{n_2 + n_1} \right)^2, \tag{5.2.31}$$

$$T_{\mathrm{p}} = T_{\mathrm{s}} = \frac{4 \sqrt{\varepsilon_1 \varepsilon_2}}{\left(\sqrt{\varepsilon_2} + \sqrt{\varepsilon_1} \right)^2} = \frac{4 n_1 n_2}{(n_2 + n_1)^2}. \tag{5.2.32}$$

由于介质均为非磁性介质, 故 $n_1 = \sqrt{\varepsilon_{1\mathrm{r}}}$, $n_2 = \sqrt{\varepsilon_{2\mathrm{r}}}$。

5.2.5 单色平面波入射到介质表面产生的光压

我们来讨论单色平面波入射到介质表面所产生的辐射压强。为简单起见, 这里仅限于讨论单色平面波从真空垂直入射到半无限大介质表面的情形。这里既可以利用电磁波动量密度和动量定理来计算 (作为一道习题), 也可以借助 Maxwell 动量流密度来讨论。

如图 5-11 所示, 由于空间的电场只有沿 $\vec{e}_x$ 方向的分量, 磁场只有沿 $\vec{e}_y$ 方向的分量, 根据 Maxwell 动量流密度定义

$$\vec{T} = -\left[\vec{D}\vec{E} + \vec{B}\vec{H} - \frac{1}{2} \left(\vec{D} \cdot \vec{E} + \vec{B} \cdot \vec{H} \right) \vec{I} \right], \tag{5.2.33}$$

空间动量流密度各分量系数为

$$(T_{ij}) = \frac{1}{2} \begin{pmatrix} -\varepsilon E_x^2 + \mu_0 H_y^2 & 0 & 0 \\ 0 & \varepsilon E_x^2 - \mu_0 H_y^2 & 0 \\ 0 & 0 & \varepsilon E_x^2 + \mu_0 H_y^2 \end{pmatrix}. \tag{5.2.34}$$

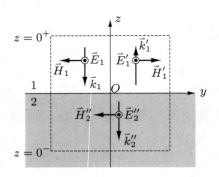

图 5-11

为了计算电磁波入射到半无限大介质表面所产生的光压, 选取包围介质表面的一个高度趋于零的圆柱形闭合面, 圆柱底面为单位面积, 其上底位于 $z = 0^+$, 下底位于 $z = 0^-$, 则光压应为单位时间内净流入此闭合面的电磁场动量, 即

$$\vec{P}_{\mathrm{rad}} = -\frac{\oint \mathrm{d}\vec{S} \cdot \langle \vec{T} \rangle}{\Delta S} = -\vec{e}_z \cdot \langle \vec{T} \rangle|_{z=0^+} + \vec{e}_z \cdot \langle \vec{T} \rangle|_{z=0^-}. \tag{5.2.35}$$

考虑到在 $z = 0^+$ 面一侧有入射波和反射波, 因此有

$$\begin{cases} \vec{E}_1|_{z=0^+} = (E_0 + E_0')\, \mathrm{e}^{-\mathrm{i}\omega t}\vec{e}_x, \\ \vec{H}_1|_{z=0^+} = (-H_0 + H_0')\, \mathrm{e}^{-\mathrm{i}\omega t}\vec{e}_y = \frac{1}{Z_1}\left(-E_0 + E_0'\right)\mathrm{e}^{-\mathrm{i}\omega t}\vec{e}_y. \end{cases} \tag{5.2.36}$$

在 $z = 0^-$ 面一侧只有透射波, 因此有

$$\begin{cases} \vec{E}_2|_{z=0^-} = E_0''\mathrm{e}^{-\mathrm{i}\omega t}\vec{e}_x, \\ \vec{H}_2|_{z=0^-} = -H_0''\mathrm{e}^{-\mathrm{i}\omega t}\vec{e}_y = -\frac{1}{Z_2}E_0''\mathrm{e}^{-\mathrm{i}\omega t}\vec{e}_y. \end{cases} \tag{5.2.37}$$

利用单色平面波垂直入射时, 反射波、折射波振幅与入射波振幅之间的关系式 (5.2.19), 得到分界面两侧的总电场、总磁场为

$$\vec{E}_1|_{z=0^+} = \vec{E}_2|_{z=0^-} = E_x\vec{e}_x, \quad E_x = \frac{2Z_2}{Z_2 + Z_1}E_0\mathrm{e}^{-\mathrm{i}\omega t}, \tag{5.2.38}$$

$$\vec{H}_1|_{z=0^+} = \vec{H}_2|_{z=0^-} = H_y\vec{e}_y, \quad H_y = -\frac{2}{Z_2 + Z_1}E_0\mathrm{e}^{-\mathrm{i}\omega t}. \tag{5.2.39}$$

则在 $z = 0^+$ 面一侧的动量流密度为

$$\vec{T}|_{z=0^+} = T_{xx}|_{z=0^+} \cdot (\vec{e}_x\vec{e}_x - \vec{e}_y\vec{e}_y) + T_{zz}|_{z=0^+}\vec{e}_z\vec{e}_z, \tag{5.2.40}$$

式中

$$\begin{cases} T_{xx}|_{z=0^+} = \frac{1}{2}\left[-\varepsilon_0(\mathrm{Re}\,E_x)^2 + \mu_0\left(\mathrm{Re}\,H_y\right)^2\right], \\ T_{zz}|_{z=0^+} = \frac{1}{2}\left[\varepsilon_0(\mathrm{Re}\,E_x)^2 + \mu_0\left(\mathrm{Re}\,H_y\right)^2\right]. \end{cases} \tag{5.2.41}$$

而在 $z = 0^-$ 面一侧的动量流密度为

$$\vec{T}\Big|_{z=0^-} = T_{xx}\big|_{z=0^-} \cdot (\vec{e}_x\vec{e}_x - \vec{e}_y\vec{e}_y) + T_{zz}\big|_{z=0^-} \vec{e}_z\vec{e}_z. \tag{5.2.42}$$

式中

$$\begin{cases} T_{xx}\big|_{z=0^-} = \dfrac{1}{2}\left[-\varepsilon(\operatorname{Re} E_x)^2 + \mu_0(\operatorname{Re} H_y)^2\right], \\[3mm] T_{zz}\big|_{z=0^-} = \dfrac{1}{2}\left[\varepsilon(\operatorname{Re} E_x)^2 + \mu_0(\operatorname{Re} H_y)^2\right]. \end{cases} \tag{5.2.43}$$

将 (5.2.40) 式和 (5.2.42) 式代入 (5.2.35) 式, 得到光压为

$$\vec{P}_{\text{rad}} = \left(\langle T_{zz}|_{z=0^-}\rangle - \langle T_{zz}|_{z=0^+}\rangle\right)\vec{e}_z = \frac{1}{2}(\varepsilon - \varepsilon_0)\left\langle (\operatorname{Re} E_x)^2 \right\rangle \vec{e}_z$$

$$= \frac{1}{4}(\varepsilon - \varepsilon_0)\left(\frac{2Z_2}{Z_2 + Z_1}\right)^2 E_0^2\vec{e}_z = \frac{n-1}{n+1}\varepsilon_0 E_0^2\vec{e}_z. \tag{5.2.44}$$

或者

$$\vec{P}_{\text{rad}} = 2\langle w_0\rangle\frac{n-1}{n+1}\vec{e}_z = \frac{2I_0}{c}\frac{n-1}{n+1}\vec{e}_z. \tag{5.2.45}$$

式中 $I_0 = c\langle w_0\rangle = \dfrac{1}{2}\sqrt{\varepsilon_0/\mu_0}E_0^2$ 为入射光的强度。

从 (5.2.45) 式可以看出, 光从真空垂直入射到 $n > 1$ 的介质表面所产生的光压是指向介质表面之外的! 在物理图像上可以这样理解: 此种情况下透射波提供的光压 (为负光压) 在绝对值上超过了入射波和反射波两者的贡献之和。

> **思考题 5.1** 我们已经知道, 如果两种介质的波阻抗相同, 则平面电磁波垂直入射到介质分界面时不存在反射波。分析在这种情况下电磁波与介质分界面之间是否存在动量的转移 (辐射压)。

5.2.6 布儒斯特 (Brewster) 角

前面我们看到, 垂直入射下若要实现无反射, 需要满足阻抗匹配条件。在不满足阻抗匹配条件 (5.2.20) 式、但入射的是纯线偏振光时, 从 (5.2.12) 式及 (5.2.17) 式可以看出, 在特定角度入射下反射系数亦可为零, 具体的角度依赖于入射的偏振态。

具体来说, 对于 s 偏振, 若用 θ_{E} 表示反射系数为零的入射角, 则由 (5.2.12) 式得

$$Z_2\cos\theta_{\text{E}} = Z_1\cos\theta''. \tag{5.2.46}$$

结合折射定律 $n_1\sin\theta_{\text{E}} = n_2\sin\theta''$, 得

$$\left(\frac{Z_2}{Z_1}\right)^2\cos^2\theta_{\text{E}} + \left(\frac{n_1}{n_2}\right)^2\sin^2\theta_{\text{E}} = 1,$$

或者

$$\tan^2\theta_{\mathrm{E}} = \frac{(Z_2/Z_1)^2 - 1}{1 - (n_1/n_2)^2} = \left(\frac{\mu_2}{\mu_1}\right) \frac{\varepsilon_1\mu_2 - \varepsilon_2\mu_1}{\varepsilon_2\mu_2 - \varepsilon_1\mu_1}. \tag{5.2.47}$$

可见, 如果 $Z_1 = Z_2$, 则 $\theta_{\mathrm{E}} = 0$, 即此时波垂直入射时无反射效应, 这一结论之前已得到过 (垂直入射时无所谓 s 偏振或 p 偏振的区别). 对于非磁性介质, 由上式得 $\tan^2\theta_{\mathrm{E}} = -1$, 故在非磁性介质构成的界面上找不到一个入射角度可以使得 s 偏振的反射系数为零.

对于 p 偏振, 若用 θ_{B} 表示反射系数为零时的入射角, 由 (5.2.17) 式得

$$Z_1 \cos\theta_{\mathrm{B}} = Z_2 \cos\theta'',$$

结合折射定律, 得

$$\left(\frac{Z_1}{Z_2}\right)^2 \cos^2\theta_{\mathrm{B}} + \left(\frac{n_1}{n_2}\right)^2 \sin^2\theta_{\mathrm{B}} = 1,$$

或者

$$\tan^2\theta_{\mathrm{B}} = \frac{(Z_1/Z_2)^2 - 1}{1 - (n_1/n_2)^2} = \left(\frac{\varepsilon_2}{\varepsilon_1}\right) \frac{\varepsilon_2\mu_1 - \varepsilon_1\mu_2}{\varepsilon_2\mu_2 - \varepsilon_1\mu_1}. \tag{5.2.48}$$

对于非磁性的介质, 上式简化为

$$\tan^2\theta_{\mathrm{B}} = \frac{\varepsilon_2}{\varepsilon_1} \quad \Rightarrow \quad \tan\theta_{\mathrm{B}} = \sqrt{\frac{\varepsilon_2}{\varepsilon_1}} = \frac{n_2}{n_1}. \tag{5.2.49}$$

人们称 θ_{B} 为 Brewster 角, 这是以大卫·布儒斯特爵士 (Sir David Brewster, 1781—1868, 英国物理学家) 的名字命名的, 他在 1815 年通过实验观察到这一现象.

结合反射和折射定律, 得

$$\cos\theta_{\mathrm{B}} = \sin\theta'' \quad \Rightarrow \quad \theta_{\mathrm{B}} + \theta'' = 90°. \tag{5.2.50}$$

即此时折射波方向与反射波方向垂直. 若入射光包含 s 和 p 两种偏振, 当入射角 $\theta = \theta_{\mathrm{B}}$ 时, 此时在反射光中只有 s 偏振的反射光! 待到第六章 6.3.4 小节学习了偶极子的辐射场特点之后, 即可从物理图像上来理解为何在 p 偏振入射下当折射波与反射波方向相互垂直时没有反射波出现.

前面图 5–10 给出了光从空气入射到玻璃介质 ($n = 1.42$) 时反射波电场与入射波电场振幅绝对值之比, 反射波消失的 Brewster 角为 $\theta_{\mathrm{B}} = \arctan 1.42 = 54.85°$. 这里我们给出光从玻璃入射到空气时的结果, 如图 5–12 所示, 从图中可见对于 p 偏振, 反射波消失的 Brewster 角为 $\theta_{\mathrm{B}} = \arctan\left(\frac{1}{1.42}\right) = 35.15°$.

根据反射和折射定律, 若光线从介质 1 进入介质 2 时入射角满足 Brewster 角, 则从介质 2 再次进入介质 1 时, 只要两个界面是平行的, 则仍然满足相应的 Brewster 角, 虽然这两个角度不同, 但介质中的波矢沿着分界面的切向分量 k_t 始终保持不变. 我们来计算波矢切向分量 k_t. 由 (5.2.49) 式, 得

$$k_t = k_0 n_1 \sin \theta_B = k_0 n_1 \sqrt{\frac{n_2^2}{n_1^2 + n_2^2}} = k_0 \left(\frac{1}{n_1^2} + \frac{1}{n_2^2} \right)^{-1/2}. \tag{5.2.51}$$

k_0 为真空中的波数。在 5.3.4 小节中讨论一维周期性多层介质膜的透射特性时会用到上述结论。

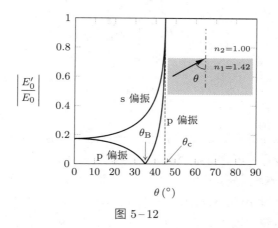

图 5−12

Brewster 角在光学领域有重要的应用。举例来说，虽然在大角度入射时物质的表面 (比如水面) 会对太阳光产生很强的反射，不过由于 Brewster 角的存在，使得在 Brewster 角附近很宽的入射角度范围内 p 偏振光的反射率都很低 (见图 5−10)，这使得大角度入射时反射光大部分都是以 s 偏振 (即偏振平行于物质的表面) 为主，因此可以采用偏振片来有效降低这类反射光的透过率，带偏振的太阳镜就是利用这一原理来防止从物质表面反射过来的刺眼阳光对眼睛的伤害。

在 Brewster 角入射下反射光虽然是线偏振光，但是由于反射光强度较小，大部分光将透过玻璃，所以在实际应用中并不是依靠反射光来获取线偏振光，而是采用两种介质不同折射率的多层膜结构。介质多层膜由于存在多个相互平行的分界面，使得 s 偏振光一次次被反射掉，最后折射光成为近似纯 p 偏振光，而且还能保持足够的强度。

5.2.7 全反射现象

下面来讨论半无限大的介质构成的分界面上的折射、反射现象，分别针对从低折射率介质入射到高折射率介质，以及相反的情形。

为了讨论方便，对于 p 偏振情形，将之前定义的反射波的电场矢量的正方向反转，如图 5−13 所示。按照这样的正方向的选取，当入射角减小到零时，电场都沿着同一个方向 (与 s 偏振定义的电场正方向一致)，此时计算得到的电场的代数值就能表示其与入射波的电场方向之间的关系，即同号表示同向，反号表示反向。

按照 p 偏振下反射波新的正方向的定义，反射波与入射波振幅之比为

$$\left(\frac{E_0'}{E_0} \right)_p = -\frac{\sqrt{\varepsilon_2} \cos \theta - \sqrt{\varepsilon_1} \cos \theta''}{\sqrt{\varepsilon_2} \cos \theta + \sqrt{\varepsilon_1} \cos \theta''}. \tag{5.2.52}$$

对照 (5.2.17) 式的第二个关系，这里等号右边多出了一个负号，表示实际反射波电

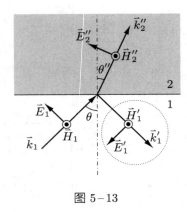

图 5-13

场的方向与这里标注的方向是反向的, 即与图 5-9(b) 所标注的电场方向一致, 使得波矢、电场和磁场三者之间仍然满足右手螺旋关系。

我们知道, 电磁波 (光) 从折射率高的介质入射折射率低的介质分界面时会发生全反射现象。假设 $n_1 = 1.42$, $n_2 = 1.00$, 图 5-14(a)、图5-14(b) 分别给出了反射波电场与入射波电场的比值的实部 $\mathrm{Re}\,(E_0'/E_0)$ 和虚部 $\mathrm{Im}\,(E_0'/E_0)$ 随入射角改变的计算结果。

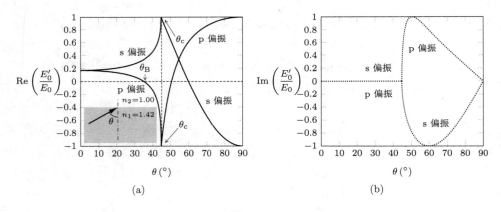

图 5-14

首先我们注意到, 当入射角度增加至某一临界角 (critical angle) θ_c 时, 反射波振幅与入射波振幅大小相等, 这是我们熟悉的全反射现象, 并且这一现象不依赖于入射波的偏振方向, 即 p 偏振下也具有相同的临界角度, 这使得我们在实际应用中无需关心入射波的偏振状态。此外, 当入射角度 $\theta > \theta_c$ 时, 无论 s 偏振, 还是 p 偏振, 反射波电场与入射波电场的比值都变为复数, 这表明两者之间存在相位差, 并依赖于入射角度。

实际上, 当入射角度达到临界角度 θ_c 时, 此时的折射角接近 $\theta'' = 90^\circ$, 因此入射的临界角表示为

$$\sin\theta_c = \frac{n_2}{n_1}. \qquad (5.2.53)$$

需要注意的是, 当 $\theta > \theta_c$ 时, 由折射定律 $\sin\theta'' = \sin\theta/\sin\theta_c$, 可知 $\sin\theta'' > 1$, 也就是说当 $\theta > \theta_c$ 时, Fresnel 公式中定义的 $\sin\theta''$ 不再具有几何上的意义。

其次, 全反射时反射波振幅与入射波振幅相同, 反射系数为 1, 故称之为全反射。具体来说, 当 $\theta > \theta_c$ 时, 由折射定律 $\sin\theta'' = \sin\theta/\sin\theta_c$, 有

$$\cos\theta'' = \sqrt{1 - \sin^2\theta''} = i\sqrt{\frac{\sin^2\theta}{\sin^2\theta_c} - 1}. \tag{5.2.54}$$

将上式代入 Fresnel 公式, 得

$$\left(\frac{E_0'}{E_0}\right)_s = \frac{\cos\theta - i\sqrt{\sin^2\theta - \sin^2\theta_c}}{\cos\theta + i\sqrt{\sin^2\theta - \sin^2\theta_c}}, \tag{5.2.55}$$

$$\left(\frac{E_0'}{E_0}\right)_p = -\frac{\cos\theta\sin^2\theta_c - i\sqrt{\sin^2\theta - \sin^2\theta_c}}{\cos\theta\sin^2\theta_c + i\sqrt{\sin^2\theta - \sin^2\theta_c}}. \tag{5.2.56}$$

容易验证: 当 $\theta > \theta_c$ 时, $|E_0'/E_0|_s = 1$, $|E_0'/E_0|_p = 1$。

对比之下, 光从折射率低的介质入射折射率高的介质分界面时则不会发生全反射现象。作为例子, 假设 $n_1 = 1.00$, $n_2 = 1.42$, 图 5-15 给出了两种线偏振入射下的计算结果。从图中看到, 对于 s 偏振, 反射波电场始终与入射波电场反向, 这表明电磁波 (光) 从折射率低的介质入射到折射率高的介质分界面时, 反射波相位出现 π 的变化, 波形在位置上有 λ/2 的变化 (即半波损失效应)。需要注意的是, 对于 p 偏振情形, 这里比值的正负号只有在垂直入射下才可以表示方向的意义 (正号表示同向, 反号表示反向), 而在斜入射下三束波的电场振动不在一条直线上。

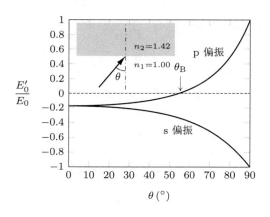

图 5-15

5.2.8 全反射下的消逝波

全反射下的消逝波是需要重点讨论的内容。在低折射率介质 2 中, 折射波的波数表示为

$$k_2'' = \frac{n_2}{n_1}k_1 = k_1\sin\theta_c. \tag{5.2.57}$$

利用波矢沿界面切向分量连续的边值关系, 可得全反射下折射波沿着分界面传播方向的波矢分量为

$$k_{2x}'' = k_{1x} = k_1 \sin\theta > k_2''. \tag{5.2.58}$$

这表明在全反射发生时, 介质 2 中沿着界面传播的波矢大小超过一同频率单色平面波在这种体块介质中传播时的波数, 这是全反射的一个重要特点, 这也使得此时折射波矢的 z 分量 k_{2z}'' 变为纯虚数, 即

$$k_{2z}'' = \sqrt{(k_2'')^2 - (k_{2x}'')^2} = \mathrm{i}k_1\sqrt{\sin^2\theta - \sin^2\theta_{\mathrm{c}}}. \tag{5.2.59}$$

为此定义

$$k_{2z}'' = \mathrm{i}\kappa, \quad \kappa = k_1\sqrt{\sin^2\theta - \sin^2\theta_{\mathrm{c}}}. \tag{5.2.60}$$

因此有

$$\vec{k}_2'' \cdot \vec{R} = k_{2x}''x + k_{2z}''z = k_{2x}''x + \mathrm{i}\kappa z. \tag{5.2.61}$$

最后得

$$\vec{E}''(\vec{R}, t) = \vec{E}_0''\mathrm{e}^{\mathrm{i}(\vec{k}_2''\cdot\vec{R} - \omega t)} = \vec{E}_0''\mathrm{e}^{-\kappa z}\mathrm{e}^{\mathrm{i}(k_{2x}''x - \omega t)}. \tag{5.2.62}$$

上式表明, 发生全反射时折射波沿分界面传播且振幅沿 z 轴指数减小, 它只存在于介质 2 表层数个厚度为 κ^{-1} 的薄层内, 因此此时的折射波已经成为沿着介质 2 内侧传播的表面波, 也称之为消逝波 (evanescent wave)。图 5–16 给出了消逝波的电场振幅随着进入介质 2 深度的增加而减少的趋势。

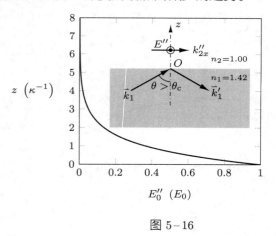

图 5–16

从图 5–16 还可看出, 要产生全反射现象, 除折射率满足 $n_1 > n_2$、入射角满足 $\theta > \theta_{\mathrm{c}}$ 外, 对介质 n_2 材料的厚度也有一定的要求, 一般要超过 κ^{-1} 一个数量级以上, 否则全反射就会受到与 n_2 相邻材料的影响。例如, 假设光从第一块玻璃入射到与空气的分界面 I, 并发生全反射现象, 此时将另一块玻璃靠近前一块玻璃与空气的分界面; 当两块玻璃之间的间距足够小时, 你会发现有部分的光能从第二块玻璃穿出, 如图 5–17 所示, 这是因为由于界面 I 与 II 靠得很近, 全反射时在界

面 I 表层 (空气区域) 形成的消逝波可以激发界面 II 表层的消逝波, 从而在第二块玻璃介质中形成传播的波。

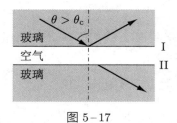

图 5-17

现在我们来分析全反射下消逝波的相速度。根据相速度的定义, 有

$$v_{\mathrm{p}} = \frac{\omega}{k_{2x}''} = \frac{\omega}{k_{1x}} = \frac{c}{n_1 \sin\theta} > \frac{c}{n_1} = v_{1\mathrm{p}}. \tag{5.2.63}$$

另一方面, 由于发生全反射 $(\theta > \theta_{\mathrm{c}})$, 有

$$v_{2\mathrm{p}} = \frac{c}{n_2} > \frac{c}{n_2}\frac{\sin\theta_{\mathrm{c}}}{\sin\theta} = \frac{c}{n_1 \sin\theta} = v_{\mathrm{p}}. \tag{5.2.64}$$

从而有

$$v_{2\mathrm{p}} > v_{\mathrm{p}} > v_{1\mathrm{p}}. \tag{5.2.65}$$

因此, 沿着介质 2 内侧表面传播的消逝波的相速度是介于电磁波在体块介质 1 和体块介质 2 中传播的相速度之间的。不仅如此, 由于 v_{p} 依赖于入射角, 可以通过入射角的改变来调控消逝波的相速度, 在第八章的最后一节中, 会运用到这一重要特性, 使得消逝波与一同高速运动的自由电子之间满足相位匹配条件, 从而产生有效的相互作用和能量交换。

下面计算消逝波的能流。以 s 偏振情形为例 (对 p 偏振情形的分析, 留给读者作为练习), 消逝波的电场为

$$\vec{E}''(\vec{R}, t) = \left(E_0''\mathrm{e}^{-\kappa z}\right)\mathrm{e}^{\mathrm{i}\left(k_{2x}''x - \omega t\right)}\vec{e}_y = E_2''\vec{e}_y. \tag{5.2.66}$$

由 $\vec{B} = (1/\omega)\vec{k} \times \vec{E}$ 得

$$B_{2z}'' = \frac{k_{2x}''}{\omega}E_2'' = \frac{k_2''}{\omega}\frac{\sin\theta}{\sin\theta_{\mathrm{c}}}E_2'' = \sqrt{\mu_2\varepsilon_2}\frac{\sin\theta}{\sin\theta_{\mathrm{c}}}E_2'',$$

$$B_{2x}'' = -\frac{k_{2z}''}{\omega}E_2'' = -\frac{\mathrm{i}\kappa}{\omega}E_2''. \tag{5.2.67}$$

这里看到, 消逝波的 E_2'' 与 B_{2z}'' 之间是同相位的, 而 E_2'' 与 B_{2x}'' 之间存在 $\pi/2$ 的相位差。

为了计算能流密度, 相应地取磁场分量的实部:

$$\mathrm{Re}\left(B_{2z}''\right) = \sqrt{\mu_2\varepsilon_2}\frac{\sin\theta}{\sin\theta_{\mathrm{c}}}\mathrm{Re}\left(E_2''\right), \quad \mathrm{Re}\left(B_{2x}''\right) = \frac{\kappa}{\omega}\mathrm{Im}\left(E_2''\right). \tag{5.2.68}$$

最后得全反射时消逝波垂直于分界面 (沿 z 轴) 的能流分量为

$$s_{2z} = -\frac{1}{\mu_2}\mathrm{Re}\left(E_2''\right)\mathrm{Re}\left(B_{2x}''\right)$$

$$= -\frac{1}{\mu_2}\frac{\kappa}{\omega}|E_0''|^2 e^{-2\kappa z}\sin\left(k_{2x}''x-\omega t\right)\cos\left(k_{2x}''x-\omega t\right)$$

$$= -\frac{\kappa}{2\mu_2\omega}|E_0''|^2 e^{-2\kappa z}\sin\left[2\left(k_{2x}''x-\omega t\right)\right]. \tag{5.2.69}$$

因此由于 E_2'' 与 B_{2x}'' 之间存在 $\pi/2$ 的相位差, 使得消逝波沿 z 轴的能流分量 s_{2z} 在一个周期内的平均值为零, 即

$$\langle s_{2z}\rangle = 0. \tag{5.2.70}$$

这一结论不同于我们之前讨论的无限大介质中的情形, 在那里相互垂直的电场和磁场由于是同相位的, 因此存在净能流. 后面在讨论波导和谐振腔时还会遇到类似的情形, 一旦相互垂直的磁场与电场的分量之间存在 $\pi/2$ 的相位差, 则不会产生能量传输.

对比之下, 消逝波沿分界面的能流密度分量 s_{2x} 与 E_2''、B_{2z}'' 有关, 由于 E_2''、B_{2z}'' 是同相位的, 因此发生全反射时 s_{2x} 表示为

$$s_{2x} = \frac{1}{\mu_2}\mathrm{Re}\left(E_2''\right)\cdot\mathrm{Re}\left(B_{2z}''\right) = \frac{1}{\mu_2}\sqrt{\mu_2\varepsilon_2}\frac{\sin\theta}{\sin\theta_\mathrm{c}}\left(\mathrm{Re}\,E_2''\right)^2$$

$$= \sqrt{\frac{\varepsilon_2}{\mu_2}}|E_0''|^2\frac{\sin\theta}{\sin\theta_\mathrm{c}}e^{-2\kappa z}\cos^2\left(k_{2x}''x-\omega t\right)$$

$$= \frac{1}{2}\sqrt{\frac{\varepsilon_2}{\mu_2}}|E_0''|^2\frac{\sin\theta}{\sin\theta_\mathrm{c}}e^{-2\kappa z}\left\{1+\cos\left[2\left(k_{2x}''x-\omega t\right)\right]\right\}. \tag{5.2.71}$$

s_{2x} 在一个周期内的平均值 $\langle s_{2x}\rangle$ 为

$$\langle s_{2x}\rangle = \frac{1}{2}\sqrt{\frac{\varepsilon_2}{\mu_2}}\frac{\sin\theta}{\sin\theta_\mathrm{c}}|E_0''|^2 e^{-2\kappa z}. \tag{5.2.72}$$

可以看到, 由于 E_2''、B_{2z}'' 同相位, 故在全反射条件下消逝波沿着分界面存在能量传输.

需要注意的是, 虽然这里 $\langle s_{2x}\rangle \neq 0$, 但并不违反能量守恒定律, 这是因为在没有损耗的条件下能量守恒定律要求的是单位时间内入射到一个面的能量与从这个面流出的能量相同. 如果选取介质分界面 (无限大) 作为所考虑的面, 由于全反射时入射波与反射波的振幅相同, 因此单位时间内流入这个面的能量为零, 同时由于消逝波没有垂直于分界面的能流密度分量, 因此单位时间内消逝波从分界面流出的能量也为零. 另一方面, 由于这里讨论的是平面波, 因此垂直于波矢方向的横向尺寸为无限大, 故若所选取的参考面垂直于两种物质的分界面, 亦可得到同样的结论.

5.2.9　负折射率及负折射现象

前面讨论光的折射时, 我们看到折射光线与入射光线是分布在面法线的两侧. 所谓负折射现象是指折射光线与入射光线分布在面法线的同一侧. 何种情形下才会发生这样的现象呢? 1968 年, 苏联一位名叫 Victor Georgievich Veselago 的科学家提出这一理论构想 [5], 他从理论上得出, 如果有一种材料的介电常数和磁导

[5]　V. G. Veselago, *Electrodynamics of Substances with Simultaneously Negative Values of ε and μ*, Sov. Phys. Usp. **10**, 509 (1968).

率在一个波段同为负值 (因而也称之为双负材料) 并不违反基本物理定律。V. G. Veselago 进一步指出, 此时材料的折射率应为负值, 因而当电磁波从半无限大的正常介质入射到半无限大的双负材料界面时会发生负折射现象, 如图 5–18 所示。

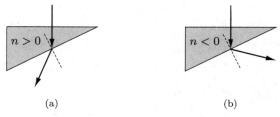

(a)   (b)

图 5–18

我们知道, 根据 Maxwell 方程组, 在无限大的无源 (无自由电荷和自由电流) 空间中电磁场满足

$$\nabla \times \vec{E} = -\frac{\partial \vec{B}}{\partial t}, \quad \frac{1}{\mu} \nabla \times \vec{B} = \varepsilon \frac{\partial \vec{E}}{\partial t}. \tag{5.2.73}$$

对于单色平面波而言, 有

$$\vec{k} \times \vec{E} = \omega \vec{B}, \quad \frac{1}{\mu} \vec{k} \times \vec{B} = -\omega \varepsilon \vec{E}. \tag{5.2.74}$$

这里 $\vec{k} = n\vec{k_0} = (n\omega/c)\,\vec{e}_k$, $n^2 = \mu_r \varepsilon_r$。上式可改写为

$$\frac{n}{c} \vec{e}_k \times \vec{E} = \vec{B}, \quad \frac{n}{c\mu} \vec{e}_k \times \vec{B} = -\varepsilon \vec{E}. \tag{5.2.75}$$

之前我们讨论电磁波在介质表面的反射、折射都限于 $\varepsilon_r \geqslant 1$ 且 $\mu_r \geqslant 1$ 情形, 因此介质自然满足 $n \geqslant 1$。V. G. Veselago 所设想的双负材料, 即 $\varepsilon_r < 0$ 且 $\mu_r < 0$。假设这些材料可以忽略其色散效应, 则单色平面波在其中的传播同样满足 (5.2.75) 式。从 $n^2 = \mu_r \varepsilon_r$ 看, 此时 n 既可取正值, 也可以取负值, 但是要使得 (5.2.75) 式中的两个方程同时成立, 则 n 需取负值, 如此一来, $(\vec{e}_k, \vec{E}, \vec{B})$ 三者之间就构成左手螺旋关系, 也因此双负材料也称为左手材料 (left–handed material)。图 5–19 展示了单色平面波在右手材料和左手材料中传播时 $(\vec{e}_k, \vec{E}, \vec{B})$ 三者方向之间的关系。相比于折射率为正的天然材料, 理论预测负折射率材料有许多独特的性质。除负折射现象之外, 电磁波在负折射率材料中传播时, 其能流密度矢量与相速度是反向的。

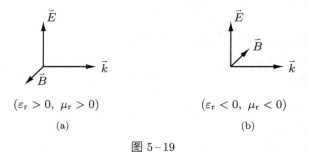

$(\varepsilon_r > 0, \ \mu_r > 0)$ $(\varepsilon_r < 0, \ \mu_r < 0)$

(a)   (b)

图 5–19

*课外阅读: 人工结构负折射率材料

V. G. Veselago 提出的负折射概念在很长一段时间并没有引起人们的关注。自然界中物质的磁矩由于在高频时无法跟上电磁波中磁场的变化, 因此在高频下 (如红外或波长更短的波段) 物质并不显现磁响应特征。一直到 20 世纪 90 年代末, 英国理论物理学家约翰·布莱恩·潘德利 (John Brian Pendry, 1943—) 指出, 在高频波段金属线不但具有共振电 (极化) 响应, 而且一些金属微结构 (如具有开口的金属环) 还能支持共振磁响应 [6] (有兴趣的读者可关注这里产生共振磁响应的原理, 这是设计这一类负折射率材料的关键所在)。因此如果能通过特殊的设计使得共振波长大于或者远大于结构的尺寸 (故名 "亚波长" 结构), 则由这些亚波长结构所组成的人工微结构材料就可能在特定的共振频率处表现出负折射率特性 [7]。随后, D. R. Smith 等就在实验上实现了这样的设想, 并首次在微波波段观测到负折射现象 [8] (见图 5-20)。

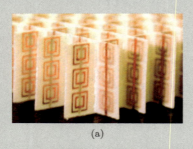
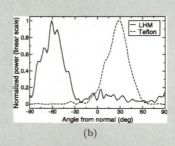

图 5-20　(a) 由金属铜 (红色部分) 制备成的金属开口环谐振器和金属条带构成的负折射材料; (b) 负折射材料 (实线) 及折射率为正的特氟龙 (teflon) 体块样品在频率为 10.5 GHz 的微波照射下透过样品的能量随入射角度的变化。图摘自文献 [8], 经 AAAS 许可转载。

不过, 不同于传统材料的折射率色散 (下面的章节中即将讨论到), 由于负折射材料的设计依赖于亚波长结构的共振特性, 因此负折射材料一般只是在一个很窄频段表现出负折射特征, 并且具有很强的色散效应 [8]; 强色散必然伴随着强烈的吸收损耗, 这也给负折射材料的应用带来了挑战。由于损耗问题尚未得到解决, 以及制备技术上存在极大挑战, 人们尚未成功制备出工作于可见光/近红外波段且具有应用价值的负折射率体块材料。

5.2.10　超构表面及反常反射反常折射现象

前面给出了电磁波在两种半无限大均匀介质分界面上的折射和反射定律。需要注意的是, 这里组成物质的分子或原子 (在分界面两侧) 是完全相同的。因此若

---

[6]　J. B. Pendry *et al.*, *Magnetism from Conductors and Enhanced Nonlinear Phenomena*, IEEE Trans. Microw. Theory Tech. **47**, 2075 (1999).

[7]　D. R. Smith *et al.*, *Composite Medium with Simultaneously Negative Permeability and Permittivity*, Phys. Rev. Lett. **84**, 4184 (2000).

[8]　R. A. Shelby, D. R. Smith and S. Schultz, *Experimental Verification of a Negative Index of Refraction*, Science **292**, 77 (2001).

单色平面波垂直入射到这样的分界面, 与分界面平行的每层原子都会在外场的作用下产生同振幅、同相位的极化, 并且由于极化是时谐的, 它们发射的子波相互干涉而形成确定方向的辐射 (在第六章中将会讨论)。在正入射时, 这些振源彼此之间具有相同的相位, 因而辐射出的子波相位完全相同, 最终导致叠加后形成的反射波和折射波的相位沿着分界面不会产生变化, 因此在垂直入射下反射波和折射波的方向也不会发生改变, 仍然沿垂直于分界面的方向传播。

假设在两种介质分界面上引入由亚波长的人工"原子"排列而成的阵列, 人工"原子"的厚度远小于工作波长, 这样的二维阵列称之为超构表面 (meta surface)。与前面构成负折射率材料的人工"原子"不同, 这里相邻人工"原子"之间是有差异的, 目的是使得即使在电磁波垂直入射下, 相邻人工"原子"所辐射出的子波之间会沿着超构表面 (或某一方向) 在一个波长尺寸上即能产生一个陡峭的相位移动。

假设超构表面的相位 $\Phi(x)$ 在面内沿一方向 (设为 x 轴) 存在线性、连续 (这是理想模型) 变化, 则超构表面沿着 x 轴方向的相位梯度 G_x 为常数

$$G_x = \frac{\mathrm{d}\Phi(x)}{\mathrm{d}x}. \tag{5.2.76}$$

我们来讨论引入这种超构表面之后会对原先介质分界面上的反射、折射产生什么样的影响。

由于介质分界面上出现了相位梯度分布, 使得反射波 (折射波) 在反射 (折射) 时波矢的切向分量得到了额外"补偿"。假设入射面沿着超构表面的相位梯度方向, 如图 5-21 所示, 根据界面上波矢切向分量连续条件, 反射、折射、入射三束波波矢的切向分量与相位梯度之间满足如下关系:

$$k'_{1x} = k_{1x} + G_x, \quad k''_{2x} = k_{1x} + G_x. \tag{5.2.77}$$

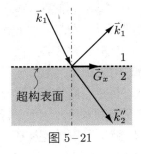

图 5-21

将 $k_{1x} = n_1 k_0 \sin\theta$, $k'_{1x} = n_1 k_0 \sin\theta'$, $k''_{2x} = n_2 k_0 \sin\theta''$ 代入 (5.2.77) 式, 得到入射角、反射角和折射角的关系为

$$\begin{cases} n_1 k_0 \sin\theta' = n_1 k_0 \sin\theta + G_x, \\ n_2 k_0 \sin\theta'' = n_1 k_0 \sin\theta + G_x. \end{cases} \tag{5.2.78}$$

或者

$$\begin{cases} \sin\theta' = \sin\theta + \dfrac{G_x}{n_1 k_0}, \\ n_2 \sin\theta'' = n_1 \sin\theta + \dfrac{G_x}{k_0}. \end{cases} \tag{5.2.79}$$

这是推广的反射定律和推广的 Snell 折射定律[9]。当 $G_x = 0$ 时, 上式又回到熟悉的反射定律和 Snell 折射定律。而一旦在介质分界面上引入具有相位梯度的超构表面, 即 $G_x \neq 0$, 则可以产生一系列新奇的反射和折射现象。

首先看到, 这里反射角与入射角之间不再是等角度关系。其次, 即便在垂直入射下反射波和折射波的传播方向亦可以偏离界面的法向。不仅如此, 通过引入具有陡峭相位梯度的超构表面 ($|G_x| \approx k_0$), 可以将反射波或折射波引入到任意方向, 甚至可以引入到入射波同侧 (即反射角或折射角与入射角异号), 从而出现反常反射和反常折射现象。此外, 由于 $G_x \neq 0$, 以 $\pm\theta$ 角度入射会出现不同大小的反射角或折射角。需要注意的是, 这里为了验证反常反射和反常折射, 需要实现对反射波/折射波波前的完全操控, 因此超构表面的相位移动需要覆盖 $0 \sim 2\pi$ 范围 [9]。

---

*课外阅读: 人工结构超构表面

我们知道, 波前调控技术是指对电磁波的等相位面进行调控, 从而改变光的传播行为 (如达到光的偏折或聚焦效能)。在传统光学系统设计原理中, 改变光的相位、振幅需要依赖光在透明体块材料传播过程中的相位累积效应, 这导致传统光学器件体积大, 难以移植到集成光学系统中。而超构表面的厚度远小于光的工作波长, 其构建的物理思想是在平面内引入亚波长结构阵列, 获得沿着面内在波长尺度上具有陡峭的相位移动, 从而实现对波前的调控效能, 甚至可以使得波沿着任意方向传播。

如何实现在波长尺度上可以产生陡峭相位变化的超构表面? 目前报道的方案之一是采用亚波长尺度的光学共振结构, 并使这些人工"原子"按照一定方式组成阵列来实现。共振结构有一重要特点, 即当入射光波长调谐到结构的共振波长附近时, 共振结构中会产生含时变化的共振电流 (位移电流或传导电流), 从而形成很强的散射场, 并且与入射场的相位相比, 散射场 (相当于子波) 的相位在跨过共振波长附近时会发生显著变化。因此, 通过逐步改变共振结构的几何形貌或尺寸, 并将它们在二维面上按照一定的阵列排布 (因而子波相位的变化分布不是理想的连续改变, 而是一系列分列值) 就可以形成超构表面。光学共振结构可以采用某种形状的介质颗粒, 或者反结构 (空气腔), 或者采用特定形状的金属纳米结构。

与球形金纳米颗粒一样, 金纳米棒支持等离激元共振模式, 从而对入射光形成强烈的散射, 并且在当入射光 (偏振沿棒轴线) 调谐到金纳米棒 (棒长 h_0) 的共振波长 ($h_0 = \lambda_{\text{res}}/2$) 附近时, 改变棒长会引起散射场的相位产生幅度接近 $\sim \pi$ 的相位移动, 如图 5–22(A) 所示。

---

[9] N. Yu *et al.*, *Light Propagation with Phase Discontinuities: Generalized Laws of Relfection and Refraction*, Science **334**, 333 (2011).

　　F. Capasso 等采用亚波长 V 形金纳米棒来构造具有陡峭相位梯度的超构表面, 并从实验上验证了上述推广的 Snell 折射定律和推广的反射定律 [9]。数值模拟表明, 当入射光偏振沿着和垂直于 V 形棒的角平分线 (标记为对称轴 $\hat{s}$) 时, 会分别激发对称模和反对称等离激元模, 对应于 V 形棒双臂上的电流呈现对称和反对称分布, 如图 5-22(B) 所示 [图 5-22(C) 为图 5-22(B) 中 V 形棒的镜像结构的相应结果]。对称模式类似单臂纳米线 ($h = \lambda_{res}/2$), 反对称模式的共振波长则满足 $2h = \lambda_{res}/2$。采用 V 形共振结构的优点在于, 一方面可以提供比直线纳米棒更强的散射振幅, 另一方面通过改变臂长 (h) 和张角 (Δ) 还能调控散射场的振幅、相位乃至偏振。

　　F. Capasso 等展示了 4 种不同的 V 形金纳米结构 (从直纳米棒, 到钝角, 再到锐角的 V 形金纳米棒), 如图 5-22(D) 所示。它们的特征是散射强度相近 [图 5-22 (D)], 并且其散射场 (电流) 的相位依次按 $\pi/4$ 幅度递增 [图 5-22(E)]; 再通过 4 种 V 形金纳米结构的镜像结构的接续排布, 实现了从 0 到 2π 范围的相位移动。

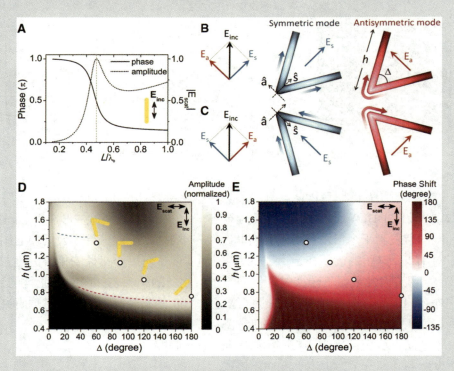

图 5-22　摘自文献 [9], 经 AAAS 许可转载。

　　上述超构表面的实验样品的扫描电子显微镜照片如图 5-23(A) 所示, 可以看到这些人工"原子"是亚波长结构, 相互之间间距远小于工作波长, 从而可避免光栅衍射效应的出现。由于这里超构表面所提供的相位分布是分列的值, 因此光经过界面后仍然会存在通常介质分界面上的反射和折射现象。引入具有陡峭相位梯度的超构表面后, 两束折射波的折射角随入射角的改变而变化的测量结果如

图 5–23(B) 所示。可以看到, 两个折射角分别对应于 Snell 折射定律和推广的 Snell 折射定律, 并且实验结果与理论结果吻合。特别指出的是, 引入具有陡峭相位梯度超构表面后出现了反常折射现象(图中的阴影区域), 在这里折射角与入射角异号, 即折射波出现在入射波的同侧。此外, 超构表面所引起的反射测量结果 [图 5–23(C) 所示] 亦符合推广的反射定律。

需要注意到, 上述超构表面的设计由于是基于非相互作用的人工 "原子" 的组装, 因此单元之间的距离既不能过远, 也不能过近。间距过大会导致出现光栅衍射效应, 而间距过小又会导致单元之间的近场耦合, 从而影响到作为独立个体的散射特性。其次, 理论上可以缩小人工 "原子" 之间的相位差形成准连续的相位梯度分布, 这需要引入更多的共振单元, 进一步缩小共振结构的尺寸对制备技术也会带来很大的挑战。在上述工作之后, 科学家很快就采用介质材料设计并制备出基于超构表面的平面型透镜 (简称超构透镜), 成功实现了可见光区的光束聚焦功能 [10]。可以说, 超构表面的实现不但为波前调控提供了新思路, 更为各类新型光学器件的设计、器件微型化与集成化带来了新机遇。

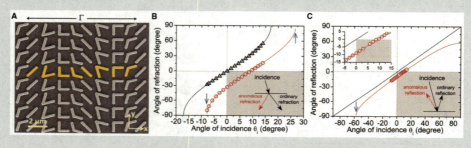

图 5–23   摘自文献 [9], 经 AAAS 许可转载。

本书作者所在的研究团队与其他团队合作, 将超构透镜阵列 [11] 与 β 相–偏硼酸钡 (简称 BBO) 非线性光学晶体组合在一起, 在 BBO 晶体中形成焦点阵列, 从而同时激发若干个自发参量下转换非线性光学过程, 成功获得了大规模的纠缠光子对 [12]。这里的创新在于, 通过超构透镜实现了对每个路径的相位进行独立编码, 并通过自发参量下转换过程传递给了所制备的纠缠态。作为验证, 实验制备出 10 × 10 的超构透镜阵列, 获得了维度为 100 的路径纠缠光子。这项研究成果为扩展纠缠光子维度提供了一条可选路径。

上述研究成果都表明, 基于超构表面的波前调控这一新技术在集成光学、量子光学中有着巨大的发展潜力和应用价值。

[10]   D. Lin, P. Fan, E. Hasman, and M. L. Brongersma, *Dielectric Gradient Metasurface Optical Elements*, Science **345**, 298 (2014).

[11]   S. Wang *et al.*, *A Broadband Achromatic Metalens in the Visible*, Nat. Nanotechnol. **13**, 227 (2018).

[12]   L. Li. *et al.*, *Metalens-array-based High-dimensional and Multiphoton Quantum Source*, Science **368**, 1487 (2020).

5.3 电磁波在多层介质膜中的传播

上一节中讨论的电磁波入射到两种半无限大均匀介质分界面上所产生的反射与折射, 是在单一界面上发生的现象。如果在两种半无限大均匀介质平行的表面之间引入第三种均匀介质, 或者是形成多层介质膜, 则会发生电磁波在双界面或多界面之间的反射与折射。生活中常见的漂浮在水面上的油膜, 光学系统中的一些光学元器件表面被蒸镀一层均匀介质膜, 以及电磁波在周期性多层介质膜中的传播都属于这一类情况。由于多界面之间存在电磁波干涉, 因而会产生一些新的反射、透射现象。

5.3.1 单层介质膜透射及增透现象

为简单起见, 这里先讨论单色平面波垂直入射到一介质膜上的情况。如图 $5-24$ 所示, 假设入射区处于 $-\infty < z < 0$, 折射率为 n_1, 波阻抗为 Z_1, 在这一区域既存在入射波, 也存在反射波, 分别表示为

$$\vec{E}_I = E_{I0}\mathrm{e}^{\mathrm{i}(k_1 z - \omega t)}\vec{e}_x, \quad \vec{E}_R = E_{R0}\mathrm{e}^{\mathrm{i}(-k_1 z - \omega t)}\vec{e}_x. \tag{5.3.1}$$

这里需要注意的是, E_{I0}、E_{R0} 分别表示在 $z = 0$ 面的左侧入射波和反射波的振幅。中间介质层 $(0 \leqslant z \leqslant d)$ 的折射率为 n_2, 波阻抗为 Z_2, 介质层厚度为 d, 在这一有限区域内存在前向传播和反向传播的两束波, 分别表示为

$$\vec{E}_+ = E_{+0}\mathrm{e}^{\mathrm{i}[k_2(z-d)-\omega t]}\vec{e}_x, \quad \vec{E}_- = E_{-0}\mathrm{e}^{\mathrm{i}[-k_2(z-d)-\omega t]}\vec{e}_x. \tag{5.3.2}$$

而这里的 E_{+0}、E_{-0} 分别表示在 $z = d$ 分界面左侧 (处于中间介质) 两束波的振幅。

透射区亦为半无限大 $(d < z < \infty)$, 其折射率为 n_3, 波阻抗为 Z_3, 在透射区只存在透射波, 即

$$\vec{E}_T = E_{T0}\mathrm{e}^{\mathrm{i}[k_3(z-d)-\omega t]}\vec{e}_x. \tag{5.3.3}$$

这里 E_{T0} 表示在 $z = d$ 分界面右侧透射波的振幅。

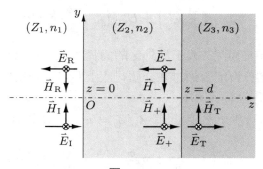

图 $5-24$

考虑到在介质分界面处电场和磁场强度的切向分量连续, 在 $z = 0$ 分界面处, 有如下的边值关系:

$$\begin{cases} E_{\text{I0}} + E_{\text{R0}} = E_{+0}\mathrm{e}^{-\mathrm{i}k_2 d} + E_{-0}\mathrm{e}^{+\mathrm{i}k_2 d}, \\ \dfrac{1}{Z_1}\left(E_{\text{I0}} - E_{\text{R0}}\right) = \dfrac{1}{Z_2}\left(E_{+0}\mathrm{e}^{-\mathrm{i}k_2 d} - E_{-0}\mathrm{e}^{+\mathrm{i}k_2 d}\right). \end{cases} \tag{5.3.4}$$

定义

$$\phi_2 = k_2 d = n_2 d k_0 = n_2 d \frac{\omega}{c}. \tag{5.3.5}$$

这里 ϕ_2 是电磁波穿过中间介质层所积累的相位。根据 (5.3.4) 式, 可得到电磁波在进入中间介质层之前两束波 $(E_{\text{I0}}, E_{\text{R0}})$ 与离开中间介质层之前两束波 (E_{+0}, E_{-0}) 的振幅关系为

$$\begin{pmatrix} E_{\text{I0}} \\ E_{\text{R0}} \end{pmatrix} = \begin{pmatrix} \dfrac{1}{2}\left(1 + \dfrac{Z_1}{Z_2}\right)\mathrm{e}^{-\mathrm{i}\phi_2} & \dfrac{1}{2}\left(1 - \dfrac{Z_1}{Z_2}\right)\mathrm{e}^{+\mathrm{i}\phi_2} \\ \dfrac{1}{2}\left(1 - \dfrac{Z_1}{Z_2}\right)\mathrm{e}^{-\mathrm{i}\phi_2} & \dfrac{1}{2}\left(1 + \dfrac{Z_1}{Z_2}\right)\mathrm{e}^{+\mathrm{i}\phi_2} \end{pmatrix} \begin{pmatrix} E_{+0} \\ E_{-0} \end{pmatrix}. \tag{5.3.6}$$

另一方面, 在出射端 $z = d$ 分界面上, 有如下的边值关系:

$$\begin{cases} E_{+0} + E_{-0} = E_{\text{T0}}, \\ \dfrac{1}{Z_2}\left(E_{+0} - E_{-0}\right) = \dfrac{1}{Z_3}E_{\text{T0}}. \end{cases} \tag{5.3.7}$$

联立求得

$$\begin{cases} E_{+0} = \dfrac{1}{2}\left(1 + \dfrac{Z_2}{Z_3}\right)E_{\text{T0}}, \\ E_{-0} = \dfrac{1}{2}\left(1 - \dfrac{Z_2}{Z_3}\right)E_{\text{T0}}. \end{cases} \tag{5.3.8}$$

从 (5.3.7) 式, 还可以看出 (E_{+0}, E_{-0}) 之间存在如下约束关系:

$$E_{+0}\left(1 - \frac{Z_3}{Z_2}\right) + E_{-0}\left(1 + \frac{Z_3}{Z_2}\right) = 0. \tag{5.3.9}$$

现在来具体讨论在可见光及近红外区的情况。在这一光谱区中, 自然界的介质都是无磁性的, 我们分析能否通过在介质衬底上覆盖一介质层从而达到可见光及近红外区的增透效果 $(E_{\text{R0}} = 0)$。

首先, 由于是非磁性介质, 因此有 $Z_i/Z_j = n_j/n_i$, (5.3.9) 式因此可改写为

$$E_{+0}\left(1 - \frac{n_2}{n_3}\right) + E_{-0}\left(1 + \frac{n_2}{n_3}\right) = 0. \tag{5.3.10}$$

同时根据 $E_{\text{R0}} = 0$ 这一要求, 由 (5.3.6) 式得

$$E_{+0}\left(1 - \frac{n_2}{n_1}\right)\mathrm{e}^{-\mathrm{i}\phi_2} + E_{-0}\left(1 + \frac{n_2}{n_1}\right)\mathrm{e}^{+\mathrm{i}\phi_2} = 0. \tag{5.3.11}$$

为了保证 (E_{+0}, E_{-0}) 存在非零解, 则根据 (5.3.10) 式和 (5.3.11) 式, 须满足如下条件:

$$
\begin{vmatrix}
1 - \dfrac{n_2}{n_3} & 1 + \dfrac{n_2}{n_3} \\[2mm]
\left(1 - \dfrac{n_2}{n_1}\right)\mathrm{e}^{-\mathrm{i}\phi_2} & \left(1 + \dfrac{n_2}{n_1}\right)\mathrm{e}^{\mathrm{i}\phi_2}
\end{vmatrix} = 0.
\tag{5.3.12}
$$

上式给出两个关系式:

$$
\begin{cases}
n_1 \cos\phi_2 = n_3 \cos\phi_2, \\[2mm]
n_2^2 \sin\phi_2 = n_1 n_3 \sin\phi_2.
\end{cases}
\tag{5.3.13}
$$

我们分两种情形来讨论上述方程组的解, 一是 $n_1 \neq n_3$ 的情形, 二是 $n_1 = n_3$ 的情形。

先来讨论 $n_1 \neq n_3$ 的情形。可以看出, 要实现 $E_{\mathrm{R}0} = 0$, 即达到完全透射, (5.3.13) 式必然要求有

$$
\begin{cases}
\phi_2 = k_2 d = \dfrac{1}{2}\left(2m + 1\right)\pi \quad (m = 0, 1, 2, \cdots), \\[2mm]
n_2 = \sqrt{n_1 n_3}.
\end{cases}
\tag{5.3.14}
$$

因此若要形成光的抗反射效果, 则需同时满足两个条件:

$$
\begin{cases}
n_2 d = \dfrac{1}{4}(2m + 1)\lambda_0 \quad (m = 0, 1, 2, \cdots), \\[2mm]
n_2 = \sqrt{n_1 n_3}.
\end{cases}
\tag{5.3.15}
$$

可以看出在满足 $n_2 = \sqrt{n_1 n_3}$ 的前提下, 具有光的抗反射效果的最薄覆盖层为 $1/4$ 波长的薄片 (即 $m = 0$)。在物理上也容易理解为何在上述条件下能产生无反射效果。首先, 根据 (5.2.31) 式, 上式中第二项条件导致两个界面上的反射系数相同, 由于垂直入射时透射率较高, 这就保证了两束光的振幅接近相同。其次, (5.3.15) 式的第一项条件会使得从第二个界面反射回来的反射光到达第一个界面处时所经历的相位为

$$
2\phi_2 = 2k_2 d = 4\pi n_2 \frac{d}{\lambda_0} = (2m + 1)\pi.
\tag{5.3.16}
$$

在 $n_1 < n_2 < n_3$ 或 $n_1 > n_2 > n_3$ 情况下, 两束反射光都会发生半波损失, 因此相遇时的相位差就由 (5.3.16) 式决定, 从而发生干涉相消, 达到抗反射的增透效果。

以玻璃为例, 其在可见光波段折射率 $n_{\mathrm{g}} \approx 1.5$。假设光从空气垂直入射到玻璃表面, 根据 (5.2.31) 式, 玻璃表面的反射率为 $R \approx 4\%$。虽然经过一次界面反射导致的能量损失只有 4%, 但是一般的光学系统会有多个介质光学元器件, 消除或降低介质表面的光反射就显得非常重要。要获得理想的无反射效果, 除了要控制覆盖层的厚度, 在自然界要找到折射率严格满足 $n_{\mathrm{best}} = \sqrt{n_{\mathrm{g}}} = 1.24$ 的透明介质几乎是不可能的, 不过可以选取折射率尽量接近这一数值的介质。理论上可以证明, 无论

覆盖层的厚度是多少, 只要覆盖一层折射率小于衬底折射率的介质就会降低衬底表面的反射率。需要说明的是, 这里只是讨论针对单一波长的增透效果, 如果要对宽光谱比如整个可见光区达到更低的反射效果, 则需要依赖更为复杂的多层膜增透设计方案。

5.3.2　法布里−珀罗 (Fabry−Pérot) 共振腔

若是 $n_1 = n_3$ 的情形, 意味着这种膜 (也可以是空气层) 两侧背景介质相同的情形。从 (5.3.13) 式可以看出, 当满足 $\phi_2 = m\pi$ 时 (m 取整数), 光穿过介质膜层的透射率也会达到 100%, 因此这里具有完全透射的相位条件表示为

$$\phi_2 = k_2 d = m\pi, \quad k_2 = k_{2,m} = \frac{m\pi}{d} \quad (m = 1, 2, 3, \cdots). \tag{5.3.17}$$

可见, 在膜的背景介质折射率对称的情形下, 只有当膜中的波数 k_2 取分列数值时才产生完全透射效应。

若入射光波长 λ_0 固定, 改变的是膜的厚度, 则由上式得

$$d = d_m = \frac{m\lambda_0}{2n_2} \quad (m = 1, 2, 3, \cdots). \tag{5.3.18}$$

故当膜厚度改变正好是介质内半波长的整数倍时会形成完全透射效应。与前面 $n_1 \neq n_3$ 的情形不同, 这里完全透射条件与膜的背景 (相同) 介质的折射率无关。

有趣的是如何利用条件 (5.3.17) 式来产生窄频带的透射效应, 称之为共振透射效应。在 $n_1 = n_3$ 的情形下, 易写出薄膜透射率的表达式。根据 $n_1 = n_3$, (5.3.6) 式可改写为

$$\begin{pmatrix} E_{I0} \\ E_{R0} \end{pmatrix} = \begin{pmatrix} \frac{1}{2}\left(1 + \frac{n_2}{n_1}\right)e^{-i\phi_2} & \frac{1}{2}\left(1 - \frac{n_2}{n_1}\right)e^{+i\phi_2} \\ \frac{1}{2}\left(1 - \frac{n_2}{n_1}\right)e^{-i\phi_2} & \frac{1}{2}\left(1 + \frac{n_2}{n_1}\right)e^{+i\phi_2} \end{pmatrix} \begin{pmatrix} E_{+0} \\ E_{-0} \end{pmatrix}. \tag{5.3.19}$$

同时, (5.3.8) 式改写为

$$E_{+0} = \frac{1}{2}\left(1 + \frac{n_1}{n_2}\right)E_{T0}, \quad E_{-0} = \frac{1}{2}\left(1 - \frac{n_1}{n_2}\right)E_{T0}. \tag{5.3.20}$$

引入并定义参数 $\mathcal{R}$:

$$\mathcal{R} = \frac{(n_1 - n_2)^2}{(n_1 + n_2)^2}. \tag{5.3.21}$$

则 $1 - \mathcal{R} = 4n_1 n_2/(n_1 + n_2)^2$。根据前面的讨论结果 (5.2.31) 式, $\mathcal{R}$ 就是光垂直入射到两个半无限大的介质 (n_1/n_2) 分界面上的反射系数。联立 (5.3.19) 式与 (5.3.20) 式, 得介质膜的透射率为

$$\left|\frac{E_{T0}}{E_{I0}}\right|^2 = \left[1 + \frac{4\mathcal{R}}{(1 - \mathcal{R})^2}\sin^2\phi_2\right]^{-1}. \tag{5.3.22}$$

图 5-25 展示了 $\mathcal{R}$ 取不同值时, 这种上、下背景相同的介质膜的透射率 $|E_{T0}/E_{I0}|^2$ 与光经过介质膜所累积的相位 $\phi_2 = k_2 d$ 之间的关系。从图 5-25 中可以看出, 当 n_1 与 n_2 差距很大导致 $\mathcal{R} \to 1$ 时, 一旦 ϕ_2 或者 λ 偏离了完全透射条件 (5.3.17) 式, 则介质膜的透射率会从 100% 透射急剧下降, 从而形成选择性的共振透射, 因此 (5.3.17) 式又称为共振透射条件。在 $\mathcal{R} \to 1$ 这种情况下, 如果改变两块介质板之间的空气间隙长度, 就可以对入射光谱进行选择性分析。这种由两块表面平行、中间空隙宽度为半波长的整数倍的介质片组成的共振腔是最简单的光学共振腔, 称之为 Fabry-Pérot 共振腔, 是 1897 年由法国物理学家夏尔·法布里 (Charles Fabry, 1867 — 1945) 和其同事也是法国物理学家的阿尔弗雷德·珀罗 (Alfred Pérot, 1863 — 1925) 提出的。

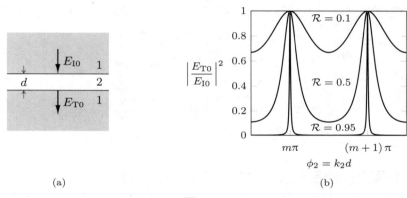

(a)   (b)

图 5-25

在可见光区折射率较高的透明介质 Al_2O_3 的折射率 $n < 1.8$, 而在近红外区折射率较高的透明介质 Ge 的折射率 $n < 4.05$, 因此试图采用介质片形成高品质的共振腔 (达到 $\mathcal{R} \to 1$ 条件) 几乎是不可能的。另一方面, 采用金属膜做成的镜子对于光具有很高的反射效率, 因此实际应用中的 F-P 共振腔一般是由两块相同的镜子平行放置 (中间间隔为 d) 所组成, 称之为 F-P 标准具。假设每个镜子的光反射率为 $\mathcal{R}$ (经过镜子之后的光透射率为 $1 - \mathcal{R}$), 在光垂直入射下, 两个平行放置的镜子之间同样存在前向和反向传播的波, 分别用 E_{+0}、E_{-0} 表示其电场。定义出射光与入射光的电场强度之比为 $t = E_{T0}/E_{I0}$, 则标准具的透射波和腔内波的光强度分别表示为

$$I_T = |t|^2 I_I, \quad I_T = (1 - \mathcal{R}) I_+, \quad I_- = \mathcal{R} I_+. \qquad (5.3.23)$$

式中 I_I 为入射光强度, 联立求得两镜子之间前向和反向传播的波的光强度为

$$I_+ = \frac{|t|^2}{(1 - \mathcal{R})} I_I, \quad I_- = \frac{|t|^2 \mathcal{R}}{(1 - \mathcal{R})} I_I. \qquad (5.3.24)$$

可见, 若镜子的反射率 $\mathcal{R} = 0.99$, 当镜子间距满足共振透射条件 $d = m\lambda_0/2$ 时 ($|t|^2 = 1$), 则腔内的光强比入射光强高 100 倍。根据 (5.3.17) 式, F-P 标准具的共振透射频率 f_m 以及相邻透射峰之间的频率范围 Δf 分别为

$$f_m = m \frac{c}{2d}, \quad \Delta f = \frac{c}{2d}. \qquad (5.3.25)$$

因此当入射光信号的频谱宽度小于 $c/2d$ 时, 通过改变 F-P 标准具的镜子间距 d, 同时测量透过标准具的出射光信号, 就能复制出入射光信号的光谱特征。

> **思考题 5.2**   上面主要是针对光垂直入射到单层介质膜产生的共振透射效应的分析。我们知道, 虽然光从高折射率斜入射到低折射率介质界面时会发生全反射, 但若在高折射率介质之间引入低折射率介质膜, 且膜足够薄, 也可产生透射效应。如图 5–26 所示, 假设在两个相同高折射率的棱镜之间引入一低折射率的薄膜, 膜厚为 t, 膜折射率为 n_f, 棱镜折射率为 n_p。假设入射角满足全反射条件 $n_\mathrm{p} \sin\theta > n_\mathrm{f}$。虽然分析起来有一定的复杂性, 有兴趣的读者可尝试: (1) 推导出体系反射率表达式; (2) 假设棱镜折射率为 $n_\mathrm{p} = 1.72$, 中间为空气层 $n_\mathrm{f} = 1$, 入射角度为 $45°$, 画出体系的反射率与膜厚度 (以入射光波长为单位) 之间的关系曲线, 并验证当光以大于临界角入射且中间空气层足够薄时可产生光透射效应。
>
>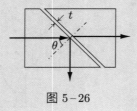
>
> 图 5–26

5.3.3   多层介质膜反射及布拉格 (Bragg) 反射

现在来讨论由不同折射率透明介质所构成的一维多层介质膜体系的反射特性。实际中应用最广泛的多层介质膜是由两种高、低折射率材料构成的一维周期性介质体系。我们将会看到, 一维周期性多层介质膜能对一定光谱带宽的电磁波产生近 100% 的反射率。

为简单起见, 这里的讨论仍限于垂直入射情形, 斜入射的情形在数学上可以做类似的讨论。在计算多层介质膜体系的透射 (反射) 光谱之前, 先针对单层介质膜体系, 分析刚进入膜之前和刚离开膜之后的电磁场之间的关系, 这一关系的建立可以方便后面分析处理多层介质膜体系的透射 (反射) 特性。

从图 5–24 可以看出, 刚进入单层介质膜之前的电磁场可表示为

$$\begin{cases} E_1 = E_{\mathrm{I0}} + E_{\mathrm{R0}}, \\ H_1 = H_{\mathrm{I0}} - H_{\mathrm{R0}}. \end{cases} \tag{5.3.26}$$

而刚离开介质膜之后的电磁场为

$$\begin{cases} E_3 = E_{\mathrm{T0}}, \\ H_3 = H_{\mathrm{T0}}. \end{cases} \tag{5.3.27}$$

根据 (5.3.4) 式和 (5.3.8) 式, 稍做推导即可得到如下变换关系:

$$\begin{pmatrix} E_1 \\ H_1 \end{pmatrix} = \begin{pmatrix} \cos(k_2 d) & -\mathrm{i} Z_2 \sin(k_2 d) \\ -\dfrac{\mathrm{i}}{Z_2} \sin(k_2 d) & \cos(k_2 d) \end{pmatrix} \begin{pmatrix} E_3 \\ H_3 \end{pmatrix}. \tag{5.3.28}$$

从上式可见, 电磁波从第一种半无限大介质入射, 到穿过中间介质层, 再到出射进入第三种半无限大介质, 相当于对介质层在两外侧表面的电磁场做一矩阵变换。因此我们连续采用上述变换即得到多层介质膜体系的入射场与透射场之间的关系。

假设入射区和透射区均为半无限大介质区域, 分别对应于 $j = 1$ 和 $j = N$ 区域, 中间为若干界面平行的介质层, 根据 (5.3.28) 式, 则入射和出射电磁场之间存在如下变换:

$$\begin{pmatrix} E_1 \\ H_1 \end{pmatrix} = \prod_{j=2}^{N-1} \boldsymbol{M}_j \begin{pmatrix} E_N \\ H_N \end{pmatrix}. \tag{5.3.29}$$

其中矩阵 $\boldsymbol{M}_j$ 表示为

$$\boldsymbol{M}_j = \begin{pmatrix} \cos \phi_j & -\mathrm{i} Z_j \sin \phi_j \\ -\dfrac{\mathrm{i}}{Z_j} \sin \phi_j & \cos \phi_j \end{pmatrix}. \tag{5.3.30}$$

这里 Z_j 为第 j 层介质的波阻抗, $\phi_j = k_j d_j = n_j d_j k_0$ 为电磁波垂直穿过该层 (厚度为 d_j、折射率为 n_j) 所累积的相位。

为了计算体系的反射率, 取 $E_{\mathrm{I}0} = 1$, $H_{\mathrm{I}0} = Z_1^{-1}$, 并定义表征多层介质膜体系光反射和透射特性的两个参数为

$$r = \frac{E_{\mathrm{R}0}}{E_{\mathrm{I}0}}, \quad t = \frac{E_{\mathrm{T}0}}{E_{\mathrm{I}0}}. \tag{5.3.31}$$

则有

$$\begin{cases} E_1 = 1 + r, & H_1 = \dfrac{1 - r}{Z_1}, \\ E_N = t, & H_N = \dfrac{t}{Z_N}. \end{cases} \tag{5.3.32}$$

这样可以得到与 r 和 t 相关的两个关系式:

$$\begin{pmatrix} 1 + r \\ (1 - r) Z_1^{-1} \end{pmatrix} = \prod_{j=2}^{N-1} \boldsymbol{M}_j \begin{pmatrix} t \\ t Z_N^{-1} \end{pmatrix}. \tag{5.3.33}$$

常见的多层膜体系是由两种不同折射率的介质组成的双层结构周期性迭代排列而成的, 如图 5-27 所示, 假设双层单元的周期数为 L, a 和 b 介质的折射率、波阻抗、厚度分别为 n_a 和 n_b、Z_a 和 Z_b、d_a 和 d_b, 则出射电磁场与入射电磁场之间有如下变换关系:

$$\begin{pmatrix} E_1 \\ H_1 \end{pmatrix} = \begin{pmatrix} M_{11} & M_{12} \\ M_{21} & M_{22} \end{pmatrix}^L \begin{pmatrix} E_N \\ H_N \end{pmatrix}. \tag{5.3.34}$$

这里引入类似的定义:

$$\phi_a = k_a d_a = n_a d_a k_0, \quad \phi_b = k_b d_b = n_b d_b k_0. \tag{5.3.35}$$

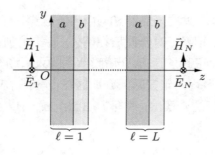

图 5-27

(5.3.34) 式中 2×2 矩阵中的系数 M_{ij} 表示为

$$
\begin{cases}
M_{11} = \cos\phi_a \cos\phi_b - \dfrac{Z_a}{Z_b} \sin\phi_a \sin\phi_b, \\[2mm]
M_{12} = -\mathrm{i}\left(Z_b \cos\phi_a \sin\phi_b + Z_a \sin\phi_a \cos\phi_b\right), \\[2mm]
M_{21} = -\mathrm{i}\left(\dfrac{1}{Z_a}\sin\phi_a \cos\phi_b + \dfrac{1}{Z_b}\cos\phi_a \sin\phi_b\right), \\[2mm]
M_{22} = \cos\phi_a \cos\phi_b - \dfrac{Z_b}{Z_a} \sin\phi_a \sin\phi_b.
\end{cases}
\tag{5.3.36}
$$

假设在周期性双层介质结构设计时, 使其满足 $n_a d_a = n_b d_b$, 即 $\phi_a = \phi_b = \phi$, 在这一情况下 (5.3.34) 式简化为

$$
\begin{pmatrix} E_1 \\ H_1 \end{pmatrix} =
\begin{pmatrix}
\cos^2\phi - \dfrac{Z_a}{Z_b}\sin^2\phi & -\mathrm{i}\left(Z_a + Z_b\right)\sin\phi\cos\phi \\[3mm]
-\mathrm{i}\left(\dfrac{1}{Z_a} + \dfrac{1}{Z_b}\right)\sin\phi\cos\phi & \cos^2\phi - \dfrac{Z_b}{Z_a}\sin^2\phi
\end{pmatrix}^{L}
\begin{pmatrix} E_N \\ H_N \end{pmatrix}.
\tag{5.3.37}
$$

一个重要的结果就是, 一旦入射波的波数 k_0 的改变使 $\phi_a\,(\phi_b)$ 满足

$$
\phi_a = \phi_b = \phi = \frac{(2m+1)}{2}\pi \quad (m = 0, 1, 2, \cdots).
\tag{5.3.38}
$$

即此时电磁波穿过每个双层单元所累积的相位 2ϕ 正好是 π 的奇数倍, 则 (5.3.37) 式中 2×2 矩阵将对角化, 并得到如下两个关系式:

$$
\begin{cases}
1 + r = \left(-\dfrac{Z_a}{Z_b}\right)^{L} t, \\[3mm]
1 - r = \left(-\dfrac{Z_b}{Z_a}\right)^{L}\left(\dfrac{Z_1}{Z_N}\right) t.
\end{cases}
\tag{5.3.39}
$$

若在入射和出射区介质相同 ($Z_1 = Z_N$, $n_1 = n_N$), 上式再简化为

$$
\begin{cases}
1 + r = t\left(-\dfrac{Z_a}{Z_b}\right)^{L}, \\[3mm]
1 - r = t\left(-\dfrac{Z_b}{Z_a}\right)^{L}.
\end{cases}
\tag{5.3.40}
$$

从上式可以看出, 若两种层状介质的波阻抗相同 $(Z_a = Z_b)$, 则由其所构成的周期性多层膜在垂直入射时对于频率满足条件 (5.3.38) 式的电磁波无反射 (斜入射时不一定如此), 这种效果类似于两种半无限大的介质的情形, 并且这里的完全透射还与周期 $\Lambda = d_a + d_b$ 无关, 因而对任意的频率都是允许的。

若两种介质都是非磁性介质 $\mu_a = \mu_b = \mu_0$, 因而有 $Z_a/Z_b = n_b/n_a$, 一并代入 (5.3.40) 式, 得

$$r = \frac{E_{\mathrm{R0}}}{E_{\mathrm{I0}}} = \frac{\left(\dfrac{n_b}{n_a}\right)^L - \left(\dfrac{n_b}{n_a}\right)^{-L}}{\left(\dfrac{n_b}{n_a}\right)^L + \left(\dfrac{n_b}{n_a}\right)^{-L}}. \tag{5.3.41}$$

由于 $n_a \neq n_b$, 故随着周期数 L 的增加, 在 $L \gg 1$ 时, $R = |r|^2$ 便已接近 1, 从而对波长 (频率) 满足条件 (5.3.38) 式的光可产生极高的反射率。例如, 假设所选择的两种透明介质的折射率分别是 $n_> = 2.5$, $n_< = 1.5$, 结构周期数 $L = 10$, 在结构参量和入射波频率 (波长) 严格满足条件 (5.3.38) 式的情况下, 体系的反射率可达

$$R = |r|^2 = \left|\frac{E_{\mathrm{R0}}}{E_{\mathrm{I0}}}\right|^2 \approx 1 - 2\left(\frac{n_<}{n_>}\right)^{2L} = 99.99\%. \tag{5.3.42}$$

因此采用双层堆叠单元通过周期性排列达到一定的周期数, 就可以对特定的中心波长及其附近光谱区域的电磁波产生几乎 100% 的反射。

注意到, 当选择 $m = 0$ 时, (5.3.38) 式变成如下形式:

$$k_a d_a = k_b d_b = \frac{\pi}{2} \quad \text{或者} \quad n_a d_a = n_b d_b = \frac{\lambda_{\mathrm{gap}(m=0)}}{4}. \tag{5.3.43}$$

即对应于周期性结构单元中的每层都是 1/4 波片, 而一个周期所对应的是 1/2 波片。由于波经过一个周期所累积的相位是 π, 其来自相邻周期的反射将会同相且干涉相长, 从而产生反射的叠加效应。这里还看到, 要在 $\lambda_{\mathrm{gap}(m=0)}$ 及其附近产生高反射率, 周期结构单元中双层介质的厚度都需与波长 $\lambda_{\mathrm{gap}(m=0)}$ 在同一个数量级上, 这一点对设计和获得在可见或更短电磁波段具有高反射率的周期性多层膜结构时是必须考虑的因素。

图 5–28 展示了根据 (5.3.37) 式计算所得到的具有不同周期数 (L) 的周期性多层膜结构的反射率谱线。作为例子, 这里两种介质的折射率为 $n_> = 2.5$, $n_< = 1.5$, 体系所处背景介质折射率为 $n_1 = n_N = 1.0$, 并针对特定波长 $\lambda_{\mathrm{gap}(m=0)} = 1.5\ \mu\mathrm{m}$ 使得每层都为 1/4 波片, 即两种介质的厚度 $d_>$、$d_<$ 满足 (5.3.43) 式, 相应的周期为 $\Lambda = d_> + d_< = 4\lambda_{\mathrm{gap}(m=0)}/15$。从图中可见, 随着 L 的增加, 周期性多层膜结构在下列频率:

$$\frac{1}{\lambda_{\mathrm{gap}(m)}} = \frac{2m+1}{\lambda_{\mathrm{gap}(m=0)}}, \tag{5.3.44}$$

及其附近逐渐形成高反射率带, 并且这些高反射的光谱区域趋于稳定。这些数值计算结果与前面的分析是完全一致的。

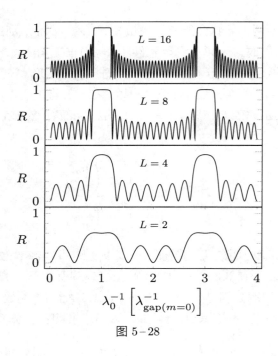

图 5-28

周期性介质结构所产生的高反射效应类似于晶体中的晶面系对 X 射线产生的 Bragg 衍射效应 (Sir William Henry Bragg, 1862—1942, 威廉·亨利·布拉格爵士, 英国物理学家, 因其在 X-射线分析晶体结构方面的贡献, 而与其子 Sir William Lawrence Bragg (1890—1971) 共同获得 1915 年诺贝尔物理学奖), 因此周期性双层介质结构又称为 Bragg 反射器。同时由于其需要依赖一定周期数, 故也称之为分布式 Bragg 反射器 (distributed Bragg reflector)。根据这一原理, 可以通过选取在相应波段的两种透明介质, 通过交替沉积生长并控制两种材料的沉积层厚, 实现中心波长处于近红外、可见光或者更短的 X 射线波段的 Bragg 反射器。借助先进材料生长技术精确控制每种介质生长的厚度, 从而制备出严格的周期性双层介质结构, 并实现极高反射率的 Bragg 反射器。例如, 采用交替生长非晶碳和铂形成的周期性多层膜, 可以做成 X 射线反射镜; 采用半导体 GaAs/AlAs 构成的周期性多层膜结构提供的高反射, 可实现制作近红外激光器所需的光学共振腔。

我们知道, 采用金属膜也可以实现对可见光的高反射效果。例如, 采用银膜做成的反射镜, 其反射率能达到 99%。由于在可见光波段金属存在一定的损耗 (将在 5.5.9 小节中讨论), 因此一旦在镜面发生光的多次反射, 则反射光的能量会急剧下降。其次, 被金属吸收的光能量会转化为 Joule 热 (后面 5.5.6 小节会具体讨论到), 对于高强度的激光而言, Joule 热会对镜子产生损伤。相比之下, 由于透明介质在可见光/近红外波段几乎没有光吸收损耗, 因此采用由透明介质构成的 Bragg 反射器制作反射镜能承受强激光的照射。

5.3.4   一维光子晶体相邻周期单元中的电磁场

上面我们看到, 对于 Bragg 反射器, 当结构的周期单元数足够大时, 其产生极高反射的频率范围将趋于固定, 这种现象表明这些频率的电磁波不允许在多周期双层介质结构中传播, 只好被反射回去。一般地, 我们把折射率沿着一个方向呈现周期性变化的介质结构 (物理上无限长) 称为一维光子晶体 (1D photonic crystal)。Bragg 反射器是一种具有有限周期数的特殊一维光子晶体, 其结构单元中的每层都是 1/4 波片。对于一维光子晶体而言, 其重要特征就是存在一定频率范围的电磁波被禁止在其中传播, 所对应的频率范围称为光子带隙 (photonic band gap)。光子晶体和光子带隙的取名均借用了固体物理中关于晶体、电子能带和带隙的概念。在物理图像上两者是完全类似的, 都是波 (粒子) 在周期性势场中运动所展示的现象。

在 5.1.3 小节中, 我们给出了在无限大均匀介质中传播电磁波的基本模式, 其波数与频率成线性关系, 并且振幅为一常量。对于无限长一维光子晶体, 自然会想到允许在其中传播的模式肯定不同于无限大的均匀介质, 那可传播的模式到底具有什么样的特征? 光子带隙位置、带隙宽度与光子晶体的结构矢量、介质的介电常数、磁导率、电磁波的传播方向以及偏振之间是何种依赖关系? 要回答这些问题, 首先需要来分析一维光子晶体中一个周期单元的电磁场与近邻单元中同一处的电磁场之间的关系。

设一维光子晶体周期为 Λ, 其周期单元是由两种介质层所组成的, 厚度分别为 d_a 和 d_b, $\Lambda = d_a + d_b$, 如图 5-29 所示。考虑到光子晶体的周期性结构, 则沿着与分界面垂直的方向 (z 轴) 介电常数和磁导率分布均满足

$$\varepsilon(z) = \varepsilon(z + \Lambda), \quad \mu(z) = \mu(z + \Lambda). \tag{5.3.45}$$

考虑到与 z 轴垂直的方向上体系是均匀的, 则在光子晶体中传播的电磁波的电场可以写成

$$\vec{E}(y, z, t) = \vec{E}(z)\, \mathrm{e}^{\mathrm{i}(k_y y - \omega t)}. \tag{5.3.46}$$

这里假设波在 yOz 面内传播, k_y 是波矢沿着 y 轴的分量, 考虑到波矢沿着分界面守恒, 因此波在传播过程中 k_y 始终保持不变。

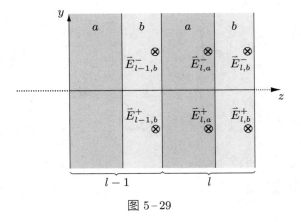

图 5-29

我们来考察第 $l-1$ 和第 l 个周期单元中电磁场的边值关系。需要注意的是, 这里定义的 $(E_{l,a}^+, E_{l,b}^+)$ 是指前向波到达各自分界面前的振幅, 而 $(E_{l,a}^-, E_{l,b}^-)$ 表示的是反向波离开各自分界面前的振幅。由于每层介质中既存在前向传播的波, 也存

在反向传播的波, 则第 l 个周期单元中的电磁波的电场可表示为

$$E\left(z\right) = E_{l,a}^{+}\mathrm{e}^{\mathrm{i}k_{az}[z-(l\Lambda-d_b)]} + E_{l,a}^{-}\mathrm{e}^{-\mathrm{i}k_{az}[z-(l\Lambda-d_b)]} \quad [(l-1)\,\Lambda < z < l\Lambda - d_b],$$
$$(5.3.47)$$

$$E\left(z\right) = E_{l,b}^{+}\mathrm{e}^{\mathrm{i}k_{bz}(z-l\Lambda)} + E_{l,b}^{-}\mathrm{e}^{-\mathrm{i}k_{bz}(z-l\Lambda)} \quad (l\Lambda - d_b < z < l\Lambda). \tag{5.3.48}$$

这里 k_{az}、k_{bz} 分别表示为

$$k_{az} = \sqrt{\left(\frac{n_a\omega}{c}\right)^2 - k_y^2}, \quad k_{bz} = \sqrt{\left(\frac{n_b\omega}{c}\right)^2 - k_y^2}. \tag{5.3.49}$$

注意当 $k_y \neq 0$ 时, 两种介质层中波矢的 z 分量 (以及它们的比值关系) 不同于前面讨论的沿着 z 轴方向传播的情形。在偏离 z 轴方向传播时, 需要针对两种偏振来分别讨论 (5.3.47) 式和 (5.3.48) 式中电场振幅之间的关系。

首先来讨论 s 偏振情形。对于 s 偏振, 电场都沿着 x 方向, 根据 Maxwell 方程 $\nabla \times \vec{E} = -\partial\vec{B}/\partial t$, 有

$$H_y = \frac{1}{\mathrm{i}\omega\mu}\frac{\partial E_x}{\partial z}. \tag{5.3.50}$$

因此在 $z = (l-1)\,\Lambda$ 界面处, 运用电场和磁场强度切向分量连续的边值关系, 得

$$\begin{cases} E_{l-1,b}^{+} + E_{l-1,b}^{-} = E_{l,a}^{+}\mathrm{e}^{-\mathrm{i}k_{az}d_a} + E_{l,a}^{-}\mathrm{e}^{+\mathrm{i}k_{az}d_a}, \\ \dfrac{k_{bz}}{\mu_b}\left(E_{l-1,b}^{+} - E_{l-1,b}^{-}\right) = \dfrac{k_{az}}{\mu_a}\left(E_{l,a}^{+}\mathrm{e}^{-\mathrm{i}k_{az}d_a} - E_{l,a}^{-}\mathrm{e}^{+\mathrm{i}k_{az}d_a}\right). \end{cases} \tag{5.3.51}$$

在 $z = l\Lambda - d_b$ 界面处, 类似地运用电磁场边值关系, 得

$$\begin{cases} E_{l,a}^{+} + E_{l,a}^{-} = E_{l,b}^{+}\mathrm{e}^{-\mathrm{i}k_{bz}d_b} + E_{l,b}^{-}\mathrm{e}^{+\mathrm{i}k_{bz}d_b}, \\ \dfrac{k_{az}}{\mu_a}\left(E_{l,a}^{+} - E_{l,a}^{-}\right) = \dfrac{k_{bz}}{\mu_b}\left(E_{l,b}^{+}\mathrm{e}^{-\mathrm{i}k_{bz}d_b} - E_{l,b}^{-}\mathrm{e}^{+\mathrm{i}k_{bz}d_b}\right). \end{cases} \tag{5.3.52}$$

将上述四个方程改写成矩阵形式:

$$\begin{pmatrix} 1 & 1 \\ \dfrac{k_{bz}}{\mu_b} & -\dfrac{k_{bz}}{\mu_b} \end{pmatrix}\begin{pmatrix} E_{l-1,b}^{+} \\ E_{l-1,b}^{-} \end{pmatrix} = \begin{pmatrix} \mathrm{e}^{-\mathrm{i}k_{az}d_a} & \mathrm{e}^{+\mathrm{i}k_{az}d_a} \\ \dfrac{k_{az}}{\mu_a}\mathrm{e}^{-\mathrm{i}k_{az}d_a} & -\dfrac{k_{az}}{\mu_a}\mathrm{e}^{+\mathrm{i}k_{az}d_a} \end{pmatrix}\begin{pmatrix} E_{l,a}^{+} \\ E_{l,a}^{-} \end{pmatrix}. \tag{5.3.53}$$

$$\begin{pmatrix} 1 & 1 \\ \dfrac{k_{az}}{\mu_a} & -\dfrac{k_{az}}{\mu_a} \end{pmatrix}\begin{pmatrix} E_{l,a}^{+} \\ E_{l,a}^{-} \end{pmatrix} = \begin{pmatrix} \mathrm{e}^{-\mathrm{i}k_{bz}d_b} & \mathrm{e}^{+\mathrm{i}k_{bz}d_b} \\ \dfrac{k_{bz}}{\mu_b}\mathrm{e}^{-\mathrm{i}k_{bz}d_b} & -\dfrac{k_{bz}}{\mu_b}\mathrm{e}^{+\mathrm{i}k_{bz}d_b} \end{pmatrix}\begin{pmatrix} E_{l,b}^{+} \\ E_{l,b}^{-} \end{pmatrix}. \tag{5.3.54}$$

经过稍繁杂的一些推导过程, 消除中间量 $\left(E_{l,a}^{+}, E_{l,a}^{-}\right)$, 就可以得到一维光子晶体中相邻周期单元相同位置处的电场 $\left(E_{l,b}^{+}, E_{l,b}^{-}\right)$ 与 $\left(E_{l-1,b}^{+}, E_{l-1,b}^{-}\right)$ 之间的关系, 并同样可写成矩阵形式:

$$\begin{pmatrix} E_{l-1,b}^{+} \\ E_{l-1,b}^{-} \end{pmatrix} = \begin{pmatrix} M_{11} & M_{12} \\ M_{21} & M_{22} \end{pmatrix}\begin{pmatrix} E_{l,b}^{+} \\ E_{l,b}^{-} \end{pmatrix}, \tag{5.3.55}$$

其中, 2×2 变换矩阵 M 的矩阵元分别表示为

$$M_{11} = \mathrm{e}^{-\mathrm{i}k_{bz}d_b} \left[\cos\left(k_{az}d_a\right) - \frac{\mathrm{i}}{2} \left(\frac{k_{az}}{k_{bz}}\frac{\mu_b}{\mu_a} + \frac{k_{bz}}{k_{az}}\frac{\mu_a}{\mu_b} \right) \sin\left(k_{az}d_a\right) \right], \quad (5.3.56)$$

$$M_{12} = \mathrm{e}^{\mathrm{i}k_{bz}d_b} \left[\frac{\mathrm{i}}{2} \left(\frac{k_{bz}}{k_{az}}\frac{\mu_a}{\mu_b} - \frac{k_{az}}{k_{bz}}\frac{\mu_b}{\mu_a} \right) \sin\left(k_{az}d_a\right) \right], \quad (5.3.57)$$

$$M_{11} = M_{22}^*, \quad M_{12} = M_{21}^*. \quad (5.3.58)$$

(5.3.58) 式是时间反演对称性的要求。容易验证,这里的变换矩阵 M 是幺模矩阵,即满足

$$\begin{vmatrix} M_{11} & M_{12} \\ M_{21} & M_{22} \end{vmatrix} = M_{11}M_{11}^* - M_{12}M_{12}^* = 1. \quad (5.3.59)$$

作为一个练习,读者可以验证,这一特性所对应的物理含义是电磁波在光子晶体中传播时能量守恒。

对于 p 偏振情形,此时磁场都沿着 x 方向。根据 Maxwell 方程 $\nabla \times \vec{H} = \partial\vec{D}/\partial t$,则沿着介质分界面电场强度的切向分量为

$$E_y = \frac{\mathrm{i}}{\omega\varepsilon}\frac{\partial H_x}{\partial z}. \quad (5.3.60)$$

仿照前面的步骤,可得到相邻周期单元中磁场强度 $\left(H_{l,b}^+, H_{l,b}^-\right)$ 与 $\left(H_{l-1,b}^+, H_{l-1,b}^-\right)$ 之间的变换矩阵为

$$\begin{pmatrix} H_{l-1,b}^+ \\ H_{l-1,b}^- \end{pmatrix} = \begin{pmatrix} M_{11} & M_{12} \\ M_{21} & M_{22} \end{pmatrix} \begin{pmatrix} H_{l,b}^+ \\ H_{l,b}^- \end{pmatrix}, \quad (5.3.61)$$

而这里变换矩阵的四个矩阵元分别表示为

$$M_{11} = M_{22}^* = \mathrm{e}^{-\mathrm{i}k_{bz}d_b} \left[\cos\left(k_{az}d_a\right) - \frac{\mathrm{i}}{2} \left(\frac{k_{az}}{k_{bz}}\frac{\varepsilon_b}{\varepsilon_a} + \frac{k_{bz}}{k_{az}}\frac{\varepsilon_a}{\varepsilon_b} \right) \sin\left(k_{az}d_a\right) \right], \quad (5.3.62)$$

$$M_{12} = M_{21}^* = \mathrm{e}^{\mathrm{i}k_{bz}d_b} \left[\frac{\mathrm{i}}{2} \left(\frac{k_{bz}}{k_{az}}\frac{\varepsilon_a}{\varepsilon_b} - \frac{k_{az}}{k_{bz}}\frac{\varepsilon_b}{\varepsilon_a} \right) \sin\left(k_{az}d_a\right) \right]. \quad (5.3.63)$$

5.3.5 一维光子晶体中的布洛赫 (Bloch) 波及光子带隙

根据 Floquet 定理(Achille Marie Gaston Floquet, 1847—1920, 阿喀琉斯·玛丽·加斯顿·弗洛凯, 法国数学家) —— 由于体系的平移对称性, 在任意周期性结构中传播的波, 其振幅为周期调制的单色平面波形式, 称之为 Bloch 波 (Filex Bloch, 1905—1983, 费利克斯·布洛赫, 瑞士物理学家。在固体物理中所讨论的一般是三维情形, 也称之为 Bloch 定理)。因此不同于无限大均匀介质的情形, 可在光子晶体中传播的波是 Bloch 波, 其电场应具有如下的形式:

$$\vec{E}\left(y, z, t\right) = \left[\vec{u}_K\left(z\right)\mathrm{e}^{\mathrm{i}Kz}\right]\mathrm{e}^{\mathrm{i}(k_y y - \omega t)}, \quad (5.3.64)$$

这里 $\vec{u}_K\left(z\right)$ 是周期为 $\Lambda = d_a + d_b$ 的周期函数, 即

$$\vec{u}_K\left(z\right) = \vec{u}_K\left(z + \Lambda\right). \quad (5.3.65)$$

并且 $\bar{u}_K(z)$ 依赖于 K, 这里 K 表示一维光子晶体传播的 Bloch 波波数。对于一维光子晶体, 在给定 ω 和 k_y 的条件下求得的 K 和 $\bar{u}_K(z)$ 就代表一维光子晶体允许传播的一种模式。

根据 (5.3.65) 式, 可得到如下关系:

$$\begin{pmatrix} E_{l-1,b}^+ \\ E_{l-1,b}^- \end{pmatrix} = \mathrm{e}^{-\mathrm{i}K\Lambda} \begin{pmatrix} E_{l,b}^+ \\ E_{l,b}^- \end{pmatrix}, \tag{5.3.66}$$

再结合 (5.3.55) 式, 得

$$\begin{pmatrix} M_{11} & M_{12} \\ M_{21} & M_{22} \end{pmatrix} \begin{pmatrix} E_{l,b}^+ \\ E_{l,b}^- \end{pmatrix} = \mathrm{e}^{-\mathrm{i}K\Lambda} \begin{pmatrix} E_{l,b}^+ \\ E_{l,b}^- \end{pmatrix}. \tag{5.3.67}$$

上式中 $(E_{l,b}^+, E_{l,b}^-)$ 有非零解的条件是

$$\begin{vmatrix} M_{11} - \mathrm{e}^{-\mathrm{i}K\Lambda} & M_{12} \\ M_{21} & M_{22} - \mathrm{e}^{-\mathrm{i}K\Lambda} \end{vmatrix} = 0. \tag{5.3.68}$$

解得本征值为

$$\mathrm{e}^{-\mathrm{i}K\Lambda} = \frac{1}{2}(M_{11} + M_{22}) \pm \sqrt{\frac{1}{4}(M_{11} + M_{22})^2 - 1}. \tag{5.3.69}$$

这里利用了 $\boldsymbol{M}$ 的幺模特性。有了 K 的值, 就可以求出 $(E_{l,b}^+, E_{l,b}^-)$ (对 s 偏振波) 或者 $(H_{l,b}^+, H_{l,b}^-)$ (对 p 偏振波), 从而最终得到一维光子晶体中的 Bloch 波。

在 (5.3.69) 式中等号右边无论取 "+" 号还是 "−" 号, 都存在如下关系:

$$\cos(K\Lambda) = \frac{1}{2}(M_{11} + M_{22}). \tag{5.3.70}$$

因此 Bloch 波数表示为

$$K(\omega, k_y) = \frac{1}{\Lambda} \arccos\left[\frac{1}{2}(M_{11} + M_{22})\right]. \tag{5.3.71}$$

从上式看到, 给定 k_y 后, 若电磁波的频率 ω 使得 $|(M_{11} + M_{22})/2| < 1$, 这些频率所构成的区域称为通带 (pass band) 或容许带 (allowed band), 相应地 K 存在非零的实数解, 对应着一维光子晶体中容许传播的 Bloch 波。相反, 若某些频率 ω 使得 $|(M_{11} + M_{22})/2| > 1$ 时, 这些频率所构成的区域称为禁带 (forbidden band)或者带隙 (band gap), 相应地 K 变成虚数, 频率位于带隙中的电磁波在光子晶体中试图前进时其振幅会指数衰减。因此, 对于一维光子晶体而言, 带隙边缘的频率 ω_{edge} 满足

$$\left|\frac{1}{2}(M_{11} + M_{22})\right| = 1. \tag{5.3.72}$$

而在带隙边缘, K_{edge} 满足 $K_{\mathrm{edge}} = m\pi/\Lambda$, 这里 $m = 1, 2, 3, \cdots$。所谓光子晶体的能带结构图 (photonic band structrue) 就是给定不同的 k_y 值, 依据 (5.3.72) 式把求得的 ω_{edge} 值勾画成一张二维图。

概括一下一维光子晶体中传播的 Bloch 波的色散关系: 对于 s 偏振情形, 有

$$\cos\left(K\Lambda\right) = \cos\left(k_{az}d_a\right)\cos\left(k_{bz}d_b\right)$$
$$- \frac{1}{2}\left(\frac{k_{az}}{k_{bz}}\frac{\mu_b}{\mu_a} + \frac{k_{bz}}{k_{az}}\frac{\mu_a}{\mu_b}\right)\sin\left(k_{az}d_a\right)\sin\left(k_{bz}d_b\right). \tag{5.3.73}$$

而对于 p 偏振, 有

$$\cos\left(K\Lambda\right) = \cos\left(k_{az}d_a\right)\cos\left(k_{bz}d_b\right)$$
$$- \frac{1}{2}\left(\frac{k_{az}}{k_{bz}}\frac{\varepsilon_b}{\varepsilon_a} + \frac{k_{bz}}{k_{az}}\frac{\varepsilon_a}{\varepsilon_b}\right)\sin\left(k_{az}d_a\right)\sin\left(k_{bz}d_b\right). \tag{5.3.74}$$

若介质材料都是非磁性的, p 偏振波的色散关系 (5.3.74) 式不变, 而 s 偏振波的色散关系 (5.3.73) 式变为

$$\cos\left(K\Lambda\right) = \cos\left(k_{az}d_a\right)\cos\left(k_{bz}d_b\right)$$
$$- \frac{1}{2}\left(\frac{k_{az}}{k_{bz}} + \frac{k_{bz}}{k_{az}}\right)\sin\left(k_{az}d_a\right)\sin\left(k_{bz}d_b\right). \tag{5.3.75}$$

作为例子, 我们通过数值计算给出一种一维光子晶体的能带结构。假设介质都是非磁性介质, 折射率为 $n_a = 1.5$, $n_b = 2.5$, 光子晶体的带隙中心波长设计为 $\lambda_{\mathrm{gap}(m=0)} = 1.5$ μm, 并且每层都是采用 1/4 波片, 相应的周期为 $\Lambda = 4\lambda_{\mathrm{gap}(m=0)}/15$。选取横坐标为 $k_y\Lambda/2\pi$, 纵坐标为 $\omega\Lambda/2\pi c = \Lambda/\lambda$, 图 5–30 中给出了这种一维光子晶体的 s 波和 p 波光子的能带结构图。图中阴影区域满足 $|\cos\left(K\Lambda\right)| < 1$, 对应着光子晶体的通带, 而空白区域满足 $|\cos\left(K\Lambda\right)| > 1$, 对应的是光子晶体的禁带。

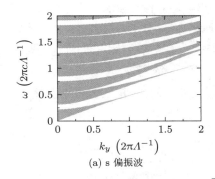
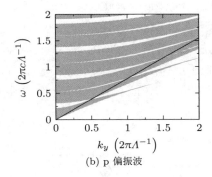

(a) s 偏振波 (b) p 偏振波

图 5–30

特别注意到, 如图 5–30(b) 所示, 对于 p 波, 在光子能带结构图中存在一条斜线, 斜线上的这些点都对应着容许传播的波, 光子禁带遇到这条线时禁带都会消失, 这是 Brewster 现象所导致。根据这里对能带结构图的横轴和纵轴坐标单位的定义, 以及 Brewster 现象发生时介质中波矢沿着分界面的切向分量表达式 (5.2.51), 这条斜直线的斜率应为

$$\frac{\Lambda}{\lambda}\left(\frac{k_y\Lambda}{2\pi}\right)^{-1} = \left(\frac{1}{n_a^2} + \frac{1}{n_b^2}\right)^{1/2}. \tag{5.3.76}$$

因此一旦给定介质层的折射率 n_a 和 n_b 的值, 就可以在一维光子晶体的能带图上

画出这条代表对 p 波全透明的斜直线。

---

*课外阅读：一维多周期光子晶体角度选择性宽带透明现象

从上面的讨论中看到，在光子能带结构图中由于 p 波的 Brewster 现象存在一条直线，其斜率只依赖于材料的折射率，与光子晶体的周期 Λ 无关。因此通过几种不同周期的光子晶体的组合，可以将整个光子能带图 (在一定的频率范围内) 全部变为禁带，而最终只留下这一条直线。这意味着若将这些一维光子晶体堆叠起来，只可以沿着一个特定的角度 (Brewster 角) 观察到透射过来的光，这种角度选择性透明现象具有宽带特性，即没有频率 (波长) 选择性的限制。

2014 年，研究人员在实验上采用两种非磁性介质材料，分别是 SiO_2 ($\varepsilon_r = 2.18$) 和 Ta_2O_5 ($\varepsilon_r = 4.33$)，通过材料沉积技术在熔融石英片衬底上制备出多周期一维光子晶体。该样品由 6 个不同周期光子晶体所组成，每个光子晶体都包含 7 个周期的双介质层。为了符合上述对能带的设计要求，6 个光子晶体的周期 a_l 形成几何序列 [13] $a_l = a_0 r^{l-1}$，其中 $a_0 = 140$ nm，$r = 1.165$，l 指第 l 个光子晶体。为了减少光在空气与二氧化硅界面的反射，实验测量中将样品浸没在折射率匹配的液体中 ($\varepsilon_1 = \varepsilon_{SiO_2} = 2.18$)。实验观测到，当 p 偏振光以 Brewster 角入射时 ($\theta_i = \theta_B = 55°$)，样品对可见光完全透明，从而可看到置于样品后的彩虹图 (图 5−31 D)，样品对整个可见光光谱的透过率达到 98%，并且透明的入射角保持范围在 8°；在其他所有入射角，样品对 p 偏振入射的可见光就像日常生活中的一面镜子 (见图 5−31 的 B、C 和 E)。需要注意的是，这些效应只限于 p 偏振的入射光。

如何针对 s 偏振波实现上述特性，乃至如何实现不依赖于偏振态的角度选择性宽频带透明还有待继续深入探讨。文献 [13] 中提出了一种理论方案，就是选择由波阻抗相同、但折射率不同的材料来构成一维光子晶体。前面已经讨论过，这类光子晶体的 Brewster 角发生在 $\theta_E = 0$，因此消除了对入射光偏振态的依赖性，但如何设计并制备这类工作在可见光/近红外波段的非天然材料还有待深入研究。

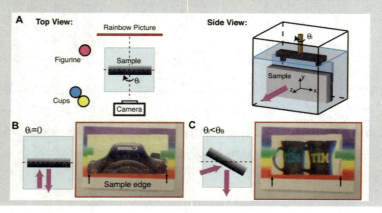

---

[13]   Y. Shen *et al.*, *Optical Broadband Angular Selectivity*, Science **343**, 1499 (2014).

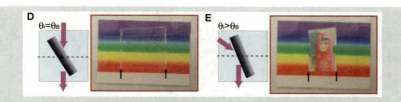

图 5-31   实验装置和观测结果。(A) 装置示意图; (B) 光垂直照射情形, 此时样品类似一面反射镜, 由此可观察到放置在样品前的照相机 (参考 A 中的俯视) 的像; (C) 入射角 $\theta_i = 30°$, 样品仍类似反射镜, 因此观察到放置在样品左前方两个杯子的像; (D) 入射角等于 Brewster 角 $(\theta_i = \theta_B = 55°)$, 此时样品对 p 偏振可见光完全透明, 因此能拍到放置在样品背后的彩虹图; (E) $\theta_i = 70°$, 此时样品仍类似反射镜, 因此利用样品的高反射观察到放置在实验台角边的小雕塑的像。在 B 到 E 的测量中, 相机上放置了检偏器, 故只接收到 p 偏振光。摘自文献 [13], 经 AAAS 许可转载。

5.3.6   一维光子晶体 Bloch 波的色散特性

最后来讨论电磁波沿着 z 轴传播这一常见情形。在沿着 z 轴传播时, 一维光子晶体中 Bloch 波的波数分量 $k_y = 0$, 因此有

$$k_{az} = k_a = \frac{n_a\omega}{c}, \quad k_{bz} = k_b = \frac{n_b\omega}{c}. \tag{5.3.77}$$

则 Bloch 波的色散关系变为

$$\cos(K\Lambda) = \cos(k_a d_a)\cos(k_b d_b) - \frac{1}{2}\left(\frac{n_a}{n_b} + \frac{n_b}{n_a}\right)\sin(k_a d_a)\sin(k_b d_b). \tag{5.3.78}$$

根据上述关系式, 图 5-32 画出了电磁波沿着 z 轴传播时一维光子晶体 Bloch 波的 $\omega - K$ 色散曲线, 这里横坐标为 $K\Lambda/2\pi$, 纵坐标为 $\omega\Lambda/2\pi c = \Lambda/\lambda$, 所采用的介质和结构参量与图 5-30 中的相同。图中可以看出, 一旦频率处于带隙之中, 则波数 K 变为虚数 (图中的虚线代表虚部), 其虚部从带隙边缘由零开始增加, 到带隙中心位置达到最大值, 这意味着随着传播的深入, 这类模式的振幅会指数下降, 因而无法在光子晶体中以行波传播。

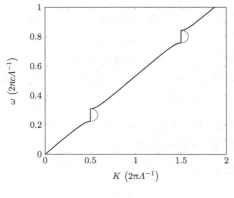

图 5-32

这里还可以给出第一个带隙中心位置处波数 K_0 的解析形式。若光子晶体每一层介质都是针对第一个带隙中心位置设计的 1/4 波片, 则在第一个带隙 ($m = 1$) 中心, Bloch 波波数 K_0 表示为

$$K_0 \Lambda = \pi + \mathrm{i}\zeta. \tag{5.3.79}$$

这里 $\zeta > 0$。在带隙中心频率为 ω_0 处, 由于有

$$k_a a = \frac{n_a \omega_0}{c} = \frac{\pi}{2}, \quad k_b b = \frac{n_b \omega_0}{c} = \frac{\pi}{2}. \tag{5.3.80}$$

相应地 (5.3.78) 式变为

$$\cos(\mathrm{i}\zeta) = \frac{1}{2}\left(\frac{n_a}{n_b} + \frac{n_b}{n_a}\right). \tag{5.3.81}$$

解得

$$\zeta = \left| \lg\left(\frac{n_a}{n_b}\right) \right|. \tag{5.3.82}$$

这里讨论的光子晶体结构和材料参量满足 $n_a d_a = n_b d_b$。当不满足 $n_a d_a = n_b d_b$ 条件时, 同样存在一系列光子带隙, 不过带隙宽度会减小, 实际上一维光子晶体光子带隙的宽度正比于周期性变化介电常数的 Fourier 展开所对应的空间分量系数的幅值。

*课外阅读: 二维光子晶体光纤

如果一个体系的折射率分布在空间沿着两个相互垂直的方向上呈现二维周期性变化, 则称之为二维光子晶体。进一步来讲, 若两个相互垂直的方向上的带隙存在重叠, 则重叠的部分称为二维全带隙。以此类推, 可以想象一下三维光子晶体和三维全带隙。我们知道, 一些原子或者量子点会产生自发辐射, 如果其在均匀介质环境中辐射光谱与三维全带隙光子晶体的全带隙存在重叠, 那么将这些原子或者量子点引入到三维全带隙光子晶体中, 其自发辐射就会受到抑制。因此利用光子晶体可以控制光与物质的相互作用。不过由于光子晶体的周期尺寸需与光子带隙中心波长在同一量级, 使得带隙在可见光/近红外波段的全带隙三维光子晶体的设计与制备更为复杂。

目前应用最为广泛的是二维光子晶体光纤, 其横截面分布有二维周期性排列的气孔, 这些气孔沿光子晶体光纤延伸。借助光子带隙对光传播时在横向的约束效应, 二维光子晶体光纤容许光在低折射率的芯层 (往往是空芯层, 如图 5-33 所示) 中传播, 这完全不同于传统光纤的工作原理, 后者需要依赖全反射效应, 所以其芯层折射率须高于包裹层。由于这一特点, 二维光子晶体光纤可拓展到新的工作波段, 而在这些波段可能很难找到低损耗的高折射率介质作为传统光纤的芯层。空芯二维光子晶体光纤还容许在芯层引入其他物质比如气体, 并通过光与物质的相互作用来实现传感功能。有兴趣的读者可参阅相关文献 [14]。

[14]   P. Russell, *Photonic Crystal Fibers*, Science **299**, 358 (2003).

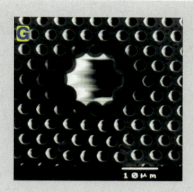

图 5–33　摘自文献 [14], 经 AAAS 许可转载。

5.4 介质及金属导体的色散

我们知道, 白光通过三棱镜之后不同颜色的光会沿着不同角度折射并传播, 这是由于在可见光波段玻璃的介电常数与光波波长有一定依赖性, 这称为材料的色散现象。有了电磁场理论, 19 世纪末物理学家们在量子力学尚未建立之前就基于经典物理图像建立了材料色散的理论模型。接下来介绍关于材料介电常数色散的两个物理模型, 分别是 Lorenz 模型和 Drude 模型。Lorenz 模型能够很好地描述介质 (如玻璃) 的介电常数色散特性, 而 Drude 模型则适用于描述自由电子占主导的导体 (如金属) 的介电常数色散特性。对于海水这类含有低浓度自由运动电荷的导电媒质, 需要结合两个模型来描述其介电常数色散特性。

5.4.1 介质经典色散理论 —— 洛伦茨 (Lorenz) 模型

假设物质都是由同种分子 (原子) 所组成。对于介质, 电子被束缚于分子 (原子) 内。Lorenz 模型 [15] 是采用带有阻尼的谐振子模型, 来描述电子在电磁场作用下围绕原子核的这种束缚运动。若忽略分子 (原子) 彼此间的相互作用力, 则电子偏离平衡位置的位移 $\vec{x}$ 满足如下运动方程:

$$m\frac{\mathrm{d}^2\vec{x}}{\mathrm{d}t^2} = \left(-m\omega_0^2\vec{x}\right) + \left(-m\gamma\frac{\mathrm{d}\vec{x}}{\mathrm{d}t}\right) + \left(-e\vec{E}_0\mathrm{e}^{-\mathrm{i}\omega t}\right), \tag{5.4.1}$$

---

[15]　Lorenz 模型的贡献者是丹麦数学家和物理学家卢兹维·瓦伦汀·洛伦茨 (Ludvig Valentin Lorenz, 1829—1891)。Ludvig Lorenz 在物理学领域的另一项重要贡献是提出了所谓 Lorenz 规范变换, 即 $\nabla \cdot \vec{A} + \frac{1}{c^2}\frac{\partial \varphi}{\partial t} = 0$, 借助这一规范变换可使得描述电磁场矢势和标势的微分方程呈现对称的形式。

前面在第二章中给出的 Lorentz 力以及在相对论一章中将学习到的 Lorentz 变换, 都是荷兰物理学家亨德里克·安东·洛伦兹 (Hendrik Antoon Lorentz, 1853—1928) 的贡献。Hendrik Lorentz 在物理学领域的另一项重要贡献是对 Zeeman 效应 (1896 年) 提出的理论解释, 他因此和彼得·塞曼 (Pieter Zeeman, 1865—1943, 荷兰物理学家, Hendrik 的学生) 一起获得了 1902 年的诺贝尔物理学奖。

顺便提一下, 英文姓氏译成中文还容易引起混淆的是一位叫爱德华·诺顿·洛伦茨 (Edward Norton Lorenz, 1917—2008) 的科学家, Edward Lorenz 是美国数学家和气象学家, 是混沌研究的先锋, 提出了著名的蝴蝶效应。

上式右边三项分别为谐振子项、阻尼项和外场项, 其中 $\omega_0 = \sqrt{k_{\text{spring}}/m}$ 为谐振本征频率, γ 为阻尼系数, 它是度量电子运动过程中所受阻尼力的物理量。若是在外场中自由运动的电子 (如在加速器中), 由于与其他电荷无碰撞, 则无需考虑第一项和第二项。

上述 Lorenz 模型是以无极分子构成的介质的电子极化为例, 其核心就是谐振子项, 它表示一旦外场撤去之后每个分子的电偶极矩恢复到零。因此这一模型亦适用于有极分子的取向机制。

上述方程的解为

$$\vec{x} = -\frac{e}{m} \frac{1}{\omega_0^2 - \omega^2 - \mathrm{i}\gamma\omega} \vec{E}_0 \mathrm{e}^{-\mathrm{i}\omega t}, \tag{5.4.2}$$

假设单位体积内有 N 个分子, 每个分子只有一个电子参与极化, 则由这些受束缚的电子位移引起的极化强度为

$$\vec{P} = -Ne\vec{x} = \frac{Ne^2}{m} \frac{1}{\omega_0^2 - \omega^2 - \mathrm{i}\gamma\omega} \vec{E}. \tag{5.4.3}$$

由 $\vec{P} = \varepsilon_0 \chi \vec{E}$, 可得介质的极化率为

$$\chi = \frac{Ne^2}{m\varepsilon_0} \frac{1}{\omega_0^2 - \omega^2 - \mathrm{i}\gamma\omega}. \tag{5.4.4}$$

则相对介电常数为

$$\varepsilon_{\mathrm{r}}(\omega) = 1 + \chi = 1 + \frac{\omega_{\mathrm{p}}^2}{\omega_0^2 - \omega^2 - \mathrm{i}\gamma\omega}. \tag{5.4.5}$$

其中

$$\omega_{\mathrm{p}} = \sqrt{\frac{Ne^2}{m\varepsilon_0}}. \tag{5.4.6}$$

ω_{p} 称为材料的体等离子频率, ω_{p} 正比于 $\sqrt{N}$、反比于 $\sqrt{m}$, 因此能参与到外场作谐振的电荷质量 m 越小、密度 N 越高, 则 ω_{p} 越大。

把相对介电常数 (5.4.5) 式改写成

$$\varepsilon_{\mathrm{r}}(\omega) = \varepsilon_{\mathrm{r}}' + \mathrm{i}\varepsilon_{\mathrm{r}}''. \tag{5.4.7}$$

$$\varepsilon_{\mathrm{r}}' = 1 + \frac{\omega_{\mathrm{p}}^2(\omega_0^2 - \omega^2)}{(\omega_0^2 - \omega^2)^2 + \gamma^2\omega^2}, \tag{5.4.8}$$

$$\varepsilon_{\mathrm{r}}'' = \frac{\omega_{\mathrm{p}}^2 \gamma\omega}{(\omega_0^2 - \omega^2)^2 + \gamma^2\omega^2}. \tag{5.4.9}$$

上述结果是基于经典物理模型得到的。严格的量子力学理论给出的结果在形式上与 (5.4.5) 式是一致的。

以玻璃为例, 图 5–34 给出了玻璃介电常数的实验测量结果以及 Lorenz 模型拟合的结果。首先, 可以看出, Lorenz 模型可以很好地解释玻璃介电常数的色散

特性。

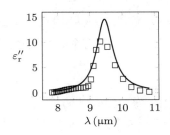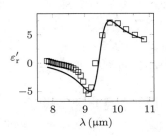

图 5−34　玻璃介电常数的虚部与实部。方形空心点代表实验测量值 (取自文献 [16]), 实线为 Lorenz 模型拟合结果。

其次, 在图中所展示的频率范围内, 玻璃的介电常数存在一共振波长 $\lambda_0 \approx 9.5\ \mu\mathrm{m}$ (圆频率 $\omega_0 = 2\pi c/\lambda_0$); 在共振区内, ε_r'' 呈现峰值特征, 而 ε_r' 则是随着 ω 的增加而减小, 称之为反常色散区。由于在共振区域介电常数存在明显的虚部项 ($\varepsilon_\mathrm{r}'' \neq 0$), 玻璃表现出对共振频率附近的电磁波强烈的吸收效应 (后面会讨论到)。

在非共振区域, ε_r'' 急剧下降, 而 ε_r' 的变化都是随着频率的增加而呈现增大趋势, 称之为正常色散。在远离 ω_0 的区域, 比如此处对玻璃而言的可见光区, ε_r'' 小到几乎可以忽略, 这意味着材料在这些光谱区域是完全透明的。与此同时, 尽管在远离 ω_0 的区域 ε_r' 色散效应不明显, 但是 ε_r' 随波长改变还是表现出细微变化, 如图 5−35 所示, 这种细微变化足以让我们通过三棱镜将不同颜色的光区别开来。日常生活中看到的天空中的彩虹, 也是因为水的介电常数在可见光区所表现出的色散效应所导致的。

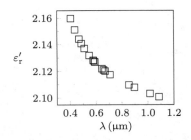

图 5−35　实验测到的玻璃介电常数在可见光区的色散特性 (取自文献 [16])。

需要指出的是, 在不同波段, 介质对外场的响应有着不同的极化机制和极化率贡献, 因此会存在多个不同的共振频率 ω_0; 而一旦接近共振区, 介电常数都会表现出类似图 5−34 所示的色散特性。在低频波段, 分子的转动和振动可能是极化的主要贡献项。随着频率的升高, 分子质量大、惯性大, 跟不上电场的变化, 分子的固有电矩取向机制的贡献减小; 而原子 (分子) 中的价电子或芯电子会由于质量小、惯性小, 在高频区电子极化成为主要贡献项, 但贡献的幅度会减小。在 X 射线波段, 晶体材料的介电常数接近 1。

[16] E. D. Palik, *Handbook of Optical Constants of Solids*, New York: Academic Press, 1985: pp. 749.

Lorenz 模型能够定性解释气体、绝缘体和半导体介质介电常数的色散特性，包括共振频率附近的反常色散特性。如同其他的简化模型一样，这里采用的模型是体系真实特性的一种近似。顺便指出，Lorenz 模型本身并不能给出模型中各个参量 (比如 ω_0、γ) 的具体值。要定量计算色散特性中的各个参量具体值，还是需要借助量子力学和固体物理的相关知识。

5.4.2   金属导体经典色散理论——德鲁德 (Drude) 模型

Drude 模型是 1900 年由德国物理学家保罗·卡尔·路德维希·德鲁德 (Paul Karl Ludwig Drude, 1863—1906) 提出的。为了描述一些物质的光学参量，Paul Drude 采用带电粒子气模型近似，因此这一模型适用于含有大量自由电子的金属导体。在 Drude 模型中，电子的运动方程为

$$m\frac{\mathrm{d}^2\vec{x}}{\mathrm{d}t^2} = \left(-m\gamma\frac{\mathrm{d}\vec{x}}{\mathrm{d}t}\right) + \left(-e\vec{E}_0\mathrm{e}^{-\mathrm{i}\omega t}\right). \tag{5.4.10}$$

对比 (5.4.1) 式，这里 Drude 模型中少了束缚电子运动的谐振项，而 $1/\gamma$ 表示自由电子运动过程中在相邻两次散射间所经历的时间，称之为弛豫时间。容易得到 (5.4.10) 式的解为

$$\vec{x} = \frac{e}{m}\frac{1}{(\omega^2 + \mathrm{i}\gamma\omega)}\vec{E}_0\mathrm{e}^{-\mathrm{i}\omega t}. \tag{5.4.11}$$

在外场的作用下自由电荷运动形成电流，因此电流密度表示为

$$\vec{J}_{\mathrm{f}} = \rho\vec{v} = -Ne\frac{\mathrm{d}\vec{x}}{\mathrm{d}t} = -\frac{Ne^2}{m}\frac{1}{(\omega^2 + \mathrm{i}\gamma\omega)}\left(-\mathrm{i}\omega\right)\vec{E}_0\mathrm{e}^{-\mathrm{i}\omega t}$$

$$= \frac{\mathrm{i}\omega Ne^2}{m}\frac{1}{(\omega^2 + \mathrm{i}\gamma\omega)}\vec{E}_0\mathrm{e}^{-\mathrm{i}\omega t}. \tag{5.4.12}$$

根据定义 $\vec{J}_{\mathrm{f}} = \sigma\vec{E}$，得到电导率为

$$\sigma = \frac{\mathrm{i}\omega Ne^2}{m}\frac{1}{(\omega^2 + \mathrm{i}\gamma\omega)} = \frac{Ne^2}{m}\frac{1}{(\gamma - \mathrm{i}\omega)} = \frac{\varepsilon_0\omega_{\mathrm{p}}^2}{\gamma - \mathrm{i}\omega}. \tag{5.4.13}$$

对于大部分金属，有 $\gamma \ll \omega_{\mathrm{p}}$。

从上式可以看出，在时谐变化电磁场作用下金属的电导率一般是复数。我们知道直流情形下的电导率对应的是金属的损耗。在长波 ($\omega \to 0$) 近似下，金属的电导率过渡到静态下的直流电导率 σ_{c}，即

$$\sigma \Rightarrow \sigma_{\mathrm{c}} = \frac{Ne^2}{\gamma m}. \tag{5.4.14}$$

由于波长远大于电子在弛豫时间内所走过的路程，因此直流电导率是一个与频率无关的量，并且通过直流电导率的测量还可以来确定弛豫时间 $1/\gamma$ 的值。容易看到，体等离子频率 ω_{p} 与 σ_{c} 之间有如下关系：

$$\omega_{\mathrm{p}} = \sqrt{\frac{Ne^2}{m\varepsilon_0}} = \sqrt{\frac{\gamma\sigma_{\mathrm{c}}}{\varepsilon_0}}. \tag{5.4.15}$$

在下一节中会看到, 类似于在介质中的运动方程, 电磁场在导电媒质中的波动方程可用一个等效介电常数 ε_{eff} 来描述, 即

$$\varepsilon_{\text{eff}} = \varepsilon_{\text{b}} + \frac{\mathrm{i}\sigma}{\omega}. \tag{5.4.16}$$

对金属而言, 由于不存在极化, 则有 $\varepsilon_{\text{b}} = \varepsilon_0$, 因此对于金属导体而言, 其等效介电常数可表示为

$$\varepsilon_{\text{eff}} = \varepsilon_0 + \frac{\mathrm{i}\sigma}{\omega} = \left[\varepsilon_0 - \frac{1}{\omega} \operatorname{Im}(\sigma) \right] + \frac{\mathrm{i}}{\omega} \operatorname{Re}(\sigma). \tag{5.4.17}$$

可见, 金属电导率的实部项 $\operatorname{Re}(\sigma)$ 对应着等效介电常数的虚部项。将 (5.4.13) 式代入上式, 得金属导体的等效介电常数为

$$\varepsilon_{\text{eff}} = \varepsilon_0 + \frac{\mathrm{i}Ne^2}{m} \frac{1}{(\gamma\omega - \mathrm{i}\omega^2)} = \varepsilon_0 - \frac{Ne^2}{m} \frac{1}{(\omega^2 + \mathrm{i}\gamma\omega)}. \tag{5.4.18}$$

而金属导体的相对等效介电常数 $\varepsilon_{\text{r}}(\omega) = \varepsilon_{\text{eff}}/\varepsilon_0$ 为

$$\varepsilon_{\text{r}}(\omega) = 1 - \frac{\omega_{\text{p}}^2}{\omega^2 + \mathrm{i}\gamma\omega}. \tag{5.4.19}$$

上式即为金属导体等效介电常数的 Drude 色散模型, 写成实部与虚部的形式 $\varepsilon_{\text{r}}(\omega) = \varepsilon_{\text{r}}' + \mathrm{i}\varepsilon_{\text{r}}''$, 其中有

$$\varepsilon_{\text{r}}' = 1 - \frac{\omega_{\text{p}}^2}{\omega^2 + \gamma^2}, \tag{5.4.20}$$

$$\varepsilon_{\text{r}}'' = \frac{\omega_{\text{p}}^2 \gamma}{\omega(\omega^2 + \gamma^2)}. \tag{5.4.21}$$

前面提到, 区别于 Lorenz 模型, 在 Drude 模型中少了束缚电子运动的谐振项。因此一旦在 Lorenz 模型中令 $\omega_0 = 0$, 则 Lorenz 模型介电常数的实部 (5.4.8) 式自然过渡到 (5.4.20) 式, 而虚部 (5.4.9) 式自然过渡到 (5.4.21) 式。

接下来我们分别就金属在低频和高频 (相对于 ω_{p} 而言) 情形下的等效介电常数特点进行讨论:

1. 低频及微波波段

在低频和微波波段 ($\omega \ll \gamma$), 金属的等效相对介电常数简化为

$$\varepsilon_{\text{r}}(\omega) = 1 - \frac{\sigma_{\text{c}}}{\varepsilon_0 \gamma} + \frac{\mathrm{i}\sigma_{\text{c}}}{\varepsilon_0 \omega}. \tag{5.4.22}$$

从上式可以看出, 在低频段 (如无线电波、微波、远红外波段), 金属导体的等效介电常数的实部 ε_{r}' 是一个与频率无关的量, $\varepsilon_{\text{r}}' \sim -10^4$ 量级, 而虚部 $\varepsilon_{\text{r}}'' = (\varepsilon_0 \omega)^{-1} \operatorname{Re}(\sigma_{\text{c}})$ 则有极大的值 ($\varepsilon_{\text{r}}''/|\varepsilon_{\text{r}}'| \gg 1$)。在本章 5.5.9 小节我们会讨论, 一旦媒质介电常数的实部 $\varepsilon_{\text{r}}' < 0$, 则电磁波不允许以行波方式在媒质中传播。因此在低频波段, 电磁波入射到金属导体表面的穿透深度几乎为零, 尽管此波段金属介电常数存在一个很大的虚部, 但也不会导致能量损失, 因此在低频波段金属可看成理想导体。

2. 近红外/可见光波段

一般金属的等离子频率 ω_{p} 所对应的能量在数个电子伏 (紫外光谱区)。可见光/近红外光谱区频率虽相对较高，但仍小于 ω_{p}，因此在这一光谱区金属等效介电常数的实部 $\varepsilon_{\mathrm{r}}'$ 仍然为负! 不过在这一波段，金属的相对等效介电常数表现出三方面的特征: 一是其实部不再是一个绝对值很大的负数 (容许一定的穿透深度)，二是表现出强烈的色散特性 (即对频率的敏感依赖性)，三是对于银这样的贵金属，其有效介电常数的虚部很小 (意味着较小的吸收损耗)。若忽略损耗，金属导体的相对等效介电常数近似表示为

$$\varepsilon_{\mathrm{r}}(\omega) = \varepsilon_{\mathrm{r}}'(\omega) \approx 1 - \frac{\omega_{\mathrm{p}}^2}{\omega^2}. \tag{5.4.23}$$

在第三章例题 3.6.2 中讨论球形金属纳米颗粒的局域等离激元共振时用到了上述色散模型。图 5–36 给出了银的相对等效介电常数在紫外/可见光区的实验测量结果，以及采用 Drude 模型拟合的曲线，这里拟合所采用的参量为 $\hbar\omega_{\mathrm{p}} = 9.2$ eV，$\hbar\gamma = 0.2$ eV。对比可以看到，Drude 模型很好地符合介电常数的实验测量结果 (实部)。

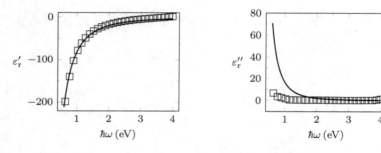

图 5–36   方形空心点对应于实验测量结果 [17]。

3. 深紫外及 X 射线波段

当电磁波的频率处于深紫外乃至 X 射线波段时，即

$$\omega > \omega_{\mathrm{p}}, \quad \omega \gg \gamma. \tag{5.4.24}$$

此时电磁波的振荡周期远小于弛豫时间，意味着电子在遇到下一次散射之前其运动已折返，运动过程中并不会产生能量损耗，因此 $\varepsilon_{\mathrm{r}}'' \to 0$，介电常数表示为

$$\varepsilon_{\mathrm{r}}(\omega) = \varepsilon_{\mathrm{r}}'(\omega) = 1 - \frac{\omega_{\mathrm{p}}^2}{\omega^2}, \tag{5.4.25}$$

不过与 (5.4.23) 式不同的是，这里由于 $\omega > \omega_{\mathrm{p}}$，金属的介电常数转为正号，意味着像波长极短的 X 射线可以没有吸收地穿透金属。关系式 (5.4.25) 不仅可以用于描述一般的金属在极高频区的介电特性，也适用于描述无散射 (弛豫时间 $1/\gamma \to \infty$) 的经典等离子体的介电特性。

[17] P. B. Johnson and R. W. Christy, *Optical Constants of Noble Metals*, Phys. Rev. B **6**, 4370 (1972).

5.4.3 导电媒质介电常数色散模型

像海水、土壤这类物质中会存在低浓度的自由电荷, 称之为导电媒质。对于导电媒质, 需要把 Lorenz 模型与 Drude 模型结合起来, 来描述其介电常数及其色散特性。由于偏离共振区域, 在 Lorenz 模型中只需保留介电常数的实部, 这部分一般是正的, 并且有

$$\varepsilon_b = \varepsilon_0 \varepsilon_r'(\omega) = \varepsilon_0 \left[1 + \frac{\omega_p^2 (\omega_0^2 - \omega^2)}{(\omega_0^2 - \omega^2)^2 + \gamma^2 \omega^2} \right].$$

而导电性对介电常数虚部的贡献则用 $\varepsilon_0 \varepsilon_r''(\omega) = \sigma_c / \omega$ 来表示, 因此低频情况下导电媒质的介电常数可表示为如下的形式:

$$\varepsilon(\omega) = \varepsilon_0 (\varepsilon_r' + i\varepsilon_r'') = \varepsilon_b + \frac{i\sigma_c}{\omega}. \tag{5.4.26}$$

5.5 电磁波在色散媒质中的传播

前面讨论电磁波在介质中传播时都假设介质是各向同性, 且非色散的, 即其介电常数、磁导率或者电导率都与频率无关, 相应的本构关系为 $\vec{D}(\vec{R}, t) = \varepsilon \vec{E}(\vec{R}, t)$, $\vec{B}(\vec{R}, t) = \mu \vec{H}(\vec{R}, t)$ 以及对于导体的 Ohm 定律 $\vec{J}_f(\vec{R}, t) = \sigma \vec{E}(\vec{R}, t)$。现在看到, 对于介质而言, 这种处理实际上是远离其共振区的一种近似。一旦电磁波的频率接近介质的共振区, 或者是在导电媒质中传播, 则必须考虑物质本构关系中这些参量的色散特性。

5.5.1 色散媒质中电磁场本构关系

介电常数 (或其他电磁参量) 出现色散效应的根源是物质对外界电磁场扰动的响应是非瞬时的。以电位移矢量为例, 在空间某一位置 $\vec{R}$ 处, 当前时刻 t 所观察到的电位移矢量 $\vec{D}(\vec{R}, t)$ 会与 t 之前的电场 $\vec{E}(\vec{R}, t')$ 都有关系, 即

$$\vec{D}(\vec{R}, t) = \int_{-\infty}^{+\infty} dt' \varepsilon(t - t') \vec{E}(\vec{R}, t'). \tag{5.5.1}$$

这里当 $\tau = t - t' < 0$ 时, $\varepsilon(\tau) = 0$, 表明 t 时刻以后出现在该处的电场不会对现在的 $\vec{D}(\vec{R}, t)$ 产生贡献, 这是因果关系的必然要求。另一方面, 当 $\tau \to \infty$ 时, $\varepsilon(\tau) \to 0$, 表明久远的电场对电位移 $\vec{D}(\vec{R}, t)$ 的贡献或影响可以忽略。

对于任意的含时矢量场 $\vec{E}(\vec{R}, t)$, Fourier 变换系数 $\hat{\vec{E}}(\vec{R}, \omega)$ 表示为

$$\begin{cases} \vec{E}(\vec{R}, t) = \int_{-\infty}^{+\infty} \hat{\vec{E}}(\vec{R}, \omega) e^{-i\omega t} d\omega, \\ \hat{\vec{E}}(\vec{R}, \omega) = \frac{1}{2\pi} \int_{-\infty}^{+\infty} \vec{E}(\vec{R}, t) e^{i\omega t} dt. \end{cases} \tag{5.5.2}$$

假如在物质中运动的只有单一频率的电磁波, 则 $\vec{D}(\vec{R}, t)$ 和 $\vec{E}(\vec{R}, t)$ 可以表示为

$$\vec{D}(\vec{R}, t) = \vec{D}(\vec{R}) e^{-i\omega t}, \quad \vec{E}(\vec{R}, t) = \vec{E}(\vec{R}) e^{-i\omega t}. \tag{5.5.3}$$

将上式代入得

$$\vec{D}(\vec{R}) = \vec{E}(\vec{R}) \int_{-\infty}^{+\infty} \mathrm{d}t' \varepsilon(t-t') \, \mathrm{e}^{-\mathrm{i}\omega(t'-t)} = \varepsilon(\omega) \vec{E}(\vec{R}). \tag{5.5.4}$$

式中 $\varepsilon(\omega)$ 为线性响应函数, 有

$$\varepsilon(\omega) = \int_{-\infty}^{+\infty} \varepsilon(t) \, \mathrm{e}^{\mathrm{i}\omega t} \mathrm{d}t. \tag{5.5.5}$$

$\varepsilon(\omega)$ 一般为复数, 并且有

$$\varepsilon(t) = \frac{1}{2\pi} \int_{-\infty}^{+\infty} \varepsilon(\omega) \, \mathrm{e}^{-\mathrm{i}\omega t} \mathrm{d}\omega. \tag{5.5.6}$$

若磁导率 μ 或者电导率 σ 存在色散效应, 也可以写出单色波传播时类似的线性响应关系:

$$\vec{B}(\vec{R}) = \mu(\omega) \vec{H}(\vec{R}), \tag{5.5.7}$$

$$\vec{J}_{\mathrm{f}}(\vec{R}) = \sigma(\omega) \vec{E}(\vec{R}). \tag{5.5.8}$$

在涉及色散介质时, 本教材只讨论单色平面电磁波在其中的传播, 只在第八章 8.3.2 小节中才涉及非色散介质中多频率电磁波的能谱分析。

5.5.2 单色平面电磁波在色散媒质中的传播

假设讨论的物质是非磁性 $(\mu = \mu_0)$ 各向同性线性媒质, 没有自由电荷体分布 $(\rho_{\mathrm{f}} = 0)$, 物质的介电常数存在色散, 则电磁波在其中传播所满足的 Maxwell 方程组为

$$\begin{cases} \nabla \cdot \vec{E} = 0, \\ \nabla \times \vec{B} = \mu_0 \varepsilon \dfrac{\partial \vec{E}}{\partial t}, \\ \nabla \cdot \vec{B} = 0, \\ \nabla \times \vec{E} = -\dfrac{\partial \vec{B}}{\partial t}. \end{cases} \tag{5.5.9}$$

对于在介质中传播的单色平面波, 由于只有一种频率, 将电磁场分别表示为

$$\vec{E}(\vec{R},t) = \vec{E}_0 \mathrm{e}^{\mathrm{i}(\vec{k}\cdot\vec{R}-\omega t)}, \quad \vec{B}(\vec{R},t) = \vec{B}_0 \mathrm{e}^{\mathrm{i}(\vec{k}\cdot\vec{R}-\omega t)}. \tag{5.5.10}$$

这里 E_0 和 B_0 表示电场和磁场的振幅, 将其代入上述方程组, 得

$$\begin{cases} \vec{k} \cdot \vec{E}_0 = 0, \\ \vec{k} \times \vec{B}_0 = -\omega \mu_0 \varepsilon(\omega) \vec{E}_0, \\ \vec{k} \cdot \vec{B}_0 = 0, \\ \vec{k} \times \vec{E}_0 = \omega \vec{B}_0. \end{cases} \tag{5.5.11}$$

与媒质无色散的情形对比, 四个方程完全相同, 而由上述方程组中的第二和第四方程得

$$\vec{k} \times (\vec{k} \times \vec{E}_0) = -\omega^2 \mu_0 \varepsilon(\omega) \vec{E}_0. \tag{5.5.12}$$

再结合 (5.5.11) 式中的第一个方程, 得到单色平面电磁波在色散媒质中传播时其波矢与频率之间的关系:

$$k = \omega \sqrt{\mu_0 \varepsilon(\omega)} = k_0 \sqrt{\frac{\varepsilon(\omega)}{\varepsilon_0}}. \tag{5.5.13}$$

k_0 为真空中的波数。上述关系式形式上类似于非色散介质中的关系式 (5.1.12)。因此只需知道物质的介电常数的具体色散关系 $\varepsilon(\omega)$, 就可以求出单色平面电磁波的波数, 最终求出其电磁场 (5.5.10) 式。由于 $\varepsilon_r(\omega)$ 为复数, 使得这里的波数 k 也是复数。

5.5.3 导电媒质中净自由电荷分布特征

单色波在各向同性的线性均匀媒质中传播, 其极化效应由本构关系确定, 即

$$\vec{D}(\vec{R}) = \varepsilon_b(\omega) \vec{E}(\vec{R}). \tag{5.5.14}$$

同时媒质导电性还服从 Ohm 定律, 即

$$\vec{J}_f(\vec{R}) = \sigma_c \vec{E}(\vec{R}). \tag{5.5.15}$$

根据第四章 4.1 节中的结论 (4.1.9) 式和 (4.1.10) 式, 若某一时刻在空间某一点附近出现净自由电荷体分布的涨落, 则这种涨落将以指数形式随时间衰逝, 而 τ 为衰逝特征时间, 有

$$\tau = \frac{\varepsilon_b}{\sigma_c}. \tag{5.5.16}$$

当然, 由于电荷的总量是守恒的, 体内电荷的减少必然导致媒质表面电荷的出现。因此当研究恒定状态下电磁波在无限大的导电媒质中的传播规律时, 在 Maxwell 方程组中可设定 $\rho_f = 0$。

5.5.4 单色平面电磁波在导电媒质中的传播

考虑无限大的电中性的导电媒质, 其体内没有净电荷分布 ($\rho_f = 0$), 并且是非磁性的, 则单色电磁波在其中传播所满足的 Maxwell 方程组为

$$\begin{cases} \nabla \cdot \vec{E} = 0, \\ \nabla \times \vec{B} = \mu_0 \left(\vec{J}_f + \varepsilon_b \dfrac{\partial \vec{E}}{\partial t} \right) = \mu_0 \left(\sigma_c \vec{E} + \varepsilon_b \dfrac{\partial \vec{E}}{\partial t} \right), \\ \nabla \cdot \vec{B} = 0, \\ \nabla \times \vec{E} = -\dfrac{\partial \vec{B}}{\partial t}. \end{cases} \tag{5.5.17}$$

可见, 与前面讨论的色散媒质的区别在于, 第二个方程的右边多出了 $\mu_0 \sigma_c \vec{E}$ 项。

同样, 考虑在无限大电中性导电媒质中传播的单色平面波, $\vec{E}(\vec{R}, t) = \vec{E}_0 e^{i(\vec{k} \cdot \vec{R} - \omega t)}$, 以及 $\vec{B}(\vec{R}, t) = \vec{B}_0 e^{i(\vec{k} \cdot \vec{R} - \omega t)}$, 代入 (5.5.17) 式得

$$\begin{cases} \vec{k} \cdot \vec{E}_0 = 0, \\ \vec{k} \times \vec{B}_0 = -\omega \mu_0 \left(\varepsilon_b + i \dfrac{\sigma_c}{\omega} \right) \vec{E}_0, \\ \vec{k} \cdot \vec{B}_0 = 0, \\ \vec{k} \times \vec{E}_0 = \omega \vec{B}_0. \end{cases} \tag{5.5.18}$$

因此, 只要对导电媒质引入等效介电常数:

$$\varepsilon_{\text{eff}}(\omega) = \varepsilon_{\text{b}}(\omega) + \mathrm{i}\frac{\sigma_{\text{c}}}{\omega}. \tag{5.5.19}$$

则同样可以求得单色平面电磁波在无限大导电媒质中传播时波矢与频率之间所满足的色散关系:

$$k = \omega\sqrt{\mu_0\varepsilon_{\text{eff}}(\omega)} = k_0\sqrt{\frac{\varepsilon_{\text{eff}}(\omega)}{\varepsilon_0}}. \tag{5.5.20}$$

上式与 (5.5.13) 式完全类似, 只是对于导电媒质需采用等效介电常数。因此无论对具有色散的介质 $\varepsilon(\omega)$, 还是对导电媒质 $\varepsilon_{\text{eff}}(\omega)$, 单色平面电磁波的波矢 $\vec{k}$ 一般为复波矢。把复介电常数写成实部和虚部的形式, 即

$$\varepsilon(\omega) = \varepsilon_0\varepsilon_{\text{r}}' + \mathrm{i}\varepsilon_0\varepsilon_{\text{r}}''. \tag{5.5.21}$$

相应地把波矢 $\vec{k}$ 写成如下的形式:

$$\vec{k}(\omega) = \vec{\beta}(\omega) + \mathrm{i}\vec{\alpha}(\omega), \tag{5.5.22}$$

通过对比 $\vec{k}\cdot\vec{k} = (\vec{\beta} + \mathrm{i}\vec{\alpha})^2 = \omega^2\mu_0\varepsilon$ 实部和虚部, 可得 $\vec{\alpha}$ 和 $\vec{\beta}$ 的关系式为

$$\begin{cases} \beta^2 - \alpha^2 = k_0^2\varepsilon_{\text{r}}', \\ \vec{\beta}\cdot\vec{\alpha} = \dfrac{1}{2}k_0^2\varepsilon_{\text{r}}''. \end{cases} \tag{5.5.23}$$

其中 $k_0 = \omega/c$ 为电磁波在真空中的波数。一般情况下, $\vec{\alpha}$ 和 $\vec{\beta}$ 的方向并不相同。

根据复波矢 $\vec{k}$ 的定义, 在色散媒质中单色时谐波的电场表示为

$$\vec{E}(\vec{R}, t) = \vec{E}_0\mathrm{e}^{-\vec{\alpha}\cdot\vec{R}}\mathrm{e}^{\mathrm{i}(\vec{\beta}\cdot\vec{R} - \omega t)}. \tag{5.5.24}$$

我们看到, 若 $\vec{\beta}$ 为实数矢量, 则 $\vec{\beta}$ 刻画波传播的方向以及相位变化的快慢。另一方面, 由于振幅出现了衰减因子 $\mathrm{e}^{-\vec{\alpha}\cdot\vec{R}}$, 因此 $\vec{\alpha}$ 的方向代表振幅衰减最快方向。

若电磁波垂直入射到色散媒质的表面, 如图 5–37 所示, 此时 $\vec{\alpha}$ 和 $\vec{\beta}$ 也都沿着面法线方向, 则方程组 (5.5.23) 简化为

$$\begin{cases} \beta^2 - \alpha^2 = k_0^2\varepsilon_{\text{r}}', \\ \beta\cdot\alpha = \dfrac{1}{2}k_0^2\varepsilon_{\text{r}}''. \end{cases} \tag{5.5.25}$$

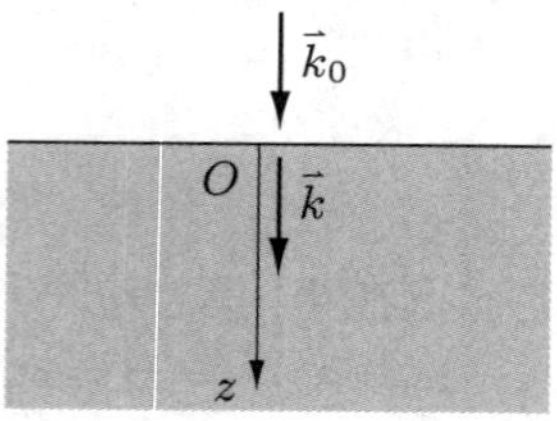

图 5–37

定义穿透深度 δ 为电磁波振幅衰减为原来的 $1/\mathrm{e}$ 所传播的距离。因此若 $\vec{\beta}$ 为实数, 则有

$$\delta = \frac{1}{\alpha}. \tag{5.5.26}$$

总的来说, 单色平面波在色散媒质中传播的是振幅衰减的平面波。

5.5.5 导电媒质的穿透深度

现在来讨论单色平面波垂直进入导电媒质之后的传播特点. 对于导电媒质, 根据上节中的讨论, 在低频下导电媒质的等效介电常数为

$$\varepsilon(\omega) = \varepsilon_b + i\frac{\sigma_c}{\omega}. \tag{5.5.27}$$

因此 $\varepsilon_r' = \varepsilon_b/\varepsilon_0 > 0$, $\varepsilon_r'' = \sigma_c/(\varepsilon_0\omega)$, 代入 (5.5.25) 式, 求解得

$$\begin{cases} \beta = k_0\sqrt{\dfrac{\varepsilon_r'}{2}}\left[\sqrt{1 + \left(\dfrac{\varepsilon_r''}{\varepsilon_r'}\right)^2} + 1\right]^{1/2}, \\[4mm] \alpha = k_0\sqrt{\dfrac{\varepsilon_r'}{2}}\left[\sqrt{1 + \left(\dfrac{\varepsilon_r''}{\varepsilon_r'}\right)^2} - 1\right]^{1/2}. \end{cases} \tag{5.5.28}$$

为了便于讨论, 上式写成如下形式:

$$\begin{cases} \beta = k_0\sqrt{\dfrac{\varepsilon_b}{2\varepsilon_0}}\left[\sqrt{1 + \left(\dfrac{\sigma_c}{\omega\varepsilon_b}\right)^2} + 1\right]^{1/2}, \\[4mm] \alpha = k_0\sqrt{\dfrac{\varepsilon_b}{2\varepsilon_0}}\left[\sqrt{1 + \left(\dfrac{\sigma_c}{\omega\varepsilon_b}\right)^2} - 1\right]^{1/2}. \end{cases} \tag{5.5.29}$$

对于单色平面电磁波, 位移电流 $\vec{J}_D = \partial\vec{D}/\partial t = -i\omega\varepsilon_b\vec{E}$, 传导电流与位移电流振幅的比值为

$$\frac{J_f}{J_D} = \frac{\sigma_c}{\omega\varepsilon_b}. \tag{5.5.30}$$

因此 $\sigma_c/(\omega\varepsilon_b)$ 也代表了导电媒质内传导电流与位移电流振幅的比值.

导电媒质的介电常数的实部一般满足 $\varepsilon_b/\varepsilon_0 > 1$, 因此 (5.5.29) 式中 β 总有实数解 (这里 β 取正号, 表示沿着 z 轴正向传播的波), 对应的是电磁波允许在导电媒质中传播, 虽然传播的距离由于损耗不同而不同. 下面我们分两种情况来讨论传播的距离.

（I）导电媒质的电导率较小, 满足 $\sigma_c/(\omega\varepsilon_b) \ll 1$, 称之为弱导电媒质, 则可将 (5.5.29) 式的右边做近似处理:

$$\begin{cases} \beta \approx k_0\sqrt{\dfrac{\varepsilon_b}{\varepsilon_0}}, \\[4mm] \alpha \approx \dfrac{k_0}{2}\sqrt{\dfrac{\varepsilon_b}{\varepsilon_0}}\left(\dfrac{\sigma_c}{\omega\varepsilon_b}\right) = \dfrac{\sigma_c}{2}\sqrt{\dfrac{\mu_0}{\varepsilon_b}}. \end{cases} \tag{5.5.31}$$

这里看到, β 与频率有关, α 与频率无关, $\alpha \ll \beta$, 而 β 即为介电常数为 ε_b 的介质中的波数, 故弱导电媒质中波的相速度 v_p 也与频率无关, 即

$$v_p = \frac{\omega}{\beta} = c\sqrt{\frac{\varepsilon_0}{\varepsilon_b}}. \tag{5.5.32}$$

（Ⅱ）导电媒质的电导率较大, 满足 $\sigma_c/(\omega\varepsilon_b) \gg 1$, 称之为良导电媒质, 则亦可将 (5.5.29) 式做近似处理, 得

$$\alpha \approx \beta \approx k_0\sqrt{\frac{\sigma_c}{2\omega\varepsilon_0}} \gg k_0. \tag{5.5.33}$$

总的来说, 对于两种极端情况 $[\sigma_c/(\omega\varepsilon_b) \ll 1$ 和 $\gg 1]$, 可通过 (5.5.31) 式或者 (5.5.33) 式来计算电磁波进入导电媒质的穿透深度 $(1/\alpha)$。对于一般情形, 可根据 (5.5.29) 式来计算穿透深度。

例题 5.5.1   设有两种导电媒质, 一种是干燥土壤, 其相对介电常数为 $\varepsilon_b/\varepsilon_0 = 4$, 电导率为 $\sigma_c = 10^{-4}$ S/m; 另一种是海水, 其相对介电常数为 $\varepsilon_b/\varepsilon_0 = 81$, 电导率为 $\sigma_c = 4.4$ S/m。设频率为 $f = 50$ MHz (真空中波长为 $\lambda_0 = 6$ m) 的电磁波入射到上述导电媒质表面, 计算该频率电磁波进入这两类媒质后的穿透深度。

解: 首先针对不同的导电性, 来估计 $\sigma_c/(\omega\varepsilon_b)$ 的值。对于干燥土壤, 根据所给出的电磁参量, 有 $\sigma_c/(\omega\varepsilon_b) = 0.009$, 满足弱导电媒质条件 $\sigma_c/(\omega\varepsilon_b) \ll 1$, 因此有

$$\alpha \approx \frac{\sigma}{2}\sqrt{\frac{\mu_0}{\varepsilon_b}} = 9.4 \times 10^{-3}\ \mathrm{m}^{-1},$$

电磁波进入土壤后的穿透深度为

$$\delta = \frac{1}{\alpha} = 106\ \mathrm{m}.$$

图 5–38 展示了该频率电磁波从空气入射到导电土壤表面时电场在界面附近的分布。从图中可以看出, 由于土壤介质具有弱导电性, 使得电磁波在进入土壤之后经过数个周期振荡后其振幅出现了明显的衰减。

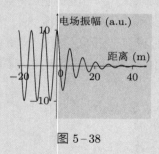

图 5–38

对于海水, $\sigma_c/(\omega\varepsilon_b) = 395.64$, 满足良导电媒质条件 $\sigma_c/(\omega\varepsilon_b) \gg 1$, 因此该频率的电磁波进入海水之后, 其穿透深度为

$$\alpha \approx \sqrt{\frac{\omega\mu_0\sigma_c}{2}} = 829\ \mathrm{m}^{-1}, \quad \delta = \frac{1}{\alpha} = 0.001\,2\ \mathrm{m}.$$

可见对于海水而言, 同频率的电磁波穿透深度大大降低, 甚至远小于电磁波波长 $\lambda = \lambda_0/\sqrt{\varepsilon_b\varepsilon_0^{-1}} = 0.667$ m。因此在海洋深处潜艇无法采用无线电波通信。

5.5.6 导电媒质中能流密度与焦耳 (Joule) 热

设电磁波垂直入射到导电媒质的表面, 来分析进入导电媒质之后磁场的特点。根据前面的讨论, 为了区分入射波 ($\vec{k}_0$)、反射波 ($\vec{k}'$), 这里把折射波的波矢 $\vec{k}''$ 表示为

$$\vec{k}'' = \vec{\beta} + \mathrm{i}\vec{\alpha} = (\beta + \mathrm{i}\alpha)\,\vec{e}_z, \tag{5.5.34}$$

折射波的电场为

$$\vec{E}''(\vec{R}, t) = \vec{E}_0''\mathrm{e}^{\mathrm{i}\left(\vec{k}''\cdot\vec{R} - \omega t\right)} = E_0''\mathrm{e}^{-\alpha z}\mathrm{e}^{\mathrm{i}(\beta z - \omega t)}\vec{e}_y. \tag{5.5.35}$$

根据 $\nabla \times \vec{E}'' = \mathrm{i}\omega\mu_0\vec{H}''$, 折射波的磁场表示为

$$\vec{H}'' = \frac{1}{\omega\mu_0}\vec{k}'' \times \vec{E}'' = -\frac{1}{\omega\mu_0}(\beta + \mathrm{i}\alpha)\,E''\vec{e}_x. \tag{5.5.36}$$

从 (5.5.29) 式看到, 由于导电性的存在, 使得 $\alpha \neq 0$, 因而导电媒质中 $\vec{H}''$ 与 $\vec{E}''$ 之间的相位差既不是之前讨论过的同相位情形, 也不是相差 $\pi/2$ 的情形。

为此我们来计算导电媒质中的能流密度。根据能流密度的定义 $\vec{s}''(z, t) = \mathrm{Re}\,(\vec{E}'') \times \mathrm{Re}\,(\vec{H}'')$, 代入 (5.5.36) 式, 得

$$\vec{s}'' = \frac{1}{\omega\mu_0}\mathrm{e}^{-2\alpha z}(E_0'')^2 \cdot [\beta\cos(\beta z - \omega t) - \alpha\sin(\beta z - \omega t)]\cos(\beta z - \omega t)\,\vec{e}_z. \tag{5.5.37}$$

因而电磁波进入导电媒质中的能流密度平均值为

$$\langle\vec{s}''\rangle = \frac{\beta}{2\omega\mu_0}\mathrm{e}^{-2\alpha z}(E_0'')^2\vec{e}_z. \tag{5.5.38}$$

可见这里沿着 z 方向存在净能流, 不过能流密度的大小随着 z 的增加而指数衰减。

需要注意的是, 在 β 为实数解的前提下, 由于媒质电导性的存在, 使得流入导电媒质的能流最终转化为导电媒质的 Joule 热。要证明这一点, 首先来分析单位时间内电磁场对单位体积带电体系内自由电荷所做的功, 有

$$W = \vec{J}_{\mathrm{f}} \cdot \vec{E}'' = \sigma_{\mathrm{c}}\vec{E}'' \cdot \vec{E}''. \tag{5.5.39}$$

W 实际上是功率损耗或者 Joule 热功率, 其一个周期内的平均值为

$$\langle W\rangle = \langle\sigma_{\mathrm{c}}\,\mathrm{Re}\,(\vec{E}'') \cdot \mathrm{Re}\,(\vec{E}'')\rangle = \frac{1}{2}\sigma_{\mathrm{c}}(E_0'')^2\mathrm{e}^{-2\alpha z}. \tag{5.5.40}$$

因此单位表面积之下所覆盖的半无限长柱形导电媒质内所消耗的功率为

$$P = \int_0^\infty \langle W\rangle\,\mathrm{d}z = \frac{1}{2}\sigma_{\mathrm{c}}(E_0'')^2\int_0^\infty \mathrm{e}^{-2\alpha z}\mathrm{d}z = \frac{\sigma_{\mathrm{c}}}{4\alpha}(E_0'')^2. \tag{5.5.41}$$

另一方面, 根据 (5.5.38) 式, 在分界面 $z = 0$ 处折射波的能流密度平均值为

$$\langle\vec{s}''\rangle|_{z=0} = \frac{\beta}{2\omega\mu_0}(E_0'')^2\vec{e}_z = \frac{\sigma_{\mathrm{c}}}{4\alpha}(E_0'')^2\vec{e}_z. \tag{5.5.42}$$

这里利用了方程组 (5.5.25) 中的第二个等式, 因此有以下关系:

$$P = |\langle \vec{s}'' \rangle|_{z=0}| . \tag{5.5.43}$$

这意味着电磁波进入导电媒质所输送的能量全部转化为 Joule 热, 并最终损耗殆尽. 注意这里的能量 (单位时间) 是指流进导电媒质的能量, 而不是指入射到导电媒质表面的总能量. 其次, 上述结论是基于一般的分析, 对任意电导率的导电媒质都成立, 而不只是良导电媒质.

为了描述这种 Joule 热, 可以引入一个表面电阻 R_{s}, 并定义为

$$R_{\mathrm{s}} = \frac{1}{\sigma_{\mathrm{c}} \delta} = \frac{\alpha}{\sigma_{\mathrm{c}}} . \tag{5.5.44}$$

其粗略的物理图像就是, 把进入表面损耗的能量看成是电流集中在导电媒质表面一厚度为 δ 的薄层内的电阻所消耗的功率, 因此单位面积的表面电阻为

$$R_{\mathrm{s}} = \frac{\ell}{\sigma_{\mathrm{c}} \Delta S} = \frac{\ell}{\sigma_{\mathrm{c}} (\ell \delta)} = \frac{1}{\sigma_{\mathrm{c}} \delta} . \tag{5.5.45}$$

借助 (5.5.33) 式, 良导电媒质的表面电阻为

$$R_{\mathrm{s}} = \frac{\alpha}{\sigma_{\mathrm{c}}} \approx \sqrt{\frac{\mu_0 \omega}{2 \sigma_{\mathrm{c}}}} . \tag{5.5.46}$$

关于色散媒质中的电磁场能量密度的讨论比较复杂, 这里不做介绍. 我们来分析导电媒质中磁感应强度与电场强度大小的比值. 由 (5.5.36) 式得

$$\left| \frac{B''}{E''} \right| = \left| \frac{\mu_0 H''}{E''} \right| = \frac{\sqrt{\beta^2 + \alpha^2}}{\omega} . \tag{5.5.47}$$

若是弱导电媒质, 根据 (5.5.31) 式, 有 $\alpha \ll \beta$, $\beta \approx k_0 \sqrt{\varepsilon_{\mathrm{b}}/\varepsilon_0}$, 则有

$$\left| \frac{B''}{E''} \right| \approx \frac{\beta}{\omega} = \frac{1}{c} \sqrt{\frac{\varepsilon_{\mathrm{b}}}{\varepsilon_0}} . \tag{5.5.48}$$

若是良导电媒质, 根据 (5.5.33) 式, 有 $\alpha \approx \beta \approx k_0 \sqrt{\dfrac{\sigma_{\mathrm{c}}}{2 \omega \varepsilon_0}}$, 则有

$$\left| \frac{B''}{E''} \right| \approx \sqrt{2} \frac{\beta}{\omega} = \frac{1}{c} \sqrt{\frac{\sigma_{\mathrm{c}}}{\omega \varepsilon_0}} . \tag{5.5.49}$$

对比 (5.5.48) 式和 (5.5.49) 式, 可见良导电媒质中的 $|B''/E''|$ 要远高于弱导电媒质情形下的结果.

5.5.7   导电媒质的反射率

前面关注的是导电媒质中波的特点. 要回答电磁波入射到导电媒质表面的反射效果, 需要把入射波、折射波和反射波通过边界条件联系起来. 对于导电媒质, 电磁波有一定的穿透深度, 相应地传导电流在导电媒质表面附近存在一定深度范围的体分布, 而在界面上并无传导电流或者额外净电荷面分布.

以垂直入射为例 (图 5–39), 电场和磁场强度的切向分量连续的边界条件表示为

$$\begin{cases} E + E' = E'', \\ H - H' = H''. \end{cases} \tag{5.5.50}$$

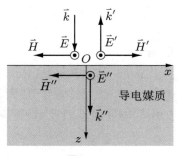

图 5-39

假设入射的一侧为真空, 则根据 $\nabla \times \vec{E} = \mathrm{i}\omega\mu_0\vec{H}$, 有

$$\vec{H} = -\frac{k_0 E}{\omega\mu_0}\vec{e}_x, \quad \vec{H}' = \frac{k_0 E'}{\omega\mu_0}\vec{e}_x, \quad \vec{H}'' = -\frac{(\beta + \mathrm{i}\alpha) E''}{\omega\mu_0}\vec{e}_x. \tag{5.5.51}$$

因此 (5.5.50) 式改写为

$$\begin{cases} E + E' = E'', \\ E - E' = \dfrac{1}{k_0}(\beta + \mathrm{i}\alpha) E''. \end{cases} \tag{5.5.52}$$

联立求解得

$$\frac{E'}{E} = \frac{k_0 - \beta - \mathrm{i}\alpha}{k_0 + \beta + \mathrm{i}\alpha}. \tag{5.5.53}$$

在 β 为实数解情形下, 反射能流与入射能流密度之比 (反射系数) 为

$$R = \left|\frac{E'}{E}\right|^2 = \frac{(k_0 - \beta)^2 + \alpha^2}{(k_0 + \beta)^2 + \alpha^2}. \tag{5.5.54}$$

下面分别针对弱导电和良导电媒质来讨论上述结果。

（Ⅰ）对于弱导电媒质, 满足 $\sigma_c/(\omega\varepsilon_b) \ll 1$, 根据 (5.5.31) 式, 有 $\beta \approx k_0\sqrt{\varepsilon_b/\varepsilon_0}$, $\alpha \ll \beta$, 则 (5.5.54) 式简化为

$$R \approx \frac{(k_0 - \beta)^2}{(k_0 + \beta)^2} = \frac{\left(\sqrt{\varepsilon_0} - \sqrt{\varepsilon_b}\right)^2}{\left(\sqrt{\varepsilon_0} + \sqrt{\varepsilon_b}\right)^2}. \tag{5.5.55}$$

上式即为无色散介质分界面上的反射系数结果 (5.2.31) 式。

（Ⅱ）一个有趣的现象是电磁波入射到良导电媒质表面的情形, 此时可以产生很高的反射率。由于良导电媒质满足 $\sigma_c/(\omega\varepsilon_b) \gg 1$, 根据 (5.5.33) 式, 有 $\beta \approx \alpha \gg k_0$, 则 (5.5.54) 式简化为

$$R = \frac{(1 - k_0/\beta)^2 + 1}{(1 + k_0/\beta)^2 + 1} \approx 1 - \frac{2k_0}{\beta} = 1 - \sqrt{\frac{8\omega\varepsilon_0}{\sigma_c}}. \tag{5.5.56}$$

可以看到, 对满足 $\sigma_c/(\omega\varepsilon_b) \gg 1$ 条件的良导电媒质, 电导率 σ_c 越高, 反射系数也越高. 以前面例题中的海水为例, 根据 (5.5.56) 式, 频率为 $f = 50$ MHz 的电磁波入射到海水表面的反射率可达到 $R = 92.9\%$. 所以对导电媒质而言, 高的电导率并不意味着电磁波入射到表面之后会产生高吸收损耗.

5.5.8 导电薄膜的光吸收率

如图 5–40 所示, 有些光电探测器件内部会引入 (或表面覆盖) 一层极薄的导电膜, 而膜的厚度一般在十到数十纳米. 虽然半无限大导电媒质的反射率很高, 但对于超薄的导电膜, 我们来分析导电性对其透光率的影响.

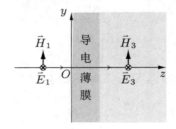

图 5–40

根据 (5.3.33) 式, 对于单层薄膜, 电磁波在垂直入射下有如下关系:

$$\begin{pmatrix} 1 + r \\ (1 - r)Z_1^{-1} \end{pmatrix} = \boldsymbol{M} \begin{pmatrix} t \\ tZ_3^{-1} \end{pmatrix}. \tag{5.5.57}$$

这里矩阵 $\boldsymbol{M}$ 表示为

$$\boldsymbol{M} = \begin{pmatrix} \cos\phi_2 & -\mathrm{i}Z_2\sin\phi_2 \\ -\dfrac{\mathrm{i}}{Z_2}\sin\phi_2 & \cos\phi_2 \end{pmatrix}. \tag{5.5.58}$$

Z_2 为薄膜的波阻抗, $\phi_2 = k_2 d = n_2 d k_0$ 为电磁波垂直穿过膜层所累积的相位.

根据上式, 可求得垂直入射下单层膜的透射率 $T = (n_3/n_1)\,|t|^2$ 和反射率 $R = |r|^2$ 分别为

$$T = \frac{n_3}{n_1}\left| \frac{4Z_3}{\left(Z_3 + Z_1 - Z_2 - Z_1Z_3Z_2^{-1}\right)\mathrm{e}^{\mathrm{i}\phi_2} + \left(Z_3 + Z_1 + Z_2 + Z_1Z_3Z_2^{-1}\right)\mathrm{e}^{-\mathrm{i}\phi_2}} \right|^2, \tag{5.5.59}$$

$$R = \left| \frac{\left(Z_3 - Z_1 - Z_2 + Z_1Z_3Z_2^{-1}\right)\mathrm{e}^{\mathrm{i}\phi_2} + \left(Z_3 - Z_1 + Z_2 - Z_1Z_3Z_2^{-1}\right)\mathrm{e}^{-\mathrm{i}\phi_2}}{\left(Z_3 + Z_1 - Z_2 - Z_1Z_3Z_2^{-1}\right)\mathrm{e}^{\mathrm{i}\phi_2} + \left(Z_3 + Z_1 + Z_2 + Z_1Z_3Z_2^{-1}\right)\mathrm{e}^{-\mathrm{i}\phi_2}} \right|^2. \tag{5.5.60}$$

上述结果适用于电磁波垂直入射下任意单层膜的透射率与反射率的计算.

现在来考察非磁性弱导电薄膜, 并且为简单起见, 设入射区域和透射区域为相同的透明介质 $(n_1 = n_3 = n)$. 根据前面的讨论, 光在垂直入射下导电层中的复波矢为

$$\vec{k}_2 = (\beta + \mathrm{i}\alpha)\,\vec{e}_z = n_2 k_0 \vec{e}_z. \tag{5.5.61}$$

则导电薄膜的透射率和反射率分别为

$$T = \frac{(4n)^2}{\left| \left(2n - \dfrac{n^2 k_0}{\beta + \mathrm{i}\alpha} - \dfrac{\beta + \mathrm{i}\alpha}{k_0} \right) \mathrm{e}^{-\alpha d + \mathrm{i}\beta d} + \left(2n + \dfrac{n^2 k_0}{\beta + \mathrm{i}\alpha} + \dfrac{\beta + \mathrm{i}\alpha}{k_0} \right) \mathrm{e}^{\alpha d - \mathrm{i}\beta d} \right|^2},$$

(5.5.62)

$$R = \left| \frac{\left(-\dfrac{n^2 k_0}{\beta + \mathrm{i}\alpha} + \dfrac{\beta + \mathrm{i}\alpha}{k_0} \right) \mathrm{e}^{-\alpha d + \mathrm{i}\beta d} + \left(\dfrac{n^2 k_0}{\beta + \mathrm{i}\alpha} - \dfrac{\beta + \mathrm{i}\alpha}{k_0} \right) \mathrm{e}^{\alpha d - \mathrm{i}\beta d}}{\left(2n - \dfrac{n^2 k_0}{\beta + \mathrm{i}\alpha} - \dfrac{\beta + \mathrm{i}\alpha}{k_0} \right) \mathrm{e}^{-\alpha d + \mathrm{i}\beta d} + \left(2n + \dfrac{n^2 k_0}{\beta + \mathrm{i}\alpha} + \dfrac{\beta + \mathrm{i}\alpha}{k_0} \right) \mathrm{e}^{\alpha d - \mathrm{i}\beta d}} \right|^2.$$

(5.5.63)

对于弱导电媒质, 有 $\alpha \ll \beta$, 因此对上式分子、分母中的分数式项做近似处理, 得

$$T \approx \frac{(4n)^2}{\left| \left(2n - \dfrac{n^2 k_0}{\beta} - \dfrac{\beta}{k_0} \right) \mathrm{e}^{-\alpha d + \mathrm{i}\beta d} + \left(2n + \dfrac{n^2 k_0}{\beta} + \dfrac{\beta}{k_0} \right) \mathrm{e}^{\alpha d - \mathrm{i}\beta d} \right|^2},$$

(5.5.64)

$$R \approx \left| \frac{\left(-\dfrac{n^2 k_0}{\beta} + \dfrac{\beta}{k_0} \right) \mathrm{e}^{-\alpha d + \mathrm{i}\beta d} + \left(\dfrac{n^2 k_0}{\beta} - \dfrac{\beta}{k_0} \right) \mathrm{e}^{\alpha d - \mathrm{i}\beta d}}{\left(2n - \dfrac{n^2 k_0}{\beta} - \dfrac{\beta}{k_0} \right) \mathrm{e}^{-\alpha d + \mathrm{i}\beta d} + \left(2n + \dfrac{n^2 k_0}{\beta} + \dfrac{\beta}{k_0} \right) \mathrm{e}^{\alpha d - \mathrm{i}\beta d}} \right|^2.$$

(5.5.65)

进一步考虑超薄膜, 其厚度远小于波长, 则有 $\mathrm{e}^{\pm \alpha d} \approx 1 \pm \alpha d$, 从而得

$$T \approx 4n^2 \left\{ \left[2n + \alpha d \left(\frac{n^2 k_0}{\beta} + \frac{\beta}{k_0} \right) \right]^2 + C \sin^2 (\beta d) \right\}^{-1}.$$

(5.5.66)

$$R \approx \left[2\alpha d \left(\frac{n^2 k_0}{\beta} - \frac{\beta}{k_0} \right) \right]^2 \left\{ \left[2n + \alpha d \left(\frac{n^2 k_0}{\beta} + \frac{\beta}{k_0} \right) \right]^2 + C \sin^2 (\beta d) \right\}^{-1}.$$

(5.5.67)

这里参量 C 为

$$C = \left[2n\alpha d + \left(\frac{n^2 k_0}{\beta} + \frac{\beta}{k_0} \right) \right]^2 - \left[2n + \alpha d \left(\frac{n^2 k_0}{\beta} + \frac{\beta}{k_0} \right) \right]^2.$$

(5.5.68)

由于 $\beta d \ll 1$, 因此弱导电薄膜的反射率为零 $(R \approx 0)$, 而透射率为

$$T \approx \frac{4n^2}{\left[2n + \alpha d \left(\dfrac{n^2 k_0}{\beta} + \dfrac{\beta}{k_0} \right) \right]^2} \approx 1 - \alpha d \left(\frac{n k_0}{\beta} + \frac{\beta}{n k_0} \right).$$

(5.5.69)

若导电薄膜处于真空中 $(n = 1)$, 则有

$$T \approx 1 - \alpha d \left(\frac{k_0}{\beta} + \frac{\beta}{k_0} \right).$$

(5.5.70)

对于可采用如下等效介电常数描述的弱导电薄膜, 有

$$\varepsilon (\omega) = \varepsilon_{\mathrm{b}} + \mathrm{i} \frac{\sigma_{\mathrm{c}}}{\omega}.$$

(5.5.71)

根据 (5.5.31) 式给出的 α 和 β 的表达式, 则真空中的超薄导电膜透射率为

$$T \approx 1 - \frac{1}{2}\left(1 + \frac{\varepsilon_0}{\varepsilon_b}\right)\sigma_c Z_0 d. \tag{5.5.72}$$

而超薄导电膜的光吸收率为

$$A = 1 - R - T = \frac{1}{2}\left(1 + \frac{\varepsilon_0}{\varepsilon_b}\right)\sigma_c Z_0 d. \tag{5.5.73}$$

可见, 由于导电性的存在, 导电薄膜会存在一定的光吸收, 吸收率正比于膜的厚度 $d\,(d \ll \lambda_0)$ 及其低频电导率 σ_c。

---

*课外阅读: 石墨烯二维材料的奇特光吸收特性

从 (5.5.73) 式可以看出, 若导电薄膜的厚度薄到只有数层原子厚时, 其吸收率应趋于零。不过人们发现, 由单层原子组成的石墨烯晶体却能对白光产生相当可观的光吸收效率。研究表明, 不同于三维结构晶体, 石墨烯是二维材料 (图 5–41), 并且有着特殊的电子能带结构, 这导致其在高频区域的光导率是一个普适常数 [18]:

$$G = \sigma d = \frac{e^2}{4\hbar} \approx 6.1 \times 10^{-5} \ \Omega^{-1}.$$

这里 σ 为高频电导率, d 为多层堆砌石墨烯中原子层与层的间距。故在高频波段, 石墨烯的电导率为

$$\sigma = \frac{e^2}{4\hbar d}.$$

考虑石墨烯 $\varepsilon_b \approx \varepsilon_0$, 并设其处于真空中, 根据 (5.5.73) 式, 得到悬空单层石墨烯的光吸收率为

$$A = Z_0 \sigma d = \pi\left(\frac{e^2}{4\pi\varepsilon_0 \hbar c}\right) = \pi\alpha_f.$$

这里 α_f 为精细结构常数, 是用于描述光与非相对论效应运动下电子之间的耦合参数:

$$\alpha_f = \frac{e^2}{4\pi\varepsilon_0 \hbar c} \approx \frac{1}{137}.$$

可以看到, 单层石墨烯具有奇特的光吸收特性, 其光吸收率完全由精细结构常数决定, 理论计算值为 $A \approx \pi/137 \approx 2.3\%$。

R. R. Nair 等 [19] 成功制备出大尺寸的石墨烯晶体, 通过金属网孔支撑形成悬空石墨烯膜, 测得单层石墨烯的光吸收率, 并且发现吸收率不依赖于光波长, 如图 5–41 所示。实验不但证明了石墨烯的光吸收率只与精细结构常数 α_f 有关, 还观测到随着层数的增加, 光吸收率以 $m\pi\alpha_f$ 的幅度递增, m 为石墨烯堆砌的层数, 这一结果与理论分析 (5.5.73) 式也是一致的。

---

[18] A. B. Kuzmenko *et al.*, *Universal Optical Conductance of Graphite*, Phys. Rev. Lett. **100**, 117401 (2008).

[19] R. R. Nair *et al.*, *Fine Structure Constant Defines Visual Transparency of Graphene*, Science **320**, 1308 (2008).

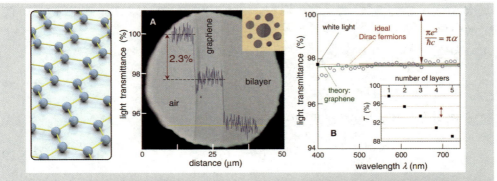

图 5-41　左: 石墨烯原子排列结构示意图。中: 白光照射下单层和双层石墨烯的透射率测量结果。右: 多层石墨烯的透射谱。结果摘自文献 [19], 经 AAAS 许可转载。注: 图中标注的 α 即为精细结构常数, 而 $\pi\alpha = \pi e^2/(\hbar c)$ 的表达形式采用的是 Gauss 单位制。

5.5.9　金属导体的穿透深度

前面分析得出, 金属导体的等效介电常数在不同的波段表现出不同的行为。当 $\omega > \omega_{\rm p}$ 时, 金属表现出一种强色散且无损耗的介质特性, 因此其透射反射特性与一般的色散介质类似。这里主要来分析当 $\omega < \omega_{\rm p}$ 时电磁波入射到金属表面的反射特性 (图 5-42)。

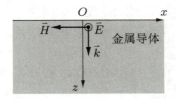

图 5-42

金属的介电常数可以用 Drude 模型描述, 即

$$\varepsilon(\omega) = \varepsilon_0 \varepsilon_{\rm r}' + {\rm i}\varepsilon_0 \varepsilon_{\rm r}'', \tag{5.5.74}$$

$$\varepsilon_{\rm r}' = 1 - \frac{\omega_{\rm p}^2}{\omega^2 + \gamma^2}, \quad \varepsilon_{\rm r}'' = \frac{\omega_{\rm p}^2 \gamma}{\omega(\omega^2 + \gamma^2)}. \tag{5.5.75}$$

由于金属导体一般满足 $\gamma \ll \omega_{\rm p}$, 因此当 $\omega < \omega_{\rm p}$ 时, $\varepsilon_{\rm r}' < 0$。稍作推导 (作为练习), 可以得到方程组 (5.5.25) 的解为

$$\beta = {\rm i}k_0 \sqrt{\frac{|\varepsilon_{\rm r}'|}{2}} \left[\sqrt{1 + \left(\frac{\varepsilon_{\rm r}''}{\varepsilon_{\rm r}'}\right)^2} + 1 \right]^{1/2}, \tag{5.5.76}$$

$$\alpha = -{\rm i}k_0 \sqrt{\frac{|\varepsilon_{\rm r}'|}{2}} \left[\sqrt{1 + \left(\frac{\varepsilon_{\rm r}''}{\varepsilon_{\rm r}'}\right)^2} - 1 \right]^{1/2}. \tag{5.5.77}$$

需要注意的是, 由于 $\varepsilon_{\rm r}' < 0$, 这里关于 β 和 α 解的形式不同于导电媒质情形结果 (5.5.28) 式。首先, 不同于一般的导电媒质 (支持实数解 β), 这里 β 为虚数解;

其次这里 α 亦为虚数, 表示的是沿着 z 轴前向的波, 在 (5.5.77) 式中等号的右边需取负号。

为便于讨论, 引入参量:

$$\beta = i\beta', \quad \alpha = -i\alpha'. \tag{5.5.78}$$

这里 β' 和 α' 均为正实数。复波矢可表示成

$$\vec{k}'' = (\alpha' + i\beta')\,\vec{e}_z. \tag{5.5.79}$$

而金属导体中单色时谐波的电场则表示为

$$\vec{E}''(z,t) = \vec{E}_0'' e^{i(\vec{k}''\cdot\vec{R}-\omega t)} = E_0'' e^{-\beta' z} e^{i(\alpha' z - \omega t)} \vec{e}_y. \tag{5.5.80}$$

因此电磁波进入金属导体后的穿透深度为

$$\delta = \frac{1}{\beta'}. \tag{5.5.81}$$

注意金属导体的穿透深度是由 β' 决定的。根据 $\nabla \times \vec{E}'' = i\omega\mu_0\vec{H}''$, 金属导体中的磁场为

$$\vec{H}''(z,t) = \frac{1}{\omega\mu_0}\vec{k}'' \times \vec{E}'' = -\frac{1}{\omega\mu_0}(\alpha' + i\beta')\,E_0''(z,t)\,\vec{e}_x. \tag{5.5.82}$$

金属导体中 $\vec{H}''$ 与 $\vec{E}''$ 之间也存在相位差, 进入导体的这束波的能流密度平均值不为零。容易得到金属导体中的能流密度平均值为

$$\langle \vec{s}'' \rangle = \langle \mathrm{Re}\,(\vec{E}'') \times \mathrm{Re}\,(\vec{H}'') \rangle = \frac{\alpha'}{2\omega\mu_0} e^{-2\beta' z} (E_0'')^2 \vec{e}_z. \tag{5.5.83}$$

从上式看到, 一旦金属的等效介电常数虚部 ε_r'' 不为零, 则有 $\alpha' \neq 0$, 因而 $\langle \vec{s}'' \rangle \neq 0$, 这意味着会产生损耗, 根据 (5.4.17) 式, 有 $\varepsilon_r'' = (\varepsilon_0\omega)^{-1}\mathrm{Re}\,(\sigma)$, 所以金属电导率的实部对应着损耗, 损耗的大小除了与 α' 有关, 还取决于 E_0'' 的值。

接下来我们根据上一节给出的金属在低频/微波波段和可见光/近红外波段两个波段的介电常数的特点, 来讨论金属对这两个波段的电磁波的反射特性。

1. 可见光/近红外波段

由于在可见光/近红外波段, 贵金属的介电常数一般满足 $\varepsilon_r''/|\varepsilon_r'| \ll 1$, 则 β' 和 α' 近似为

$$\beta' = \sqrt{|\varepsilon_r'|}k_0, \quad \alpha' = \frac{\sqrt{|\varepsilon_r'|}}{2}\left|\frac{\varepsilon_r''}{\varepsilon_r'}\right|k_0, \quad \alpha' \ll \beta'. \tag{5.5.84}$$

根据电场和磁场强度切向分量连续的边界条件 (5.5.50) 式, 这里有

$$\frac{E'}{E} = \frac{k_0 - \alpha' - i\beta'}{k_0 + \alpha' + i\beta'}. \tag{5.5.85}$$

从而得到半无限大金属导体表面的反射率为

$$R = \left|\frac{E'}{E}\right|^2 = \frac{(k_0 - \alpha')^2 + \beta'^2}{(k_0 + \alpha')^2 + \beta'^2}. \tag{5.5.86}$$

可以看到, 对于半无限大金属导体而言, 当 $\varepsilon_r''/|\varepsilon_r'| \approx 0$ 时, $R \approx 1$, 因此贵金属对可

见光/红外线有很高的反射率。

根据金属导体介电常数的特点, 由于在等离子体频率 ω_p 附近介电常数的实部 ε_r' 会变号, 因此频率 $\omega < \omega_p$ 的电磁波入射到金属表面会被强烈地反射, 而一旦 ω 越过 ω_p, 金属会立即表现出较高的透射率。根据这一特点, 也可以从材料透射光谱的测量上来确定导电媒质或者金属导体的 ω_p 值。

例题 5.5.2 在波长 $\lambda = 1.0\ \mu m$ 位置, 铜的相对介电常数为 $\varepsilon/\varepsilon_0 = -34.5 + 1.6i$。估算波长 $\lambda = 1.0\ \mu m$ 的近红外线入射到铜表面的穿透深度和反射率。

解: 根据 $\lambda = 1.0\ \mu m$ 位置铜的介电常数, $\varepsilon_r' = -34.5$, $\varepsilon_r'' = 1.6$, 则有

$$\beta' = \sqrt{|\varepsilon_r'|}k_0 = 3.7 \times 10^7\ m^{-1}. \tag{5.5.87}$$

相应地 $\lambda = 1.0\ \mu m$ 的红外线进入铜表面的穿透深度为

$$\delta = \frac{1}{\beta'} = 27.1\ nm.$$

根据 (5.5.86) 式, 得到该波长的红外线入射到铜表面的反射率为

$$R = \left|\frac{E'}{E}\right|^2 = \frac{(k_0 - \alpha')^2 + \beta'^2}{(k_0 + \alpha')^2 + \beta'^2} = 96.4\%.$$

剩余部分 3.6% 的近红外线能量进入铜的表面而被损耗吸收。

图 5-43 给出了波长 $\lambda = 1.0\ \mu m$ 的近红外光从空气 (左侧) 入射到铜表面时的电场振幅分布。可以看到, 红外线进入铜表面之后振幅出现急剧衰减, 波形振荡完全被抑制, 这是由于相应频率电磁波在金属导体中并无行波解所导致的。这些特征区别于导电媒质中的电磁波衰减行为 (图 5-38)。红外线电磁波进入金属的穿透深度小于 20 nm, 可见光在金属表面的穿透深度小于 50 nm, 所以若金属膜的厚度小于 20 nm, 可见光可以部分穿过金属膜而成为透明金属膜。

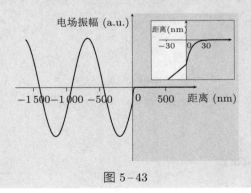

图 5-43

2. 低频/微波波段

由于在低频/微波波段 $\omega \ll \gamma$, $\varepsilon_r' \sim -10^4$, 并且 $\varepsilon_r''/|\varepsilon_r'| \gg 1$, 则根据 (5.5.76) 式和 (5.5.77) 式, β'、α' 近似为

$$\beta' \approx k_0 \sqrt{\frac{|\varepsilon_r'|}{2}} \sqrt{\frac{\varepsilon_r''}{|\varepsilon_r'|}}, \quad \alpha' \approx \beta', \quad |\alpha'| \gg k_0. \tag{5.5.88}$$

根据 (5.5.86) 式, 低频/微波波段电磁波入射到金属导体表面之后的反射率几乎为 100%, 并且由于 $|\varepsilon_r'|$ 和 $\varepsilon_r''/|\varepsilon_r'|$ 都远远大于 1, 因此对于低频/微波波段的电磁波而言, 完全可以把金属导体看成是理想导体, 其穿透深度为零, 即

$$\delta = \frac{1}{\beta'} = 0. \tag{5.5.89}$$

对于理想导体, 原先金属导体表面一定深度内的体分布电流被推到极限情形 —— 成为一种面电流分布而分布在理想导体的表面, 同时电磁场完全被排除在理想导体外。因此在理想导体与介质分界面附近, 介质一侧的电磁场的边界条件为

$$E_t = 0, \quad B_n = 0. \tag{5.5.90}$$

由于面电流和面电荷分布的出现, H_t 和 D_n 在分界面两侧不再连续。我们研究微波在金属波导管中的传播时, 就可以把金属看成是理想导体来简化问题的处理。

思考题 5.3　对于微波乃至红外线, 金属可以看成是理想导体。由于飞行器一般都是金属结构, 设法降低电磁波入射到金属导体表面的反射具有重要的应用意义。假设在理想导体表面覆盖一层各向同性的介质层, 介质层的厚度为 d, 介电常数 ε 和磁导率 μ 均为复数。讨论电磁波垂直入射到理想导体的反射率, 以及反射率为零的条件。

思考题 5.4　如图 5-44 所示, 假设在介质衬底上沉积厚度远小于入射波长的均匀金属薄膜, 膜上、下介质的折射率分别为 n_1 和 n_3, 金属膜的厚度为 d, 介电常数 $\varepsilon(\omega) = \varepsilon_0(\varepsilon_r' + i\varepsilon_r'')$, 其中 $\varepsilon_r' < 0$, $\varepsilon_r'' > 0$。假设圆频率为 ω 的单色平面电磁波垂直入射到金属膜表面, 讨论超薄金属膜的透射率和反射率。

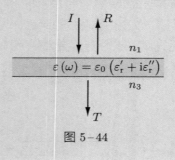

图 5-44

5.6　波导及谐振腔

前面我们讨论了时谐平面电磁波在无界空间中的传播, 作为其中最基本的一种传播模式——时谐平面电磁波是 TEM 波, 电场、磁场与波矢之间相互垂直。本节讨论的是电磁波在受限空间中的传播, 这里受限的区域往往采用金属或者介质材料构成。我们会看到, 一旦电磁波传播时存在特定的边界条件, 电磁波传播的模式和场结构都会发生改变。为了使得电磁波沿着特定的空间区域传播, 对于不同频段的电磁波往往需要采用不同的媒质。日常生活中看到的引导低频电磁波能量传

输的方法是采用两根平行的金属电线。随着频率的升高, 为了减少辐射损耗, 往往采用同轴电缆传输高频电磁波。对于更高频率 (GHz 频段) 的电磁波, 由于内导线 Joule 热损耗增大, 通常采用中空金属管也就是波导管实现微波的传输。此外, 还可以采用共振腔来短时间内存储简谐变化的电磁场, 在微波波段采用的是金属导体构成密闭腔。

5.6.1 理想导体表面电磁场的特点

根据电磁场的边值关系以及理想导体模型, 则理想导体表面附近 (介质一侧) 的电场强度切向分量和磁感应强度法向分量满足

$$E_t = 0, \quad B_n = 0. \tag{5.6.1}$$

对于理想导体, 电流被限制在贴近表面厚度趋于零的薄层内, 形成无损耗的面电流 $\vec{K}_f$ 分布和面电荷 σ_f 分布。理想导体表面的电位移 $\vec{D}$ 以及磁场强度 $\vec{H}$ 与 $\vec{K}_f$、σ_f 之间存在如下关系:

$$\begin{cases} \vec{K}_f = \vec{n} \times \vec{H}, \\ \sigma_f = \vec{n} \cdot \vec{D}. \end{cases} \tag{5.6.2}$$

这里 $\vec{n}$ 为导体的面法向单位矢量 (指向介质内)。

由于低频电磁波 (如微波) 入射到如金属表面时穿透深度趋近于零, 反射率几乎达到 100%, 因此当微波信号在由金属导体构成的波导管中传播时, 可以把金属导体看成理想导体来处理, 从而简化物理问题的分析与处理。微波波导管一般采用中空的金属管, 其横切面可以是长方形、圆形, 管的长度远大于电磁波的波长, 电磁波沿管轴向方向以行波传播。

5.6.2 金属波导管中电磁波导模特点

为简单起见, 假设波导管内充满介电常数为 ε, 磁导率为 μ 的各向同性均匀线性介质, 并且忽略材料本身的色散。考虑在波导管中传播的时谐电磁波为

$$\vec{E}(\vec{R}, t) = \vec{E}(\vec{R}) e^{-i\omega t}, \quad \vec{B}(\vec{R}, t) = \vec{B}(\vec{R}) e^{-i\omega t}. \tag{5.6.3}$$

将其代入自由空间中的波动方程, 得到金属波导管中电磁波的电场和磁场空间因子矢量满足的微分方程组分别为

$$\begin{cases} \nabla^2 \vec{E}(\vec{R}) + k^2 \vec{E}(\vec{R}) = 0, \\ \nabla \cdot \vec{E}(\vec{R}) = 0. \end{cases} \tag{5.6.4}$$

$$\begin{cases} \nabla^2 \vec{B}(\vec{R}) + k^2 \vec{B}(\vec{R}) = 0, \\ \nabla \cdot \vec{B}(\vec{R}) = 0. \end{cases} \tag{5.6.5}$$

其中参量 $k = \omega\sqrt{\mu\varepsilon}$。上述方程与之前讨论的无限大介质中的完全一样, 只不过这里需要结合相关的边界条件来求解空间因子矢量。

我们知道, 导模 $\vec{E}(\vec{R}, t)$ 在波导管内只能沿轴线方向 (设为 z 轴) 传播, 作为导模须具有传播因子 $e^{i(k_z z - \omega t)}$, 而理想导体没有损耗, 因此电磁场的振幅只依赖于

波导管内横向位置 (x, y), 导模可表示为

$$\begin{cases} \vec{E}(\vec{R}, t) = \vec{E}(x, y) \, e^{i(k_z z - \omega t)}, \\ \vec{H}(\vec{R}, t) = \vec{H}(x, y) \, e^{i(k_z z - \omega t)}. \end{cases} \tag{5.6.6}$$

式中 k_z 为沿 z 轴传播的波矢分量。将上式代入 (5.6.4) 式和 (5.6.5) 式, 得

$$\left(\frac{\partial^2}{\partial x^2} + \frac{\partial^2}{\partial y^2} + k_t^2 \right) \begin{Bmatrix} \vec{E}(x, y) \\ \vec{H}(x, y) \end{Bmatrix} = 0. \tag{5.6.7}$$

式中

$$k_t^2 = k^2 - k_z^2 = \mu \varepsilon \omega^2 - k_z^2. \tag{5.6.8}$$

根据 Maxwell 方程组, 可以验证电磁场所有横向分量都可以用其纵向分量表示。以 Cartesian 坐标系为例, 经过简单推导 (作为练习), 得到电场和磁场的振幅 $\vec{E}(x, y)$、$\vec{H}(x, y)$ 满足如下方程组:

$$\begin{cases} E_x = \dfrac{i}{k_t^2} \left(k_z \dfrac{\partial E_z}{\partial x} + \omega \mu \dfrac{\partial H_z}{\partial y} \right), \\[2mm] E_y = \dfrac{i}{k_t^2} \left(k_z \dfrac{\partial E_z}{\partial y} - \omega \mu \dfrac{\partial H_z}{\partial x} \right), \end{cases} \tag{5.6.9}$$

$$\begin{cases} H_x = \dfrac{i}{k_t^2} \left(-\omega \varepsilon \dfrac{\partial E_z}{\partial y} + k_z \dfrac{\partial H_z}{\partial x} \right), \\[2mm] H_y = \dfrac{i}{k_t^2} \left(\omega \varepsilon \dfrac{\partial E_z}{\partial x} + k_z \dfrac{\partial H_z}{\partial y} \right). \end{cases} \tag{5.6.10}$$

现在做一个简单的推理, 假设 (5.6.9) 式和 (5.6.10) 式中右边的纵向分量 E_z 和 H_z 同时为零 (即电场和磁场都作横向振动), 则得到电磁场的横向分量亦为零, 意味着波导管中不存在电磁场, 或者说波导管不支持 TEM 导模。但是这样的推理有一个隐含的前提条件, 就是 (5.6.9) 式和 (5.6.10) 式右边中的系数 $k_t \neq 0$ (或者说 $k_z \neq k$)。

一旦 $k_t = 0$, 则 (5.6.7) 式成为齐次的。为此来分析在什么条件下金属波导管可以支持 TEM 导模。假设波导管中存在 TEM 导模, 即有

$$E_z = 0, \quad B_z = 0, \quad k_z = k. \tag{5.6.11}$$

以电场为例, 此时横振动分量可写成

$$\vec{E}(\vec{R}, t) = [E_{0x}(x, y) \, \vec{e}_x + E_{0y}(x, y) \, \vec{e}_y] \, e^{i(k_z z - \omega t)}. \tag{5.6.12}$$

在波导管任意一横截面内, 引入电场空间矢量因子 $\vec{E}_0(x, y)$, 它是一个二维矢量:

$$\vec{E}_0(x, y) = E_{0x}(x, y) \, \vec{e}_x + E_{0y}(x, y) \, \vec{e}_y. \tag{5.6.13}$$

考察此二维矢量的旋度 $\nabla \times \vec{E}_0(x, y)$, 考虑到有

$$\nabla \times \vec{E}_0(x, y) = -\frac{\partial E_{0y}}{\partial z} \vec{e}_x + \frac{\partial E_{0x}}{\partial z} \vec{e}_y + \left(\frac{\partial E_{0y}}{\partial x} - \frac{\partial E_{0x}}{\partial y} \right) \vec{e}_z.$$

由于 $\vec{E}_0(x, y)$ 与 z 无关, 则有

$$\nabla \times \vec{E}_0(x, y) = \left(\frac{\partial E_{0y}}{\partial x} - \frac{\partial E_{0x}}{\partial y} \right) \vec{e}_z.$$

同时, 对于 TEM 导模, 亦有 $B_z = 0$, 故 $(\nabla \times \vec{E})_z = -\dfrac{\partial B_z}{\partial t} = 0$, 由此得

$$\nabla \times \vec{E}_0(x, y) = 0. \tag{5.6.14}$$

即如果波导管中存在 TEM 导模, 则其电场空间因子矢量 (5.6.13) 式一定是无旋场, 而无旋场总可以用标量场表示:

$$\vec{E}_0(x, y) = -\nabla \varphi(x, y). \tag{5.6.15}$$

由于波导管内是自由空间, 电场还满足 $\nabla \cdot \vec{E}(\vec{R}, t) = 0$, 故 φ 满足 Laplace 方程:

$$\nabla^2 \varphi(x, y) = 0. \tag{5.6.16}$$

我们知道, Laplace 方程的解是调和函数, 在第二章中已提及: 如果调和函数在区域内不恒为常数, 则在区域内既不能达到最大值, 也不能达到最小值, 或者说在区域内无极值, 极值只出现在边界上。另一方面, 由于波导管表面处 $E_t = 0$, 波导管表面的电势为等势面 (在同一时刻)。因此, 对于横截面为单边界的波导 (例如空心的矩形或圆形波导) 而言, 在波导管内电势 φ 必为常量, 相应地电场强度必然为零, 即不存在电磁场。而对于像同轴传输线波导管, 由于其横截面存在双边界面, 只要在两个边界上 φ 取不同的值, 则 (5.6.16) 式可以存在非常数的解。因此单边空心波导管不支持 TEM 波导模, 而双边的同轴电缆线、平行金属导体平板、平行金属导线则可以支持 TEM 导模的传播, 当然这类体系的 TEM 模式由于还要求电磁场满足相应的边界条件, 在场结构方面并不同于之前讨论的无限大介质中的 TEM 传播模式。

5.6.3 矩形波导管中的 TE 导模

如图 5–45 所示, 对于矩形波导管, 我们分两种情形来讨论传播的 (波) 导模。一种是横电导模 (TE 导模), 特点是在波导管中任意处沿着轴向有 $E_z = 0$, 但 $H_z \neq 0$ (此类模式因为 $H_z \neq 0$ 而在有些教材或文献中也称之为 H 波); 另一种是横磁导模 (TM 导模), 特点是 $H_z = 0$, 但 $E_z \neq 0$ (也称之为 E 波)。当然, 对于同一频率, 矩形波导管可以同时支持两种导模, 后面会讨论到在特殊情形下波导管可以只支持一种导模模式。

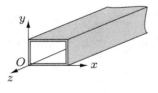

图 5–45

这里在名称上强调波导中支持的 TE 导模和 TM 导模, 导模是传播模式, 伴随能量的传输。后面还讨论谐振腔中的 TE 共振模和 TM 共振模, 共振模是驻波 (等效为两束反向传播导模的叠加), 因而没有能量传输。

对于 TE 导模, 有

$$E_z = 0, \quad H_z \neq 0. \tag{5.6.17}$$

由 (5.6.9) 式可知, 场的各个分量只与 H_z 有关, H_z 满足方程:

$$\left(\frac{\partial^2}{\partial x^2} + \frac{\partial^2}{\partial y^2}\right) H_z(x, y) + k_t^2 H_z(x, y) = 0. \tag{5.6.18}$$

采用分离变量法可求得 H_z 的特解, 令

$$H_z(x, y) = X(x) Y(y), \tag{5.6.19}$$

将上式代入 (5.6.18) 式, 得

$$\frac{1}{X}\frac{\mathrm{d}^2 X}{\mathrm{d}x^2} + \frac{1}{Y}\frac{\mathrm{d}^2 Y}{\mathrm{d}y^2} + k_t^2 = 0. \tag{5.6.20}$$

或者

$$\frac{\mathrm{d}^2 X}{\mathrm{d}x^2} + k_x^2 X = 0, \quad \frac{\mathrm{d}^2 Y}{\mathrm{d}y^2} + k_y^2 Y = 0, \tag{5.6.21}$$

这里

$$k_t^2 = k_x^2 + k_y^2, \tag{5.6.22}$$

(5.6.21) 式中每个方程均有 $C\cos(kx) + D\sin(kx)$ 形式的特解, 则 H_z 特解为

$$H_z(x, y) = [C_1\cos(k_x x) + D_1\sin(k_x x)] \cdot [C_2\cos(k_y y) + D_2\sin(k_y y)]. \tag{5.6.23}$$

由 (5.6.9) 式, 并结合 TE 导模特点 $E_z = 0$, 可将电场横向分量表示为

$$E_x(x, y) = \mathrm{i}\frac{\omega\mu}{k_t^2}\frac{\partial H_z}{\partial y}, \quad E_y(x, y) = -\mathrm{i}\frac{\omega\mu}{k_t^2}\frac{\partial H_z}{\partial x},$$

或者

$$E_x(x, y) = \mathrm{i}\frac{\omega\mu k_y}{k_t^2} [C_1\cos(k_x x) + D_1\sin(k_x x)] \cdot [-C_2\sin(k_y y) + D_2\cos(k_y y)], \tag{5.6.24}$$

$$E_y(x, y) = -\mathrm{i}\frac{\omega\mu k_x}{k_t^2} [-C_1\sin(k_x x) + D_1\cos(k_x x)] \cdot [C_2\cos(k_y y) + D_2\sin(k_y y)]. \tag{5.6.25}$$

如图 5–46 所示, 考虑波导管的内壁电场需满足如下边界条件:

$$\begin{cases} E_x(x, y)|_{y=0} \equiv 0, & E_y(x, y)|_{x=0} \equiv 0, \\ E_y(x, y)|_{x=a} \equiv 0, & E_x(x, y)|_{y=b} \equiv 0. \end{cases} \tag{5.6.26}$$

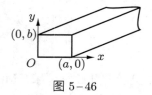

图 5–46

因此, 对于 $y = 0$ 面, 则有

$$D_2\frac{\mathrm{i}\omega\mu k_y}{k_t^2} [C_1\cos(k_x x) + D_1\sin(k_x x)] = 0 \quad \Rightarrow \quad D_2 = 0.$$

对于 $x = 0$ 面, 同理得

$$E_y(x,y)|_{x=0} \equiv 0 \quad \Rightarrow \quad D_1 = 0.$$

因此 (5.6.24) 式和 (5.6.25) 式简化为

$$
\begin{cases}
E_x(x,y) = -\mathrm{i}H_0 \dfrac{\omega\mu k_y}{k_t^2} \cos(k_x x) \sin(k_y y), \\[2mm]
E_y(x,y) = \mathrm{i}H_0 \dfrac{\omega\mu k_x}{k_t^2} \sin(k_x x) \cos(k_y y).
\end{cases}
\tag{5.6.27}
$$

这里系数 $H_0 = C_1 C_2$ 待定。

其次, 利用波导管内壁 $x = a$ 和 $y = b$ 面上电场强度切向分量为零的边界条件, 即

$$E_y(x,y)|_{x=a} = \mathrm{i}H_0 \frac{\omega\mu k_x}{k_t^2} \sin(k_x a) \cos(k_y y) \equiv 0,$$

$$E_x(x,y)|_{y=b} = -\mathrm{i}H_0 \frac{\omega\mu k_y}{k_t^2} \cos(k_x x) \sin(k_y b) \equiv 0.$$

则有

$$k_x a = m\pi, \quad k_y b = n\pi \quad (m, n = 0, 1, 2, \cdots, m, n \text{ 不能同时为零}), \tag{5.6.28}$$

或者

$$
\begin{cases}
k_x = k_{x,m} = \dfrac{m\pi}{a}, \\[2mm]
k_y = k_{y,n} = \dfrac{n\pi}{b}.
\end{cases}
\quad (m, n = 0, 1, 2, \cdots, m, n \text{ 不能同时为零}). \tag{5.6.29}
$$

可见, 横向理想导体边界的限制导致 (k_x, k_y) 只能取分列的值 $(k_{x,m}, k_{y,n})$, 至于此处 (m, n) 为何不能同时为零, 后面会做解释。

注意到, 波数取分列数值的情形在讨论 F-P 共振腔时已出现过, 见 (5.3.17) 式。对于 F-P 共振腔, 当波数取分列值时共振腔达到完全透射效果。对于理想导体波导管, 波导模的横向波数只允许取这些分列的值。这种表象上的差异是由于边界条件的要求不同, 但是其共同的特征都是在共振条件下形成驻波。

根据 (5.6.29) 式, 相应地有

$$k_t^2 = k_{x,m}^2 + k_{y,n}^2, \tag{5.6.30}$$

$$k_z = \sqrt{k^2 - k_t^2} = \sqrt{\omega^2\mu\varepsilon - k_{x,m}^2 - k_{y,n}^2}. \tag{5.6.31}$$

从上式看出, 要保证 k_z 为实数, 则传播的波的频率 ω 需超过一定的截止 (cut-off) 值 ω_{cut} ("截止"表示低于它就不支持行波), 并且 ω_{cut} 与 (m, n) 有关, 不同模式的截止频率是分列的。其次, 沿着波传播方向的波矢分量 k_z 与频率 ω 之间不再是线性关系, 尤其是当频率靠近 ω_{cut} 时, 相应的曲线称为色散曲线; 当 $\omega \gg \omega_{\mathrm{cut}}$ 时, 色散曲线接近波在无限大介质中传播的线性色散线 $k_z \approx \omega\sqrt{\mu\varepsilon}$。这也容易理解, 因为频率很高, 意味着波长远小于波导管的横向尺寸, 使得横向的边界效应可以忽略, 电磁波就像在无限大的介质中传播一样。需要注意的是, 这里的色散不是由于波导管中的介质材料所引起的, 而是由于电磁波在有限区域中传播所导致, 所以也

称之为结构色散。

TE 导模的磁场各分量可通过 (5.6.10) 式求得, 矩形波导管中的 TE 导模的磁场各分量振幅表示为

$$
\begin{cases}
H_x(x, y) = -iH_0 \left(\dfrac{k_{x,m} k_z}{k_t^2} \right) \sin(k_{x,m} x) \cos(k_{y,n} y), \\[2mm]
H_y(x, y) = -iH_0 \left(\dfrac{k_{y,n} k_z}{k_t^2} \right) \cos(k_{x,m} x) \sin(k_{y,n} y), \\[2mm]
H_z(x, y) = H_0 \cos(k_{x,m} x) \cos(k_{y,n} y).
\end{cases}
\tag{5.6.32}
$$

首先需要注意的是, 对于电场横向分量和与之垂直的磁场横向分量, 它们是同相位的, 例如 $E_x(x, y)$ 与 $H_y(x, y)$, 以及 $E_y(x, y)$ 与 $H_x(x, y)$, 这意味着沿着管轴方向有平均能流 (能量传输)。其次, 容易验证, 上述解满足 $\nabla \cdot \vec{E} = 0$ 以及 $\nabla \cdot \vec{B} = 0$。导模的电磁场在横向均为驻波分布, 而驻波节点数取决于 (m, n), 这种驻波分布在物理上可以看成是由在相互平行导体管壁之间同振幅的前向和反向传播波的叠加所造成。

从 (5.6.32) 式注意到, 对于 TE_{mn} 导模, 波导管壁附近一般有 $H_z \neq 0$。这是由于波导管壁上存在面电流, 导致磁场强度的切向分量不连续 (理想导体内磁场为零)。

再有, 从 (5.6.27) 式可以看出, 对于矩形波导管中的 TE_{mn} 导模, m、n 不能同时为零, 因此在 (5.6.29) 式中提前作了说明, 相应地 TE_{10} 导模和 TE_{01} 导模成为 TE_{mn} 模中的基模, 其他模称为高阶模。

5.6.4   矩形波导管中的 TM 导模

对于 TM 导模, 有

$$
E_z \neq 0, \quad H_z = 0.
\tag{5.6.33}
$$

因此 $E_z(x, y)$ 满足

$$
\left(\frac{\partial^2}{\partial x^2} + \frac{\partial^2}{\partial y^2} \right) E_z(x, y) + k_t^2 E_z(x, y) = 0.
$$

作为练习仿照类似的分析过程, 并利用电场的边界条件, 有

$$
\begin{cases}
E_z|_{x=0} = 0, \quad E_z|_{y=0} = 0, \\[1mm]
E_z|_{x=a} = 0, \quad E_z|_{y=b} = 0.
\end{cases}
\tag{5.6.34}
$$

得

$$
E_z(x, y) = E_0 \sin(k_x x) \sin(k_y y),
\tag{5.6.35}
$$

$$
\begin{cases}
k_x = k_{x,m} = \dfrac{m\pi}{a}, \\[2mm]
k_y = k_{y,n} = \dfrac{n\pi}{b}.
\end{cases}
\quad (m, n = 0, 1, 2, \cdots, m \neq 0, n \neq 0).
\tag{5.6.36}
$$

因此 TM 导模与 TE 导模一样, (k_x, k_y) 波也只能取分列的值 $(k_{x,m}, k_{y,n})$。由 (5.6.9) 式, 亦可求得 TM 导模的电磁场各分量, 分别表示为

$$
\begin{cases}
E_x(x, y) = iE_0\left(\dfrac{k_z k_{x,m}}{k_t^2}\right)\cos(k_{x,m}x)\sin(k_{y,n}y), \\[2mm]
E_y(x, y) = iE_0\left(\dfrac{k_z k_{y,n}}{k_t^2}\right)\sin(k_{x,m}x)\cos(k_{y,n}y), \\[2mm]
E_z(x, y) = E_0\sin(k_{x,m}x)\sin(k_{y,n}y),
\end{cases}
\tag{5.6.37}
$$

$$
\begin{cases}
H_x(x, y) = -iE_0\left(\dfrac{\omega\varepsilon k_{y,n}}{k_t^2}\right)\sin(k_{x,m}x)\cos(k_{y,n}y), \\[2mm]
H_y(x, y) = iE_0\left(\dfrac{\omega\varepsilon k_{x,m}}{k_t^2}\right)\cos(k_{x,m}x)\sin(k_{y,n}y), \\[2mm]
H_z(x, y) = 0.
\end{cases}
\tag{5.6.38}
$$

这里同样, $E_x(x, y)$ 与 $H_y(x, y)$ 以及 $E_y(x, y)$ 与 $H_x(x, y)$ 相位相同, 表明沿着管轴方向有能量传输; 电场和磁场满足 $\nabla \cdot \vec{E} = 0$, $\nabla \cdot \vec{B} = 0$; 在横向, 导模电磁场为驻波分布, 驻波节点数取决于 (m, n); k_z 和 k_t 的定义表达式与 TE 导模相同。

其次, 对比 (5.6.32) 式 (第三个关系式) 与这里的 (5.6.37) 式 (第三个关系式), 可以看到对于 TM$_{mn}$ 导模, 波导管壁附近一定满足 $E_z = 0$, 这是由于电场强度切向分量连续的要求 (理想导体内的电场强度为零)。

再有, 虽然 TM$_{mn}$ 导模的 $(k_{x,m}, k_{y,n})$ 的定义 (5.6.36) 式与 TE$_{mn}$ 相同, 但是从 (5.6.35) 式可以看出, 对于 TM$_{mn}$ 导模而言, m 和 n 一个都不能为零, 因此不存在 TM$_{10}$ 或者 TM$_{01}$ 导模, 在 (5.6.36) 式中提前作了相应的说明, 因而 TM$_{11}$ 是 TM$_{mn}$ 这类导模中的基模。对比之下, 具有相同模式指数的 TE$_{11}$ 并不是 TE$_{mn}$ 导模中的基模。

思考题 5.5 如图 5-47 所示, 对于由两块相互平行 (沿着 z 轴) 的理想导体板组成的波导, 两板间隔为 b。设导模 $\vec{E}(\vec{R}, t)$ 沿 z 轴传播, 横向电磁场的振幅只依赖于横向位置 y, 因此导模可表示为

$$
\vec{E}(\vec{R}, t) = \vec{E}(y)\,e^{i(k_z z - \omega t)}, \quad \vec{H}(\vec{R}, t) = \vec{H}(y)\,e^{i(k_z z - \omega t)}.
\tag{5.6.39}
$$

式中 k_z 为沿 z 轴的波矢分量。将上式代入 (5.6.4) 式, 得

$$
\left(\frac{\partial^2}{\partial y^2} + k_t^2\right)\begin{Bmatrix}\vec{E}(y) \\ \vec{H}(y)\end{Bmatrix} = 0.
\tag{5.6.40}
$$

式中

$$
k_t^2 = k^2 - k_z^2 = \mu\varepsilon\omega^2 - k_z^2.
\tag{5.6.41}
$$

ε、μ 为金属板之间所填充介质的介电常数和磁导率。平行金属导体板波导同样可支持 TE、TM 以及 TEM 模式。仿照上述讨论, 分析这类波导所支持的 TE、TM、TEM 导模模式的特点, 以及这里的 TEM 导模模式与电磁波在无限大介质中传播的 TEM 模式的区别。详细内容见本章习题。

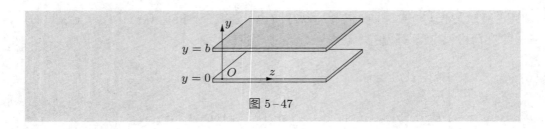

图 5-47

5.6.5　矩形波导管导模截止频率和单模频段

前面已经指出, 既然 TE_{mn} 和 TM_{mn} 导模在波导管中是行波, 则沿管轴方向 (传播方向) 的波矢分量 k_z 须为实数, 这是导模的重要特征之一。

为此定义截止波数 k_{cut}, 当 $k = k_{cut}$ 时有 $k_z = 0$, 故截止波数为

$$k_{cut,mn} = \sqrt{k_{x,m}^2 + k_{y,n}^2} = \pi\sqrt{\frac{m^2}{a^2} + \frac{n^2}{b^2}}. \tag{5.6.42}$$

截止波数的含义是 TE_{mn} 或 TM_{mn} 导模能够在波导管中传播所需的最小波数。根据截止波数 k_{cut}, 定义相应的截止波长 λ_{cut} 为

$$\lambda_{cut,mn} = \frac{2\pi}{k_{cut,mn}} = \frac{2}{\sqrt{\frac{m^2}{a^2} + \frac{n^2}{b^2}}}. \tag{5.6.43}$$

注意这里 $k_{cut,mn}$ 或 $\lambda_{cut,mn}$ 的定义式与波导管中介质的电磁参量无关, 只与波导尺寸有关; 其次, 截止波长一般与波导管的横向尺寸在同一数量级, 也就是无法让波长大于或远大于波导管横向尺寸的电磁波在空心波导管中传播。

定义截止频率为

$$f_{cut,mn} = \frac{k_{cut,mn}}{2\pi\sqrt{\mu\varepsilon}} = \frac{1}{2\sqrt{\mu\varepsilon}}\sqrt{\frac{m^2}{a^2} + \frac{n^2}{b^2}}. \tag{5.6.44}$$

因此进入波导并以行波传播的电磁波的频率须大于相应截止频率 (波长需要短于截止波长), 这样才能保证相应的 k_z 为实数。利用截止波数, 沿着轴向的导模波矢分量 k_z 表示为

$$k_z = \sqrt{k^2 - k_{cut,mn}^2} = \sqrt{\omega^2\mu\varepsilon - k_{cut,mn}^2}. \tag{5.6.45}$$

根据前面的分析, TE_{mn} 和 TM_{mn} 导模的场结构一般不同, 但它们在 $\omega - k_z$ 色散图上具有相同的色散线而重叠, 这种现象称为模式简并。模式简并会导致一定频率的电磁波进入波导之后, 它既能以单一模式传播, 也能以两者的混合形式同时传播。从这个角度看, 简并模同时传播会对信号接收造成困难。一般情况下 TE_{mn} 和 TM_{mn} 是一对简并导模, 庆幸的是由于波导中不存在 TM_{0n} 或 TM_{m0} 导模, 因此所有 TE_{0n} 和 TE_{m0} 都是非简并导模, 并且 TE_{01} 和 TE_{10} 既是基模也是非简并导模。对比之下, TM_{11} 虽是基模, 但它属于简并导模。

来讨论波导管的截止区和允许单模传播的波长范围。假设矩形管的横向尺寸满足 $a > b$(即定义的沿 x 方向管边长大于沿 y 方向的管边长), 对于既是基模也是

非简并的 TE_{01} 和 TE_{10} 导模而言, 截止波长有如下关系:

$$\lambda_{\mathrm{cut},1,0} > \lambda_{\mathrm{cut},0,1}. \tag{5.6.46}$$

因此只有波长 $\lambda < \lambda_{\mathrm{cut},1,0}$ 的电磁波才允许在矩形波导管中传播。由于 $\lambda_{\mathrm{cut},1,1} < \lambda_{\mathrm{cut},0,1}$, 要确定波导管中以单一 TE_{10} 导模传播的波长范围, 还取决于 $\lambda_{\mathrm{cut},0,1}$ 和 $\lambda_{\mathrm{cut},2,0}$ 模式之间的关系。若 $\lambda_{\mathrm{cut},2,0} < \lambda_{\mathrm{cut},0,1}$, 则波导管中以单一 TE_{10} 导模传播的波长范围为

$$\lambda_{\mathrm{cut},0,1} < \lambda < \lambda_{\mathrm{cut},1,0}. \tag{5.6.47}$$

实际应用中工作波长一般选择在单模区。

例题 5.6.1 假设由金属导体构成的矩形波导管横向沿 x 轴管边长 (a) 与沿 y 轴管边长 (b) 满足 $a > 2b$, 讨论波导管中沿着 z 轴传播的 TE_{mn} 导模的截止波长, 模式指数为 $(m, n \leqslant 2)$; 给出波导管的波长截止区和单模区的波长范围。

解: 根据截止波长的定义 (5.6.43) 式, 由于 $a > 2b$, 按照截止波长大小顺序列表如下 (表 5–1):

表 5–1

模式	m	n	特点	λ_{cut} (从大到小)
TE_{10}	1	0	TE 基模/非简并	$2a$
TE_{20}	2	0	非简并	a
TE_{01}	0	1	TE 基模/非简并	$2b$
TE_{11}	1	1	TM 基模/简并	$2\sqrt{a^2 b^2/(a^2 + b^2)}$
TE_{02}	0	2	非简并	b

因此对于上述波导管, 截止区所对应的波长为 $\lambda > 2a$; 导模为单模区的波长范围为 $a < \lambda < 2a$, 在单模区波导管所支持的模式为 TE_{10} 导模 (图 5–48)。

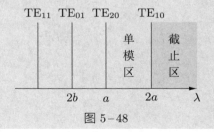

图 5–48

5.6.6 矩形波导管导模波长、相速度及群速度

导模波长 $\lambda_{\mathrm{guiding}}$ 定义为沿传播方向相位相差 2π 的两点之间的距离, 即

$$\lambda_{\mathrm{guiding}} = \frac{2\pi}{k_z} = \frac{2\pi}{\sqrt{\mu\varepsilon}\sqrt{\omega^2 - \omega_{\mathrm{cut},mn}^2}} = \frac{\lambda}{\sqrt{1 - \left(\dfrac{\omega_{\mathrm{cut},mn}}{\omega}\right)^2}}. \tag{5.6.48}$$

这里 $\lambda = (\mu\varepsilon)^{-1/2} (2\pi/\omega)$, 因此 λ_{guiding} 不同于电磁波在无限大介质中传播的波长 λ。

导模相速度 v_p 是导模等相面的运动速度, 即

$$v_p = \frac{\mathrm{d}z}{\mathrm{d}t} = \frac{\omega}{k_z} = \frac{1}{\sqrt{1 - \left(\frac{\omega_{\text{cut},mn}}{\omega}\right)^2}} \frac{c}{n} > \frac{c}{n}. \tag{5.6.49}$$

式中 $n = \sqrt{\mu_r \varepsilon_r}$。这里虽然导模相速度大于电磁波在无限大介质中的光速, 但并不会引起任何物理上的困难, 因为相速度并不是能量的传输速度。

群速度 v_g 代表波包运动的速度, 也是能量的传输速度。根据定义 $v_g = \mathrm{d}\omega/\mathrm{d}k_z$ 有

$$\mathrm{d}k_z = \mathrm{d}\left(\sqrt{\mu\varepsilon}\sqrt{\omega^2 - \omega_{\text{cut},mn}^2}\right) = \frac{1}{\sqrt{1 - \left(\frac{\omega_{\text{cut},mn}}{\omega}\right)^2}} \frac{n}{c}\mathrm{d}\omega,$$

则群速度 v_g 表示为

$$v_g = \frac{\mathrm{d}\omega}{\mathrm{d}k_z} = \frac{c}{n}\sqrt{1 - \left(\frac{\omega_{\text{cut},mn}}{\omega}\right)^2} = \frac{k_z}{\omega\mu\varepsilon}. \tag{5.6.50}$$

可见波导管中导模的相速度 v_p 与群速度 v_g 之间有以下关系:

$$v_g v_p = \frac{1}{\mu\varepsilon} = \left(\frac{c}{n}\right)^2. \tag{5.6.51}$$

若波导管中为真空, 则 $v_g v_p = c^2$。

5.6.7   矩形波导管导模的能流密度及传输功率

假设矩形波导管工作在单模频段, 模式为 TE_{10} 导模, 其电磁场为

$$\begin{cases} E_x = E_z = H_y = 0, \\[2mm] E_y\left(\vec{R}, t\right) = \left(\frac{\mathrm{i}}{\pi}a\omega\mu\right) H_0 \sin\left(\frac{\pi x}{a}\right) \mathrm{e}^{\mathrm{i}(k_z z - \omega t)}, \\[2mm] H_x\left(\vec{R}, t\right) = \left(-\frac{\mathrm{i}}{\pi}ak_z\right) H_0 \sin\left(\frac{\pi x}{a}\right) \mathrm{e}^{\mathrm{i}(k_z z - \omega t)}, \\[2mm] H_z\left(\vec{R}, t\right) = H_0 \cos\left(\frac{\pi x}{a}\right) \mathrm{e}^{\mathrm{i}(k_z z - \omega t)}. \end{cases} \tag{5.6.52}$$

其中

$$k_z = \sqrt{k^2 - \left(\frac{\pi}{a}\right)^2}. \tag{5.6.53}$$

从上式看到, 由于 $E_y\left(\vec{R}, t\right)$ 和 $H_z\left(\vec{R}, t\right)$ 之间存在 $\pi/2$ 的相位差, 故沿着 x 方向没有净能流传输; 而 $E_y\left(\vec{R}, t\right)$ 和 $H_x\left(\vec{R}, t\right)$ 之间是同相位的, 故沿 z 方向存在能量传输。

取上述表达式中的实部, 有

$$
\begin{cases}
E_x = E_z = H_y = 0, \\
\mathrm{Re}\left[E_y\left(\vec{R}, t\right)\right] = \left(-\dfrac{a\omega\mu}{\pi}\right) H_0 \sin\left(\dfrac{\pi x}{a}\right) \sin\left(k_z z - \omega t\right), \\
\mathrm{Re}\left[H_x\left(\vec{R}, t\right)\right] = \left(\dfrac{a k_z}{\pi}\right) H_0 \sin\left(\dfrac{\pi x}{a}\right) \sin\left(k_z z - \omega t\right), \\
\mathrm{Re}\left[H_z\left(\vec{R}, t\right)\right] = H_0 \cos\left(\dfrac{\pi x}{a}\right) \cos\left(k_z z - \omega t\right).
\end{cases}
\tag{5.6.54}
$$

则波导管中的能流密度表示为

$$
\vec{s} = -\mathrm{Re}\left[E_y\left(\vec{R}, t\right)\right] \cdot \mathrm{Re}\left[H_x\left(\vec{R}, t\right)\right]\vec{e}_z + \mathrm{Re}\left[E_y\left(\vec{R}, t\right)\right] \cdot \mathrm{Re}\left[H_z\left(\vec{R}, t\right)\right]\vec{e}_x. \tag{5.6.55}
$$

上式等号右边第二项虽不为零, 但其在一个周期内的平均值为零, 故平均能流密度为

$$
\begin{aligned}
\langle\vec{s}\rangle &= -\left\langle\mathrm{Re}\left[E_y\left(\vec{R}, t\right)\right] \cdot \mathrm{Re}\left[H_x\left(\vec{R}, t\right)\right]\right\rangle\vec{e}_z \\
&= \frac{1}{\pi^2} a^2 \omega\mu k_z H_0^2 \sin^2\left(\frac{\pi x}{a}\right)\left\langle\sin^2\left(k_z z - \omega t\right)\right\rangle\vec{e}_z \\
&= \frac{1}{2\pi^2} a^2 \omega\mu k_z H_0^2 \sin^2\left(\frac{\pi x}{a}\right)\vec{e}_z.
\end{aligned}
\tag{5.6.56}
$$

TE_{10} 导模的传输功率为

$$
\begin{aligned}
P &= \int \langle\vec{s}\rangle \cdot \mathrm{d}\vec{S} = \frac{1}{2\pi^2} a^2 \omega\mu k_z H_0^2 \int_0^a \int_0^b \sin^2\left(\frac{\pi x}{a}\right)\mathrm{d}x\,\mathrm{d}y \\
&= \frac{1}{2\pi^2} a^2 \omega\mu k_z H_0^2 \cdot \left(\frac{1}{2}ab\right) = \frac{1}{4\pi^2} a^3 b \omega\mu k_z H_0^2.
\end{aligned}
\tag{5.6.57}
$$

引入 $E_{y0} = (a/\pi)\,\omega\mu H_0$ 为 TE_{10} 导模电场的振幅, 见 (5.6.54) 式, 则上式改写为

$$
P = \frac{1}{4}ab\frac{k_z}{\omega\mu}E_{y0}^2 = \frac{1}{4}ab\sqrt{\frac{\varepsilon}{\mu}}\sqrt{1 - \left(\frac{\omega_{\mathrm{cut},1,0}}{\omega}\right)^2}E_{y0}^2. \tag{5.6.58}
$$

可见, 波导管中 TE_{10} 导模传输功率与电场振幅的平方 E_{y0}^2 成正比. 同时, 当 $\omega \to \omega_{\mathrm{cut},1,0}$ 时传输功率会急剧下降, 实际工作频率的选择既不要靠近 $\omega_{c,1,0}$, 也不可过高, 需保证工作在单模区.

TE_{10} 导模的能量密度 $w\left(\vec{R}, t\right)$ 可表示为

$$
\begin{aligned}
w\left(\vec{R}, t\right) &= \frac{1}{2}\varepsilon\,\mathrm{Re}\left[\vec{E}\left(\vec{R}, t\right)\right] \cdot \mathrm{Re}\left[\vec{E}\left(\vec{R}, t\right)\right] + \frac{1}{2}\mu\,\mathrm{Re}\left[\vec{H}\left(\vec{R}, t\right)\right] \cdot \mathrm{Re}\left[\vec{H}\left(\vec{R}, t\right)\right] \\
&= \frac{1}{2}\varepsilon[\mathrm{Re}\,E_y\left(\vec{R}, t\right)]^2 + \frac{1}{2}\mu[\mathrm{Re}\,H_x\left(\vec{R}, t\right)]^2 + \frac{1}{2}\mu[\mathrm{Re}\,H_z\left(\vec{R}, t\right)]^2,
\end{aligned}
\tag{5.6.59}
$$

或者

$$
\begin{aligned}
w\left(\vec{R}, t\right) = {}&\frac{1}{2\pi^2} a^2 \varepsilon\omega^2\mu^2 H_0^2 \sin^2\left(\frac{\pi x}{a}\right)\sin^2\left(k_z z - \omega t\right) \\
&+ \frac{1}{2\pi^2} a^2 \mu k_z^2 H_0^2 \sin^2\left(\frac{\pi x}{a}\right)\sin^2\left(k_z z - \omega t\right)
\end{aligned}
$$

$$+ \frac{1}{2} \mu H_0^2 \cos^2 \left(\frac{\pi x}{a} \right) \cos^2 \left(k_z z - \omega t \right). \tag{5.6.60}$$

TE_{10} 导模能量密度平均值为

$$\langle w \rangle = \frac{1}{4\pi^2} a^2 \mu H_0^2 \cdot \left[\left(\varepsilon\mu\omega^2 + k_z^2 \right) \sin^2 \left(\frac{\pi x}{a} \right) + \frac{\pi^2}{a^2} \cos^2 \left(\frac{\pi x}{a} \right) \right]. \tag{5.6.61}$$

波导管内单位长度的电磁场平均能量为

$$\begin{aligned}
W &= \int \langle w \rangle \, \mathrm{d}V \\
&= \frac{1}{4} \left(\frac{a}{\pi} \right)^2 \mu H_0^2 \cdot \int_0^a \int_0^b \mathrm{d}x\mathrm{d}y \left[\left(\varepsilon\omega^2\mu + k_z^2 \right) \sin^2 \left(\frac{\pi x}{a} \right) + \left(\frac{\pi}{a} \right)^2 \cos^2 \left(\frac{\pi x}{a} \right) \right] \\
&= \frac{1}{4} \left(\frac{a}{\pi} \right)^2 \mu H_0^2 \left[\left(\varepsilon\omega^2\mu + k_z^2 \right) + \left(\frac{\pi}{a} \right)^2 \right] \cdot \frac{ab}{2} \\
&= \frac{1}{4\pi^2} a^3 b \omega^2 \varepsilon \mu^2 H_0^2,
\end{aligned} \tag{5.6.62}$$

或者

$$W = \frac{1}{4} ab\varepsilon E_{y0}^2. \tag{5.6.63}$$

比较 (5.6.58) 式和 (5.6.63) 式, 有

$$\frac{P}{W} = \frac{k_z}{\omega\mu\varepsilon} = v_{\mathrm{g}}. \tag{5.6.64}$$

可见, 群速度 v_{g} 的确是能量的传播速度。

5.6.8　矩形波导管壁面电流分布

假设矩形波导管中传播的是 TE_{10} 导模, 根据 $\vec{K}_{\mathrm{f}} = \vec{n} \times \vec{H}$, 波导管窄壁上的面电流分布为

$$\begin{cases}
\vec{K}_{\mathrm{f}}|_{x=0} = H_0 \cos \left(k_z z - \omega t \right) \vec{e}_y, \\
\vec{K}_{\mathrm{f}}|_{x=a} = H_0 \cos \left(k_z z - \omega t \right) \vec{e}_y.
\end{cases} \tag{5.6.65}$$

可见, 窄壁上的电流都只有 $\vec{e}_y$ 分量。而在管宽壁上, 电流分布为

$$\begin{cases}
\vec{K}_{\mathrm{f}}|_{y=0} = -k_z H_0 \left(\frac{a}{\pi} \right) \sin \left(\frac{\pi x}{a} \right) \sin \left(k_z z - \omega t \right) \vec{e}_z \\
\qquad\qquad + H_0 \cos \left(\frac{\pi x}{a} \right) \cos \left(k_z z - \omega t \right) \vec{e}_x, \\
\vec{K}_{\mathrm{f}}|_{y=b} = k_z H_0 \left(\frac{a}{\pi} \right) \sin \left(\frac{\pi x}{a} \right) \sin \left(k_z z - \omega t \right) \vec{e}_z \\
\qquad\qquad - H_0 \cos \left(\frac{\pi x}{a} \right) \cos \left(k_z z - \omega t \right) \vec{e}_x.
\end{cases} \tag{5.6.66}$$

注意到宽壁上的电流既有横向分量, 也有沿着轴向的分量, 但由于上式中系数 $\cos \left(\pi x/a \right)$ 的存在, 使得在宽壁的中线上 $(x = a/2)$ 电流的横向分量均为零, 或者说没有电流横向跨过宽壁中线, 如图 5-49 所示。因此如果沿着宽壁的中线开一

个狭缝槽, 则不会影响管壁上的电流分布, 因而也不会影响到波导管中的电磁场分布, 或者说波导管中的电磁场也不会通过狭缝辐射出来。

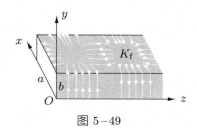

图 5-49

5.6.9 圆形同轴波导管

前面已经指出, 中空金属波导管不允许 TEM 导模传播。解决这个问题的办法是采用双边界, 例如, 在金属波导管中置入另一根金属导线, 形成同轴电缆结构, 由于存在两个边界, 两个边界之间有所谓的电势差 (只是电场空间因子在两导体间的积分), 因而可以支持 TEM 导模传播。

作为例子, 这里讨论由理想导体构成的同轴圆形波导管中的 TEM 导模。对于圆柱形边界问题, 最适合采用柱坐标系。如图 5-50 所示, 设 z 轴为管轴方向, 则波导管中的导模可表示为

$$\vec{E}(\vec{R}, t) = \vec{E}(r, \phi)\, \mathrm{e}^{\mathrm{i}(k_z z - \omega t)}, \quad \vec{B}(\vec{R}, t) = \vec{B}(r, \phi)\, \mathrm{e}^{\mathrm{i}(k_z z - \omega t)}. \tag{5.6.67}$$

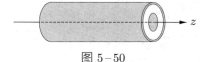

图 5-50

由于同轴圆形波导管中是 TEM 波, 电磁场只存在横向振动, 则有

$$E_z = B_z = 0, \quad k_z = k. \tag{5.6.68}$$

因此这里 $\vec{E}(r, \phi)$ 和 $\vec{B}(r, \phi)$ 都是二维矢量。另一方面, 根据 (5.6.14) 式, $\vec{E}(r, \phi)$ 是无旋的, 可写成

$$\vec{E}(r, \phi) = -\nabla \varphi(r, \phi), \tag{5.6.69}$$

并且 $\varphi(r, \phi)$ 满足 Laplace 方程, 即

$$\nabla^2 \varphi(r, \phi) = 0. \tag{5.6.70}$$

考虑到体系的轴对称, φ 与极角 ϕ 无关, 因此在柱坐标系中 φ 的通解为

$$\varphi(r) = a_0 + b_0 \ln r. \tag{5.6.71}$$

式中 a_0、b_0 为常量, 可结合同轴圆形波导管的内、外径以及电磁场来确定, 因此有

$$\vec{E}(r, \phi) = -\nabla \varphi(r) = -b_0 \frac{\vec{e}_r}{r}. \tag{5.6.72}$$

最后得到同轴圆形波导管中 TEM 导模的电场完整表达式为

$$\vec{E}(\vec{R}, t) = \vec{E}(r)\, \mathrm{e}^{\mathrm{i}(kz - \omega t)} = E_0 \mathrm{e}^{\mathrm{i}(kz - \omega t)} \frac{\vec{e}_r}{r}. \tag{5.6.73}$$

式中 E_0 为常量。这里看到, 不同于无限大介质中传播的 TEM 波, 同轴圆形波导管中 TEM 导模的电场的振幅随着半径 r 的增加而减小; 电场的方向沿着径向, 并且由于传播因子 $e^{i(kz-\omega t)}$ 的存在, 在同一横截面上在不同时刻电场线也会改变方向 (例如, 从沿着径向指向轴线外, 变化到沿着径向指向轴线), 或者在同一个时刻沿着管轴亦会改变指向。以 $z = 0$ 处的横截面为例, 其电场的分布为

$$\mathrm{Re}\left[\vec{E}\left(\vec{R}, t\right)\right]\big|_{z=0} = E_0 \cos\left(\omega t\right) \frac{\vec{e}_r}{r}. \tag{5.6.74}$$

可见电场随时间做周期性的变化, 电场的这种变化特征是波传播的表现, 并与导体表面的面电荷分布改变是相互关联的。

另一方面, 将 (5.6.73) 式代入 Maxwell 方程 $\nabla \times \vec{E}\left(\vec{R}, t\right) = -\partial\vec{B}\left(\vec{R}, t\right)/\partial t$, 得

$$B_r = 0, \quad B_\phi = \frac{k_z}{\omega}E_r = \frac{k}{\omega}E_r = \sqrt{\mu\varepsilon}E_r. \tag{5.6.75}$$

因此同轴圆形波导管中 TEM 导模的磁感应强度可表示为

$$\vec{B}\left(\vec{R}, t\right) = \vec{B}\left(r\right)e^{i(kz-\omega t)} = \sqrt{\mu\varepsilon}E_0 e^{i(kz-\omega t)}\frac{\vec{e}_\phi}{r}. \tag{5.6.76}$$

注意到, 首先磁场与电场是同相位的, 其次磁场的大小对半径 r 的依赖关系类似于电场, 但磁场的方向是围绕波导管轴线的同心圆, 如图 5–51 所示。

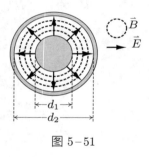

图 5–51

从上面分析看到, 对于在同轴圆形波导管传播的 TEM 导模, 电场和磁场是同相位的, $k_z = k = \omega\sqrt{\mu\varepsilon}$, 导模没有结构色散, TEM 导模没有截止频率, 因而可以传输直流信号, 这些特征与无界空间传播的 TEM 波是相似的。

同轴圆形波导管传播的 TEM 导模能流密度为

$$\vec{s} = \mathrm{Re}\left(\vec{E}\right) \times \mathrm{Re}\left(\vec{H}\right) = \frac{1}{\mu}\sqrt{\mu\varepsilon}E_0^2\cos^2\left(kz - \omega t\right)\frac{\vec{e}_z}{r^2}. \tag{5.6.77}$$

相应地, TEM 导模的能流密度平均值为

$$\langle\vec{s}\rangle = \langle\mathrm{Re}\left(\vec{E}\right) \times \mathrm{Re}\left(\vec{H}\right)\rangle = \frac{1}{2}\sqrt{\frac{\varepsilon}{\mu}}E_0^2\frac{\vec{e}_z}{r^2}. \tag{5.6.78}$$

在波导管内 TEM 导模的传输功率为

$$P = \int \langle\vec{s}\rangle \cdot \mathrm{d}\vec{S} = \frac{1}{2}\sqrt{\frac{\varepsilon}{\mu}}E_0^2\int_{d_1/2}^{d_2/2}\frac{2\pi r\mathrm{d}r}{r^2} = \pi\sqrt{\frac{\varepsilon}{\mu}}E_0^2\ln\frac{d_2}{d_1}. \tag{5.6.79}$$

这里 d_1、d_2 为同轴波导管的内、外直径。

知道了同轴圆形波导管中的电磁场分布, 就可求得管壁上的面电流和面电荷分布。根据 $\vec{K}_{\mathrm{f}} = \vec{n} \times \vec{H}$, 以及 $\sigma_{\mathrm{f}} = \vec{n} \cdot \vec{D}$, 内、外管内壁上的面电流分布为

$$
\begin{cases}
\vec{K}_{\mathrm{f}}|_{r=d_1/2} = \vec{e}_r \times \operatorname{Re}\left(\dfrac{\vec{B}}{\mu}\right)\Bigg|_{r=d_1/2} = \sqrt{\dfrac{\varepsilon}{\mu}} E_0 \left(\dfrac{d_1}{2}\right)^{-1} \cos\left(kz - \omega t\right) \vec{e}_z, \\[4mm]
\vec{K}_{\mathrm{f}}|_{r=d_2/2} = -\vec{e}_r \times \operatorname{Re}\left(\dfrac{\vec{B}}{\mu}\right)\Bigg|_{r=d_2/2} = -\sqrt{\dfrac{\varepsilon}{\mu}} E_0 \left(\dfrac{d_2}{2}\right)^{-1} \cos\left(kz - \omega t\right) \vec{e}_z.
\end{cases}
$$

$$(5.6.80)$$

内、外管壁上面电荷分布为

$$
\begin{cases}
\sigma_{\mathrm{f}}|_{r=d_1/2} = \vec{e}_r \cdot \operatorname{Re}\left[\varepsilon \vec{E}\left(\vec{R}, t\right)\right]|_{r=d_1/2} = E_0 \left(\dfrac{d_1}{2}\right)^{-1} \cos(kz - \omega t). \\[4mm]
\sigma_{\mathrm{f}}|_{r=d_2/2} = -\vec{e}_r \cdot \operatorname{Re}\left[\varepsilon \vec{E}\left(\vec{R}, t\right)\right]|_{r=d_2/2} = -E_0 \left(\dfrac{d_2}{2}\right)^{-1} \cos(kz - \omega t).
\end{cases}
$$

$$(5.6.81)$$

可以看到, 沿着管轴在相同位置 (z) 处, 内、外管壁上的面电流方向是反向的, 而电荷面密度是变号的; 另一方面, 由于 $\cos\left(kz - \omega t\right)$ 因子的存在, 在同一时刻沿同一管壁看, 沿管轴每前进半个波长, 面电流方向或者面电荷正、负号也会同时改变 (能流密度大小和方向都不变)。

最后, 同轴波导管也可以传输 TE 或 TM 导模, 这里不做具体的分析。为了传播 TEM 导模, 可以将 TEM 导模的工作频率设计在 TE 导模或 TM 导模的截止频率之下, 这样可以隔断 TE 或 TM 导模对 TEM 导模的干扰。

> **思考题 5.6** 之前在例题 2.7.1 中讨论了恒定电流情形下的同轴传输线, 给出了体系的电场和磁场分布、能流密度以及传输功率。对照这里关于同轴波导管中 TEM 导模的电磁场、面电流、面电荷的分布特征, 可以看到之前的结论是这里的长波近似和准静态近似的结果, 即
>
> $$z \ll \lambda, \quad t \ll T.$$
>
> 因此有
>
> $$e^{i(kz - \omega t)} \approx 1.$$
>
> 根据这个近似, 关于同轴波导管中 TEM 导模的所有结论自然过渡到恒定电流在同轴电缆中的相应结果。这样的思考反过来也有助于我们去理解之前恒定电流情形下同轴传输线中的电流、电荷面分布如何对应一个真实的物理体系, 从而建立一个完整的物理图像。

5.6.10 金属导体谐振腔中的 TE 和 TM 共振模

对于低频电磁波, 一般利用 LC 电路组成的振荡器来激发。当频率升高时 (如微波波段), 回路辐射损耗逐渐增加。对于微波波段的高频电磁波, 由于金属损耗极小, 一般采用金属谐振腔来激发。实际应用中的微波谐振腔有多种形状, 例如圆柱

形、球形, 这里选择长方形作为例子, 其数学分析与处理相对简单, 同时又能展示重要的物理图像。

以理想导体六个面构成的长方体谐振腔为例, 如图 5–52 所示, 沿着 x、y、z 轴方向设腔的尺寸分别为 a、b、d。相比于波导管, 由于沿着 z 轴方向增加了一对平行的理想导体面, 因而在三个方向上都存在对电磁波的约束与限制。

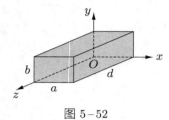

图 5–52

根据 5.6.3 小节得到的结论, 对于矩形波导管中的 TE 导模, 有 $E_z = 0$, $H_z \neq 0$, 并且 H_z 表示为

$$H_z\left(\vec{R}, t\right) = h_0 \cos\left(k_{x,m} x\right) \cos\left(k_{y,n} y\right) \mathrm{e}^{\mathrm{i}(k_z z - \omega t)}. \tag{5.6.82}$$

这里 $k_{x,m}$、$k_{y,n}$ 取分列的值。对于长方体谐振腔, 在 z 方向理想导体边界对磁场的边值关系要求为

$$H_z|_{z=0} = 0, \qquad H_z|_{z=d} = 0. \tag{5.6.83}$$

为此, 假设谐振腔中 TE 共振模是由前向和反向传播的两束 TE 导模叠加所形成, 即

$$H_z(\vec{R}, t) = \cos\left(k_{x,m} x\right) \cos\left(k_{y,n} y\right)\left[h_0 \mathrm{e}^{\mathrm{i}(k_z z - \omega t)} + h_0' \mathrm{e}^{\mathrm{i}(-k_z z - \omega t)}\right]. \tag{5.6.84}$$

将边界条件 (5.6.83) 式应用于 (5.6.84) 式, 得

$$\begin{cases} h_0 + h_0' = 0, \\ \sin\left(k_z d\right) = 0. \end{cases} \tag{5.6.85}$$

或者

$$\begin{cases} h_0 = -h_0', \\ k_z = k_{z,l} = \dfrac{l\pi}{d} \quad (l = 0, 1, 2, \cdots). \end{cases} \tag{5.6.86}$$

即由于在 z 轴方向来自理想导体前后的限制, 两束同振幅反向传播 TE 导模的 k_z 也只能取分列的值, 这一特点类似于 k_x 和 k_y。因此, 谐振腔中 TE 共振模的磁场沿 z 轴方向的分量为

$$H_z = H_0 \cos\left(k_{x,m} x\right) \cos\left(k_{y,n} y\right) \sin\left(k_{z,l} z\right) \mathrm{e}^{-\mathrm{i}\omega t}. \tag{5.6.87}$$

式中 $H_0 = 2\mathrm{i}h_0$ 为常数项。可以验证, 对于原先的四个侧面, 上述结果亦满足相关边界条件:

$$\begin{cases} \left.\dfrac{\partial B_z}{\partial x}\right|_{x=0} = 0, & \left.\dfrac{\partial B_z}{\partial x}\right|_{x=a} = 0, \\[2mm] \left.\dfrac{\partial B_z}{\partial y}\right|_{y=0} = 0, & \left.\dfrac{\partial B_z}{\partial y}\right|_{y=b} = 0. \end{cases} \tag{5.6.88}$$

借助前面的结论 (5.6.9) 式和 (5.6.10) 式, 其中 $\mathrm{i}k_z \to \partial/\partial z$, 可求得谐振腔中 TE 共振模的电磁场沿 x 轴和 y 轴方向的分量为

$$
\begin{cases}
E_x = \left(-\mathrm{i}\dfrac{\omega\mu k_{y,n}}{k_t^2} \right) H_0 \cos\left(k_{x,m}x\right) \sin\left(k_{y,n}y\right) \sin\left(k_{z,l}z\right) \mathrm{e}^{-\mathrm{i}\omega t}, \\[2mm]
E_y = \left(\mathrm{i}\dfrac{\omega\mu k_{x,m}}{k_t^2} \right) H_0 \sin\left(k_{x,m}x\right) \cos\left(k_{y,n}y\right) \sin\left(k_{z,l}z\right) \mathrm{e}^{-\mathrm{i}\omega t}.
\end{cases}
\tag{5.6.89}
$$

$$
\begin{cases}
H_x = \left(-\dfrac{k_{x,m}k_{z,l}}{k_t^2} \right) H_0 \sin\left(k_{x,m}x\right) \cos\left(k_{y,n}y\right) \cos\left(k_{z,l}z\right) \mathrm{e}^{-\mathrm{i}\omega t}, \\[2mm]
H_y = \left(-\dfrac{k_{y,n}k_{z,l}}{k_t^2} \right) H_0 \cos\left(k_{x,m}x\right) \sin\left(k_{y,n}y\right) \cos\left(k_{z,l}z\right) \mathrm{e}^{-\mathrm{i}\omega t}.
\end{cases}
\tag{5.6.90}
$$

式中

$$
k_t^2 = k_{x,m}^2 + k_{y,n}^2 = k^2 - k_{z,l}^2.
\tag{5.6.91}
$$

需要注意的是, 对比 (5.6.89) 式和 (5.6.90) 式, 对于 TE 共振模, 其 E_x 与 H_y 或者 E_y 与 H_x 之间都存在 $\pi/2$ 的相位差, 使得谐振腔中沿着 z 轴方向的能流密度平均值为零。

根据 (5.6.91) 式, 谐振腔中 TE 共振模的共振波数为

$$
k_{mnl} = \pi\sqrt{\frac{m^2}{a^2} + \frac{n^2}{b^2} + \frac{l^2}{d^2}},
\tag{5.6.92}
$$

共振波长和共振频率为

$$
\lambda_{mnl} = \frac{2\pi}{k_{mnl}},
\tag{5.6.93}
$$

$$
f_{mnl} = \frac{k_{mnl}}{2\pi\sqrt{\mu\varepsilon}}.
\tag{5.6.94}
$$

可见, 谐振腔中共振波长 (频率) 是分列的值, 这是谐振腔显著的特征之一, 因此通过谐振腔辐射出去的电磁波具有良好的选频特性。其次, 与波导管中的 TE 导模要求相同, 上式中 m、n 不能同时为零, 并且从 (5.6.89) 式看到, l 不能为零, 否则电场强度 $\vec{E} = 0$。因此, 长方体谐振腔中 TE 共振模最低频率可能是 $(m, n, l) = (1, 0, 1)$, 或者是 $(0, 1, 1)$, 使得共振波长一般与谐振腔的尺寸在同一数量级上。

对于长方体谐振腔中的 TM 共振模, 有 $E_z \neq 0$, $H_z = 0$。仿照前面的分析, E_z 表示为

$$
E_z = E_0 \sin\left(k_{x,m}x\right) \sin\left(k_{y,n}y\right) \cos\left(k_{z,l}z\right) \mathrm{e}^{-\mathrm{i}\omega t}.
\tag{5.6.95}
$$

$k_{z,l}$ 由 (5.6.86) 式给出。借助 E_z、H_z, 可求得 TM 共振模的电磁场沿 x 轴和 y 轴方向的分量为

$$
\begin{cases}
E_x = \left(-\dfrac{k_{z,l}k_{x,m}}{k_t^2} \right) E_0 \cos\left(k_{x,m}x\right) \sin\left(k_{y,n}y\right) \sin\left(k_{z,l}z\right) \mathrm{e}^{-\mathrm{i}\omega t}, \\[2mm]
E_y = \left(-\dfrac{k_{z,l}k_{y,n}}{k_t^2} \right) E_0 \sin\left(k_{x,m}x\right) \cos\left(k_{y,n}y\right) \sin\left(k_{z,l}z\right) \mathrm{e}^{-\mathrm{i}\omega t},
\end{cases}
\tag{5.6.96}
$$

$$\begin{cases} H_x = \left(-\mathrm{i}\dfrac{\omega\varepsilon k_{y,n}}{k_t^2}\right) E_0 \sin\left(k_{x,m}x\right)\cos\left(k_{y,n}y\right)\cos\left(k_{z,l}z\right)\mathrm{e}^{-\mathrm{i}\omega t}, \\[4mm] H_y = \left(\mathrm{i}\dfrac{\omega\varepsilon k_{x,m}}{k_t^2}\right) E_0 \cos\left(k_{x,m}x\right)\sin\left(k_{y,n}y\right)\cos\left(k_{z,l}z\right)\mathrm{e}^{-\mathrm{i}\omega t}. \end{cases} \tag{5.6.97}$$

同样, 这里 E_x 与 H_y 或者 E_y 与 H_x 之间存在 $\pi/2$ 的相位差, 使得沿着 z 轴的能流密度的平均值为零。由于 TM 导模的模式指数 (m,n) 都不能为零, 故长方体谐振腔中 TM 共振模的最低模式指数为 $(m,n,l)=(1,1,0)$。

---

*课外阅读: 光学谐振腔

根据谐振腔所储存的特定共振模式电磁场, 易计算出其所储存的能量。一般地, 谐振腔的品质因子 (Q) 定义为

$$Q = \frac{\omega W}{P_\mathrm{d}}.$$

这里 ω 为谐振腔的共振频率, W 为谐振腔内储存的能量 (平均值), $P_\mathrm{d}=-\mathrm{d}W/\mathrm{d}t$ 为谐振腔的耗散功率。由金属导体构成的封闭式谐振腔工作波长一般在 1 cm ∼ 1 m, 在这一波段金属可以看成是理想导体, 导体壁损耗极低, 因此微波谐振腔具有很高的品质因子。若再缩小谐振腔尺寸, 共振波长 (频率) 减小 (升高), 金属的损耗会增加, 品质因子急剧下降。

在可见光/近红外波段, 人们一般采用在这个波段损耗很小的透明介质制备圆盘、介质球这类开放式的光学谐振腔, 其共振模式称为回音壁模 (whispering gallery mode)。回音壁模一旦被激发, 就会沿着介质圆盘或者介质球的内表面附近长寿命传播, 图 5–53 给出了介质圆盘光学微腔光学显微照片。需要注意的是, 由于是基于几何光学的全反射原理, 由透明介质构成的光学微腔的尺寸都需远大于光的波长, 尺寸一般都在数十直至数百个光波长 [20]。

图 5–53   介质圆盘光学微腔 (图片由姜校顺教授提供, 特致谢)

5.6.11   电磁波沿介电常数异号的物质分界面的传播

根据 5.4.2 小节的讨论, 对于金属导体, 当 $\omega < \omega_\mathrm{p}$ 时, 金属导体的介电常数实

[20]   K. J. Vahala, *Optical Microcavities*, Nature **424**, 839 (2003).

部 $\varepsilon'_m < 0$ [见 (5.4.23) 式, 这里 m 代表金属]。根据上一节的分析, 电磁波不允许在 $\varepsilon'_m < 0$ 的物质内部传播。现在考虑另一个问题, 就是在两种介电常数异号的物质分界面 (例如金属导体与介质分界面) 上, 电磁波是否能够以表面波的形式沿界面传播。

作为一个简单的例子, 接下来分析在此类介电常数异号的平整分界面上存在一种表面波, 其振幅向分界面的两侧都以指数形式衰减, 并且这种表面波只能以 TM 模 (即磁场不存在沿着波矢方向的分量) 传播, 而不能以 TE 模传播。

假设电磁波以 TM 模式沿着介电常数异号的物质分界面传播, 设传播方向沿着 x 轴方向, 由于是 TM 模式, 磁场沿 y 轴方向, 磁场强度分量表示为

$$\vec{H} = \begin{cases} (0, A, 0)\, \mathrm{e}^{\mathrm{i}(k_x x + k_{d,z} z - \omega t)} & (z > 0), \\ (0, B, 0)\, \mathrm{e}^{\mathrm{i}(k_x x + k_{m,z} z - \omega t)} & (z < 0). \end{cases} \tag{5.6.98}$$

如图 5-54 所示, 介电常数为正的介质 (其相对介电常数用 ε_d 表示, 下标 d 表示介质) 处于 $z > 0$ 区域, 而介电常数小于零的物质 (如金属导体, 相对介电常数用 ε_m 表示, 这里在下角标中省略了代表相对介电常数含义的 r) 处于 $z < 0$ 区域。注意到, 这里讨论的具有正、负介电常数的物质都限于是各向同性且非磁性的, 则有

$$\begin{cases} \varepsilon_d k_0^2 = k_x^2 + k_{d,z}^2, \\ \varepsilon_m k_0^2 = k_x^2 + k_{m,z}^2, \end{cases} \tag{5.6.99}$$

式中 $k_0 = \omega/c$。介质介电常数的色散一般比较弱 (远离共振), 在此忽略, 这里只考虑金属导体介电常数存在的色散效应 $[\varepsilon_m = \varepsilon_m(\omega)]$。

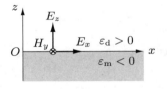

图 5-54

根据 Maxwell 方程组, 有

$$\nabla \times \vec{H} = \varepsilon \frac{\partial \vec{E}}{\partial t}, \quad \begin{cases} \varepsilon = \varepsilon_0 \varepsilon_d & (z > 0), \\ \varepsilon = \varepsilon_0 \varepsilon_m(\omega) & (z < 0). \end{cases} \tag{5.6.100}$$

可求得两区域内电场强度分量为

$$\vec{E} = \begin{cases} \dfrac{A}{\omega \varepsilon_0 \varepsilon_d} (k_{d,z}, 0, -k_x)\, \mathrm{e}^{\mathrm{i}(k_x x + k_{d,z} z - \omega t)} & (z > 0), \\ \dfrac{B}{\omega \varepsilon_0 \varepsilon_m} (k_{m,z}, 0, -k_x)\, \mathrm{e}^{\mathrm{i}(k_x x + k_{m,z} z - \omega t)} & (z < 0). \end{cases} \tag{5.6.101}$$

由于电磁场在两种物质内部都有一定的穿透深度, 故在分界面附近电磁场有如下

边值关系:

$$\begin{cases} H_y|_{z=0^+} = H_y|_{z=0^-}, \\ E_x|_{z=0^+} = E_x|_{z=0^-}. \end{cases} \tag{5.6.102}$$

结合分界面附近电磁场分布 (5.6.98) 式和 (5.6.101) 式, 得

$$\frac{k_{\mathrm{d},z}}{\varepsilon_{\mathrm{d}}} = \frac{k_{\mathrm{m},z}}{\varepsilon_{\mathrm{m}}}. \tag{5.6.103}$$

将上式代入 (5.6.99) 式, 得到沿 x 轴方向传播的波矢分量为

$$k_x = k_0 \sqrt{\frac{\varepsilon_{\mathrm{d}}\varepsilon_{\mathrm{m}}}{\varepsilon_{\mathrm{d}} + \varepsilon_{\mathrm{m}}}}. \tag{5.6.104}$$

将上式代入 (5.6.99) 式, 可求得沿着分界面传播的波进入物质内部的波矢分量为

$$k_{\mathrm{d},z} = k_0 \sqrt{\frac{\varepsilon_{\mathrm{d}}^2}{\varepsilon_{\mathrm{d}} + \varepsilon_{\mathrm{m}}}}, \quad k_{\mathrm{m},z} = k_0 \sqrt{\frac{\varepsilon_{\mathrm{m}}^2}{\varepsilon_{\mathrm{d}} + \varepsilon_{\mathrm{m}}}}. \tag{5.6.105}$$

现在来分析 k_x、$k_{\mathrm{d},z}$、$k_{\mathrm{m},z}$ 的特征。为了建立相关的物理图像, 可以先考虑忽略金属的损耗, 即 ε_{m} 为实数, 且 $\varepsilon_{\mathrm{m}}(\omega) < 0$。从 (5.6.104) 式及 (5.6.105) 式可以看出, 当满足 $|\varepsilon_{\mathrm{m}}(\omega)| > \varepsilon_{\mathrm{d}}$ 时, k_x 为纯实数, 而 $k_{\mathrm{m},z}$、$k_{\mathrm{d},z}$ 均为纯虚数。换言之, 沿着正、负介电常数分界面存在一种传播模式, 场振幅在界面上具有最大值, 而由分界面进入物质体内后场振幅均呈衰减特征, 具有表面波的特点, 这种存在于正、负介电常数分界面附近传播的波称为表面等离激元 (Surface Plasmon Polariton, 缩写 SPP), 其重要特征是在界面两侧具有局域的特点, 如图 5–55 所示。

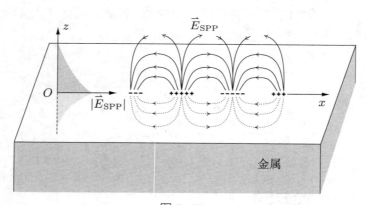

图 5–55

SPP 是否存在 TE 模式? 假设也存在这类模式, 仿照上面的讨论, 则在 Cartesian 坐标系中电场强度分量表示为

$$\vec{E} = \begin{cases} (0, A, 0)\, \mathrm{e}^{\mathrm{i}(k_x x + k_{\mathrm{d},z} z - \omega t)} & (z > 0), \\ (0, B, 0)\, \mathrm{e}^{\mathrm{i}(k_x x + k_{\mathrm{m},z} z - \omega t)} & (z < 0). \end{cases} \tag{5.6.106}$$

则两侧电磁场都满足如下关系:

$$\nabla \times \vec{E} = -\mu_0 \frac{\partial \vec{H}}{\partial t}, \tag{5.6.107}$$

可求得两区域内的磁场分量为

$$
\vec{H} = \begin{cases} \dfrac{A}{\omega \mu_0} \left(-k_{\mathrm{d},z}, 0, k_x \right) \mathrm{e}^{\mathrm{i}(k_x x + k_{\mathrm{d},z} z - \omega t)} & (z > 0), \\[3mm] \dfrac{B}{\omega \mu_0} \left(-k_{\mathrm{m},z}, 0, k_x \right) \mathrm{e}^{\mathrm{i}(k_x x + k_{\mathrm{m},z} z - \omega t)} & (z < 0). \end{cases} \tag{5.6.108}
$$

同时, 在分界面附近有如下边值关系:

$$
\begin{cases} H_x|_{z=0^+} = H_x|_{z=0^-}, \\[2mm] E_y|_{z=0^+} = E_y|_{z=0^+}. \end{cases} \tag{5.6.109}
$$

结合分界面附近电磁场分布 (5.6.106) 式和 (5.6.108) 式, 则要求

$$
A = B, \quad k_{\mathrm{d},z} = k_{\mathrm{m},z}. \tag{5.6.110}
$$

很显然, 对于介电常数异号的物质分界面, 基于 TE 模式假设所推出的结果 (5.6.110) 式 (第二个关系式) 与 (5.6.99) 式存在冲突, 假设不成立, 即不存在 TE 模式表面波。

概括起来, 对于非磁性各向同性介电常数异号的分界面, 当分界面两侧物质的介电常数满足 $|\varepsilon_{\mathrm{m}}(\omega)| > \varepsilon_{\mathrm{d}}$, 则存在 SPP 表面波, 其电场横向分量进入分界面两侧物质内部呈现指数衰减特征, 同时电场存在沿界面传播方向的纵向分量。

> **思考题 5.7** 对于磁导率异号而介电常数同为正号的磁性物质的分界面, 是否存在表面波?

5.6.12 沿金属/介质分界面传播的表面等离激元 (SPP) 色散特性

根据前面的讨论, 金属导体的介电常数可用 Drude 模型来描述:

$$
\varepsilon(\omega) = 1 - \frac{\omega_{\mathrm{p}}^2}{\omega^2 + \mathrm{i}\gamma\omega}. \tag{5.6.111}
$$

先暂不考虑金属导体的损耗, 即令 $\gamma = 0$, 则有

$$
\varepsilon_{\mathrm{m}}(\omega) = 1 - \frac{\omega_{\mathrm{p}}^2}{\omega^2}. \tag{5.6.112}
$$

对于金属导体, 等离子频率 ω_{p} 在数个电子伏量级; 在可见光/近红外波段, 有 $\varepsilon_{\mathrm{m}}(\omega) < 0$。将 (5.6.112) 式代入 (5.6.104) 式, 得到 SPP 沿着金属导体与介质分界面传播的 $\omega - k_x$ 色散线, 如图 5–56 所示。

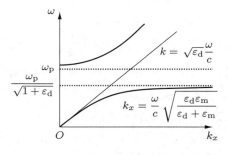

图 5–56

从图 5–56 可以看到, 当 $\omega \ll \omega_\mathrm{p}$ 时, $k_x \Rightarrow k = \sqrt{\varepsilon_\mathrm{d}}k_0$, 即色散关系退化为无限大介质中传播的电磁波的色散关系。由于在低频区 ε_m 绝对值很大, 导致在低频区有

$$k_{\mathrm{d},z} \Rightarrow \mathrm{i}0^+, \quad k_{\mathrm{m},z} \Rightarrow \mathrm{i}\infty. \tag{5.6.113}$$

即此时电磁波进入金属导体的穿透深度为零, 而进入介质深度趋于无穷大, 故在低频区 SPP 已失去了表面波的特点, 在横向不再具有局域性。

另一方面, 当 SPP 的频率从低频逐渐升高时, SPP 的相速度 $v_\mathrm{p} = \omega/k_x$ 由 $c/\sqrt{\varepsilon_\mathrm{d}}$ 逐渐减小; 当频率升高到接近 $\omega_\mathrm{sp} = \omega_\mathrm{p}/\sqrt{1+\varepsilon_\mathrm{d}}$ 时, 相速度快速下降, 并且有

$$\varepsilon_\mathrm{m}(\omega) + \varepsilon_\mathrm{d} \approx 0, \tag{5.6.114}$$

从 (5.6.105) 式和 (5.6.112) 式可知

$$k_x \Rightarrow \infty, \quad k_{\mathrm{d},z} \Rightarrow \mathrm{i}\infty, \quad k_{\mathrm{m},z} \Rightarrow \mathrm{i}\infty. \tag{5.6.115}$$

这表明 SPP 进入两侧物质的穿透深度都趋于零, 在横向表现出极端局域特点, 而在传播方向上波长变得很小。若是金属导体与空气的分界面, 则这一频率为 $\omega_\mathrm{sp} = \omega_\mathrm{p}/\sqrt{2}$。

若频率升高并处于 $\omega_\mathrm{p}/\sqrt{2} < \omega < \omega_\mathrm{p}$ 频段时, $\varepsilon_\mathrm{m}(\omega) < 0$, $\varepsilon_\mathrm{m}(\omega) + \varepsilon_\mathrm{d} > 0$, k_x 成为纯虚数, 表明是沿着界面传播方向振幅逐渐衰减的模式。若频率继续升高至 $\omega > \omega_\mathrm{p}$ 时, $k_{\mathrm{d},z}$、$k_{\mathrm{m},z}$ 均为实数, 此时不存在表面模式。

*课外阅读: 理想导体表面仿冒 SPP

从上面的讨论可以看到, 当频率远小于金属导体的等离子频率时, 金属表面并不支持具有局域性的 SPP 本征模式, 在这一低频波段金属几乎是理想导体。这也提出一个挑战性的科学问题, 即是否可以在低频波段在金属 (理想导体) 表面形成具有类似 SPP 特征的表面波。2004 年, J. B. Pendry 提出了一种方案, 就是在金属导体表面引入周期性的孔阵列, 孔的尺寸以及孔之间的间距都远小于电磁波的工作波长, 见图 5–57(a)。以方形孔为例, 假设孔的边长为 a, 根据结论 (5.6.52) 式, 孔中的电场可表示为

$$\vec{E} = E_0 \sin\left(\frac{\pi x}{a}\right) \mathrm{e}^{\mathrm{i}(k_z z - \omega t)} \vec{e}_y. \tag{5.6.116}$$

式中

$$k_z = \sqrt{\omega^2 \mu \varepsilon - \left(\frac{\pi}{a}\right)^2} = \mathrm{i}\sqrt{\left(\frac{\pi}{a}\right)^2 - \omega^2 \mu \varepsilon}. \tag{5.6.117}$$

选取 (5.6.116) 式的形式, 目的一是保证理想导体边界条件, 二是由于孔的尺寸远小于入射波的波长忽略了高阶模式, 使得 (5.6.117) 式中 k_z 为纯虚数, 表明进入孔的电磁场为衰减模式。因此在理想导体表面引入亚波长孔阵列之后, 电场可以像 "钉子" 一样以有限深度进入到孔中, 从而可支持一种仿冒 SPP 模式 (英文 Spoof SPP, 缩写为 SSPP), SSPP 不但具有横向局域特点, 而且具有与平整金属

表面 SPP 类似的色散曲线, 见图 5–57(b), 只不过这里的 ω_{p} 与孔的结构参量有关, 因此采用微孔阵列结构的金属表面可支持从低频到太赫兹波段任意频率的表面波 [21]。为了有效激发这类仿冒的 SPP 波, 人们还提出了一种新的耦合方案 [22], 即在金属表面 (需保留一定厚度空气层) 引入具有相位梯度的介质型超构表面, 研究表明超构表面不但可以将入射波有效转化为表面波, 而且由于超构表面沿着梯度方向打破了空间反演对称, 可以抑制表面波的退耦过程, 从而实现低频波段 SPP 波的高效率耦合与激发。

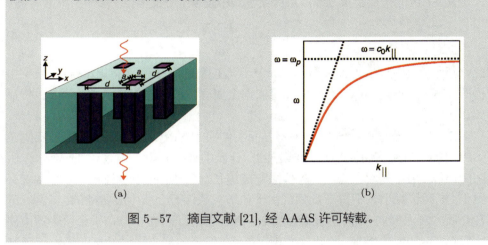

图 5–57　摘自文献 [21], 经 AAAS 许可转载。

5.6.13　SPP 的传播距离

以金属导体为例, 为了计算 SPP 沿金属导体/介质分界面所能传播的距离, 考虑金属导体介电常数的虚部:

$$\varepsilon_{\mathrm{m}} = \varepsilon_{\mathrm{m}}' + \mathrm{i}\varepsilon_{\mathrm{m}}''. \tag{5.6.118}$$

相应地波矢可分成实部和虚部两部分, 即

$$k_x = k_x' + \mathrm{i}\kappa_x''. \tag{5.6.119}$$

其中

$$k_x' = \frac{\omega}{c}\sqrt{\frac{\varepsilon_{\mathrm{m}}'\varepsilon_{\mathrm{d}}}{\varepsilon_{\mathrm{m}}' + \varepsilon_{\mathrm{d}}}}. \tag{5.6.120}$$

$$\kappa_x'' = \frac{1}{2}\frac{\omega}{c}\left(\frac{\varepsilon_{\mathrm{m}}'\varepsilon_{\mathrm{d}}}{\varepsilon_{\mathrm{m}}' + \varepsilon_{\mathrm{d}}}\right)^{3/2}\frac{\varepsilon_{\mathrm{m}}''}{(\varepsilon_{\mathrm{m}}')^2}. \tag{5.6.121}$$

SPP 的传播因子表示为

$$E_{\mathrm{SPP}} \propto \mathrm{e}^{\mathrm{i}(k_x x - \omega t)} = \mathrm{e}^{-\kappa_x'' x}\mathrm{e}^{\mathrm{i}(k_x' x - \omega t)}. \tag{5.6.122}$$

[21]　J. B. Pendry, L. Martin-Moreno and F. J. Garcia-Vidal, *Mimicking Surface Plasmons with Structured Surfaces*, Science **305**, 847 (2004).

[22]　W. J. Sun *et al.*, *High-efficiency Surface Plasmon Meta-couplers: Concept and Microwave-regime Realizations*, Light: Science & Applications **5**, e16003 (2016).

可见电场强度振幅随着传播距离的延长而呈现指数下降, 在上一节讨论电磁波在导电媒质中的传播时已见到过类似的形式。定义 SPP 的波长为

$$\lambda_{\mathrm{SPP}} = \frac{2\pi}{k_x'}. \tag{5.6.123}$$

而伴随着 SPP 的传播, 其强度沿界面亦呈现衰减特性, 即

$$I_{\mathrm{SPP}} = |\vec{E}_{\mathrm{SPP}}|^2 \propto \mathrm{e}^{-2\kappa_x'' x}. \tag{5.6.124}$$

定义 SPP 的传播距离 L_{SPP} 为其强度减小到 e^{-1} 的距离:

$$L_{\mathrm{SPP}} = \frac{1}{2\kappa_x''}. \tag{5.6.125}$$

因此一旦给定电磁波的圆频率 $\omega = 2\pi c/\lambda_0$ (注意 λ_0 是指同频率电磁波在真空中传播的波长, 而不是 SPP 的波长), 可依据金属导体的介电常数计算出 SPP 传播距离。

图 5–58 给出了在金与空气平整界面上传播的 SPP 色散关系线, 以及不同频率 SPP 所对应的传播距离计算结果 [23], 计算中金的介电常数采用 Drude 模型。从图中可以看出, 频率越低, SPP 传播距离越长, 原因是低频电磁波进入金属部分场更少, 损耗也减小。不过在低频区由于色散关系接近介质中波传播的色散线, 因此在介质中场沿横向分布的局域性也减小。而当频率增高时, 分布于金属中的电磁场比例增加, 损耗也增加, 因此传播距离减小, 但场的横向局域性更明显。可见就金属导体/介质的单界面体系而言, 在试图延长 SPP 传播距离与提高场横向局域性两者之间需要一个妥协。例如, 对于 (真空中) 波长 $\lambda_0 = 500$ nm 的电磁波, SPP 在金/空气分界面传播的距离大概为 100 μm, 这个传播距离虽只有数百微米, 但其鲜明的特点是电磁场在介质中的分布范围 (垂直于分界面) 可以远小于 λ_0。

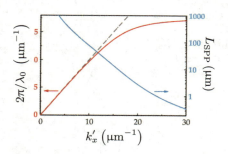

图 5–58　由 Phys. Today 提供 [23], 特致谢。这里对原图横轴和纵轴的名称做了相应的变更, 目的是使其与教材中所定义的相关物理量含义一致。

5.6.14　SPP 的激发

将一束光波经过介质入射到相邻的金属表面, 入射波提供的沿着界面的波矢分量为 $\sqrt{\varepsilon_d}k_0\sin\theta$, 这个分量的最大值为 $\sqrt{\varepsilon_d}k_0$。对比之下, SPP 的波数总是大于同频率的波在无限大介质中传播的波数 $\sqrt{\varepsilon_d}k_0$ [见图 5–56 中的 SPP 色散曲线以

[23]　T. W. Ebbesen, C. Genet and S. I. Bozhevolnyi, *Surface-plasmon Circuitry*, Phys. Today **61**, 44 (2008).

及 (5.6.120) 式]。由于无法满足波矢切向分量连续的条件, 因此将一束光波入射到平整光滑的金属表面是无法激发出 SPP 的。

激发 SPP 有多种方法。方法之一是利用全反射下的消逝波耦合激发。根据前面的讨论, 全反射下消逝波沿分界面波数大于同频率的光波在无限大折射介质中传播的波数, 并且可以通过改变入射角来控制。以金属/空气界面为例, 如图 5-59 所示, 在金属表面上方放置一个半圆柱形透镜, 当入射到透镜的平整面的 p 偏振光的入射角大于临界角时会观察到全反射现象; 在此基础上不断将平整金属表面移近透镜的平整面, 当两者的间距接近一个波长左右时, 会观测到对于波长满足一定共振条件的入射光, 全反射现象会消失。全反射消失的原因是消逝波与 SPP 两者会发生强烈耦合, 从而有效激发出 SPP 模式, 使入射光的能量转化为 SPP 的能量。

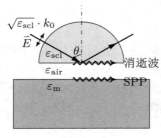

图 5-59

采用上述途径, 要使消逝波与 SPP 发生耦合, 容易想到需满足多个条件。其一是金属与半圆柱透镜的间距足够小, 确保在空间中两束波的场产生重叠; 其次, 由于 SPP 是 TM 模, 入射光需为 p 偏振光, 以保证消逝波的电场存在沿传播方向的分量; 三是消逝波波矢与 SPP 波矢需匹配, 即

$$\sqrt{\varepsilon_{scl}}k_0 \sin\theta = k_x' \quad (\theta > \theta_c). \tag{5.6.126}$$

或者

$$\sqrt{\varepsilon_{scl}} \sin\theta = \sqrt{\frac{\varepsilon_m'(\omega_{spp})\varepsilon_{air}}{\varepsilon_m'(\omega_{spp}) + \varepsilon_{air}}} \quad (\theta > \theta_c). \tag{5.6.127}$$

式中, ε_{scl} 为半柱面 (semi-cylindrical) 镜的相对介电常数, $\varepsilon_{air} = 1$ 为空气的相对介电常数, 它们基本都不依赖于频率, ε_m' 为金属导体的相对介电常数 (实部)。根据给定的入射角度 θ 以及 $\varepsilon_m'(\omega)$, 就可由 (5.6.127) 式确定所激发的 SPP 频率 ω_{spp} 以及对应的真空中的光波长。

还有一种简便的激发 SPP 的方法, 就是在金属表面局部区域引入一维光栅。如图 5-60 所示, 假设光栅常量为 Λ, 由于光栅的存在, 以入射角 θ 入射到光栅所在区域的金属表面的光波沿面内的波矢分量为

$$k_x = k_0 \sin\theta \pm \Delta k_x = k_0 \sin\theta \pm mg. \tag{5.6.128}$$

式中 m 为整数, $g = 2\pi/\Lambda$。由于 $\Delta k_x = mg$ 的存在, 因此可实现与 SPP 波矢的匹配。例如选取 $m = 1$, 可确定金属/空气平整分界面上的 SPP 激发条件为

$$k_0 \sin\theta + \frac{2\pi}{\Lambda} = k_0 \sqrt{\frac{\varepsilon_m'}{\varepsilon_m' + 1}}. \tag{5.6.129}$$

当然, 若 SPP 传播过程中遇到相应的光栅, SPP 也会通过同样的波矢匹配条件转

化为在与金属相邻的介质中传播的自由光波。

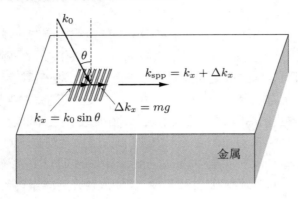

图 5−60

---

*课外阅读: 金属/介质/金属波导中的 SPP 及负折射现象

上面讨论的是半无限大金属与半无限大介质构成的界面上 SPP 的特点。若是两块足够厚的金属膜中间夹着一层介质薄层, 形成所谓金属/介质/金属 (MIM) 结构, 如图 5−61 所示, 当介质层厚度减小到数十纳米时, 原先单一界面上的 SPP 模式会发生显著的改变。

图 5−61

J. A. Dionne 等详细讨论了 MIM 层状结构随着中间介质层厚度逐渐减小对结构所支持的模式的影响 [24]。特别是针对 $Ag/Si_3N_4/Ag$ 结构, 具体分析了随着 Si_3N_4 介质层厚度从 500 nm 减小到 12 nm 时体系模式的变化特点, 发现当厚度超过 100 nm 时, MIM 结构对 SPP 的色散线影响很小, 并且 MIM 结构可以同时支持传统的波导模式 (把金属看成理想导体近似), 相关的色散曲线如图 5−62(a) 所示, 这里 Si_3N_4 厚度为 $t = 500$ nm, 图中虚线 (为光在体块 Si_3N_4 中传播的色散线) 的左上方是传统的波导模式色散线, 这里标注的是 TM_m 模式, 原因就是这种激发方式有可能同时激发 SPP 模。紧挨虚直线右下方的是 SPP 色散线。图中灰色对应于可见光区。金属的介电常数都是采用实验测量值, 而不是 Drude 模型。

当中间 Si_3N_4 介质层厚度减小到 100 nm 以下时, 原先在 SPP 模式频段的传统波导模不再出现, 对比之下是 MIM 双界面上的 SPP 模式相互作用而产生模式分裂, 如图 5−62(b) 所示, 形成所谓的对称模 (电场切向分量在体系中呈现

[24]   J. A. Dionne *et al.*, *Plasmon Slot Waveguides: Towards Chip-scale Propagation with Subwavelength-scale Localization*, Phys. Rev. B **73**, 035407 (2006).

对称分布) 和反对称模, 这里 Si$_3$N$_4$ 的厚度为 $t = 50$ nm。对称模的色散曲线类似单一界面的 SPP 色散线, 具有正的有效折射率, 因此模式的群速度和相速度同方向; 而反对称模的有效折射率为负值 (在灰色区域之上), 导致群速度和相速度反向。

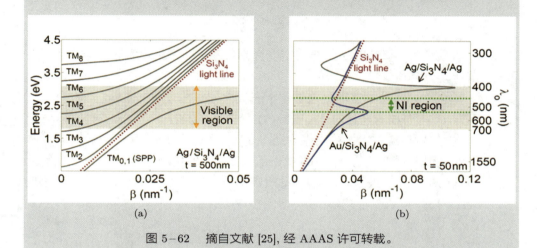

图 5-62 摘自文献 [25], 经 AAAS 许可转载。

J. A. Dionne 等进一步将其中一侧的银换成金, 形成 Au/Si$_3$N$_4$/Ag 的 MIM 结构, 发现负折射率的光谱区域可红移到可见光区 [图 5-62(b) 中标注 NI 的区域]。基于上述理论计算分析, H. J. Lezec 与 J. A. Dionne 合作制备两种 Ag/Si$_3$N$_4$/Ag 与 Au/Si$_3$N$_4$/Ag 的 MIM 结构并实现对接, 使得对于一定频率的 SPP 在其中一个 MIM 结构中以正折射率传播, 进入另外一个 MIM 结构以负折射率传播, 成功在实验上观察到 SPP 传播的负折射现象 [25]。不过, 这里的负折射现象不是因为体块材料的折射率为负所导致。

习题

5.1 ☆ 与介质或者金属中的电子运动受到束缚和碰撞散射作用不同, 在加速器、等离子体中运动的电子无需考虑这些物理过程。不过, 在考察自由电子在平面波驱动下的运动时, 需要同时考虑电场力和磁场力的影响, 在光强较小的情况下可以把磁场力看成微扰项。如图所示, 假设单色平面波沿着 z 方向传播, 偏振沿着 x 轴, 初始时刻电子位于坐标原点, 且速度为零, 电子运动范围远小于电磁波波长, 求解电子在 xOz 面内的运动方程。

答案: $\vec{R}(t) = \dfrac{eE_0}{m_e \omega^2} [\cos(\omega t) - 1]\, \vec{e}_x + \dfrac{e^2 E_0^2}{8 m_e^2 \omega^3 c} [2\omega t - \sin(2\omega t)]\, \vec{e}_z.$

[25] H. J. Lezec, J. A. Dionne and H. A. Atwater, *Negative Refraction at Visible Frequencies*, Science **316**, 430 (2007).

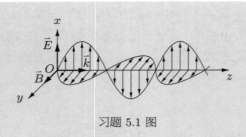

习题 5.1 图

5.2 ☆ 证明: (1) 圆偏振光的能流密度为常矢量; (2) 圆偏振光的能量密度为常量。

5.3 ☆ 单色平面波从真空垂直入射到半无限大非磁性介质的表面, 介质的折射率为 n, 入射波的光强为 I_0。试: (1) 根据垂直入射下反射波、透射波与入射波的电场振幅之比, 给出入射光 ($\langle \vec{g}_I \rangle$)、反射光 ($\langle \vec{g}_R \rangle$) 和折射光 ($\langle \vec{g}_T \rangle$) 的动量密度平均值的表达式; (2) 给出三束光各自施加于介质表面的光压与其动量密度的关系; (3) 根据动量定理, 给出三束光施加于介质表面总的光压。

答案: (1) $\langle \vec{g}_I \rangle = -\dfrac{I_0}{c^2}\vec{e}_z$, $\langle \vec{g}_R \rangle = \dfrac{(n-1)^2}{(n+1)^2}\dfrac{I_0}{c^2}\vec{e}_z$, $\langle \vec{g}_T \rangle = -\dfrac{4n^3}{(n+1)^2}\dfrac{I_0}{c^2}\vec{e}_z$;

(2) $\vec{P}_I = -\dfrac{I_0}{c}\vec{e}_z$, $\vec{P}_R = -\dfrac{(n-1)^2}{(n+1)^2}\dfrac{I_0}{c}\vec{e}_z$, $\vec{P}_T = \dfrac{4n^2}{(n+1)^2}\dfrac{I_0}{c}\vec{e}_z$;

(3) $\vec{P}_{rad} = \dfrac{2I_0}{c}\dfrac{n-1}{n+1}\vec{e}_z$.

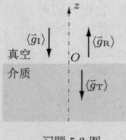

习题 5.3 图

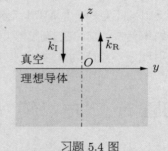

习题 5.4 图

5.4 ☆ 试采用动量流密度方法, 计算单色平面波从真空垂直入射理想导体表面时所产生的光压 $2I_0/c$, I_0 为光强, 方向沿着入射的方向指向导体内部。

答案: $\vec{P}_{rad} = -\dfrac{2I_0}{c}\vec{e}_z$.

5.5 ☆ 任选一种线偏振 (s 偏振, 或 p 偏振), 证明光从半无限大介质 1 斜入射到半无限大介质 2 的分界面时满足光路可逆原理, 即: (1) 原反射光逆向入射后的透射光, 与原透射光逆向入射后的反射光之和为零; (2) 原反射光逆向入射后的反射光, 与原透射光逆向入射后的透射光之和为原入射光。

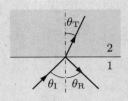

习题 5.5 图

5.6 ☆ 假设 p 偏振光从半无限大介质 1 斜入射到半无限大介质 2 的分界面 (折射率 $n_1 > n_2$), 入射角大于临界角, 推导出介质 2 一侧的消逝波能流密度表达式, 并计算其周期平均值。

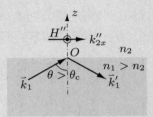

习题 5.6 图

答案: $s_{2z} = -\dfrac{\kappa}{2\omega\varepsilon_2}|H_0''|^2 e^{-2\kappa z}\sin\left[2\left(k_{2x}''x - \omega t\right)\right]$, $\quad \langle s_{2z}\rangle = 0$;

$$s_{2x} = \frac{1}{2}\sqrt{\frac{\mu_2}{\varepsilon_2}}|H_0''|^2\frac{\sin\theta}{\sin\theta_c}e^{-2\kappa z}\left\{1 + \cos\left[2\left(k_{2x}''x - \omega t\right)\right]\right\},$$

$$\langle s_{2x}\rangle = \frac{1}{2}\sqrt{\frac{\mu_2}{\varepsilon_2}}\frac{\sin\theta}{\sin\theta_c}|H_0''|^2 e^{-2\kappa z}.$$

5.7 ☆☆☆ 对于非对称的 F-P 标准具, 两个镜子表面的反射率不相同, 假设其透射率和反射率分别为 (T_1, R_1) 和 (T_2, R_2), 经过中间介质层所累积相位为 $\phi = kd$。(1) 试证明非对称 F-P 标准具的透射率为

$$T = \frac{T_1 T_2}{\left(1 - \sqrt{R_1 R_2}\right)^2 + 4\sqrt{R_1 R_2}\sin^2\phi}.$$

(2) 计算非对称 F-P 标准具的透射峰值, 并证明对称 F-P 标准具总是具有最大的透射率。

答案: (1) 略; (2) $T_{\max} = \dfrac{\left(1 - R_1\right)\left(1 - R_2\right)}{\left(1 - \sqrt{R_1 R_2}\right)^2}$.

5.8 ☆ 对于由双层单元结构周期排列而形成的一维光子晶体, 针对 p 偏振波, 推导出相邻周期单元中磁场强度 $\left(H_{l,b}^+, H_{l,b}^-\right)$ 与 $\left(H_{l-1,b}^+, H_{l-1,b}^-\right)$ 的关系, 即 (5.3.61)—(5.3.63) 式。

5.9 ☆ 空心金属波导管中的波导模可表示为

$$\vec{E}\left(\vec{R}, t\right) = \vec{E}\left(x, y\right) \mathrm{e}^{\mathrm{i}(k_z z - \omega t)}, \quad \vec{H}\left(\vec{R}, t\right) = \vec{H}\left(x, y\right) \mathrm{e}^{\mathrm{i}(k_z z - \omega t)}.$$

式中 k_z 为沿 z 轴传播的波矢分量. 试以 Cartesian 坐标系为例:

(1) 推导出 $\vec{E}\left(x, y\right), \vec{H}\left(x, y\right)$ 满足

$$\left(\frac{\partial^2}{\partial x^2} + \frac{\partial^2}{\partial y^2} + k_t^2\right) \left\{\begin{array}{c} \vec{E}\left(x, y\right) \\ \vec{H}\left(x, y\right) \end{array}\right\} = 0,$$

式中

$$k_t^2 = k^2 - k_z^2 = \mu\varepsilon\omega^2 - k_z^2 \neq 0.$$

(2) 结合 Maxwell 方程组, 验证电磁场所有横向分量 $(E_x, E_y), (H_x, H_y)$ 都可以用其纵向分量 (E_z, H_z) 表示成如下的形式:

$$\left\{\begin{array}{l} E_x = \dfrac{\mathrm{i}}{k_t^2}\left(k_z \dfrac{\partial E_z}{\partial x} + \omega\mu \dfrac{\partial H_z}{\partial y}\right), \\[3mm] E_y = \dfrac{\mathrm{i}}{k_t^2}\left(k_z \dfrac{\partial E_z}{\partial y} - \omega\mu \dfrac{\partial H_z}{\partial x}\right), \\[3mm] H_x = \dfrac{\mathrm{i}}{k_t^2}\left(-\omega\varepsilon \dfrac{\partial E_z}{\partial y} + k_z \dfrac{\partial H_z}{\partial x}\right), \\[3mm] H_y = \dfrac{\mathrm{i}}{k_t^2}\left(\omega\varepsilon \dfrac{\partial E_z}{\partial x} + k_z \dfrac{\partial H_z}{\partial y}\right). \end{array}\right.$$

5.10 ☆☆ 如图所示, 由两块相互平行的无限大金属导体平板 (处于 xOz 平面内) 组成的波导, 板间隔为 b, ε、μ 为板之间所填充介质的介电常数和磁导率. 导模 $\vec{E}\left(\vec{R}, t\right)$ 沿 z 轴传播, 试证:

(1) 波导所支持的 TM 模式可表示为

$$\left\{\begin{array}{l} H_x\left(y\right) = -\dfrac{\mathrm{i}\omega\varepsilon}{k_{y,m}} E_0 \cos\left(k_{y,m} y\right), \\[3mm] E_y\left(y\right) = \dfrac{\mathrm{i}k_z}{k_{y,m}} E_0 \cos\left(k_{y,m} y\right), \\[3mm] E_z\left(y\right) = E_0 \sin\left(k_{y,m} y\right). \end{array}\right.$$

式中 $k_{y,m}$ 取分列的数值:

$$\left\{\begin{array}{l} k_{y,m} = \dfrac{m\pi}{b} \quad (m = 0, 1, 2, \cdots), \\[3mm] k_z = \sqrt{\omega^2 \mu\varepsilon - k_{y,m}^2}. \end{array}\right.$$

这些模标记为 TM_m 模, 并且讨论 TM_0 模是一种 TEM 模式, 其截止频率为零, 故平行金属导体平板可传播直流信号; TM_0 模的特征是电场和磁场都作横向振动, 电场须沿着垂直于板面方向, 磁场平行于板面.

(2) 平行金属板之间还可以支持的 TE 导模, 其形式可表示为

$$
\begin{cases}
E_x(y) = -\dfrac{\mathrm{i}\omega\mu}{k_{y,m}} H_0 \sin(k_{y,m}y), \\[2mm]
H_y(y) = -\dfrac{\mathrm{i}k_z}{k_{y,m}} H_0 \sin(k_{y,m}y), \\[2mm]
H_z(y) = H_0 \cos(k_{y,m}y).
\end{cases}
$$

式中

$$
\begin{cases}
k_{y,m} = \dfrac{m\pi}{b} \quad (m = 1,2,\cdots), \\[2mm]
k_z = \sqrt{\omega^2\mu\varepsilon - k_{y,m}^2}.
\end{cases}
$$

这些模式标记为 TE_m 模, 讨论模式指数最低的为 TE_1 模。

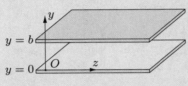

习题 5.10 图

5.11 ☆ 根据同轴圆形波导管中 TEM 导模的特征, 结合 Maxwell 方程 $\nabla \times \vec{E}(\vec{R},t) = -\partial\vec{B}(\vec{R},t)/\partial t$ 和 $\nabla \cdot \vec{E}(\vec{R},t) = 0$, 求解同轴圆形波导管中 TEM 导模的电磁场

$$
\vec{E}(\vec{R},t) = E_0 \mathrm{e}^{\mathrm{i}(kz-\omega t)} \frac{\vec{e}_r}{r}, \quad \vec{B}(\vec{R},t) = \sqrt{\mu\varepsilon} E_0 \mathrm{e}^{\mathrm{i}(kz-\omega t)} \frac{\vec{e}_\phi}{r}.
$$

5.12 ☆ 对于 SPP, 证明: (1) 当 k_x 较小或者 $|\varepsilon_\mathrm{m}|$ 较大时, 介质一侧电场横向分量 E_z 远大于纵向分量 E_x, 相反金属一侧电场横向分量远小于纵向分量; (2) 当 k_x 很大时, 在分界面两侧电场横向分量 (以及纵向分量) 具有相同幅值。

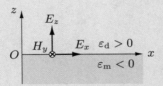

习题 5.12 图

5.13 ☆ 理想导体构成矩形波导管, 管轴线沿 z 轴方向, 管内为真空, 其横截面长为 a、宽为 b, 且 $a < b$。(1) 写出波导中 TE 和 TM 基模传播的截止频率, 并且给出以非简并的单模传播的圆频率允许范围; (2) 对于 TE_{01} 模, $H_z = H_0 \cos(\pi y/b)\,\mathrm{e}^{\mathrm{i}(k_z z - \omega t)}$, 试求 TE_{01} 的平均传输功率 P、相速度 v_p 和能量传播速度 v_g。

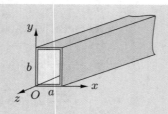

习题 5.13 图

答案: (1) $\omega \in \left(\dfrac{\pi c}{b}, \dfrac{\pi c}{a}\right)$;

(2) $P = \dfrac{abk_z}{4\omega\mu}E_{x0}^2$, $v_{\mathrm{p}} = \dfrac{\omega}{k_z}$, $v_{\mathrm{g}} = \dfrac{k_z}{\omega\mu\varepsilon}$,   其中 $k_z = \sqrt{\omega^2\mu\varepsilon - \left(\dfrac{\pi}{b}\right)^2}$.

5.14 ☆☆☆ 金属矩形波导管内横截面的边长分别为 $a = 2.0$ cm 和 $b = 1.0$ cm, 判断波导管能否传播频率 $f = 1.0 \times 10^{10}$ Hz 的 TE_{10} 波模。假设管壁导体采用黄铜, 具有有限的电导率 $\sigma = 1.6 \times 10^7$ S/m, 管壁电流所致的 Joule 热将使得电磁波在波导中传播产生衰减, 假定管壁电流在管壁上厚度为 δ 的一层内均匀分布 (其中 $\delta \approx \sqrt{2/(\mu\omega\sigma)}$ 为电磁波对于导体的穿透深度), 求出该模式在波导中功率损失一半时的传播距离。

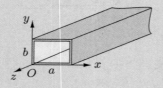

习题 5.14 图

答案: 可以传播; 11 m。

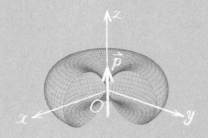

第六章
电磁波的辐射

在第五章中，我们分析了电磁波在无界空间（包括无色散介质、导电媒质）和几种波导中的传播规律，但未回答如何来产生电磁波。显然，静止的电荷或恒定流动的电荷都不能产生电磁波。在本章中，我们将看到随时间变化的电流体系会产生电磁波辐射，所谓辐射就是指能量以电磁波的形式从场源向远场发射的现象。

1865 年 James Maxwell 从理论上预言了电磁波的存在。1888 年，海因里希·鲁道夫·赫兹（Heinrich Rudolf Hertz, 1857—1894, 德国物理学家，电动力学的奠基人之一）在实验中观测到电磁波。1895 年，古列尔莫·马可尼（Guglielmo Marconi, 1874—1937, 意大利无线电工程师、商人）发射了第一个远距离传播的无线电信号。20 世纪 40 年代，第二次世界大战发展了雷达技术，使得无线电技术（包括辐射理论）取得了重大的发展。

由于辐射场与辐射源是相互作用的，故辐射问题本质上是一个边值问题，其求解过程较为繁复。本章中仅限于如何从给定的随时间变化的电流、电荷分布，讨论远场电磁波辐射的特点。含时变化的源需要外部能量驱动，可以分布在局部的区域、一根细导线，或者分布在二维平面上。

6.1 矢势和标势的一般概念

6.1.1 电磁场势描述

真空中随时间变化的电荷和电流分布与其所激发的电磁场满足如下的 Maxwell 方程组：

$$
\begin{cases}
\nabla \cdot \vec{E} = \dfrac{\rho}{\varepsilon_0}, \\[2mm]
\nabla \times \vec{B} = \mu_0 \vec{J} + \mu_0 \varepsilon_0 \dfrac{\partial \vec{E}}{\partial t}, \\[2mm]
\nabla \cdot \vec{B} = 0, \\[2mm]
\nabla \times \vec{E} = -\dfrac{\partial \vec{B}}{\partial t}.
\end{cases}
\tag{6.1.1}
$$

利用在第一章中给出的恒等关系式 (1.2.33):

$$
\nabla \times (\nabla \times \vec{E}) = \nabla (\nabla \cdot \vec{E}) - \nabla^2 \vec{E},
$$

可得到如下关于电场和磁场的波动方程:

$$
\begin{cases}
\nabla^2 \vec{E} - \dfrac{1}{c^2} \dfrac{\partial^2 \vec{E}}{\partial t^2} = \dfrac{1}{\varepsilon_0} \nabla \rho + \mu_0 \dfrac{\partial \vec{J}}{\partial t}, \\[3mm]
\nabla^2 \vec{B} - \dfrac{1}{c^2} \dfrac{\partial^2 \vec{B}}{\partial t^2} = -\mu_0 \nabla \times \vec{J}.
\end{cases}
\tag{6.1.2}
$$

(6.1.2) 式的右边都出现了非均匀项 ($\nabla \rho, \partial \vec{J}/\partial t, \nabla \times \vec{J}$), 使得与对应的具有均匀项源的波动方程相比, 直接求解 (6.1.2) 式要困难得多。

为此, 从磁场 $\vec{B}$ 无源场特点入手, 引入矢势 $\vec{A}$ 来描述。令

$$
\vec{B} = \nabla \times \vec{A}.
\tag{6.1.3}
$$

将上式代入 (6.1.1) 式的第四个方程, 得

$$
\nabla \times \left(\vec{E} + \dfrac{\partial \vec{A}}{\partial t} \right) = 0.
\tag{6.1.4}
$$

含时的电场 $\vec{E}$ 为有旋场, 上式说明 $\vec{E} + (\partial \vec{A}/\partial t)$ 整体是无旋场, 故可以引入标量场 φ 来描述, 令

$$
\vec{E} + \dfrac{\partial \vec{A}}{\partial t} = -\nabla \varphi.
\tag{6.1.5}
$$

则电磁波的电场可表示为

$$
\vec{E} = -\nabla \varphi - \dfrac{\partial \vec{A}}{\partial t}.
\tag{6.1.6}
$$

需要注意, 电场不再是保守力势场, 因此这里的标势 φ 不具有势能的意义。对于随时间变化的电磁场, 可用随时间变化的矢势 $\vec{A}$ 和标势 φ 共同描述, 电磁势 $\vec{A}$ 和 φ 是作为一个整体。需要注意的是, 尽管描述电磁场的电磁势并不唯一, 并且在绝大多数情形亦无需依靠 $\vec{A}$ 和 φ 而直接采用 $\vec{E}$ 和 $\vec{B}$ 来讨论问题, 但电磁势在量子力学却构成了对场更本质的描述, 在前面有关 A – B 效应的讨论中我们已经认识到这一点。此外, 也可以认为电磁场规律 (6.1.1) 式的第三、第四方程分别是方程 (6.1.3) 和 (6.1.6) 的自然推论。

将 Maxwell 方程组中的电场与磁场用电磁势 φ 和 $\vec{A}$ 替换, 则 (6.1.1) 式的第一个方程和第二个方程变为

$$
\begin{cases}
\nabla \cdot \left(-\nabla \varphi - \dfrac{\partial \vec{A}}{\partial t} \right) = \dfrac{\rho}{\varepsilon_0}, \\[3mm]
\nabla \times (\nabla \times \vec{A}) = \mu_0 \vec{J} + \mu_0 \varepsilon_0 \dfrac{\partial}{\partial t} \left(-\nabla \varphi - \dfrac{\partial \vec{A}}{\partial t} \right).
\end{cases}
\tag{6.1.7}
$$

整理得

$$\begin{cases} \nabla^2\varphi + \dfrac{\partial}{\partial t}\nabla\cdot\vec{A} = -\dfrac{\rho}{\varepsilon_0}, \\ \nabla^2\vec{A} - \dfrac{1}{c^2}\dfrac{\partial^2\vec{A}}{\partial t^2} - \nabla\left(\nabla\cdot\vec{A} + \dfrac{1}{c^2}\dfrac{\partial\varphi}{\partial t}\right) = -\mu_0\vec{J}. \end{cases} \tag{6.1.8}$$

例题 6.1.1 采用电磁势, 表述作用在带电粒子上的 Lorentz 力。

解: 引入电磁势, 则作用在运动带电粒子上的 Lorentz 力为

$$\vec{F} = \frac{\mathrm{d}\vec{p}}{\mathrm{d}t} = q\vec{E} + q\vec{v}\times\vec{B}$$
$$= q\left\{-\nabla\varphi(\vec{R},t) - \frac{\partial\vec{A}(\vec{R},t)}{\partial t} + \vec{v}(t)\times[\nabla\times\vec{A}(\vec{R},t)]\right\}. \tag{6.1.9}$$

这里 $\vec{p} = m\vec{v}$ 为粒子的动量。带电粒子运动速度只依赖于时间, 不依赖于位矢, 根据矢量运算规则, 有

$$\nabla[\vec{v}(t)\cdot\vec{A}(\vec{R},t)] = \vec{v}\times(\nabla\times\vec{A}) + (\vec{v}\cdot\nabla)\vec{A}. \tag{6.1.10}$$

将上式代入 (6.1.9) 式得

$$\frac{\mathrm{d}\vec{p}}{\mathrm{d}t} = -q\left\{\left[\frac{\partial\vec{A}}{\partial t} + (\vec{v}\cdot\nabla)\vec{A}\right] + \nabla(\varphi - \vec{v}\cdot\vec{A})\right\}. \tag{6.1.11}$$

这里的 $\partial\vec{A}/\partial t + (\vec{v}\cdot\nabla)\vec{A}$ 一般称为 $\vec{A}$ 的对流导数, 记为 $\mathrm{d}\vec{A}/\mathrm{d}t$, 即除了矢量自身随时间的变化率, 还包含了由于液体流动 (这里是粒子运动) 而引起矢量在单位时间内的变化:

$$\mathrm{d}\vec{A} = \vec{A}(\vec{R} + \vec{v}\mathrm{d}t, t + \mathrm{d}t) - \vec{A}(\vec{R},t)$$
$$= \left(\frac{\partial\vec{A}}{\partial x}\right)(v_x\mathrm{d}t) + \left(\frac{\partial\vec{A}}{\partial y}\right)(v_y\mathrm{d}t) + \left(\frac{\partial\vec{A}}{\partial z}\right)(v_z\mathrm{d}t) + \left(\frac{\partial\vec{A}}{\partial t}\right)(\mathrm{d}t). \tag{6.1.12}$$

或者

$$\frac{\mathrm{d}\vec{A}}{\mathrm{d}t} = (\vec{v}\cdot\nabla)\vec{A} + \frac{\partial\vec{A}}{\partial t}. \tag{6.1.13}$$

根据上式, 则 Lorentz 力表达式 (6.1.11) 可改写为如下形式:

$$\frac{\mathrm{d}}{\mathrm{d}t}(\vec{p} + q\vec{A}) = -q\nabla(\varphi - \vec{v}\cdot\vec{A}). \tag{6.1.14}$$

或者写成

$$\frac{\mathrm{d}\vec{p}_{\mathrm{c}}}{\mathrm{d}t} = -\nabla W_{\mathrm{v}}. \tag{6.1.15}$$

这里 $\vec{p}_{\mathrm{c}}$ 为正则动量, 即

$$\vec{p}_{\mathrm{c}} = \vec{p} + q\vec{A} = m\vec{v} + q\vec{A}. \tag{6.1.16}$$

(6.1.15) 式中引入的标量场 W_{v} 除了与电磁场的势 $(\varphi, \vec{A})$ 相关, 还与带电粒子运

动速度 $\vec{v}$ 相关, 即

$$W_{\mathrm{v}} = q\left(\varphi - \vec{v}\cdot\vec{A}\right). \tag{6.1.17}$$

6.1.2   势的规范变换

将矢势 $\vec{A}$ 作以下变换:

$$\vec{A} \quad \Rightarrow \quad \vec{A}' = \vec{A} + \nabla\psi.$$

其中 ψ 为任意标量函数, 则有

$$\vec{B}' = \nabla \times (\vec{A} + \nabla\psi) = \vec{B},$$

$$\vec{E}' = -\nabla\varphi - \frac{\partial\vec{A}'}{\partial t} = -\nabla\left(\varphi + \frac{\partial\psi}{\partial t}\right) - \frac{\partial\vec{A}}{\partial t} \neq \vec{E}.$$

可见矢势变换后磁场本身并没有发生变化。若要使电场也保持不变, 则要求标势作相应的变换 $\varphi \Rightarrow \varphi'$, 并满足

$$\varphi' = \varphi - \frac{\partial\psi}{\partial t}.$$

由此得到电磁势 $\vec{A}$ 和 φ 的规范变换:

$$\begin{cases} \vec{A} \quad \Rightarrow \quad \vec{A}' = \vec{A} + \nabla\psi, \\ \varphi \quad \Rightarrow \quad \varphi' = \varphi - \dfrac{\partial\psi}{\partial t}. \end{cases} \tag{6.1.18}$$

在上述规范变换下, 所对应的 $\vec{E}$ 和 $\vec{B}$ 是相同的 —— 称之为物理量的规范变换不变性, 或规范不变性。所有可观测物理量和物理定律都具有规范不变性, 规范不变性是决定相互作用的基本原理, 传递这种相互作用的场称为规范场。

既然势的选择不是唯一的, 为了减少任意性, 可对 $(\vec{A}, \varphi)$ 采取某种规范条件。采用不同的规范只是改变运算过程, 而不会改变物理量的测量结果, 电场和磁场的性质与所选的规范条件无关。

6.1.3   势的 Lorenz 规范及达朗贝尔 (d'Alembert) 方程

在讨论随时间变化的电磁场时一般对电磁势采用如下的 Lorenz 规范:

$$\nabla \cdot \vec{A}_{\mathrm{L}}\left(\vec{R}, t\right) + \frac{1}{c^2}\frac{\partial\varphi_{\mathrm{L}}\left(\vec{R}, t\right)}{\partial t} = 0. \tag{6.1.19}$$

在 Lorenz 规范下, (6.1.8) 式改写为

$$\begin{cases} \nabla^2\varphi_{\mathrm{L}} - \dfrac{1}{c^2}\dfrac{\partial^2\varphi_{\mathrm{L}}}{\partial t^2} = -\dfrac{\rho}{\varepsilon_0}, \\ \nabla^2\vec{A}_{\mathrm{L}} - \dfrac{1}{c^2}\dfrac{\partial^2\vec{A}_{\mathrm{L}}}{\partial t^2} = -\mu_0\vec{J}. \end{cases} \tag{6.1.20}$$

上式称为 d'Alembert 方程, 这是以法国数学家 Jean le Rond d'Alembert 的名字命名的。在 Lorenz 规范下, 不同于电磁场所满足的非均匀波动方程 (6.1.2), 矢势和标势所满足的波动方程不但是对称的, 而且方程右边简化为均匀项 (ρ 和 $\vec{J}$)。

d'Alembert 方程还说明, 离开电荷和电流分布的区域以后, 电磁势以波动形式在空间传播, 而电磁波也将以波动形式向远场传播。

6.1.4 势的 Coulomb 规范及势波动方程

若对矢势采用如下的 Coulomb 规范:

$$\nabla \cdot \vec{A}_{\mathrm{C}}(R, t) = 0, \tag{6.1.21}$$

则 (6.1.8) 式简化为

$$\begin{cases} \nabla^2 \varphi_{\mathrm{C}} = -\dfrac{\rho}{\varepsilon_0}, \\ \nabla^2 \vec{A}_{\mathrm{C}} - \dfrac{1}{c^2}\dfrac{\partial^2 \vec{A}_{\mathrm{C}}}{\partial t^2} - \dfrac{1}{c^2}\dfrac{\partial}{\partial t}\nabla\varphi_{\mathrm{C}} = -\mu_0 \vec{J}. \end{cases} \tag{6.1.22}$$

这里可以看到, 标势 $\varphi_{\mathrm{C}}(\vec{R}, t)$ 所满足的方程与静电场的情形相同, 则在全空间标势表示为

$$\varphi_{\mathrm{C}}(\vec{R}, t) = \frac{1}{4\pi\varepsilon_0} \int_{V'} \frac{\rho(\vec{R}', t)}{|\vec{R} - \vec{R}'|} \mathrm{d}V'. \tag{6.1.23}$$

上式与静电场 Coulomb 势的形式完全相同 (故取名为 Coulomb 规范), 特别是这里 t 时刻的标势取决于 t 时刻的电荷密度分布。

例题 6.1.2 根据 d'Alembert 方程, 求无界自由空间中的电磁波解。

解: 自由空间中 $\vec{J} = 0$, $\rho = 0$, 则 d'Alembert 方程 [(6.1.20) 式] 变为

$$\begin{cases} \nabla^2 \vec{A}_{\mathrm{L}} - \dfrac{1}{c^2}\dfrac{\partial^2 \vec{A}_{\mathrm{L}}}{\partial t^2} = 0, \\ \nabla^2 \varphi_{\mathrm{L}} - \dfrac{1}{c^2}\dfrac{\partial^2 \varphi_{\mathrm{L}}}{\partial t^2} = 0. \end{cases}$$

根据前面的讨论, 在无界空间中满足上述方程的时谐平面波解为

$$\vec{A}_{\mathrm{L}} = \vec{A}_{\mathrm{L}0}\mathrm{e}^{\mathrm{i}(\vec{k}\cdot\vec{R}-\omega t)}, \quad \varphi_{\mathrm{L}} = \varphi_{\mathrm{L}0}\mathrm{e}^{\mathrm{i}(\vec{k}\cdot\vec{R}-\omega t)}.$$

代入 Lorenz 规范条件 (6.1.19) 式, 得

$$\varphi_{\mathrm{L}0} = \frac{c^2}{\omega}\vec{k}\cdot\vec{A}_{\mathrm{L}0}.$$

则有

$$\vec{B} = \nabla \times \vec{A}_{\mathrm{L}} = \mathrm{i}\vec{k} \times \vec{A}_{\mathrm{L}}. \tag{6.1.24}$$

$$\vec{E} = -\nabla\varphi_{\mathrm{L}} - \frac{\partial \vec{A}_{\mathrm{L}}}{\partial t} = -\mathrm{i}\varphi_{\mathrm{L}}\vec{k} + \mathrm{i}\omega\vec{A}_{\mathrm{L}} = -\mathrm{i}\frac{c^2}{\omega}\left[\vec{k}(\vec{k}\cdot\vec{A}_{\mathrm{L}}) - k^2\vec{A}_{\mathrm{L}}\right]$$

$$= -\mathrm{i}\frac{c^2}{\omega}\vec{k} \times (\vec{k} \times \vec{A}_{\mathrm{L}}) = -\frac{c^2}{\omega}\vec{k} \times \vec{B}.$$

或者

$$\vec{E} = -c\vec{e}_k \times \vec{B}. \tag{6.1.25}$$

这与第五章 5.1 节中的结果一致。

从 (6.1.24) 式可以看出, 这里的电磁场仅依赖于矢势 $\vec{A}_L$ 的横向部分, 即只依赖于与波矢相垂直的矢势分量, 对 $\vec{A}_L$ 加上任意纵向部分并不影响结果, 最简单的就是令矢势仅有横向部分, 即 $\vec{k} \cdot \vec{A}_L = 0$。此时 $\varphi_L = 0$, 最后解得 $\vec{B} = \mathrm{i}\vec{k} \times \vec{A}_L, \vec{E} = \mathrm{i}\omega \vec{A}_L$。

6.2   推迟势

在 Lorenz 规范下, 矢势 $\vec{A}$ 与标势 φ 均满足 d'Alembert 方程。本节利用 d'Alembert 方程的线性性质, 先解出点源所激发的势, 然后推广, 通过线性叠加给出 Lorenz 规范下电磁势解的表达形式。

6.2.1   含时点电荷的推迟势

以标势为例进行讨论。假设坐标原点处有一电荷量随时间变化的点电荷 $Q(t)$, 如图 6−1 所示, 则空间任意一点 P 处的电荷密度可表示为

$$\rho(\vec{R}, t) = Q(t)\delta(\vec{R}). \tag{6.2.1}$$

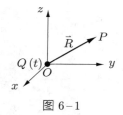

图 6−1

则原点处点电荷的电荷量随时间变化所导致 $\vec{R}$ 处标势的波动方程为

$$\nabla^2\varphi(\vec{R}, t) - \frac{1}{c^2}\frac{\partial^2\varphi(\vec{R}, t)}{\partial t^2} = -\frac{1}{\varepsilon_0}Q(t)\delta(\vec{R}). \tag{6.2.2}$$

考虑到点电荷激发的势具有球对称性, 则标势只依赖于场点到原点的距离:

$$\varphi(\vec{R}, t) = \varphi(R, t). \tag{6.2.3}$$

因此在球坐标系中, 位于原点处的点电荷所激发的标势满足

$$\frac{1}{R^2}\frac{\partial}{\partial R}\left(R^2\frac{\partial\varphi}{\partial R}\right) - \frac{1}{c^2}\frac{\partial^2\varphi}{\partial t^2} = -\frac{1}{\varepsilon_0}Q(t)\delta(\vec{R}). \tag{6.2.4}$$

对于 $\vec{R} \neq 0$ 的区域, (6.2.4) 式简化为齐次形式, 即

$$\frac{1}{R^2}\frac{\partial}{\partial R}\left(R^2\frac{\partial\varphi}{\partial R}\right) - \frac{1}{c^2}\frac{\partial^2\varphi}{\partial t^2} = 0 \quad (R \neq 0). \tag{6.2.5}$$

令

$$\varphi(R, t) = \frac{1}{R}u(R, t) \quad (R \neq 0). \tag{6.2.6}$$

将其代入 (6.2.5) 式, 可得关于 u 的一维空间波动方程:

$$\frac{\partial^2 u}{\partial R^2} - \frac{1}{c^2}\frac{\partial^2 u}{\partial t^2} = 0 \quad (R \neq 0). \tag{6.2.7}$$

容易验证, 上述方程的通解为

$$u(R,t) = f\left(t - \frac{R}{c}\right) + g\left(t + \frac{R}{c}\right). \tag{6.2.8}$$

其中 f、g 为任意函数, 因此标势具有球面波解的形式:

$$\varphi(R,t) = \frac{1}{R}f\left(t - \frac{R}{c}\right) + \frac{1}{R}g\left(t + \frac{R}{c}\right). \tag{6.2.9}$$

上式中的第一项表示向外发射的球面波, 第二项表示向球心收敛的球面波. 对于辐射问题, 外部不断提供能量使电磁波向远场发射, 应取 $g(t + R/c) = 0$, 故有

$$\varphi(R,t) = \frac{1}{R}f\left(t - \frac{R}{c}\right). \tag{6.2.10}$$

在静电情况下点电荷的电荷量与时间无关. 考虑到静电情况下电势为 $\varphi(R) = \frac{1}{4\pi\varepsilon_0}\frac{Q}{R}$, 可以推测在点电荷电荷量随时间变化的一般情况下, (6.2.10) 式的试探解应具有如下形式:

$$\varphi(R,t) = \frac{1}{4\pi\varepsilon_0}\frac{1}{R}Q\left(t - \frac{R}{c}\right). \tag{6.2.11}$$

其物理含义就是 t 时刻的电势由较早的 t_{ret} 时刻 (称之为推迟时刻, retarded time) 的电荷量决定, 即

$$t_{\text{ret}} = t - \frac{R}{c}. \tag{6.2.12}$$

两个时刻点相差的时间 $(t - t_{\text{ret}})$ 正好是电磁波从电荷所处位置传播到场点所需要的时间.

下面来证明上述试探解 (6.2.11) 式满足 d'Alembert 方程 [(6.2.2) 式]. 将 $\nabla^2 [R^{-1}Q(t_{\text{ret}})]$ 展开得

$$\nabla^2\left[\frac{1}{R}Q(t_{\text{ret}})\right] = \nabla \cdot \nabla\left[\frac{1}{R}Q(t_{\text{ret}})\right] = \nabla \cdot \left[\frac{1}{R}\nabla Q(t_{\text{ret}}) + Q(t_{\text{ret}})\nabla\frac{1}{R}\right]$$

$$= Q(t_{\text{ret}})\nabla^2\frac{1}{R} + 2\left(\nabla\frac{1}{R}\right) \cdot \nabla Q(t_{\text{ret}}) + \frac{1}{R}\nabla^2 Q(t_{\text{ret}}). \tag{6.2.13}$$

由于

$$\nabla\frac{1}{R} = -\frac{1}{R^2}\nabla R = -\frac{1}{R^2}\vec{e}_R,$$

$$\nabla^2\frac{1}{R} = -4\pi\delta(\vec{R}),$$

$$\nabla t_{\text{ret}} = -\frac{1}{c}\nabla R = -\frac{1}{c}\vec{e}_R.$$

则有

$$Q(t_{\text{ret}})\nabla^2\frac{1}{R} = -4\pi Q(t_{\text{ret}})\delta(\vec{R}) = -4\pi Q(t)\delta(\vec{R}), \tag{6.2.14}$$

$$\nabla Q\left(t_{\mathrm{ret}}\right)=\frac{\partial Q\left(t_{\mathrm{ret}}\right)}{\partial t_{\mathrm{ret}}}\nabla t_{\mathrm{ret}}=-\frac{1}{c}\frac{\partial Q\left(t_{\mathrm{ret}}\right)}{\partial t_{\mathrm{ret}}}\vec{e}_R,\tag{6.2.15}$$

$$\nabla^2 Q\left(t_{\mathrm{ret}}\right)=\nabla\cdot\left[\nabla Q\left(t_{\mathrm{ret}}\right)\right]=-\frac{1}{c}\left[\nabla\left(\frac{\partial Q}{\partial t_{\mathrm{ret}}}\right)\cdot\vec{e}_R+\frac{\partial Q}{\partial t_{\mathrm{ret}}}\nabla\cdot\vec{e}_R\right]$$

$$=-\frac{1}{c}\left[\frac{\partial^2 Q}{\partial t_{\mathrm{ret}}^2}\nabla t_{\mathrm{ret}}\cdot\vec{e}_R+\frac{\partial Q}{\partial t_{\mathrm{ret}}}\frac{1}{R^2}\frac{\partial}{\partial R}\left(R^2\right)\right]$$

$$=-\frac{1}{c}\left(-\frac{1}{c}\frac{\partial^2 Q}{\partial t_{\mathrm{ret}}^2}+\frac{2}{R}\frac{\partial Q}{\partial t_{\mathrm{ret}}}\right)$$

$$=\frac{1}{c^2}\frac{\partial^2 Q}{\partial t_{\mathrm{ret}}^2}-\frac{2}{cR}\frac{\partial Q}{\partial t_{\mathrm{ret}}}.\tag{6.2.16}$$

将 (6.2.14) 式 — (6.2.16) 式代入 (6.2.13) 式, 并利用 $\partial^2/\partial t_{\mathrm{ret}}^2=\partial^2/\partial t^2$, 得

$$\nabla^2\left[\frac{1}{R}Q\left(t_{\mathrm{ret}}\right)\right]=\frac{1}{c^2 R}\frac{\partial^2}{\partial t^2}Q\left(t_{\mathrm{ret}}\right)-4\pi Q\left(t\right)\delta\left(\vec{R}\right).\tag{6.2.17}$$

或者

$$\nabla^2\left[\frac{1}{4\pi\varepsilon_0}\frac{1}{R}Q\left(t_{\mathrm{ret}}\right)\right]-\frac{1}{c^2}\frac{\partial^2}{\partial t^2}\left[\frac{1}{4\pi\varepsilon_0}\frac{1}{R}Q\left(t_{\mathrm{ret}}\right)\right]=-\frac{1}{\varepsilon_0}Q\left(t\right)\delta\left(\vec{R}\right).\tag{6.2.18}$$

因此, (6.2.11) 式即为 d'Alembert 方程 [(6.2.2) 式] 的解。

6.2.2　含时电荷连续分布体系的推迟势

从 (6.2.11) 式可以看出, 对 t 时刻的 $\varphi\left(\vec{R},t\right)$ 有贡献的不是同一时刻 (t) 的电荷密度, 而是较早的推迟时刻 t_{ret} 电荷密度的值, 这说明电荷所产生的物理作用并不能够立刻传至场点, 而是需要在较晚时刻到达场点, 推迟的时间 R/c 为电磁作用传播所需要的时间, 故将 (6.2.11) 式称为推迟势。

若点电荷不是位于坐标原点, 而是位于 $\vec{R}'$ 处, 如图 6-2 所示, 很自然地得到含时点电荷在空间所产生的标势为

$$\varphi\left(\vec{R},t\right)=\frac{1}{4\pi\varepsilon_0 r}Q\left(\vec{R}',t_{\mathrm{ret}}\right).\tag{6.2.19}$$

这里 $r=|\vec{R}-\vec{R}'|$ 为场点与源点的距离。

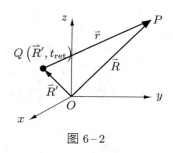

图 6-2

若空间中存在含时电荷连续分布 $\rho\left(\vec{R}',t\right)$, 如图 6-3 所示, 根据场的叠加性,

场点 $\vec{R}$ 的标势可表示为

$$\varphi\left(\vec{R},t\right)=\frac{1}{4\pi\varepsilon_0}\int_{V'}\mathrm{d}V'\frac{1}{r}\rho\left(\vec{R}',t_{\mathrm{ret}}\right). \qquad (6.2.20)$$

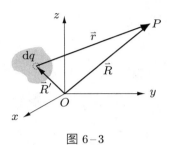

图 6-3

例题 6.2.1 证明标势 (6.2.20) 式满足 Lorenz 规范下的 d'Alembert 方程:

$$\nabla^2\varphi\left(\vec{R},t\right)-\frac{1}{c^2}\frac{\partial^2}{\partial t^2}\varphi\left(\vec{R},t\right)=-\frac{1}{\varepsilon_0}\rho\left(\vec{R},t\right). \qquad (6.2.21)$$

证: 将标势 (6.2.20) 式代入上述 d'Alembert 方程左边的第一项, 有

$$\nabla^2\varphi\left(\vec{R},t\right)=\frac{1}{4\pi\varepsilon_0}\int_{V'}\mathrm{d}V'\nabla^2\left[\frac{1}{r}\rho\left(\vec{R}',t_{\mathrm{ret}}\right)\right].$$

利用公式 $\nabla^2\left(fg\right)=g\nabla^2f+f\nabla^2g+2\nabla f\cdot\nabla g$, 以及 $\nabla^2\frac{1}{r}=-4\pi\delta\left(\vec{r}\right)$, 则有

$$\nabla^2\varphi\left(\vec{R},t\right)=\frac{1}{4\pi\varepsilon_0}\int_{V'}\mathrm{d}V'\rho\left(\vec{R}',t_{\mathrm{ret}}\right)\nabla^2\frac{1}{r}+\frac{1}{4\pi\varepsilon_0}\int_{V'}\mathrm{d}V'\frac{1}{r}\nabla^2\rho\left(\vec{R}',t_{\mathrm{ret}}\right)$$

$$+\frac{2}{4\pi\varepsilon_0}\int_{V'}\mathrm{d}V'\nabla\frac{1}{r}\cdot\nabla\rho\left(\vec{R}',t_{\mathrm{ret}}\right)$$

$$=-\frac{1}{\varepsilon_0}\int_{V'}\mathrm{d}V'\rho\left(\vec{R}',t_{\mathrm{ret}}\right)\delta\left(\vec{R}-\vec{R}'\right)+\frac{1}{4\pi\varepsilon_0}\int_{V'}\mathrm{d}V'\frac{1}{r}\nabla^2\rho\left(\vec{R}',t_{\mathrm{ret}}\right)$$

$$+\frac{2}{4\pi\varepsilon_0}\int_{V'}\mathrm{d}V'\nabla\frac{1}{r}\cdot\nabla\rho\left(\vec{R}',t_{\mathrm{ret}}\right).$$

或者

$$\nabla^2\varphi\left(\vec{R},t\right)=-\frac{1}{\varepsilon_0}\rho\left(\vec{R},t\right)+\frac{1}{4\pi\varepsilon_0}\int_{V'}\mathrm{d}V'\frac{1}{r}\nabla^2\rho\left(\vec{R}',t_{\mathrm{ret}}\right)$$

$$+\frac{2}{4\pi\varepsilon_0}\int_{V'}\mathrm{d}V'\nabla\frac{1}{r}\cdot\nabla\rho\left(\vec{R}',t_{\mathrm{ret}}\right). \qquad (6.2.22)$$

上式等号右边的第一项即为 d'Alembert 方程等号右边的结果, 而第二项在 Cartesian 坐标系中可写成

$$\frac{1}{4\pi\varepsilon_0}\int_{V'}\mathrm{d}V'\frac{1}{r}\nabla^2\rho\left(\vec{R}',t_{\mathrm{ret}}\right)=\frac{1}{4\pi\varepsilon_0}\int_{V'}\mathrm{d}V'\frac{1}{r}\frac{\partial}{\partial R_i}\left(\frac{\partial\rho}{\partial t_{\mathrm{ret}}}\frac{\partial t_{\mathrm{ret}}}{\partial R_i}\right).$$

注意等号的右边由于同时存在两个下角标 i, 故隐含求和标记 $\displaystyle\sum_{i=1}^{3}$, 下同。因此 (6.2.22) 式右边的第二项进一步改写成

$$\frac{1}{4\pi\varepsilon_0}\int_{V'}\mathrm{d}V'\frac{1}{r}\frac{\partial}{\partial R_i}\left(\frac{\partial\rho}{\partial t_{\mathrm{ret}}}\frac{\partial t_{\mathrm{ret}}}{\partial R_i}\right)$$

$$=\frac{1}{4\pi\varepsilon_0}\int_{V'}\mathrm{d}V'\frac{1}{r}\frac{\partial}{\partial R_i}\left(-\frac{1}{c}\frac{R_i-R_i'}{r}\frac{\partial\rho}{\partial t_{\mathrm{ret}}}\right)$$

$$=-\frac{1}{4\pi\varepsilon_0 c}\int_{V'}\mathrm{d}V'\frac{1}{r}\left[\frac{R_i-R_i'}{r}\frac{\partial}{\partial R_i}\left(\frac{\partial\rho}{\partial t_{\mathrm{ret}}}\right)\right.$$
$$\left.+\frac{1}{r}\frac{\partial(R_i-R_i')}{\partial R_i}\frac{\partial\rho}{\partial t_{\mathrm{ret}}}+(R_i-R_i')\frac{\partial\rho}{\partial t_{\mathrm{ret}}}\frac{\partial}{\partial R_i}\frac{1}{r}\right]$$

$$=-\frac{1}{4\pi\varepsilon_0 c}\int_{V'}\mathrm{d}V'\frac{1}{r}\left[\frac{R_i-R_i'}{r}\frac{\partial}{\partial R_i}\left(\frac{\partial\rho}{\partial t_{\mathrm{ret}}}\right)+\frac{3}{r}\frac{\partial\rho}{\partial t_{\mathrm{ret}}}-\frac{\partial\rho}{\partial t_{\mathrm{ret}}}\frac{(R_i-R_i')(R_i-R_i')}{r^3}\right]$$

$$=-\frac{1}{4\pi\varepsilon_0 c}\left[\int_{V'}\mathrm{d}V'\frac{R_i-R_i'}{r^2}\frac{\partial}{\partial R_i}\frac{\partial\rho}{\partial t_{\mathrm{ret}}}+\int_{V'}\mathrm{d}V'\frac{2}{r^2}\frac{\partial\rho}{\partial t_{\mathrm{ret}}}\right]$$

$$=-\frac{1}{4\pi\varepsilon_0 c}\left[\int_{V'}\mathrm{d}V'\frac{R_i-R_i'}{r^2}\left(-\frac{1}{c}\right)\frac{R_i-R_i'}{r}\frac{\partial}{\partial t_{\mathrm{ret}}}\frac{\partial\rho}{\partial t_{\mathrm{ret}}}+\int_{V'}\mathrm{d}V'\frac{2}{r^2}\frac{\partial\rho}{\partial t_{\mathrm{ret}}}\right].$$

这里用到了以下结果:

$$\frac{\partial}{\partial R_i}\frac{1}{r}=-\frac{R_i-R_i'}{r^3},$$
$$\frac{\partial t_{\mathrm{ret}}}{\partial R_i}=-\frac{1}{c}\frac{R_i-R_i'}{r}.$$

从而得关系式:

$$\frac{1}{4\pi\varepsilon_0}\int_{V'}\mathrm{d}V'\frac{1}{r}\nabla^2\rho\left(\vec{R}',t_{\mathrm{ret}}\right)$$

$$=\frac{1}{4\pi\varepsilon_0 c^2}\int_{V'}\mathrm{d}V'\frac{1}{r}\frac{\partial^2\rho}{\partial t_{\mathrm{ret}}^2}+\left(-\frac{1}{c}\right)\frac{1}{4\pi\varepsilon_0}\int_{V'}\mathrm{d}V'\frac{2}{r^2}\frac{\partial\rho}{\partial t_{\mathrm{ret}}}. \tag{6.2.23}$$

将上式代入 (6.2.22) 式, 得到

$$\nabla^2\varphi\left(\vec{R},t\right)=-\frac{1}{\varepsilon_0}\rho\left(\vec{R},t\right)+\frac{1}{4\pi\varepsilon_0 c^2}\int_{V'}\mathrm{d}V'\frac{1}{r}\frac{\partial^2\rho}{\partial t_{\mathrm{ret}}^2}+\left(-\frac{1}{c}\right)\frac{1}{4\pi\varepsilon_0}\int_{V'}\mathrm{d}V'\frac{2}{r^2}\frac{\partial\rho}{\partial t_{\mathrm{ret}}}$$

$$+\frac{2}{4\pi\varepsilon_0}\int_{V'}\mathrm{d}V'\nabla\frac{1}{r}\cdot\nabla\rho\left(\vec{R}',t_{\mathrm{ret}}\right). \tag{6.2.24}$$

而上式右边的第四项 $\dfrac{2}{4\pi\varepsilon_0}\displaystyle\int_{V'}\mathrm{d}V'\nabla\dfrac{1}{r}\cdot\nabla\rho$ 在 Cartesian 坐标系中展开得

$$\frac{2}{4\pi\varepsilon_0}\int_{V'}\mathrm{d}V'\nabla\frac{1}{r}\cdot\nabla\rho\left(\vec{R}',t_{\mathrm{ret}}\right)=-\frac{2}{4\pi\varepsilon_0}\int_{V'}\mathrm{d}V'\frac{R_i-R_i'}{r^3}\frac{\partial\rho}{\partial R_i}$$

$$= -\frac{2}{4\pi\varepsilon_0} \int_{V'} dV' \frac{R_i - R_i'}{r^3} \left(\frac{\partial \rho}{\partial t_{\mathrm{ret}}} \frac{\partial t_{\mathrm{ret}}}{\partial R_i} \right)$$

$$= -\frac{2}{4\pi\varepsilon_0} \int_{V'} dV' \frac{R_i - R_i'}{r^3} \left(-\frac{1}{c} \frac{R_i - R_i'}{r} \frac{\partial \rho}{\partial t_{\mathrm{ret}}} \right)$$

$$= \frac{1}{4\pi\varepsilon_0 c} \int_{V'} dV' \frac{2}{r^2} \frac{\partial \rho}{\partial t_{\mathrm{ret}}}.$$

因此, (6.2.24) 式改写为

$$\nabla^2 \varphi\left(\vec{R},t\right) = -\frac{1}{\varepsilon_0}\rho\left(\vec{R},t\right) + \frac{1}{4\pi\varepsilon_0 c^2}\int_{V'} dV' \frac{1}{r}\frac{\partial^2\rho}{\partial t_{\mathrm{ret}}^2}. \tag{6.2.25}$$

另一方面, 将标势 $\varphi\left(\vec{R},t\right)$ 代入 d'Alembert 方程等号左边的第二项, 得

$$-\frac{1}{c^2}\frac{\partial^2\varphi}{\partial t^2} = -\frac{1}{4\pi\varepsilon_0 c^2}\int_{V'} dV' \frac{1}{r}\frac{\partial^2\rho}{\partial t^2} = -\frac{1}{4\pi\varepsilon_0 c^2}\int_{V'} dV' \frac{1}{r}\frac{\partial^2\rho}{\partial t_{\mathrm{ret}}^2}. \tag{6.2.26}$$

上述两等式联立, 即证得 $\varphi\left(\vec{R},t\right)$ 满足 d'Alembert 方程。可以看出, 前面 d'Alembert 方程的解是从点电荷的标势推广所得, 这一思路是为了给出更清晰的物理图像。通过上面的分析看到, 由推广所得到的一般情况下的推迟势 (6.2.20) 式也确实满足 d'Alembert 方程。

由于矢势与标势都满足 d'Alembert 方程, 则含时电流分布 $\vec{J}\left(\vec{R}',t\right)$ 在场点 $\vec{R}$ 所产生的矢势也可表示为

$$\vec{A}\left(\vec{R},t\right) = \frac{\mu_0}{4\pi}\int_{V'} dV' \frac{1}{r}\vec{J}\left(\vec{R}',t_{\mathrm{ret}}\right). \tag{6.2.27}$$

从 (6.2.20) 式和 (6.2.27) 式可以看出, 在 Lorenz 规范下对 t 时刻的 $\varphi\left(\vec{R},t\right)$ 和 $\vec{A}\left(\vec{R},t\right)$ 有贡献的不是同一时刻 t 的电荷密度值或电流密度值, 而是较早时刻 t_{ret} 的值, 这个推迟的时间 r/c 为电磁作用从源点 $\vec{R}'$ 传播到场点 $\vec{R}$ 所需要的时间。电磁势的推迟效应必然反映到电磁场也同样具有推迟效应。需要注意, 电场强度、磁感应强度本身并不满足 d'Alembert 方程, 所以它们在形式上并不能仿照静电场/静磁场所给出的相应形式表达。

静电场的 Coulomb 定律曾使人们认为电磁作用是瞬时作用。现在看到, 这只是因为在静场条件下 t 时刻和 t_{ret} 时刻的源没有差别, 从而掩盖了推迟效应。实际上包括电磁作用在内的其他一切作用, 都是通过物质以有限的速度传播, 不存在瞬时的超距相互作用。

还需要注意的是, 并不是所有的势都具有推迟效应。上一节已指出, 对于矢势和标势, 若采用 Coulomb 规范, 则在全空间标势表示为

$$\varphi_{\mathrm{C}}\left(\vec{R},t\right) = \frac{1}{4\pi\varepsilon_0}\int_{V'} \frac{\rho\left(\vec{R}',t\right)}{|\vec{R}-\vec{R}'|}dV'. \tag{6.2.28}$$

这里 $\varphi_{\mathrm{C}}\left(\vec{R},t\right)$ 并不存在推迟效应, t 时刻的标势与 t 时刻的电荷密度分布相关, 不过 $\varphi_{\mathrm{C}}\left(\vec{R},t\right)$ 并不是可直接观测的物理量, 而 $\vec{A}_{\mathrm{C}}\left(\vec{R},t\right)$ 满足方程 (6.1.22), 存在推迟效应, 因此由 $\varphi_{\mathrm{C}}\left(\vec{R},t\right)$ 和 $\vec{A}_{\mathrm{C}}\left(\vec{R},t\right)$ 作为一个整体得到的电磁场仍具有推迟效应,

即

$$\begin{cases} \vec{B}(\vec{R},t) = \nabla \times \vec{A}_{\mathrm{C}}(\vec{R},t), \\ \vec{E}(\vec{R},t) = -\dfrac{\partial \vec{A}_{\mathrm{C}}(\vec{R},t)}{\partial t} - \nabla \varphi_{\mathrm{C}}(\vec{R},t). \end{cases} \tag{6.2.29}$$

例题 6.2.2   证明推迟势 (6.2.20) 式和 (6.2.27) 式满足 Lorenz 规范:

$$\nabla \cdot \vec{A}(\vec{R},t) + \frac{1}{c^2}\frac{\partial \varphi(\vec{R},t)}{\partial t} = 0.$$

证: 令 $t_{\mathrm{ret}} = t - r/c$, 根据电荷守恒定律有

$$\nabla' \cdot \vec{J}(\vec{R}',t_{\mathrm{ret}})|_{t_{\mathrm{ret}}不变} + \frac{\partial}{\partial t_{\mathrm{ret}}}\rho(\vec{R}',t_{\mathrm{ret}}) = 0. \tag{6.2.30}$$

则标势部分为

$$\frac{1}{c^2}\frac{\partial}{\partial t}\varphi(\vec{R},t) = \frac{1}{4\pi\varepsilon_0 c^2}\int_{V'} \mathrm{d}V' \frac{1}{r}\frac{\partial}{\partial t}\rho(\vec{R}',t_{\mathrm{ret}}) = \frac{\mu_0}{4\pi}\int_{V'} \mathrm{d}V' \frac{1}{r}\frac{\partial}{\partial t_{\mathrm{ret}}}\rho(\vec{R}',t_{\mathrm{ret}})$$

$$= -\frac{\mu_0}{4\pi}\int_{V'} \mathrm{d}V' \frac{1}{r}\nabla' \cdot \vec{J}(\vec{R}',t_{\mathrm{ret}})|_{t_{\mathrm{ret}}不变}. \tag{6.2.31}$$

再者, 对于参量为 $r = |\vec{R} - \vec{R}'|$ 的函数, 有 $\nabla = -\nabla'$(应注意, ∇ 算符对 $\vec{R}'$ 无作用, 但 ∇ 对 t_{ret} 有作用), 则矢势部分 $\nabla \cdot \vec{A}(\vec{R},t)$ 可表示为

$$\nabla \cdot \vec{A}(\vec{R},t) = \frac{\mu_0}{4\pi}\int_{V'} \mathrm{d}V' \nabla \cdot \left[\frac{1}{r}\vec{J}(\vec{R}',t_{\mathrm{ret}})\right]$$

$$= \frac{\mu_0}{4\pi}\int_{V'} \mathrm{d}V' \left[\vec{J}(\vec{R}',t_{\mathrm{ret}}) \cdot \nabla\frac{1}{r} + \frac{1}{r}\nabla \cdot \vec{J}(\vec{R}',t_{\mathrm{ret}})\right]$$

$$= \frac{\mu_0}{4\pi}\int_{V'} \mathrm{d}V' \left[-\vec{J}(\vec{R}',t_{\mathrm{ret}}) \cdot \nabla'\frac{1}{r} + \frac{1}{r}\frac{\partial \vec{J}(\vec{R}',t_{\mathrm{ret}})}{\partial t_{\mathrm{ret}}} \cdot \nabla t_{\mathrm{ret}}\right]$$

$$= \frac{\mu_0}{4\pi}\int_{V'} \mathrm{d}V' \left[-\vec{J}(\vec{R}',t_{\mathrm{ret}}) \cdot \nabla'\frac{1}{r} - \frac{1}{r}\frac{\partial \vec{J}(\vec{R}',t_{\mathrm{ret}})}{\partial t_{\mathrm{ret}}} \cdot \nabla' t_{\mathrm{ret}}\right]. \tag{6.2.32}$$

将 (6.2.31) 式和 (6.2.32) 式相加得

$$\nabla \cdot \vec{A}(\vec{R},t) + \frac{1}{c^2}\frac{\partial \varphi(\vec{R},t)}{\partial t}$$

$$= \frac{\mu_0}{4\pi}\int_{V'} \mathrm{d}V' \cdot \left\{ -\vec{J}(\vec{R}',t_{\mathrm{ret}}) \cdot \nabla'\frac{1}{r} - \frac{1}{r}\left[\frac{\partial \vec{J}(\vec{R}',t_{\mathrm{ret}})}{\partial t_{\mathrm{ret}}} \cdot \nabla' t_{\mathrm{ret}} \right.\right.$$

$$\left.\left. + \nabla' \cdot \vec{J}(\vec{R}',t_{\mathrm{ret}})|_{t_{\mathrm{ret}}不变}\right]\right\}$$

$$= \frac{\mu_0}{4\pi}\int_{V'} \mathrm{d}V' \left[-\vec{J}(\vec{R}',t_{\mathrm{ret}}) \cdot \nabla'\frac{1}{r} - \frac{1}{r}\nabla' \cdot \vec{J}(\vec{R}',t_{\mathrm{ret}})\right]$$

$$= -\frac{\mu_0}{4\pi}\int_{V'} \mathrm{d}V' \nabla' \cdot \left[\frac{1}{r}\vec{J}(\vec{R}',t_{\mathrm{ret}})\right]. \tag{6.2.33}$$

右边可化为包含所有电流在内的闭合面的面积分, 而对于封闭的体系, 此积分应该等于零, 最后得到 $\nabla \cdot \vec{A}(\vec{R}, t) + (1/c^2)\left[\partial\varphi(\vec{R}, t)/\partial t\right] = 0$。

6.2.3 载有时谐电流无限长细直导线的势和电磁场

在第四章静磁场 4.1.5 小节的例题 4.1.2, 我们讨论了载有恒定电流的无限长细直导线周围的矢势和静磁场分布。很自然想到一个问题, 假设无限长细直导线通有时谐变化的电流 $I(t) = I_0 \mathrm{e}^{-\mathrm{i}\omega t}$, 即线上不同位置的电流都步调一致且同振幅作时谐变化, 那么其周围的势和电磁场是如何分布的?

如图 6-4 所示, 设沿着 z 轴有一无限长细直导线, 导线中通有时谐变化的电流 $I(t) = I_0 \mathrm{e}^{-\mathrm{i}\omega t}$, R 为场点到细导线的距离。根据推迟矢势的表达式 (6.2.27), 则有

$$\vec{A}(\vec{R}, t) = \frac{\mu_0}{4\pi} \int_{V'} \mathrm{d}V' \frac{1}{r} \vec{J}(\vec{R}', t_{\mathrm{ret}}) = \frac{\mu_0}{4\pi} \int_{L'} \mathrm{d}\vec{\ell}' \frac{1}{r} I\left(\vec{R}', t - \frac{r}{c}\right). \tag{6.2.34}$$

显然, 矢势 $\vec{A}$ 只有沿 z 轴的分量:

$$\vec{A}(R, t) = A_z(R, t)\vec{e}_z, \tag{6.2.35}$$

$$A_z(R, t) = \frac{\mu_0 I_0}{4\pi} \int_{-\infty}^{+\infty} \frac{1}{r} \mathrm{e}^{-\mathrm{i}\omega t} \mathrm{e}^{\mathrm{i}\omega r/c} \mathrm{d}z = \frac{\mu_0 I_0}{4\pi} \mathrm{e}^{-\mathrm{i}\omega t} \int_{-\infty}^{+\infty} \frac{1}{r} \mathrm{e}^{\mathrm{i}2\pi r/\lambda_0} \mathrm{d}z. \tag{6.2.36}$$

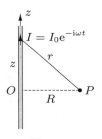

图 6-4

从上式可以看出, 若 P 点到细导线的垂直距离远小于真空中的波长 $(R \ll \lambda_0)$, 并且先假定对积分有主要贡献的是集中在 $|z| \ll R$ 区域的电流, 则 $\mathrm{e}^{\mathrm{i}2\pi r/\lambda_0} \approx 1$, 此时的积分形式与静磁场完全相同, 只不过多出 $\mathrm{e}^{-\mathrm{i}\omega t}$ 因子, 细导线周围的磁场在空间依赖关系上完全类似于静磁场, 只是随电流作同相位的时谐变化。这表明此种情形下推迟效应可以忽略。

现在考虑 $R \gg \lambda_0$ 的情形。为此把 (6.2.36) 式改写为

$$A_z(R, t) = \frac{\mu_0 I_0}{4\pi} \mathrm{e}^{-\mathrm{i}\omega t} \int_{-\infty}^{+\infty} \frac{1}{\sqrt{z^2 + R^2}} \mathrm{e}^{\mathrm{i}k_0\sqrt{z^2 + R^2}} \mathrm{d}z. \tag{6.2.37}$$

尽管上式积分中 z 的取值上、下限趋于 $\pm\infty$, 但先假定积分中做主要贡献的是集中在 $|z| \ll R$ 区域的电流, 故可作如下近似:

$$\sqrt{z^2 + R^2} \approx R, \quad k_0\sqrt{z^2 + R^2} \approx k_0 R\left(1 + \frac{z^2}{2R^2}\right) \quad (|z| \ll R). \tag{6.2.38}$$

则 (6.2.36) 式变为

$$A_z\left(R,t\right) = \frac{\mu_0 I_0}{4\pi} \frac{1}{R} \mathrm{e}^{\mathrm{i}(k_0 R - \omega t)} \int_{-\infty}^{+\infty} \mathrm{e}^{-k_0 z^2/2\mathrm{i}R} \mathrm{d}z. \tag{6.2.39}$$

利用 Gauss 积分公式 $\int_{-\infty}^{+\infty} \mathrm{e}^{-x^2} \mathrm{d}x = \sqrt{\pi}$, 显然, Gauss 积分项在 $x \ll 1$ 时具有主要贡献, 这也说明前面的假设 $|z| \ll R$ 是合理的, 因此有

$$A_z\left(R,t\right) = \frac{\mu_0 I_0}{\sqrt{8\pi k_0}} \frac{\mathrm{e}^{\mathrm{i}(k_0 R - \omega t + \pi/4)}}{\sqrt{R}}. \tag{6.2.40}$$

在柱坐标系中, 根据 (1.2.44) 式, 则与细导线距离 $R\,(R \gg \lambda_0)$ 处的磁感应强度为

$$\begin{aligned}
\vec{B}\left(R,t\right) &= \nabla \times \vec{A}\left(R,t\right) = \frac{\mu_0 I_0}{\sqrt{8\pi k_0}} \mathrm{e}^{\mathrm{i}(-\omega t + \pi/4)} \cdot (-1) \frac{\partial\left(R^{-1/2}\mathrm{e}^{\mathrm{i}k_0 R}\right)}{\partial R} \vec{e}_\phi \\
&= \frac{\mu_0 I_0}{\sqrt{8\pi k_0}} \left(\frac{1}{2R} - \mathrm{i}k_0\right) \frac{\mathrm{e}^{\mathrm{i}(k_0 R - \omega t + \pi/4)}}{\sqrt{R}} \vec{e}_\phi \\
&\approx \mu_0 I_0 \sqrt{\frac{k_0}{8\pi}} \frac{\mathrm{e}^{\mathrm{i}(k_0 R - \omega t - \pi/4)}}{\sqrt{R}} \vec{e}_\phi.
\end{aligned} \tag{6.2.41}$$

可见, 细导线周围磁场的振动方向沿着与细导线同心圆的切向 $\vec{e}_\phi$, 并沿着径向 $\vec{e}_R$ 波动, 如图 6-5 所示。同时, 由于推迟效应的存在, 远场处磁场的振幅呈现 $1/\sqrt{R}$ 的依赖关系, 这不同于载有恒定电流细导线周围静磁场的结果 $(1/R)$。

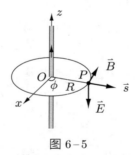

图 6-5

根据 Maxwell 方程组, 在离开电流的区域有 $\nabla \times \vec{B} = \mu_0 \varepsilon_0 \partial \vec{E}/\partial t$, 则距离细导线 $R\,(R \gg \lambda_0)$ 处的电场为

$$-\mathrm{i}\omega\mu_0\varepsilon_0 \vec{E}\left(R,t\right) = \mu_0 I_0 \sqrt{\frac{k_0}{8\pi}} \mathrm{e}^{\mathrm{i}(-\omega t - \pi/4)} \nabla \times \left(\frac{\mathrm{e}^{\mathrm{i}k_0 R}}{\sqrt{R}} \vec{e}_\phi\right). \tag{6.2.42}$$

或者在柱坐标系中, 有

$$\begin{aligned}
-\mathrm{i}\omega\mu_0\varepsilon_0 \vec{E}\left(R,t\right) &= \mu_0 I_0 \sqrt{\frac{k_0}{8\pi}} \frac{1}{R} \frac{\partial}{\partial R}\left(\sqrt{R}\mathrm{e}^{\mathrm{i}k_0 R}\right) \mathrm{e}^{\mathrm{i}(-\omega t - \pi/4)} \vec{e}_z \\
&= \mu_0 I_0 \sqrt{\frac{k_0}{8\pi}} \left(\frac{1}{2R} + \mathrm{i}k_0\right) \frac{\mathrm{e}^{\mathrm{i}(k_0 R - \omega t - \pi/4)}}{\sqrt{R}} \vec{e}_z.
\end{aligned} \tag{6.2.43}$$

考虑到 $R \gg \lambda_0$, 因此有

$$\vec{E}\left(R,t\right) \approx -I_0 \sqrt{\frac{\mu_0}{\varepsilon_0}} \sqrt{\frac{k_0}{8\pi}} \frac{\mathrm{e}^{\mathrm{i}(k_0 R - \omega t - \pi/4)}}{\sqrt{R}} \vec{e}_z. \tag{6.2.44}$$

可见, 细导线周围电场振动方向是沿着与细导线平行的方向, 并沿着径向 $\vec{e}_R$ 波动, 同样其振幅按照 $1/\sqrt{R}$ 减小。

有了电场和磁场分布, 就可以分析通有时谐电流 $I(t) = I_0 e^{-i\omega t}$ 的细直导线周围的能流密度分布, 即

$$
\vec{s} = \vec{E} \times \vec{H} = \operatorname{Re}(\vec{E}) \times \frac{1}{\mu_0} \operatorname{Re}(\vec{B})
$$

$$
= I_0^2 \sqrt{\frac{\mu_0}{\varepsilon_0}} \left(\frac{k_0}{8\pi}\right) \frac{1}{R} \cos^2\left(k_0 R - \omega t - \frac{\pi}{4}\right) \vec{e}_R. \tag{6.2.45}
$$

平均能流密度为

$$
\langle \vec{s} \rangle = \frac{k_0 I_0^2}{16\pi} \sqrt{\frac{\mu_0}{\varepsilon_0}} \frac{1}{R} \vec{e}_R. \tag{6.2.46}
$$

因此通过与导线同轴的圆柱面 (半径为 R、单位长度) 的能量传输功率 (辐射功率)为

$$
P = 2\pi R \left|\langle \vec{s} \rangle\right| = \frac{k_0}{8} I_0^2 \sqrt{\frac{\mu_0}{\varepsilon_0}} = \frac{k_0}{8} I_0^2 Z_0. \tag{6.2.47}
$$

这里辐射功率 P 与半径 R 无关, 这是远场辐射的一个重要特征, k_0 因子的存在是因为这里给出的是单位长度圆柱面的辐射功率。

6.2.4 无限大平面上时谐面电流的电磁场

在第四章静磁场 4.1.4 小节, 我们讨论了无限大平面恒定面电流周围的磁场分布。现在来分析时谐变化的面电流所产生的电磁场。设面电流位于 xOy 平面上并且沿着 x 轴方向, 面电流密度为

$$
\vec{K}(t) = \vec{K}_0 e^{-i\omega t} = K_0 e^{-i\omega t} \vec{e}_x. \tag{6.2.48}
$$

即平面上各处电流密度做同方向、同相位、同振幅的时谐变化。

要分析距离平面为 z 处的推迟势或者电磁场, 也需区分 $z \ll \lambda_0$ 和 $z \gg \lambda_0$ 两种情况。对于 $z \ll \lambda_0$ 情形, 无限大平面时谐电流周围的磁场空间分布类似于静磁场, 只是叠加一个时谐因子。

对于 $z \gg \lambda_0$ 情形的分析, 可以采用通有时谐电流的无限长细直导线所产生的磁场叠加来求解, 这作为一个练习留给读者。

上述问题也可以直接通过面源推迟势积分求解, 即先求得推迟矢势, 再求出面电流两侧的电磁场。

根据 (6.2.27) 式有

$$
\vec{A}(\vec{R}, t) = \frac{\mu_0}{4\pi} \int_{S'} dS' \frac{1}{r} \vec{K}(\vec{R}', t_{\text{ret}}). \tag{6.2.49}
$$

建立如图 6-6 所示的坐标系。由于面电流沿着 $\vec{e}_x$ 方向, 故矢势 $\vec{A}$ 只有沿着 x 轴的分量, 根据对称性分析可知 $\vec{A}$ 也只可能与 z 有关, 即

$$
\vec{A}(z, t) = A_x(z, t) \vec{e}_x.
$$

考虑到 $r = \sqrt{R^2 + z^2}$, $\mathrm{d}r = (R/r)\,\mathrm{d}R$, 则有

$$
\begin{aligned}
A_x\left(z,t\right) &= \frac{\mu_0 K_0}{4\pi} \int_{-\infty}^{+\infty} \int_{-\infty}^{+\infty} \frac{1}{r} \mathrm{e}^{-\mathrm{i}\omega t} \mathrm{e}^{\mathrm{i}\omega r/c} \mathrm{d}x\mathrm{d}y \\
&= \frac{\mu_0 K_0 \mathrm{e}^{-\mathrm{i}\omega t}}{4\pi} \int_0^{2\pi} \int_0^{+\infty} \frac{1}{r} \mathrm{e}^{\mathrm{i}k_0 r} R\mathrm{d}R\mathrm{d}\phi \\
&= \frac{\mu_0 K_0 \mathrm{e}^{-\mathrm{i}\omega t}}{2} \int_0^{+\infty} \frac{1}{r} \mathrm{e}^{\mathrm{i}k_0 r} R\mathrm{d}R = \frac{\mu_0 K_0 \mathrm{e}^{-\mathrm{i}\omega t}}{2} \int_{|z|}^{+\infty} \mathrm{e}^{\mathrm{i}k_0 r} \mathrm{d}r. \quad (6.2.50)
\end{aligned}
$$

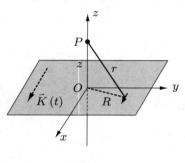

图 6-6

为了便于数学上的处理, 接下来引入 $\mathrm{e}^{-\lambda r}$ 因子, 将上式改写为

$$
A_x\left(z,t\right) = \lim_{\lambda \to 0} \frac{\mu_0 K_0 \mathrm{e}^{-\mathrm{i}\omega t}}{2} \int_{|z|}^{+\infty} \mathrm{e}^{\mathrm{i}k_0 r} \mathrm{e}^{-\lambda r} \mathrm{d}r = \frac{\mu_0 K_0}{2k_0} \mathrm{e}^{\mathrm{i}(k_0|z|-\omega t+\pi/2)}. \quad (6.2.51)
$$

注意到 $\lambda \to 0$ 时 $\mathrm{e}^{-\lambda r} \to 1$, 故不影响计算结果。同时在 $r \to \infty$ 时, 由于 $\mathrm{e}^{-\lambda r} \to 0$, 亦能保证积分收敛, 最后得

$$
\vec{A}\left(z,t\right) = \begin{cases}
\dfrac{\mu_0 K_0}{2k_0} \mathrm{e}^{\mathrm{i}(k_0 z-\omega t+\pi/2)} \vec{e}_x & \left(z > 0\right), \\[3mm]
\dfrac{\mu_0 K_0}{2k_0} \mathrm{e}^{\mathrm{i}(-k_0 z-\omega t+\pi/2)} \vec{e}_x & \left(z < 0\right).
\end{cases} \quad (6.2.52)
$$

可见在时谐面电流的两侧所产生的推迟势以平面波形式沿 $\pm z$ 方向传播, 并沿面电流方向作横振动。时谐面电流两侧相应的磁感应强度为

$$
\begin{aligned}
\vec{B}\left(z,t\right) &= \nabla \times \vec{A}\left(z,t\right) = \frac{\partial A_x\left(z,t\right)}{\partial z} \vec{e}_y \\
&= \begin{cases}
-\dfrac{1}{2}\mu_0 K_0 \mathrm{e}^{\mathrm{i}(k_0 z-\omega t)} \vec{e}_y & \left(z > 0\right), \\[3mm]
\dfrac{1}{2}\mu_0 K_0 \mathrm{e}^{\mathrm{i}(-k_0 z-\omega t)} \vec{e}_y & \left(z < 0\right).
\end{cases}
\end{aligned} \quad (6.2.53)
$$

时谐面电流两侧的电场强度表示为

$$
\begin{aligned}
\vec{E}\left(z,t\right) &= \frac{\mathrm{i}}{\omega\mu_0\varepsilon_0} \nabla \times \vec{B}\left(z,t\right) = \frac{-\mathrm{i}}{\omega\mu_0\varepsilon_0} \frac{\partial B_y\left(z,t\right)}{\partial z} \vec{e}_x \\
&= \begin{cases}
-\dfrac{1}{2}K_0 Z_0 \mathrm{e}^{\mathrm{i}(k_0 z-\omega t)} \vec{e}_x & \left(z > 0\right), \\[3mm]
-\dfrac{1}{2}K_0 Z_0 \mathrm{e}^{\mathrm{i}(-k_0 z-\omega t)} \vec{e}_x & \left(z < 0\right).
\end{cases}
\end{aligned} \quad (6.2.54)
$$

因此, 在 xOy 平面上的时谐面电流产生的电磁场都是作横振动的时谐平面波, 如图 6–7 所示, 电磁场在上半空间沿 $+z$ 方向传播, 在下半空间沿 $-z$ 方向传播。同时注意到, 在面电流两侧的电场是同相位的, 并且与面电流为反相位; 而两侧的磁场是反相位的, 并且振动方向与面电流垂直。

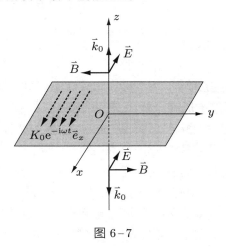

图 6–7

回想一下, 在第五章 5.2.5 小节中曾讨论时谐平面电磁波入射到介质表面产生的光压。假设时谐平面电磁波垂直入射到理想导体表面, 如图 6–8 所示, 入射波的电场强度表示为

$$\vec{E}_{\mathrm{I}}\left(t\right) = E_{\mathrm{I0}}\mathrm{e}^{\mathrm{i}(-k_0 z - \omega t)}\vec{e}_x \quad (z > 0). \tag{6.2.55}$$

根据理想导体特点, 在理想导体所在区域 $(z < 0)$ 不存在电磁场, 这样的场分布事实上是由于理想导体表面产生的时谐面电流所辐射的电磁场与入射电磁场叠加所致。

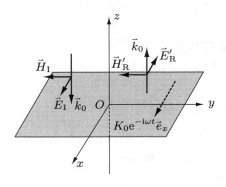

图 6–8

为了阐明这一点, 需要求得面电流密度分布。首先, 根据电磁场边界关系, 反射波的电场必然与入射电磁波的电场反向, 以保证导体表面的电场强度为零。相应地, 在理想导体表面附近, 入射波的磁场强度与反射波的磁场强度之间是同相位、同振幅的关系, 即 $H_{\mathrm{I0}} = H'_{\mathrm{R0}}$。因此理想导体表面附近的总磁场强度为

$$\vec{H} = -\left(H_{\mathrm{I0}} + H'_{\mathrm{R0}}\right)\mathrm{e}^{-\mathrm{i}\omega t}\vec{e}_y = -\frac{2}{Z_0}E_{\mathrm{I0}}\mathrm{e}^{-\mathrm{i}\omega t}\vec{e}_y. \tag{6.2.56}$$

理想导体表面的面电流密度为

$$\vec{K} = \vec{e}_z \times \vec{H} = \frac{2}{Z_0} E_{\text{I}0} \mathrm{e}^{-\mathrm{i}\omega t} \vec{e}_x. \tag{6.2.57}$$

按照前面得出的结论 (6.2.54) 式, 此时谐面电流在 $z = 0$ 面两侧区域所产生的电场强度分别为

$$\vec{E}_{\text{rad}}(z, t) = \begin{cases} -E_{\text{I}0} \mathrm{e}^{\mathrm{i}(k_0 z - \omega t)} \vec{e}_x & (z > 0), \\ -E_{\text{I}0} \mathrm{e}^{\mathrm{i}(-k_0 z - \omega t)} \vec{e}_x & (z < 0). \end{cases} \tag{6.2.58}$$

可见, 在 $z > 0$ 区域产生的辐射电磁波实际上就是反射波, 而在 $z < 0$ 区域产生的电场与入射波在该区域的电场完全抵消, 使得在该区域没有电磁场分布。类似的图像在静电平衡部分已见过, 即金属导体表面的感应面电荷分布总是能屏蔽金属导体所在区域的外电场。而这里是理想导体表面的时谐电流屏蔽外界的电磁波。

若一束时谐平面电磁波垂直入射到半无限大的介质表面, 有兴趣的读者也可仿照类似的做法, 将在入射电磁场作用下介质产生的极化强度作为辐射源, 这一辐射源所产生的电磁场在介质之外的区域就是我们所熟悉的反射波, 而在介质内的一部分贡献抵消了入射场, 其他部分则形成了介质中的透射波 [1], 相关结果与依照 Fresnel 公式得到的关于透射波的结论完全一致。

6.3　时谐电流的多极辐射

本节主要讨论小区域的含时交变电流体系所产生的辐射, 即电流系统在其空间线度远小于辐射波长情况下的远场辐射问题。随时间变化的源或场可以按照 Fourier 分析, 分解为不同频率的源或场的叠加。这里仅考虑以单一频率作简谐振荡的电流源 (分布在有限区域) 所产生的电磁场。

6.3.1　时谐电流源的推迟势

假设交变电流体系的电流分布给定, 并且以时谐形式变化, 即

$$\vec{J}(\vec{R}', t) = \vec{J}(\vec{R}') \mathrm{e}^{-\mathrm{i}\omega t}. \tag{6.3.1}$$

注意, 这里的 $\vec{R}'$ 是指源区电流元/电荷元的位置, 与时间 t 无关。同时, 由于电流分布写成复数形式, 不同区域的电流变化之间可能存在相位差, 因此空间振幅因子 $\vec{J}(\vec{R}')$ 本身也可能是复数。

根据推迟势的定义 (6.2.27) 式, 空间场点 $\vec{R}$ 处的矢势为

$$\vec{A}(\vec{R}, t) = \frac{\mu_0}{4\pi} \int_{V'} \mathrm{d}V' \frac{1}{r} \vec{J}\left(\vec{R}', t - \frac{r}{c}\right) = \frac{\mu_0}{4\pi} \int_{V'} \mathrm{d}V' \frac{1}{r} \vec{J}(\vec{R}') \mathrm{e}^{-\mathrm{i}\omega(t - r/c)}$$

$$= \frac{\mu_0}{4\pi} \int_{V'} \mathrm{d}V' \frac{1}{r} \vec{J}(\vec{R}') \mathrm{e}^{\mathrm{i}(k_0 r - \omega t)} = \vec{A}(\vec{R}) \mathrm{e}^{-\mathrm{i}\omega t}. \tag{6.3.2}$$

[1]　A. Zangwill, *Modern Electrodynamics*, Cambridge: Cambridge University Press, 2012: pp. 762.

其中 $\vec{A}(\vec{R})$ 为矢势的空间依赖因子, 即

$$\vec{A}(\vec{R}) = \frac{\mu_0}{4\pi} \int_{V'} \mathrm{d}V' \frac{1}{r} \vec{J}(\vec{R}') \, \mathrm{e}^{\mathrm{i}k_0 r}. \tag{6.3.3}$$

式中 $\mathrm{e}^{\mathrm{i}k_0 r}$ 为推迟作用因子, 表示电磁波传至场点由于需要一定的时间从而在相位上滞后了 $k_0 r = 2\pi r/\lambda_0$。

标势同样可表示成类似的形式:

$$\varphi(\vec{R}, t) = \varphi(\vec{R}) \, \mathrm{e}^{-\mathrm{i}\omega t}. \tag{6.3.4}$$

由 Lorenz 规范得

$$\nabla \cdot \vec{A}(\vec{R}) = \mathrm{i}\frac{\omega}{c^2} \varphi(\vec{R}). \tag{6.3.5}$$

因此标势 φ 可由矢势 $\vec{A}$ 确定, 计算出矢势 $\vec{A}$, 就可以求出辐射电磁场。

6.3.2 推迟势的多极展开

现在来重点讨论小区域的含时交变电流体系所产生的辐射。从 (6.3.3) 式可以看出, 这里的积分涉及三个尺度, 分别为电流分布区域的线度 ℓ、辐射波长 λ_0 以及电流分布区域到场点的距离 r。

对于小区域含时电流源, 意味着除要求电流分布的线度 $\ell \ll r$ 外, 还要求 $\ell \ll \lambda_0$。对于电流分布区域的线度 ℓ 与波长 λ_0 可比拟, 乃至还大于 λ_0 的远场辐射问题, 稍后在下一节讨论。

对于小区域含时电流源的辐射问题, 根据 λ_0 与 r 之间的相对关系, 又可分成以下三种情况, 即近场区、远场区和感应区。

（Ⅰ）在近场区 ($\ell \ll r \ll \lambda_0$), 推迟因子 $\mathrm{e}^{\mathrm{i}k_0 r} = \mathrm{e}^{\mathrm{i}2\pi r/\lambda_0} \sim 1$, 则有

$$\vec{A}(\vec{R}) = \frac{\mu_0}{4\pi} \int_{V'} \mathrm{d}V' \frac{\vec{J}(\vec{R}')}{r}. \tag{6.3.6}$$

可见在近场区, 推迟效应 (相位滞后) 可忽略, 电磁场的空间依赖因子与静场的表达形式类似。由于 $\ell \ll r \ll \lambda_0$, 所谓近场区, 打个形象的比喻就是, 在房间地面的中央位置放有一鸡蛋大小 (ℓ) 的含时电流分布, 在房间远离地面中心的位置 (r) 测量电磁场的能流分布, 而辐射波长有足球场跑道那么长 (λ_0), 因此在所观察的区域内可以忽略不同测量位置之间电磁场的相位差异, 场在空间依赖的形式与静场基本相同, 只是多出了一个时间变化因子。

（Ⅱ）$r \sim \lambda_0$ 区域称为感应区, 是近场区向辐射场区的过渡, 也称过渡区。当研究场对电荷系统本身的影响时, 需要讨论近场区和感应区的电磁场。

（Ⅲ）远场区也称为辐射区, 需满足 $r \gg \lambda_0$。仿照前面的比喻, 远场区就像是在足球场的中央有一个房子, 在房内地面中央放置一鸡蛋大小 (ℓ) 的含时电流分布, 辐射波长 (λ_0) 接近房子的尺寸, 而观测者站在跑道上不同位置 (r) 测量电磁场的能流分布。实际情况常常是在远离发射系统的区域接收电磁波, 此时涉及的就是远场问题。

接下来先讨论小区域交变电荷体系在远场区域的辐射场。因此, 含时电流空间

分布尺寸 (ℓ)、辐射波长 (λ_0) 满足如下条件:

$$\ell \ll \lambda_0 \ll r. \tag{6.3.7}$$

如图 6–9 所示, 将坐标原点选在电流所分布的区域内, 即源的位矢 $|\vec{R}'| \sim \ell$, 从而 $|\vec{R}'| \ll R$, 因此可对场与源之间的距离 r 作近似处理:

$$r = |\vec{R} - \vec{R}'| = \left(\vec{R}^2 - 2\vec{R} \cdot \vec{R}' + \vec{R}'^2 \right)^{\frac{1}{2}} \approx R \left(1 - \frac{2}{R^2} \vec{R} \cdot \vec{R}' \right)^{\frac{1}{2}} \approx R - \vec{e}_R \cdot \vec{R}'. \tag{6.3.8}$$

其中 $\vec{e}_R = \vec{R}/R$ 为从坐标原点指向辐射方向的单位矢量。

将 (6.3.8) 式代入 (6.3.3) 式, 得矢势的空间依赖因子为

$$\begin{aligned}
\vec{A}(\vec{R}) &= \frac{\mu_0}{4\pi} \int_{V'} \mathrm{d}V' \frac{\vec{J}(\vec{R}') \, \mathrm{e}^{\mathrm{i}k_0\left(R - \vec{e}_R \cdot \vec{R}'\right)}}{R - \vec{e}_R \cdot \vec{R}'} \\
&= \frac{\mu_0}{4\pi} \frac{\mathrm{e}^{\mathrm{i}k_0 R}}{R} \int_{V'} \mathrm{d}V' \vec{J}(\vec{R}') \left(\mathrm{e}^{-\mathrm{i}k_0 \vec{e}_R \cdot \vec{R}'} \right) \left(1 - \vec{e}_R \cdot \frac{\vec{R}'}{R} \right)^{-1}.
\end{aligned} \tag{6.3.9}$$

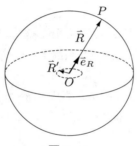

图 6–9

由于是远场区, 上式中包含了两个小量, 分别是 $k_0 \vec{e}_R \cdot \vec{R}' \approx \ell/\lambda_0$, 以及 $-\vec{e}_R \cdot \vec{R}'/R \approx \ell/R$。根据 (6.3.7) 式给出的条件, 使得这里只需保留第一个小量, 从而得

$$\begin{aligned}
\left(\mathrm{e}^{-\mathrm{i}k_0 \vec{e}_R \cdot \vec{R}'} \right) \cdot \left(1 - \vec{e}_R \cdot \frac{\vec{R}'}{R} \right)^{-1} &\approx 1 - \mathrm{i}k_0 \vec{e}_R \cdot \vec{R}' + \vec{e}_R \cdot \frac{\vec{R}'}{R} + \cdots \\
&\approx 1 - \mathrm{i}k_0 \vec{e}_R \cdot \vec{R}'.
\end{aligned} \tag{6.3.10}$$

故 (6.3.9) 式展开得

$$\begin{aligned}
\vec{A}(\vec{R}) &\approx \frac{\mu_0}{4\pi} \frac{\mathrm{e}^{\mathrm{i}k_0 R}}{R} \int_{V'} \mathrm{d}V' \vec{J}(\vec{R}') \left(1 - \mathrm{i}k_0 \vec{e}_R \cdot \vec{R}' \right) \\
&= \vec{A}^{(0)}(\vec{R}) + \vec{A}^{(1)}(\vec{R}).
\end{aligned} \tag{6.3.11}$$

上式中 $\vec{A}^{(0)}(\vec{R})$ 为零级展开项, 对应于电偶极子辐射矢势:

$$\vec{A}^{(0)}(\vec{R}) = \frac{\mu_0}{4\pi} \frac{\mathrm{e}^{\mathrm{i}k_0 R}}{R} \int_{V'} \mathrm{d}V' \vec{J}(\vec{R}'). \tag{6.3.12}$$

而 $\vec{A}^{(1)}(\vec{R})$ 为一级展开项, 即

$$\vec{A}^{(1)}(\vec{R}) = \frac{-\mathrm{i}k_0 \mu_0}{4\pi} \frac{\mathrm{e}^{\mathrm{i}k_0 R}}{R} \int_{V'} \mathrm{d}V' \left(\vec{e}_R \cdot \vec{R}' \right) \vec{J}(\vec{R}'), \tag{6.3.13}$$

后面将会展示 $\vec{A}^{(1)}(\vec{R})$ 的具体形式, 其实际上包括了磁偶极子和电四极子辐射矢

势贡献。

6.3.3　时谐电偶极子的推迟势

先讨论时谐电偶极子辐射的矢势项 (6.3.12) 式。

在第一章 1.5.6 小节中利用张量的 Gauss 定理, 已证明对于矢量场 $\vec{J}\left(\vec{R}'\right)$, 若在其边界上满足 $\vec{n}\cdot\vec{J}=0$, 则存在如下关系:

$$\int_{V'}\mathrm{d}V'\vec{J}=-\int_{V'}\mathrm{d}V'\left(\nabla'\cdot\vec{J}\right)\vec{R}'. \tag{6.3.14}$$

另一方面, 在电流以时谐形式变化的情况下, 电荷密度分布也是以时谐形式变化的, 即

$$\rho\left(\vec{R}',t\right)=\rho\left(\vec{R}'\right)\mathrm{e}^{-\mathrm{i}\omega t}. \tag{6.3.15}$$

根据电流连续性方程 $\nabla'\cdot\vec{J}\left(\vec{R}',t\right)+\partial\rho\left(\vec{R}',t\right)/\partial t=0$, 得到关于谐变电流和电荷分布的空间因子存在如下制约关系:

$$\nabla'\cdot\vec{J}\left(\vec{R}'\right)=\mathrm{i}\omega\rho\left(\vec{R}'\right). \tag{6.3.16}$$

需要特别注意的是, 如果把小区域内的电荷密度和电流密度矢量都写成上述时谐变化复数形式, 由于它们的变化不一定是同相位的, 因此一旦给定了其一的实函数空间依赖因子, 则其二的空间依赖因子一般具有复数形式。

在 (6.3.14) 式中, $\displaystyle\int_{V'}\mathrm{d}V'\vec{J}$ 可以进一步改写成

$$\int_{V'}\mathrm{d}V'\vec{J}=-\mathrm{i}\omega\int_{V'}\mathrm{d}V'\rho\vec{R}'=-\mathrm{i}\omega\vec{p}. \tag{6.3.17}$$

式中 $\vec{p}$ 为谐变电流体系的电偶极矩振幅 (不含时), 并定义为

$$\vec{p}=\int_{V'}\mathrm{d}V'\rho\left(\vec{R}'\right)\vec{R}'=\frac{\mathrm{i}}{\omega}\int_{V'}\mathrm{d}V'\vec{J}\left(\vec{R}'\right). \tag{6.3.18}$$

而体系的时谐电偶极矩为

$$\vec{p}\left(t\right)=\vec{p}\mathrm{e}^{-\mathrm{i}\omega t}. \tag{6.3.19}$$

根据 (6.3.18) 式, 为了得到电偶极矩振幅$\vec{p}$, 既可以依据给定的 $\rho\left(\vec{R}'\right)\mathrm{e}^{-\mathrm{i}\omega t}$ 分布, 也可以依据给定的 $\vec{J}\left(\vec{R}'\right)\mathrm{e}^{-\mathrm{i}\omega t}$ 分布。

对于载流细导线, 则 (6.3.18) 式过渡为

$$\vec{p}=\frac{\mathrm{i}}{\omega}\int_{L}I_0\mathrm{d}\vec{\ell}. \tag{6.3.20}$$

I_0 为细导线上某处电流 $I=I_0\mathrm{e}^{-\mathrm{i}\omega t}$ 作时谐变化的振幅, I_0 可依赖于细导线上具体的位置。

为了便于后面出现的公式在形式上的简化, 这里引入如下的记号:

$$\dot{\vec{p}}\left(t\right)=-\mathrm{i}\omega\vec{p}\left(t\right), \tag{6.3.21}$$

$$\ddot{\vec{p}}\left(t\right)=-\omega^2\vec{p}\left(t\right). \tag{6.3.22}$$

注意这里"头顶"带点的物理量均为含时物理量, 这种标记与部分教材的标记不同。至此, (6.3.12) 式可改写为

$$\vec{A}^{(0)}\left(\vec{R}\right) = \frac{\mu_0}{4\pi}\frac{\mathrm{e}^{\mathrm{i}k_0 R}}{R}\left(-\mathrm{i}\omega\vec{p}\right). \tag{6.3.23}$$

因此, 时谐电偶极子辐射矢势的完整表达式为

$$\vec{A}^{(0)}\left(\vec{R}, t\right) = \frac{\mu_0}{4\pi}\frac{\mathrm{e}^{\mathrm{i}k_0 R}}{R}\left(-\mathrm{i}\omega\vec{p}\right)\mathrm{e}^{-\mathrm{i}\omega t} = \frac{\mu_0}{4\pi}\frac{\mathrm{e}^{\mathrm{i}k_0 R}}{R}\dot{\vec{p}}\left(t\right). \tag{6.3.24}$$

6.3.4 时谐电偶极子的辐射场及辐射功率

若 $\vec{A}^{(0)}\left(\vec{R}, t\right)$ 不为零, 并且假设只需要保留到矢势展开的零级近似项, 则可由矢势 $\vec{A}^{(0)}\left(\vec{R}, t\right)$ 计算相应远场区的辐射电磁场:

$$\begin{cases} \vec{B}^{(0)}\left(\vec{R}, t\right) = \nabla \times \vec{A}^{(0)}\left(\vec{R}, t\right), \\ \vec{E}^{(0)}\left(\vec{R}, t\right) = \dfrac{\mathrm{i}c}{k_0}\nabla \times \vec{B}^{(0)}\left(\vec{R}, t\right). \end{cases} \tag{6.3.25}$$

计算远场区辐射电磁场牵涉到在球坐标系中将 ∇ 算子作用于 $\mathrm{e}^{\mathrm{i}k_0 R}/R$, 即

$$\nabla\left(\frac{\mathrm{e}^{\mathrm{i}k_0 R}}{R}\right) = \left(-\frac{1}{R^2}\vec{e}_R + \mathrm{i}k_0\frac{1}{R}\vec{e}_R\right)\mathrm{e}^{\mathrm{i}k_0 R} \approx \mathrm{i}k_0\frac{\mathrm{e}^{\mathrm{i}k_0 R}}{R}\vec{e}_R. \tag{6.3.26}$$

上式利用了远场近似, 因此在球坐标系中 ∇ 算符的作用相当于在 $\mathrm{e}^{\mathrm{i}k_0 R}/R$ 上产生了因子 $\mathrm{i}k_0\vec{e}_R$, 故在球坐标系中可作如下代换, 以方便计算:

$$\begin{cases} \nabla & \Rightarrow & \mathrm{i}k_0\vec{e}_R, \\ \dfrac{\partial}{\partial t} & \Rightarrow & -\mathrm{i}\omega. \end{cases} \tag{6.3.27}$$

则时谐电偶极子的辐射磁场为

$$\vec{B}^{(0)}\left(\vec{R}, t\right) = \frac{\mu_0}{4\pi}\cdot\frac{\mathrm{e}^{\mathrm{i}k_0 R}}{R}\left(\mathrm{i}k_0\vec{e}_R\right)\times\dot{\vec{p}}\left(t\right) = \frac{\mu_0}{4\pi c}\cdot\frac{\mathrm{e}^{\mathrm{i}k_0 R}}{R}\ddot{\vec{p}}\left(t\right)\times\vec{e}_R, \tag{6.3.28}$$

从上式看出, 辐射磁场 $\vec{B}^{(0)}\left(\vec{R}, t\right)$ 与 $\vec{p}\left(t\right)$ 对时间的二阶导数有关, 实际上这反映了带电体系中需存在电荷加速运动才可产生远场辐射。当然, 对于有限区域的电流体系, 产生辐射场还需保证 $\ddot{\vec{p}}\left(t\right) \neq 0$。例如, 一个气球表面均匀分布电荷, 假设气球的半径随时间作非均匀的变化, 则不会产生远场辐射, 因为体系的 $\vec{p}\left(t\right) = 0$。

假设电偶极矩 $\vec{p}$ 沿极轴 (z) 方向振荡, 即

$$\vec{p} = p\vec{e}_z.$$

利用关系 $\vec{e}_z \times \vec{e}_R = \sin\theta\vec{e}_\phi$, $\vec{e}_\phi \times \vec{e}_R = \vec{e}_\theta$, 将磁场的零级项表示为

$$\vec{B}^{(0)}\left(\vec{R}, t\right) = -\frac{\mu_0\omega^2}{4\pi c}\frac{\mathrm{e}^{\mathrm{i}(k_0 R - \omega t)}}{R}p\sin\theta\vec{e}_\phi, \tag{6.3.29}$$

即磁场沿纬度线 $(\vec{e}_\phi)$ 作时谐振荡, 如图 6–10 所示。

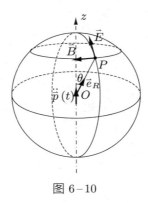

图 6-10

时谐电偶极子辐射的电场强度表示为

$$\vec{E}^{(0)}(\vec{R},t) = -c\vec{e}_R \times \vec{B}^{(0)}(\vec{R},t) = -\frac{\mu_0\omega^2}{4\pi}\frac{e^{i(k_0R-\omega t)}}{R}p\sin\theta\vec{e}_\theta. \qquad (6.3.30)$$

即电场沿经度线 $(\vec{e}_\theta)$ 作时谐振荡。

从 (6.3.29) 式和 (6.3.30) 式可以看出, 在对矢势作零级近似下得到的远场区辐射场还具有以下的特点:

第一, 电场和磁场都垂直于辐射方向, 并且彼此相互垂直, 因此也是一种 TEM 波; 电场与磁场同相位, 两者大小比值为 c, 这些特征类似于前面讨论的单色平面波。

第二, 电场和磁场的振幅在辐射过程中都具有 R^{-1} 的依赖关系, 这是辐射场的一个重要特征, 区别于静电场和静磁场 (静止电荷体系激发的静电场和恒定电流体系激发的磁场都具有 R^{-2} 依赖关系), 也区别于之前介绍的时谐平面波 (其振幅不随传播路径而改变)。

接下来讨论时谐电偶极子辐射的辐射能流与辐射功率。时谐电偶极子辐射的能流密度 $\vec{s}$ 表示为

$$\vec{s} = \vec{E}^{(0)} \times \vec{H}^{(0)} = \mathrm{Re}\left[\vec{E}^{(0)}\right] \times \frac{1}{\mu_0}\mathrm{Re}\left[\vec{B}^{(0)}\right]$$

$$= \frac{\mu_0}{16\pi^2c}\frac{\omega^4|\vec{p}|^2}{R^2}\sin^2\theta\cos^2(k_0R-\omega t)\,\vec{e}_R. \qquad (6.3.31)$$

易得到平均能流密度 $\langle\vec{s}\rangle$ 为

$$\langle\vec{s}\rangle = \frac{\mu_0}{32\pi^2c}\frac{\omega^4|\vec{p}|^2}{R^2}\sin^2\theta\vec{e}_R. \qquad (6.3.32)$$

时谐电偶极子的辐射围绕电偶极矩方向的极轴具有旋转对称性, 其辐射能流密度的角分布由角分布因子 $f(\theta)$ 决定, 即

$$f(\theta) = \sin^2\theta. \qquad (6.3.33)$$

因此在顺着时谐电偶极矩的方向上是没有辐射的, 在经过电偶极子并与电偶极矩方向垂直的平面 $(\theta = 90°)$ 上辐射最强。图 6-11 显示了时谐电偶极子辐射角分布因子 $f(\theta)$ 随着极角 θ 变化的分布图, 其空间立体分布类似于一个圆形环, 如图 6-11(c) 所示。如何使天线的辐射具有更高的方向选择性, 从而形成定向辐射,

是下一节将会讨论的问题。

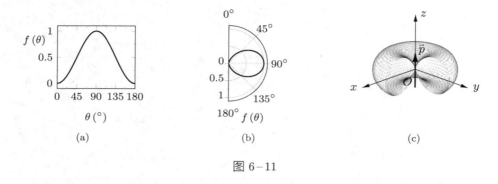

图 6−11

思考题 6.1   在第五章 5.2.6 小节曾经指出, 平面光波斜入射到半无限大介质的分界面上, 当入射角度 $\theta = \theta_B$ 时折射光线与反射光线相互垂直。此时若入射光为 p 偏振, 则分界面上的反射效应消失。根据电偶极子辐射场特点, 容易从物理上理解为何此时没有反射光。这是因为随着折射光线在介质中的传播, 其路径上的原子 (分子) 被折射波的电场所极化而形成无数个时谐电偶极子, 这些电偶极子的朝向垂直于折射光线, 如图 6−12 所示。作为辐射光波的子波源, 这些时谐电偶极子由于都指向界面的反射方向, 因而在沿反射方向上不会产生任何光波。

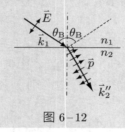

图 6−12

对时谐电偶极子的平均能流密度 $\langle \vec{s} \rangle$ 进行立体角积分, 得到时谐电偶极子总辐射功率为

$$P = \oint |\langle \vec{s} \rangle| R^2 \mathrm{d}\Omega = \frac{\mu_0}{32\pi^2 c}\omega^4 |\vec{p}|^2 \oint \sin^2\theta \mathrm{d}\Omega = \frac{\mu_0}{12\pi c}\omega^4 |\vec{p}|^2. \tag{6.3.34}$$

对于时谐电偶极子, 由于电场和磁场在远场区的振幅都具有 R^{-1} 依赖关系, 使得在远场区 4π 立体角的总辐射功率与距离无关 (能量守恒), 这是辐射场的第三个特点。也因此, 具有这种特性的场又称为辐射场。

第四个特点是, 时谐电偶极子辐射的能流密度正比于 ω^4, 因此短波长的辐射功率要远大于长波长的辐射。

思考题 6.2   利用时谐电偶极子辐射的特性, 可以解释日常生活中时常观察到的两种天气现象。早晨 (背着升起的太阳) 抬头看到天空呈现蔚蓝色。因为升起的太阳发出的光照射到大气中分子/原子上, 这些分子/原子被极化而成为时谐电偶极子并产生再辐射, 这是我们抬头看到的光线, 它不同于太阳光直接照射到地面上的白光光线。根据时谐电偶极子辐射的特点, 这些分子/原子对太阳光中位于短波长部分的再辐射要强于长波长区的辐射, 因此我们看到天空呈现出蓝色。

在傍晚看到太阳落山, 晚霞呈现绚丽的红色, 这是因为白色的阳光在穿过大气层的过程中短波长的蓝光受到大气层中气体分子更强烈的散射, 因此当我们以与地面接近平行的视线看到太阳落山的阳光时, 其呈现出红色。当然, 也是因为大气层的存在, 才使得我们看到天空呈现的色彩。

不仅如此, 由于时谐电偶极子的辐射沿不同的方向呈现出差异性, 抬头看到天空的蓝色光实际上是带有偏振性的, 这不同于直接看到的来自太阳的自然光, 思考和分析天空中蓝色光的偏振特点。

例题 6.3.1 如图 6-13 所示, 一中心馈电细直短天线, 假设通过振荡器使得沿天线上的时谐电流强度分布为

$$I_z(t) = I_0 \left(1 - \frac{2}{L}|z|\right) \cos(\omega t).$$

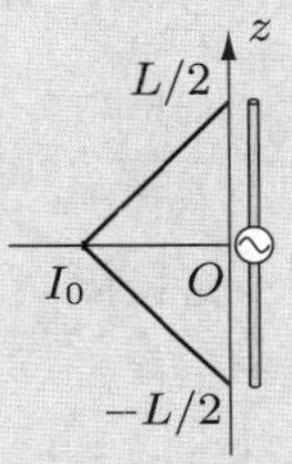

图 6-13

即在中心馈电点处电流振幅最大, 在天线两端电流为零。假设短天线的长度远小于辐射波长 $(\omega L \ll c)$, 试采用电偶极子辐射近似, 讨论细直短天线在远场的总辐射功率。

解: 对于细直短天线, 由于其长度远小于辐射波长, 因此远场辐射可以采用电偶极子辐射近似。根据细导线上给出的电流分布, 有

$$I_z(t) = I_0 \left(1 - \frac{2}{L}|z|\right) \cos(\omega t) = I_0 \left(1 - \frac{2}{L}|z|\right) e^{-i\omega t} = I_z e^{-i\omega t}.$$

电偶极矩的计算采用:

$$\vec{p} = \frac{i}{\omega} \int_L I_0 \left(1 - \frac{2}{L}|z|\right) d\vec{\ell} = \frac{i}{\omega} \int_{-L/2}^{L/2} I_z dz \vec{e}_z = \frac{1}{2} \frac{i}{\omega} I_0 L \vec{e}_z.$$

远场的总辐射功率为

$$P = \frac{\mu_0}{12\pi c} \omega^4 |\vec{p}|^2 = \frac{\mu_0}{48\pi c} \omega^2 I_0^2 L^2.$$

或改写为

$$P = \frac{\pi}{12} \sqrt{\frac{\mu_0}{\varepsilon_0}} I_0^2 \left(\frac{L}{\lambda_0}\right)^2 = \frac{\pi}{12} Z_0 I_0^2 \left(\frac{L}{\lambda_0}\right)^2.$$

若把上述细直短天线产生的总辐射功率等效成一个电阻的损耗功率, 则有

$$P = \frac{1}{2} I_0^2 R, \quad R = \frac{\pi}{6} Z_0 \left(\frac{L}{\lambda_0}\right)^2.$$

R 称为细直短天线的辐射电阻, 是表征细直短天线辐射电磁波能力的一个参量。辐射电阻越大, 表示在输入同等电流强度的前提下, 总辐射功率越大。对于细直短天线

$$R = 197 \left(\frac{L}{\lambda_0} \right)^2 \Omega.$$

可见, 对于细直短天线, 要提高辐射电阻, 需将天线的长度增加到波长量级, 但此时的辐射特性已不能用时谐电偶极辐射近似来描述。下一节将讨论这一类情况。

6.3.5 时谐磁偶极子的辐射场

当时谐电偶极子的辐射矢势项 $\vec{A}^{(0)}$ 为零时, 需要考虑 (6.3.11) 式的第二项 $\vec{A}^{(1)}$, 即

$$\vec{A}^{(1)}(\vec{R}) = \frac{-\mathrm{i}k_0\mu_0}{4\pi} \frac{\mathrm{e}^{\mathrm{i}k_0 R}}{R} \int_{V'} \mathrm{d}V' (\vec{e}_R \cdot \vec{R}') \vec{J}(\vec{R}')$$

$$= \frac{-\mathrm{i}k_0\mu_0}{4\pi} \frac{\mathrm{e}^{\mathrm{i}k_0 R}}{R} \vec{e}_R \cdot \int_{V'} \mathrm{d}V' (\vec{R}'\vec{J}). \tag{6.3.35}$$

其中将 $\vec{J}(\vec{R}')$ 简化表示为 $\vec{J}$。进一步将张量 $\vec{R}'\vec{J}$ 表示为具有反对称和对称性的两部分, 得

$$\vec{A}^{(1)}(\vec{R}) = \frac{-\mathrm{i}k_0\mu_0}{4\pi} \frac{\mathrm{e}^{\mathrm{i}k_0 R}}{R} \vec{e}_R \cdot \int_{V'} \mathrm{d}V' \left[\frac{1}{2}(\vec{R}'\vec{J} - \vec{J}\vec{R}') + \frac{1}{2}(\vec{R}'\vec{J} + \vec{J}\vec{R}') \right]. \tag{6.3.36}$$

定义

$$\vec{A}^{(1)}(\vec{R}) = \vec{A}_\mathrm{m}^{(1)}(\vec{R}) + \vec{A}_\mathrm{D}^{(1)}(\vec{R}). \tag{6.3.37}$$

其中

$$\vec{A}_\mathrm{m}^{(1)}(\vec{R}) = \frac{-\mathrm{i}k_0\mu_0}{4\pi} \frac{\mathrm{e}^{\mathrm{i}k_0 R}}{R} \vec{e}_R \cdot \int_{V'} \frac{1}{2}\mathrm{d}V' (\vec{R}'\vec{J} - \vec{J}\vec{R}'), \tag{6.3.38}$$

$$\vec{A}_\mathrm{D}^{(1)}(\vec{R}) = \frac{-\mathrm{i}k_0\mu_0}{4\pi} \frac{\mathrm{e}^{\mathrm{i}k_0 R}}{R} \vec{e}_R \cdot \int_{V'} \frac{1}{2}\mathrm{d}V' (\vec{R}'\vec{J} + \vec{J}\vec{R}'). \tag{6.3.39}$$

(6.3.38) 式和 (6.3.39) 式分别代表时谐电流体系的磁偶极矩和电四极矩对辐射场矢势的贡献。

先来分析磁偶极矩的贡献项 $\vec{A}_\mathrm{m}^{(1)}(\vec{R})$。由三矢量叉乘的性质可得

$$\frac{1}{2}\int_{V'} [(\vec{e}_R \cdot \vec{R}')\vec{J} - (\vec{e}_R \cdot \vec{J})\vec{R}']\mathrm{d}V' = -\vec{e}_R \times \left[\frac{1}{2}\int_{V'}(\vec{R}' \times \vec{J})\mathrm{d}V' \right]$$

$$= -\vec{e}_R \times \vec{m}. \tag{6.3.40}$$

式中 $\vec{m}$ 为时谐交变电流体系的磁偶极矩 (空间因子部分), 即

$$\vec{m} = \frac{1}{2}\int_{V'}(\vec{R}' \times \vec{J})\mathrm{d}V'. \tag{6.3.41}$$

这一形式与静磁场讨论的磁偶极矩定义完全相同。故有

$$\vec{A}_\mathrm{m}^{(1)}(\vec{R}) = \frac{\mathrm{i}k_0\mu_0}{4\pi} \frac{\mathrm{e}^{\mathrm{i}k_0 R}}{R} (\vec{e}_R \times \vec{m}). \tag{6.3.42}$$

时谐磁偶极子辐射矢势的完整含时表达形式为

$$\vec{A}_{\mathrm{m}}^{(1)}\left(\vec{R}, t\right) = \frac{\mathrm{i} k_0 \mu_0}{4\pi} \frac{\mathrm{e}^{\mathrm{i} k_0 R}}{R}\left(\vec{e}_R \times \vec{m}\right) \mathrm{e}^{-\mathrm{i}\omega t} = \frac{\mathrm{i} k_0 \mu_0}{4\pi} \frac{\mathrm{e}^{\mathrm{i} k_0 R}}{R}\left[\vec{e}_R \times \vec{m}\left(t\right)\right]. \quad (6.3.43)$$

则时谐磁偶极子辐射电磁场为

$$\vec{B}_{\mathrm{m}}^{(1)} = \nabla \times \vec{A}_{\mathrm{m}}^{(1)} = \frac{\mu_0}{4\pi c^2} \frac{\mathrm{e}^{\mathrm{i} k_0 R}}{R}\left[\ddot{\vec{m}}\left(t\right) \times \vec{e}_R\right] \times \vec{e}_R, \quad (6.3.44)$$

$$\vec{E}_{\mathrm{m}}^{(1)} = c\vec{B}_{\mathrm{m}}^{(1)} \times \vec{e}_R = -\frac{\mu_0}{4\pi c} \frac{\mathrm{e}^{\mathrm{i} k_0 R}}{R}\left[\ddot{\vec{m}}\left(t\right) \times \vec{e}_R\right]. \quad (6.3.45)$$

式中

$$\ddot{\vec{m}}\left(t\right) = -\mathrm{i}\omega\dot{\vec{m}}\left(t\right) = -\omega^2 \vec{m}\left(t\right) = -\omega^2 \vec{m}\mathrm{e}^{-\mathrm{i}\omega t}. \quad (6.3.46)$$

概括一下, 时谐磁偶极子 $\vec{m}\left(t\right)$ 在远场区域的辐射场具有以下的特点:

第一, 电场和磁场都相对于辐射方向作横向振动 (图 6–14), 并且彼此相互垂直; 电场与磁场保持同相位的振荡, 电场与磁场大小的比值为 c。

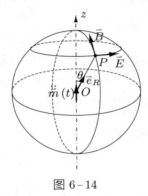

图 6–14

第二, 假设 $\vec{m}$ 沿着极轴方向, 则电场沿纬度线 ($\vec{e}_\phi$) 作时谐振荡, 而磁场沿经度线 ($\vec{e}_\theta$) 作时谐振荡, 这与时谐电偶极子在远场的电磁场振动方向不同。

时谐磁偶极子的平均能流密度 $\langle \vec{s}_{\mathrm{m}} \rangle$ 为

$$\langle \vec{s}_{\mathrm{m}} \rangle = \left\langle \mathrm{Re}\left[\vec{E}_{\mathrm{m}}^{(1)}\right] \times \frac{1}{\mu_0} \mathrm{Re}\left[\vec{B}_{\mathrm{m}}^{(1)}\right] \right\rangle = \frac{\mu_0}{32\pi^2 c^3} \frac{\omega^4 |\vec{m}|^2}{R^2} \sin^2\theta\, \vec{e}_R. \quad (6.3.47)$$

可见, 与时谐电偶极子的辐射能流极角分布相同, 时谐磁偶极子的辐射能流分布也呈现出圆环形的形状。

时谐磁偶极子的总辐射功率为

$$P_{\mathrm{m}} = \oint |\langle \vec{s}_{\mathrm{m}} \rangle| R^2 \mathrm{d}\Omega = \frac{\mu_0}{12\pi c^3} \omega^4 |\vec{m}|^2. \quad (6.3.48)$$

下面我们通过一个例子来说明时谐磁偶极子的总辐射功率远小于时谐电偶极子。

例题 6.3.2　假设有一载流细线圈, 线圈中的电流为 $I\left(t\right) = I_0 \cos\left(\omega t\right)$, 线圈半径为 a, 线圈尺寸远小于辐射波长 ($\omega a \ll c$)。试采用时谐磁偶极子辐射近似, 讨论载流线圈在远场的总辐射功率。

解: 对于载流细线圈, 容易验证体系的电偶极矩为零, 因此不存在电偶极辐射。假设线圈放在 xOy 平面内, 圆心位于坐标原点, 根据细导线上给出的电流分布, 有

$$I(t) = I_0 \cos(\omega t).$$

得到体系的磁偶极矩振幅为

$$\vec{m} = I_0 \Delta \vec{S} = \pi I_0 a^2 \vec{e}_z.$$

因此载流细线圈在远场产生的总辐射功率为

$$P_{\mathrm{m}} = \frac{\mu_0}{12\pi c^3}\omega^4 |\vec{m}|^2 = \frac{\mu_0}{12\pi c^3}\omega^4 \left(\pi I_0 a^2\right)^2 = \frac{4\pi^5}{3}\sqrt{\frac{\mu_0}{\varepsilon_0}}I_0^2 \left(\frac{a}{\lambda_0}\right)^4.$$

或改写为

$$P_{\mathrm{m}} = \frac{1}{2}I_0^2 \left[\frac{8\pi^5}{3}\left(\frac{a}{\lambda_0}\right)^4 Z_0\right].$$

$$P_{\mathrm{m}} = \frac{1}{2}I_0^2 R_{\mathrm{m}}, \quad R_{\mathrm{m}} = \frac{8\pi^5}{3}\left(\frac{a}{\lambda_0}\right)^4 Z_0.$$

对比例题 6.3.2 的结论可以看出, 时谐磁偶极子的辐射电阻 $R_{\mathrm{m}} \propto (a/\lambda_0)^4$, 由于其辐射功率远小于时谐电偶极子, 因此只有在时谐电偶极辐射通过某种设计被抵消的情况下, 才可能观察到时谐磁偶极子的辐射。

6.3.6   时谐电四极子的辐射场

再来看 (6.3.37) 式的第二项 $\vec{A}_{\mathrm{D}}^{(1)}(\vec{R})$。根据 (1.5.26) 式及 (6.3.16) 式, 得

$$\int_{V'} \mathrm{d}V' (\vec{J}\vec{R}' + \vec{R}'\vec{J}) = -\mathrm{i}\omega \int_{V'} \mathrm{d}V' \rho \vec{R}' \vec{R}'. \tag{6.3.49}$$

则有

$$\frac{1}{2}\int_{V'} \mathrm{d}V' \left[(\vec{e}_R \cdot \vec{R}')\vec{J} + (\vec{e}_R \cdot \vec{J})\vec{R}'\right] = -\frac{\mathrm{i}\omega}{2}\vec{e}_R \cdot \int_{V'} \mathrm{d}V' \rho \vec{R}' \vec{R}'$$

$$= (-\mathrm{i}\omega)\,\vec{e}_R \cdot \vec{D}. \tag{6.3.50}$$

式中 $\vec{D}$ 为时谐电流体系的电四极矩振幅 (空间依赖因子部分):

$$\vec{D} = \frac{1}{2}\int_{V'} \mathrm{d}V' \rho \vec{R}' \vec{R}'. \tag{6.3.51}$$

因此在矢势一级展开项中, (6.3.39) 式可改写为

$$\vec{A}_{\mathrm{D}}^{(1)}(\vec{R}) = \frac{\mathrm{i}k_0\mu_0}{4\pi}\frac{\mathrm{e}^{\mathrm{i}k_0 R}}{R}(\mathrm{i}\omega\vec{e}_R \cdot \vec{D}). \tag{6.3.52}$$

显然, $\vec{A}_{\mathrm{D}}^{(1)}(\vec{R})$ 表示体系的电四极矩对矢势的贡献。

时谐电四极子辐射矢势表示为

$$\vec{A}_{\mathrm{D}}^{(1)}(\vec{R}, t) = \frac{\mathrm{i}k_0\mu_0}{4\pi}\frac{\mathrm{e}^{\mathrm{i}k_0 R}}{R}(\mathrm{i}\omega\vec{e}_R \cdot \vec{D})\,\mathrm{e}^{-\mathrm{i}\omega t}. \tag{6.3.53}$$

定义如下关系式:

$$\dddot{\vec{D}}(t) = -\mathrm{i}\omega \ddot{\vec{D}}(t) = -\omega^2 \dot{\vec{D}}(t) = \mathrm{i}\omega^3 \vec{D}(t) = \mathrm{i}\omega^3 \vec{D}\mathrm{e}^{-\mathrm{i}\omega t}. \qquad (6.3.54)$$

则有

$$\vec{A}_{\mathrm{D}}^{(1)}(\vec{R},t) = \frac{-\mathrm{i}k_0 \mu_0}{4\pi} \cdot \frac{\mathrm{e}^{\mathrm{i}k_0 R}}{R} [\vec{e}_R \cdot \ddot{\vec{D}}(t)] = \frac{\mu_0}{4\pi c} \cdot \frac{\mathrm{e}^{\mathrm{i}k_0 R}}{R} [\vec{e}_R \cdot \dddot{\vec{D}}(t)]. \qquad (6.3.55)$$

时谐电四极子的辐射电磁场为

$$\vec{B}_{\mathrm{D}}^{(1)}(\vec{R},t) = \nabla \times \vec{A}_{\mathrm{D}}^{(1)}(\vec{R},t) = \frac{\mu_0}{4\pi c^2} \cdot \frac{\mathrm{e}^{\mathrm{i}k_0 R}}{R} [\vec{e}_R \cdot \dddot{\vec{D}}(t)] \times \vec{e}_R. \qquad (6.3.56)$$

$$\vec{E}_{\mathrm{D}}^{(1)}(\vec{R},t) = c\vec{B}_{\mathrm{D}}^{(1)}(\vec{R},t) \times \vec{e}_R = \frac{\mu_0}{4\pi c} \cdot \frac{\mathrm{e}^{\mathrm{i}k_0 R}}{R} \{[\vec{e}_R \cdot \dddot{\vec{D}}(t)] \times \vec{e}_R\} \times \vec{e}_R. \qquad (6.3.57)$$

时谐电四极子辐射场的平均能流密度为

$$\langle \vec{s}_{\mathrm{D}} \rangle = \left\langle \mathrm{Re}\left[\vec{E}_{\mathrm{D}}^{(1)}\right] \times \frac{1}{\mu_0} \mathrm{Re}\left[\vec{B}_{\mathrm{D}}^{(1)}\right] \right\rangle$$

$$= \frac{1}{4\pi\varepsilon_0} \cdot \frac{1}{8\pi c^5} \cdot \frac{1}{R^2} |[\vec{e}_R \cdot \dddot{\vec{D}}(t)] \times \vec{e}_R|^2 \, \vec{e}_R. \qquad (6.3.58)$$

上式对应的辐射能流角分布较为复杂, 这里不作详细讨论.

例题 **6.3.3** 如图 $6-15$ 所示, 位于 xOy 平面中心的线段 (长为 a) 以恒定角速度 ω 绕 z 轴旋转, 线段两端各有一个电荷量为 q 的点电荷. 若 $\omega a \ll c$, 试: (1) 计算体系电偶极矩、磁偶极矩以及电四极矩; (2) 说明远场体系的辐射类型, 并给出辐射频率; (3) 在远场 $P(R,\theta,\phi)$ 处观测, 分析沿着轴 ($\theta = 0°$) 和垂直于轴 ($\theta = 90°$) 的辐射场的偏振状态.

解: (1) 电偶极矩为

$$\vec{p} = q\vec{R}_1 + q\vec{R}_2 = q\vec{R}_1 + (-q\vec{R}_1) = 0.$$

磁偶极矩为

$$\vec{m} = IS\vec{e}_z = 2 \cdot \frac{q}{T} \cdot \left[\pi\left(\frac{a}{2}\right)^2\right] \vec{e}_z = \frac{1}{4}q\omega a^2 \vec{e}_z.$$

其大小为一常量.

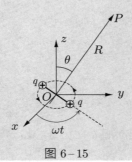

图 $6-15$

两个点电荷的位矢为

$$\vec{R}_1 = -\vec{R}_2 = \frac{a}{2}\cos\left(\omega t\right)\vec{e}_x + \frac{a}{2}\sin\left(\omega t\right)\vec{e}_y.$$

则电四极矩为

$$\vec{D} = \frac{1}{2}q\left(\vec{R}_1\vec{R}_1 + \vec{R}_2\vec{R}_2\right) = q\vec{R}_1\vec{R}_1$$

$$= \frac{1}{8}qa^2\{[1+\cos(2\omega t)]\vec{e}_x\vec{e}_x + \sin(2\omega t)\left(\vec{e}_x\vec{e}_y + \vec{e}_y\vec{e}_x\right) + [1-\cos(2\omega t)]\vec{e}_y\vec{e}_y\}.$$

(2) 由于电偶极矩与磁偶极矩均为常矢量, 故都不会产生辐射, 所以体系的辐射类型为电四极辐射, 辐射频率为 2ω。

(3) 根据 Cartesian 坐标系基矢 $(\vec{e}_x, \vec{e}_y, \vec{e}_z)$ 与球坐标系基矢 $(\vec{e}_R, \vec{e}_\theta, \vec{e}_\phi)$ 之间的变换:

$$\begin{cases} \vec{e}_R = \sin\theta\cos\phi\vec{e}_x + \sin\theta\sin\phi\vec{e}_y + \cos\theta\vec{e}_z, \\ \vec{e}_\theta = \cos\theta\cos\phi\vec{e}_x + \cos\theta\sin\phi\vec{e}_y - \sin\theta\vec{e}_z, \\ \vec{e}_\phi = -\sin\phi\vec{e}_x + \cos\phi\vec{e}_y. \end{cases}$$

则有

$$\vec{e}_R \cdot \dddot{\vec{D}}\left(t\right) = qa^2\omega^3\left(\sin\theta\cos\phi\vec{e}_x + \sin\theta\sin\phi\vec{e}_y + \cos\theta\vec{e}_z\right)$$

$$\cdot\left[\sin\left(2\omega t\right)\vec{e}_x\vec{e}_x - \cos\left(2\omega t\right)\left(\vec{e}_x\vec{e}_y + \vec{e}_y\vec{e}_x\right) - \sin\left(2\omega t\right)\vec{e}_y\vec{e}_y\right]$$

$$= qa^2\omega^3\sin\theta\left[\sin\left(2\omega t - \phi\right)\vec{e}_x - \cos\left(2\omega t - \phi\right)\vec{e}_y\right].$$

进一步有

$$[\vec{e}_R \cdot \dddot{\vec{D}}\left(t\right)]\times\vec{e}_R = qa^2\omega^3\sin\theta\left[\sin\left(2\omega t - \phi\right)\vec{e}_x - \cos\left(2\omega t - \phi\right)\vec{e}_y\right]$$

$$\times\left(\sin\theta\cos\phi\vec{e}_x + \sin\theta\sin\phi\vec{e}_y + \cos\theta\vec{e}_z\right)$$

$$= -qa^2\omega^3\sin\theta\cdot\left[\cos\theta\cos\left(2\omega t - \phi\right)\vec{e}_x\right.$$

$$\left. + \cos\theta\sin\left(2\omega t - \phi\right)\vec{e}_y - \sin\theta\cos\left(2\omega t - 2\phi\right)\vec{e}_z\right].$$

其中

$$\cos\theta\cos\left(2\omega t - \phi\right)\vec{e}_x + \cos\theta\sin\left(2\omega t - \phi\right)\vec{e}_y - \sin\theta\cos\left(2\omega t - 2\phi\right)\vec{e}_z$$

$$= \cos\theta\cos\left[2\left(\omega t - \phi\right) + \phi\right]\vec{e}_x + \cos\theta\sin\left[2\left(\omega t - \phi\right) + \phi\right]\vec{e}_y - \sin\theta\cos\left[2\left(\omega t - \phi\right)\right]\vec{e}_z$$

$$= \cos\left[2\left(\omega t - \phi\right)\right]\left(\cos\theta\cos\phi\vec{e}_x + \cos\theta\sin\phi\vec{e}_y - \sin\theta\vec{e}_z\right)$$

$$+ \cos\theta\sin\left[2\left(\omega t - \phi\right)\right]\left(-\sin\phi\vec{e}_x + \cos\phi\vec{e}_y\right)$$

$$= \cos\left[2\left(\omega t - \phi\right)\right]\vec{e}_\theta + \cos\theta\sin\left[2\left(\omega t - \phi\right)\right]\vec{e}_\phi.$$

则有

$$[\vec{e}_R \cdot \dddot{\vec{D}}\left(t\right)]\times\vec{e}_R = qa^2\omega^3\sin\theta\left\{-\cos\left[2\left(\omega t - \phi\right)\right]\vec{e}_\theta - \cos\theta\sin\left[2\left(\omega t - \phi\right)\right]\vec{e}_\phi\right\}.$$

$$\{[\vec{e}_R \cdot \dddot{\vec{D}}\left(t\right)]\times\vec{e}_R\}\times\vec{e}_R = qa^2\omega^3\sin\theta\left\{\cos\left[2\left(\omega t - \phi\right)\right]\vec{e}_\phi - \cos\theta\sin\left[2\left(\omega t - \phi\right)\right]\vec{e}_\theta\right\}.$$

最终解得含时电四极矩所产生的辐射场的磁感应强度为

$$\vec{B} = \frac{\mu_0}{4\pi c^2} \cdot \frac{\mathrm{e}^{ik_0 R}}{R} [\vec{e}_R \cdot \dddot{\vec{D}}(t)] \times \vec{e}_R$$

$$= \frac{\mu_0 q a^2}{4\pi c^2} \cdot \frac{\mathrm{e}^{ik_0 R}}{R} \omega^3 \sin\theta \{-\cos[2(\omega t - \phi)]\vec{e}_\theta - \cos\theta \sin[2(\omega t - \phi)]\vec{e}_\phi\}.$$

相应的电场强度为

$$\vec{E} = \frac{\mu_0}{4\pi c} \cdot \frac{\mathrm{e}^{ik_0 R}}{R} \{[\vec{e}_R \cdot \dddot{\vec{D}}(t)] \times \vec{e}_R\} \times \vec{e}_R$$

$$= \frac{\mu_0 q a^2}{4\pi c} \cdot \frac{\mathrm{e}^{ik_0 R}}{R} \omega^3 \sin\theta \{-\cos\theta \sin[2(\omega t - \phi)]\vec{e}_\theta + \cos[2(\omega t - \phi)]\vec{e}_\phi\}.$$

（Ⅰ）当 $\theta = 0°$ 时, 代入得 $\vec{B} = 0, \vec{E} = 0$, 即 $\theta = 0°$ 方向上不存在辐射。

（Ⅱ）当 $\theta = 90°$ 时, 代入得

$$\vec{B} = -\frac{\mu_0 q a^2}{4\pi c^2} \cdot \frac{\mathrm{e}^{ik_0 R}}{R} \omega^3 \cos(2\omega t - 2\phi)\vec{e}_\theta = \frac{\mu_0 q a^2}{4\pi c^2} \cdot \frac{\mathrm{e}^{ik_0 R}}{R} \omega^3 \cos(2\omega t - 2\phi)\vec{e}_z.$$

$$\vec{E} = \frac{\mu_0 q a^2}{4\pi c} \cdot \frac{\mathrm{e}^{ik_0 R}}{R} \omega^3 \cos(2\omega t - 2\phi)\vec{e}_\phi.$$

可见 $\theta = 90°$ 时磁场为线偏振, 电场为圆偏振。

思考题 6.3　一个半径为 R 的飞轮以角速度 ω 旋转, 在其边缘均匀分布着总电荷量为 Q 的电荷。思考在以下两种情况下是否产生远场辐射: (1) 飞轮转轴沿着飞轮的直径; (2) 飞轮转轴垂直于飞轮平面并经过飞轮的轴心。

6.4　天线与天线阵辐射

　　具有发射或接收电磁波功能的转换器件称为天线 (antenna), 天线一般采用金属导线制成。加载于天线输入端的电压驱动天线中的含时电流, 从而产生电磁波辐射。反之, 远处传播而来的电磁波会在天线表面诱导出含时变化的电流, 这种含时电流既作为子波源产生辐射, 又驱动天线的负载电阻产生电压, 而电压的变化可以反映出电磁波信号的编码信息。

　　从实际应用的角度, 提高天线的总辐射功率以及缩小辐射功率立体角分布, 从而获得定向性辐射是最重要的两个要素。在电偶极子近似下短天线的辐射功率很小, 为此需要讨论当天线的长度接近波长或者超过波长的情况下天线辐射能流和功率分布特征。另一方面, 单根直线天线的辐射围绕极轴呈旋转对称分布, 要使远场辐射具有更高的方向选择性, 通常可以将若干天线按照一定规律排列成天线阵列 (antenna array), 由于阵元之间存在干涉效应, 利用天线阵可以获得所期望的辐射特性, 诸如更高增益、定向辐射特性等。阵元排列的方式有直线阵、平面阵, 乃

至立体排列等。天线阵的辐射特性取决于阵元型式、数目、排列方式、间距以及各阵元上的电流振幅和相位等。

6.4.1　对称细直天线

为简单起见, 将天线单元简化为一根中央馈电的对称天线, 细直金属导线上的电流分布是已知的, 且电流分布为驻波形式。为此, 取对称天线馈电中点为原点, 天线上电流振幅按照正弦分布, 则含时电流表示为

$$I\left(z,t\right)=I_0\sin\left[k_0\left(\frac{L}{2}-|z|\right)\right]\mathrm{e}^{-\mathrm{i}\omega t}\quad\left(|z|\leqslant\frac{L}{2}\right). \tag{6.4.1}$$

式中 L 为天线长度, 在天线两端点处的电流为零。与之前采用电偶极近似处理短天线的区别是, 这里天线长度与辐射波长可比拟, 所以 L/λ_0 不再是小量。

单根天线在远场所激发的矢势 $\vec{A}\left(\vec{R},t\right)$ 只有 $\vec{e}_z$ 分量, 由推迟势可知

$$\vec{A}\left(\vec{R},t\right)=A\left(\vec{R},t\right)\vec{e}_z,$$

$$A\left(\vec{R},t\right)=\frac{\mu_0}{4\pi}\int_{-L/2}^{L/2}\frac{1}{r}I\left(z,t-\frac{r}{c}\right)\mathrm{d}z$$

$$=\frac{\mu_0 I_0}{4\pi}\int_{-L/2}^{L/2}\frac{1}{r}\sin\left[k_0\left(\frac{L}{2}-|z|\right)\right]\mathrm{e}^{-\mathrm{i}\omega(t-r/c)}\mathrm{d}z. \tag{6.4.2}$$

考虑到远场区域有 $r\approx R-\vec{e}_R\cdot\vec{R}'=R-z\cos\theta$, 则有

$$A\left(\vec{R},t\right)=\frac{\mu_0 I_0}{4\pi R}\mathrm{e}^{\mathrm{i}(k_0 R-\omega t)}\int_{-L/2}^{L/2}\sin\left(\frac{k_0 L}{2}-k_0|z|\right)\mathrm{e}^{-\mathrm{i}k_0 z\cos\theta}\mathrm{d}z. \tag{6.4.3}$$

需要注意的是, 为了讨论长天线的辐射, 这里并没有对因子 $\mathrm{e}^{-\mathrm{i}k_0 z\cos\theta}$ 采取近似处理。

考虑到 (6.4.3) 式右边的虚部是关于 z 的奇函数, 故其积分值为零; 右边的实部是关于 z 的偶函数, 可利用分部积分法进行求解。令 $z'=k_0 L/2-k_0 z$, 定义积分 M 为

$$M=\int_{-L/2}^{L/2}\sin\left(\frac{k_0 L}{2}-k_0|z|\right)\cos\left(k_0 z\cos\theta\right)\mathrm{d}z$$

$$=\frac{2}{k_0\cos\theta}\int_0^{L/2}\sin z'\mathrm{d}\left[\sin\left(k_0 z\cos\theta\right)\right]$$

$$=\frac{2}{k_0\cos\theta}\left\{\left[\sin z'\sin\left(k_0 z\cos\theta\right)\right]|_0^{L/2}-\frac{1}{\cos\theta}\int_0^{L/2}\cos z'\mathrm{d}\left[\cos\left(k_0 z\cos\theta\right)\right]\right\}$$

$$=\frac{2}{k_0\cos\theta}\left\{\left[\sin z'\sin\left(k_0 z\cos\theta\right)\right]|_0^{L/2}-\frac{1}{\cos\theta}\left[\cos z'\cos\left(k_0 z\cos\theta\right)\right]|_0^{L/2}\right.$$

$$\left.+\frac{k_0}{\cos\theta}\int_0^{L/2}\sin z'\cos\left(k_0 z\cos\theta\right)\mathrm{d}z\right\}$$

$$=\frac{2}{k_0\cos^2\theta}\left[\cos\left(\frac{k_0 L}{2}\right)-\cos\left(\frac{k_0 L\cos\theta}{2}\right)\right]+\frac{M}{\cos^2\theta}. \tag{6.4.4}$$

解得积分 M 为

$$M = \frac{2}{k_0 \sin^2\theta} \left[\cos\left(\frac{k_0 L \cos\theta}{2}\right) - \cos\left(\frac{k_0 L}{2}\right) \right]. \tag{6.4.5}$$

故

$$A\left(\vec{R},t\right) = \frac{\mu_0 I_0}{2\pi k_0} \frac{1}{\sin^2\theta} \left[\cos\left(\frac{k_0 L \cos\theta}{2}\right) - \cos\left(\frac{k_0 L}{2}\right) \right] \frac{\mathrm{e}^{\mathrm{i}(k_0 R - \omega t)}}{R}. \tag{6.4.6}$$

相应地远场区的电磁场表示为

$$\vec{B}\left(\vec{R},t\right) = \nabla \times \vec{A}\left(\vec{R},t\right) = \mathrm{i}k_0 \vec{e}_R \times \vec{A}\left(\vec{R},t\right)$$

$$= -\mathrm{i}\frac{\mu_0 I_0}{2\pi} \frac{1}{\sin\theta} \left[\cos\left(\frac{k_0 L \cos\theta}{2}\right) - \cos\left(\frac{k_0 L}{2}\right) \right] \frac{\mathrm{e}^{\mathrm{i}(k_0 R - \omega t)}}{R} \vec{e}_\phi. \tag{6.4.7}$$

$$\vec{E}\left(\vec{R},t\right) = c\vec{B}\left(\vec{R},t\right) \times \vec{e}_R$$

$$= -\mathrm{i}\frac{\mu_0 c I_0}{2\pi} \frac{1}{\sin\theta} \left[\cos\left(\frac{k_0 L \cos\theta}{2}\right) - \cos\left(\frac{k_0 L}{2}\right) \right] \frac{\mathrm{e}^{\mathrm{i}(k_0 R - \omega t)}}{R} \vec{e}_\theta. \tag{6.4.8}$$

则中央馈电细直天线的平均辐射能流密度为

$$\langle \vec{s} \rangle = \langle \vec{E} \times \vec{H} \rangle = \left\langle \mathrm{Re}\left(\vec{E}\right) \times \mu_0^{-1} \mathrm{Re}\left(\vec{B}\right) \right\rangle$$

$$= \frac{\mu_0 c I_0^2}{8\pi^2} \frac{1}{\sin^2\theta} \left[\cos\left(\frac{k_0 L \cos\theta}{2}\right) - \cos\left(\frac{k_0 L}{2}\right) \right]^2 \frac{1}{R^2} \vec{e}_R. \tag{6.4.9}$$

定义辐射角分布因子 $f(\theta)$ 为

$$\langle \vec{s} \rangle = \frac{\mu_0 c I_0^2}{8\pi^2} \frac{1}{R^2} f(\theta) \vec{e}_R, \tag{6.4.10}$$

$$f(\theta) = \frac{1}{\sin^2\theta} \left[\cos\left(\frac{k_0 L \cos\theta}{2}\right) - \cos\left(\frac{k_0 L}{2}\right) \right]^2. \tag{6.4.11}$$

从上式可以看出, 辐射功率分布围绕天线具有旋转对称性, 不依赖于方位角; 其次角分布因子依赖于天线长度 L, 这一点不同于前面给出的短天线辐射角分布。

6.4.2 半波天线

若对称天线的长度设计为半波长的整数倍, 即长度满足

$$L_m = \frac{m\lambda_0}{2}, \quad k_0 L_m = m\pi \quad (m = 1, 2, \cdots). \tag{6.4.12}$$

则相应的电流分布为

$$I(z,t) = I_0 \sin\left(\frac{m\pi}{2} - k_0 |z|\right) \mathrm{e}^{-\mathrm{i}\omega t} \quad \left(|z| \leqslant \frac{L_m}{2}\right). \tag{6.4.13}$$

图 6-16 给出了 $m = 1, 2$ 所对应的两种长度对称天线上的电流空间分布。

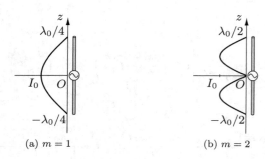

图 6-16

以 $m = 1$ 的半波天线为例, $L_1 = \lambda_0/2$, 天线上的含时电流分布为

$$I(z,t) = I_0 \cos(k_0 z) \, e^{-i\omega t} \quad \left(|z| \leqslant \frac{\lambda_0}{4} \right). \tag{6.4.14}$$

半波天线的辐射能流角分布因子为

$$f(\theta) = \frac{1}{\sin^2\theta} \cos^2\left(\frac{\pi}{2} \cos\theta \right). \tag{6.4.15}$$

图 6-17 给出了半波天线的角分布因子 $f(\theta)$。可以看出, 沿着半波天线的轴向 $(\theta = 0, \pi)$, $f(\theta) = 0$, 故沿着轴向没有辐射; 在 $\theta = \pi/2$ 时, $f(\theta) = 1$, 达到最大。

对整个空间立体角积分, 得到总辐射功率为

$$P_{m=1} = \oint |\langle \vec{s}_{m=1} \rangle| R^2 d\Omega$$

$$= \frac{\mu_0 c I_0^2}{4\pi} \int_0^\pi \frac{1}{\sin\theta} \cos^2\left(\frac{\pi}{2} \cos\theta \right) d\theta = 1.22 \times \frac{\mu_0 c I_0^2}{4\pi}. \tag{6.4.16}$$

上式积分的求解过程较为繁复, 感兴趣的读者可尝试进行换元求解。因此半波天线的辐射电阻为

$$P_{m=1} = \frac{1}{2} I_0^2 R_{m=1}, \quad R_{m=1} = 1.22 \times \frac{\mu_0 c}{2\pi} = 73.2 \ \Omega. \tag{6.4.17}$$

可见, 与短天线 $(L \ll \lambda_0)$ 的辐射电阻 $R = 197(L/\lambda_0)^2$ (Ω) 相比, 这里半波天线的辐射能力大大提高。

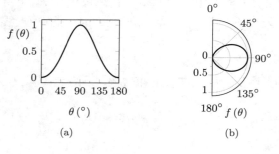

图 6-17

根据 (6.4.11) 式, 图 6-18 展现了长度为半波长整数倍的天线的辐射角分布。对于所有天线, 沿着天线的轴线上 $(\theta = 0, \pi)$ 没有辐射; 而随着阶数 m 的增大, 辐射能量会趋向于靠近天线轴线方向。

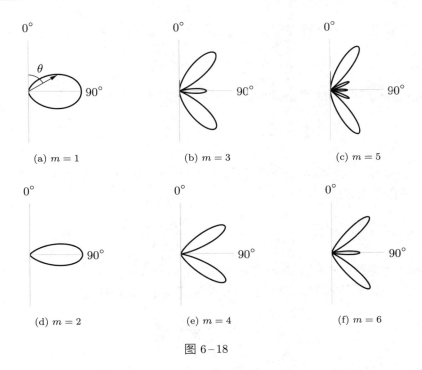

(a) $m = 1$ (b) $m = 3$ (c) $m = 5$

(d) $m = 2$ (e) $m = 4$ (f) $m = 6$

图 6-18

6.4.3 半波天线直线阵：纵向排列

从图 6-17 中看到, 半波天线的辐射主要分布在 $\theta = \pi/2$ 及其附近。若以半波天线为阵元, 将阵元组成天线阵, 来分析阵元干涉对总辐射方向性的影响, 以及通过不同布阵对辐射方向性的调控效能。

这里讨论两种直线布阵方式, 一种是天线轴向沿着同一直线的纵向线性布阵方式, 第二种是天线轴向垂直于一直线的横向线性布阵方式。

先讨论第一种情况。如图 6-19 所示, 容易看出, 对于纵向线性布阵, 辐射仍具有围绕极轴的旋转对称性。假设相邻两根天线之间的距离为 d, 场点相对于极轴夹角为 θ, 每根天线上电流的空间分布和含时变化 (及其相位) 完全相同, 则在远场处接收到相邻两根天线的辐射场之间的相位差 α 为

$$\alpha(\theta) = k_0 d \cos\theta. \tag{6.4.18}$$

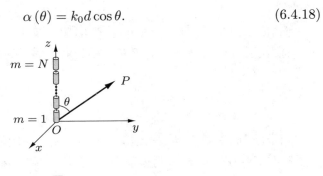

图 6-19

若相邻天线电流之间还存在等相位差 ξ, 则需在上式右边添加这一等相位差:

$$\alpha(\theta) = k_0 d \cos\theta + \xi. \tag{6.4.19}$$

远场处由阵元叠加形成的总辐射场的电场强度为

$$\vec{E} = \sum_{m=1}^{N} \vec{E}_0 e^{i(m-1)\alpha} = \vec{E}_0 \frac{1 - e^{iN\alpha}}{1 - e^{i\alpha}}. \tag{6.4.20}$$

这里 $\vec{E}_0$ 为第一根半波天线在场点所产生的电场。整个天线阵的辐射角分布由以下角分布因子决定:

$$\frac{1}{\sin^2\theta} \cos^2\left(\frac{\pi}{2}\cos\theta\right) \cdot \left|\frac{1 - e^{iN\alpha}}{1 - e^{i\alpha}}\right|^2 = f(\theta)\frac{\sin^2(N\alpha/2)}{\sin^2(\alpha/2)} = f(\theta)F(\alpha). \tag{6.4.21}$$

上式区别于单根天线情形的一个重要特征, 就是在原有单根天线的角分布因子 $f(\theta)$ 基础上通过等间距纵向线性布阵, 叠加了一个新的角分布因子 $F(\alpha)$:

$$F(\alpha) = \frac{\sin^2(N\alpha/2)}{\sin^2(\alpha/2)}. \tag{6.4.22}$$

对于 $\xi = 0$ 的情形, $F(\alpha)$ 具有以下特点:

(1) 当 $\theta = \pi/2$, 即在与纵向线性布阵垂直的方向上来观测, 此时 $F(\alpha) = F_{\max}$, 并且 $F_{\max} = N^2$;

(2) 若在偏离 $\theta = \pi/2$ 的其他方向观测, 当极角满足

$$\frac{N\alpha_m}{2} = m\pi \quad (m = \pm 1, \pm 2, \cdots). \tag{6.4.23}$$

则有 $F(\alpha_m) = 0$, 从而导致这个方向的能流为零, 而能流极小值所对应的第一个极角为

$$\frac{N\alpha_1}{2} = \pi, \quad k_0 d \cos\theta_1 = \frac{2\pi}{N}. \tag{6.4.24}$$

以 ψ 标记第一个能流极小值所对应的极角与最大能流密度辐射极角($\theta = \pi/2$) 之间的夹角, 即 $\psi = \pi/2 - \theta_1$, 则有

$$\sin\psi = \frac{\lambda_0}{Nd}. \tag{6.4.25}$$

从而辐射主瓣的张角为 2ψ。因此不断增加半波天线的个数 N, 在满足 $Nd \gg \lambda_0$ 时, 可使辐射分布越来越集中在 $\theta = \pi/2$ 附近很小的极角范围内, 此时主瓣的张角满足

$$2\psi \approx \frac{2\lambda_0}{Nd}. \tag{6.4.26}$$

因此, 相比于原先单个半波天线的辐射角分布, 采用线性等间距纵向布阵, 可使得体系辐射集中在 $\theta = \pi/2$ 附近很小的极角范围内。图 6–20 给出了不同半波天线数 ($N = 5, 10, 15$) 所组成的纵向线性阵在远场的辐射角分布 $f(\theta)F(\alpha)$ 的计算

结果。

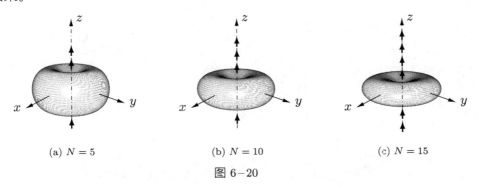

(a) $N = 5$ (b) $N = 10$ (c) $N = 15$

图 6-20

6.4.4 半波天线直线阵：横向排列

如图 6-21 所示, 对于天线轴向垂直于一直线分布且等间距横向排列的天线阵, 假设每根天线上电流的空间分布和含时变化 (及其相位) 都是完全相同的 ($\xi = 0$), 在远场接收到来自相邻两根天线的辐射场之间的相位差 α 表示为

$$\alpha\left(\theta, \phi\right) = k_0 d \sin\theta \cos\phi. \tag{6.4.27}$$

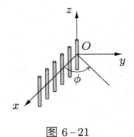

图 6-21

可见, 此时 α 除了与极角 θ 有关, 还与方位角 ϕ 有关, 因此辐射不再具有围绕天线轴线的旋转对称性。仿照前面的讨论, 可得到这种横向线性布阵使得在角分布因子 $f\left(\theta\right)$ 基础上附加一个新的角分布因子 $F(\alpha)$:

$$F\left(\alpha\right) = \frac{\sin^2\left(\dfrac{1}{2} N k_0 d \sin\theta \cos\phi\right)}{\sin^2\left(\dfrac{1}{2} k_0 d \sin\theta \cos\phi\right)}. \tag{6.4.28}$$

上式给出辐射主极大出现在满足如下条件的方位角上:

$$\sin\theta \cos\phi = 0. \tag{6.4.29}$$

可知, 沿着 $\phi = \pm\pi/2$ 方位角才会出现辐射主极大。图 6-22 给出了不同半波天线数 ($N = 5, 10, 15$) 横向排列组成的天线阵在远场的辐射角分布 $f\left(\theta\right) F\left(\alpha\right)$ 的计算结果。从图中看到, 通过横向等间距排列, 并且提高天线的个数, 可以使得远场的辐射更具有特定的空间指向性。

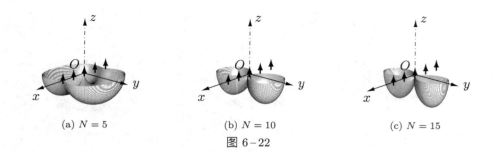

(a) $N=5$ (b) $N=10$ (c) $N=15$

图 6−22

*课外阅读: 八木−宇田 (Yagi−Uda) 天线及光的定向辐射

前面介绍了利用天线阵元之间的干涉效应达到调控辐射方向的效果, 每个阵元都是馈电的, 因而都是驱动振子。较为常见的是电视信号接收天线, 称之为八木−宇田 (Yagi−Uda) 天线, 是一个专门作为具有端射效果而设计的天线阵列。如图 6−23 所示, Yagi−Uda 天线是电偶极天线阵列, 由一个驱动振子和几个寄生振子所组成, 前束中的寄生振子充当导向器, 后束中的寄生振子充当反射器, 从而达到端射效果。

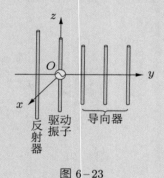

图 6−23

Yagi−Uda 天线工作原理是在 20 世纪 20 年代由日本东北帝国大学的宇田太郎 (Shintaro Uda) 提出, 这种天线阵在驱动振子馈电情况下, 依靠阵元之间的耦合效应, 使得寄生振子上形成感应电流, 从而对整个天线阵的辐射方向性起到控制作用。在宇田太郎用日文将其工作发表在日本国内刊物上之后不久, 宇田太郎的同事 —— 八木秀次 (Hidetsugu Yagi) 将其工作原理写成英文, 并发表在国际刊物上, 这才让国际同行知晓, 八木秀次在论文中也引用了宇田太郎的工作。虽是一类特定应用的天线阵, 但在电子工程领域 Yagi−Uda 天线对天线阵的设计产生了重要而广泛的影响。

在 Yagi−Uda 天线设计中为了达到端射效果, 导向器中寄生振子长度略短于驱动振子长度 $(\lambda_0/2)$, 使其阻抗为电容性, 而反射器中寄生振子略长于驱动振子, 使其阻抗为电感性; 通过对寄生振子间距的优化, 使得导向器中每个振子形成近似同振幅的感应电流和递增的相位梯度, 实现前向波干涉相长, 从而辐射功率得到增强; 对反射器与驱动振子间距的优化控制, 使得后向波部分得到相消, 在该方向上发射的功率相应减小。关于 Yagi−Uda 天线辐射原理, 有兴趣的读者可参见教材《Antenna Theory Analysis and Design》[2]。

人们甚至将上述工作在无线电波段 Yagi–Uda 天线的相关原理尝试推广到光学波段, 研究光的定向发射以及在纳米级尺度下光与物质的相互作用。例如, 将 Yagi–Uda 天线金属结构的尺寸缩小到纳米尺度, 并将纳米发光体控制在驱动振子端点附近, 利用 Yagi–Uda 天线的端射辐射特点, 来实现可见光/近红外波段光的定向辐射控制 [3]。

根据第三章 3.6.3 小节例题 3.6.2 及第五章 5.2.10 小节课外阅读"人工结构超构表面"的讨论, 在可见光/近红外波段金属纳米棒支持局域等离激元共振, 这种共振可以被入射光所激发, 使得金属纳米棒成为类似的驱动振子; 共振波长依赖于金属棒的长/宽比, 以及金属介电常数的具体 (负) 数值。不过不同于无线波段, 在可见光/近红外波段还需要考虑金属介电常数的虚部, 后者会带来能量的吸收损耗, 因此实现光学天线的前提条件是损耗功率需远小于辐射功率, 这样才可能在远场 (相对于波长而言) 产生定向辐射。

图 6–24 展示了工作波长 $\lambda_0 \sim 800$ nm 采用金制成的 Yagi–Uda 纳米天线, 天线由 5 个振子组成, 天线总长度约为 830 nm。为了研究 Yagi–Uda 纳米天线是否可对量子点的发光具有端射控制效应, 研究人员对比了三种金属纳米结构, 分别是边长 $a = 60$ nm 的正方形金颗粒, 采用金纳米棒制成的半波天线, 以及 Yagi–Uda 纳米天线。实验结果如图 6–25 所示。

首先实验上发现, 若把量子点放置在正方形金颗粒附近, 量子点的光发射在方向上没有呈现出优先取向, 如图 6–25 最左图所示。这是由于量子点本身的荧光发射在空间分布上是均匀的, 而正方形金颗粒也不会诱导出方向选择性。

图 6–24　摘自文献 [3], 经 AAAS 许可转载。

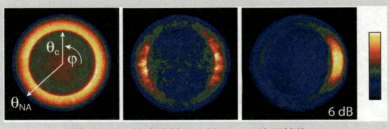

图 6–25　摘自文献 [3], 经 AAAS 许可转载。

[2] C. A. Balanis, *Antenna Theory: Analysis and Design* (3rd ed.), New Jersey: John Wiley & Sons, Inc., 2005: pp. 577.

[3] A. G. Curto *et al.*, *Unidirectional Emission of a Quantum Dot Coupled to a Nanoantenna*, Science **329**, 930 (2010).

一旦将量子点控制在半波天线 (也即 Yagi–Uda 纳米天线的驱动振子) 端点附近, 则发射的方向图发生很大的变化, 荧光发射分布模式如图 6–25 的中间图所示。可以看到, 量子点的荧光发射完全被半波天线所控制, 其辐射方向图完全类似于一个靠近介质分界面附近的偶极子发射方向图。

图 6–25 最右图展示的是将量子点精确控制在 Yagi–Uda 纳米天线驱动振子端点附近时所测量到的结果, 这里看到发射方向图只出现一个主瓣。这充分证明量子点与 Yagi–Uda 纳米天线发生有效耦合, 使得量子点荧光发射呈现出 Yagi–Uda 光学天线端射定向性的特征。

习题

6.1 ☆ 若将真空中 Maxwell 方程组涉及的电场拆分为横场 (具有零散度) 和纵场 (具有零旋度) 两部分。试: (1) 证明电场的纵场部分对应于 Coulomb 场; (2) 写出在 Coulomb 规范下电场的横场部分与纵场部分, 阐述 Coulomb 规范的便利性。

答案: (1) 略; (2) $\vec{E}_\mathrm{T} = -\partial \vec{A}_\mathrm{T}/\partial t, \vec{E}_\mathrm{L} = -\nabla\varphi$.

6.2 ☆☆ 如图所示, 已知无限长细直导线通有时谐电流 $I(t) = I_0 \mathrm{e}^{-\mathrm{i}\omega t}$ 时, 其在远场产生的磁场分布为

$$\vec{B}(R,t) = \mu_0 I_0 \sqrt{\frac{k_0}{8\pi}} \frac{\mathrm{e}^{\mathrm{i}(k_0 R - \omega t - \pi/4)}}{\sqrt{R}} \vec{e}_\phi \quad (R \gg \lambda_0).$$

试采用叠加原理, 证明无限大平面时谐面电流 $\vec{K}(t) = K_0 \mathrm{e}^{-\mathrm{i}\omega t}\vec{e}_x$ 在远场所产生的磁场为

$$\vec{B}(z,t) = \begin{cases} -\dfrac{1}{2}\mu_0 K_0 \mathrm{e}^{\mathrm{i}(k_0 z - \omega t)}\vec{e}_y & (z > 0), \\[2mm] \dfrac{1}{2}\mu_0 K_0 \mathrm{e}^{\mathrm{i}(-k_0 z - \omega t)}\vec{e}_y & (z < 0). \end{cases}$$

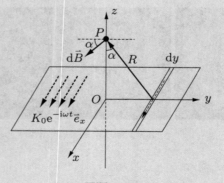

习题 6.2 图

6.3 ☆ 一束平面电磁波 $\vec{E}(x,t) = E_0 \mathrm{e}^{\mathrm{i}(kx-\omega t)}\vec{e}_z$ 射向一球形介质颗粒, 颗粒介电常数为 ε, 半径 R_0 远小于波长 $(\omega R_0 \ll c)$。由于介质在外场下极化且极化强度随时间作简谐振荡, 故颗粒会产生次级辐射。试求: (1) 球形介质颗粒因极化产生的时谐偶极矩; (2) 在偶极近似下介质颗粒产生的辐射场及平均能流密度。

答案: (1) $\vec{p}(t) = p_0 \mathrm{e}^{-\mathrm{i}\omega t}\vec{e}_z$, 其中 $p_0 = 4\pi\varepsilon_0 R_0^3 \dfrac{\varepsilon - \varepsilon_0}{\varepsilon + 2\varepsilon_0}E_0$;

(2) $\vec{B}(\vec{R},t) = -\dfrac{\omega^2 p_0}{4\pi\varepsilon_0 c^3}\dfrac{\mathrm{e}^{\mathrm{i}(k_0 R - \omega t)}}{R}\sin\theta\vec{e}_\phi$,

$\vec{E}(\vec{R},t) = -\dfrac{\omega^2 p_0}{4\pi\varepsilon_0 c^2}\dfrac{\mathrm{e}^{\mathrm{i}(k_0 R - \omega t)}}{R}\sin\theta\vec{e}_\theta, \quad \langle\vec{s}\rangle = \dfrac{\omega^4 p_0^2}{32\pi^2\varepsilon_0 c^3}\dfrac{1}{R^2}\sin^2\theta\vec{e}_R$.

6.4 ☆☆ 如图所示, 在半无限大理想导体表面附近有一作时谐振荡的电偶极子, 电偶极子极矩 $\vec{p}$ 方向与导体表面平行, 电偶极子到导体表面的距离 d 远小于辐射波长 $(\omega d \ll c)$。试结合镜像法和理想导体边界条件, 求时谐电偶极子在 $z > 0$ 区域所辐射的电磁场及平均能流密度。

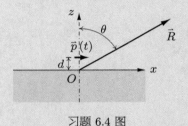

习题 6.4 图

答案: $\vec{B}(R,t) = -\dfrac{\mathrm{i}\mu_0\omega^3 p_0 d}{2\pi c^2}\dfrac{\mathrm{e}^{\mathrm{i}(k_0 R - \omega t)}}{R}\left(\sin\phi\cos\theta\vec{e}_\theta + \cos^2\theta\cos\phi\vec{e}_\phi\right)$,

$\vec{E}(R,t) = \dfrac{\mathrm{i}\mu_0\omega^3 p_0 d}{2\pi c}\dfrac{\mathrm{e}^{\mathrm{i}(k_0 R - \omega t)}}{R}\left(\cos\theta\sin\phi\vec{e}_\phi - \cos^2\theta\cos\phi\vec{e}_\theta\right)$,

$\langle\vec{s}\rangle = \dfrac{\omega^6 p_0^2 d^2}{8\pi^2\varepsilon_0 c^5}\dfrac{1}{R^2}\cos^2\theta\left(\sin^2\phi + \cos^2\theta\cos^2\phi\right)\vec{e}_R$.

6.5 ☆☆ 如图所示, xOy 平面中心的线段 (长为 a) 以恒定角速度 ω 绕 z 轴旋转, 线段两端各有一个电荷量分别为 $\pm q$ 的点电荷。若 $\omega a \ll c$, 求体系的含时电偶极矩在球坐标系中的表达式、辐射电磁场以及远场总辐射功率。

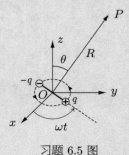

习题 6.5 图

答案: $\vec{p}(t) = qa(\sin\theta\vec{e}_R + \cos\theta\vec{e}_\theta + \mathrm{i}\vec{e}_\phi)\,\mathrm{e}^{\mathrm{i}(\phi-\omega t)}$;

$$\vec{B}(\vec{R}, t) = -\frac{\mu_0\omega^2 qa}{4\pi c}\frac{\mathrm{e}^{\mathrm{i}(k_0 R - \omega t + \phi)}}{R}(\mathrm{i}\vec{e}_\theta - \cos\theta\vec{e}_\phi),$$

$$\vec{E}(\vec{R}, t) = \frac{\mu_0\omega^2 qa}{4\pi}\frac{\mathrm{e}^{\mathrm{i}(k_0 R - \omega t + \phi)}}{R}(\mathrm{i}\vec{e}_\phi + \cos\theta\vec{e}_\theta)\,;\ P = \frac{\omega^4(qa)^2}{6\pi\varepsilon_0 c^3}.$$

6.6 ☆ 假设一孤立粒子体系由 N 个带电粒子组成, 这些粒子有相等荷质比, 并且作低速度的加速运动。由于体系是孤立的, 因此体系的动量和角动量都守恒。试证明体系在远场区域的辐射场主要为电四极子辐射。

6.7 ☆☆ 如图所示, 沿着 z 轴分布三个金属小球并以金属导线相连。导线上通有频率为 ω 的反向交变电流, 导体球的电荷分布如图所示。试: (1) 写出体系含时电四极矩表达式; (2) 求辐射电磁场; (3) 求远场能流密度和总辐射功率; (4) 绘制体系在 yOz 面上的辐射角分布。

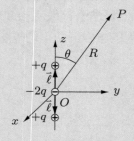

习题 6.7 图

答案: (1) $\overset{\leftrightarrow}{D}(t) = q\ell^2\mathrm{e}^{-\mathrm{i}\omega t}\vec{e}_z\vec{e}_z$;

(2) $\vec{B}_D(\vec{R}, t) = \frac{\mathrm{i}\mu_0\omega^3 q\ell^2}{8\pi c^2}\frac{\mathrm{e}^{\mathrm{i}(k_0 R - \omega t)}}{R}\sin(2\theta)\,\vec{e}_\phi,$

$\vec{E}_D(\vec{R}, t) = \frac{\mathrm{i}\mu_0\omega^3 q\ell^2}{8\pi c}\frac{\mathrm{e}^{\mathrm{i}(k_0 R - \omega t)}}{R}\sin(2\theta)\,\vec{e}_\theta$;

(3) $\langle\vec{s}\rangle = \frac{\omega^6 q^2\ell^4}{128\pi^2\varepsilon_0 c^5}\frac{1}{R^2}\sin^2(2\theta)\,\vec{e}_R,\ P = \frac{\omega^6 q^2\ell^4}{60\pi\varepsilon_0 c^5}$;

(4)

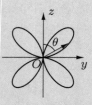

习题 6.7 解图

6.8 ☆ 如图所示, 一长为 d 的细直天线, 天线上的电流分布为

$$I(z,t) = I_0 \sin\left(\frac{2\pi z}{d}\right) e^{-i\omega t},$$

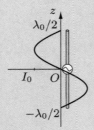

习题 6.8 图

试计算其产生的远场辐射场、能流密度和总辐射功率。

答案: $\vec{B}(\vec{R},t) = -\dfrac{\mu_0 I_0}{2\pi R} \dfrac{\sin(\pi\cos\theta)}{\sin\theta} e^{i(k_0 R - \omega t)} \vec{e}_\phi,$

$\vec{E}(\vec{R},t) = -\dfrac{\mu_0 I_0 c}{2\pi R} \dfrac{\sin(\pi\cos\theta)}{\sin\theta} e^{i(k_0 R - \omega t)} \vec{e}_\theta,$

$\langle\vec{s}\rangle = \dfrac{I_0^2}{8\pi^2\varepsilon_0 c R^2} \dfrac{\sin^2(\pi\cos\theta)}{\sin^2\theta} \vec{e}_R,$

$P \approx 0.39 \dfrac{I_0^2}{\pi\varepsilon_0 c}.$

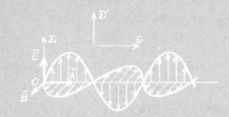

第七章

狭义相对论

我们知道, 在电荷的静止参考系中观察者只观测到电场, 没有磁场, 而相对观察者作匀速运动的电荷的周围既存在电场, 也产生磁场。但是运动是相对的, 这种表象上的差异是否隐含一个更一般的问题, 就是在两个相互运动的惯性参考系中电磁场是否遵循某种变换规律? 狭义相对论是关于两个相互之间存在匀速运动的观测者对同一个物理规律描述的理论, 它的建立彻底改变了人们对空间和时间的认识。

本章从 Newton 力学的 Galileo 相对性原理用于电磁现象时所遇到的局限性开始, 回顾一下相对论的实验基础, 给出 Einstein 相对性原理, 在此基础上推导出 Lorentz 变换, 重点讨论相对论的四维时空理论以及与电磁场相关的物理量 (如波矢、频率、电磁势) 在不同惯性参考系之间的变换, 最后在将电磁场表示成二阶 Lorentz 张量的基础上把电动力学所有物理规律如 Maxwell 方程组、Lorentz 力都改写成协变形式, 并通过 Doppler 效应以及电磁场的变换关系, 给出一定体积内电磁场的总能量和总动量在不同惯性参考系之间的变换。本章的最后简要讨论相对论力学规律, 从中可见在需要考虑相对论效应时对 Newton 力学规律的修正。

7.1 狭义相对论的基本原理

7.1.1 伽利略 (Galileo) 相对性原理

在狭义相对论问世之前, 人们普遍认为物理定律都服从 Galileo 相对性原理 (Galileo Galilei, 伽利略·伽利雷, 1564 — 1642, 意大利数学家、天文学家、物理学家)。要描述一个物理定律, 需借助一参考系 Σ, 并在其中建立相应的坐标系配以时钟, 这样就可以描述一个物理事件在该参考系中发生的位置 $(\vec{x})$ 和发生的时刻 (t)。所谓惯性参考系, 就是观测到一个自由粒子在其中作匀速运动的参考系。Galileo 相对性原理表述为物体的运动规律 (方程) 在所有惯性参考系中都具有完全相同的形式。

回顾一下牛顿力学 (Isaac Newton, 艾萨克·牛顿, 1643—1727, 英国皇家学会会长, 英国著名物理学家)。Newton 力学第二定律在数学上表示为

$$\vec{F} = m_0 \frac{\mathrm{d}^2 \vec{x}}{\mathrm{d}t^2}.$$

假设另一惯性参考系 Σ' 相对于 Σ 系以速度 $\vec{v}$ 匀速运动 (图 7–1), 并且当 Σ' 系坐标原点正好经过 Σ 系坐标原点正上方时, 两个参考系中的时钟都同时指向零 (时钟校准)。同一物理事件在两个参考系中的时空坐标分别标记为 $(\vec{x}, t)$ 和 $(\vec{x}', t')$。Isaac Newton 认为, 时间是绝对的, 即 $t = t'$。根据这一假设并结合矢量合成法则, 易得到两个惯性系中的时空坐标变换, 即 Galileo 变换:

$$\begin{cases} \vec{x}' = \vec{x} - \vec{v}t, \\ t' = t. \end{cases}$$

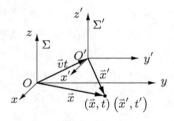

图 7–1

根据 Galileo 变换, 可得到日常生活中熟悉的速度叠加原理, 即

$$\vec{u}' = \frac{\mathrm{d}\vec{x}'}{\mathrm{d}t'} = \frac{\mathrm{d}\vec{x}}{\mathrm{d}t'} - \vec{v}\frac{\mathrm{d}t}{\mathrm{d}t'} = \frac{\mathrm{d}\vec{x}}{\mathrm{d}t}\frac{\mathrm{d}t}{\mathrm{d}t'} - \vec{v} = \vec{u} - \vec{v}.$$

同时, 若进一步假设运动物体的质量不依赖于运动速度 $(m = m_0)$, 并且作用力也不依赖于参考系 $(\vec{F} = \vec{F}')$, 则 Newton 力学规律在 Galileo 变换下保持不变, 这称为 Galileo 相对性原理:

$$\vec{F}' = m_0 \frac{\mathrm{d}^2 \vec{x}'}{\mathrm{d}t'^2}.$$

这里需注意到上式成立的两个前提条件。

7.1.2　Galileo 相对性原理的局限性

James Maxwell 在 1865 年建立了电磁场理论之后, 人们就开始探讨 Maxwell 方程组成立的基本参考系以及 Galileo 相对性原理是否也适用于电磁理论? 但对于电磁现象人们遇到了困惑, 因为在 Galileo 变换下不同惯性参考系中 Maxwell 方程组不再保持不变。例如在 Σ 系中, 由自由空间的 Maxwell 方程组可得

$$(\nabla \times \vec{H})_x = \frac{\partial \vec{D}_x}{\partial t}, \quad \Rightarrow \quad \frac{\partial H_z}{\partial y} - \frac{\partial H_y}{\partial z} = \frac{\partial D_x}{\partial t}.$$

对于相对 Σ 系以速度 v 沿 x 轴运动的参考系 Σ', 根据 Galileo 变换可得

$$\frac{\partial H_z'}{\partial y'} - \frac{\partial H_y'}{\partial z'} = \frac{\partial H_z}{\partial y} - \frac{\partial H_y}{\partial z}.$$

并且有

$$\frac{\partial}{\partial t} D_x (\vec{x}, t) = \frac{\partial}{\partial t} D_x (\vec{x}' + \vec{v} t', t') = \frac{\partial}{\partial x'} D_x' (\vec{x}', t') \frac{\partial x'}{\partial t} + \frac{\partial}{\partial t'} D_x' (\vec{x}', t') \frac{\partial t'}{\partial t}$$

$$= \frac{\partial}{\partial t'} D_x' (\vec{x}', t') - v \frac{\partial}{\partial x'} D_x' (\vec{x}', t') \neq \frac{\partial}{\partial t'} D_x' (\vec{x}', t').$$

因此, 对于 Σ' 系, $\dfrac{\partial H_z'}{\partial y'} - \dfrac{\partial H_y'}{\partial z'} = \dfrac{\partial D_x'}{\partial t'}$ 不再成立, 这意味着若遵循 Galileo 变换, Maxwell 方程组就不能对一切惯性系成立。

7.1.3 迈克耳孙－莫雷 (Michelson-Morley) 实验

受 Newton 力学的绝对时空观的影响, 在电磁场理论建立之后的很长一段时间, 包括 James Maxwell 在内的一些学者认为, 电磁波只是相对一个特定参考系的传播速度为 c, 并推测通过电磁现象就能确定一个 "特殊参考系", 相对于这个特殊参考系的运动称为 "绝对运动"。光是横波, 所以持有上述观点的学者认为, 光也像声波一样是通过某种特殊的媒质而传播的, 还给这种媒质起名为 "以太"(ether), "以太" 弥漫于整个宇宙空间, 绝对静止, 与运动物体不产生阻力或摩擦; 由于光传播速度非常大, 所以 "以太" 又像固体一样刚度很大。

1865 年后, 实验科学家开始了一系列的工作, 寻找 "以太" 这样的绝对参考系。最著名的就是 1881 年的迈克耳孙－莫雷 (Michelson-Morley) 实验。Michelson (Albert A. Michelson, 1852—1931, 美国物理学家) 和 Morley (Edward W. Morley, 1838—1923, 美国科学家) 实验的动机和设想就是测量地球相对 "以太" 这个绝对参考系中光沿不同方向的速度差异。1879 年, Albert Michelson 已经把光在空气中的传播速度精确测量到 299 910 ± 50 km/s, 并推算光在真空中的传播速度为 299 940 km/s。因为其在光学精密仪器与光谱计量研究方面的杰出贡献, Albert Michelson 于 1907 年获诺贝尔物理学奖。Albert Michelson 也相信, 按照 Galileo 相对性原理, 只有在 "以太" 中电磁波沿任意方向上的传播速度才等于 c, 因此如果在地球上能精确测量出光速沿各个方向上的差异, 就可以确定地球相对这个特殊参考系的运动。

具体来说, 如图7-2 所示, 假设观测者 (在地球上) 相对 "以太" 的速度为 $\vec{v}$, 依据 Galileo 相对性原理, 在观测者 (地球) 的参考系中所看到的沿 θ 方向传播的光的速度 $\vec{u}$ 满足

$$\vec{c} = \vec{v} + \vec{u}.$$

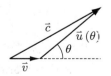

图 7-2

即

$$u = \sqrt{c^2 - v^2\sin^2\theta} - v\cos\theta. \qquad (7.1.1)$$

在几个特定观测方向上的光速分别为

$$u|_{\theta=0} = c - v, \quad u|_{\theta=\pi} = c + v, \quad u|_{\theta=\pm\pi/2} = \sqrt{c^2 - v^2}. \qquad (7.1.2)$$

　　1887 年, Albert Michelson 和 Edward Morley 合作, 对 Michelson 干涉仪不断进行改进, 实验装置示意图如图7–3 所示。设装置随地球以大小为 v 的速度运动, 光束在 MM_1 之间往返速率为 $c - v$ 和 $c + v$, 光束在 MM_2 之间的往返速率 $u = \sqrt{c^2 - v^2}$, 则往返时间分别为

$$t_1 = \ell_1\left(\frac{1}{c+v} + \frac{1}{c-v}\right) = \frac{2\ell_1}{c}\left(1 - \frac{v^2}{c^2}\right)^{-1}, \qquad (7.1.3)$$

$$t_2 = \frac{2\ell_2}{u} = \frac{2\ell_2}{c}\left(1 - \frac{v^2}{c^2}\right)^{-1/2}. \qquad (7.1.4)$$

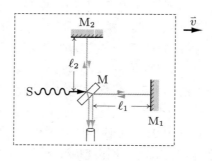

图 7–3

引入一个重要的参数 β:

$$\beta = \frac{v}{c}. \qquad (7.1.5)$$

两束光到达探测屏的时间差为

$$\Delta t = t_1 - t_2 = \frac{2}{c}\left(\frac{\ell_1}{1 - \beta^2} - \frac{\ell_2}{\sqrt{1 - \beta^2}}\right). \qquad (7.1.6)$$

由于地球围绕太阳公转的速度远小于光速 ($\beta \ll 1$), 故可做近似处理得

$$\Delta t = \frac{2}{c}\left[\ell_1\left(1 + \beta^2\right) - \ell_2\left(1 + \frac{1}{2}\beta^2\right)\right] = \frac{2}{c}\left[(\ell_1 - \ell_2) + \beta^2\left(\ell_1 - \frac{1}{2}\ell_2\right)\right]. \quad (7.1.7)$$

将干涉仪旋转 90°, 光束 1 变为垂直传播, 光束 2 变为水平传播, 由于时间差对应于光程差, 则干涉仪旋转 90° 应导致干涉条纹的移动, 条纹移动的个数为

$$\Delta N = \frac{1}{\lambda_0}\left(c\Delta t' - c\Delta t\right) = -\frac{1}{\lambda_0}\left(\ell_2 + \ell_1\right)\beta^2. \qquad (7.1.8)$$

将实际参量 ℓ_1、$\ell_2 \sim 10$ m, $\lambda_0 \sim 500$ nm 以及地球的轨道速度 $v \sim 3 \times 10^4$ m/s 代入 (7.1.8) 式, 得 $\Delta N = 0.4$。但 Michelson-Morley 实验发现, 无论地球处于围绕太阳公转轨道上什么位置, 观测到 ΔN 的上限只有 0.01。Michelson-Morley 实验

表明, 在真空中光速与光传播的方向无关, 亦与光源的运动速度无关, 在不同惯性系中测到的真空中的光速是一个常量。Albert Michelson 本人对于测量不出地球相对于 "以太" 的速度差异而深感遗憾。

7.1.4 爱因斯坦 (Einstein) 相对性原理

Maxwell 方程组在 Newton 力学的 Galileo 变换下形式不再保持不变。而 Michelson-Morley 实验证实光速与光源相对于观测者的运动无关。如何对 Galileo 相对性原理和 Maxwell 方程组进行取舍? 当时的选择有多种, 是改造现有的 Maxwell 理论, 使之满足原有的 Galileo 变换, 或是完全放弃 Galileo 变换, 研究已得到的 Maxwell 理论所允许的变换。继 1895 年提出 Lorentz 力之后, 1904 年 Hendrik Lorentz 提出了 Lorentz 变换, 在这个变换下 Maxwell 方程组在不同惯性参考系之间变换时其形式保持不变。Lorentz 提出的变换已为在随后一年相对论的建立做好了准备。

当时, 爱因斯坦 (Albert Einstein, 阿尔伯特·爱因斯坦, 生于德国, 1879 — 1955, 理论物理学家, 提出现代物理的两大支柱理论之一 —— 相对论, 并对另一大支柱理论 —— 量子力学做出了重要贡献。Albert Einstein 因光电效应而获得 1921 年诺贝尔物理学奖) 也在思考这一问题。他认为, 电磁现象的研究结果告诉人们, 在研究高速运动的现象时过去人们熟悉的 Newton 力学时空观存在局限性。Albert Einstein 摒弃了 Isaac Newton 的绝对时空, 于 1905 年独立提出了狭义相对论。Albert Einstein 认为: 一切物理定律在不同惯性系中具有相同的形式, 这当然是对 Galileo 相对性原理的推广, 不过 Albert Einstein 将其推广至包含电磁场运动的电动力学规律; 真空中的光速是一个常量, 与观测者的运动无关。上述两点假设构成了 Albert Einstein 的狭义相对论。Albert Einstein 这一新的理论澄清了从 1865 年之后存在四十年之久的迷雾, 而 Michelson-Morley 实验也成为推翻 "以太" 理论的第一个实验证据, 是相对论最基础的实验证据之一。

Einstein 相对性原理告诉我们, 无论是力学现象, 还是电磁现象, 都无法觉察所处参考系的绝对运动。力学规律满足相对性原理, 电磁场理论也满足相对性原理。

Einstein 光速不变原理告诉我们, 真空中的光速 c 是一个恒定常量, 不仅与观测者的运动无关, 也与光源的运动无关。这一点以生活中的常识是难以理解的。在相对论中, c 是一个基本常量, 碰巧的是这个常量正好是光在真空中的传播速度, 但相对论并不依赖于光本身, 即便在某个宇宙空间中不存在电磁场, 在这个宇宙里的空间和时间的关系也都遵从相对论。

在相对论建立过程中, 人们对于时空观的认识发生了一次飞跃。1916 年, Albert Einstein 又提出了广义相对论, 主要用于解决非惯性参考系之间物理定律的转换问题, 主要是引力理论。狭义相对论则是广义相对论在弱引力场下的近似, 因此在一个小的自由落体空间 (局部无重力) 中开展的实验都具有 Lorentz 变换不变性。相对论已经成为物理学的主要理论基础之一。相对论对近代物理学的发展, 特别对高能物理、原子物理等的发展起了重大推动作用。

7.1.5 Lorentz 变换

假设 Σ' 系的 x' 轴与 Σ 系的 x 轴重叠, Σ' 系沿 $x(x')$ 轴以速度 v 匀速运动 (图 7–4), 并且当两个参考系的坐标原点正好重合时, 位于两个参考系原点处的时钟都指向零点, 即

$$t_0 = 0, \quad t_0' = 0. \tag{7.1.9}$$

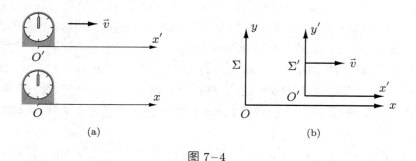

图 7–4

假设之后在 t 时刻, 在 Σ 系中先后发生了两个物理事件 P_1、P_2, 所观测到的时空坐标分别为 (x_1, y_1, z_1, t_1) 和 (x_2, y_2, z_2, t_2), 在 Σ' 系中的观测到这两个物理事件的时空坐标分别为 (x_1', y_1', z_1', t_1') 和 (x_2', y_2', z_2', t_2')。

定义两个事件的间隔 (interval) 为

$$\begin{cases} (\Delta S)^2 = (x_2 - x_1)^2 + (y_2 - y_1)^2 + (z_2 - z_1)^2 - c^2(t_2 - t_1)^2, \\ (\Delta S')^2 = (x_2' - x_1')^2 + (y_2' - y_1')^2 + (z_2' - z_1')^2 - c^2(t_2' - t_1')^2. \end{cases} \tag{7.1.10}$$

当间隔 $(\Delta S)^2 > 0$ 时, 两个事件之间为类空分隔 (space-like separation); 当间隔 $(\Delta S)^2 < 0$ 时, 两个事件之间为类时分隔 (time-like separation); 当间隔 $(\Delta S)^2 = 0$ 时, 两个事件之间为零分隔。

假设在 $t_1 = 0$ 时在 Σ 系原点发生一个物理事件 P_1, 之后 t 时刻在异地发生另外一个物理事件 P_2, 相应的时空坐标为 (x, y, z, t)。在 Σ' 系中, 两个事件发生的时空坐标分别为 $(0, 0, 0, 0)$ 和 (x', y', z', t')。因此两个事件的间隔为

$$\begin{cases} S^2 = x^2 + y^2 + z^2 - c^2 t^2, \\ S'^2 = x'^2 + y'^2 + z'^2 - c^2 t'^2. \end{cases} \tag{7.1.11}$$

由于 Σ' 系沿着 $x(x')$ 轴以 v 匀速运动, 因此有

$$y = y', \quad z = z'. \tag{7.1.12}$$

在 Σ 系中 t 时刻观测 Σ' 系的原点 O' 的坐标为

$$x = vt \quad (x' = 0). \tag{7.1.13}$$

由于运动的相对性, 在 Σ' 系中看 Σ 系沿着 $x(x')$ 轴以 $-v$ 匀速运动, 因此在 Σ'

中的 t' 时刻观测 Σ 系的原点 O 的坐标为

$$x' = -vt' \quad (x = 0).\tag{7.1.14}$$

现在来回答联系 Σ 系与 Σ' 系时空坐标的 Lorentz 变换。假定我们所处的空间是均匀各向同性的, 时间是均匀的, 这样惯性系 Σ 系与 Σ' 之间的坐标变换只能是线性变换, 比如说在 Σ 系中作匀速直线运动的物体, 在 Σ' 系看来也应是作匀速直线运动。因此 Σ 系与 Σ' 系时空坐标的变换可以写成如下形式:

$$\begin{cases} x = \gamma' \left(x' + vt' \right), \\ x' = \gamma \left(x - vt \right). \end{cases}\tag{7.1.15}$$

这里 γ、γ' 为待求解的系数, 注意到上式所选取的形式满足 (7.1.13) 式和 (7.1.14) 式。利用上式, 将 Σ' 系中的间隔表示为

$$S'^2 = \gamma^2 \left[1 - \frac{1}{\beta^2} \left(1 - \frac{1}{\gamma\gamma'} \right)^2 \right] x^2 + y^2 + z^2 + \gamma^2 \left(1 - \beta^2 \right) \left(-c^2 t^2 \right)$$
$$- 2\gamma^2 \left[1 - \frac{1}{\beta^2} \left(1 - \frac{1}{\gamma\gamma'} \right) \right] vxt.\tag{7.1.16}$$

若上述两个物理事件分别代表光讯号的发出与光讯号的接收, 则根据光速不变原理, 由光讯号所联系的两个事件的间隔必然满足

$$S^2 = S'^2 = 0.\tag{7.1.17}$$

由 $S^2 = 0$ 得 $y^2 + z^2 = c^2 t^2 - x^2$, 代入 (7.1.16) 式得

$$\gamma^2 \left[1 - \frac{1}{\beta^2} \left(1 - \frac{1}{\gamma\gamma'} \right)^2 \right] x^2 - x^2 + c^2 t^2 \left[1 - \gamma^2 \left(1 - \beta^2 \right) \right]$$
$$- 2\gamma^2 \left[1 - \frac{1}{\beta^2} \left(1 - \frac{1}{\gamma\gamma'} \right) \right] vxt = 0.\tag{7.1.18}$$

由运动的相对性, 则当 $v \Rightarrow -v$ 时, 上式亦成立, 故有

$$\gamma^2 \left[1 - \frac{1}{\beta^2} \left(1 - \frac{1}{\gamma\gamma'} \right)^2 \right] x^2 - x^2 + c^2 t^2 \left[1 - \gamma^2 \left(1 - \beta^2 \right) \right]$$
$$+ 2\gamma^2 \left[1 - \frac{1}{\beta^2} \left(1 - \frac{1}{\gamma\gamma'} \right) \right] vxt = 0.\tag{7.1.19}$$

联立两个方程, 得

$$\gamma^2 \left[1 - \frac{1}{\beta^2} \left(1 - \frac{1}{\gamma\gamma'} \right) \right] vxt = 0.\tag{7.1.20}$$

考虑到 x、t 的任意性, 则有

$$1 - \frac{1}{\gamma\gamma'} = \beta^2.\tag{7.1.21}$$

将上述关系式代入 (7.1.18) 式, 得

$$\gamma^2 = \frac{1}{1 - \beta^2}. \tag{7.1.22}$$

从而求得 γ 和 γ' 的解为

$$\gamma = \gamma' = \frac{1}{\sqrt{1 - \beta^2}}. \tag{7.1.23}$$

故两个惯性系中时空坐标变换为

$$\begin{cases} x' = \gamma\,(x - vt), \\ y' = y, \\ z' = z, \\ t' = \gamma\left(t - \dfrac{v}{c^2}x\right). \end{cases} \tag{7.1.24}$$

上式称为 Lorentz 变换 [1], 它给出了当 Σ' 系沿 $x\,(x')$ 轴以速度 v 匀速运动时同一事件的 (时空) 坐标变换关系 (两参考系中坐标原点处时钟的校准是以 O' 点正好经过 O 点而实现的)。

　　Lorentz 变换的一个显著特点是在光速不变原理下不同参考系中的时间不再是绝对的, 而是与空间相互关联的, 这是狭义相对论的时空度量, 它从根本上取代了 Newton 力学的绝对时间 ("即绝对的同时") 与空间度量。从 (7.1.23) 式还可以看到, 为了保证变换之后的时空坐标为实数, 这里必须有 $v < c$, 即任何惯性参考系的运动速度都无法达到光速, 光本身也不存在其静止参考系。

　　(7.1.24) 式给出的是从 Σ 系到 Σ' 系的坐标变换关系。由于运动是相对的, 因此将 $v \Rightarrow -v$, 可得到从 Σ' 系到 Σ 系坐标的反变换, 即

$$\begin{cases} x = \gamma\,(x' + vt'), \\ y = y', \\ z = z', \\ t = \gamma\left(t' + \dfrac{v}{c^2}x'\right). \end{cases} \tag{7.1.25}$$

可验证, 相对论中两个事件的间隔在不同惯性参考系中保持不变, 称之为 Lorentz 不变量, 有

$$S'^2 = x'^2 + y'^2 + z'^2 - c^2 t'^2$$

---

[1]　历史上, 包括 Hendrik Lorentz 在内的一些科学家相信并认为光需要依赖以太而传播。不过, Hendrik Lorentz 同时也在研究并寻求某种数学变换, 这种变换使得从以太参考系变换到运动参考系时 Maxwell 方程组的形式能够保持不变, 并在 1904 年取得了成功, 提出了上述 Lorentz 变换。而 Albert Einstein 则抛弃了以太假设, 在 1905 年提出了适用于任意惯性参考系的相对性原理和光速不变原理 (狭义相对论), 并在这一理论基础上自然得到了 Lorentz 变换。1905 年, Albert Einstein 在其狭义相对论中应该会用到 Hendrik Lorentz 讨论过的概念、数学方法乃至相关结果, 但是 Hendrik Lorentz 在随后撰写的论文和著作中充分肯定 Albert Einstein 的成就, 指出狭义相对论的出发点是相对性原理, 并称赞这是狭义相对论的大胆之作。Hendrik Lorentz 也是令 Albert Einstein 崇敬的伟大科学家之一, 除了提出了 Lorentz 变换, 他还在电磁学 (Lorentz 力)、电子论 (Zeeman 效应) 等方面取得了杰出的物理成就。

$$= \gamma^2 (x - vt)^2 + y^2 + z^2 - c^2 \gamma^2 \left(t - vx/c^2\right)^2$$
$$= x^2 \gamma^2 \left(1 - \beta^2\right) + y^2 + z^2 - c^2 t^2 \gamma^2 \left(1 - \beta^2\right)$$
$$= x^2 + y^2 + z^2 - c^2 t^2 = S^2. \tag{7.1.26}$$

还容易验证, 对于类空分隔的两个事件, 它们在空间上的距离超过了光速在 Δt 时间内所能达到的距离, 对于这样的两个事件, 总可以找到一个惯性系, 使得这两个事件同时发生; 而对类时分隔的两个事件, 总可以找到一个惯性系, 使得两个事件是在同一地点发生。

最后, 来分析当 $v \ll c$ 以及 $x'/t' \ll c$ 时, 由于 $\gamma \approx 1$, $vx'/(c^2 t') \ll 1$, 则有

$$x' = x - vt, \quad y' = y, \quad z' = z, \quad t' = t \quad (v \ll c). \tag{7.1.27}$$

Lorentz 变换退化为 Galileo 变换, 在这样的情形下空间与时间坐标才是相互独立的。日常生活中涉及的速度都远小于光速, 故难以观测到相对论效应, 因此 Galileo 变换和 Newton 力学能很好地解释日常所观测到的物理现象。在粒子物理、高能物理领域, 微观粒子的速度接近光速, 几乎都涉及相对论效应。

7.1.6　速度变换公式

假设 Σ' 系相对于 Σ 系沿 x 轴方向以速度 v 运动, 由 Lorentz 变换得到如下微分形式:

$$\mathrm{d}x' = \gamma \left(\mathrm{d}x - v\mathrm{d}t\right) = \gamma \left(u_x - v\right) \mathrm{d}t, \tag{7.1.28}$$
$$\mathrm{d}t' = \gamma \left(\mathrm{d}t - \frac{v}{c^2}\mathrm{d}x\right) = \gamma \left(1 - \frac{v}{c^2}u_x\right) \mathrm{d}t. \tag{7.1.29}$$

两式相除有

$$u'_x = \frac{\mathrm{d}x'}{\mathrm{d}t'} = \left(1 - \frac{vu_x}{c^2}\right)^{-1} \left(u_x - v\right). \tag{7.1.30}$$

同理可得

$$u'_y = \frac{\mathrm{d}y'}{\mathrm{d}t'} = \frac{1}{\gamma} \left(1 - \frac{vu_x}{c^2}\right)^{-1} u_y, \tag{7.1.31}$$
$$u'_z = \frac{\mathrm{d}z'}{\mathrm{d}t'} = \frac{1}{\gamma} \left(1 - \frac{vu_x}{c^2}\right)^{-1} u_z. \tag{7.1.32}$$

(7.1.30) 式—(7.1.32) 式称为相对论速度变换公式。

当物质的运动速度和参考系相对运动速度都远小于光速时, 容易验证惯性参考系之间的速度的变换关系过渡到如下的形式:

$$u'_x = u_x - v, \quad u'_y = u_y, \quad u'_z = u_z \quad (v, u \ll c). \tag{7.1.33}$$

上式即为 Newton 力学的速度叠加定理, 因此是非相对论下的近似形式。

由于运动是相对的, 若在 Σ' 系观测, 则 Σ 系沿着 $x\,(x')$ 轴以速度 $-v$ 运动。因此在 (7.1.30) 式—(7.1.32) 式中将 $v \Rightarrow -v$, 即可得到从 Σ' 系到 Σ 系的速度变

换关系为

$$
\begin{cases}
u_x = \dfrac{\mathrm{d}x}{\mathrm{d}t} = \left(1 + \dfrac{vu'_x}{c^2}\right)^{-1}(u'_x + v), \\[3mm]
u_y = \dfrac{\mathrm{d}y}{\mathrm{d}t} = \dfrac{1}{\gamma}\left(1 + \dfrac{vu'_x}{c^2}\right)^{-1}u'_y, \\[3mm]
u_z = \dfrac{\mathrm{d}z}{\mathrm{d}t} = \dfrac{1}{\gamma}\left(1 + \dfrac{vu'_x}{c^2}\right)^{-1}u'_z.
\end{cases}
\tag{7.1.34}
$$

例题 7.1.1   计算流体中的光速和折射率。

解： 设流体沿 x 轴正方向流动, 流动速率为 v(图 $7{-}5$)。选取 Σ' 参考系作为流体的静止参考系, 在该参考系中光沿各个方向上的速率均为 c/n, 这里 n 为流体处于静止状态的折射率。

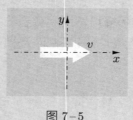

图 $7{-}5$

依照 (7.1.34) 式, 在实验室参考系 (Σ 系) 中观测到光在流体中沿 x 轴正方向传播的速度 u_x 为

$$
u_x = \left(1 + \frac{v}{c^2}\cdot\frac{c}{n}\right)^{-1}\left(\frac{c}{n} + v\right) = c\left(1 + \frac{\beta}{n}\right)^{-1}\left(\frac{1}{n} + \beta\right).
$$

光沿 x 轴负方向传播的速度 u_{-x} 为

$$
u_{-x} = \left[1 + \frac{v}{c^2}\cdot\left(-\frac{c}{n}\right)\right]^{-1}\left(-\frac{c}{n} + v\right) = c\left(1 - \frac{\beta}{n}\right)^{-1}\left(-\frac{1}{n} + \beta\right).
$$

u_x 和 u_{-x} 亦是光在流体中传播的相速度, 因此光顺着和逆着流动方向传播时的折射率分别为

$$
n_x = \frac{c}{u_x}, \quad n_{-x} = \frac{c}{|u_{-x}|}.
$$

可以看到, n_x 和 n_{-x} 不同于光在静止流体中传播的折射率 n。

除了沿着流动方向的传播速度和折射率发生变化, 光垂直于流体流动方向的传播速度和折射率也会发生改变。根据 (7.1.34) 式, 光沿 y 轴正、负方向的传播速度 $u_{\pm y}$ 为

$$
u_{\pm y} = \pm c\gamma^{-1}(n + \beta)^{-1}.
$$

相应地, 光沿 y 轴传播的折射率为 $n_y = c/u_y$。

从上面的分析可以看到, 在实验室参考系中观测光顺着和逆着流体流动方向

传播时光速是不同的。流体的流动速度 $v \ll c$, 保留到 β 的一级近似项得:

$$u_x \approx \frac{c}{n} + \left(1 - \frac{1}{n^2}\right) v,$$

$$u_{-x} \approx -\left[\frac{c}{n} - \left(1 - \frac{1}{n^2}\right) v\right].$$

可见 $u_x > c/n$, $|u_{-x}| < c/n$。不仅如此, 还可以看到流体中的光速 u_x 和 u_{-x} 并不满足 Galileo 变换下的速度叠加关系 (7.1.33) 式, 因此即便参考系运动速度远小于光速, 对于涉及运动介质中电磁场的一些处理仍须采用 Lorentz 变换。

7.2　相对论的时空性质

按照狭义相对论, 时间不再是绝对的, 它与参考系的运动速度以及所处空间位置相关。

7.2.1　同时的相对性

根据 Lorentz 变换, 一个重要的推论是在 Σ' 系同时发生的两个事件, 在 Σ 系的观测者看来并不是同时的。

为了说明这一点, 若无特别说明, 在讨论中均假设 Σ' 系沿着 $x'(x)$ 轴以速度 v 匀速运动, 并且当两个参考系的坐标原点正好重合时, 位于两个参考系原点处的时钟都设定指在零点, 这样在各自的参考系中不同位置的观测者可以把身边的时钟都相互校准 (注意, 这里必须是指同一个参考系中的相对静止时钟), 如图 7-6 所示。

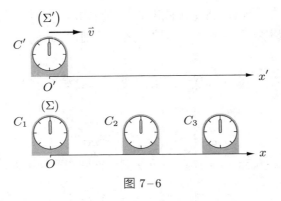

图 7-6

假设在 Σ' 系同时发生的两个物理事件, 其时空坐标为

$$P_1 : (x'_1, y'_1, z'_1, t'), \quad P_2 : (x'_2, y'_2, z'_2, t'). \tag{7.2.1}$$

在 Σ 系中观测到这两个事件的时空坐标为

$$P_1 : (x_1, y_1, z_1, t_1), \quad P_2 : (x_2, y_2, z_2, t_2). \tag{7.2.2}$$

根据 Lorentz 变换, 上述时空坐标之间存在如下关系:

$$\begin{cases} x_1 = \gamma\left(x_1' + vt'\right), \\ t_1 = \gamma\left(t' + \dfrac{v}{c^2}x_1'\right). \end{cases} \qquad \begin{cases} x_2 = \gamma\left(x_2' + vt'\right), \\ t_2 = \gamma\left(t' + \dfrac{v}{c^2}x_2'\right). \end{cases} \tag{7.2.3}$$

因此在 Σ 系中观测到这两个事件发生的时差为

$$t_2 - t_1 = \gamma\frac{v}{c^2}\left(x_2' - x_1'\right). \tag{7.2.4}$$

可见在 Σ' 系同时发生的两个事件, 只要不是发生在同一位置, 则在 Σ 系中观测是不同时的, 这就是同时性的相对性 (relativity of simultaneity)。在低速度情况下由于 v/c^2 几乎趋于零, 才有 $t_2 = t_1$, 即在低速度情况下 Σ' 系同时发生的两个事件在 Σ 系的观测者看才几乎是同时的。

7.2.2　运动时钟变慢

现在提出另一个问题: 同一个物理过程所经历的时间在不同参考系中的关系如何? 根据相对论, 另一个重要的推论是所谓运动时钟变慢效应。

设处于 Σ' 系的某静止物体内部相继发生两个事件 (如分子振动一个周期的起点和终点), 在 Σ' 系中的观测者观测到这两个事件发生的时刻分别为 t_1' 和 t_2', 因此所经历的时间称为该物理过程的固有时间, 用 $\Delta\tau$ 表示, 即

$$\Delta\tau = t_2' - t_1'. \tag{7.2.5}$$

$\Delta\tau$ 也是在相对该物体静止的坐标系中所测得的时间。由于这两个事件发生在 Σ' 系的同一地点 $\bar{x}'$ 处, 事件的间隔为

$$S'^2 = -c^2\left(t_2' - t_1'\right)^2 = -c^2\Delta\tau^2. \tag{7.2.6}$$

对于处在 Σ 系中的观测者来说, 不同的是该物体在运动, 因而两个事件并不发生在同一个地点。假设观测到的两个事件的坐标分别为 (x_1, y, z, t_1) 和 (x_2, y, z, t_2), 则事件的间隔为

$$S^2 = \left(x_2 - x_1\right)^2 - c^2\left(t_2 - t_1\right)^2 = \Delta x^2 - c^2\Delta t^2. \tag{7.2.7}$$

根据间隔不变性有

$$\Delta x^2 - c^2\Delta t^2 = -c^2\Delta\tau^2. \tag{7.2.8}$$

另一方面 $\Delta x = v\Delta t$, 从而得到 Σ 系中所观测到这两个事件前后所经历的时间为

$$\Delta t = \frac{c}{\sqrt{c^2 - v^2}}\Delta\tau = \gamma\Delta\tau. \tag{7.2.9}$$

可知 $\Delta\tau < \Delta t$, 表示运动时钟变慢了。当然, 你也可以看成 $\Delta t > \Delta\tau$, 其物理含义是在 Σ 系观测到的运动物体上发生的自然过程比起静止物体的同样过程延缓了, 称之为时间膨胀效应 (time dilation), 并且运动物体速度越大, 所观测到的其内部物理过程进行得越缓慢, 时间膨胀效应越显著。

时钟变慢效应或时间膨胀效应的实验证据之一是对来自宇宙射线 μ 子的放射性衰变的观察。宇宙射线中的高能质子进入大气后与大气中的原子 (核) 发生碰撞,产生 π 介子, π 介子衰变成 μ 子; μ 子也有一定的寿命, 并衰变成电子、电子型反中微子及 μ 型中微子。在静止参考系中, μ 子寿命 $\Delta\tau \approx 2.2 \times 10^{-6}$ s。实验上通过对比在山顶和海平面测到的一定速度范围 μ 子的流量分布, 发现许多 μ 子的寿命比 $\Delta\tau$ 长的多。而这一点就可以用上述相对论效应来解释。

假设 μ 子以 $v = 0.995c$ 的速度飞过山顶。若以相对 μ 子静止的参考系 (Σ' 系) 的寿命来计算其一生所走过的距离, 则为

$$\ell_0 = v\Delta\tau = 0.995c \times 2.2 \times 10^{-6} \text{ s} = 660 \text{ m}.$$

但以地球为参考系, μ 子的寿命应为 $\Delta t = \gamma\Delta\tau$, 因此在地球上所观测到的 μ 子所能飞行的平均距离为

$$\ell = v\Delta t = 0.995c \times \frac{2.2 \times 10^{-6} \text{ s}}{\sqrt{1 - 0.995^2}} = 6\,600 \text{ m}.$$

可以看到, $\ell \gg \ell_0$。也许你会问, 这里 $\ell_0 \ll \ell$, 那在参考系 Σ' 上观测, 是不是意味着大部分的 μ 子经过山顶后并不能到达海平面? 答案是否定的。接下来在 7.2.4 小节中会讨论到, 动尺存在 Lorentz 收缩效应, 因此对 μ 子而言, 山顶到海平面的距离其实小于 ℓ_0, 所以在其寿命内它一样能够到达海平面。

虽然只有当物质处在极高速运动情况下才表现出相对论效应, 但在日常出行中经常用到的手机导航就牵涉到与相对论效应有关的运用。实际上, 依靠全球卫星导航系统 [2], 可以确定地球上任意一个物体所处的位置, 其工作原理概括起来就是通过精心设计, 使得地球表面任意一个目标 (接收器) 可以同时接收到至少来自 4 颗卫星发射出的电磁波信号。假设卫星坐标是已知的, 其所携带的时钟亦相互校准, 而电磁波传播的速度是固定的, 因此只需区分接收到来自四个卫星的电磁波信号的时差, 理论上就可确定接收器所处的位置坐标和时刻 (对应 4 个参量)。不过, 由于光的传播速度极快 ($c = 299\,792\,458$ m/s), 1 ns 的时差就会导致 30 cm 的位置误差, 因此卫星上的时钟都需要采用原子钟。原子钟是到目前为止精度最高的授时工具, 其精度可达到每天误差小于 10^{-10} s。由于定位精度的要求, 卫星导航必须考虑狭义相对论的时间膨胀效应。同时, 由于卫星绕地球运动, 还需考虑引力场对时间产生的影响, 即广义相对论效应。此外, 卫星运动的轨道其实是椭圆, 再加上在电磁波传播过程中地球的自转以及在大气中运动时受电离层、对流层的影响, 电磁波传播速度也会变化, 因此要实现精确导航还必须考虑到这些因素的影响。

---

[2] 目前, 世界上全球卫星导航系统主要有美国的全球定位系统 (Global Positioning System, 缩写 GPS, 1993 年建成)、俄罗斯的格洛纳斯 (GLONASS, 是全球卫星导航系统的俄语缩写)、欧盟的 Galileo 卫星导航系统 (GSNS) 以及我国的北斗卫星导航系统。鉴于卫星导航系统用途极为重要和广泛, 我国从 1994 年开始分 "三步走" 建设我们自己的北斗卫星导航系统, 并于 2012 年正式运行, 在 2018 年提供全球服务。北斗卫星导航系统已经在国民经济和百姓生活中大显身手, 从大坝监测、电力通信、精准农业到公交车、共享单车和手机都可以看到北斗系统应用的身影。

7.2.3　时间膨胀效应的相对性

假设在 Σ' 系坐标原点处发生一物理过程, 原点处的时钟 C' 记录这个过程所经历的时间为 $\Delta\tau$, 过程结束时 C' 正好经过 C_2 的上方, 如图 7–7 所示。在 Σ 参考系的观测者用 C_2 记录这个过程所经历的时间为 Δt。注意到 Σ 参考系中的观测者给出这个结论的前提是, 已经在 Σ 参考系中把原点处的时钟 C_1 与时钟 C_2 进行了校准, 所以 Δt 即为其所观测的这个过程的开始和终止之间所经历的时间。

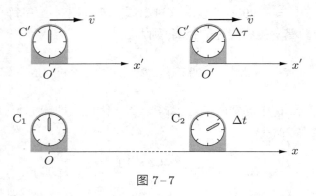

图 7–7

运动是相对的。站在 Σ' 系中的观测者来看, Σ 系是以速度 $-v$ 运动的。当时钟 C_2 经过 C' 的位置时, 看时钟 C_2 的指针示数并与时钟 C' 相比, 似乎 C' 所记录的时间不是膨胀了, 而是收缩了。其实不然! 事实是, 对照 C_2 记录这个物理过程的所经历的时间, Σ' 系中的观测者同样发现用 C' 记录这一过程的时间也是膨胀了, 或者等价地说用 C_2 记录这个物理过程的所经历的时钟也变慢了。

要回答一个物理过程所经历的时间, 涉及时钟的校准。首先, 固定在同一个参考系中的各个时钟, 由于之间没有相对运动, 可以同时校准。当采用一个参考系中的时钟去测量另一个运动参考系中同一地点发生的物理过程所经历的时间时, 就牵涉到位于不同参考系中的时钟的校准。前面提到, 当两个参考系的坐标原点正好重合时, 位于两个参考系原点处的时钟都设定指在零点, 这样在各自的参考系中不同位置的时钟都可以相互校准。但是由于同时的相对性, 在 Σ 系中已经对准的一系列时钟, 由于它们不在同一位置, 因此在 Σ' 系中的观测者看来并不是同时对准的。因此, 若在参考系 Σ' 中的观测者用固定于 Σ 系上时钟 C_2 记录这个过程的时间, 就需要知道在物理过程的开始和结束时 C_2 的读数。

事实上, 在 Σ 系的 O 点经过 O' 点时, O' 点处的观测者将时钟 C' 与时钟 C_1 同时校准, 其实 O' 处的观测者看 Σ 系时钟 C_2 并不指向零点, 而是指向时刻 δ, 根据 Lorentz 变换 $t' = \gamma(t - \beta x/c)$ 有

$$\gamma\left(\delta - \frac{v}{c^2}x\right) = 0, \quad \delta = \frac{v\ell}{c^2} = \beta^2\Delta t. \tag{7.2.10}$$

当物理过程结束时, 在 Σ' 系中的观测者看到 C' 指向 $\Delta\tau$, 而时钟 C_2 正好经过 O' 点, C_2 指向 $\Delta t = \gamma\Delta\tau$。因此 O' 点处观测者看到, 若用运动时钟 C_2 记录这一物理过程所经历的时间, 应该为

$$\Delta t - \delta = \Delta t - \beta^2 \Delta t = \frac{\Delta \tau}{\gamma} < \Delta \tau. \tag{7.2.11}$$

即在 Σ' 系 O' 点处发生一物理过程所经历的时间, 若用 Σ 系运动时钟 C_2 记录, 比起 C' 所记录的时间, 则时钟 C_2 同样是变慢了; 或者对照采用运动时钟 C_2 来记录, C' 所记录的时间也是膨胀了。

7.2.4 动尺的缩短

由于同时的相对性, 不但在不同的参考系 (有相对运动) 中测得的时间不同, 而且长度也是相对的, 依赖于参考系的相对运动。

如图 7–8 所示, 假设 Σ 系中观测者观测到一匀速运动的物体, Σ' 系为固定于运动物体上的参考系。在 Σ' 系中测量到的物体的长度称为静止长度 (ℓ_0)。运动的物体在 Σ 系中测得的长度 (ℓ) 定义为: Σ 系中观测者观测到物体的后端经过 Σ 系中 P_1 点 (事件 1) 和物体前端经过 Σ 系中 P_2 点 (事件 2) 若同时发生, 则定义 P_1、P_2 之间的距离为 Σ 系中运动物体的长度。

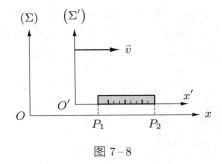

图 7–8

根据 Lorentz 变换, 上述两个事件时空坐标存在如下变换关系:
$$x_1' = \gamma (x_1 - vt_1), \quad x_2' = \gamma (x_2 - vt_2).$$
由于在 Σ 系中两个事件同时发生, $t_1 = t_2$, 则有
$$x_2' - x_1' = \gamma (x_2 - x_1). \tag{7.2.12}$$
根据前面的定义, 静止长度为 $\ell_0 = x_2' - x_1'$, 则在 Σ 系中测得的长度为
$$\ell = \frac{\ell_0}{\gamma} < \ell_0. \tag{7.2.13}$$

由此得出, 在 Σ 系中测得的运动物体的长度比起静止物体的长度缩短了, 即所谓动尺的 Lorentz 收缩效应 (Lorentz contraction)。

动尺的长度缩短并不是因为尺子运动而造成的物理上的收缩, 即不是在一个静止参考系中物体长度变短了, 而是相对论同时的相对性结果。在 Σ 系或 Σ' 系中测量尺的长度, 都必须在各自的坐标系中同时确定尺子的两个端点的空间坐标。但 Σ' 系的同时在 Σ 系看来并不同时, 反之亦然, 这就造成了动尺的缩短。另一方面, 长度的缩短效应也是相对的。在 Σ 系中观测到固定于 Σ' 系上的运动物体的长度缩短了。同样在 Σ' 系中观测, 固定于 Σ 系上的运动物体的长度也缩短了。需要注意, 在垂直于速度的方向上长度并没有变化。

7.2.5   因果律对速度的限制

同时的相对性是相对论的一个重要推论, 故两个事件的发生次序在不同惯性系看来有可能不同, 然而物理学必须要求因果律不被破坏, 相对论也必须保证因果律不被违反。

假设在 Σ 系中先后发生了互为因 (P_1) 果 (P_2) 的两个事件, 其时空坐标分别为

$$P_1\,(x_1, y_1, z_1, t_1)\,, \quad P_2\,(x_2, y_2, z_2, t_2)\,. \tag{7.2.14}$$

在 Σ' 系中这两个事件发生的时间间隔为

$$t_2' - t_1' = \gamma \left[t_2 - t_1 - \frac{v}{c^2}\,(x_2 - x_1) \right]. \tag{7.2.15}$$

当 $t_2 > t_1$ 时, 也许会有 $t_2' > t_1'$, $t_2' = t_1'$, 或者 $t_2' < t_1'$。即在 Σ 系看来是先后发生的两个事件, 在 Σ' 系看来可能是同时发生的, 也可能发生的次序是颠倒的, 这就带来一个问题, 即在相对论中因果律成立的条件是什么?

由于是互为因果关系, 假设在坐标 (x_1, y_1, z_1, t_1) 发生的事件 P_1 通过某种信号传递至 (x_2, y_2, z_2, t_2) 后导致事件 P_2 的发生, 信号传递速度为 u, 则两个事件之间的时间差应该大于或等于信号传递所需要的时间, 即

$$t_2 - t_1 \geqslant \frac{x_2 - x_1}{u}. \tag{7.2.16}$$

这样在 Σ' 系中的时间差为

$$\begin{aligned}
t_2' - t_1' &= \gamma \left[t_2 - t_1 - \frac{v}{c^2}\,(x_2 - x_1) \right] \geqslant \gamma \left[\frac{x_2 - x_1}{u} - \frac{v}{c^2}\,(x_2 - x_1) \right] \\
&= \gamma\,(t_2 - t_1) \left(1 - \frac{vu}{c^2} \right).
\end{aligned} \tag{7.2.17}$$

若因果关系不被颠倒, 即

$$t_2' - t_1' \geqslant 0. \tag{7.2.18}$$

则须满足

$$1 - \frac{vu}{c^2} \geqslant 0 \quad \Rightarrow \quad vu \leqslant c^2. \tag{7.2.19}$$

上式表明, 一切信号的传递速度都小于或等于光速, 任何物体的运动速度都小于光速。如果存在超光速的信号, 因果律就会被破坏。

7.2.6   四维时空

根据前面的讨论, 在相对论中时间和空间是紧密相关的, 三维空间和一维时间构成一个统一的整体。

我们知道, 三维空间的转动是满足距离不变的线性变换。对比一下, 不同惯性参考系之间的时空坐标变换——Lorentz 变换满足间隔不变性:

$$x_1'^{\,2} + x_2'^{\,2} + x_3'^{\,2} - c^2 t'^{\,2} = x_1^2 + x_2^2 + x_3^2 - c^2 t^2. \tag{7.2.20}$$

引入第四维虚数坐标, 即

$$x_4 = \mathrm{i}ct, \quad x_4' = \mathrm{i}ct'. \tag{7.2.21}$$

并定义四维时空:

$$\begin{cases} (x_\mu) = (x_1 = x, \ x_2 = y, \ x_3 = z, \ x_4 = \mathrm{i}ct), \\ (x_\mu') = (x_1' = x', \ x_2' = y', \ x_3' = z', \ x_4' = \mathrm{i}ct'). \end{cases} \tag{7.2.22}$$

Hermann Minkowski 用数学上的四维来描述这样的时空, 前三个维度表示一个点的空间坐标, 第四个维度表示一个物理事件在该点所发生的时刻, 也称之为 Minkowski 空间。

在四维时空, 间隔不变性表示成

$$S^2 = \sum_{\mu=1}^{4} x_\mu x_\mu = x_\mu x_\mu = x_\mu' x_\mu' = S'^2. \tag{7.2.23}$$

因此可以把间隔看成四维 Minkowski 空间的 "距离", 而 Lorentz 变换可以看成是四维时空 "位矢" 的一个 "转动" 变换。

在 Lorentz 变换中, 将 Σ' 系四维时空的第四分量表示为

$$x_4' = \mathrm{i}c\gamma \left(-\frac{\beta}{c}x_1 + t \right) = \gamma \left(-\mathrm{i}\beta x_1 + x_4 \right). \tag{7.2.24}$$

则从 Σ 系到 Σ' 系的时空坐标变换可表示为如下的矩阵形式:

$$\begin{pmatrix} x_1' \\ x_2' \\ x_3' \\ x_4' \end{pmatrix} = \begin{pmatrix} \gamma & 0 & 0 & \mathrm{i}\beta\gamma \\ 0 & 1 & 0 & 0 \\ 0 & 0 & 1 & 0 \\ -\mathrm{i}\beta\gamma & 0 & 0 & \gamma \end{pmatrix} \begin{pmatrix} x_1 \\ x_2 \\ x_3 \\ x_4 \end{pmatrix}. \tag{7.2.25}$$

或者

$$x_\mu' = L_{\mu\nu} x_\nu \quad (\mu, \nu = 1, 2, 3, 4). \tag{7.2.26}$$

容易验证, Lorentz 变换是正交变换, 即

$$\boldsymbol{L} = \begin{pmatrix} \gamma & 0 & 0 & \mathrm{i}\beta\gamma \\ 0 & 1 & 0 & 0 \\ 0 & 0 & 1 & 0 \\ -\mathrm{i}\beta\gamma & 0 & 0 & \gamma \end{pmatrix}. \tag{7.2.27}$$

满足正交变换条件:

$$\boldsymbol{L}^{-1} = \boldsymbol{L}^{\mathrm{T}} \quad \text{或者} \quad L_{\mu\nu} L_{\mu\alpha} = \delta_{\nu\alpha}. \tag{7.2.28}$$

因此从 Σ' 系到 Σ 系的时空坐标变换为

$$x_\mu = L_{\mu\nu}^{\mathrm{T}} x_\nu' = L_{\nu\mu} x_\nu' \quad (\mu, \nu = 1, 2, 3, 4). \tag{7.2.29}$$

7.3 电动力学规律的协变形式

对于两个相对彼此存在匀速运动的惯性参考系而言, 实际上之前给出的电动力学方程 (包括 Maxwell 方程组以及 Lorentz 力等) 都可以保持其方程的形式不变。不过要证明这一点, 如果直接运用 Lorentz 变换, 由于牵涉到许多偏微分运算, 过程会显得非常繁琐。接下来设法将 Maxwell 方程组等物理定律表示成新的形式, 使得它们直观上看就具有协变性。

7.3.1 Lorentz 张量

惯性参考系的时空坐标变换——Lorentz 变换相当于四维时空的一种转动。仿照物理量在三维空间变换的性质及其分类, 亦可以依照在四维时空转动下物理量的变换性质, 将物理量划分为零阶 Lorentz 张量或 Lorentz 标量, 一阶 Lorentz 张量或四维矢量, 和二阶 Lorentz 张量。当然, 这里的 Lorentz 标量、四维矢量、二阶 Lorentz 张量与之前熟悉的三维空间中的物理量 (标量、矢量、张量) 必然有着某种联系。

一般地, 定义在 Lorentz 变换下保持不变的物理量为 Lorentz 标量, 也称之为相对论不变量, 例如真空中的光速 c、电荷的电荷量 q、两个事件的间隔 $S^2 = x_\mu x_\mu$ 都是 Lorentz 标量。

所谓四维时空的矢量 (U_μ), 一般有四个分量, $\mu = 1, 2, 3, 4$。在彼此存在匀速运动的惯性参考系之间, 四维矢量 (U_μ) 按照 Lorentz 变换有

$$U'_\mu = L_{\mu\nu} U_\nu. \tag{7.3.1}$$

例如四维时空坐标矢量 $(x_\mu) = (\vec{x}, ict)$, 以及与此相关的 $(dx_\mu) = (d\vec{x}, icdt)$, $(\partial/\partial x_\mu) = (\nabla, \partial/\partial x_4)$ 都是四维矢量。

二阶 Lorentz 张量 $(T_{\mu\nu})$ 一般具有 16 个分量, 在不同惯性参考系之间 $T_{\mu\nu}$ 满足如下变换关系:

$$T'_{\mu\nu} = L_{\mu\lambda} L_{\nu\delta} T_{\lambda\delta}. \tag{7.3.2}$$

例题 7.3.1   证明任意两个四维矢量 (A_μ) 和 (k_μ) 的标积是 Lorentz 标量。

解: 在四维时空, Lorentz 变换代表一个四维时空的一种转动, 转动之后四维矢量的分量会发生改变, 考虑两个四维矢量 (A_μ) 和 (k_μ) 标积的变换:

$$A'_\mu k'_\mu = L_{\mu\alpha} A_\alpha L_{\mu\beta} k_\beta = \delta_{\alpha\beta} A_\alpha k_\beta = A_\alpha k_\alpha. \tag{7.3.3}$$

可见, 在 Lorentz 变换下标积保持不变。因此 d'Alembert 算符

$$\Box^2 = \left(\nabla^2, -\frac{1}{c^2} \frac{\partial^2}{\partial t^2} \right) = \frac{\partial}{\partial x_\mu} \frac{\partial}{\partial x_\mu}, \tag{7.3.4}$$

也是 Lorentz 标量。此外, 有

$$dx_\mu dx_\mu = (d\vec{x}^2, -c^2 dt^2), \tag{7.3.5}$$

以及四维时空的体积元:

$$
\begin{aligned}
\mathrm{d}x_1'\mathrm{d}x_2'\mathrm{d}x_3'\mathrm{d}x_4' &= \left| \frac{\partial\,(x_1', x_2', x_3', x_4')}{\partial\,(x_1, x_2, x_3, x_4)} \right| \mathrm{d}x_1\mathrm{d}x_2\mathrm{d}x_3\mathrm{d}x_4 \\
&= \left| \det L \right| \mathrm{d}x_1\mathrm{d}x_2\mathrm{d}x_3\mathrm{d}x_4 \\
&= \mathrm{d}x_1\mathrm{d}x_2\mathrm{d}x_3\mathrm{d}x_4,
\end{aligned} \tag{7.3.6}
$$

也都是 Lorentz 不变量。与四维时空二阶张量相关的不变量后面会提及。

7.3.2　电荷守恒定律的协变形式及四维电流密度

对于一个孤立系统, 系统的总电荷量守恒, 与参考系的运动无关, 系统的总电荷是 Lorentz 不变量。有了四维坐标 $x_4 = \mathrm{i}ct$, 电荷守恒定律 $\nabla \cdot \vec{J} + \partial\rho/\partial t = 0$ 可改写成

$$
\frac{\partial J_1}{\partial x_1} + \frac{\partial J_2}{\partial x_2} + \frac{\partial J_3}{\partial x_3} + \frac{\partial\,(\mathrm{i}c\rho)}{\partial\,(\mathrm{i}ct)} = 0. \tag{7.3.7}
$$

为此定义第四维电流密度分量 J_4 为

$$
J_4 = \mathrm{i}c\rho. \tag{7.3.8}
$$

从而将电流密度、电荷密度统一为四维电流密度矢量:

$$
(J_\mu) = (\vec{J}, \mathrm{i}c\rho) = (J_1, J_2, J_3, \mathrm{i}c\rho). \tag{7.3.9}
$$

相应地, 电荷守恒定律的协变形式为

$$
\frac{\partial J_\mu}{\partial x_\mu} = 0. \tag{7.3.10}
$$

等式左边为 Lorentz 标量, 右边是常数项, 因此上述形式对任意惯性参考系均成立。

7.3.3　d'Alembert 方程的协变形式及四维势

回顾第六章 6.1.3 小节, 在 Lorenz 规范下 Maxwell 方程组简化为如下的 d'Alembert 方程:

$$
\begin{cases} \Box^2 \vec{A} = -\mu_0 \vec{J}, \\ \Box^2 \varphi = -\mu_0 c^2 \rho. \end{cases} \tag{7.3.11}
$$

根据四维电流密度矢量的定义 (7.3.9) 式, 可将 d'Alembert 方程改写成

$$
\begin{cases} \Box^2 \vec{A} = -\mu_0 \vec{J}, \\ \Box^2 \left(\dfrac{\mathrm{i}\varphi}{c} \right) = -\mu_0 J_4. \end{cases} \tag{7.3.12}
$$

定义四维势为

$$
(A_\mu) = \left(A_1, A_2, A_3, \frac{\mathrm{i}\varphi}{c} \right). \tag{7.3.13}
$$

可见, d'Alembert 方程也具有 Lorentz 协变形式, 即

$$
\Box^2 A_\mu = -\mu_0 J_\mu \quad (\mu = 1, 2, 3, 4). \tag{7.3.14}
$$

等号左边是四维矢量, 右边也是四维矢量。有了四维时空坐标和四维势, Lorenz 规范辅助条件也可写成 Lorentz 协变形式:

$$\frac{\partial A_\mu}{\partial x_\mu} = 0. \tag{7.3.15}$$

例题 7.3.2　实验室参考系中有一匀速运动的点电荷 q, 求其所产生的四维势。

解: 在点电荷的静止参考系中建立 Σ' 参考系, 点电荷位于坐标原点, 如图 7–9 所示, 则在 Σ' 系中有

$$\vec{A}' = 0, \quad \varphi'(r') = \frac{q}{4\pi\varepsilon_0 r'}.$$

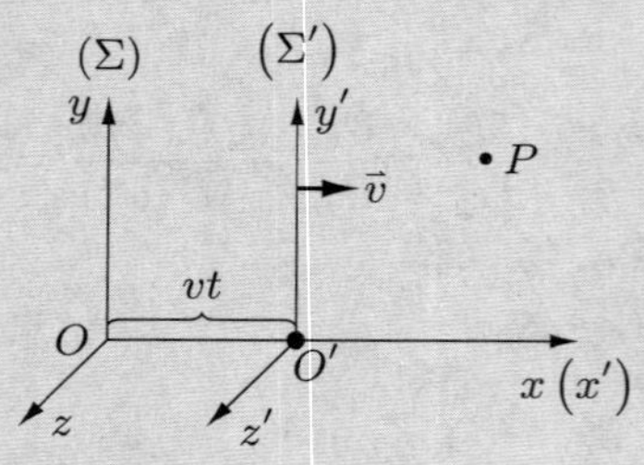

图 7–9

这里的 r' 为 Σ' 系中场点相对其坐标原点 O' 的位矢大小。因此在 Σ' 系中四维势为

$$(A'_\mu) = \left(0, 0, 0, \frac{\mathrm{i}q}{4\pi\varepsilon_0 cr'}\right).$$

由 Lorentz 变换 $A_\mu = L^{\mathrm{T}}_{\mu\nu} A'_\nu = L_{\nu\mu} A'_\nu$, 得到 Σ 系中四维势分量为

$$A_1 = L_{41} A'_4 = -\mathrm{i}\beta\gamma A'_4 = \gamma v \frac{q}{4\pi\varepsilon_0 c^2 r'} = \frac{v}{c^2}\varphi,$$

$$A_2 = 0, \quad A_3 = 0,$$

$$A_4 = L_{44} A'_4 = \gamma A'_4, \quad \Rightarrow \quad \varphi = \gamma\varphi' = \gamma \frac{q}{4\pi\varepsilon_0 r'}.$$

假设沿 $x(x')$ 方向运动的点电荷经过 Σ 系坐标原点时, 位于坐标原点处的时钟 $t = 0$。根据 Lorentz 变换, 将 r' 用 Σ 系中的坐标 r 表示:

$$r' = \sqrt{x'^2 + y'^2 + z'^2} = \sqrt{\gamma^2(x - vt)^2 + y^2 + z^2}.$$

代入得到实验室参考系中的电磁势为

$$\varphi = \gamma \frac{q}{4\pi\varepsilon_0 r'} = \frac{1}{4\pi\varepsilon_0} \frac{q}{\sqrt{(x - vt)^2 + \gamma^{-2}(y^2 + z^2)}},$$

$$\vec{A} = \frac{\vec{v}}{c^2}\varphi = \frac{\mu_0}{4\pi} \frac{q\vec{v}}{\sqrt{(x - vt)^2 + \gamma^{-2}(y^2 + z^2)}}.$$

7.3.4 多普勒 (Doppler) 效应及光行差

波的相位也是 Lorentz 不变量。由于在不同参考系中波形是相同的, 因此其在不同惯性参考系中的相位亦相同。

设在 Σ 系中光波波矢和圆频率分别为 $(\vec{k}, \omega)$。考虑到四维时空的第四维坐标 $x_4 = \mathrm{i}ct$, 相位可写成

$$\phi = \vec{k} \cdot \vec{x} - \omega t = k_1 x_1 + k_2 x_2 + k_3 x_3 + \left(\frac{\mathrm{i}\omega}{c}\right)(\mathrm{i}ct).$$

由此定义四维波矢为

$$(k_\mu) = \left(k_1, k_2, k_3, \frac{\mathrm{i}\omega}{c}\right) = (\vec{k}, k_4). \tag{7.3.16}$$

其中四维波矢的第四分量为 $k_4 = \mathrm{i}\omega/c$, 因此相位就是两个四维矢量的标积, 即

$$\phi = k_\mu x_\mu. \tag{7.3.17}$$

设 Σ' 系相对 Σ 系沿着共同的 $x'(x)$ 轴以速度 v 运动, 则两个惯性系中四维波矢的变换亦服从 Lorentz 变换, 即

$$k'_\mu = L_{\mu\nu} k_\nu. \tag{7.3.18}$$

根据 (7.3.18) 式, 可得

$$\begin{cases} k'_x = \gamma k_x + \mathrm{i}\beta\gamma \left(\dfrac{\mathrm{i}\omega}{c}\right), \\ k'_y = k_y, \quad k'_z = k_z, \\ \dfrac{\mathrm{i}\omega'}{c} = -\mathrm{i}\beta\gamma k_x + \gamma \left(\dfrac{\mathrm{i}\omega}{c}\right). \end{cases} \tag{7.3.19}$$

或者

$$\begin{cases} k'_x = \gamma \left(k_x - \dfrac{\beta\omega}{c}\right), \\ k'_y = k_y, \quad k'_z = k_z, \\ \omega' = \gamma(-v k_x + \omega). \end{cases} \tag{7.3.20}$$

由于与速度垂直方向的波矢分量不发生变化, 因此上面各等式又可推广为如下形式:

$$\begin{cases} \vec{k}'_{/\!/} = \gamma \left(\vec{k}_{/\!/} - \dfrac{\omega}{c^2}\vec{v}\right), \\ \vec{k}'_\perp = \vec{k}_\perp, \\ \omega' = \gamma(-\vec{v} \cdot \vec{k} + \omega). \end{cases} \tag{7.3.21}$$

而从 Σ' 系到 Σ 系的四维波矢的 Lorentz 变换, 可给出如下的关系式:

$$\begin{cases} \vec{k}_{/\!/} = \gamma \left(\vec{k}'_{/\!/} + \dfrac{\omega'}{c^2} \vec{v} \right), \\ \vec{k}_\perp = \vec{k}'_\perp, \\ \omega = \gamma \left(\vec{v} \cdot \vec{k}' + \omega' \right). \end{cases} \tag{7.3.22}$$

如图 7–10 所示, 假设在 Σ 系中观测到光源沿着 $x'(x)$ 轴以速度 v 运动, Σ' 系为光源静止的参考系, 在 Σ' 系中光波波矢 $\vec{k}'$ 与 x' 轴的夹角为 θ', 但在 Σ 系中观测到波矢 $\vec{k}$ 与 x 轴的夹角为 θ, 则波矢分量与圆频率之间有如下关系:

$$\begin{cases} k'_x = \dfrac{\omega'}{c} \cos\theta', \quad k'_y = \dfrac{\omega'}{c} \sin\theta', \\ k_x = \dfrac{\omega}{c} \cos\theta, \quad\ \ k_y = \dfrac{\omega}{c} \sin\theta. \end{cases} \tag{7.3.23}$$

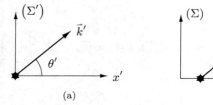

图 7–10

求解得

$$\begin{cases} \tan\theta' = \dfrac{\sin\theta}{\gamma(\cos\theta - \beta)}, \\ \omega' = \gamma\left(-\beta\cos\theta + 1\right)\omega. \end{cases} \tag{7.3.24}$$

上述第一个关系式表明, 对比在相对光源静止的参考系的观测结果, 同一束光在实验室参考系中观测其传播方向发生变化, 称之为光行差现象 (Aberration)。第二个关系式表明, 同一束光的频率在两个参考系中观测也存在差异, 称之为 Doppler 效应 (Christian Andreas Doppler, 克里斯蒂安·安德烈亚斯·多普勒, 1803—1853, 奥地利数学家和物理学家, 1842 年首次观测到来自双星座光谱中的上述频移效应)。

设 $\omega' = \omega_0$ 为静止的光源辐射时探测器 (相对观测者也是静止的) 所测量到的频率。图 7–11 展示了静止光源辐射的电磁波在某一时刻空间等相面分布的示意图 (截面), 这些等相面构成了一系列等间距的同心球面。

根据结论 (7.3.24) 式, 实验室参考系 (Σ 系) 中观测者观测到一个运动光源的辐射圆频率为

$$\omega = \frac{\omega_0}{\gamma(1 - \beta\cos\theta)}. \tag{7.3.25}$$

这表明频率的差异依赖于在实验室参考系中光束传播方向与光源运动方向之间的

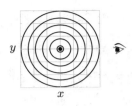

图 7-11

夹角。现在来讨论几个具体的情况:

（Ⅰ）若光源向着实验室中的观测者运动 ($\theta = 0$), 如图 7-12 所示, 则有

$$\omega = \omega_0 \sqrt{\frac{1 + \beta}{1 - \beta}}. \tag{7.3.26}$$

在 $\beta = v/c \ll 1$ 的情况下有

$$\Delta\omega = \omega - \omega_0 \approx +\beta\omega_0. \tag{7.3.27}$$

此时观测到的光源辐射的波长减小, 波长发生蓝移。由于运动是相对的, 因此当观测者向着静止的光源运动时所观测到的辐射频率也会产生同样的蓝移。

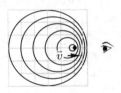

图 7-12

（Ⅱ）若光源远离实验室中的观测者远去 ($\theta = \pi$), 如图 7-13 所示, 则有

$$\omega = \omega_0 \sqrt{\frac{1 - \beta}{1 + \beta}}, \quad \Delta\omega = \omega - \omega_0 \approx -\beta\omega_0 \quad (\beta \ll 1). \tag{7.3.28}$$

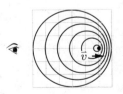

图 7-13

此时观测到运动光源辐射光的频率降低, 波长变长, 波长发生红移。一个例证就是与静止光源的特征谱线相比, 来自遥远星系的电离钙特征谱线波长向长波方向移动, 并可根据辐射红移量可估算出星系远离地球的速度。

（Ⅲ）若 θ 为其他任意角度, 且 $\beta \ll 1$, 则根据 (7.3.25) 式, 有

$$\Delta\omega = \omega - \omega_0 \approx \beta \cos\theta \omega_0. \tag{7.3.29}$$

以上所讨论的三种情形属于经典 Doppler 效应, 原因是其在非相对论下亦成立, 即在 (7.3.25) 式中忽略相对论效应因子 ($\gamma^{-1} \approx 1$), 照样可以得到上述结论。

一个有趣的情形是 $\theta = \pi/2$, 由 (7.3.25) 式得相应的频移为

$$\omega = \frac{\omega_0}{\gamma}, \quad \Delta\omega = \omega - \omega_0 \approx -\frac{1}{2}\beta^2\omega_0. \tag{7.3.30}$$

称之为横向 Doppler 效应, 这是相对论效应, Newton 力学并不存在这一物理效应。由于这里 $\Delta\omega \propto \beta^2$, 相比 $\theta = 0, \pi$ 情形, 横向 Doppler 效应弱得多。

---

*课外阅读: 基于 Doppler 效应验证时间膨胀效应

根据 (7.3.25) 式, 运动的原子辐射出来的光源频率 (ω) 与在原子静止参考系中观察到的辐射频率 (ω_0) 之间存在如下关系:

$$\omega = \frac{\omega_0}{\gamma\left(1 - \beta\cos\theta\right)}. \tag{7.3.31}$$

这里 θ 为实验室参考系中观察到的辐射方向与原子运动方向之间的夹角。因此, 在平行 ($\theta = 0$) 和反平行 ($\theta = \pi$) 于粒子运动方向上所观测到的辐射频率 ($\omega_{\mathrm{p}}, \omega_{\mathrm{a}}$) 分别为

$$\omega_{\mathrm{p}} = \frac{\omega_0}{\gamma\left(1 - \beta\right)}, \quad \omega_{\mathrm{a}} = \frac{\omega_0}{\gamma\left(1 + \beta\right)}. \tag{7.3.32}$$

从而在相对论理论中有以下严格的关系式:

$$\frac{\omega_{\mathrm{p}}\omega_{\mathrm{a}}}{\omega_0^2} \equiv 1. \tag{7.3.33}$$

即 $\omega_{\mathrm{p}}\omega_{\mathrm{a}}/\omega_0^2$ 与 γ 因子无关, 这是狭义相对论时间膨胀的结果。

稍加思考, 你会发现, 如果固守 Galileo 相对性原理, 则 ω_{p}、ω_{a} 以及 $\omega_{\mathrm{p}}\omega_{\mathrm{a}}/\omega_0^2$ 分别表示为

$$\omega_{\mathrm{p}} = \frac{\omega_0}{1 - \beta}, \quad \omega_{\mathrm{a}} = \frac{\omega_0}{1 + \beta}, \quad \frac{\omega_{\mathrm{p}}\omega_{\mathrm{a}}}{\omega_0^2} = \frac{1}{1 - \beta^2} \neq 1. \tag{7.3.34}$$

在 $\beta \ll 1$ 的情况下由上式得出

$$\frac{\omega_{\mathrm{p}}\omega_{\mathrm{a}}}{\omega_0^2} = \frac{1}{1 - \beta^2} \approx 1 + \beta^2 + o(\beta^4). \tag{7.3.35}$$

即基于 Galileo 相对性原理得到的相应结果应包含有 β^2 修正项。因此也可以借助这一点来验证时间膨胀效应是否准确, 尽管这是一个二阶小量。如果实验精度足够高但最终测量的贡献非常小, 则证明相对论时间膨胀结果 (7.3.33) 式的正确性。1938 年, H. E. Ives 和 G. R. Stilwell 通过测量相对于原子运动的前后两个方向氢管射线的 Doppler 频移, 首次在实验上证实狭义相对论时间膨胀效应 [3], 测量精度给出 (7.3.33) 式准确到 1%。

最近, G. Gwinner 团队报道了一种到目前为止最为精确的实验验证方法 [4], 来证实时间膨胀效应。他们采用高速运动光学原子钟和先进的 Li^+ 离子束储存

---

[3] H. E. Ives and G. R. Stilwell, *An Experimental Study of the Rate of a Moving Atomic Clock*, J. Opt. Soc. Am. **28**, 215 (1938).

[4] S. Reinhardt *et al.*, *Test of Relativistic Time Dilation with Fast Optical Atomic Clocks at Different Velocities*, Nature Physics **3**, 861 (2007).

及冷却技术。同时，为了减少系统误差，实验采用两种不同运动速度的 Li^+ 原子钟，分别对应 $\beta_1 \approx 0.030$ 和 $\beta_2 \approx 0.064$，借助 (7.3.35) 式得

$$\frac{\omega_p(\beta_2)\,\omega_a(\beta_2)}{\omega_p(\beta_1)\,\omega_a(\beta_1)} = \frac{1+\alpha\beta_2^2}{1+\alpha\beta_1^2} \approx 1 + \alpha\left(\beta_2^2 - \beta_1^2\right). \tag{7.3.36}$$

实验测到的精度达到

$$\alpha = (-4.8 \pm 8.4) \times 10^{-8}.$$

7.3.5 Doppler 效应应用

Doppler 效应有很多重要的应用，例如利用这一效应可以测定流体的速度。

具体来说，当一束激光入射到流体上时，流体中的颗粒会成为新的辐射源向外发出散射光 (其实液体中每个运动分子都是辐射源，这里通过掺入一定浓度的颗粒，以获得足够强的散射光)。需要注意的是，在一般情况下这里会存在双重 Doppler 效应。首先，由于粒子在运动，在粒子的参考系中它接收到的激光频率不同于激光本身 (实验室中光源) 的频率 (ω_0)，这也是这些粒子被极化的外场频率，粒子在其静止参考系中将以这样的频率向外辐射；其次，考虑到粒子的运动，因此在实验室参考系中所观察到运动粒子向外辐射 (散射光) 的频率还依赖于散射方向与粒子运动方向的夹角。

如图 7–14 所示，沿着流体表面的面法线两侧采用两束激光等角度入射到流体表面。流体中粒子运动方向与两束入射光的入射方向之间的夹角分别为 $\pi/2 \pm \alpha$，由 (7.3.25) 式得，这些运动粒子 (在其静止参考系中) 所感受到的激光频率分别为

$$\omega'_\Sigma = \gamma\omega_0\left[1 - \beta\cos\left(\frac{\pi}{2}\pm\alpha\right)\right] = \gamma\omega_0(1\pm\beta\sin\alpha). \tag{7.3.37}$$

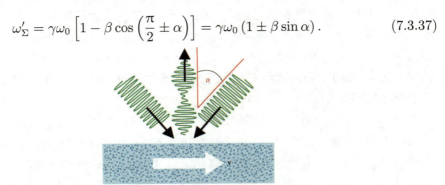

图 7–14   由 Phys. Today 提供 [5]，特致谢。

在实验室参考系中，若是在垂直于流体运动方向来观测散射光，则根据 (7.3.29) 式，沿此方向粒子所产生的散射光的频率不发生改变 [忽略相对论效应，参见 (7.3.30) 式]，即

$$\omega_\Sigma = \omega'_\Sigma = \gamma\omega_0(1\pm\beta\sin\alpha) = \omega_{1,2}. \tag{7.3.38}$$

这两种频率的散射光会发生干涉。设沿着与液面垂直的方向两束散射光的电场分

[5]   M. Padgett, *A New Twist on the Doppler Shift*, Phys. Today **67**, 58 (2014).

别表示为

$$\begin{cases} E_1 = E_0 e^{i(k_1 z - \omega_1 t + \phi_0)} = E_0 e^{i(k_1 z + \phi_0)} e^{-i\gamma\omega_0(1 - \beta\sin\alpha)t}, \\ E_2 = E_0 e^{i(k_2 z - \omega_2 t + \phi_0)} = E_0 e^{i(k_2 z + \phi_0)} e^{-i\gamma\omega_0(1 + \beta\sin\alpha)t}. \end{cases} \tag{7.3.39}$$

则干涉形成的叠加光强为

$$\begin{aligned} I &= (E_1 + E_2) \cdot (E_1 + E_2)^* \\ &= 2E_0^2 \left\{ 1 + \cos\left[(k_1 - k_2) z + (2\gamma\omega_0\beta\sin\alpha) t \right] \right\}. \end{aligned} \tag{7.3.40}$$

即在垂直液面方向观察, 来自两束入射光的散射光会互相干涉形成拍, 散射光光强调制频率为

$$f_{\text{mod}} = \frac{2\omega_0\beta\gamma\sin\alpha}{2\pi} = 2f_0\beta\gamma\sin\alpha = \frac{2v\gamma\sin\alpha}{\lambda_0}. \tag{7.3.41}$$

散射光光强以频率 f_{mod} 振荡, 通过测量该调制频率便能获取液体的流速 v。

*课外阅读: 旋转运动光源的 Doppler 效应

以上所讨论的光的 Doppler 效应都限于光源平行运动。一个自然的疑问便是, 当一个光源自身旋转起来是否也会有类似的频移效应? 答案是肯定的。有关这方面的研究最早可以追溯至 20 世纪 70 年代, 科学家提出当一束圆偏振光的光源以出射光的传输方向为转轴旋转起来后, 其频率也会发生偏移, 偏移量为 [6]

$$\Delta\omega = \sigma\Omega. \tag{7.3.42}$$

式中 $\sigma = \pm 1$ 用于描述光的左旋和右旋偏振, Ω 为光源的自转速率。圆偏振光在传输过程中其电矢量绕着传输方向作圆周运动, 圆周运动的频率便是其自身的频率。为了从直观上理解这一频移现象, 可以拿生活中常见的秒表来做类比: 这里圆偏振光的电矢量好比秒表的秒针, 秒表运行时其固有转速便相当于光频; 若将秒表的表盘 (朝上) 放在转台上, 通过改变转台的转速, 便能轻易改变秒针的转速, 从而产生频移。

Doppler 效应不仅存在于具有圆偏振态 (也可以称作自旋角动量) 的转动光源, 对于一种被称为具有轨道角动量的空间模式光源亦有类似效应。光场的轨道角动量可追溯至 20 世纪 30 年代, 当时 C. G. Darwin 通过原子跃迁研究提出, 由于轨道角动量守恒的需要, 高阶跃迁辐射的光子在自旋角动量之外还存在着一种类似于轨道角动量的自由度 [7]。

直到 1992 年, L. Allen 等认识到在实验上可以通过一些手段将激光束进行变换, 使得每个光子都实实在在地拥有轨道角动量 [8]。光子一旦拥有轨道角动量, 其等相位面与传输方向不再垂直, 而是以传输方向为轴、以螺旋的方式前进。对这样的光场, 若在与传输方向垂直的平面上观察, 会发现光场的相位分布可用

[6] B. A. Garetz, *Angular Doppler Effect*, J. Opt. Soc. Am. **71**, 609 (1981).

[7] C. G. Darwin, *Notes on the Theory of Radiation*, Proc. R. Soc. Lond. A **136**, 36 (1932).

[8] L. Allen *et al.*, *Orbital Angular-momentum of Light and the Transformation of Laguerre-Gaussian Laser Modes*, Phys. Rev. A **45**, 8185 (1992).

$\ell\theta$ 描述, 其中 θ 为极角, ℓ 取任意整数, 因此每个光子携带的轨道角动量为 $\ell\hbar$。

我们亦可将生活中熟悉的东西与光场的轨道角动量的图像联系起来。比如, 对于轨道角动量 $\ell = 1$ 的光场, 其等相位面好比一颗螺丝钉的螺纹, 光场的传输就像拧螺丝一样向前或向后旋转; 对于 $\ell = 2$ 的光场, 其等相位面则为两个缠绕螺旋面, 类似于 DNA 的双链。说到这里, 便可觉察到对于含有轨道角动量的光场也应存在 Doppler 效应, 相关理论在 20 世纪 90 年代被提出 [9], 随后便在微波光子中被观察到 [10]。

2013 年, 有关 Doppler 效应的研究被再次拓展。科学家们思考的问题变成了若将一束具有轨道角动量的光束入射到旋转物体的粗糙表面会有怎样的现象发生。研究表明, 在这里旋转物体的反射面便充当了前面例子中的流体, 反射光场同样会获得频移 [11], 即

$$\Delta\omega = \ell\Omega. \tag{7.3.43}$$

需要注意的是, 旋转 Doppler 效应中的频移只与光的角动量和散射物体的旋转速率有关, 而与光的初始频率无关, 这一点完全不同于平移 Doppler 效应。利用轨道角动量的 Doppler 效应, 可以测量一个粗糙表面的转速。例如, 类似利用两束激光进行表面测速, 将轨道角动量异号的两束激光照射到待测旋转物体表面, 如图 7−15 所示。由于反射光场的频移反号, 反射光干涉亦形成拍频, 光强的调制圆频率为

$$f_{\mathrm{mod}} = \frac{2|\ell|\Omega}{2\pi},$$

旋转 Doppler 效应有望应用于转动的灵敏测量, 例如转动天体、大气等流体中的湍流或涡流等。无论如何, 尽管距离首次发现 Doppler 效应已经过去 150 多年, 对于经典波动物理的进一步理解仍旧能为我们 "转出" 一则惊喜。

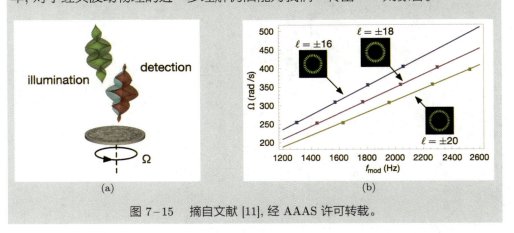

图 7−15　摘自文献 [11], 经 AAAS 许可转载。

[9]　I. Bialynicki-Birula and Z. Bialynicka-Birula, *Rotational Frequency Shift*, Phys. Rev. Lett. **78**, 2539 (1997).

[10]　J. Courtial *et al.*, *Measurement of the Rotational Frequency Shift Imparted to a Rotating Light Beam Possessing Orbital Angular Momentum*, Phys. Rev. Lett. **80**, 3217 (1998).

[11]　M. P. Lavery *et al.*, *Detection of a Spinning Object Using Light's Orbital Angular Momentum*, Science **341**, 537 (2013).

7.3.6 物理定律的协变形式

在四维时空从一个惯性系变换到另一个惯性系时, 物理量按照一定的方式变换。根据 Einstein 相对性原理, 由物理量构成的物理定律应保持其方程的形式不变, 即具有协变性。按照这一要求, 满足 Lorentz 协变性的物理定律一般可写成如下张量形式方程:

$$C_\mu = G_{\mu\nu}A_\nu + B_\mu. \tag{7.3.44}$$

其中 (C_μ)、(A_ν)、(B_μ) 为四维矢量, $(G_{\mu\nu})$ 为二阶张量。可以验证, 上述方程经 Lorentz 变换后形式仍保持不变。

设 $C_\alpha = G_{\alpha\beta}A_\beta + B_\alpha$, 在 Lorentz 变换下 C_α 变为 C'_μ, 并且有

$$\begin{aligned}C'_\mu &= L_{\mu\alpha}C_\alpha = L_{\mu\alpha}(G_{\alpha\beta}A_\beta + B_\alpha) = L_{\mu\alpha}G_{\alpha\beta}\delta_{\beta\lambda}A_\lambda + L_{\mu\alpha}B_\alpha \\ &= L_{\mu\alpha}L_{\nu\beta}G_{\alpha\beta}L_{\nu\lambda}A_\lambda + L_{\mu\alpha}B_\alpha.\end{aligned} \tag{7.3.45}$$

这里利用了 Lorentz 变换的正交性 $L_{\mu\alpha}L_{\mu\beta} = \delta_{\alpha\beta}$, 四维矢量变换 $A'_\nu = L_{\nu\lambda}A_\lambda$, $B'_\mu = L_{\mu\alpha}B_\alpha$, 以及四维时空二阶张量的变换关系 $G'_{\mu\nu} = L_{\mu\alpha}L_{\nu\beta}G_{\alpha\beta}$, 最后得

$$C'_\mu = G'_{\mu\nu}A'_\nu + B'_\mu. \tag{7.3.46}$$

可见方程左、右两边的形式依然保持不变。一个方程若能写成 Lorentz 变换下的协变形式, 即表明它满足 Einstein 相对性原理。

7.3.7 电磁场张量

前面已经看到, d'Alembert 方程具有 Lorentz 协变性, 而该方程是通过引入矢势和标势并在 Lorenz 规范下从 Maxwell 方程组得到的。实际上, Maxwell 方程组本身也满足 Lorentz 协变性。要看出这一点, 需要把电磁量表示成四维时空的二阶 Lorentz 张量形式。

首先, 由 $\vec{B} = \nabla \times \vec{A}$ 得

$$\begin{cases} B_1 = \dfrac{\partial A_3}{\partial x_2} - \dfrac{\partial A_2}{\partial x_3}, \\ B_2 = \dfrac{\partial A_1}{\partial x_3} - \dfrac{\partial A_3}{\partial x_1}, \\ B_3 = \dfrac{\partial A_2}{\partial x_1} - \dfrac{\partial A_1}{\partial x_2}. \end{cases} \tag{7.3.47}$$

由

$$\vec{E} = -\nabla\varphi - \frac{\partial \vec{A}}{\partial t} = \mathrm{i}c\left[\nabla\left(\mathrm{i}\frac{\varphi}{c}\right) - \frac{\partial \vec{A}}{\partial(\mathrm{i}ct)}\right] = \mathrm{i}c\left(\nabla A_4 - \frac{\partial \vec{A}}{\partial x_4}\right),$$

得

$$\begin{cases} E_1 = \mathrm{i}c\left(\dfrac{\partial A_4}{\partial x_1} - \dfrac{\partial A_1}{\partial x_4}\right), \\ E_2 = \mathrm{i}c\left(\dfrac{\partial A_4}{\partial x_2} - \dfrac{\partial A_2}{\partial x_4}\right), \\ E_3 = \mathrm{i}c\left(\dfrac{\partial A_4}{\partial x_3} - \dfrac{\partial A_3}{\partial x_4}\right). \end{cases} \tag{7.3.48}$$

即电磁场 $(\vec{E}, \vec{B})$ 可以表示成四维势在广义上的旋度。在四维时空, 定义电磁场张

量$(F_{\mu\nu})$ 为

$$F_{\mu\nu} = \frac{\partial A_\nu}{\partial x_\mu} - \frac{\delta A_\mu}{\bar{c} x_\nu}. \tag{7.3.49}$$

显然 $(F_{\mu\nu})$ 是一个二阶反对称四维张量, 只有六个独立分量, 即

$$(F_{\mu\nu}) = \begin{pmatrix} 0 & F_{12} & F_{13} & F_{14} \\ -F_{12} & 0 & F_{23} & F_{24} \\ -F_{13} & -F_{23} & 0 & F_{34} \\ -F_{14} & -F_{24} & -F_{34} & 0 \end{pmatrix}. \tag{7.3.50}$$

结合 (7.3.47) 式和 (7.3.48) 式, 可知

$$(F_{\mu\nu}) = \begin{pmatrix} 0 & B_3 & -B_2 & -\mathrm{i}c^{-1}E_1 \\ -B_3 & 0 & B_1 & -\mathrm{i}c^{-1}E_2 \\ B_2 & -B_1 & 0 & -\mathrm{i}c^{-1}E_3 \\ \mathrm{i}c^{-1}E_1 & \mathrm{i}c^{-1}E_2 & \mathrm{i}c^{-1}E_3 & 0 \end{pmatrix}. \tag{7.3.51}$$

即放在四维时空来看, 电磁场 $(\vec{E}, \vec{B})$ 构成了一个二阶反对称张量, 六个独立分量正好对应电场、磁场三维空间的六个分量。

对于电磁场张量, 容易证明

$$F_{\mu\nu}F_{\mu\nu} = F_{\mu\nu}F_{\nu\mu}^{\mathrm{T}} = \left(\boldsymbol{F}\boldsymbol{F}^{\mathrm{T}} \right)_{\mu\mu} = \mathrm{Tr}\left(\boldsymbol{F}\boldsymbol{F}^{\mathrm{T}} \right) = 2\left(\vec{B}^2 - \frac{1}{c^2}\vec{E}^2 \right). \tag{7.3.52}$$

$$\det \boldsymbol{F} = -\frac{1}{c^2}(\vec{E} \cdot \vec{B})^2. \tag{7.3.53}$$

因此 $\vec{E} \cdot \vec{B}$ 和 $\vec{B}^2 - c^{-2}\vec{E}^2$ 都是 Lorentz 不变量。

7.3.8 Maxwell 方程组协变形式

有了电磁场张量的定义, 可将 Maxwell 方程组写成协变形式。例如, 由 $F_{i4} = -F_{4i} = -\mathrm{i}c^{-1}E_i \, (i = 1, 2, 3)$, 可将 Maxwell 方程组中的 $\nabla \cdot \vec{E} = \rho/\varepsilon_0$ 改写为

$$\frac{\partial E_i}{\partial x_i} = \mathrm{i}c\frac{\partial F_{i4}}{\partial x_i} = -\mathrm{i}c\mu_0 J_4 \quad (i = 1, 2, 3).$$

由于 $F_{44} = 0$, 上式进一步改写为

$$\frac{\partial F_{4\nu}}{\partial x_\nu} = \mu_0 J_4 \quad (\nu = 1, 2, 3, 4). \tag{7.3.54}$$

而根据 Maxwell 方程的分量 $(\nabla \times \vec{B} - c^{-2}\partial \vec{E}/\partial t)_1 = \mu_0 J_1$, 则有

$$\frac{\partial B_3}{\partial x_2} - \frac{\partial B_2}{\partial x_3} - \frac{\mathrm{i}}{c}\frac{\partial E_1}{\partial (\mathrm{i}ct)} = \frac{\partial F_{12}}{\partial x_2} - \frac{\partial (-F_{13})}{\partial x_3} + \frac{\partial F_{14}}{\partial x_4} = \frac{\partial F_{1\nu}}{\partial x_\nu}.$$

这里同样利用了 $F_{11} = 0$, 因此有

$$\frac{\partial F_{1\nu}}{\partial x_\nu} = \mu_0 J_1 \quad (\nu = 1, 2, 3, 4). \tag{7.3.55}$$

故一般地有

$$\frac{\partial F_{k\nu}}{\partial x_\nu} = \mu_0 J_k \quad (k = 1, 2, 3). \tag{7.3.56}$$

再结合 (7.3.54) 式, 将 Maxwell 方程组中的两个方程统一为一个协变形式的方程:

$$\begin{cases} \nabla \times \vec{B} = \mu_0 \vec{J} + \dfrac{1}{c^2} \dfrac{\partial \vec{E}}{\partial t}, \\ \nabla \cdot \vec{E} = \dfrac{\rho}{\varepsilon_0}. \end{cases} \Rightarrow \quad \dfrac{\partial F_{\mu\nu}}{\partial x_\nu} = \mu_0 J_\mu \quad (\mu = 1, 2, 3, 4). \tag{7.3.57}$$

上式告诉我们, 四维电流密度可以看成是电磁场张量对四维坐标的微分。

仿照类似的推导, 可将 Maxwell 方程组中的另两个方程统一为一个协变形式的方程:

$$\begin{cases} \nabla \times \vec{E} = -\dfrac{\partial \vec{B}}{\partial t}, \\ \nabla \cdot \vec{B} = 0. \end{cases} \Rightarrow \quad \dfrac{\partial F_{\mu\nu}}{\partial x_\lambda} + \dfrac{\partial F_{\nu\lambda}}{\partial x_\mu} + \dfrac{\partial F_{\lambda\mu}}{\partial x_\nu} = 0. \tag{7.3.58}$$

注意到这里的 (μ, ν, λ) 可取 $(1, 2, 3, 4)$, 但由于 $(F_{\mu\nu})$ 是反对称的, 因此 (μ, ν, λ) 不能取相同的值, 故由 (7.3.58) 式给出的独立方程只有四个, 分别对应于 $(\mu, \nu, \lambda) = (1, 2, 3), (2, 3, 4), (1, 3, 4)$ 和 $(1, 2, 4)$。

归纳一下, 可以看到原先的 Maxwell 方程组都可以写成协变形式, 故在 Lorentz 变换下电磁场理论具有协变性, 即在不同惯性系中具有相同的形式。

7.3.9　电磁场的变换

对于如前所定义的两个惯性参考系 Σ 和 Σ', 电磁场张量 $(F_{\mu\nu})$ 在这两个参考系之间按如下关系变换:

$$F'_{\mu\nu} = L_{\mu\alpha} L_{\nu\beta} F_{\alpha\beta} = L_{\mu\alpha} F_{\alpha\beta} L^{\mathrm{T}}_{\beta\nu} = \left(\boldsymbol{L} \boldsymbol{F} \boldsymbol{L}^{\mathrm{T}} \right)_{\mu\nu}. \tag{7.3.59}$$

根据上述结论, 容易得出从 Σ 系到 Σ' 系中电磁场的变换关系:

$$\begin{cases} E'_1 = E_1, \\ E'_2 = \gamma (E_2 - v B_3), \\ E'_3 = \gamma (E_3 + v B_2). \end{cases} \qquad \begin{cases} B'_1 = B_1, \\ B'_2 = \gamma \left(B_2 + \dfrac{v}{c^2} E_3 \right), \\ B'_3 = \gamma \left(B_3 - \dfrac{v}{c^2} E_2 \right). \end{cases} \tag{7.3.60}$$

例如, 依照 (7.3.59) 式有

$$\begin{aligned} F'_{32} &= L_{3\alpha} L_{2\beta} F_{\alpha\beta} \\ &= L_{2\beta} \left(L_{31} F_{1\beta} + L_{32} F_{2\beta} + L_{33} F_{3\beta} + L_{34} F_{4\beta} \right) \\ &= L_{31} \left(L_{21} F_{11} + L_{22} F_{12} + L_{23} F_{13} + L_{24} F_{14} \right) \\ &\quad + L_{32} \left(L_{21} F_{21} + L_{22} F_{22} + L_{23} F_{23} + L_{24} F_{24} \right) \\ &\quad + L_{33} \left(L_{21} F_{31} + L_{22} F_{32} + L_{23} F_{33} + L_{24} F_{34} \right) \\ &\quad + L_{34} \left(L_{21} F_{41} + L_{22} F_{42} + L_{23} F_{43} + L_{24} F_{44} \right), \end{aligned}$$

或者

$$
\begin{aligned}
-B_1' = {} & L_{31}\left(L_{22}B_3 + L_{23}B_1 - \mathrm{ic}^{-1}L_{24}E_1\right) \\
& + L_{32}\left(-L_{21}B_3 + L_{23}B_1 - \mathrm{ic}^{-1}L_{24}E_2\right) \\
& + L_{33}\left(L_{21}B_2 - L_{22}B_1 - \mathrm{ic}^{-1}L_{24}E_3\right) \\
& + L_{34}\left(\mathrm{ic}^{-1}L_{21}E_1 + \mathrm{ic}^{-1}L_{22}E_2 + \mathrm{ic}^{-1}L_{23}E_3\right),
\end{aligned}
$$

由于 $(L_{\mu\alpha})$ 矩阵中 $L_{31}=L_{32}=L_{34}=0$, $L_{33}=1$, $L_{21}=0$, $L_{22}=1$, $L_{24}=0$, 因此有

$$
B_1' = B_1. \tag{7.3.61}
$$

仿照亦可以得出其他五个等式。上述 (7.3.60) 式两个变换方程组也可以用矢量表示:

$$
\begin{cases}
\vec{E}_{/\!/}' = \vec{E}_{/\!/}, \quad \vec{E}_{\perp}' = \gamma\left(\vec{E}_{\perp} + \vec{v}\times\vec{B}\right). \\[2mm]
\vec{B}_{/\!/}' = \vec{B}_{/\!/}, \quad \vec{B}_{\perp}' = \gamma\left(\vec{B}_{\perp} - \dfrac{1}{c^2}\vec{v}\times\vec{E}\right).
\end{cases} \tag{7.3.62}
$$

这里的下角标 $/\!/$ 和 $\perp$ 是指平行和垂直于速度 $\vec{v}$ 方向的电磁场分量。可以看到, 电场与磁场之间并不是独立进行转换, 而是平行于速度 $\vec{v}$ 方向的电场和磁场分量保持不变, 在与 $\vec{v}$ 相互垂直方向上的电场和磁场分量之间可相互转化。

当需要将电磁场从 Σ' 系变换到 Σ 系时, Σ 系将相对 Σ' 系沿着 $-x$ 方向运动, 因此只需要在 (7.3.62) 式中以 v 代替 $-v$ 即可:

$$
\begin{cases}
\vec{E}_{/\!/} = \vec{E}_{/\!/}', \quad \vec{E}_{\perp} = \gamma\left(\vec{E}_{\perp}' - \vec{v}\times\vec{B}'\right). \\[2mm]
\vec{B}_{/\!/} = \vec{B}_{/\!/}', \quad \vec{B}_{\perp} = \gamma\left(\vec{B}_{\perp}' + \dfrac{1}{c^2}\vec{v}\times\vec{E}'\right).
\end{cases} \tag{7.3.63}
$$

类似于例题 7.3.2 的步骤, 借助电磁场变换关系, 经过并不复杂的运算 (留给读者作为练习), 可得到实验室参考系中匀速运动的点电荷 q 所产生的电磁场 (图 $7-16$):

$$
\begin{cases}
\vec{E} = \dfrac{q\left(1-\beta^2\right)}{4\pi\varepsilon_0\left(1-\beta^2\sin^2\theta\right)^{3/2}}\dfrac{\vec{r}}{r^3}, \\[4mm]
\vec{B} = \dfrac{\vec{v}}{c^2}\times\vec{E}.
\end{cases} \tag{7.3.64}
$$

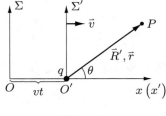

图 $7-16$

需要注意的是, 这里 $\vec{r}$ 表示在 Σ 参考系中运动电荷指向场点的位矢, $\vec{r} = (x - vt, y, z)$; 在 Σ' 参考系中, 电荷指向场点的位矢表示为 $\vec{R}' = (x', y', z')$。可见, 匀速运动带电粒子的电磁场在空间分布上具有 r^{-2} 特点, 并不具有辐射场的特征, 因而不能将电磁场能量传输到远场处。若带电粒子作加速度运动, 则会产生辐射场, 具

体细节在第八章中讨论。

当点电荷的运动速度 $v \ll c$ 时, $\beta \approx 0$, 上述变换关系过渡为

$$\vec{E} \approx \frac{q}{4\pi\varepsilon_0} \frac{\vec{r}}{r^3}, \quad \vec{B} \approx \frac{\mu_0}{4\pi} \frac{q\vec{v} \times \vec{r}}{r^3} \quad (v \ll c). \tag{7.3.65}$$

这说明当带电粒子的运动速度远小于光速时, Coulomb 定律是适用的, 这也是在讨论介质中运动的电子或者离子时, 一般热运动总是远小于光速, 故可采用 Coulomb 定律描述其电学特征。而与恒定电流 Biot-Savart 定律对比, 第二式意味着在低速情况下可把匀速运动点电荷等效为恒定电流元 $q\vec{v} \Leftrightarrow I d\vec{\ell}$ 所产生的磁场贡献。

7.3.10　四维 Lorentz 力密度

Lorentz 力是电动力学中非常重要的物理量之一, Lorentz 力密度为

$$\vec{f} = \rho\vec{E} + \vec{J} \times \vec{B}. \tag{7.3.66}$$

前面已经指出, $(\vec{J}, \mathrm{i}c\rho)$ 构成四维电流密度矢量 (J_μ), $(\vec{E}, \vec{B})$ 构成反对称的电磁场张量 $(F_{\mu\nu})$。自然会想到, (7.3.66) 式的表达形式是否可推广为如下的 Lorentz 协变形式:

$$f_\mu = F_{\mu\nu}J_\nu, \quad (\mu, \nu = 1, 2, 3, 4). \tag{7.3.67}$$

这里 (f_μ) 为四维力密度。为此, 先来看上式前三个分量中的第一分量:

$$\begin{aligned}
f_1 &= F_{1\nu}J_\nu = F_{1i}J_i + F_{14}J_4 \\
&= F_{12}J_2 + F_{13}J_3 - \mathrm{i}\frac{1}{c}E_1(\mathrm{i}c\rho) \\
&= \rho E_1 + J_2 B_3 - J_3 B_2 \\
&= (\rho\vec{E} + \vec{J} \times \vec{B})_1.
\end{aligned} \tag{7.3.68}$$

因此 (7.3.67) 式中的四维力密度 (f_μ) 的前三个分量正是 Lorentz 力密度的三个分量。

接下来分析四维 Lorentz 力密度第四个分量的具体内容:

$$f_4 = F_{4\nu}J_\nu = F_{4i}J_i = \frac{\mathrm{i}}{c}E_i J_i = \frac{\mathrm{i}}{c}\vec{E} \cdot \vec{J}. \tag{7.3.69}$$

上式中 $\vec{E} \cdot \vec{J}$ 为电磁场对单位体积的运动带电体所做功的功率密度, 最后得到四维 Lorentz 力密度的具体形式为

$$(f_\mu) = \left(\vec{f}, \frac{\mathrm{i}}{c}\vec{E} \cdot \vec{J}\right). \tag{7.3.70}$$

结合 (7.3.57) 式, 还可以将四维 Lorentz 力密度的分量表示为

$$f_\mu = F_{\mu\nu}J_\nu = \frac{1}{\mu_0}F_{\mu\nu}\frac{\partial F_{\nu\lambda}}{\partial x_\lambda}. \tag{7.3.71}$$

7.3.11　电磁场能量动量守恒的协变形式

首先, 将四维 Lorentz 力密度 (7.3.71) 式改写为

$$f_\mu = F_{\mu\nu}J_\nu = \frac{1}{\mu_0}F_{\mu\nu}\frac{\partial F_{\nu\lambda}}{\partial x_\lambda} = \frac{1}{\mu_0}\left[\frac{\partial(F_{\mu\nu}F_{\nu\lambda})}{\partial x_\lambda} - F_{\nu\lambda}\frac{\partial F_{\mu\nu}}{\partial x_\lambda}\right]. \tag{7.3.72}$$

或者

$$f_\mu = \frac{1}{\mu_0} \left[\frac{\partial (F_{\mu\nu} F_{\nu\lambda})}{\partial x_\lambda} - \frac{1}{2} \left(F_{\nu\lambda} \frac{\partial F_{\mu\nu}}{\partial x_\lambda} + F_{\lambda\nu} \frac{\partial F_{\mu\lambda}}{\partial x_\nu} \right) \right]$$

$$= \frac{1}{\mu_0} \left[\frac{\partial (F_{\mu\nu} F_{\nu\lambda})}{\partial x_\lambda} - \frac{F_{\nu\lambda}}{2} \left(\frac{\partial F_{\mu\nu}}{\partial x_\lambda} + \frac{\partial F_{\lambda\mu}}{\partial x_\nu} \right) \right]. \tag{7.3.73}$$

结合 (7.3.58) 式, 则继续改写为

$$f_\mu = \frac{1}{\mu_0} \left[\frac{\partial (F_{\mu\nu} F_{\nu\lambda})}{\partial x_\lambda} + \frac{F_{\nu\lambda}}{2} \frac{\partial F_{\nu\lambda}}{\partial x_\mu} \right] = \frac{1}{\mu_0} \left[\frac{\partial (F_{\mu\nu} F_{\nu\lambda})}{\partial x_\lambda} + \frac{1}{4} \frac{\partial (F_{\nu\lambda} F_{\nu\lambda})}{\partial x_\mu} \right]$$

$$= -\frac{1}{\mu_0} \frac{\partial}{\partial x_\lambda} \left[(F_{\mu\nu} F_{\lambda\nu}) - \frac{1}{4} \delta_{\mu\lambda} (F_{\alpha\beta} F_{\alpha\beta}) \right]. \tag{7.3.74}$$

引入四维时空的对称二阶张量 $(T_{\mu\lambda})$, 有

$$T_{\mu\lambda} = \frac{1}{\mu_0} \left[(F_{\mu\nu} F_{\lambda\nu}) - \frac{1}{4} \delta_{\mu\lambda} (F_{\alpha\beta} F_{\alpha\beta}) \right]. \tag{7.3.75}$$

这里 $(T_{\mu\lambda})$ 称为电磁场动量流能量张量, 后面我们会看到, 它是由电磁场动量流密度、能流密度和能量密度构成的二阶对称 Lorentz 张量。最终将四维 Lorentz 力密度表示为

$$f_\mu = -\frac{\partial T_{\mu\lambda}}{\partial x_\lambda}. \tag{7.3.76}$$

从形式上看, 四维 Lorentz 力密度 (f_μ) 可理解为电磁场动量流能量张量 $(T_{\mu\lambda})$ 的四维散度 (负值)。

(7.3.76) 式本质上是之前我们已经得到的电磁场能量守恒和动量守恒定律的 Lorentz 协变形式。为了看清这一点, 先将电磁场动量流能量张量 $(T_{\mu\lambda})$ 表示成如下的形式:

$$(T_{\mu\nu}) = \begin{pmatrix} T_{11} & T_{12} & T_{13} & \mathrm{i}c^{-1}s_1 \\ T_{21} & T_{22} & T_{23} & \mathrm{i}c^{-1}s_2 \\ T_{31} & T_{32} & T_{33} & \mathrm{i}c^{-1}s_3 \\ \mathrm{i}c^{-1}s_1 & \mathrm{i}c^{-1}s_2 & \mathrm{i}c^{-1}s_3 & -w \end{pmatrix}. \tag{7.3.77}$$

其中 $\vec{s}$ 为三维空间的能流密度矢量, 而 $\overset{\leftrightarrow}{T} = (T_{ij})$ 为三维空间的电磁场动量流密度 (张量), 有

$$\overset{\leftrightarrow}{T} = (T_{ij}) = \frac{1}{2} \left(\frac{1}{\mu_0} \vec{B}^2 + \varepsilon_0 \vec{E}^2 \right) \overset{\leftrightarrow}{I} - \frac{1}{\mu_0} \vec{B}\vec{B} - \varepsilon_0 \vec{E}\vec{E}.$$

要验证 (7.3.77) 式是否成立, 先分析 $i = 1, 2, 3$ 情形是否成立。

$$T_{i4} = \frac{1}{\mu_0} F_{i\lambda} F_{4\lambda} = \frac{1}{\mu_0} F_{ij} F_{4j} = \frac{1}{\mu_0} \varepsilon_{ijk} B_k \left(\frac{\mathrm{i}}{c} E_j \right) = \frac{\mathrm{i}}{c} (\vec{E} \times \vec{H})_i = \frac{\mathrm{i}}{c} s_i. \tag{7.3.78}$$

另一方面, 分析 $T_{ij} (i, j = 1, 2, 3)$, 有

$$T_{ij} = \frac{1}{\mu_0}\left(F_{i\lambda}F_{j\lambda} - \frac{1}{4}\delta_{ij}F_{\alpha\beta}F_{\alpha\beta}\right) = \frac{1}{\mu_0}\left(F_{ik}F_{jk} + F_{i4}F_{j4} - \frac{1}{4}\delta_{ij}F_{\alpha\beta}F_{\alpha\beta}\right)$$

$$= \frac{1}{\mu_0}\left[\delta_{ij}\vec{B}^2 - B_iB_j - \frac{1}{c^2}E_iE_j - \frac{1}{2}\delta_{ij}\left(\vec{B}^2 - \frac{1}{c^2}\vec{E}^2\right)\right]$$

$$= \frac{1}{2}\delta_{ij}\left(\frac{1}{\mu_0}\vec{B}^2 + \varepsilon_0\vec{E}^2\right) - \frac{1}{\mu_0}B_iB_j - \varepsilon_0E_iE_j = (\overleftrightarrow{T})_{ij}. \tag{7.3.79}$$

再分析电磁场动量流能量张量 T_{44} 分量:

$$T_{44} = \frac{1}{\mu_0}\left(F_{4\lambda}F_{4\lambda} - \frac{1}{4}\delta_{44}F_{\alpha\beta}F_{\alpha\beta}\right) = \frac{1}{\mu_0}\left(F_{4i}F_{4i} - \frac{1}{4}F_{\alpha\beta}F_{\alpha\beta}\right)$$

$$= \frac{1}{\mu_0}\left[-\frac{1}{c^2}E_iE_i - \frac{1}{2}\left(\vec{B}^2 - \frac{1}{c^2}\vec{E}^2\right)\right] = -\frac{1}{2}\left(\frac{1}{\mu_0}\vec{B}^2 + \varepsilon_0\vec{E}^2\right) = -w. \tag{7.3.80}$$

可见, 电磁场动量流能量张量 $(T_{\mu\nu})$ 确实可表示成

$$(T_{\mu\nu}) = \begin{pmatrix} (\overleftrightarrow{T}) & \dfrac{\mathrm{i}}{c}\vec{s} \\[2mm] \dfrac{\mathrm{i}}{c}\vec{s} & -w \end{pmatrix}. \tag{7.3.81}$$

根据 (7.3.76) 式及 (7.3.77) 式, 当 $i = 1, 2, 3$ 时, 得到

$$f_i = -\frac{\partial T_{i\lambda}}{\partial x_\lambda} = -\frac{\partial T_{i1}}{\partial x_1} - \frac{\partial T_{i2}}{\partial x_2} - \frac{\partial T_{i3}}{\partial x_3} - \frac{\partial T_{i4}}{\partial x_4}$$

$$= -\frac{\partial T_{i1}}{\partial x_1} - \frac{\partial T_{i2}}{\partial x_2} - \frac{\partial T_{i3}}{\partial x_3} - \frac{\partial\left(\mathrm{i}c^{-1}s_i\right)}{\partial\left(\mathrm{i}ct\right)}$$

$$= -\frac{\partial T_{i1}}{\partial x_1} - \frac{\partial T_{i2}}{\partial x_2} - \frac{\partial T_{i3}}{\partial x_3} - \frac{\partial g_i}{\partial t}. \tag{7.3.82}$$

这里利用了 $\vec{g} = \vec{s}/c^2$ 关系, $\vec{g}$ 为三维空间的电磁场动量密度. 因此, 上式即为电磁场动量守恒定律:

$$\vec{f} = -\nabla\cdot\overleftrightarrow{T} - \frac{\partial\vec{g}}{\partial t}. \tag{7.3.83}$$

而当 $\mu = 4$ 时, 由 (7.3.76) 式有

$$f_4 = -\frac{\partial T_{4\lambda}}{\partial x_\lambda} = -\frac{\partial T_{41}}{\partial x_1} - \frac{\partial T_{42}}{\partial x_2} - \frac{\partial T_{43}}{\partial x_3} - \frac{\partial T_{44}}{\partial x_4}$$

$$= -\frac{\mathrm{i}}{c}\left(\frac{\partial s_1}{\partial x_1} + \frac{\partial s_2}{\partial x_2} + \frac{\partial s_3}{\partial x_3}\right) - \frac{\partial\left(-w\right)}{\partial\left(\mathrm{i}ct\right)}, \tag{7.3.84}$$

或者

$$\vec{E}\cdot\vec{J} = -\left(\frac{\partial s_1}{\partial x_1} + \frac{\partial s_2}{\partial x_2} + \frac{\partial s_3}{\partial x_3}\right) - \frac{\partial w}{\partial t}. \tag{7.3.85}$$

上式即为电磁场能量守恒定律:

$$\vec{E}\cdot\vec{J} = -\nabla\cdot\vec{s} - \frac{\partial w}{\partial t}. \tag{7.3.86}$$

至此, 已经将电动力学所有基本方程都写成了 Lorentz 协变形式, 因此电动力学都

是相对论性的, 与狭义相对论的时空度量完全兼容。

7.3.12 有限体积内单色平面电磁波总能量的变换

我们知道, 对于远离激发源而自由传播的电磁波, 其携带着能量和动量, 并以光速 c 在空间中传播。若要回答一定体积 V 内随电磁波一起传播的总能量或者总动量在不同参考系之间的变换关系, 必然牵涉到长度的变换。虽然在 7.2.4 小节中给出了高速运动物体的长度 Lorentz 收缩关系, 然而对电磁波并不存在静止参考系, 因此也无法给出具体的所谓静止物质的长度。接下来我们通过 Doppler 效应以及惯性参考系之间电磁场的变换关系, 来回答随电磁波传播而一起运动的一定体积 V 内电磁场总能量或总动量在不同参考系之间的变换关系。

假设在实验室参考系 (Σ) 中一单色平面电磁波沿着 z 轴传播, 电场沿着 x 轴方向振动, 另一参考系 Σ' 相对于 Σ 参考系以速度 $\vec{v} = v\vec{e}_z$ 运动, 如图 7–17 所示。

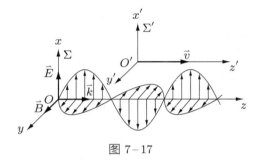

图 7–17

根据前面的结论 (7.3.21) 式, 单色平面电磁波在两个参考系中的圆频率及电场有如下变换关系:

$$\omega' = \gamma_v \left(1 - \beta_v\right) \omega = \frac{\sqrt{1 - \beta_v}}{\sqrt{1 + \beta_v}} \omega. \tag{7.3.87}$$

$$\vec{E}' = E'\vec{e}_x, \quad \vec{E} = E\vec{e}_x, \quad E' = \gamma_v \left(1 - \beta_v\right) E. \tag{7.3.88}$$

这里有

$$\beta_v = \frac{v}{c}, \quad \gamma_v = \frac{1}{\sqrt{1 - \beta_v^2}}. \tag{7.3.89}$$

注意到 (7.3.87) 式意味着观测者是在电磁波传播的前方观测, 不过这里所得到的相关结论并不依赖于这个假设 (读者可以尝试, 当观测者在电磁波传播方向的后方观测时, 仿照类似的推导, 亦可得到同样的结论)。依据电场的变换关系, 两个参考系中电磁场能量密度满足

$$w' = \varepsilon_0 E'^2 = \varepsilon_0 \gamma_v^2 (1 - \beta_v)^2 E^2 = \gamma_v^2 (1 - \beta_v)^2 w. \tag{7.3.90}$$

虽然在两个参考系中电磁场能量的运动速度都是光速 c, 可以先假设这个速度分别为 u 和 u', 并且 $u = u' \to c$, 因此在两参考系中所观测到电磁场的体积分别表示为

$$V = V_0\sqrt{1 - \frac{u^2}{c^2}}, \quad V' = V_0\sqrt{1 - \frac{u'^2}{c^2}}. \tag{7.3.91}$$

因此两者的比值为

$$\frac{V'}{V} = \lim_{u,u' \to c} \frac{\sqrt{1 - c^{-2}u'^2}}{\sqrt{1 - c^{-2}u^2}} = \lim_{u,u' \to c} \frac{\gamma_u}{\gamma_{u'}}. \tag{7.3.92}$$

这里 γ_u、$\gamma_{u'}$ 的定义类似 (7.3.89) 式。根据 (7.1.34) 式，u、u'、v 三者之间满足

$$u = \left(1 + \frac{vu'}{c^2}\right)^{-1} (u' + v). \tag{7.3.93}$$

容易验证，上式可改写为

$$\gamma_u = \gamma_{u'}\gamma_v \left(1 + \frac{vu'}{c^2}\right). \tag{7.3.94}$$

我们关注的是体积 V 内电磁波的总能量，因此结合 (7.3.90) 式和 (7.3.94) 式，得到 V' 与 V 内电磁场总能量之比为

$$\begin{aligned}
\frac{W'}{W} = \frac{w'V'}{wV} &= \lim_{u,u' \to c} \left[\gamma_v^2 (1 - \beta_v)^2 \frac{\gamma_u}{\gamma_{u'}}\right] \\
&= \lim_{u,u' \to c} \left[\gamma_v^2 (1 - \beta_v)^2 \gamma_v \left(1 + \frac{vu'}{c^2}\right)\right] = \frac{\sqrt{1 - \beta_v}}{\sqrt{1 + \beta_v}} = \frac{\omega'}{\omega}.
\end{aligned} \tag{7.3.95}$$

或者

$$\frac{W'}{\omega'} = \frac{W}{\omega}. \tag{7.3.96}$$

即 W/ω 为 Lorentz 不变量，这一结论在光的量子理论中同样成立，在那里 $W = N\hbar\omega$，N 为 V 内的光子数。

前面已经指出，在四维时空中单色平面电磁波的波矢为

$$(k_\mu) = \left(k_1, k_2, k_3, \frac{\mathrm{i}\omega}{c}\right) = (\vec{k}, k_4). \tag{7.3.97}$$

由于 W/ω 为 Lorentz 不变量，因此 (Wk_μ/ω) 仍为四维矢量。具体来说，对于包含在体积 V 内的单色平面波，有

$$\frac{W\vec{k}}{\omega} = \frac{w}{\omega}V\vec{k} = \vec{g}V = \vec{P}, \tag{7.3.98}$$

$$\frac{Wk_4}{\omega} = \frac{W}{\omega}\left(\frac{\mathrm{i}\omega}{c}\right) = \frac{\mathrm{i}W}{c}. \tag{7.3.99}$$

可见包含在体积 V 内的电磁波的总动量 $\vec{P}$ 和总能量 W 构成四维矢量 $(\vec{P}, \mathrm{i}W/c)$，这一结论也等同于在 7.4.3 小节中即将讨论到的相对论运动质点的四维动量 $(\vec{p}, \mathrm{i}\mathscr{E}/c)$，在那里 $\vec{p}$ 代表运动质点的动量，而 $\mathscr{E}$ 为质点的相对论总能量。这也再次说明，一定体积内的自由传播电磁波可以看成具有相对论效应运动粒子 (零质量) 的集合。

例题 7.3.3   如图 7-18 所示, 一平面镜 (镜面位于 yOz 平面内) 沿着 x 轴方向以速度 v 运动。一束圆频率为 ω_{I} 的平面波垂直入射到镜面上, 在实验室参考系中入射波电场强度为 $\vec{E}_{\mathrm{I}} = E_{\mathrm{I}0}\mathrm{e}^{\mathrm{i}(k_{\mathrm{I}}x-\omega_{\mathrm{I}}t)}\vec{e}_y$, 求实验室参考系中反射波的电磁场。

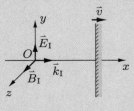

图 7-18

解: 以镜面建立 Σ' 参考系, 也就是静止参考系。首先, 需要将实验室参考系中入射波转变为静止参考系中的入射波, 然后利用前面在电磁波传播一章中关于理想导体表面入射波与反射波的关系, 求得静止参考系中的反射波, 再将静止参考系中的反射波转变为实验室参考系中的反射波。

在实验室参考系中入射波沿着 x 轴方向传播, 假设电场沿 y 轴向振动, 即

$$\begin{cases} \vec{E}_{\mathrm{I}} = E_{\mathrm{I}0}\mathrm{e}^{\mathrm{i}(k_{\mathrm{I}}x-\omega_{\mathrm{I}}t)}\vec{e}_y, \\ \vec{B}_{\mathrm{I}} = \dfrac{E_{\mathrm{I}}}{c}\vec{e}_z. \end{cases}$$

这里 $(k_{\mathrm{I}}, \omega_{\mathrm{I}})$ 为入射波的波数和圆频率, $E_{\mathrm{I}0}$ 为入射波的电场振幅。对于同一束入射光, 如图 7-19 所示, 设入射波在 Σ' 系中的电磁场可表示为

$$\begin{cases} \vec{E}'_{\mathrm{I}} = E'_{\mathrm{I}0}\mathrm{e}^{\mathrm{i}(k'_{\mathrm{I}}x'-\omega'_{\mathrm{I}}t')}\vec{e}_y, \\ \vec{B}'_{\mathrm{I}} = \dfrac{E'_{\mathrm{I}}}{c}\vec{e}_z. \end{cases}$$

(Σ) 与 (b) (Σ')

图 7-19

根据前面的讨论, Σ' 系中入射波平行于速度方向的电磁场保持不变, 而垂直于速度方向的电磁场按照 $\vec{E}'_\perp = \gamma(\vec{E}_\perp + \vec{v}\times\vec{B})$ 变换, 因此在 Σ' 系中有

$$\vec{E}'_{\mathrm{I}} = \gamma(E_{\mathrm{I}} - vB_{\mathrm{I}})\vec{e}_y = \gamma(1-\beta)E_{\mathrm{I}}\vec{e}_y = \sqrt{\frac{1-\beta}{1+\beta}}E_{\mathrm{I}}\vec{e}_y = E'_{\mathrm{I}0}\mathrm{e}^{\mathrm{i}(k'_{\mathrm{I}}x'-\omega'_{\mathrm{I}}t')}\vec{e}_y.$$

式中

$$E'_{\mathrm{I}0} = E_{\mathrm{I}0}\sqrt{\frac{1-\beta}{1+\beta}}.$$

注意到相位是 Lorentz 不变量, 即

$$\phi = k_{\mathrm{I}}x - \omega_{\mathrm{I}}t = k_{\mathrm{I}}'x' - \omega_{\mathrm{I}}'t'.$$

根据四维波矢 (k_μ) 的变换, 在 Σ' 系中垂直于速度方向的波矢分量保持不变, 沿速度方向的波矢分量依照变换 $\vec{k}_{/\!/}' = \gamma(\vec{k}_{/\!/} - \vec{v}\omega/c^2)$ 得

$$k_{\mathrm{I}}' = \gamma\left(k_{\mathrm{I}} - \frac{v\omega_{\mathrm{I}}}{c^2}\right) = \gamma(1-\beta)k_{\mathrm{I}} = \sqrt{\frac{1-\beta}{1+\beta}}\,k_{\mathrm{I}}.$$

Σ' 系中圆频率由变换 $\omega' = \gamma(-\vec{v}\cdot\vec{k} + \omega)$ 得

$$\omega_{\mathrm{I}}' = \gamma(-vk_{\mathrm{I}} + \omega_{\mathrm{I}}) = \sqrt{\frac{1-\beta}{1+\beta}}\,\omega_{\mathrm{I}}.$$

有了 Σ' 系中的波矢和圆频率, 依据之前理想导体表面的反射特点, 得到 Σ' 系中的反射波: 反射波的频率不变, 而电场与入射波的电场、波矢都反向, 如图 7–20 所示, 即

$$\begin{cases} \omega_{\mathrm{R}}' = \omega_{\mathrm{I}}', \\ \vec{k}_{\mathrm{R}}' = -\vec{k}_{\mathrm{I}}', \\ \vec{E}_{\mathrm{R}}' = -\vec{E}_{\mathrm{I}}'. \end{cases}$$

因此在 Σ' 系中的反射波为

$$\begin{cases} \vec{E}_{\mathrm{R}}' = -E_{\mathrm{I0}}\sqrt{\dfrac{1-\beta}{1+\beta}}\,\mathrm{e}^{\mathrm{i}(-k_{\mathrm{I}}'x' - \omega_{\mathrm{I}}'t')}\vec{e}_y, \\ \vec{B}_{\mathrm{R}}' = -\dfrac{1}{c}\vec{e}_x \times \vec{E}_{\mathrm{R}}'. \end{cases}$$

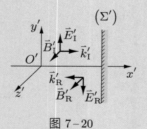

图 7–20

最后, 再利用四维波矢和电磁场的变换, 将 Σ' 系中的反射波转换为实验室参考系中的反射波, 如图 7–21 所示, 有

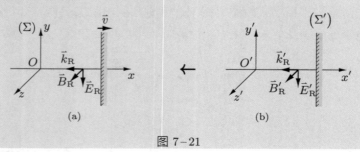

图 7–21

$$\begin{cases} \vec{E}_{\mathrm{R}} = -E_{\mathrm{R}0}\mathrm{e}^{\mathrm{i}(-k_{\mathrm{R}}x-\omega_{\mathrm{R}}t)}\vec{e}_y, \\ \vec{B}_{\mathrm{R}} = -\dfrac{1}{c}\vec{e}_x \times \vec{E}_{\mathrm{R}}. \end{cases}$$

在实验室参考系中反射波的波矢由变换 $\vec{k}_{/\!/} = \gamma\left(\vec{k}'_{/\!/} + \vec{v}\omega/c^2\right)$ 得

$$k_{\mathrm{R}} = \gamma\left(k'_{\mathrm{R}} + \frac{v\omega'_{\mathrm{R}}}{c^2}\right) = \gamma\left(-1+\beta\right)k'_{\mathrm{I}} = -\gamma\left(1-\beta\right)\sqrt{\frac{1-\beta}{1+\beta}}k_{\mathrm{I}}.$$

而圆频率由变换 $\omega = \gamma(\vec{v}\cdot\vec{k}+\omega')$ 得

$$\omega_{\mathrm{R}} = \gamma\left(vk'_{\mathrm{R}} + \omega'_{\mathrm{R}}\right) = \gamma\left(1-\beta\right)\omega'_{\mathrm{R}}$$

$$= \gamma\left(1-\beta\right)\sqrt{\frac{1-\beta}{1+\beta}}\omega_{\mathrm{I}} = \frac{1-\beta}{1+\beta}\omega_{\mathrm{I}}.$$

从上式可以看出, 若反射镜是顺着入射方向远离而去, $\beta = v/c > 0$, 反射波的频率会减小 ($\omega_{\mathrm{R}} < \omega_{\mathrm{I}}$); 若反射镜是逆着入射方向迎面而来, $\beta = v/c < 0$, 反射波的频率会提高 ($\omega_{\mathrm{R}} > \omega_{\mathrm{I}}$)。这是熟悉的 Doppler 效应。

考虑实验室参考系中的反射波的电场, 有

$$\vec{E}_{\mathrm{R}} = \gamma\left(\vec{E}'_{\mathrm{R}} - v' \times \vec{B}'_{\mathrm{R}}\right) = \gamma\left(1-\beta\right)\vec{E}'_{\mathrm{R}},$$

因此

$$\vec{E}_{\mathrm{R}} = -E_{\mathrm{I}0}\left(\frac{1-\beta}{1+\beta}\right)\mathrm{e}^{\mathrm{i}(-k_{\mathrm{R}}x-\omega_{\mathrm{R}}t)}\vec{e}_y.$$

反射波的振幅为

$$E_{\mathrm{R}0} = -E_{\mathrm{I}0}\left(\frac{1-\beta}{1+\beta}\right).$$

由于电场振幅发生了变化, 因此与反射镜静止时相对比, 反射波的能量密度和能流密度都会发生变化, 并且也依赖于反射镜移动的方向。

7.4 相对论力学方程

Newton 力学在 Galileo 变换下满足相对性原理, 但是根据 Einstein 的狭义相对论, 联系两个惯性系之间的时空变换不再是 Galileo 变换, 而是遵循 Lorentz 变换。若狭义相对论对力学规律成立, 就需要修改和完善 Newton 力学, 用新的方程来替代, 并在低速度下能过渡到 Newton 力学的规律。

7.4.1　四维速度

我们知道, 在三维空间中一个质点运动速度以 $\vec{u}$ 来表示, 即

$$\vec{u} = \frac{\mathrm{d}\vec{x}}{\mathrm{d}t}. \tag{7.4.1}$$

显然这里不能用 $\mathrm{d}x_\mu/\mathrm{d}t = \mathrm{ic}\mathrm{d}x_\mu/\mathrm{d}x_4$ 来定义四维速度, 原因是 $\mathrm{d}t$ 依赖于参考系。要构成四维速度, 需要找到一个具有时间量纲的量 $\mathrm{d}\tau$, 并且还是 Lorentz 不变量 (不依赖于参考系的变换), $\mathrm{d}\tau$ 定义为

$$\mathrm{d}\tau = \frac{1}{c}\sqrt{-\mathrm{d}x_\mu\mathrm{d}x_\mu} = \sqrt{(\mathrm{d}t)^2 - \frac{1}{c^2}(\mathrm{d}\vec{x})^2} = \mathrm{d}t\sqrt{1 - \frac{u^2}{c^2}}.$$

或者

$$\frac{\mathrm{d}t}{\mathrm{d}\tau} = \frac{1}{\sqrt{1 - \dfrac{u^2}{c^2}}} = \frac{1}{\sqrt{1 - \beta_u^2}} = \gamma_u. \tag{7.4.2}$$

这里有

$$\beta_u = \frac{u}{c}. \tag{7.4.3}$$

u 为运动质点在 Σ 系中的速率。注意到在 $\mathrm{d}\vec{x} = 0$ 时, 有 $\mathrm{d}\tau = \mathrm{d}t$, 因此 $\mathrm{d}\tau$ 的物理含义是事件发生的固有时间 (微分)。

定义四维速度为

$$(U_\mu) = \left(\frac{\mathrm{d}x_\mu}{\mathrm{d}\tau}\right) = \left(\frac{\mathrm{d}\vec{x}}{\mathrm{d}\tau}, \mathrm{ic}\frac{\mathrm{d}t}{\mathrm{d}\tau}\right) = \frac{\mathrm{d}t}{\mathrm{d}\tau}\left(\frac{\mathrm{d}\vec{x}}{\mathrm{d}t}, \mathrm{ic}\right) = \gamma_u\left(\vec{u}, \mathrm{ic}\right). \tag{7.4.4}$$

特别注意, 在相对论中四维速度的前三个分量 U_i 不同于速度的三个分量 u_i(因此用大小写字母加以区分)。容易验证, 四维速度的平方是一个相对论不变量, 即

$$U_\mu U_\mu = \gamma_u^2\left(\vec{u}^2 - c^2\right) = -c^2. \tag{7.4.5}$$

例题 7.4.1　根据四维速度的变换, 推导出三维空间的速度变换关系。

解: 假设参考系 Σ' 相对于参考系 Σ 沿 x 轴以速度 v 运动, 在 Σ 参考系中物质沿 x 轴以速度 u_x 运动。根据四维矢量的 Lorentz 变换有

$$\begin{pmatrix} U_1' \\ U_2' \\ U_3' \\ U_4' \end{pmatrix} = \begin{pmatrix} \gamma_v & 0 & 0 & \mathrm{i}\beta_v\gamma_v \\ 0 & 1 & 0 & 0 \\ 0 & 0 & 1 & 0 \\ -\mathrm{i}\beta_v\gamma_v & 0 & 0 & \gamma_v \end{pmatrix} \begin{pmatrix} U_1 \\ U_2 \\ U_3 \\ U_4 \end{pmatrix}.$$

这里有

$$\beta_v = \frac{v}{c}, \quad \gamma_v = \frac{1}{\sqrt{1 - \beta_v^2}}.$$

具体而言, 即

$$\begin{cases} U_1' = \gamma_v U_1 + \mathrm{i}\beta_v \gamma_v U_4, \\ U_2' = U_2, \\ U_3' = U_3, \\ U_4' = -\mathrm{i}\beta_v \gamma_v U_1 + \gamma_v U_4. \end{cases}$$

由此得到 Σ' 参考系中四维速度的前三个分量与第四个分量的比值为

$$\begin{cases} \dfrac{U_1'}{U_4'} = \dfrac{U_1 + \mathrm{i}\beta_v U_4}{-\mathrm{i}\beta_v U_1 + U_4}, \\[2mm] \dfrac{U_2'}{U_4'} = \dfrac{U_2}{\gamma_v\left(-\mathrm{i}\beta_v U_1 + U_4\right)}, \\[2mm] \dfrac{U_3'}{U_4'} = \dfrac{U_3}{\gamma_v\left(-\mathrm{i}\beta_v U_1 + U_4\right)}. \end{cases}$$

考虑到 $U_i/U_4 = u_i/\mathrm{i}c$ $(i = 1, 2, 3)$, 最终得

$$\begin{cases} u_x' = \dfrac{u_x - v}{1 - vu_x/c^2} \\[2mm] u_y' = \dfrac{u_y}{\gamma_v\left(1 - vu_x/c^2\right)} \\[2mm] u_z' = \dfrac{u_z}{\gamma_v\left(1 - vu_x/c^2\right)} \end{cases}$$

此即为之前由时空坐标的 Lorentz 变换求得的速度变换公式。

7.4.2 四维加速度

根据四维速度, 很自然定义四维加速度为

$$\left(\mathcal{A}_\mu\right) = \left(\frac{\mathrm{d}U_\mu}{\mathrm{d}\tau}\right), \tag{7.4.6}$$

或者

$$\left(\mathcal{A}_\mu\right) = \frac{\mathrm{d}t}{\mathrm{d}\tau}\left(\frac{\mathrm{d}U_\mu}{\mathrm{d}t}\right) = \frac{\mathrm{d}t}{\mathrm{d}\tau}\left(\frac{\mathrm{d}\left(\gamma_u \vec{u}\right)}{\mathrm{d}t}, \mathrm{i}c\frac{\mathrm{d}\gamma_u}{\mathrm{d}t}\right) = \gamma_u\left(\frac{\mathrm{d}\left(\gamma_u \vec{u}\right)}{\mathrm{d}t}, \mathrm{i}c\frac{\mathrm{d}\gamma_u}{\mathrm{d}t}\right). \tag{7.4.7}$$

考虑到有

$$\begin{cases} \vec{a} = \dfrac{\mathrm{d}\vec{u}}{\mathrm{d}t}, \\[2mm] \dfrac{\mathrm{d}\gamma_u}{\mathrm{d}t} = \dfrac{\mathrm{d}}{\mathrm{d}t}\left(1 - \dfrac{u^2}{c^2}\right)^{-1/2} = \gamma_u^3 \dfrac{\vec{u}}{c^2} \cdot \dfrac{\mathrm{d}\vec{u}}{\mathrm{d}t} = \gamma_u^3 \dfrac{1}{c^2}\vec{u} \cdot \vec{a}. \end{cases} \tag{7.4.8}$$

因此四维加速度的分量表示为

$$\left(\mathcal{A}_\mu\right) = \left(\vec{\mathcal{A}}, \mathcal{A}_4\right). \tag{7.4.9}$$

式中

$$
\begin{cases}
\vec{\mathcal{A}} = \gamma_u^2 \vec{a} + c^{-2} \gamma_u^4 \left(\vec{a} \cdot \vec{u} \right) \vec{u}, \\
\mathcal{A}_4 = \dfrac{\mathrm{i}}{c} \gamma_u^4 \left(\vec{a} \cdot \vec{u} \right).
\end{cases}
\tag{7.4.10}
$$

由于四维速度的平方是一个相对论不变量, 容易验证四维速度与四维加速度正交, 即

$$
U_\mu \mathcal{A}_\mu = 0.
\tag{7.4.11}
$$

7.4.3　四维动量

定义四维动量为

$$
(p_\mu) = m_0 (U_\mu),
\tag{7.4.12}
$$

或者

$$
(p_\mu) = m_0 \gamma_u (\vec{u}, \mathrm{i}c) = \left(\vec{p}, \mathrm{i}\frac{\mathscr{E}}{c} \right).
\tag{7.4.13}
$$

这里定义 $\vec{p}$、m、$\mathscr{E}$ 分别为

$$
\begin{cases}
\vec{p} = m\vec{u}, \quad m = \gamma_u m_0 = \dfrac{m_0}{\sqrt{1 - u^2/c^2}}, \\
\mathscr{E} = -\mathrm{i}m_0 c U_4 = \gamma_u m_0 c^2 = mc^2.
\end{cases}
\tag{7.4.14}
$$

式中, $\mathscr{E}$ 为质点运动时所具有的相对论总能量; m 为质点的运动质量, 在 $u \ll c$ 时 m 过渡到 m_0, 故 m_0 称为质点静止的质量; $\vec{p}$ 为质点运动时的动量, 并在低速情形下过渡到 Newton 力学的线性动量 $\vec{p} \Rightarrow m_0 \vec{u}$。

为了能看清 $\mathscr{E}$ 的物理含义, 可以小量 $u/c \ll 1$ 对 $\mathscr{E}$ 作 Taylor 展开, 有

$$
\mathscr{E} = \frac{m_0 c^2}{\sqrt{1 - u^2/c^2}} = m_0 c^2 + \frac{1}{2} m_0 u^2 + \frac{3}{8} m_0 \frac{u^4}{c^2} + \cdots.
\tag{7.4.15}
$$

等号右边第一项是一常数项, 称之为静止能量, 静止能量也可以转化为动能。右边第二项是熟悉的一个运动质点的动能形式。而右边第三项也是与速度相关的能量, 但贡献更小, 并在低速度下可完全忽略。因此 $\mathscr{E}$ 作为总能量, 包括静止能量以及与质点运动相关的动能项 $\mathcal{K}$:

$$
\mathscr{E} = m_0 c^2 + \mathcal{K}.
\tag{7.4.16}
$$

还容易验证, 四维动量的平方也是 Lorentz 不变量, 即

$$
p_\mu p_\mu = \vec{p}^2 - \mathscr{E}^2/c^2 = (m_0 \gamma_u)^2 \left(u^2 - c^2 \right) = -m_0^2 c^2.
\tag{7.4.17}
$$

因此有

$$
\mathscr{E} = \sqrt{\vec{p}^2 c^2 + m_0^2 c^4}.
\tag{7.4.18}
$$

即可以用静止质量和三维空间的动量表示运动质点的总能量。同时结合 (7.4.14) 式中的第一、第三两个关系式, 得到在三维空间中质点的运动速度与动量之间的一

般关系式:

$$\vec{u} = \frac{c^2}{\mathscr{E}}\vec{p}. \tag{7.4.19}$$

实验表明, (7.4.18) 式和 (7.4.19) 式对于零静止质量的粒子同样成立, 零静止质量粒子的总能量 $\mathscr{E}$ 和速度 $\vec{u}$ 表示为

$$\mathscr{E} = pc, \quad \vec{u} = \frac{c}{p}\vec{p} \quad (m_0 = 0). \tag{7.4.20}$$

对于 $m_0 = 0$ 的粒子, 其四维动量为 $(\vec{p}, ip)$, 零静止质量粒子不存在其静止参考系, 运动速率一定为光速。

7.4.4 四维力

根据四维动量 (7.4.12) 式, 容易得出运动质点的四维力定义, 即

$$(K_\mu) = \left(\frac{\mathrm{d}p_\mu}{\mathrm{d}\tau}\right). \tag{7.4.21}$$

这实际上是一个推广的 Newton 第二定律形式。

为了看清楚这一点, 以带电粒子在电磁场中的运动为例, 这是相对论力学的一个重要应用。之前已经给出了具有相对论协变的四维 Lorentz 力密度, 即

$$(f_\mu) = (F_{\mu\nu} J_\nu). \tag{7.4.22}$$

这里 (J_ν) 为四维电流密度。

要写出作用在一个运动质点的四维力 (K_μ), 借助四维 Lorentz 力密度, 易给出作用在运动质点 (假设带电荷量为 q) 上的四维力为

$$(K_\mu) = (qF_{\mu\nu} U_\nu). \tag{7.4.23}$$

因此, 结合电磁场张量以及四维速度, 作用在运动点电荷上的四维力分量为

$$
\begin{pmatrix} K_1 \\ K_2 \\ K_3 \\ K_4 \end{pmatrix} = q \begin{pmatrix} 0 & B_3 & -B_2 & -\mathrm{i}c^{-1}E_1 \\ -B_3 & 0 & B_1 & -\mathrm{i}c^{-1}E_2 \\ B_2 & -B_1 & 0 & -\mathrm{i}c^{-1}E_3 \\ \mathrm{i}c^{-1}E_1 & \mathrm{i}c^{-1}E_2 & \mathrm{i}c^{-1}E_3 & 0 \end{pmatrix} \begin{pmatrix} \gamma_u u_1 \\ \gamma_u u_2 \\ \gamma_u u_3 \\ \mathrm{i}\gamma_u c \end{pmatrix}
$$

$$
= q \begin{pmatrix} \gamma_u E_1 + \gamma_u (u_2 B_3 - u_3 B_2) \\ \gamma_u E_2 + \gamma_u (u_3 B_1 - u_1 B_3) \\ \gamma_u E_3 + \gamma_u (u_1 B_2 - u_2 B_1) \\ \mathrm{i}c^{-1}\gamma_u (E_1 u_1 + E_2 u_2 + E_3 u_3) \end{pmatrix}. \tag{7.4.24}
$$

或者

$$(K_\mu) = \left(\gamma_u q (\vec{E} + \vec{u} \times \vec{B}), \mathrm{i}c^{-1}\gamma_u q \vec{E} \cdot \vec{u}\right) = \left(\gamma_u \vec{F}, \mathrm{i}c^{-1}\gamma_u \vec{F} \cdot \vec{u}\right). \tag{7.4.25}$$

其中 $\vec{F}$ 为三维空间的 Lorentz 力, 有

$$\vec{F} = q(\vec{E} + \vec{u} \times \vec{B}). \tag{7.4.26}$$

有了 (7.4.25) 式, 就可以将 (7.4.21) 式改写成

$$\left(\gamma_u \vec{F}, \mathrm{i}c^{-1}\gamma_u \vec{F} \cdot \vec{u}\right) = \frac{\mathrm{d}t}{\mathrm{d}\tau}\left(\frac{\mathrm{d}p_\mu}{\mathrm{d}t}\right) = \gamma_u \left(\frac{\mathrm{d}\vec{p}}{\mathrm{d}t}, \frac{\mathrm{i}}{c}\frac{\mathrm{d}\mathscr{E}}{\mathrm{d}t}\right). \tag{7.4.27}$$

上述等式给出两个关系式:

$$\begin{cases} \vec{F} = \dfrac{\mathrm{d}\vec{p}}{\mathrm{d}t}, \\[2mm] \vec{F} \cdot \vec{u} = \dfrac{\mathrm{d}\mathscr{E}}{\mathrm{d}t}. \end{cases} \tag{7.4.28}$$

第一个方程虽然与我们之前熟悉的 Newton 第二定律 $\vec{F} = m_0 \mathrm{d}\vec{u}/\mathrm{d}t = \mathrm{d}\left(m_0\vec{u}\right)/\mathrm{d}t = \mathrm{d}\vec{p}/\mathrm{d}t$ 在形式上相同, 但 (7.4.28) 式在内涵上则有了重要的变化, 因为这里 $\vec{p} = m\vec{u}$ 指质点运动时的动量, m 本身依赖于速度, 只有在低速情形下有 $m = m_0$, 可见 Newton 力学方程 $\vec{F} = \mathrm{d}\left(m_0\vec{u}\right)/\mathrm{d}t$ 是上述第一个方程在低速情况下的近似。 (7.4.28) 式的第二个方程表示力 $\vec{F}$ 的功率等于能量的变化率。注意: 这里的 $\mathscr{E}$ 表示的是相对论能量, 并且只有在低速下这里的力 $\vec{F}$ 才等于 Newton 力学中的力。

例题 7.4.2   在实验室参考系中以速度 $\vec{v}$ 运动的点电荷受到实验室参考系的电磁场所施加的 Lorentz 力 $\vec{F} = q\vec{E} + q\vec{v} \times \vec{B}$, 而在电荷的静止参考系中点电荷只受到电场力 $\vec{F}' = q\vec{E}'$ 的作用。试从惯性系之间四维力的变换, 推导出 Lorentz 力。

解: 根据四维矢量的 Lorentz 变换, 两个惯性系中的四维力存在如下关系:

$$\begin{pmatrix} K_1 \\ K_2 \\ K_3 \\ K_4 \end{pmatrix} = \begin{pmatrix} \gamma_v & 0 & 0 & -\mathrm{i}\beta_v\gamma_v \\ 0 & 1 & 0 & 0 \\ 0 & 0 & 1 & 0 \\ \mathrm{i}\beta_v\gamma_v & 0 & 0 & \gamma_v \end{pmatrix} \begin{pmatrix} K_1' \\ K_2' \\ K_3' \\ K_4' \end{pmatrix}.$$

这里假设点电荷沿着 $x\,(x')$ 轴正方向以速度 $\vec{v}$ 运动, 并且假设 Σ' 系即为电荷静止的参考系, 故这里有

$$\beta_v = \frac{v}{c}, \quad \gamma_v = \frac{1}{\sqrt{1-\beta_v^2}}.$$

根据 (7.4.25) 式, 则在 Σ' 系、Σ 系中四维力的形式分别为

$$\begin{cases} \left(K_\mu'\right) = \left(q\vec{E}', 0\right), \\ \left(K_\mu\right) = \left(\gamma_v\vec{F}, \mathrm{i}c^{-1}\gamma_v\vec{F}\cdot\vec{v}\right) \end{cases}$$

将四维力的分量代入上述变换得

$$\begin{pmatrix} \gamma_v F_x \\ \gamma_v F_y \\ \gamma_v F_z \\ \mathrm{i}c^{-1}\gamma_v\vec{F}\cdot\vec{v} \end{pmatrix} = \begin{pmatrix} \gamma_v & 0 & 0 & -\mathrm{i}\beta_v\gamma_v \\ 0 & 1 & 0 & 0 \\ 0 & 0 & 1 & 0 \\ \mathrm{i}\beta_v\gamma_v & 0 & 0 & \gamma_v \end{pmatrix} \begin{pmatrix} qE_x' \\ qE_y' \\ qE_z' \\ 0 \end{pmatrix}.$$

为了求得 Σ 系中 $\vec{F}$ 的具体形式, 需将 Σ' 系中的电场转换为 Σ 系中的电磁场。

根据前面得到的结论有

$$\begin{cases} \vec{E}'_{/\!/} = \vec{E}_{/\!/}, \\ \vec{E}'_\perp = \gamma_v \left(\vec{E}_\perp + \vec{v} \times \vec{B} \right). \end{cases}$$

将其代入上式变换得

$$\begin{pmatrix} \gamma_v F_{/\!/} \\ \gamma_v F_\perp \\ \mathrm{i}c^{-1}\gamma_v \vec{F} \cdot \vec{v} \end{pmatrix} = \begin{pmatrix} \gamma_v & 0 & -\mathrm{i}\beta_v\gamma_v \\ 0 & 1 & 0 \\ \mathrm{i}\beta_v\gamma_v & 0 & \gamma_v \end{pmatrix} \begin{pmatrix} qE_{/\!/} \\ q\gamma_v \left(\vec{E} + \vec{v} \times \vec{B} \right)_\perp \\ 0 \end{pmatrix}.$$

或者

$$\begin{cases} F_{/\!/} = qE_{/\!/}, \\ F_\perp = q\left(E + \vec{v} \times \vec{B} \right)_\perp, \\ \vec{F} \cdot \vec{v} = qvE_{/\!/}. \end{cases}$$

根据前两个关系式, 得

$$\vec{F} = \vec{F}_{/\!/} + \vec{F}_\perp = q\vec{E} + q\vec{v} \times \vec{B}.$$

这正是 Lorentz 力。可见, 在电荷的静止参考系中点电荷只受到电场力与在实验室参考系中受到 Lorentz 力, 两者是等效的, 或者说两者其实是四维力在不同惯性系中的"投影"形式不同而已。

习题

7.1 ☆ 假设静止长度为 l_0 的车厢, 以速度 v 相对于地面运动, 在车厢的后壁位置以速度 u_0 向前推出一个小球。地面有一观测者, 以速度 v 相对于地面反向奔跑。求观测者观测到小球从后壁运动到前壁所需的时间。

答案: $\Delta t = \dfrac{c^2 + v^2}{c^2 - v^2} \dfrac{l_0}{u_0}$.

7.2 ☆☆ 在液体中放置有单色光源和接收器, 液体折射率为 n, 光源与接收器间的距离为 l_0。在相对于光源和接收器为静止的参考系中观测, 试求下列三种情况下, 光从光源到接收器所需的时间: (1) 液体相对于光源和接收器为静止; (2) 液体沿着从光源到接收器的方向以速度 v 流动; (3) 液体沿着垂直于光源和接收器连线的方向以速度 v 流动。

答案: (1) $\Delta t_1 = \dfrac{nl_0}{c}$; (2) $\Delta t_2 = \dfrac{nc + v}{c + nv} \dfrac{l_0}{c}$; (3) $\Delta t_3 = \sqrt{\dfrac{c^2 - v^2}{c^2 - (nv)^2}} \dfrac{nl_0}{c}$.

7.3 ☆☆ 一平面镜以匀速 v 运动, 频率为 ω 的一束光入射到平面镜上。(1) 若平面镜的运动方向垂直于面法向, 光入射角为 θ, 求反射光的频率和反射角; (2) 若平面镜的运动方向平行于面法向, 求反射光的频率。

答案: (1) $\omega_R = \omega$,　$\theta_R = \theta$;

(2) $\omega_R = \left(1 - \dfrac{v^2}{c^2}\right)^{-1} \left(1 + 2\dfrac{v}{c}\cos\theta + \dfrac{v^2}{c^2}\right)\omega$.

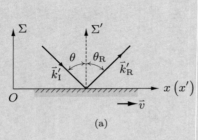 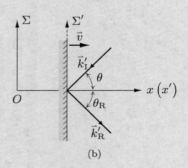

(a)　　　　　　(b)

习题 7.3 图

7.4　☆☆☆ 假设水面以速度 $\vec{v} = v\vec{e}_x$ 上升, 一束频率为 ω_0 的激光以入射角 θ_0 自下向上从水里射出。已知水的折射率为 n, 试: (1) 给出反射、折射定律; (2) 求反射光的频率 ω_1、折射光的频率 ω_2; (3) 讨论光发生全反射的条件。

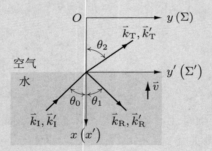

习题 7.4 图

答案: (1) 反射、折射定律: $\tan\theta_1 = \dfrac{n_I\left(1-\beta^2\right)\sin\theta_0}{n_I\left(1+\beta^2\right)\cos\theta_0 + 2\beta}$,

$$\tan\theta_2 = \dfrac{n_I\sin\theta_0}{\gamma^2\left(1 + n_I\beta\cos\theta_0\right)\left[\dfrac{\sqrt{\gamma^2\left(n_I\cos\theta_0+\beta\right)^2 + n_I^2\left(1-n^2\right)\sin^2\theta_0}}{\sqrt{\gamma^2\left(n_I\cos\theta_0+\beta\right)^2 + n_I^2\sin^2\theta_0}} - \beta\right]}.$$

其中 $\beta = v/c$, $\gamma = \left(1-\beta^2\right)^{-1/2}$;

$$n_I = \dfrac{n^2 - \gamma^2\beta^2\left(1-n^2\right)\cos^2\theta_0}{\gamma^2\beta\left(1-n^2\right)\cos\theta_0 + n\gamma\sqrt{1 - \beta^2\left(n^2\sin^2\theta_0 + \cos^2\theta_0\right)}}$$ 为在观测者参

考系 Σ 中沿入射光线方向所观测到的水的折射率。

(2) 入射、反射光频率: $\omega_1 = \gamma^2 \omega_0 \left(1 + \beta^2 + 2n_{\mathrm{I}}\beta\cos\theta_0\right)$,

$$\omega_2 = \gamma^2 \omega_0 \left(1 + n_{\mathrm{I}}\beta\cos\theta_0\right) \left[1 - \beta\frac{\sqrt{\gamma^2\left(n_{\mathrm{I}}\cos\theta_0 + \beta\right)^2 + n_{\mathrm{I}}^2\left(1 - n^2\right)\sin^2\theta_0}}{\sqrt{\gamma^2\left(n_{\mathrm{I}}\cos\theta_0 + \beta\right)^2 + n_{\mathrm{I}}^2\sin^2\theta_0}}\right];$$

(3) 全反射: $\theta_0 > \arccos\left\{\dfrac{-\beta + \sqrt{\beta^2 - \left(n^2 + \beta^2\right)\left[\beta^2 + \left(1 - \beta^2 - n^2\right)n_{\mathrm{I}}^2\right]}}{n_{\mathrm{I}}\left(n^2 + \beta^2\right)}\right\}$.

7.5 ☆☆ 点电偶极子 $\vec{p}\,'$ 以速度 $\vec{v}$ 作匀速运动, 如下图所示, 设 $t = 0$ 时 $\vec{p}\,'$ 刚好经过实验室参考系 Σ 系的原点。试根据四维势的变换, 以及电磁场的变换, 求运动点电偶极子产生的电磁势 φ、$\vec{A}$ 和电磁场 $\vec{E}$、$\vec{B}$。

答案:

$$A_{/\!/} = \frac{v}{c^2}\varphi, \quad A_{\perp} = 0, \quad \varphi = \gamma\frac{\vec{p}\,' \cdot \vec{R}\,'}{4\pi\varepsilon_0 R'^3}.$$

$$\vec{E}_{/\!/} = \vec{E}_{/\!/}', \quad \vec{B}_{/\!/} = 0, \quad \vec{E}_{\perp} = \gamma\vec{E}_{\perp}', \quad \vec{B}_{\perp} = \gamma\left(\frac{\vec{v}}{c^2} \times \vec{E}\,'\right).$$

其中

$$\vec{R}\,' = \gamma x\vec{e}_x + y\vec{e}_y + z\vec{e}_z, \quad R' = \sqrt{\left(\gamma x\right)^2 + y^2 + z^2}.$$

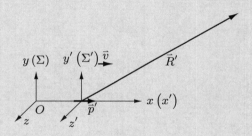

习题 7.5 图

7.6 ☆☆ 设在实验室参考系中有一匀速运动点电荷 q。试依照静止参考系中点电荷 Coulomb 场, 通过参考系之间电磁场变换关系, 证明实验室参考系中该运动电荷电磁场为

$$\vec{E} = \frac{q\left(1 - \beta^2\right)}{4\pi\varepsilon_0\left(1 - \beta^2\sin^2\theta\right)^{3/2}}\frac{\vec{r}}{r^3}, \quad \vec{B} = \frac{\vec{v}}{c^2} \times \vec{E}.$$

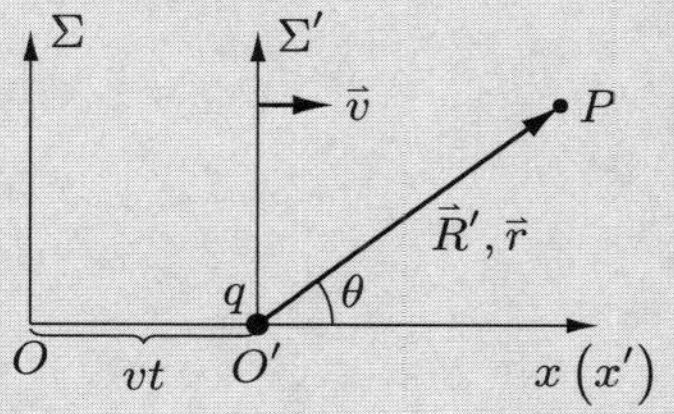

习题 7.6 图

7.7 ☆ 设在参考系 Σ 内电场与磁场相互垂直 $(\vec{E} \perp \vec{B})$, Σ' 参考系沿 $\vec{E} \times \vec{B}$ 的方向运动。试问 Σ' 系以什么速率运动才能使在 Σ' 参考系中只观测到电场或者只观测到磁场?

答案: 若 $\vec{v} = \dfrac{c^2}{E^2} \vec{E} \times \vec{B}$ $(|\vec{E}| > c|\vec{B}|)$, 则只观测到电场;

若 $\vec{v} = \dfrac{1}{B^2} \vec{E} \times \vec{B}$ $(|\vec{E}| < c|\vec{B}|)$, 则只观测到磁场。

7.8 ☆ 对于一个孤立的电荷体系, 电荷的总量是一个不变量。由于沿着速度方向存在 Lorentz 收缩, 试根据四维电流密度矢量的变换, 证明两个惯性参考系中所观测到的电荷密度之间满足 $\rho = \gamma \rho'$。

7.9 ☆☆ 电荷量为 e, 静止质量为 m_0 的粒子在均匀电场 E 内运动 (设电场方向沿 x 轴), 初速度为零, 试分析粒子的运动轨迹与时间的关系, 并讨论非相对论情况。

答案: $x(t) = \dfrac{m_0 c^2}{eE} \left[\sqrt{1 + \left(\dfrac{eEt}{m_0 c}\right)^2} - 1 \right]$; 非相对论情况下 $x(t) = \dfrac{1}{2} \dfrac{eE}{m_0} t^2$.

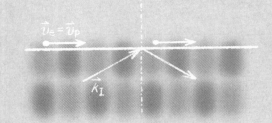

第八章

来自运动带电粒子的
电磁场

在第六章 6.2.2 小节中已经证明,对于有限区域内任意形状分布电流体系, 在 Lorenz 规范下体系所产生的电磁势并不是由同一时刻源区各点的电荷电流密度值所决定, 而是取决于较早时刻 (称之为推迟时刻) $t_{ret}=t-r/c$ 的电荷电流密度值。借助推迟势, 在第六章 6.3 小节中着重讨论了随时间作时谐变化的宏观尺度电流体系在远场产生的辐射。在第七章 7.3.3 小节中, 对于匀速运动的带电粒子 (看成点电荷), 借助四维势矢量 Lorentz 变换得到了其推迟势; 而在 7.3.9 小节中借助电磁场张量的变换, 给出了匀速运动带电粒子产生的电磁场。

对于作任意运动的带电粒子, 其所产生的电磁势又称为 Liénard-Wiechert 势, 是由 Alfred-Marie Liénard 和 Emil Wiechert 分别在 1898 年和 1900 年独立推导给出的。在无需考虑量子力学效应的前提下, Liénard-Wiechert 势准确地描述了任意运动带电粒子所产生的电磁场。之所以没有在第六章 6.2.2 小节之后继续讨论任意运动带电粒子产生的辐射势, 而放到这里来讨论这一问题, 是因为前一章相对论的有关结论可以提供一种更为简便的求解任意运动带电粒子推迟势的方法。在此基础上重点讨论作加速运动的带电粒子所产生的辐射场。对于作匀速运动的带电粒子, 讨论了两种可以产生辐射的情形。在本章结尾一节中, 从动量和能量守恒角度出发, 介绍了满足自由电子与光相互作用非共线和共线相位匹配的两个例证。

8.1 任意运动带电粒子的推迟势及电磁场

8.1.1 李纳–维谢尔 (Liénard-Wiechert) 势

对于任意运动带电粒子, 可以选取在推迟时刻 t_{ret} 与粒子相对静止的参考系 Σ', 先计算粒子在这个静止参考系中的电磁势, 然后借助 Lorentz 变换, 得到实验室参考系 (Σ 系) 中 t 时刻场点 $\vec{R}$ 处的电磁势。

如图 8-1 所示, 假设在实验室坐标系中 t_{ret} 时刻运动带电粒子位于 $\vec{R}_{\text{e}}$ 处 (下标 e 代表电荷), 在该时刻带电粒子产生的电磁场将以光速 c 运动。假设光信号于 t 时刻传播至场点 $\vec{R}$ 处, 有

$$t = t_{\text{ret}} + \frac{r}{c} = t_{\text{ret}} + \frac{1}{c}\sqrt{[\vec{R} - \vec{R}_{\text{e}}(t_{\text{ret}})]^2}. \tag{8.1.1}$$

需要注意的是, 虽然在实验室参考系中 t 与观测点位矢 $\vec{R}$ 无关, 但这里显示 t_{ret} 是 $\vec{R}$ 的隐函数。$r = |\vec{r}|$ 为实验室坐标系中 t_{ret} 时刻粒子位置与场点之间的距离, 有

$$\vec{r} = \vec{R} - \vec{R}_{\text{e}}(t_{\text{ret}}). \tag{8.1.2}$$

在 t_{ret} 时刻, 粒子的瞬时速度为

$$\vec{v}(t_{\text{ret}}) = \frac{\mathrm{d}\vec{R}_{\text{e}}(t_{\text{ret}})}{\mathrm{d}t_{\text{ret}}}. \tag{8.1.3}$$

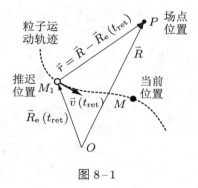

图 8-1

首先, 在静止参考系 (Σ' 系) 中带电粒子的四维势为

$$(A'_\mu) = \left(\vec{A}', \frac{\mathrm{i}\varphi'}{c}\right) = (A'_1, A'_2, A'_3, A'_4) = \left(0, 0, 0, \frac{\mathrm{i}q}{4\pi\varepsilon_0 cr'}\right). \tag{8.1.4}$$

在实验室参考系 (Σ 系) 中, 由于该带电粒子以瞬时速度 $\vec{v}(t_{\text{ret}})$ 运动, 利用 Lorentz 变换, 得到 Σ 系中运动带电粒子的电磁势, 记为 $(A_\mu) = (\vec{A}, \mathrm{i}\varphi/c)$, 有

$$\varphi = \frac{\gamma q}{4\pi\varepsilon_0 r'}, \quad \vec{A} = \frac{\gamma q\vec{v}}{4\pi\varepsilon_0 c^2 r'}. \tag{8.1.5}$$

你也许会问, 对于非匀速运动的粒子, 为何还可以采用 Lorentz 变换求得实验室参考系的四维势? 这是因为 Lorentz 变换是针对粒子具有某一速度的瞬间所采取的变换 (从而得到这个瞬间所产生的电磁势, 之后这一信号将独立于粒子而向外传播)。随着粒子沿着轨迹的运动, 在每个推迟瞬间 (及其所处位置) 可采取相应独立的 Lorentz 变换。

注意到 (8.1.5) 式中 r' 仍是在 Σ' 系中的表示。现在来回答分别在两个不同参

考系中观测到运动电荷所产生的光信号从发出至到达位置的距离之间的关系。实际上, 在 Σ' 参考系中电荷在时刻 t'_1 产生的辐射场将在 t'_2 时刻传播到场点处, 其间所走过的距离为

$$r' = c\left(t'_2 - t'_1\right). \tag{8.1.6}$$

而在 Σ 参考系中, 来自运动电荷的辐射作用的产生和到达分别发生在 t_1 和 t_2 时刻, 辐射传播的距离为

$$r = c\left(t_2 - t_1\right) = |\vec{R} - \vec{R}_{\mathrm{e}}|. \tag{8.1.7}$$

根据 Lorentz 变换, 在 Σ 参考系中当速度 $\vec{v}$ 和位矢 $\vec{R}$ 成一定的角度时, 时空坐标之间的变换关系 (7.1.24) 式改写为

$$t' = \gamma\left(t - \frac{\vec{v}\cdot\vec{R}}{c^2}\right). \tag{8.1.8}$$

因此, r' 与 r 之间存在如下关系:

$$r' = \gamma\left[c\left(t_2 - t_1\right) - \frac{1}{c}\vec{v}\cdot(\vec{R} - \vec{R}_{\mathrm{e}})\right] = \gamma\left(r - \frac{1}{c}\vec{v}\cdot\vec{r}\right). \tag{8.1.9}$$

将上式代入 (8.1.5) 式, 得

$$\begin{cases} \varphi\left(\vec{R}, t\right) = \dfrac{1}{4\pi\varepsilon_0}\dfrac{q}{(r - \vec{v}\cdot\vec{r}/c)}, \\[2mm] \vec{A}\left(\vec{R}, t\right) = \dfrac{\mu_0}{4\pi}\dfrac{q\vec{v}}{(r - \vec{v}\cdot\vec{r}/c)}. \end{cases} \tag{8.1.10}$$

这就是 Liénard-Wiechert 势。注意到, $\vec{r} = \vec{R} - \vec{R}_{\mathrm{e}}\left(t_{\mathrm{ret}}\right)$ 和 $\vec{v} = \vec{v}\left(t_{\mathrm{ret}}\right)$ 都是在实验室参考系 Σ 中的表示, 并且都是指在 t_{ret} 时刻的值, 也就是说它们都与 t_{ret} 有关。

引入 $\vec{r}$ 方向上的单位矢量 $\vec{e}_r$, 有

$$\vec{e}_r = \frac{\vec{r}}{r} = \frac{\vec{R} - \vec{R}_{\mathrm{e}}\left(t_{\mathrm{ret}}\right)}{|\vec{R} - \vec{R}_{\mathrm{e}}\left(t_{\mathrm{ret}}\right)|}, \tag{8.1.11}$$

以及 t_{ret} 时刻沿粒子速度方向的矢量 $\vec{\beta}$, 有

$$\vec{\beta} = \frac{\vec{v}\left(t_{\mathrm{ret}}\right)}{c}. \tag{8.1.12}$$

则 (8.1.10) 式改写为

$$\begin{cases} \varphi\left(\vec{R}, t\right) = \dfrac{1}{4\pi\varepsilon_0}\dfrac{q}{r\left(1 - \vec{e}_r\cdot\vec{\beta}\right)}, \\[2mm] \vec{A}\left(\vec{R}, t\right) = \dfrac{\mu_0}{4\pi}\dfrac{q\vec{v}}{r\left(1 - \vec{e}_r\cdot\vec{\beta}\right)} = \dfrac{1}{c^2}\varphi\vec{v}. \end{cases} \tag{8.1.13}$$

这里给出的结论 (8.1.13) 式是在实验室参考系中作任意运动带电粒子的电磁势。之前在第七章例题 7.3.2 中所讨论的只是电荷作匀速运动情形的电磁势。

8.1.2 关于 $\dfrac{\partial t_{\text{ret}}}{\partial t}$, $\nabla(\vec{r}\cdot\vec{v})$, ∇t_{ret}, ∇r, $\nabla\times\vec{v}$ 的计算

利用电磁场与电磁势的关系来求解电磁场, 需要牵涉一些偏微分运算, 诸如:

$$\frac{\partial t_{\text{ret}}}{\partial t}, \quad \nabla(\vec{r}\cdot\vec{v}), \quad \nabla t_{\text{ret}}, \quad \nabla r, \quad \nabla\times\vec{v}.$$

为此这里先通过计算, 把相关项的运算结果提前备好。

首先, 由于 t_{ret} 是 $\vec{R}$ 和 t 的隐函数, 因此需利用复合函数求导法则, 例如 t_{ret} 对 t 的偏导数为

$$\frac{\partial t_{\text{ret}}}{\partial t} = \frac{\partial}{\partial t}\left(t - \frac{r}{c}\right) = 1 - \frac{1}{c}\frac{\partial r}{\partial t} = 1 - \frac{1}{c}\frac{\partial r}{\partial t_{\text{ret}}}\frac{\partial t_{\text{ret}}}{\partial t}. \tag{8.1.14}$$

其中, $\partial r/\partial t_{\text{ret}}$ 表示为

$$\begin{aligned}
\frac{\partial r}{\partial t_{\text{ret}}} &= \frac{\partial}{\partial t_{\text{ret}}}\sqrt{[\vec{R}-\vec{R}_{\text{e}}(t_{\text{ret}})]^2} = \frac{1}{2}\frac{1}{|\vec{R}-\vec{R}_{\text{e}}(t_{\text{ret}})|}\frac{\partial}{\partial t_{\text{ret}}}[\vec{R}-\vec{R}_{\text{e}}(t_{\text{ret}})]^2 \\
&= \frac{\vec{r}}{r}\cdot\frac{\partial[-\vec{R}_{\text{e}}(t_{\text{ret}})]}{\partial t_{\text{ret}}} = -\vec{e}_r\cdot\vec{v}(t_{\text{ret}}).
\end{aligned}$$

或者

$$\frac{\partial r}{\partial t_{\text{ret}}} = -\vec{e}_r\cdot\vec{v}. \tag{8.1.15}$$

由 $\vec{r} = \vec{R} - \vec{R}_{\text{e}}(t_{\text{ret}})$ 亦易得

$$\frac{\partial\vec{r}}{\partial t_{\text{ret}}} = -\vec{v}. \tag{8.1.16}$$

将 (8.1.15) 式代入 (8.1.14) 式, 得

$$\frac{\partial t_{\text{ret}}}{\partial t} = \frac{1}{1 - \vec{e}_r\cdot\vec{\beta}}. \tag{8.1.17}$$

同样, 经过稍复杂运算 (见下面例题 8.1.1), 可得到 $\nabla(\vec{r}\cdot\vec{v})$:

$$\nabla(\vec{r}\cdot\vec{v}) = \vec{v} + (\vec{r}\cdot\vec{a} - v^2)\nabla t_{\text{ret}}. \tag{8.1.18}$$

式中 $\vec{a}$ 为带电粒子运动的加速度 (在 t_{ret} 时刻):

$$\vec{a}(t_{\text{ret}}) = \frac{\mathrm{d}\vec{v}}{\mathrm{d}t_{\text{ret}}}. \tag{8.1.19}$$

此外, 根据 (8.1.1) 式, 得

$$\nabla t_{\text{ret}} = -\frac{1}{c}\nabla r. \tag{8.1.20}$$

上述两式中涉及 ∇t_{ret}, 而 $\nabla\times\vec{v}$ 也与 ∇t_{ret} 有关, 它们的具体表达式稍后给出。

例题 8.1.1 推导 (8.1.18) 式中关于 $\nabla(\vec{r} \cdot \vec{v})$ 的结论。

解: 首先有

$$\nabla(\vec{r} \cdot \vec{v}) = (\vec{r} \cdot \nabla)\vec{v} + (\vec{v} \cdot \nabla)\vec{r} + \vec{r} \times (\nabla \times \vec{v}) + \vec{v} \times (\nabla \times \vec{r}). \quad (8.1.21)$$

对上式等号右边逐项进行计算。先考虑上式等号右边第一项 $(\vec{r} \cdot \nabla)\vec{v}$。由于 $\vec{v}$ 仅为 t_{ret} 的函数, 与位矢无关, 因此有

$$(\vec{r} \cdot \nabla)\vec{v} = \left(r_i \frac{\partial}{\partial R_j}\delta_{ij}\right)\vec{v}(t_{\mathrm{ret}}) = r_i \frac{\mathrm{d}\vec{v}(t_{\mathrm{ret}})}{\mathrm{d}t_{\mathrm{ret}}}\frac{\partial t_{\mathrm{ret}}}{\partial R_j}\delta_{ij} = \vec{a}(\vec{r} \cdot \nabla t_{\mathrm{ret}}).$$

考虑 (8.1.21) 式等号右边第二项 $(\vec{v} \cdot \nabla)\vec{r}$:

$$(\vec{v} \cdot \nabla)\vec{r} = (\vec{v} \cdot \nabla)\vec{R} - (\vec{v} \cdot \nabla)\vec{R}_{\mathrm{e}}(t_{\mathrm{ret}}),$$

这里 $(\vec{v} \cdot \nabla)\vec{R} = \vec{v} \cdot \nabla\vec{R} = \vec{v} \cdot \vec{I} = \vec{v}$ ($\vec{I}$ 为单位张量)。$\vec{R}_{\mathrm{e}}(t_{\mathrm{ret}})$ 虽只是 t_{ret} 的函数, 但 t_{ret} 与 $\vec{R}$ 有关, 因此有

$$(\vec{v} \cdot \nabla)\vec{R}_{\mathrm{e}} = \delta_{ij}v_i\frac{\partial}{\partial R_j}\vec{R}_{\mathrm{e}} = \delta_{ij}v_i\frac{\mathrm{d}\vec{R}_{\mathrm{e}}}{\mathrm{d}t_{\mathrm{ret}}}\frac{\partial t_{\mathrm{ret}}}{\partial R_j} = \vec{v}(\vec{v} \cdot \nabla t_{\mathrm{ret}}).$$

或者

$$(\vec{v} \cdot \nabla)\vec{r} = \vec{v} - \vec{v}(\vec{v} \cdot \nabla t_{\mathrm{ret}}).$$

考虑 (8.1.21) 式等号右边第三项 $\vec{r} \times (\nabla \times \vec{v})$。由于有

$$\nabla \times \vec{v} = \nabla \times \vec{v}(t_{\mathrm{ret}}) = \varepsilon_{ijk}\vec{e}_i\frac{\partial}{\partial R_j}v_k = \varepsilon_{ijk}\vec{e}_i\frac{\partial t_{\mathrm{ret}}}{\partial R_j}\frac{\mathrm{d}v_k}{\mathrm{d}t_{\mathrm{ret}}} = \nabla t_{\mathrm{ret}} \times \frac{\mathrm{d}\vec{v}}{\mathrm{d}t_{\mathrm{ret}}}.$$

或者

$$\nabla \times \vec{v} = \nabla t_{\mathrm{ret}} \times \vec{a}. \quad (8.1.22)$$

因此

$$\vec{r} \times (\nabla \times \vec{v}) = -\vec{r} \times (\vec{a} \times \nabla t_{\mathrm{ret}}).$$

考虑 (8.1.21) 式等号右边第四项 $\vec{v} \times (\nabla \times \vec{r})$。仿照上面的推导, 易得到

$$\nabla \times \vec{r} = \vec{v} \times \nabla t_{\mathrm{ret}}. \quad (8.1.23)$$

因此有

$$\vec{v} \times (\nabla \times \vec{r}) = \vec{v} \times (\vec{v} \times \nabla t_{\mathrm{ret}}).$$

将上述各项的结果代入 (8.1.21) 式得

$$\nabla(\vec{r} \cdot \vec{v}) = \vec{a}(\vec{r} \cdot \nabla t_{\mathrm{ret}}) + \vec{v} - \vec{v}(\vec{v} \cdot \nabla t_{\mathrm{ret}}) - \vec{r} \times (\vec{a} \times \nabla t_{\mathrm{ret}}) + \vec{v} \times (\vec{v} \times \nabla t_{\mathrm{ret}})$$

$$= \vec{a}(\vec{r} \cdot \nabla t_{\mathrm{ret}}) + \vec{v} - \vec{v}(\vec{v} \cdot \nabla t_{\mathrm{ret}}) - [(\vec{r} \cdot \nabla t_{\mathrm{ret}})\vec{a} - (\vec{r} \cdot \vec{a})\nabla t_{\mathrm{ret}}]$$

$$\quad + [(\vec{v} \cdot \nabla t_{\mathrm{ret}})\vec{v} - (\vec{v} \cdot \vec{v})\nabla t_{\mathrm{ret}}]$$

$$= (\vec{r} \cdot \vec{a} - v^2)\nabla t_{\mathrm{ret}} + \vec{v}.$$

此即为 (8.1.18) 式的结论。

最后, 我们来求解 ∇t_{ret}。考虑到 ∇r 可表示为

$$\nabla r = \nabla \sqrt{\vec{r} \cdot \vec{r}} = \frac{1}{2r} \nabla (\vec{r} \cdot \vec{r}) = \frac{1}{r} \left[(\vec{r} \cdot \nabla) \vec{r} + \vec{r} \times (\nabla \times \vec{r}) \right].$$

另一方面, 有

$$(\vec{r} \cdot \nabla) \vec{r} = \left(r_i \frac{\partial}{\partial R_j} \delta_{ij} \right) [\vec{R} - \vec{R}_{\text{e}} (t_{\text{ret}})] = r_i \frac{\partial \vec{R}}{\partial R_j} \delta_{ij} - r_i \frac{\partial t_{\text{ret}}}{\partial R_j} \frac{\mathrm{d} \vec{R}_{\text{e}}}{\mathrm{d} t_{\text{ret}}} \delta_{ij}$$

$$= \vec{r} - r_i \vec{v} \frac{\partial t_{\text{ret}}}{\partial R_j} \delta_{ij} = \vec{r} - \vec{v} (\vec{r} \cdot \nabla t_{\text{ret}}).$$

进一步地, 结合 (8.1.20) 式和 (8.1.23) 式, 从而解得 ∇t_{ret} 为

$$\nabla t_{\text{ret}} = -\frac{\vec{r}}{cr - \vec{v} \cdot \vec{r}} = -\frac{\vec{e}_r}{c \left(1 - \vec{e}_r \cdot \vec{\beta} \right)}. \tag{8.1.24}$$

8.1.3   任意运动带电粒子的电磁场

根据电磁场与电磁势的关系:

$$\vec{E} = -\nabla \varphi - \frac{\partial \vec{A}}{\partial t}, \quad \vec{B} = \nabla \times \vec{A}. \tag{8.1.25}$$

结合 (8.1.15) 式 — (8.1.24) 式, 接下来讨论任意运动带电粒子所产生的电磁场。

首先, 计算第一项 $\nabla \varphi$, 根据

$$\nabla \varphi = \frac{1}{4\pi\varepsilon_0} \nabla \frac{q}{r - \vec{r} \cdot \vec{\beta}} = -\frac{1}{4\pi\varepsilon_0} \frac{q}{(r - \vec{r} \cdot \vec{\beta})^2} \nabla \left(r - \vec{r} \cdot \vec{\beta} \right), \tag{8.1.26}$$

以及

$$\nabla \left(r - \vec{r} \cdot \vec{\beta} \right) = \nabla \left(r - \frac{\vec{r} \cdot \vec{v}}{c} \right) = -c\nabla t_{\text{ret}} - \frac{1}{c} \left[\left(\vec{r} \cdot \vec{a} - v^2 \right) \nabla t_{\text{ret}} + \vec{v} \right], \tag{8.1.27}$$

则有

$$\nabla \varphi = \frac{1}{4\pi\varepsilon_0} \frac{q}{(r - \vec{r} \cdot \vec{\beta})^2} \left\{ c\nabla t_{\text{ret}} + \frac{1}{c} \left[\left(\vec{r} \cdot \vec{a} - v^2 \right) \nabla t_{\text{ret}} + \vec{v} \right] \right\}. \tag{8.1.28}$$

将 ∇t_{ret} 表达式 (8.1.24) 代入, 并经过一些步骤, 最后整理得

$$\nabla \varphi = \frac{q}{4\pi\varepsilon_0} \frac{r}{(r - \vec{r} \cdot \vec{\beta})^3} \left[\left(1 - \vec{e}_r \cdot \vec{\beta} \right) \vec{\beta} - \left(1 - \beta^2 + \frac{\vec{r} \cdot \vec{a}}{c^2} \right) \vec{e}_r \right]. \tag{8.1.29}$$

这里在等号的右边把沿着 $\vec{v}$、$\vec{r}$ 方向的分量区分开, 但其实更重要的是要区分哪些属于 r^{-1} 项, 哪些属于 r^{-2} 项, 目的就是要区分产生远场辐射场和非辐射场的贡献, 为此应将上式改写为

$$\nabla \varphi = \frac{q}{4\pi\varepsilon_0} \frac{r}{(r - \vec{r} \cdot \vec{\beta})^3} \left\{ \left[\left(1 - \vec{e}_r \cdot \vec{\beta} \right) \vec{\beta} - \left(1 - \beta^2 \right) \vec{e}_r \right] - r \left(\vec{e}_r \cdot \frac{\vec{a}}{c^2} \right) \vec{e}_r \right\}.$$

$$\tag{8.1.30}$$

进一步, 计算第二项 $\partial \vec{A}/\partial t$, 有

$$
\frac{\partial \vec{A}}{\partial t} = \frac{\partial \vec{A}}{\partial t_{\text{ret}}} \frac{\partial t_{\text{ret}}}{\partial t} = \frac{\mu_0 q}{4\pi} \left(\frac{\partial t_{\text{ret}}}{\partial t} \right) \frac{\partial}{\partial t_{\text{ret}}} \left(\frac{\vec{v}}{r - \vec{r} \cdot \vec{\beta}} \right)
$$
$$
= \frac{\mu_0 q}{4\pi} \left(\frac{\partial t_{\text{ret}}}{\partial t} \right) \left(\vec{v} \frac{\partial}{\partial t_{\text{ret}}} \frac{1}{r - \vec{r} \cdot \vec{\beta}} + \frac{\vec{a}}{r - \vec{r} \cdot \vec{\beta}} \right).
$$

等号右边括号中出现的 $\partial(r - \vec{r} \cdot \vec{\beta})^{-1}/\partial t_{\text{ret}}$ 可表示为

$$
\frac{\partial}{\partial t_{\text{ret}}} \left(\frac{1}{r - \vec{r} \cdot \vec{\beta}} \right) = -\frac{1}{(r - \vec{r} \cdot \vec{\beta})^2} \left[\frac{\partial r}{\partial t_{\text{ret}}} - \frac{1}{c} \frac{\partial (\vec{r} \cdot \vec{v})}{\partial t_{\text{ret}}} \right]
$$
$$
= \frac{1}{(r - \vec{r} \cdot \vec{\beta})^2} \left[\vec{v} \cdot \vec{e}_r + \frac{1}{c} \left(\vec{r} \cdot \vec{a} - v^2 \right) \right],
$$

因此有

$$
\frac{\partial \vec{A}}{\partial t} = \frac{\mu_0 q}{4\pi} \left(\frac{1}{1 - \vec{\beta} \cdot \vec{e}_r} \right) \left\{ \left[\vec{v} \cdot \vec{e}_r + \frac{1}{c} \left(\vec{r} \cdot \vec{a} - v^2 \right) \right] \frac{\vec{v}}{(r - \vec{r} \cdot \vec{\beta})^2} + \frac{\vec{a}}{r - \vec{r} \cdot \vec{\beta}} \right\}
$$
$$
= \frac{q}{4\pi\varepsilon_0} \frac{r}{(r - \vec{r} \cdot \vec{\beta})^3} \left\{ \left(-\beta^2 + \vec{e}_r \cdot \vec{\beta} \right) \vec{\beta} + r \left[\left(\vec{e}_r \cdot \frac{\vec{a}}{c^2} \right) \vec{\beta} + \left(1 - \vec{e}_r \cdot \vec{\beta} \right) \frac{\vec{a}}{c^2} \right] \right\}. \tag{8.1.31}
$$

这里同样把 $\partial \vec{A}/\partial t$ 所贡献的 r^{-2} 项和 r^{-1} 项区分开。

最后, 将 (8.1.30) 式和 (8.1.31) 式代入 (8.1.25) 式, 得任意运动点电荷所产生的电场为

$$
\vec{E} = \frac{q}{4\pi\varepsilon_0} \frac{r}{(r - \vec{r} \cdot \vec{\beta})^3} \left\{ (1 - \beta^2)(\vec{e}_r - \vec{\beta}) + \vec{r} \times \left[(\vec{e}_r - \vec{\beta}) \times \frac{\vec{a}}{c^2} \right] \right\}
$$
$$
= \vec{E}_{\text{v}} + \vec{E}_{\text{a}}. \tag{8.1.32}
$$

从上式看出, 任意运动带电粒子的电场包含两部分 $(\vec{E}_{\text{v}} + \vec{E}_{\text{a}})$, 前一部分贡献项 $\vec{E}_{\text{v}}$ 与速度有关, 具有 $|\vec{E}_{\text{v}}| \propto r^{-2}$ 特征, 称之为速度场, 后一部分贡献项 $\vec{E}_{\text{a}}$ 依赖于加速度, 具有 $|\vec{E}_{\text{a}}| \propto r^{-1}$ 特征, 称之为加速度场。

最后, 计算任意运动带电粒子的磁场。根据 $\vec{B} = \frac{1}{c^2} \nabla \times (\varphi \vec{v})$ 得

$$
\vec{B} = \frac{1}{c^2} \left(\varphi \nabla \times \vec{v} - \vec{v} \times \nabla \varphi \right). \tag{8.1.33}
$$

式中 $\nabla \times \vec{v}$ 已在 (8.1.22) 式给出, $\nabla \varphi$ 已在 (8.1.30) 式给出, 代入得

$$
\vec{B} = \frac{1}{c} \frac{q}{4\pi\varepsilon_0} \frac{\vec{r}}{(r - \vec{r} \cdot \vec{\beta})^3} \times \left\{ (1 - \beta^2)(\vec{e}_r - \vec{\beta}) + \vec{r} \times \left[(\vec{e}_r - \vec{\beta}) \times \frac{\vec{a}}{c^2} \right] \right\}
$$
$$
= \vec{B}_{\text{v}} + \vec{B}_{\text{a}}. \tag{8.1.34}
$$

这里同样可以把磁场拆分为速度场分量 $(\vec{B}_{\text{v}})$ 和加速度场分量 $(\vec{B}_{\text{a}})$, 并且总电场和

总磁场之间, 以及它们的速度场分量、加速度场分量之间存在相同的关系:

$$\vec{B} = \frac{1}{c}\vec{e}_r \times \vec{E}, \quad \vec{B}_v = \frac{1}{c}\vec{e}_r \times \vec{E}_v, \quad \vec{B}_a = \frac{1}{c}\vec{e}_r \times \vec{E}_a. \tag{8.1.35}$$

即从推迟时刻运动电荷所处位置指向场点的位矢 $\vec{e}_r$、电场、磁场三者之间成右手螺旋关系。

从 (8.1.32) 式和 (8.1.34) 式可以看出, 速度场 $(\vec{E}_v, \vec{B}_v)$ 的空间分布具有 r^{-2} 特点, 因此并不能将电磁场能量传输到远离带电粒子的远场处, 属于非辐射场; 加速度场 $(\vec{E}_a, \vec{B}_a)$ 遵循 r^{-1} 的空间分布规律, 与之前第七章讨论的辐射场完全类似, 依靠这部分场, 加速运动带电粒子可以将电磁场能量辐射到远场。

8.1.4 匀速运动带电粒子的电磁场

根据前面的讨论, 作匀速直线运动的带电粒子的电场、磁场都仅存在速度场, 其中电场强度为

$$\vec{E}_v = \frac{q}{4\pi\varepsilon_0} \frac{r\left(1 - \beta^2\right)}{\left(r - \vec{r}\cdot\vec{\beta}\right)^3} \left(\vec{e}_r - \vec{\beta}\right). \tag{8.1.36}$$

作为练习, 读者可以验证, 上式也可直接借助带电粒子作匀速运动时的 Liénard-Wiechert 势, 通过 $\vec{E}_v = -\nabla\varphi - \partial\vec{A}/\partial t$ 而得出。可以看到, $\vec{E}_v$ 由两部分组成, 一部分沿 $\vec{e}_r$ 方向, 另一部分沿 $\vec{v}$ 方向。由于磁场不存在沿着 $\vec{e}_r$ 方向的分量, 因此匀速运动带电粒子的磁场与 $\vec{e}_r$、$\vec{v}$ 都正交。

在第七章 7.3.9 小节中, 曾经借助惯性参考系之间电磁场变换得到了匀速运动带电粒子的电磁场。为了说明 (8.1.36) 式与之前结论一致, 只需把 (8.1.36) 式中与推迟时刻 t_{ret} 相关的物理量 $\vec{r}$ 改用与当前 t 时刻直接相关的物理量表示。

不失一般性, 设带电粒子沿着 x 轴方向以速度 $\vec{v}$ 作匀速运动, 将当前 t 时刻粒子所处位置设为坐标原点 (O 点), 如图 8–2 所示, 从坐标原点指向场点 P 的位矢为 $\vec{R}$, 其与 x 轴正方向成 θ 夹角, 注意到 $(\vec{R}, \theta)$ 都是定义为与当前时刻 t 相关的物理量。

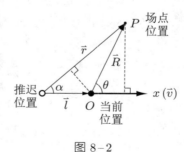

图 8–2

若用 $\vec{l}$ 表示带电粒子从推迟位置匀速行进到当前位置 (坐标原点) 时的位矢, 则有

$$\vec{l} = \vec{v}\left(t - t_{\text{ret}}\right) = \frac{r}{c}\vec{v} = r\vec{\beta}. \tag{8.1.37}$$

及

$$\vec{e}_r - \vec{\beta} = \frac{\vec{r} - r\vec{\beta}}{r} = \frac{\vec{r} - \vec{l}}{r} = \frac{\vec{R}}{r}. \tag{8.1.38}$$

则 (8.1.36) 式改写为

$$\vec{E}_v = \frac{q}{4\pi\varepsilon_0} \frac{(1 - \beta^2)}{(r - \vec{r} \cdot \vec{\beta})^3} \vec{R}. \tag{8.1.39}$$

在图 8–2 中, 从推迟位置指向场点的位矢 $\vec{r}$ 与 x 轴的夹角设为 α, 则 (r, α) 满足

$$\begin{cases} r\sin\alpha = R\sin\theta, \\ (r - l\cos\alpha)^2 + (l\sin\alpha)^2 = R^2. \end{cases} \tag{8.1.40}$$

解得

$$\cos\alpha = \frac{1}{2\beta}\left(1 + \beta^2 - \frac{R^2}{r^2}\right), \quad \sin^2\alpha = \frac{R^2}{r^2}\sin^2\theta. \tag{8.1.41}$$

将上式结果代入因子 $(r - \vec{r} \cdot \vec{\beta})^2$ 得

$$(r - \vec{r} \cdot \vec{\beta})^2 = r^2(1 - \beta\cos\alpha)^2 = R^2\left(1 - \beta^2\sin^2\theta\right).$$

因此, 采用当前 t 时刻粒子位置作为坐标原点所定义的场点位矢 (R, θ) 所表示的电场为

$$\vec{E}_v = \frac{q}{4\pi\varepsilon_0} \frac{(1 - \beta^2)}{\left(1 - \beta^2\sin^2\theta\right)^{3/2}} \frac{\vec{R}}{R^3}. \tag{8.1.42}$$

这一结果与等式 (7.3.64) 结论完全一致 [注意: (7.3.64)式中的 $\vec{r}$ 与此处的 $\vec{R}$ 均表示当前时刻粒子位置指向场点的位矢]。

通过 $\vec{B}_v = (\vec{e}_r/c) \times \vec{E}_v$, 得匀速运动带电粒子的磁感应强度为

$$\vec{B}_v = \frac{1}{c}\vec{e}_r \times \vec{E}_v = \frac{1}{c}\left(\vec{\beta} + \frac{\vec{R}}{r}\right) \times \vec{E}_v = \frac{\vec{\beta}}{c} \times \vec{E}_v = \frac{\vec{v}}{c^2} \times \vec{E}_v. \tag{8.1.43}$$

上述电磁场表达式都是在实验室参考系下给出的, 而坐标原点是以 t 时刻带电粒子所在位置为参考点。既然电荷匀速运动, 则不同时刻的电磁场相对于运动电荷具有相同的空间分布, 整个电磁场跟随电荷一起在运动, 这也是将 $(\vec{E}_v, \vec{B}_v)$ 称为速度场的原因。尽管这里电场和磁场都是 R^{-2} 依赖关系, 径向没有能流, 不产生远场辐射, 但是与这部分电磁场相关的能量是随着电荷的运动而一起运动的。

从 (8.1.42) 式可见, 当 $v \ll c$ 时, $\beta^2 \to 0$, 电磁场趋近于如下形式:

$$\begin{cases} \vec{E}_v \approx \dfrac{1}{4\pi\varepsilon_0} \dfrac{q\vec{R}}{R^3} = \vec{E}_0, \\ \vec{B}_v \approx \dfrac{\vec{v}}{c^2} \times \vec{E}_0 = \dfrac{\mu_0}{4\pi} \dfrac{q\vec{v} \times \vec{R}}{R^3}. \end{cases} \tag{8.1.44}$$

$\vec{E}_0$ 为带电粒子静止时产生的 Coulomb 场。可见当 $v \ll c$ 时, 电场径向分布呈现各向同性分布特征。

对于高速 (匀速) 运动的带电粒子, 电场的径向分布则会呈现较为明显的各向异性, 并在 $\theta = \pi/2$ (与 $\vec{v}$ 垂直) 方向上场强达到极大值, 且带电粒子运动速度越大, 电场在这个方向上越集中, 如图 8–3 所示。

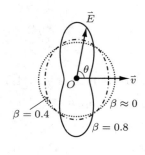

图 8–3

8.2 加速运动带电粒子的辐射

8.2.1 加速运动带电粒子辐射功率角分布

对于加速运动的带电粒子, 其所产生的加速度场 $(\vec{E}_a, \vec{B}_a)$ 构成远场辐射, 加速运动带电粒子的辐射能流密度为

$$\vec{s}\,(t) = \frac{1}{\mu_0}\vec{E}_a \times \vec{B}_a = \varepsilon_0 c E_a^2 \vec{e}_r = \varepsilon_0 c\left(\frac{q}{4\pi\varepsilon_0}\right)^2 \frac{|\vec{e}_r \times [(\vec{e}_r - \vec{\beta}) \times \vec{a}]|^2}{c^4(1 - \vec{e}_r \cdot \vec{\beta})^6}\frac{\vec{e}_r}{r^2}. \quad (8.2.1)$$

有了 $\vec{s}\,(t)$, 则单位时间内 (实验室参考系) 通过半径为 r、立体角为 $\mathrm{d}\Omega$ 的球面面元的能量, 即辐射功率立体角分布为

$$\frac{\mathrm{d}P\,(t)}{\mathrm{d}\Omega} = \frac{\mathrm{d}^2 W}{\mathrm{d}t\mathrm{d}\Omega} = r^2\vec{s}\,(t) \cdot \vec{e}_r. \quad (8.2.2)$$

这里 $P\,(t)$ 为 Poyting 矢量 $\vec{s}$ 对一个半径无限大球面的通量, 即

$$P\,(t) = \lim_{r \to \infty}\oint_S \mathrm{d}\vec{S} \cdot \vec{s}\,(t). \quad (8.2.3)$$

不过由于推迟效应 (光的有限传播速度), 以及对于具有相对论效应 (高速运动) 带电粒子, 远场区球面在当前时刻的 $\mathrm{d}t$ 时间内所接受到的能量与在推迟时刻的 $\mathrm{d}t_{\mathrm{ret}}$ 时间内离开粒子辐射出的能量并不相同。这就好比坐在一辆快速运动的车子上向前方 (或者后方) 位于路中央的固定靶在单位时间内射出的子弹数 (子弹可带有标记, 从而可区分子弹射出数密度的变化), 与在单位时间内靶被击中的子弹 (同样标记) 数并不相同是同一个道理。

对于带电粒子本身而言, 可先采用推迟时刻来描述其辐射功率立体角分布特征:

$$\frac{\mathrm{d}P\,(t_{\mathrm{ret}})}{\mathrm{d}\Omega} = \frac{\mathrm{d}^2 W}{\mathrm{d}t_{\mathrm{ret}}\mathrm{d}\Omega} = \frac{\mathrm{d}^2 W}{\mathrm{d}t\mathrm{d}\Omega}\frac{\partial t}{\partial t_{\mathrm{ret}}} = \frac{q^2}{16\pi^2\varepsilon_0 c^3}\frac{|\vec{e}_r \times [(\vec{e}_r - \vec{\beta}) \times \vec{a}]|^2}{(1 - \vec{e}_r \cdot \vec{\beta})^5}. \quad (8.2.4)$$

注意, 这里等号两边的物理量都是定义在推迟时刻 t_{ret}。接下来针对不同加速运动情形 (如带电粒子加速但低速运动、超高速相对论极限加速运动, 以及加速度平行或垂直于速度等运动情形), 分别讨论辐射立体角分布特征。

8.2.2　低速运动下加速带电粒子的辐射

若带电粒子虽作加速运动, 但运动速度极低 ($v \ll c$), 即 $\beta \approx 0$, 则根据 (8.1.32) 式, 加速度场近似为

$$\vec{E}_{\text{a}} \approx \frac{q}{4\pi\varepsilon_0}\frac{\vec{e}_r}{r}\times\left(\vec{e}_r\times\frac{\vec{a}}{c^2}\right). \tag{8.2.5}$$

定义以加速度 $\vec{a}$ 方向为极轴方向, $\vec{e}_r$ 与加速度 $\vec{a}$ 夹角为 θ, 则 $\vec{E}_{\text{a}}$、$\vec{B}_{\text{a}}$ 表示为

$$\vec{E}_{\text{a}} \approx \frac{q}{4\pi\varepsilon_0 c^2}\frac{a}{r}\sin\theta\vec{e}_\theta, \quad \vec{B}_{\text{a}} \approx \frac{q}{4\pi\varepsilon_0 c^3}\frac{a}{r}\sin\theta\vec{e}_\phi. \tag{8.2.6}$$

若粒子沿着极轴运动, 定义电偶极矩为

$$\vec{p} = qR_{\text{e}}\left(t_{\text{ret}}\right)\vec{e}_z. \tag{8.2.7}$$

$$\ddot{\vec{p}}\left(t_{\text{ret}}\right) = \ddot{p}\left(t_{\text{ret}}\right)\vec{e}_z = qa\vec{e}_z. \tag{8.2.8}$$

则 (8.2.6) 式改写为

$$\begin{cases} \vec{E}_{\text{a}} \approx \dfrac{1}{4\pi\varepsilon_0 c^2}\dfrac{\ddot{p}\left(t_{\text{ret}}\right)}{r}\sin\theta\vec{e}_\theta, \\[3mm] \vec{B}_{\text{a}} \approx \dfrac{1}{4\pi\varepsilon_0 c^3}\dfrac{\ddot{p}\left(t_{\text{ret}}\right)}{r}\sin\theta\vec{e}_\phi. \end{cases} \tag{8.2.9}$$

上式与第六章 6.3.4 小节中的 (6.3.28) 式在形式上完全相似, 后者是针对有限区域电流分布并且以一定频率作时谐变化的电流源在偶极近似下的辐射场。这说明, 对于低速 ($v \ll c$) 运动带电粒子而言, 其加速 (或减速) 时激发的辐射可以采用偶极子辐射近似处理。

具有加速度但作低速运动的带电粒子所产生的辐射功率立体角分布可以采用 (8.2.4) 式在 $\beta = 0$ 极限下的分布来描述:

$$\frac{\text{d}P\left(t_{\text{ret}}\right)}{\text{d}\Omega} = \frac{q^2}{16\pi^2\varepsilon_0 c^3}\left|\vec{e}_r\times\left(\vec{e}_r\times\vec{a}\right)\right|^2 = \frac{q^2 a^2}{16\pi^2\varepsilon_0 c^3}\sin^2\theta \quad (\beta \approx 0). \tag{8.2.10}$$

可以看出, 在与 $\vec{a}$ 垂直的平面上辐射最强, 而在沿着 $\vec{a}$ 方向则没有辐射 (图 8–4)。这与第六章 6.3.4 小节中电偶极子辐射的图像也是一致的, 即沿着电偶极矩 (那里讨论的是做时谐变化) 的方向并没有辐射。

注意到这里做 $\beta \approx 0$ 近似时, 并没有区分速度是沿着还是垂直于加速度方向。实际上, 无论是 $\vec{a} \,/\!/\, \vec{v}$ (如电子束打到靶上受阻), 还是 $\vec{a} \perp \vec{v}$ [如带电粒子作回旋加速运动 (cyclotron acceleration)], 只要满足 $\beta \approx 0$, 所产生的辐射都可以采用上述物理图像描述 (沿 $\vec{a}$ 方向不产生辐射)。

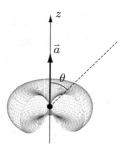

图 8–4

在低速情况下, 加速运动带电粒子总辐射功率为

$$P\left(t_{\mathrm{ret}}\right) = \oint \mathrm{d}\vec{S} \cdot \vec{s} = \oint \frac{q^2 a^2}{16\pi^2 \varepsilon_0 c^3} \sin^2\theta \mathrm{d}\Omega = \frac{q^2 a^2}{6\pi \varepsilon_0 c^3}. \tag{8.2.11}$$

这就是著名的 Larmor 公式 (Joseph Larmor, 1857—1942, 英国物理学家)。可见要产生远场辐射, 带电粒子必须作加速运动, 这与第六章中针对有限区域时谐变化电流源辐射的分析一致。

需要指出的是, 尽管低速情况下加速运动带电粒子的辐射与第六章中的电偶极子辐射在形式上类似, 但是它们之间还是有着一些区别。例如, 在第六章中主要针对以固定频率 ω 谐振荡的区域电流源所产生的辐射, 这类辐射是单色波, 而任意加速运动带电粒子的辐射具有连续波谱性质。在实际中, 当电子束打到靶上受阻而形成 X 射线连续谱就是上述效应的结果。因此一般将加速运动带电粒子产生的辐射称为 Larmor 辐射。此外, 对单一频率作谐振荡电流源产生的电偶极辐射, 给出的是振荡周期内的平均辐射功率, 而在非相对论极限下对加速运动带电粒子, (8.2.11) 式给出的是瞬时辐射功率。

8.2.3 $\vec{a} /\!/ \vec{v}$ 时高速运动带电粒子的辐射

当高速运动带电粒子的加速度 $\vec{a}$ 与速度 $\vec{v}$ 平行时, 辐射角分布呈现轴对称性。以 $\vec{v}$ 方向为极轴、t_{ret} 时刻粒子所处位置为坐标原点, 则 (8.2.4) 式简化为

$$\frac{\mathrm{d}P_{/\!/}\left(t_{\mathrm{ret}}\right)}{\mathrm{d}\Omega} = \frac{q^2 a^2}{16\pi^2 \varepsilon_0 c^3} \frac{\sin^2\theta}{\left(1 - \beta\cos\theta\right)^5}. \tag{8.2.12}$$

与低速情况 (8.2.10) 式相比, 这里的情形多出了体现相对论效应的因子 $(1 - \beta\cos\theta)^{-5}$。

从上式可以看出, 辐射分布并不依赖于 a 的正负, 即加速和减速都具有相同的辐射角分布; 在 $\theta = 0$ 方向没有辐射, 在 $\theta = \pi/2$ 时所有分布都具有相同的值, 不依赖于速度的改变。图 8–5 展示了不同 β 取值下辐射功率的极角分布特征, 其中随着 β 的增加, 辐射最强方向越来越向 $\vec{v}$ 方向靠拢。

对 (8.2.12) 式取极值 $\dfrac{\mathrm{d}}{\mathrm{d}\theta}\left[\dfrac{\mathrm{d}P_{/\!/}\left(t_{\mathrm{ret}}\right)}{\mathrm{d}\Omega}\right] = 0$, 易得辐射最强的极角 θ_{peak} 满足

$$\cos\theta_{\mathrm{peak}} = \frac{1}{3\beta}\left(\sqrt{1 + 15\beta^2} - 1\right). \tag{8.2.13}$$

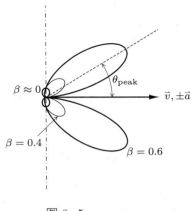

图 8–5

现在来讨论极端相对论情形, 即粒子速度被加速到接近光速 ($\beta \to 1$)。根据定义 $\gamma^{-1} = \sqrt{1 - \beta^2}$, 在 $\beta \to 1$ 时, $\gamma \gg 1$, 则 (8.2.13) 式过渡为

$$\cos \theta_{\text{peak}} = \frac{1}{3} \frac{1}{\sqrt{1 - 1/\gamma^2}} \left[\sqrt{1 + 15 \left(1 - \frac{1}{\gamma^2} \right)} - 1 \right]$$

$$\approx 1 - \frac{1}{8\gamma^2} \quad (\gamma \gg 1). \tag{8.2.14}$$

同时当 $\gamma \gg 1$ 时, 由于 $\cos \theta_{\text{peak}} \to 1$, $\cos \theta_{\text{peak}} \approx 1 - \theta_{\text{peak}}^2/2$, 代入上式得

$$\theta_{\text{peak}} \approx \pm \frac{1}{2\gamma} \quad (\gamma \gg 1). \tag{8.2.15}$$

即此时辐射峰集中在 $\theta = \pm 1/(2\gamma)$ 方向。由于在 $\theta = 0$ 的方向上没有辐射, 两个辐射峰都靠近 $\theta = 0$, 故每个峰的角宽为 $\Delta\theta \approx 1/\gamma$。

当 $\gamma \gg 1$ 时, 对 (8.2.12) 式作类似的分析, 得到极端相对论情形下辐射角分布为

$$\frac{\mathrm{d}P_{/\!/}(t_{\text{ret}})}{\mathrm{d}\Omega} \approx \frac{2q^2 a^2}{\pi^2 \varepsilon_0 c^3} \frac{\gamma^8 (\gamma\theta)^2}{\left[1 + (\gamma\theta)^2 \right]^5} \quad (\gamma \gg 1, \ \theta \ll 1). \tag{8.2.16}$$

对上式求极值, 亦可得到结论 (8.2.15) 式。

8.2.4 $\vec{a} \perp \vec{v}$ 时高速运动带电粒子的辐射

对于 $\vec{a} \perp \vec{v}$ 情况, 先在 t_{ret} 时刻建立一个坐标系。设带电粒子在 xOz 平面内作弧线运动, 并且当带电粒子经过坐标原点 O 时 (t_{ret} 时刻), 其速度 $\vec{v}$ (沿着 z 轴) 与加速度 $\vec{a}$ 垂直, 如图 8–6 所示。不同于 $\vec{a} /\!/ \vec{v}$ 情形, $\vec{a} \perp \vec{v}$ 情况下带电粒子辐射功率角分布与极角 θ、方位角 ϕ 都有关。

为了给出 $\vec{a} \perp \vec{v}$ 情况下辐射功率角分布, 令

$$\begin{cases} \vec{v} = v\vec{e}_z, \quad \vec{a} = a\vec{e}_x, \\ \vec{e}_r \approx \sin\theta\cos\phi\,\vec{e}_x + \sin\theta\sin\phi\,\vec{e}_y + \cos\theta\,\vec{e}_z. \end{cases} \tag{8.2.17}$$

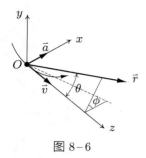

图 8-6

将其代入任意运动带电粒子的辐射功率分布一般形式 (8.2.4) 式中, 得

$$\frac{\mathrm{d}P_\perp\left(t_{\mathrm{ret}}\right)}{\mathrm{d}\Omega} = \frac{q^2 a^2}{16\pi^2\varepsilon_0 c^3}\frac{1}{\left(1-\beta\cos\theta\right)^3}\left[1-\frac{\sin^2\theta\cos^2\phi}{\gamma^2\left(1-\beta\cos\theta\right)^2}\right]. \tag{8.2.18}$$

首先, 在运动速度 $v \ll c$ 情况下, 上式给出

$$\frac{\mathrm{d}P_\perp\left(t_{\mathrm{ret}}\right)}{\mathrm{d}\Omega} = \frac{q^2 a^2}{16\pi^2\varepsilon_0 c^3}\left(1-\sin^2\theta\cos^2\phi\right). \tag{8.2.19}$$

这里 $\beta \to 0$ 极限给出 $\vec{a} \perp \vec{v}$ 辐射功率角分布其实就是之前给出的低速情形下带电粒子作回旋加速辐射的角分布, 这里的依赖因子为 $1-\sin^2\theta\cos^2\phi$, 形式稍不同于 (8.2.10) 式是因为两种情形下关于 θ 的定义不同所致。

而在超高速的相对论极限下 (例如, 欧洲核子研究中心的大型强子对撞机保持着粒子能量的最高纪录, 其质子的速度最高达到 99.999 999 1% 的光速, 比光速只慢了 3 m/s), $\beta \to 1, \gamma \gg 1$ 意味着辐射被集中到非常狭窄的角度区域 $(\Delta\theta \sim 1/\gamma)$ 中, 辐射方向朝向带电粒子运动方向 (图 8-7), 并且辐射功率角分布 (8.2.18) 式简化为

$$\frac{\mathrm{d}P_\perp\left(t_{\mathrm{ret}}\right)}{\mathrm{d}\Omega} \approx \frac{q^2 a^2}{16\pi^2\varepsilon_0 c^3}\frac{8\gamma^6}{\left(1+\gamma^2\theta^2\right)^3}\left[1-\frac{4\gamma^2\theta^2\cos^2\phi}{\left(1+\gamma^2\theta^2\right)^2}\right] \quad (\gamma \gg 1). \tag{8.2.20}$$

上式功率角分布即为同步辐射 (synchrotron radiation) 在 $\gamma \gg 1$ 下的极限分布。

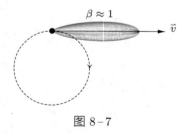

图 8-7

8.2.5　高速运动下加速带电粒子总辐射功率

前面已经指出, 在 $\beta \approx 0$ 情况下加速运动带电粒子的总辐射功率满足 Larmor 公式:

$$P\left(t_{\mathrm{ret}}\right) = \frac{q^2 a^2}{6\pi\varepsilon_0 c^3} \quad (\beta \approx 0). \tag{8.2.21}$$

但对于高速运动 ($\beta \approx 1$) 带电粒子的辐射, 计算总辐射功率需要考虑相对论效应。一种做法就是将 (8.2.4) 式对 $\mathrm{d}\Omega$ 积分, 数学推导过程较复杂。对于这一问题较为简便的处理方法是借助加速运动带电粒子的总辐射功率为 Lorentz 标量来求解。Larmor 公式是在 $\beta = 0$ 条件即带电粒子静止参考系中的严格解, 若总辐射功率是 Lorentz 标量, 则可通过对 Larmor 公式协变形式的推广, 即可得到实验室参考系中具有相对论效应加速运动带电粒子的总辐射功率。

首先, 先来阐明加速运动带电粒子的总辐射功率是 Lorentz 标量。在上一章 7.3.12 小节中已经证明电磁波的总动量 $\vec{P}$ 和总能量 W 构成四维矢量 $(\vec{P}, \mathrm{i}W/c)$, 因此在不同参考系之间 $(\vec{P}, \mathrm{i}W/c)$ 按照 Lorentz 变换。仿照第七章 7.3.4 小节中四维波矢的变换式 (7.3.22), 将实验室参考系 (Σ 系) 中的总辐射功率变换到运动粒子的瞬时静止参考系 (Σ' 系):

$$P(t) = \frac{\mathrm{d}W}{\mathrm{d}t} = \frac{\gamma \left(\mathrm{d}W' + \vec{v} \cdot \mathrm{d}\vec{P}'\right)}{\gamma \left(\mathrm{d}t' + \vec{v} \cdot \mathrm{d}\vec{x}'/c^2\right)}. \tag{8.2.22}$$

注意之前有提醒, 记号 $P(t)$ 代表总辐射功率, 而 $\vec{P}'$ 代表电磁场总动量。还要注意, 不能将这里的 t' 与之前的 t_{ret} 混淆, 后者是定义在实验室参考系中。考虑到在 Σ' 参考系中由于电磁场动量变化并没有优先取向, 故 $\mathrm{d}\vec{P}' = 0$; 也由于在粒子的瞬时静止参考系中, $\mathrm{d}\vec{x}' = 0$, 最终得

$$P(t) = \frac{\mathrm{d}W'}{\mathrm{d}t'} = P'(t'). \tag{8.2.23}$$

即总辐射功率是 Lorentz 标量。由于 Larmor 公式是粒子静止参考系中的严格解, 根据 (8.2.23) 式, 将 Larmor 公式 [(8.2.21) 式] 推广为如下协变形式:

$$P = \frac{q^2}{6\pi\varepsilon_0 c^3} \mathcal{A}_\mu \mathcal{A}_\mu = \frac{q^2}{6\pi\varepsilon_0 c^3} \frac{\mathrm{d}U_\mu}{\mathrm{d}\tau} \frac{\mathrm{d}U_\mu}{\mathrm{d}\tau}. \tag{8.2.24}$$

这里 $(U_\mu) = \gamma (\vec{v}, \mathrm{i}c)$ 为四维速度。根据四维动量与四维速度之间的关系 $(p_\mu) = m_0 (U_\mu)$, 则总辐射功率表示为

$$P = \frac{q^2}{6\pi\varepsilon_0 c^3 m_0^2} \frac{\mathrm{d}p_\mu}{\mathrm{d}\tau} \frac{\mathrm{d}p_\mu}{\mathrm{d}\tau}. \tag{8.2.25}$$

接下来就是在实验室参考系中给出等号右边表达式的具体形式。

考虑到 $(p_\mu) = (\vec{p}, \mathrm{i}\mathscr{E}/c)$, 同时利用 $\vec{p} = m\vec{v} = \gamma m_0 \vec{v}$, $\mathscr{E} = \gamma m_0 c^2$, 以及 $\mathrm{d}t = \gamma \mathrm{d}\tau$, 则有

$$\frac{\mathrm{d}p_\mu}{\mathrm{d}\tau} \frac{\mathrm{d}p_\mu}{\mathrm{d}\tau} = \left[\left(\frac{\mathrm{d}\vec{p}}{\mathrm{d}\tau} \right)^2 - \frac{1}{c^2} \left(\frac{\mathrm{d}\mathscr{E}}{\mathrm{d}\tau} \right)^2 \right] = (\gamma m_0 c)^2 \left[\left(\frac{\mathrm{d}(\gamma\vec{\beta})}{\mathrm{d}t} \right)^2 - \left(\frac{\mathrm{d}\gamma}{\mathrm{d}t} \right)^2 \right]. \tag{8.2.26}$$

经过不复杂的运算, 不难验证上式等号右边涉及的两个微分分别表示为

$$\begin{cases} \dfrac{\mathrm{d}\gamma}{\mathrm{d}t} = \gamma^3 \vec{\beta} \cdot \dot{\vec{\beta}}, \quad \dot{\vec{\beta}} = \dfrac{\mathrm{d}\vec{\beta}}{\mathrm{d}t}, \\[3mm] \dfrac{\mathrm{d}\left(\gamma\vec{\beta}\right)}{\mathrm{d}t} = \gamma\dot{\vec{\beta}} + \gamma^3\left(\vec{\beta} \cdot \dot{\vec{\beta}}\right)\vec{\beta}. \end{cases} \tag{8.2.27}$$

因此在实验室参考系中任意加速运动带电粒子的总辐射功率为

$$P = \frac{q^2}{6\pi\varepsilon_0 c}\gamma^6\left[\dot{\vec{\beta}}^2 - (\vec{\beta} \times \dot{\vec{\beta}})^2\right]. \tag{8.2.28}$$

上式在 $\beta = 0$ (即 $\gamma = 1$) 条件下上式自然过渡到 Larmor 辐射的总功率, 因此是 Larmor 公式的推广形式。所以也可以这样来理解, (8.2.21) 式与 (8.2.28) 式在表现形式上的不同, 是由于总能量和时间在不同参考系中的变换所导致。其次, 从上式可以看出, 对于 $\vec{a} \mathbin{/\mkern-5mu/} \vec{v}$ 的情形, $P_{/\mkern-5mu/} \propto \gamma^6 a^2$; 而对于 $\vec{a} \perp \vec{v}$ 的情形, $P_\perp \propto \gamma^4 a^2$。

最后说明一下, 上述的讨论都是假设带电粒子沿着一已知的轨道作确定的运动。实际上当带电粒子作加速 (或减速) 运动时由于产生辐射电磁场, 部分能量 (及部分动量) 被辐射电磁场带走, 因此带电粒子所产生的辐射对于粒子的运动是有反作用的, 并且是一种阻尼效果。虽然一般情况下这种反作用非常微弱, 可以忽略, 但是在某些特定情况下还是必须考虑。

另一方面, 当带电粒子加速 (减速) 运动时, 跟随粒子的速度场也会发生变化。根据场的物质性, 速度场也具有动量和能量; 而能量与惯性质量是相对应的, 因此速度场也对应着一定的质量, 称之为带电粒子的电磁质量。因此若要研究加速运动带电粒子产生的辐射场对带电粒子的反作用, 由于电磁质量的存在, 仅包括带电粒子本身和与加速运动相关的辐射场并不能构成一个封闭系统。关于阻尼力和电磁质量的存在对带电粒子运动所带来的影响, 这里不作详细介绍, 有兴趣的读者可以参考相关教材和文献。

例题 8.2.1　(1) 对于直线加速器, 假设沿 x 轴加速前进过程中带电粒子的能量增加率为 $\mathrm{d}\mathscr{E}/\mathrm{d}x$, 证明带电粒子的辐射功率为

$$P_{/\mkern-5mu/} = \frac{q^2}{6\pi\varepsilon_0 m_0^2 c^3}\left(\frac{\mathrm{d}\mathscr{E}}{\mathrm{d}x}\right)^2. \tag{8.2.29}$$

(2) 若带电粒子沿半径为 R 的圆形轨道运动, 粒子能量为 $\mathscr{E}$, 证明带电粒子的辐射功率为

$$P_\perp = \frac{q^2}{6\pi\varepsilon_0 m_0^2 c^3}\frac{\beta^4 \mathscr{E}^4}{R^2}.$$

解:　(1) 根据 (8.2.28) 式, 若粒子作直线加速运动, 则辐射功率为

$$P_{/\mkern-5mu/} = \frac{q^2\gamma^6}{6\pi\varepsilon_0 c}\dot{\vec{\beta}}^2 = \frac{q^2\gamma^6}{6\pi\varepsilon_0 c^3}\left(\frac{\mathrm{d}\vec{v}}{\mathrm{d}t}\right)^2 = \frac{q^2\gamma^6}{6\pi\varepsilon_0 c^3}\left(\frac{\mathrm{d}v}{\mathrm{d}t}\right)^2.$$

考虑一维运动, $\mathrm{d}x = v\mathrm{d}t$, 则 $P_{//}$ 表示为

$$P_{//} = \frac{q^2\gamma^6 v^2}{6\pi\varepsilon_0 c^3}\left(\frac{\mathrm{d}v}{\mathrm{d}x}\right)^2.$$

利用 $\vec{v} = c^2\vec{p}/\mathscr{E}$, 在直线运动下有

$$\mathrm{d}v = \mathrm{d}\left(\frac{c^2 p}{\mathscr{E}}\right) = c^2\left(\frac{\mathrm{d}p}{\mathscr{E}} - \frac{p\mathrm{d}\mathscr{E}}{\mathscr{E}^2}\right).$$

由 $\mathscr{E}^2 = \vec{p}^2 c^2 + m_0^2 c^4$, 得

$$\mathscr{E}\mathrm{d}\mathscr{E} = c^2 p\mathrm{d}p \quad \Rightarrow \quad \mathrm{d}p = \frac{\mathscr{E}}{c^2 p}\mathrm{d}\mathscr{E}.$$

从而得

$$\mathrm{d}v = c^2\left(\frac{1}{c^2 p}\mathrm{d}\mathscr{E} - \frac{p}{\mathscr{E}^2}\mathrm{d}\mathscr{E}\right) = \frac{m_0^2 c^4}{p\mathscr{E}^2}\mathrm{d}\mathscr{E}.$$

考虑到 $\mathscr{E} = mc^2 = m_0 c^2\gamma$, 因此有

$$P_{//} = \frac{q^2\gamma^6 v^2}{6\pi\varepsilon_0 c^3}\left(\frac{m_0^2 c^4}{p\mathscr{E}^2}\right)^2\left(\frac{\mathrm{d}\mathscr{E}}{\mathrm{d}x}\right)^2 = \frac{q^2}{6\pi\varepsilon_0 m_0^2 c^3}\left(\frac{\mathrm{d}\mathscr{E}}{\mathrm{d}x}\right)^2.$$

由于作用在粒子上的力大小为 $F_{//} = \mathrm{d}p/\mathrm{d}t = \mathrm{d}\mathscr{E}/\mathrm{d}x$, 故 $P_{//}$ 还可以表示为

$$P_{//} = \frac{q^2}{6\pi\varepsilon_0 m_0^2 c^3}\left(\frac{\mathrm{d}p}{\mathrm{d}t}\right)^2.$$

(2) 若带电粒子作半径为 R 的圆周运动, 根据 (8.2.28) 式, 带电粒子的辐射功率为

$$P_\perp = \frac{q^2}{6\pi\varepsilon_0 c^3}\gamma^6 a^2\left(1 - \beta^2\right) = \frac{q^2\gamma^4}{6\pi\varepsilon_0 c^3}\left(\frac{v^2}{R}\right)^2 = \frac{q^2\gamma^4}{6\pi\varepsilon_0 c^3}\left(\frac{v^2}{R}\right)^2.$$

这里 $a = v^2/R$。上式可进一步写成

$$P_\perp = \frac{q^2 c\gamma^4}{6\pi\varepsilon_0}\frac{\beta^4}{R^2} = \frac{q^2 c}{6\pi\varepsilon_0}\frac{\beta^4}{R^2}\left(\frac{\mathscr{E}}{m_0 c^2}\right)^4.$$

考虑到 $\vec{p} = m\vec{v} = \gamma m_0\vec{v}$, 对于匀速圆周运动 $\mathrm{d}\vec{p} = \mathrm{d}\left(m\vec{v}\right) = \gamma m_0\mathrm{d}\vec{v}$, 故 $P_\perp$ 也可以表示为

$$P_\perp = \frac{q^2}{6\pi\varepsilon_0 c^3}\gamma^6 a^2\left(1 - \beta^2\right) = \frac{q^2}{6\pi\varepsilon_0 c^3}\gamma^4\left(\frac{\mathrm{d}\vec{v}}{\mathrm{d}t}\right)^2 = \frac{q^2}{6\pi\varepsilon_0 c^3}\frac{\gamma^2}{m_0^2}\left(\frac{\mathrm{d}\vec{p}}{\mathrm{d}t}\right)^2.$$

对比一下 $P_\perp$ 和 $P_{//}$, 若施加于带电粒子上的作用力大小 $|\mathrm{d}\vec{p}/\mathrm{d}t|$ 相同, 则两者比值为

$$\frac{P_\perp}{P_{//}} = \gamma^2 \quad \left(\left|\frac{\mathrm{d}\vec{p}}{\mathrm{d}t}\right|\text{相同}\right).$$

这意味着对具有相对论运动效应的带电粒子, 在施加于带电粒子上的作用力相同的情况下, 作圆周运动比作直线运动所带来的辐射能量损失更大。由于外力所做

的功主要转化为粒子的能量, 直线加速器可以更有效地将带电粒子加速到接近光速。另一方面, 虽然维持带电粒子沿着圆形轨道作高速运动需要提供更多能量, 但实际中圆形加速器是更为重要的高能物理研究手段, 这有多方面的考虑因素, 一是可以通过粒子作圆周运动过程中多次加速而提高带电粒子的能量, 二是圆形加速器可以提供反向运动粒子之间更大的碰撞概率, 三是可以通过增加轨道半径减少辐射损耗。例如欧洲核子研究中心的大型强子对撞机是世界上最大、能量最高的粒子加速器, 其环状隧道长达 27 公里。

8.3 切伦科夫 (Cherenkov) 辐射

8.3.1 Cherenkov 辐射的物理图像

根据上一节的讨论, 在真空中匀速运动的带电粒子不会产生远场辐射。不过实验中却发现, 当带电粒子 (通常是电子) 在介质中运动时, 一旦粒子运动速度超过光在介质中的相速度, 则能在远场产生辐射, 这种辐射称为 Cherenkov 辐射, 最早是由苏联物理学家 Pavel Cherenkov (1904—1990) 于 1934 年发现的。1937 年, 苏联物理学家塔姆 (Igor Tamm, 1895—1971) 和弗兰克 (Ilya Frank, 1908—1990) 利用 Albert Einstein 的狭义相对论对相关实验现象做了理论解释, 三人因此分享了 1958 年诺贝尔物理学奖。后来科学家认识到 [1], 早在 1889 年英国物理学家 Oliver Heaviside 就预见了这种效应。

可以这样理解 Cherenkov 辐射产生的物理机理。当粒子运动时, 其所经之处跟随带电粒子的电磁场使得粒子周围介质产生了极化效应, 这种极化是随时间变化的 (极化电荷瞬间加速运动), 因而会产生子级辐射扰动。当粒子通过之后, 这种极化扰动会恢复平衡。在粒子运动速度较慢时, 沿着粒子运动轨迹产生的辐射扰动会逐渐衰减, 直至消失。而一旦粒子运动速度大于光在介质中的相速度 ($v_e > v_p$) 时, 则沿着粒子运动轨迹相继产生的次级波会相互干涉叠加, 从而形成 Cherenkov 辐射。

在下一节中会看到, 在真空中匀速运动的电荷并不能产生远场辐射, 因为这一过程并不能同时满足动量守恒和能量守恒条件; 当带电粒子在介质中运动时, 由于介质的存在, 光传播的相速度 v_p 比光速 c 减少很多。对于均匀介质, 有

$$v_p = \frac{c}{n}. \tag{8.3.1}$$

式中 n 为介质的折射率 (为了区别于这里的 v_p, 带电粒子运动速度用 v_e 表示)。一旦光传播的相速度小于 c, 则可使得带电粒子发射或者吸收光子的过程能同时满足动量守恒和能量守恒条件。

如图 8–8 所示, 可以把在介质中运动的带电粒子看成是发射电磁波的移动波

[1] A. Ershkovich and P. Israelevich, *Heaviside Predicted Cherenkov Radiation*, Physics Today Aug. 2013, page 8.

源。假设带电粒子在介质中以速度 $\vec{v}_e$ $(v_e > v_p)$ 沿着 z 轴方向作匀速运动, 用实心小圆点代表粒子当前 t 时刻所处位置, 空心小圆点代表粒子之前的位置 (等时间间隔), 大的圆圈代表带电粒子之前所发出的球面波最前的波前, 这一系列最前沿的波前叠加, 形成一个以粒子当前位置为顶点的锥面, 锥面与所有球面相切, 这就是 Cherenkov 辐射波前。

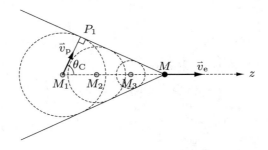

图 8-8

从图 8-8 中可看出, 线段 M_1M 和 M_1P_1 长度分别表示为

$$M_1M = (t - t_1)\,v_e, \quad M_1P_1 = (t - t_1)\,v_p. \tag{8.3.2}$$

若用 θ_C 来表示锥面的面法线与带电粒子运动速度 $\vec{v}_e$ 之间的夹角, 则有

$$\cos\theta_C = \frac{M_1P_1}{M_1M} = \frac{v_p}{v_e}. \tag{8.3.3}$$

这里 θ_C 称为 Cherenkov 角。可以看到, 只有当 $v_e > v_p$ 时才能满足 $\cos\theta_C \leqslant 1$, 即粒子运动速度需超过介质中的相速度, 其所经路径上产生的次级波叠加后才能形成锥形波阵面, 从而形成远场 Cherenkov 辐射。

基于上述图像, 若以粒子运动 (直线) 轨迹为极轴, 正方向沿着速度 $\vec{v}$ 方向, 建立如图 8-9 所示的极坐标系。当观测者站在粒子当前 t 时刻位置时, 他看到的之前推迟时刻粒子所发出的电磁场所能传至的场点位矢设为 $\vec{R}$, 张角为 α, 则 α 需满足

$$\sin\alpha \leqslant \frac{v_p}{v_e} \quad \text{且} \quad \alpha < \frac{\pi}{2}. \tag{8.3.4}$$

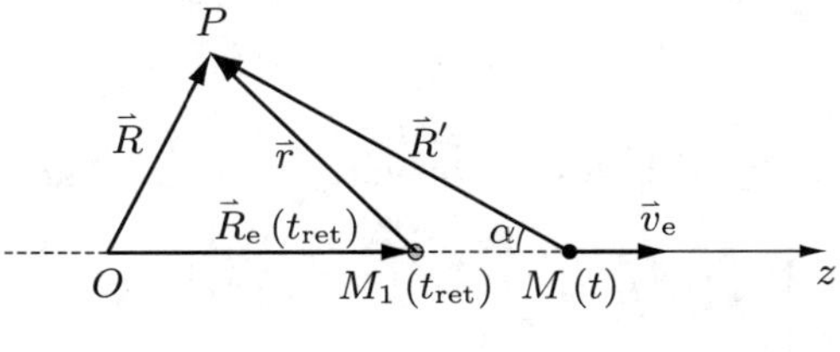

图 8-9

为了说明这一点, 考虑在介质中 t 与 t_{ret} 的关系, 有

$$\begin{cases} r = |\vec{R} - \vec{R}_e(t_{\text{ret}})| = (t - t_{\text{ret}})\,v_p, \\[2mm] \vec{R}_e(t_{\text{ret}}) = (t - t_{\text{ret}})\,\vec{v}_e. \end{cases} \tag{8.3.5}$$

或者

$$t - t_{\text{ret}} = \frac{1}{v_{\text{p}}} \sqrt{R^2 + 2\left(t - t_{\text{ret}}\right) \vec{v}_{\text{e}} \cdot \vec{R} + v_{\text{e}}^2 \left(t - t_{\text{ret}}\right)^2}. \tag{8.3.6}$$

上述方程给出了关于 $t - t_{\text{ret}}$ 的两个解:

$$t - t_{\text{ret}} = \frac{1}{v_{\text{e}}^2 - v_{\text{p}}^2} \left[-\vec{v}_{\text{e}} \cdot \vec{R} \pm \sqrt{\left(\vec{v}_{\text{e}} \cdot \vec{R}\right)^2 - \left(v_{\text{e}}^2 - v_{\text{p}}^2\right) R^2} \right]. \tag{8.3.7}$$

在 $v_{\text{e}} > v_{\text{p}}$ 的条件下, 要保证 $t - t_{\text{ret}} \geqslant 0$, 则上式隐含两个条件:

$$\begin{cases} \vec{v}_{\text{e}} \cdot \vec{R} < 0, \\ \left(\vec{v}_{\text{e}} \cdot \vec{R}\right)^2 - \left(v_{\text{e}}^2 - v_{\text{p}}^2\right) R^2 > 0. \end{cases} \tag{8.3.8}$$

即 α 须满足 (8.3.4) 式所示的条件。注意到这里 α 为锐角, 并且其范围对应 Cherenkov 辐射波前锥面所包围的体积。

8.3.2   Cherenkov 辐射的推迟势和电磁场

Cherenkov 辐射是脉冲形式, 类似于超音速飞行器产生的音爆现象, 在谱线上表现为连续谱特征。为了得到介质中高速运动带电粒子所产生的电磁势和电磁场, 可以对带电粒子在真空中运动产生的 Liénard-Wiechert 势 (8.1.10) 式涉及的相关物理量作以下替代:

$$\begin{cases} \varepsilon_0 \Rightarrow \varepsilon, \quad \mu_0 \Rightarrow \mu, \\ c \quad \Rightarrow \quad c_n = \dfrac{c}{n}, \\ \vec{\beta} = \dfrac{\vec{v}_{\text{e}}}{c} \quad \Rightarrow \quad \vec{\beta}_n = \dfrac{\vec{v}_{\text{e}}}{c_n} = n\vec{\beta}. \end{cases} \tag{8.3.9}$$

对于非磁性介质 ($\mu = \mu_0$), 则带电粒子在介质中运动所产生的 Liénard-Wiechert 势表示为

$$\begin{cases} \varphi\left(\vec{R}, t\right) = \dfrac{1}{4\pi\varepsilon} \dfrac{q}{r\left(1 - \vec{e}_r \cdot n\vec{\beta}\right)}, \\ \vec{A}\left(\vec{R}, t\right) = \dfrac{\mu_0}{4\pi} \dfrac{q\vec{v}_{\text{e}}}{r\left(1 - \vec{e}_r \cdot n\vec{\beta}\right)}. \end{cases} \tag{8.3.10}$$

这里 $r = \left|\vec{R} - \vec{R}_{\text{e}}\left(t_{\text{ret}}\right)\right|$。

对于任意的含时矢量场 $\vec{A}\left(\vec{R}, t\right)$, Fourier 变换系数 $\hat{\vec{A}}\left(\vec{R}, \omega\right)$ 表示为

$$\begin{cases} \vec{A}\left(\vec{R}, t\right) = \displaystyle\int_{-\infty}^{+\infty} \hat{\vec{A}}\left(\vec{R}, \omega\right) \text{e}^{-\text{i}\omega t}\,\text{d}\omega, \\ \hat{\vec{A}}\left(\vec{R}, \omega\right) = \dfrac{1}{2\pi} \displaystyle\int_{-\infty}^{+\infty} \vec{A}\left(\vec{R}, t\right) \text{e}^{\text{i}\omega t}\,\text{d}t. \end{cases} \tag{8.3.11}$$

对 $\vec{A}\left(\vec{R}, t\right)$ 做 Fourier 变换, 得到圆频率为 ω 的矢势贡献项为 $\hat{\vec{A}}\left(\vec{R}, \omega\right)$, 有

$$\hat{\vec{A}}\left(\vec{R}, \omega\right) = \frac{1}{2\pi} \int_{-\infty}^{+\infty} \vec{A}\left(\vec{R}, t\right) \text{e}^{\text{i}\omega t}\,\text{d}t = \frac{1}{2\pi} \int_{-\infty}^{+\infty} \frac{\mu_0 q\vec{v}_{\text{e}}}{4\pi r} \frac{\text{e}^{\text{i}\omega\left(t_{\text{ret}} + r/v_{\text{p}}\right)}}{1 - \vec{e}_r \cdot n\vec{\beta}}\,\text{d}t \tag{8.3.12}$$

根据之前结论 (8.1.17) 式, 这里由于电磁波是在介质中传播, 故有

$$\frac{\partial t_{\text{ret}}}{\partial t} = \frac{1}{1 - \vec{e}_r \cdot n\vec{\beta}}. \tag{8.3.13}$$

同时, 由于一般观测点位于远离粒子运动的区域 (坐标原点选取在运动区域内), $\vec{R}_{\text{e}}$ 可以看成是小量 ($|\vec{R}_{\text{e}}| \ll R$), 则有

$$r = |\vec{R} - \vec{R}_{\text{e}}(t_{\text{ret}})| \approx R - \vec{e}_R \cdot \vec{R}_{\text{e}}. \tag{8.3.14}$$

将其代入 (8.3.12) 式, 将 $\hat{\vec{A}}(\vec{R}, \omega)$ 改写为

$$\begin{aligned}
\hat{\vec{A}}(\vec{R}, \omega) &= \frac{\mu_0 q}{8\pi^2} \int_{-\infty}^{+\infty} \frac{\vec{v}_{\text{e}} e^{i\omega(t_{\text{ret}} + r/v_{\text{p}})}}{(R - \vec{e}_R \cdot \vec{R}_{\text{e}})(1 - \vec{e}_r \cdot n\vec{\beta})} (1 - \vec{e}_r \cdot n\vec{\beta}) \, dt_{\text{ret}} \\
&= \frac{\mu_0 q}{8\pi^2} \int_{-\infty}^{+\infty} \frac{e^{ik(R - \vec{e}_R \cdot \vec{R}_{\text{e}})}}{R - \vec{e}_R \cdot \vec{R}_{\text{e}}} e^{i\omega t_{\text{ret}}} \vec{v}_{\text{e}} \, dt_{\text{ret}}.
\end{aligned}$$

式中 $k = \omega/v_{\text{p}}$ 为电磁波在介质中的波数. 考虑到粒子运动范围远小于较小 R (但运动范围远大于波长), 故可作以下近似:

$$|\vec{r}| \approx R - \vec{e}_R \cdot \vec{R}_{\text{e}} = R - R_{\text{e}} \cos\theta. \tag{8.3.15}$$

则远场的 $\hat{\vec{A}}(\vec{R}, \omega)$ 近似为

$$\begin{aligned}
\hat{\vec{A}}(\vec{R}, \omega) &\approx \frac{\mu_0 q}{8\pi^2} \frac{e^{ikR}}{R} \int_{-\infty}^{+\infty} e^{i\omega(t_{\text{ret}} - R_{\text{e}} \cos\theta/v_{\text{p}})} \vec{v}_{\text{e}} \, dt_{\text{ret}} \\
&= \frac{\mu_0 q}{8\pi^2} \frac{e^{ikR}}{R} \int_{-\infty}^{+\infty} e^{i\omega R_{\text{e}}(1/v_{\text{e}} - \cos\theta/v_{\text{p}})} \, d\vec{R}_{\text{e}}.
\end{aligned} \tag{8.3.16}$$

这里 θ 为 $\vec{R}$ 与 $\vec{v}_{\text{e}}$ 之间的夹角.

假设粒子沿着直线 (z 轴) 运动, 如图 8–9 所示. 利用一维 δ 函数的表达式 $\int_{-\infty}^{+\infty} e^{ikx} dk = 2\pi\delta(x)$, 则 $\hat{\vec{A}}(\vec{R}, \omega)$ 表示为

$$\begin{aligned}
\hat{\vec{A}}(\vec{R}, \omega) &= \frac{\mu_0 q}{8\pi^2} \frac{e^{ikR}}{R} \left[\int_{-\infty}^{+\infty} e^{i\omega R_{\text{e}}(1/v_{\text{e}} - \cos\theta/v_{\text{p}})} dR_{\text{e}} \right] \vec{e}_z \\
&= \frac{\mu_0 q}{4\pi} \frac{e^{ikR}}{R} \delta\left(\frac{\omega}{v_{\text{e}}} - \frac{\omega\cos\theta}{v_{\text{p}}}\right) \vec{e}_z = \frac{\mu_0 q}{4\pi k} \frac{e^{ikR}}{R} \delta\left(\cos\theta - \frac{v_{\text{p}}}{v_{\text{e}}}\right) \vec{e}_z.
\end{aligned} \tag{8.3.17}$$

由于粒子运动速度 $v_{\text{e}} < c$, 因此在 $n = 1$ 真空的情形下上式给出 $\hat{\vec{A}}(\vec{R}, \omega) = 0$, 即真空中作匀速运动的带电粒子不会产生远场辐射.

有了推迟势 $\hat{\vec{A}}(R, \omega)$, 亦可得到圆频率为 ω 的 Cherenkov 辐射的电磁场, 并且电场强度 $\hat{\vec{E}}(\vec{R}, \omega)$ 和磁感应强度 $\hat{\vec{B}}(\vec{R}, \omega)$ 之间的关系类似 (8.1.35) 式, 即

$$\hat{\vec{E}}(\vec{R}, \omega) = v_{\text{p}} \hat{\vec{B}}(\vec{R}, \omega) \times \vec{e}_r. \tag{8.3.18}$$

而由 $\hat{\vec{B}}(\vec{R}, \omega) = \nabla \times \hat{\vec{A}}(R, \omega)$, 得远场区磁场的 Fourier 变换分量为

$$\hat{\vec{B}}(\vec{R}, \omega) \approx ik\vec{e}_R \times \hat{\vec{A}}(R, \omega) = \frac{i\mu_0 q}{4\pi} \frac{e^{ikR}}{R} \delta\left(\cos\theta - \frac{v_{\text{p}}}{v_{\text{e}}}\right) (\vec{e}_R \times \vec{e}_z). \tag{8.3.19}$$

8.3.3 Cherenkov 辐射能量角分布和能谱分布

远场沿着 $\vec{e}_r$ 方向的辐射能流密度分量为

$$\vec{s} \cdot \vec{e}_r = (\vec{E} \times \vec{H}) \cdot \vec{e}_r = \frac{v_\text{p}}{\mu_0}|\vec{B}|^2. \tag{8.3.20}$$

则辐射能量角分布为

$$\frac{\mathrm{d}W}{\mathrm{d}\Omega} = \int_{-\infty}^{\infty} r^2 \left(\vec{s} \cdot \vec{e}_r\right) \mathrm{d}t \approx \int_{-\infty}^{\infty} R^2 \left(\vec{s} \cdot \vec{e}_r\right) \mathrm{d}t$$

$$= \frac{v_\text{p}}{\mu_0} R^2 \int_{-\infty}^{\infty} |\vec{B}\left(\vec{R}, t\right)|^2 \mathrm{d}t. \tag{8.3.21}$$

容易验证, 等号右边的积分为

$$\int_{-\infty}^{\infty} |\vec{B}\left(\vec{R}, t\right)|^2 \mathrm{d}t = 2\pi \int_{-\infty}^{\infty} \hat{\vec{B}}\left(\vec{R}, \omega\right) \cdot \hat{\vec{B}}\left(\vec{R}, -\omega\right) \mathrm{d}\omega = 4\pi \int_{0}^{\infty} |\hat{\vec{B}}\left(\vec{R}, \omega\right)|^2 \mathrm{d}\omega$$

则 (8.3.21) 式可改写为

$$\frac{\mathrm{d}W}{\mathrm{d}\Omega} = \frac{4\pi v_\text{p}}{\mu_0} R^2 \int_{0}^{\infty} |\hat{\vec{B}}\left(\vec{R}, \omega\right)|^2 \mathrm{d}\omega. \tag{8.3.22}$$

因此单位圆频率内能量立体角分布为

$$\frac{\mathrm{d}^2 W}{\mathrm{d}\omega\mathrm{d}\Omega} = \frac{4\pi}{\mu_0} v_\text{p} R^2 |\hat{\vec{B}}\left(\vec{R}, \omega\right)|^2.$$

将 (8.3.19) 式代入上式, 得单位圆频率内 Cherenkov 辐射能量的立体角分布为

$$\frac{\mathrm{d}^2 W}{\mathrm{d}\omega\mathrm{d}\Omega} = \frac{\mu_0}{4\pi} v_\text{p} q^2 \sin^2\theta \left|\delta\left(\cos\theta - \frac{v_\text{p}}{v_\text{e}}\right)\right|^2. \tag{8.3.23}$$

可见, 所有沿着 Cherenkov 角 $\theta_\text{C} = \arccos\left(v_\text{p}/v_\text{e}\right)$ 方向的辐射最强 (由于介质的色散效应, θ_C 可依赖于辐射的频率 ω)。

把上式中其中一个 δ 函数写成积分形式, 则有

$$\frac{\mathrm{d}^2 W}{\mathrm{d}\omega\mathrm{d}\Omega} = \frac{\mu_0}{4\pi} v_\text{p} q^2 \sin^2\theta\delta\left(\cos\theta - \frac{v_\text{p}}{v_\text{e}}\right)\left[\frac{1}{2\pi}\int_{-\infty}^{+\infty} \mathrm{e}^{ikz(\cos\theta - v_\text{p}/v_\text{e})} \mathrm{d}\left(kz\right)\right].$$

考虑到上式中仍保留一个 δ 函数, 因此可在上式最右边积分中令 $\cos\theta = v_\text{p}/v_\text{e}$, 则单位角频率内辐射能量立体角分布为

$$\frac{\mathrm{d}^2 W}{\mathrm{d}\omega\mathrm{d}\Omega} = \frac{\mu_0 v_\text{p} q^2}{8\pi^2} \sin^2\theta\delta\left(\cos\theta - \frac{v_\text{p}}{v_\text{e}}\right)\left[\int_{-\infty}^{+\infty} \mathrm{d}\left(kz\right)\right]$$

$$= \frac{\mu_0 \omega q^2}{8\pi^2} \sin^2\theta\delta\left(\cos\theta - \frac{v_\text{p}}{v_\text{e}}\right)\left(\lim_{L\to\infty}\int_{-L/2}^{+L/2} \mathrm{d}z\right). \tag{8.3.24}$$

上式代表带电粒子在介质中从负无穷远运动到正无穷远的所有贡献, 因此经过单

位长度路径所产生的 Cherenkov 辐射能量光谱分布为

$$\frac{\mathrm{d}^2 W}{\mathrm{d}\omega \mathrm{d}z} = \frac{\mu_0 \omega q^2}{8\pi^2} \int \mathrm{d}\Omega \sin^2\theta \delta \left(\cos\theta - \frac{v_\mathrm{p}}{v_\mathrm{e}} \right) = \frac{\mu_0}{4\pi} \omega q^2 \left[1 - \left(\frac{v_\mathrm{p}}{v_\mathrm{e}} \right)^2 \right]. \quad (8.3.25)$$

这就是 Tamm-Frank 公式, 这里得出一个重要的结论, 即 $\mathrm{d}W/(\mathrm{d}\omega \mathrm{d}z)$ 正比于频率 ω, 这说明频率越高, Cherenkov 辐射越强, 这可以解释肉眼观察到的透明介质中的 Cherenkov 辐射偏蓝色调。另一方面, 对于玻璃这样的介质, 在可见光区其折射率 虽然可以超过 $n > 1.45$, 但在紫外区折射率 $n \approx 1$, 因此带电粒子在玻璃中运动时 在该光谱区并不能产生 Cherenkov 辐射。Cherenkov 辐射在高能带电粒子探测器 和计数器领域有着重要的应用, 通过介质折射率 n 以及 Cherenkov 角 θ_C 的测量, 可以估计带电粒子在介质中的运动速度 (依照这一原理是指速度超过一定阈值以 上的粒子)。

8.3.4 史密斯 – 珀塞尔 (Smith – Purcell) 辐射

从上面分析中看到, 当带电粒子在体块均匀介质中运动时, 产生 Cherenkov 辐 射需要粒子运动速度超过电磁波在介质中的相速度。1953 年, 还在哈佛大学读研 究生的史蒂夫·史密斯 (Steve Smith) 在导师爱德华·珀塞尔 (Edward Purcell) 指 导下首次在实验中发现, 当高能电子紧贴着金属光栅表面运动时光栅表面会发出 可见光, 这一现象后来被称为 Smith-Purcell 效应[2]。实际上电子在经过光栅表面 时, 电子周围的电磁场亦会在金属光栅表面诱导出瞬态电流, 这些电流遇到栅刻线 边界同样会产生子级辐射扰动。

如图 8–10 所示, 假设电子平行于一维光栅的表面向右运动, 由于电子运动而 在光栅相邻刻线产生的子波源相位差 (M_2 处波源相位超前于 M_1) 为

$$\Delta\phi_1 = 2\pi \frac{c\Lambda}{v_\mathrm{e}\lambda} = 2\pi \frac{\Lambda}{\beta\lambda}. \quad (8.3.26)$$

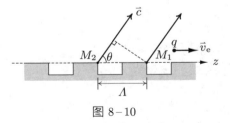

图 8–10

这里 $\beta = v_\mathrm{e}/c$, Λ 是光栅相邻刻线的间距。依据惠更斯原理 (Christiaan Huygens, 1629 — 1695, 克里斯蒂安·惠更斯, 荷兰物理学家、数学家、天文学家和发明家), 沿着与光栅表面成 θ 角的方向观察到的辐射波长 λ 满足

$$\Delta\phi = \Delta\phi_1 - 2\pi \frac{\Lambda}{\lambda} \cos\theta = 2N\pi. \quad (8.3.27)$$

[2] S. J. Smith and E. M. Purcell, *Visible Light from Localized Surface Charges Moving across a Grating*, Phys. Rev. **92**, 1069 (1953).

或者

$$\cos\theta = \frac{1}{\beta} - \frac{N\lambda}{\Lambda}. \tag{8.3.28}$$

这里 N 取整数。由于 $1/\beta > 1$, 因此 Smith-Purcell 辐射的产生对带电粒子运动速度并无阈值要求。除了这一点, Smith-Purcell 辐射功率也不同于均匀体块介质中的 Cherenkov 辐射。直观上可以看到, 这里光栅的衍射作用将表面产生的子波辐射通过干涉叠加形成在远场观察到的 Smith-Purcell 辐射。

---

*课外阅读: 光子晶体中的 Cherenkov 辐射

　　读者也许会思考一个问题, 即当带电粒子在周期性结构介质 (如一维或二维光子晶体) 中运动时, Cherenkov 辐射会发生怎样的变化? 在第五章 5.3.5 小节中已经指出, 电磁波在光子晶体中的传播特性可完全不同于均匀介质中的情形, 特别是在带隙的边缘, 在光子晶体中传播的 Bloch 波相速度会发生明显的改变。由于光子晶体中产生的 Cherenkov 辐射具有 Bloch 波特性, 因此借助光子晶体可以对 Cherenkov 辐射进行有效的调控。例如, 数值模拟表明 [3], 二维光子晶体允许零速度阈值的 Cherenkov 辐射, 还可以产生后向辐射锥的 Cherenkov 辐射。最近关于新型人工微结构材料中 Cherenkov 辐射的实验 [4, 5] 和理论研究 [6] 又取得新的进展。

8.4　自由运动电子与光的相互作用

　　光与原子周围束缚电子的相互作用比较普遍, 而光与自由电子的相互作用则很少见。本节讨论自由电子与外部光场相互作用所需满足的动量守恒和能量守恒条件。

8.4.1　相互作用动量能量守恒条件

　　对于自由运动的电子, 其总能量为

$$\mathscr{E}_{\text{e}} = \sqrt{p_{\text{e}}^2 c^2 + m_{\text{e}0}^2 c^4}. \tag{8.4.1}$$

这里 p_{e}、$\mathscr{E}_{\text{e}}$、$m_{\text{e}0}$ 分别是电子的动量、能量和静止质量 $m_{\text{e}0} = 9.109\,383\,7139(28) \times 10^{-31}$ kg。光子的能量为 $\hbar\omega$。自由运动电子吸收 (或释放) 一个光子之后, 根据能

[3]　C. Y. Luo *et al.*, *Cherenkov Radiation in Photonic Crystals*, Science **299**, 368 (2003).

[4]　F. Liu *et al.*, *Integrated Cherenkov Radiation Emitter Eliminating the Electron Velocity Threshold*, Nature Photon. **11**, 289 (2017).

[5]　Y. Yang *et al.*, *Photonic Flatband Resonances for Free-electron Radiation*, Nature **613**, 42 (2023).

[6]　Y. Song *et al.*, *Cherenkov Radiation from Photonic in the Continuum: Towards Compact Free-electron Lasers*, Phys. Rev. Appl. **10**, 064026 (2018).

量和动量守恒条件, 电子的能量和动量则发生如下变化:

$$\mathscr{E}'_{\mathrm{e}} = \mathscr{E}_{\mathrm{e}} \pm \hbar\omega, \quad \vec{p}'_{\mathrm{e}} = \vec{p}_{\mathrm{e}} \pm \hbar\vec{k}. \tag{8.4.2}$$

这里 "+" ("−") 号对应于电子吸收 (释放) 一个光子。

假设相互作用的自由电子与光子运动方向的夹角为 θ, 如图 8−11 所示 (这里以电子吸收一个光子为例), 则在沿着和垂直于电子运动方向上光子动量的分量分别为

$$p_{/\!/} = \hbar k \cos\theta, \quad p_\perp = \hbar k \sin\theta. \tag{8.4.3}$$

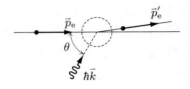

图 8−11

电子吸收或释放光子之后, 其能量和动量仍需满足关系式 (8.4.1), 即

$$\mathscr{E}_{\mathrm{e}} \pm \hbar\omega = \sqrt{c^2 \left[(p_{\mathrm{e}} \pm \hbar k \cos\theta)^2 + (\hbar k \sin\theta)^2 \right] + m_{\mathrm{e}0}^2 c^4}. \tag{8.4.4}$$

对上式求解得

$$\cos\theta = \frac{2\hbar\omega\mathscr{E}_{\mathrm{e}} \pm \left[(\hbar\omega)^2 - (\hbar ck)^2 \right]}{2c^2 \hbar k p_{\mathrm{e}}}. \tag{8.4.5}$$

对于以亚相对论速度运动的电子, 其能量比光子能量高出五个数量级, 即 $\mathscr{E}_{\mathrm{e}} \gg \hbar\omega$, 而 $\omega \approx kc$, 则无论是吸收还是释放光子, 均有如下关系:

$$\cos\theta \approx \frac{\omega\mathscr{E}_{\mathrm{e}}}{c^2 k p_{\mathrm{e}}}. \tag{8.4.6}$$

光的相速度为

$$v_{\mathrm{p}} = \frac{\omega}{k}. \tag{8.4.7}$$

而电子的群速度为

$$v_{\mathrm{e}} = \frac{\partial \mathscr{E}_{\mathrm{e}}}{\partial p_{\mathrm{e}}} = \frac{c^2 p_{\mathrm{e}}}{\mathscr{E}_{\mathrm{e}}}. \tag{8.4.8}$$

则 (8.4.6) 式改写为

$$\cos\theta = \cos\theta_{\mathrm{C}} = \frac{v_{\mathrm{p}}}{v_{\mathrm{e}}}. \tag{8.4.9}$$

上式是高能极限 (相对光子能量而言) 下自由电子吸收或辐射光子过程动量和能量守恒条件的表现形式, 而这正是前面给出的 Cherenkov 角表达式。因此, 之前对于在真空中匀速运动的电子不会吸收或发射出光子, 是依据上式无解来给予判断的, 而这里看出真正的物理内涵是, 真空中自由电子辐射光子的过程由于不满足动量

守恒和能量守恒条件而被禁止。

解决自由电子与光子之间相互作用动量失配的方法之一是通过介质来消除。由于介质的存在可使得光子动量增大, 相速度减小, 最终可以满足动量和能量守恒条件。当然, (8.4.9) 式只是产生相互作用的必要条件, 要使得自由电子与光子之间发生有效的相互作用, 还依赖于沿电子运动方向的相互作用长度以及光波电场的偏振方向和振幅。

有了上述对 Cherenkov 辐射图像的深刻理解, 自然会想到所谓的 Cherenkov 逆效应, 就是电子束在穿越介质 (一般是气体) 的同时, 采用入射激光束与电子束之间发生相互作用, 并且光的相速度与电子的群速度满足匹配条件 (8.4.9) 式。在这一条件下, 电子在运动过程中能保持与光波同相位 (至少在数个波长相互作用范围内), 因此即便电磁场随时间做简谐变化, 部分电子可以在一定时间段内持续得到加速 (或减速), 这就是 Cherenkov 逆效应 [7]。

8.4.2　自由电子与消逝波的相互作用

虽然利用体块介质可以减少光的相速度, 但在体块介质中只能满足非共线相互作用的相位匹配条件, 即电子运动与光的传播方向不在一条直线上, 这限制了两者发生作用的长度。从 (8.4.9) 式可以看出, 若电子与光子共线运动 ($\theta = 0$), 则两者产生相互作用需满足如下的相位匹配条件:

$$v_{\mathrm{e}} = v_{\mathrm{p}}. \tag{8.4.10}$$

即电子运动速度与光的相速度相同。

我们来讨论一种光与自由电子共线运动可发生相互作用的情形。根据第五章 5.2.8 小节中的讨论, 入射光从高折射率介质入射到与低折射率介质构成的分界面时, 在全反射下进入低折射率介质一侧的折射光是一束沿着表面传播的消逝波, 其沿传播方向的波数和相速度分别为

$$k_x = k_{\mathrm{I}} \sin \theta_{\mathrm{I}}, \quad v_{\mathrm{p}} = \frac{\omega}{k_x}. \tag{8.4.11}$$

这里 k_{I} 为入射光的波数, θ_{I} 为入射角。首先, 由于发生全反射, k_x 比同频率的光波在体块低折射率介质中传播时的波数要大。其次, 不同于之前光在体块介质中传播相速度大小不变的情形, 这里可以通过改变入射角 θ_{I}, 来调节 k_x 的大小, 从而调控 v_{p} (目的是增大 k_x, 减小 v_{p}, 从而对 v_{e} 值要求进一步降低)。

如图 8−12 所示, 假设透明介质 (折射率为 n) 一侧是真空, 高速运动的电子 ($\vec{v}_{\mathrm{e}}$ 平行于介质表面) 紧贴着其表面运动, 为了使得全反射下的消逝波与自由电子产生相互作用, 根据共线相位匹配条件 (8.4.10) 式, 入射角 θ_{I} 需满足

$$v_{\mathrm{e}} = \frac{\omega}{k_x} = \frac{\omega}{nk_0 \sin \theta_{\mathrm{I}}} = \frac{c}{n \sin \theta_{\mathrm{I}}}. \tag{8.4.12}$$

[7]　W. D. Kimura *et al.*, *Laser Acceleration of Relativistic Electrons Using the Inverse Cherenkov Effect*, Phys. Rev. Lett. **74**, 546 (1995).

或者

$$\sin \theta_{\mathrm{I}} = \frac{c}{n v_{\mathrm{e}}} = \cos \theta_{\mathrm{C}}. \qquad (8.4.13)$$

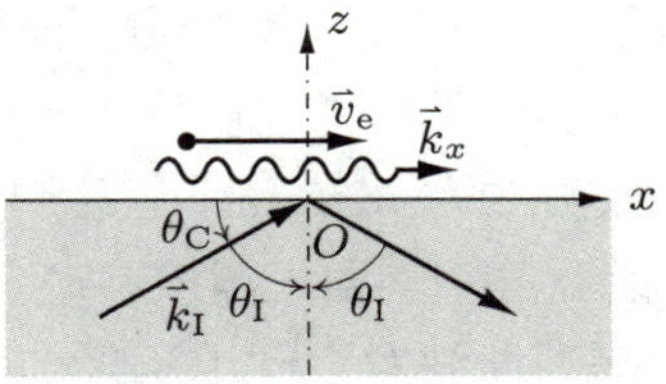

图 8–12

考虑到入射角定义的是入射光线相对面法线的夹角, 因此上述条件意味着入射光与电子运动方向的夹角恰为 Cherenkov 角。不仅如此, 由于 $\sin \theta_{\mathrm{I}} < 1$, 因此电子速度需达到一定阈值 $(v_{\mathrm{e}} > c/n)$ 才能产生上述相互作用。而由于共线作用又需满足全反射条件, 即 θ_{I} 大于临界角 $\theta_{\mathrm{c}} = \arcsin(1/n)$ [参见 (5.2.53) 式], 因此在 $\theta_{\mathrm{I}} > \theta_{\mathrm{c}}$ 的前提下, 只要 $v_{\mathrm{e}} > c/n$, 都可以根据电子运动速度 v_{e} 的值, 确定相应的入射角 θ_{I}。

要产生共线相互作用, 除了入射角满足上述要求, 还需采取 p 偏振入射, 此时在真空一侧沿传播方向的电场分量驱动下, 距离分界面 1～2 个波长范围内高速运动的电子与消逝波会产生有效的相互作用。图 8–13 展示的是 p 偏振光入射下发生全反射时, 介质与真空分界面两侧附近电场纵向分量分布 (沿波传播方向) 的快照, 这里选取的参量包括介质折射率 $n = 3.4$, 入射波长 $\lambda_0 = 2 \ \mu\mathrm{m}$, 入射角 $\theta_{\mathrm{I}} = 60°$。尽管光波电场做时谐变化, 但在满足 (8.4.13) 式条件下, 电子在沿着介质表面运动的过程中始终感受到同样相位的消逝场, 从而与消逝波之间产生高效的能量交换。

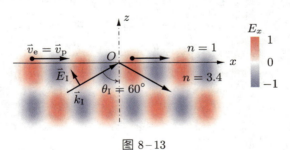

图 8–13

***课外阅读: 相位匹配下光与自由电子波函数的相互作用**

在满足动量守恒和能量守恒条件下, 经典带电粒子与光波一般在数个波长的范围内发生相互作用并产生能量交换, 这种相互作用可采用经典电动力学给予解释。最近, I Kaminer 所领导的研究组采用全反射下消逝波与高速运动电子的共线相互作用, 观察到自由电子波函数与光子相互作用的量子效应 [8]。实验采用一

---

[8] R. Dahan *et al.*, *Resonant Phase-matching between a Light and a Free-electron Wavefunction*, Nature Phys. **16**, 1123 (2020).

束激光脉冲在棱镜内表面产生全内反射, 从而在棱镜表面激发出消逝波; 激光脉冲入射角满足关系式 (8.4.13)。

　　I. Kaminer 等采用相干自由电子束脉冲。为了实现完全的共线相位匹配, 从而保持更长的作用距离, 实验的挑战之一是实现电子运动方向与棱镜表面的高精度平行准直。由于消逝场进入真空的穿透深度只有 $1 \sim 2$ 个波长 (参见图 5–16), 电子在沿着棱镜表面 (棱镜长度约为 500 μm) 运动的同时, 其与棱镜表面的距离需保持在一个波长范围内, 因此准直的要求需控制在半个波长 $\lambda_0/2 = 350$ nm 范围内, 否则电子束要么不会与消逝波发生作用, 要么其运动就会被棱镜表面所阻碍。I. Kaminer 等通过聚焦技术将相干电子束的束腰控制在亚微米级量级, 以增强电子与消逝波作用的强度, 同时又能实现数百微米的共线作用, 这比之前报道的作用距离提高了 3 个数量级。

　　I. Kaminer 等采用高分辨电子能谱 (测量精度达到单个光子能量分辨率), 首次揭示了相干自由电子与一同共线运动的光场通过在时间和空间上持续相互作用所产生的量子效应。由于满足了长距离相互作用的相位匹配, 不但电子能量损失谱的范围变宽, 达到 100 eV (在相位失配下只有几个 eV), 并且实验观察到电子能量损失谱被单个光子的能量离散化, 这表明单个电子可以与数百个光子作用而交换能量。I. Kaminer 等采用经典电动力学理论描述电磁场, 采用波函数来描述电子态, 给出了与实验一致的理论分析结果。有兴趣的读者可以阅读文献 [8]。

习题

8.1　☆☆ 如图所示, 假设带电粒子在真空中沿着 x 轴作匀速运动, 在 $t = 0$ 时位于坐标原点。根据带电粒子作匀速运动时所产生的 Liénard-Wiechert 势, 结合 $\vec{E} = -\nabla\varphi - \partial\vec{A}/\partial t$, 验证其所激发电场的电场强度为

$$\vec{E}_{\mathrm{v}}(\vec{R}, t) = \frac{q}{4\pi\varepsilon_0} \frac{1 - \beta^2}{\left(1 - \beta^2\sin^2\theta\right)^{3/2}} \frac{\vec{R}}{R^3}.$$

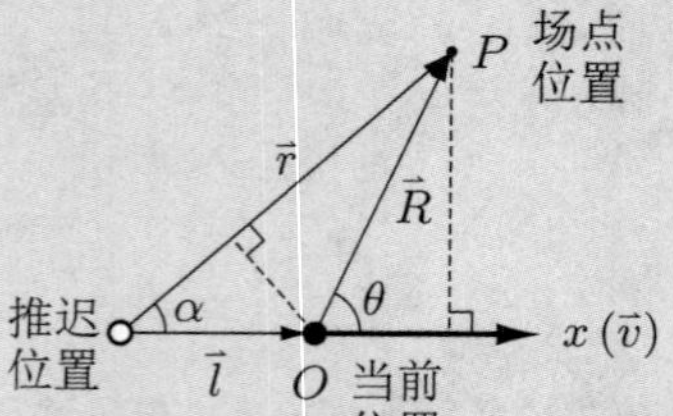

习题 8.1 图

8.2　☆ 证明真空中带电粒子作匀速运动时产生的电场 $\vec{E}_{\mathrm{v}}(\vec{R}, t)$ 满足 Gauss 定理。

8.3　☆☆ 假设在某一推迟时刻 t_{ret}, 带电粒子的运动速度 $\vec{v}$ 和加速度 $\vec{a}$ 共线, 根据带电粒子辐射的能量角分布:

$$\frac{\mathrm{d}P_{/\!/}\left(t_{\mathrm{ret}}\right)}{\mathrm{d}\Omega} = \frac{q^2 a^2}{16\pi^2 \varepsilon_0 c^3}\frac{\sin^2\theta}{\left(1-\beta\cos\theta\right)^5}.$$

计算总辐射功率, 并证明其与 Larmor 公式的推广形式一致.

答案: $P_{/\!/}\left(t_{\mathrm{ret}}\right) = \dfrac{q^2 a^2}{6\pi\varepsilon_0 c^3}\gamma^6$.

8.4 ☆ 假设一束高能电子贴着光栅的表面运动, 光栅周期 $\Lambda = 1.67\ \mu\mathrm{m}$, 电子能量 $\mathscr{E} = 600\ \mathrm{keV}$, 计算通过光栅一级衍射形成的 Smith-Purcell 辐射波长范围.

答案: $\lambda = \dfrac{\Lambda}{N}\left(\dfrac{1}{\beta} - \cos\theta\right) \in [1.20\ \mu\mathrm{m}, 4.54\ \mu\mathrm{m}]$.

8.5 ☆☆ 已知介质折射率为 n, 带电粒子移动路径长度为 $2L$, 测得 Cherenkov 角 θ_{C}, 试推导单位长度路径上 $\mathrm{d}\omega$ 频率间隔内辐射光子数.

答案: $\dfrac{\mathrm{d}N}{\mathrm{d}z} = \dfrac{\mu_0 q^2}{4\pi\hbar}\left(1 - \cos^2\theta_{\mathrm{C}}\right)\mathrm{d}\omega$.

8.6 ☆☆ 假设电子直线加速器中加速电场为 $100\ \mathrm{MV/m}$, 求加速 $1\ \mathrm{s}$ 后电子获得的能量增益及辐射损失功率.

答案: 能量增益 $W = 4.10 \times 10^{-14}\ \mathrm{J}$, 辐射损失功率 $P_{/\!/} = 1.75 \times 10^{-15}\ \mathrm{W}$.

8.7 ☆☆ 在 Smith-Purcell 效应中, 光栅的存在相当于引入倒格矢 $\Delta k_x = Ng$, $g = 2\pi/\Lambda$, 倒格矢同样可以参与自由电子与光的相互作用过程. 试根据自由运动电子辐射光子动量与能量守恒条件, 推导出 Smith-Purcell 效应辐射角满足 $\cos\theta = 1/\beta - N\lambda/\Lambda$.

8.8 ☆☆ 假设通过相关实验手段在平整金属表面激发出 SPP 表面波, 与此同时一束相干电子紧贴金属表面并沿着 SPP 前进的方向运动. 已知电子速率为 v_{e}, 金属的体等离子频率为 ω_{p}, 其介电常数可采用 Drude 模型描述. 试根据相互作用的相位匹配条件, 给出与运动电子发生共振相互作用的 SPP 的动量.

答案: $p_{\mathrm{SPP}} = \dfrac{\hbar\omega_{\mathrm{p}}}{v_{\mathrm{e}}}\sqrt{\dfrac{v_{\mathrm{e}}^2 - c^2}{v_{\mathrm{e}}^2 - 2c^2}}$.

[1] 郭硕鸿. 电动力学. 北京: 人民教育出版社, 1979.

[2] 俞允强. 电动力学简明教程. 北京: 北京大学出版社, 1999.

[3] D J Griffiths. Introduction to Electrodynamics. 3rd ed. New Jersey: Prentice-Hall, 1999.

[4] J D Jackson. Classical Electrodynamics. 3rd ed. New Jersey: John Wiley & Sons, Inc., 1999.

[5] 蔡圣善, 朱耘, 徐建军. 电动力学. 2 版. 北京: 高等教育出版社, 2002.

[6] 俎栋林. 电动力学. 北京: 清华大学出版社, 2006.

[7] M L Boas. Mathematical Methods in The Physical Sciences. 3rd ed. New Jersey: John Wiley & Sons, Inc., 2006.

[8] A Zangwill. Modern Electrodynamics. Cambridge: Cambridge University Press, 2012.

[9] 刘觉平. 电动力学. 武汉: 武汉大学出版社, 1997.

[10] 赵玉民. 电动力学教程. 北京: 科学出版社, 2016.

[11] C A Balanis. Antenna Theory: Analysis and Design. 3rd ed. New Jersey: John Wiley & Sons, Inc., 2005.

[12] H. Raether, Surface Plasmons on Smooth and Rough Surfaces and on Gratings. Berlin: Springer-Verlag, 1988.

[13] 林璇英, 张之翔. 电动力学题解. 3 版. 北京: 科学出版社, 2018.